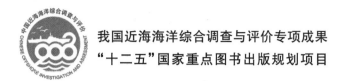

我国近海海洋综合调查与评价专项成果
"十二五"国家重点图书出版规划项目

中国近海海洋

——海洋化学

暨卫东　主编

U0390712

海洋出版社

2016 年·北京

图书在版编目(CIP)数据

中国近海海洋.海洋化学/暨卫东主编.—北京:海洋出版社,2012.6
ISBN 978-7-5027-8259-7

Ⅰ.①中… Ⅱ.①暨… Ⅲ.①近海-海洋化学-中国 Ⅳ.①P72 ②P734

中国版本图书馆 CIP 数据核字(2012)第 084414 号

责任编辑:苏 勤 王 溪
责任印制:赵麟苏

海洋出版社 出版发行

http://www.oceanpress.com.cn

北京市海淀区大慧寺路 8 号 邮编:100081
北京画中画印刷有限公司印刷 新华书店北京发行所经销
2016 年 11 月第 1 版 2016 年 11 月第 1 次印刷
开本:889mm×1194mm 1/16 印张:36
字数:835 千字 定价:220.00 元
发行部:62132549 邮购部:68038093 总编室:62114335
海洋版图书印、装错误可随时退换

《中国近海海洋》系列专著编著指导委员会组成名单

主 任　刘赐贵

副主任　陈连增　李廷栋

委 员　周庆海　雷　波　石青峰　金翔龙　秦蕴珊　王　颖

　　　　潘德炉　方国洪　杨金森　李培英　蒋兴伟　于志刚

　　　　侯一筠　刘保华　林绍花　李家彪　蔡　锋　韩家新

　　　　侯纯扬　高学民　温　泉　石学法　许建平　周秋麟

　　　　陈　彬　孙煜华　熊学军　王春生　暨卫东　汪小勇

　　　　高金耀　夏小明　吴桑云　苗丰民　周洪军

《中国近海海洋——海洋化学》
编写人员名单

主　　　编	暨卫东				
副　主　编	贺　青	陈建芳	王保栋	姜伟男	陈金民
顾　　　问	于志刚	许焜灿	黄自强	吴日升	陈立奇
	林　端				
编写组成员	林　辉	陈宝红	张元标	王海燕	林　彩
	王伟强	高众勇	汪建君	霍云龙	潘建明
	金海燕	王　奎	薛　斌	孙　霞	刘　璐
	蒋凤华	谢琳萍	周燕遐	王秋璐	耿　森
	刘志军	焦红波	孙秀武	黄海宁	王继纲
	邝伟明	陈文锋	刘　洋	徐宪忠	张亚南
	张志强	岳宏伟	杨　寅	王素敏	张　凡

总前言

2003 年，党中央、国务院批准实施"我国近海海洋综合调查与评价"专项（简称"908 专项"），这是我国海洋事业发展史上一件具有里程碑意义的大事，受到各方高度重视。2004 年 3 月，国家海洋局会同国家发展与改革委员会、财政部等部门正式组成专项领导小组，由此，拉开了新中国成立以来最大规模的我国近海海洋综合调查与评价的序幕。

20 世纪，我国系列海洋综合调查和专题调查为海洋事业发展奠定了科学基础。50 年代末开展的"全国海洋普查"，是新中国第一次比较全面的海洋综合调查；70 年代末，"科学春天"到来的时候，海洋界提出了"查清中国海、进军三大洋、登上南极洲"的战略口号；80 年代，我国开展了"全国海岸带和海涂资源综合调查"，"全国海岛资源综合调查"，"大洋多金属资源勘查"，登上了南极；90 年代，开展了"我国专属经济区和大陆架勘测研究"和"全国第二次污染基线调查"等，为改革开放和新时代海洋经济建设提供了有力的科学支撑。

跨入 21 世纪，国家的经济社会发展也进入了攻坚阶段。在党中央、国务院号召"实施海洋开发"的战略部署下，"908 专项"任务得以全面实施，专项调查的范围包括我国内水、领海和领海以外部分管辖海域，其目的是要查清我国近海海洋基本状况，为国家决策服务，为经济建设服务，为海洋管理服务。本次调查的项目设置齐全，除了基础海洋学外，还涉及海岸带、海岛、灾害、能源、海水利用以及沿海经济与人文社会状况等的调查；调查采用的手段成熟先进，充分运用了我国已具备的多种高新技术调查手段，如卫星遥感、航空遥感、锚系浮标、潜标、船载声学探测系统、多波束勘测系统、地球物理勘测系统与双频定位系统相结合的技术等。

"908 专项"创造了我国海洋调查史上新的辉煌，是新中国成立以来规模最大、历时最长、涉及部门最广的一次综合性海洋调查。这次大规模调查历时 8 年，涉及 150 多个调查单位，调查人员万余人次，动用大小船只 500 余艘，航次千余次，海上作业时间累计 17 000 多天，航程

200 余万千米，完成了水体调查面积 102.5 万平方千米，海底调查面积 64 万平方千米，海域海岛海岸带遥感调查面积 151.9 万平方千米，获取了实时、连续、大范围、高精度的物理海洋与海洋气象、海洋底质、海洋地球物理、海底地形地貌、海洋生物与生态、海洋化学、海洋光学特性与遥感、海岛海岸带遥感与实地调查等海量的基础数据；调查并统计了海域使用现状、沿海社会经济、海洋灾害、海水资源、海洋可再生能源等基本状况。

"908 专项"谱写了中国海洋科技工作者认知海洋的新篇章。在充分利用"908 专项"综合调查数据资料、开展综合研究的基础上，编写完成了《中国近海海洋》系列专著，其中，按学科领域编写了 15 部专著，包括物理海洋与海洋气象、海洋生物与生态、海洋化学、海洋光学特性与遥感、海洋底质、海洋地球物理、海底地形地貌、海岛海岸带遥感影像处理与解译、海域使用现状与趋势、海洋灾害、沿海社会经济、海洋可再生能源、海水资源开发利用、海岛和海岸带等学科；按照沿海行政区域划分编写了 11 部专著，包括辽宁省、河北省、天津市、山东省、江苏省、浙江省、上海市、福建省、广东省、广西壮族自治区和海南省的海洋环境资源基本现状。

《中国近海海洋》系列专著是"908 专项"的重要成果之一，是广大海洋科技工作者辛勤劳作的结晶，内容充实，科学性强，填补了我国近海综合性专著的空白，极大地增进了对我国近海海洋的认知，它们将为我国海洋开发管理、海洋环境保护和沿海地区经济社会可持续发展等提供科学依据。

系列专著是 11 个沿海省（自治区、直辖市）海洋与渔业厅（局）、国家海洋信息中心、国家海洋环境监测中心、国家海洋环境预报中心、国家卫星海洋应用中心、国家海洋技术中心、国家海洋局第一海洋研究所、国家海洋局第二海洋研究所、国家海洋局第三海洋研究所、国家海洋局天津海水淡化与综合利用研究所等牵头编著单位的共同努力和广大科技人员积极参与的成果，同时得到了相关部门、单位及其有关人员的大力支持，在此对他们一并表示衷心的感谢和敬意。专著不足之处，恳请斧正。

《中国近海海洋》系列专著编著指导委员会

前 言
Foreword

　　"我国近海海洋综合调查与评价"专项是一次规模大、时间长、项目多、内容丰富的近海海洋综合调查与评价专项工作。中国海洋大学、厦门大学、南京大学、南开大学、中国科学院南海海洋研究所、中国科学院地球化学研究所、国家海洋局第一海洋研究所、国家海洋局第二海洋研究所、国家海洋局第三海洋研究所、国家海洋局北海分局、国家海洋局东海分局、国家海洋局南海分局、国家海洋环境监测中心、江苏省海洋环境监测中心、辽宁省海洋水产研究所、山东省海洋水产研究所、山东省海水养殖研究所、海南省海洋监测预报中心、宁波海洋环境监测中心站、烟台大学和天津科技大学，共21个调查单位承担自北向南分成的9个国家级调查区块和11个省市级调查区的调查研究工作，分别先后动用了我国目前先进的海洋调查船13艘及若干民船，于2006年7月14日至2007年12月29日完成了夏、冬、春、秋四季各区块间准同步调查，获得了各季度海洋水文、海洋化学、海洋生物、海底沉积物和海洋大气的完整资料。

　　本书我国近海海洋化学调查数据基础上，开展了渤海、黄海、东海、南海海区以及11个沿海省市管辖的海域海水化学、大气化学、沉积化学和生物质量等环境化学要素时空分布特征与变化规律的分析研究，评价了我国海水水质、大气环境质量、沉积物质量以及生物质量现状，并针对海陆相互作用下引起的我国近海海洋环境主要问题进行探讨。研究了夏季东海长江口底层低氧区以及低氧区形成机制；研究了中国沿岸流环境特征与演变规律以及对中国沿岸海洋环境的影响；研究了黄海冷水团在黄海生源要素生物地球化学循环中的作用和地位；评估了闽南沿岸上升流区环境特征与物质输运、通量；首次开展了我国近海海洋大气化学方面的分析研究，研究了大气气溶胶中国近海海域陆源和海源成分的富集程度和污染特征，研究了海洋大气中二氧化碳、甲烷等温室气体的时空分布、变化规律和二氧化碳的海气通量以及对海洋大气环境的影响；揭示了我国近岸河口港湾富营养化有机污染物和重金属污染的致害因素与污染症状，为我国海陆统筹、海洋经济与环境保护协调发展、防灾减灾提供科学依据。

　　本书分为三篇，是任务组集体努力的结晶。具体分工为：第 1 篇"近海海洋化学时空变化特征研究"中第 1 章由暨卫东、贺青、王伟强、徐宪忠执笔；第 2 章至第 5 章由暨卫东、贺青、陈金民、陈宝红、张亚南执笔。第 2 篇"近海区域性海洋化学若干问题研究"中第 6 章由张元标、张志强、暨卫东、陈金民、陈文锋执笔；第 7 章由林辉、林彩、孙秀武执笔；第 8 章、第 10 章至第 12 章由陈建芳、金海燕、王奎、高生泉执笔；第 9 章、第 13 章至第 17 章由王保栋、孙霞、谢琳萍、韦钦胜、黄江婵、臧璐、石晓勇、张传松执笔；第 18 章由高众勇、暨卫东、张凡执笔。第 3 篇"我国近海海洋环境状况分析研究"中第 19 章由贺青、陈宝红、张亚南执笔；第 20 章第 1 节由陈金民、王继纲、刘洋执笔；第 2 节由林彩、黄海宁执笔；第 3 节由王海燕、岳宏伟、杨颖、王素敏执笔；第 4 节由汪建君、暨卫东、陈金民执笔；第 5 节由暨卫东、贺青、邝伟明执笔；第 6 节由黄海宁、暨卫东、林彩、刘洋执笔；第 21 章由暨卫东、霍云龙执笔。本书的撰写得到国家海洋局"我国近海海洋综合调查与评价专项"办公室的大力支持，中国海洋大学于志刚校长在百忙中审阅了全书，并提出了许多宝贵意见，在编写过程中还得到了国家海洋局第三海洋研究所吴日升研究员、黄自强研究员、许焜灿研究员、陈立奇研究员，国家海洋局南海分局林端教授级高工的悉心指导，在此，我们深表谢意。

　　参加《中国近海海洋——海洋化学》编写工作的有国家海洋局第三海洋研究所、国家海洋局第一海洋研究所、国家海洋局第二海洋研究所、国家海洋信息中心，海洋出版社负责编辑出版工作。对参与本书编写工作的各单位和个人的热忱支持和大力协助，特此致以衷心的感谢。对著作中存在的不足，恳请读者惠予指正。

暨卫东

国家海洋局第三海洋研究所

2011 年 8 月

目　次

CONTENTS

中国近海海洋——海洋化学

第1篇　近海海洋化学时空变化特征研究

第2篇 近海区域性海洋化学若干问题研究

第3篇　我国近海海洋环境状况分析研究

第1篇　近海海洋化学时空变化特征研究

第1章　调查研究概况

我国近海海洋化学调查研究状况概述如下。

1.1　20世纪80年代以前

1957年，中国第一艘海洋综合调查船中国科学院"金星"号驶向渤海，开始了我国历史上的第一次海洋综合调查。从此海洋化学的研究工作在中国迅速兴起。

1958—1960年，国家科委海洋组组织海军、中国科学院、水产部等60多个单位600多名人员参加，动用各种船舶50多艘，开展了我国邻近海域（124°E西的渤海、黄海、东海与福建沿岸和东沙、西沙群岛以北的南海）海洋综合调查。这次调查奠定了现代中国海洋科学发展的基础，初步掌握了我国近海海洋要素的基本特征和变化规律，改变了我国缺乏基础海洋资料的局面；培养了一支海洋科技队伍，使之成为海洋科技战线的一支骨干力量，他们对海洋事业的敬业精神和严谨的科学态度一直影响着几代海洋科技工作者。

1959—1962年我国科技工作者主要在沿海近岸区进行了海水、海洋生物、沉积物和大气沉降的Sr^{90}、Cs^{137}和总β调查。此后，中国科学院海洋研究所、国家海洋局多次组织力量对黄海、渤海、东海及邻近大洋主要人工核素进行了调查。

1960—1964年，国家科委海洋组组织有关沿海省市、科研单位和高等院校开展了山东、江苏、上海、浙江、福建、广东等省市部分海岸带（向海至10~15 m等深线）的水文、气象、化学、地质、地貌调查。

1972—1978年，进行了渤海、北黄海、东海的污染调查，建立了渤黄海污染监测网，积累了大量资料，为渤黄海的污染治理和海洋环境保护工作提供了科学依据。

1972—1979年，由国家海洋局组织，国家海洋局东海分局、国家海洋局第二海洋研究所和国家海洋局第三海洋研究所及江苏、上海、浙江和福建四省市，相继开展了东海近岸海域及河口、港湾的污染调查，获取大量水质、底质、生物体及水文、气象资料。

1973—1978年，以中国科学院南海海洋研究所为主对中沙、西沙和南沙海域进行了海洋综合调查，第一次获得了南海中部海域的系统资料。自1973年起，中国科学院南海海洋研究所，在过去进行南海北部大陆架和北部湾海区的调查研究基础上，对南海西沙、中沙群岛及其邻近海域进行了多次综合调查，调查海区逐年扩大，调查项目逐年增加，直到1978年，南海海洋研究所以"实验"号调查船为主，共进行了16个航次的综合调查，调查项目包括海洋地质、海底地貌、海洋沉积、海洋气象、海洋水文、海水化学、海洋物理、海洋生物以及岛礁地貌等，对调查结果分析整编后，首次出版《南海海区综合调查研究报告》。

1976—1978年，对太平洋中部特定海区进行了综合调查，这次远洋调查吹响了我国向海洋进军、探索大洋奥秘的号角。

20 世纪 70 年代后期，国家海洋局和有关单位对中国近海温度、盐度、密度跃层的时空分布和变化规律，水团和水系的性质与消长变化规律，降温期海水混合层深度，内波及跃层的范围、类型、特征及其季节变化，黑潮区流速、流向和流量的变化规律，黑潮的低频变异，海底地形对黑潮路径的影响，各种污染物的来源、含量、分布和迁移规律，海洋自净能力等进行了研究。

1.2 20 世纪 80 年代至 20 世纪末

在改革开放和以经济建设为中心的指导思想下，我国近海海洋环境的调查研究，在加大投入、引进先进仪器设备和进行广泛国内外合作与交流的条件下，进一步扩大了调查、监测范围，提高了调查研究的深度。

1980—1981 年中美合作对长江口及邻近海域，以大陆架沉积作用为中心，分成河口水文、河口化学、大陆架水文、悬浮物、大陆架的沉积作用和沉积速率、大陆架和河口的沉积作用和地貌学、地球化学、底栖生物等作了较全面的研究。

1981 年和 1982 年山东海洋学院出海 4 航次，分别对物理海洋、海洋气象、海洋化学、海洋生物和海洋地质进行了综合考察，主要目的是研究东海中黑潮和长江冲淡水季节变化情况及其对济州岛南面及近海渔场和我国气候的影响，与中、美上述长江口及其邻近海域的调查互为补充。

1980—1987 年，国务院于 1979 年 8 月批准了国家科委、国家农委、军委总参部、国家海洋局、国家水产总局"关于开展全国海岸带和海涂资源综合调查的请示"报告，并指示各沿海省、市、自治区组织力量，结合省（市）情况，开展一次普查。此次调查范围一般是以海岸线为准，向陆地延伸 10 km 左右，向海至水深 20 m 等深线左右。调查内容包括了气候、水文、地质、地貌、海水化学、环保、海洋生物等 14 个专业。编写的《全国海岸带和海洋资源综合调查报告》成为我国第一部全面反映海岸资源状况的综合性论著，具有较高的实用价值。

1983 年 7 月，中国科学院南海海洋研究所的"实验 2"号、"实验 3"号两艘船，加上水产所的一艘，以这三艘船为主的调查队，到达曾母暗沙海区调查。

1983 年，国家海洋局第一海洋研究所进行了渤海放射性污染评价，指出渤海受到了轻微的放射性污染，污染源主要来自大气核试验。

1983—1986 年山东海洋学院分别与美国和法国海洋学家合作，出海 7 航次对黄河口的化学、地质、物理水文和生物进行了较系统的综合调查。中国科学院海洋研究所、国家海洋局所属研究单位结合全国海岸带调查，也对黄河口作了综合调查。

在 1984 年 11 月 20 日—1985 年 4 月 10 日，我国首次派出由南大洋考察队、南极洲考察队、"向阳红 10"号远洋科学调查船和"J121"号打捞救生船所组成的南极考察编队，共有 591 人参加考察，进行了南大洋磷虾资源和环境状况的多学科调查；在南极洲进行了生物、地质、地貌、高层大气物理、地震、气象、测绘和海洋科学等领域的考察。

自 1984 年我国首次组织南极科考以来，我国已经在南极建立了长城站、中山站、昆仑站和北极黄河站 4 个科学考察站，成功组织了 28 次南极科学考察和 5 次北冰洋科学考察，取得了许多高水平考察研究成果，为人类认识"两极"、探索极地奥秘做出了重要贡献。

1984—1985 年，为维护国家海洋权益，先后组织了"南海中部调查"和"东海大陆架调查"。"实验"号调查船多次穿越西沙群岛、中沙群岛、南沙群岛海区，为我国对该海域的管理积累了基本资料。"东海大陆架调查"基本摸清了东海大陆架的延伸状态。

1984—1985 年，国家海洋局第一海洋研究所、国家海洋局第二海洋研究所在 25°—32°N，120°—129°E 海域，进行了冬季黑潮及其对东海海洋环境影响的调查研究，分析研究了东海水文特征、水团、锋面混合及跃层、东海环流、东海黑潮表层流路的变异、黑潮对东海气候的影响、东海浮游植物蕴藏量及初级生产力、东海化学要素分布、水化学特征、海洋锋与渔场的关系等。

1984—1986 年间中国科学院海洋研究所对渤、黄、东海进行海洋化学方面的综合性调查研究工作，主要结果如下：①探明了长江口、东海、胶州湾、黄河口、渤海湾等水域 40 种无机物、有机物、放射性核素的地球化学特征和若干物理化学性质，样品包括河口水、海水、悬浮体、沉积物、间隙水、生物体等；②根据调查结果，提出"天然水痕量金属离子均匀分布规律"；③研究了铬、汞、砷、硅、腐殖质、多环芳烃、Sr^{90}、Cs^{137} 的地球化学。

1984—1988 年，国家海洋局第三海洋研究所对台湾海峡中线以西（22°20′—25°45′N，116°30′—120°30′E）海域进行了海洋水文、气象、化学、生物、地质等综合调查，发现有多种水系交汇，台湾浅滩、平潭附近和泉州湾有上升流；台湾海峡海水水质状况良好。1983 年 5 月—1984 年 8 月，福建海洋研究所开展台湾海峡中、北部海洋综合性调查，获取了海洋水文气象、海洋物理、海洋地质地貌、海洋化学和海洋生物等方面大量样品和观测数据。

1986 年，"南沙群岛及其邻近海区综合科学考察"列入国家"七五"计划的科技专项，组成中国科学院南沙综合考察队。从 1987 年开始对南沙正式进行综合科学考察。在从"七五"到"八五"、"九五"、"十五"一直得到立项，有 40 多个单位的 600 多人参与。较全面地查明了在 12°N 以南、断续线以内南沙群岛 72 个主要礁体的状况。

1986—1992 年，国家海洋局与日本科技厅等单位共同实施了"中日黑潮合作调查研究"项目，投入 14 艘海洋调查船，进行了东海、黄海南部、琉球群岛东侧、日本以南和以东海域，海洋水文、气象、生物、化学环境要素综合调查研究，对黑潮区域水文、气象、化学、生物要素的时空分布与变化特征、台湾暖流和对马暖流的来源、海洋峰、黑潮路径和大弯曲及对中国东部气象的影响等有了系统的认识。

1988—1995 年，国家海洋局组织沿海省、市、自治区进行了全国海岛资源综合调查和海岛综合开发试验。调查范围：大潮高潮面之上，面积在 500 m^2 以上的海岛全陆域及周围海域从高潮线至水深 20 m 或 30 m 等深线，一般应在 5～10 n mile 范围内。调查内容包括：水文、气候、海水化学、底质、地貌、土壤、植被（含林业）、海洋生物、环境质量、土地利用、社会经济等 11 项。

1.3　21 世纪初海洋环境调查研究

1996—2002 年，以国家海洋局第一海洋研究所、国家海洋局第二海洋研究所、国家海洋局第三海洋研究所和国家海洋环境监测中心为主，国家海洋信息中心、中国地质调查局海洋地质研究所和广州海洋地质调查局、中国科学院海洋研究所参加，开展了国家"126 专项"我国专属经济区与大陆架，黄海、东海、南海及台湾以东海域包括海洋水文气象、海水化学、沉积环境化学和灾害地质在内的综合海洋环境调查。1996—2002 年，以国家海洋环境监测中心和国家海洋局第三海洋研究所为主，国家海洋局北海分局、国家海洋局东海分局、国家海洋局南海分局与地方省市海洋环境监测站参与，开展了第二次全国海洋环境污染基线调查，为掌握我国近海海洋环境质量状况提供了重要的科学依据。与此同时开展了国家攀登计划"南海季风试验"和国家重点基础发展项目"中国近海环流（G1999043800）"。

第 2 章　近海海水化学

在我国近海海洋综合调查与评价专项的水体海水化学调查数据的基础上，按编图范围分为渤海、黄海、东海和南海片，对海水化学要素环境行为作分析，并进行数理统计分析，结合各要素的平面、断面垂直分布特征，研究近海海水化学要素的时空分布状况与变化特征。

2.1　海水中常规水化学要素分布变化特征

2.1.1　溶解氧

海水中的溶解氧含量与大气氧的分压、海水理化性质、化学过程、生物活动及水体运动等因素有关。海水中的氧主要来源于大气氧的溶解和海洋植物光合作用，海洋生物的呼吸作用、有机物的分解和无机物的氧化作用则为其主要消耗过程。海水中溶解氧含量一般随大气氧分压的升高、海水温度和盐度的降低、海洋植物光合作用的增强等而升高，随上述诸因素的逆作用及有机物分解与无机物氧化作用的加剧而降低。在海洋上层（0～80 m），由于有较充足的阳光，浮游植物的光合作用占优势，且海气氧的交换充分，使海水氧的含量常呈饱和或过饱和状态。在海洋真光层以下，由于生物呼吸和有机物分解所消耗掉海水中氧的量大于其获得补充的量，故常呈不饱和状态。

2.1.1.1　溶解氧统计特征值

渤海、黄海、东海及南海海水中溶解氧含量的季节变化：冬季水温最低，氧在海水中溶解度大，海水溶解氧含量最高；春季水温升高是浮游植物水华期，浮游植物吸收二氧化碳和营养盐，并放出氧气，海水中的溶解氧也比较高；夏季水温最高，氧在海水中溶解度小，海水溶解氧含量最低；秋季水温降低海水溶解氧含量回升。各季节各海区溶解氧统计特征值见表 2.1，渤海溶解氧平均值，夏季最低，冬季最高；黄海溶解氧平均值则略有不同，秋季最低，春季最高；东海溶解氧平均值，夏季最低，冬季最高；南海溶解氧平均值，夏季最低，冬季最高。

表 2.1　海水溶解氧统计特征值　　　　　　单位：$\mu mol/dm^3$

季节	渤海		黄海		东海		南海	
	范围	平均值	范围	平均值	范围	平均值	范围	平均值
夏季	246.88～643.13	431.12	85.00～647.50	470.38	126.25～835.00	381.05	149.38～741.25	378.41
冬季	553.75～836.25	663.59	290.63～721.90	581.99	335.00～741.88	521.61	139.38～570.63	454.33
春季	481.88～761.88	658.39	458.13～736.90	600.34	375.00～798.75	501.41	211.88～874.38	439.71
秋季	363.75～653.13	490.85	208.13～626.88	450.30	121.25～755.63	444.14	198.13～531.88	421.01

2.1.1.2 溶解氧平面分布变化特征

由图2.1和图2.2可见，2006年夏季，渤海、黄海、东海表层溶解氧含量大致呈沿岸低，

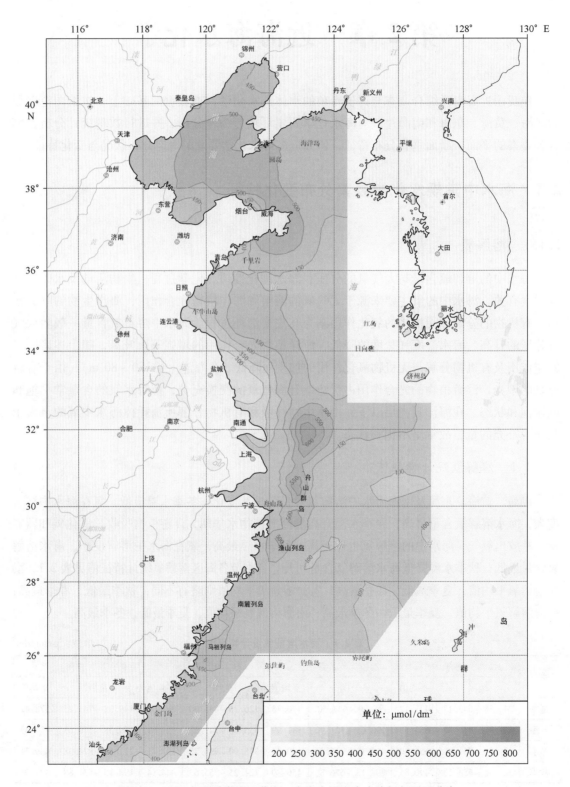

图2.1　2006年夏季渤海、黄海、东海表层海水中溶解氧平面分布

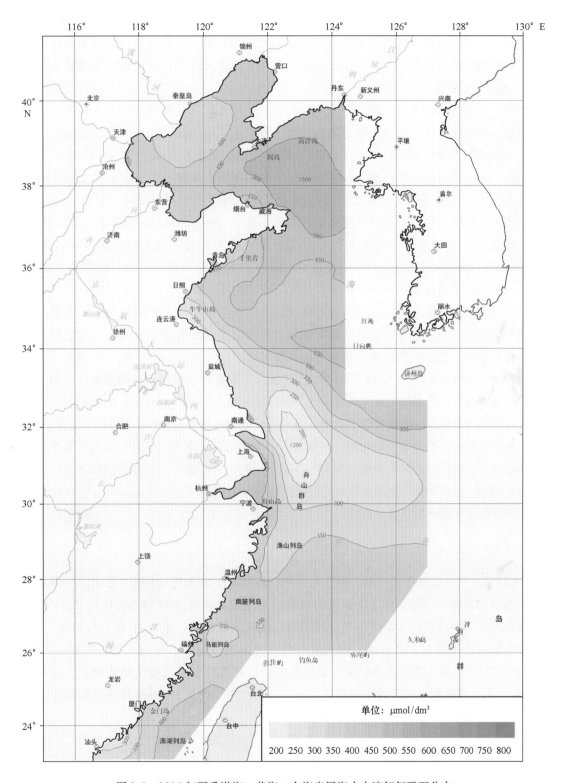

图 2.2　2006 年夏季渤海、黄海、东海底层海水中溶解氧平面分布

海区中部较高，由北往南逐步降低的分布趋势。溶解氧含量大于 $500\ \mu mol/dm^3$ 的相对高值区出现在渤海和舟山群岛至长江口外附近海域；溶解氧含量小于 $300\ \mu mol/dm^3$ 的低值区出现在苏北沿岸。底层溶解氧含量大于 $500\ \mu mol/dm^3$ 的相对高值区出现在北黄海；由于长江输入耗氧物质而形成的低氧区的存在，自长江口外、苏北沿岸往北延伸，出现大面积溶解氧含量小于 $200\ \mu mol/dm^3$ 的低氧区。

由图 2.3 和图 2.4 可见，2006 年夏季，南海表层溶解氧含量在珠江口、北部湾、海南岛东部海域及台湾浅滩至东沙群岛附近出现小于 $400\ \mu mol/dm^3$ 的低值区；粤西沿岸附近海域，出现溶解氧含量为 $600\ \mu mol/dm^3$ 的高值区。底层溶解氧含量总体低于表层，溶解氧含量为 $400\ \mu mol/dm^3$ 的相对高值区出现在台湾海峡和茂名阳江附近海域；在东沙群岛至西沙群岛之间的外海区由于水深迅速增加而出现了较大范围溶解氧含量小于 $250\ \mu mol/dm^3$ 的低值区。

由图 2.5 和图 2.6 可见，2006 年冬季，渤海、黄海、东海表层溶解氧含量大致呈近岸高、海区中部低，由北往南逐步降低的分布趋势，等值线大致与岸线平行。溶解氧含量大于 $600\ \mu mol/dm^3$ 的高值区出现在渤海、北黄海和长江口至杭州湾附近海域；溶解氧含量小于 $450\ \mu mol/dm^3$ 的低值区出现在东海中部和台湾海峡。底层溶解氧含量大于 $650\ \mu mol/dm^3$ 的相对高值出现在渤海、北黄海和杭州湾附近海域；溶解氧含量小于 $350\ \mu mol/dm^3$ 的低值区出现在黄海中部海域，体现了冬季强盛的黄海暖流向北黄海及渤海入侵的特征，东海溶解氧受台湾暖流路径影响，低值区主要集中在台湾岛北部海域。

由图 2.7 和图 2.8 可见，2006 年冬季，南海表层溶解氧含量呈由北向南逐步降低的分布趋势，沿岸高于近海，等值线大致与岸线平行。溶解氧含量大于 $500\ \mu mol/dm^3$ 的相对高值区出现在台湾海峡西部海域；溶解氧含量小于 $400\ \mu mol/dm^3$ 的低值区主要分布在西沙群岛以北的海域。底层溶解氧含量分布趋势与表层相似，高氧水舌沿着岸线向西南方向延伸，体现了冬季闽浙沿岸流强盛南下的特征，溶解氧含量大于 $500\ \mu mol/dm^3$ 的相对高值区出现在台湾海峡西部厦门至汕头附近海域；在东沙群岛至西沙群岛的外海出现溶解氧含量小于 $250\ \mu mol/dm^3$ 的低值区，表现出南海深层水的低溶解氧含量的特征。

2.1.2 pH

pH 值是海水中氢离子活度的一种度量，在一般情况下海水的 pH 值主要受控于海水碳酸盐体系的解离平衡，引起海水 pH 变化的自然因素主要是海洋生物的光合作用和呼吸作用，以及有机物的分解。海洋生物进行光合作用时，吸收二氧化碳，放出氧气，pH 值随之升高；而水中生物的呼吸和有机物分解，都消耗氧气，放出二氧化碳，使海水 pH 值降低。因此，海水 pH 的变化通常与溶解氧含量变化趋势相似，与有机物含量的变化趋势相反。引起海水 pH 变化的人为因素则是含酸或含碱废水、废弃物的排放。海水 pH 是海洋化学和海洋生物学研究的重要参数之一。

2.1.2.1 pH 统计特征值

渤海、黄海、东海及南海海水中 pH 值的季节变化，各个海区不尽相同，它的变化主要受到陆源冲淡水、沿岸流、上升流、台湾暖流、黑潮支流、南海环流等作用和海洋生物活动的影响。所以，往往表现出河口区、沿岸流区和深层海水影响的区域以及近岸海域 pH 值低，外海表层海水影响的海域 pH 值以及海洋浮游植物活动强烈的区域 pH 值高。各季节各海区 pH 统计特征值见表

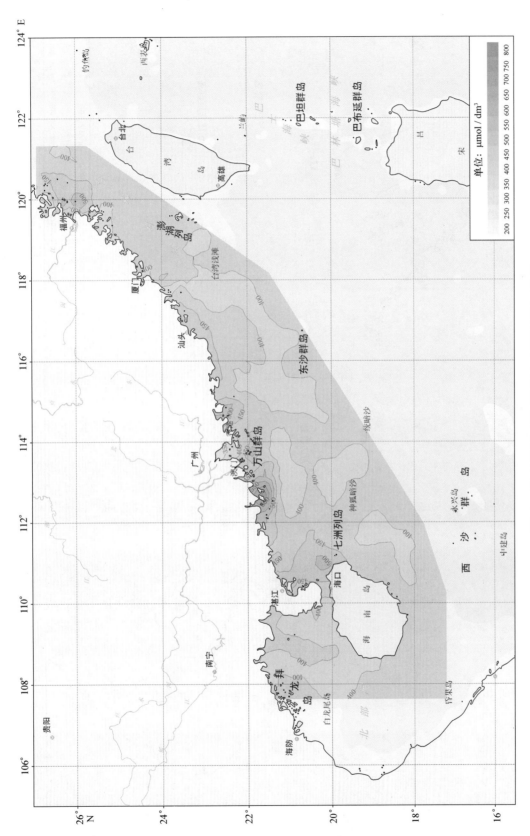

图2.3 2006年夏季南海表层海水中溶解氧平面分布

单位：μmol / dm³

200 250 300 350 400 450 500 550 600 650 700 750 800

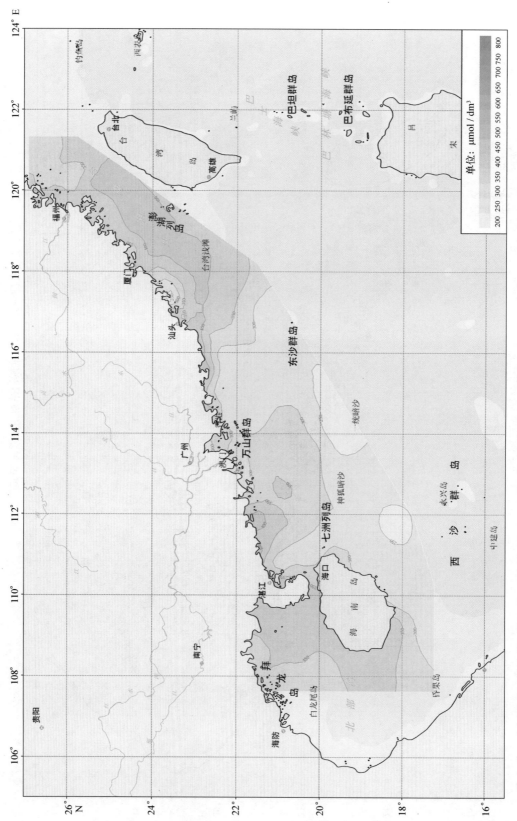

图2.4 2006年夏季南海底层海水中溶解氧平面分布

单位: μmol / dm³

200 250 300 350 400 450 500 550 600 650 700 750 800

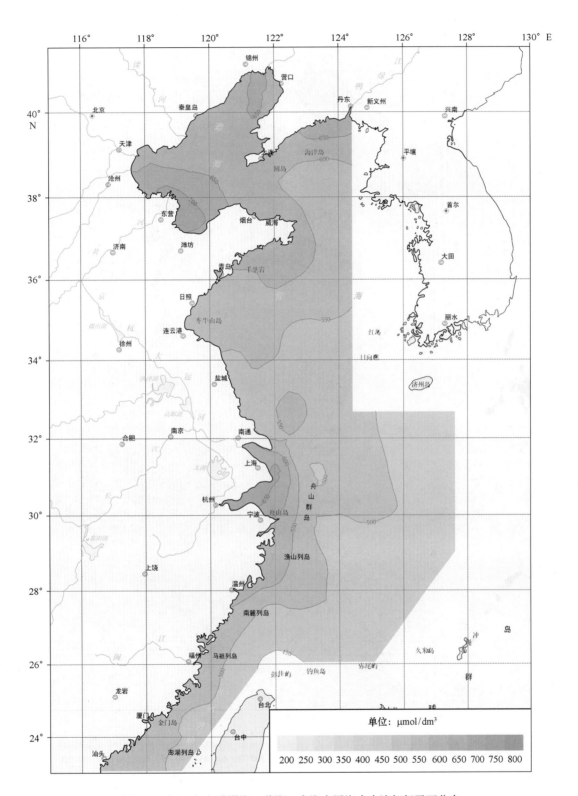

图 2.5　2006 年冬季渤海、黄海、东海表层海水中溶解氧平面分布

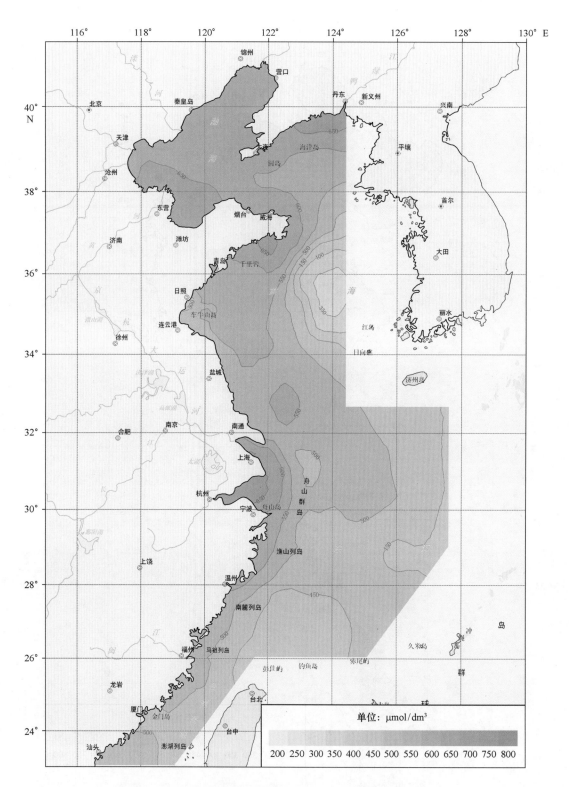

图 2.6 2006 年冬季渤海、黄海、东海底层海水中溶解氧平面分布

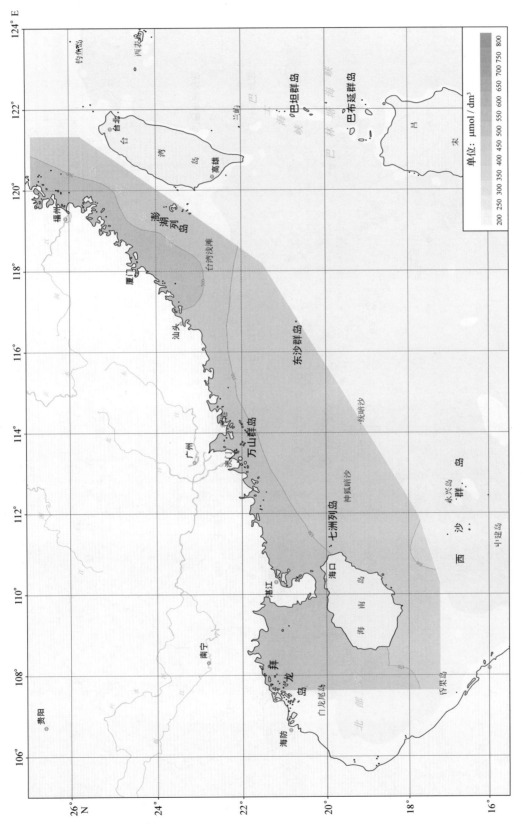

图2.7　2006年冬季南海表层海水中溶解氧平面分布

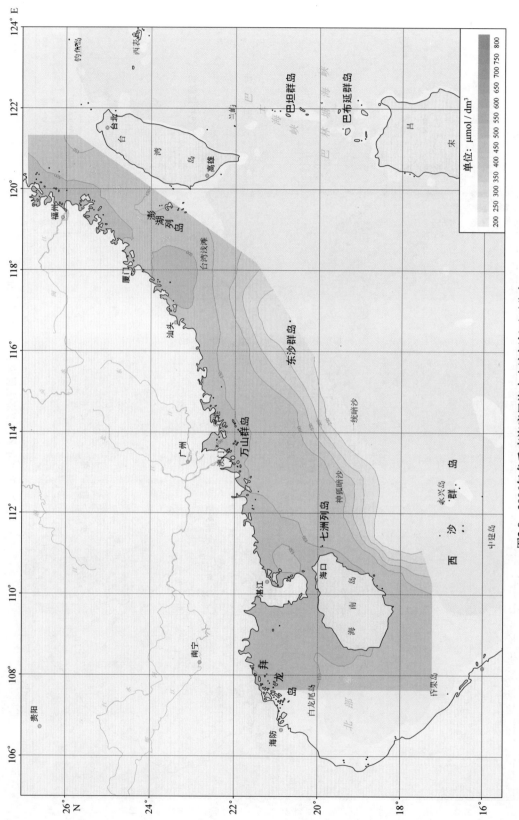

图2.8 2006年冬季南海底层海水中溶解氧平面分布

2.2，渤海 pH 平均值，秋季最低，冬季最高；黄海 pH 平均值，秋季最低，春季最高；东海 pH 平均值，夏、秋季最低，冬、春季最高；南海 pH 平均值，夏季最低，秋季最高。

表 2.2 海水 pH 统计特征值

季节	渤海		黄海		东海		南海	
	范围	平均值	范围	平均值	范围	平均值	范围	平均值
夏季	7.76~8.47	8.10	7.78~8.52	8.11	7.61~8.71	8.16	7.14~8.78	8.10
冬季	7.97~8.42	8.24	7.83~8.27	8.11	7.68~8.74	8.20	7.78~8.33	8.21
春季	7.87~8.57	8.09	7.89~8.33	8.13	7.68~8.97	8.20	7.17~8.71	8.20
秋季	7.73~8.25	8.01	7.71~9.10	8.09	7.67~9.13	8.16	7.57~8.44	8.22

2.1.2.2 pH 平面分布变化特征

由图 2.9 和图 2.10 可见，2006 年夏季，渤海、黄海、东海表层 pH 值呈沿岸低外海高的分布趋势。长江口及杭州湾由于直接受陆地冲淡水的影响，pH 值出现小于 7.9 的低值区；pH 值大于 8.4 的相对高值区出现在渤海湾和长江口外侧，舟山群岛附近海域。底层 pH 与表层分布趋势相同，pH 值小于 7.9 的低值区出现在长江口附近海域和杭州湾；pH 值大于 8.3 的高值区出现在黄海南部外侧海域。

由图 2.11 和图 2.12 可见，2006 年夏季，南海表层 pH 值小于 7.8 的相对低值区出现在汕头近岸、珠江口及海南岛东南部海域；pH 值大于 8.6 的高值区出现在万山群岛西南海域。底层 pH 高值主要分布在台湾浅滩以及万山群岛至东沙群岛附近海域，pH 值小于 7.8 的 pH 低值区出现在深圳近岸海域，东沙群岛至一统暗沙一带水深较深区域也有 pH 值小于 7.9 的低值分布，表现出南海深层水低 pH 值的特征。

由图 2.13 和图 2.14 可见，2006 年冬季，渤海、黄海、东海表层 pH 值呈现沿岸低外海高的分布趋势。黄海北部、东海和台湾海峡近岸海域相对较低，pH 值为 8.0 的低值区出现在长江口；渤海、东海和台湾海峡外侧海域相对较高，散布着一些封闭的 pH 值为 8.2 的相对高值区块。底层 pH 值与表层分布趋势相同，沿岸低外海高，pH 值为 8.0 的低值区出现在黄海和长江口；pH 值为 8.3 高值区块出现在莱州湾。

由图 2.15 和图 2.16 可见，2006 年冬季，南海表层 pH 值呈现沿岸低外海高的分布趋势。pH 值为 8.2 的高值区主要分布在台湾浅滩、万山群岛至东沙群岛海域及海南岛周边海域；低值主要分布在闽粤沿岸，粤西沿岸有一低值水舌向东南延伸，贯穿海南岛东部海域，珠江口出现 pH 值为 7.9 的低值区。底层 pH 值 7.9 低值区出现在珠江口、西沙群岛北部海域，外海 pH 表现出南海深层海水低 pH 特征。

2.1.3 总碱度

海水含有相当数量的 HCO_3^-、CO_3^{2-}、$H_2BO_3^-$、$H_2PO_4^-$ 和 $SiO(OH)_3^-$ 等弱酸阴离子，它们都是氢离子的接受体。这些氢离子接受体的浓度总和在海洋学上称为总碱度。总碱度是海水中弱酸阴离子总含量的一个量度。

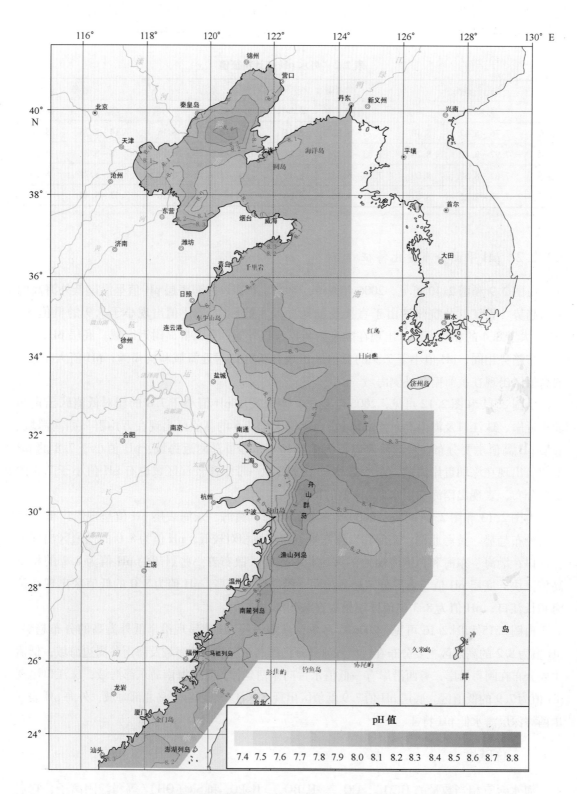

图 2.9 2006 年夏季渤海、黄海、东海表层海水中 pH 平面分布

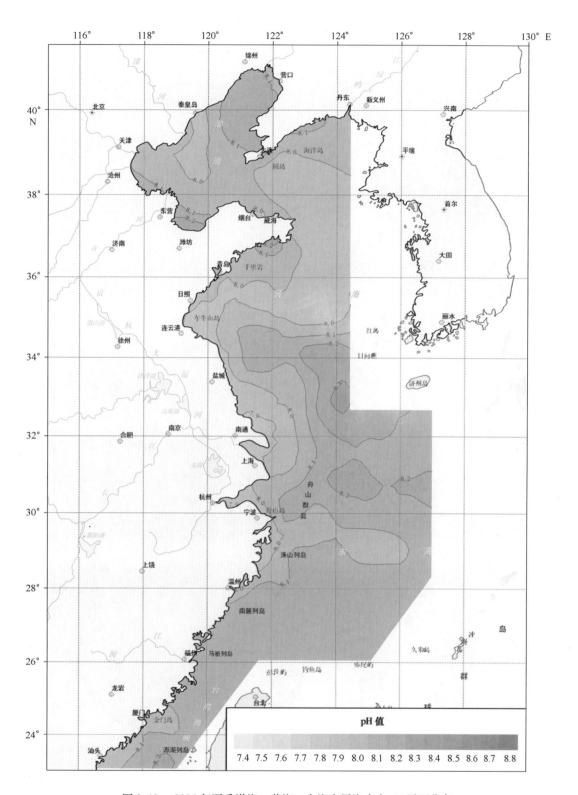

图 2.10　2006 年夏季渤海、黄海、东海底层海水中 pH 平面分布

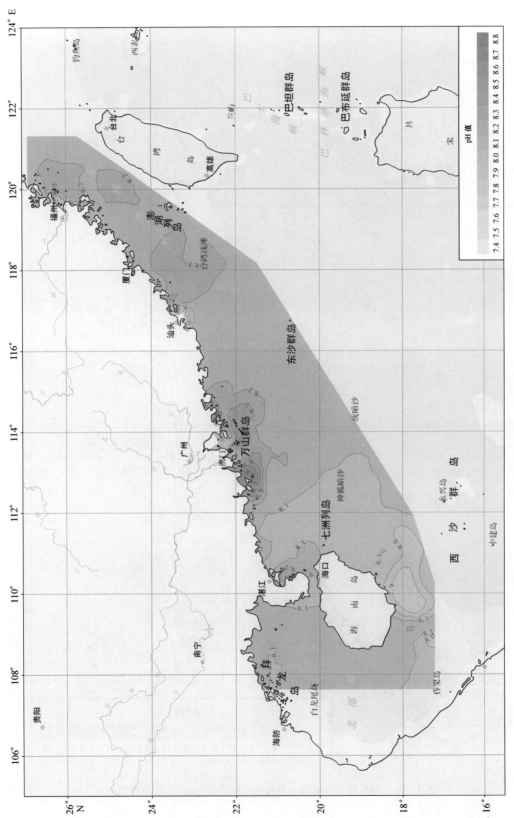

图2.11　2006年夏季南海表层海水中pH平面分布

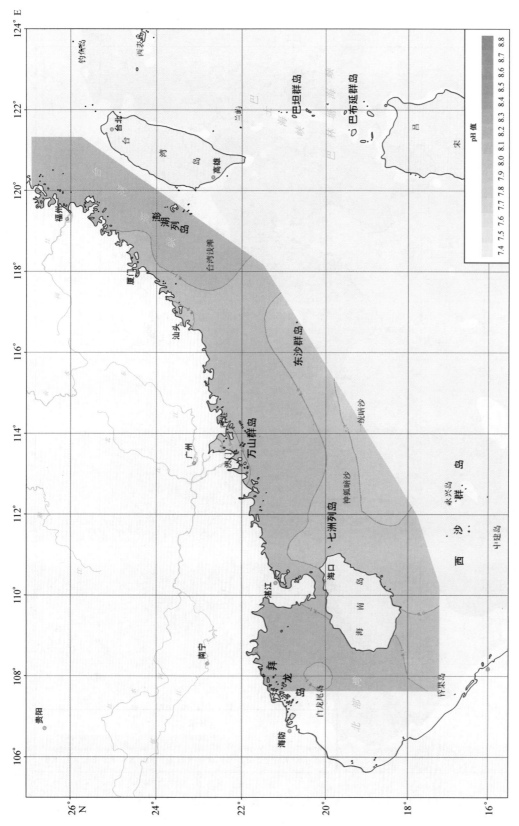

图2.12　2006年夏季南海底层海水中pH平面分布

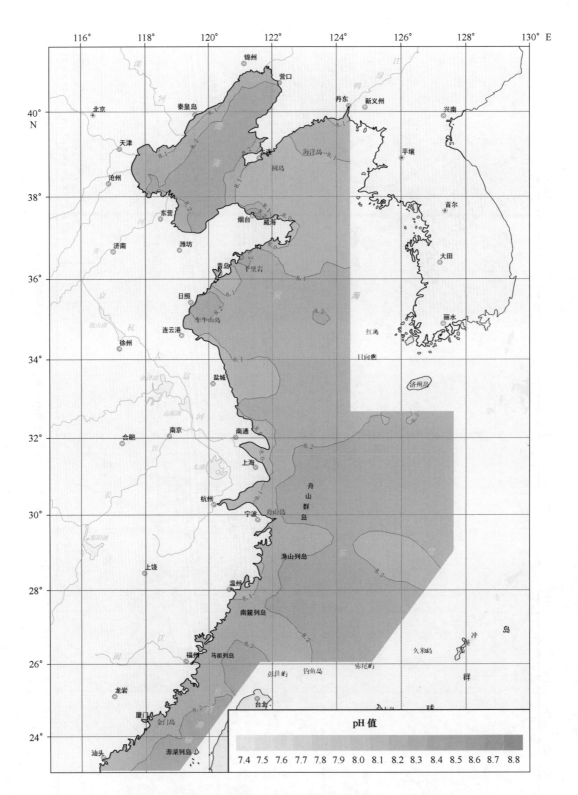

图 2.13 2006 年冬季渤海、黄海、东海表层海水中 pH 平面分布

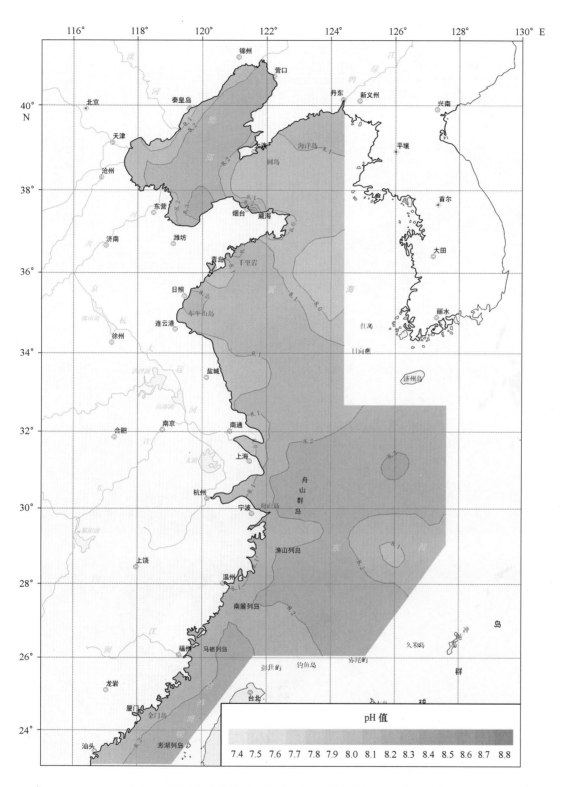

图 2.14　2006 年冬季渤海、黄海、东海底层海水中 pH 平面分布

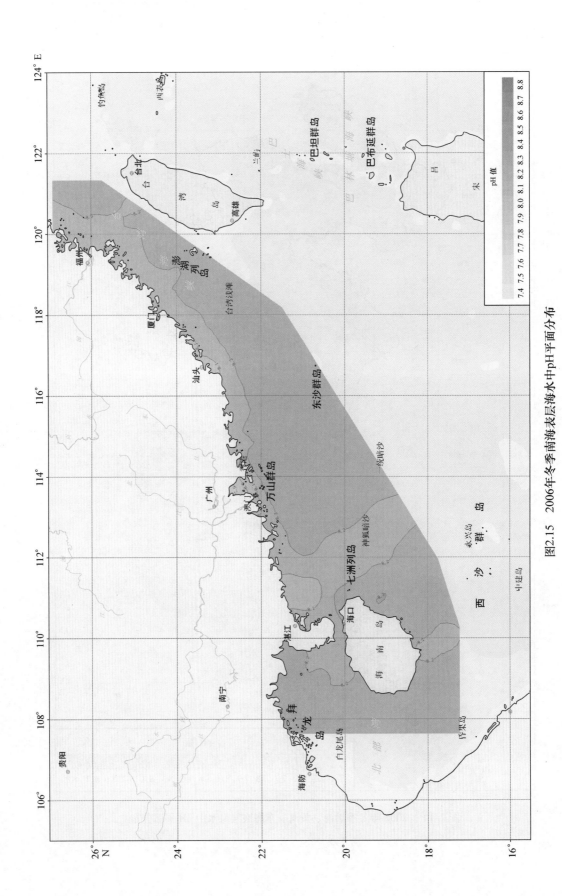

图2.15 2006年冬季南海表层海水中pH平面分布

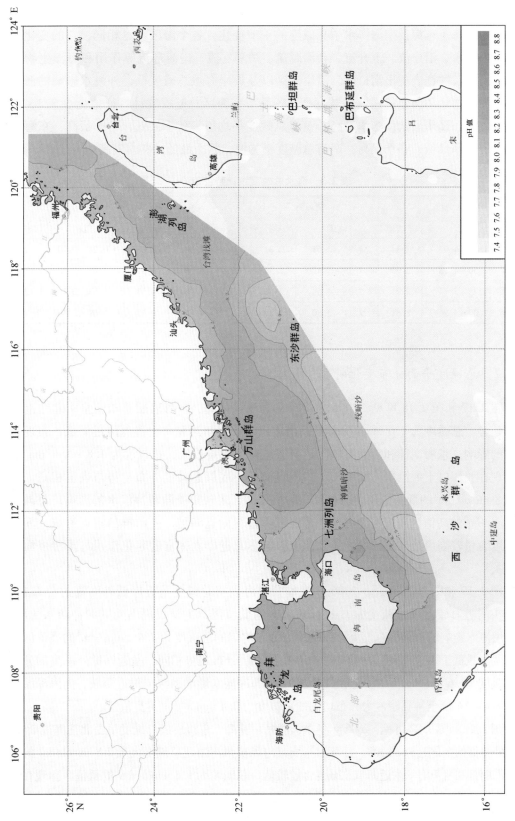

图2.16　2006年冬季南海底层海水中pH平面分布

2.1.3.1 总碱度统计特征值

渤海、黄海、东海及南海海水中总碱度的季节变化，各个海区不尽相同，它的变化主要受到陆源冲淡水、沿岸流、上升流、台湾暖流、黑潮支流、南海环流等作用和海洋生物活动的影响。所以，往往表现出河口区、沿岸流区以及近岸海域总碱度低，外海水影响的海域以及海洋浮游植物活动强烈的区域总碱度高。各季节各海区总碱度统计特征值见表 2.3，渤海总碱度平均值，夏季最低，冬季最高；黄海总碱度平均值，秋季最低，冬季最高；东海总碱度平均值，夏季最低，春季最高；南海总碱度平均值，秋季最低，冬季最高。

表 2.3　海水总碱度统计特征值　　　　　　　　单位：mmol/dm³

季节	渤海		黄海		东海		南海	
	范围	平均值	范围	平均值	范围	平均值	范围	平均值
夏季	1.80~4.94	2.34	1.95~2.61	2.31	1.09~4.08	2.27	0.24~2.70	2.21
冬季	2.30~4.18	2.95	1.70~3.57	2.36	0.95~5.05	2.31	1.86~2.80	2.28
春季	2.23~3.74	2.91	2.08~4.68	2.32	0.79~4.96	2.34	1.73~2.70	2.27
秋季	2.22~4.94	2.81	2.11~2.80	2.30	1.33~4.94	2.33	1.69~2.43	2.19

2.1.3.2 总碱度平面分布变化特征

由图 2.17 和图 2.18 可见，2006 年夏季，渤海、黄海、东海表层总碱度呈由北往南逐渐降低的趋势。总碱度为 2.6 mmol/dm³ 的高值区出现在莱州湾和舟山群岛附近海域，表现出受外海水的影响；东海南部和台湾海峡附近海域总碱度含量较低，总碱度为 1.8 mmol/dm³ 的低值区出现在长江口上海沿岸海域和闽江口附近海域。底层总碱度分布趋势与表层相同，总碱度为 1.8 mmol/dm³ 的低值区出现在长江口和杭州湾，表现出受陆源冲淡水的影响；总碱度为 2.8 mmol/dm³ 的高值区出现在渤海湾、苏北沿岸盐城附近海域、舟山群岛附近海域，苏北沿岸总碱度含量较高可能与长江口冲淡水北上引起苏北近岸水体富营养化作用与浮游植物大量繁殖相关。

由图 2.19 和图 2.20 可见，2006 年夏季，南海表层总碱度呈近岸低外海高的分布趋势。深圳汕头附近海域出现总碱度为 1.4 mmol/dm³ 的低值区，主要表现出受陆源冲淡水的影响；南海深层海水影响的海域海南岛东部至神狐暗沙为分布均匀的总碱度为 2.4 mmol/dm³ 的高值区。底层总碱度含量低于表层总碱度含量，分布趋势与表层分布趋势相同，呈近岸低外海高的分布趋势，总碱度为 1.6 mmol/dm³ 的低值区出现在受陆源冲淡水影响的深圳附近海域；南海深层海水影响的海域海南岛东部至神狐暗沙为分布均匀的总碱度为 2.4 mmol/dm³ 的高值区。

由图 2.21 和图 2.22 可见，2006 年冬季，渤海、黄海、东海表层总碱度呈由北往南逐渐降低，沿岸高外海低的变化趋势。渤海、江苏沿岸线方向和杭州湾出现总碱度大于 2.8 mmol/dm³ 的高值区；东海南部和台湾海峡附近海域总碱度含量较低，总碱度为 1.8 mmol/dm³ 的低值区出现在长江口上海沿岸海域，表现出受长江冲淡水影响。底层总碱度分布趋势与表层分布趋势相同，总碱度为 1.8 mmol/dm³ 的低值区出现在长江口上海沿岸海域，从 29°N 以南至台湾海峡大片海域总碱度分布较为均匀，一般在 2.2 mmol/dm³ 以下，主要受台湾暖流影响；总碱度为

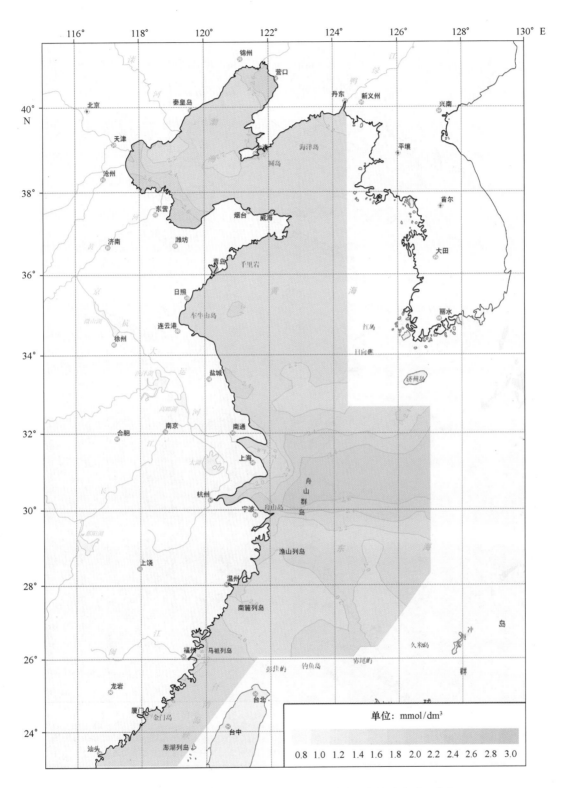

图 2.17　2006 年渤海、黄海、东海夏季表层海水中总碱度平面分布

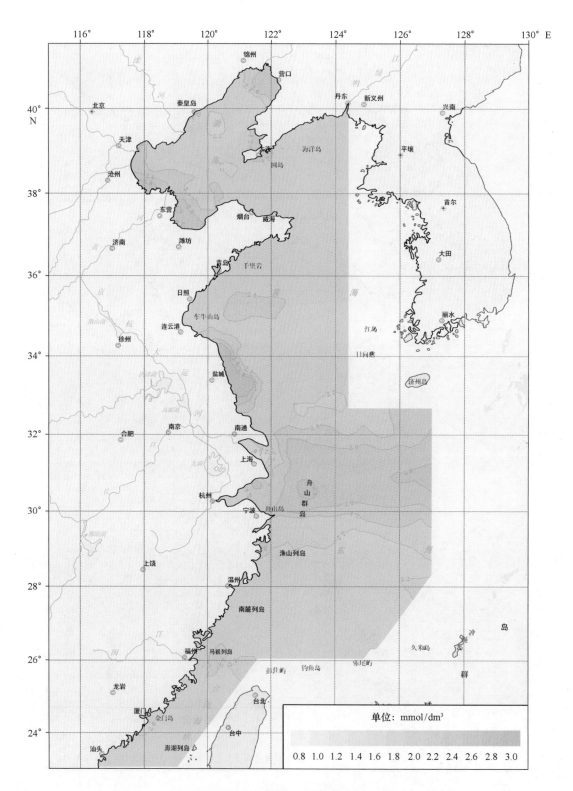

图 2.18　2006 年夏季渤海、黄海、东海底层海水中总碱度平面分布

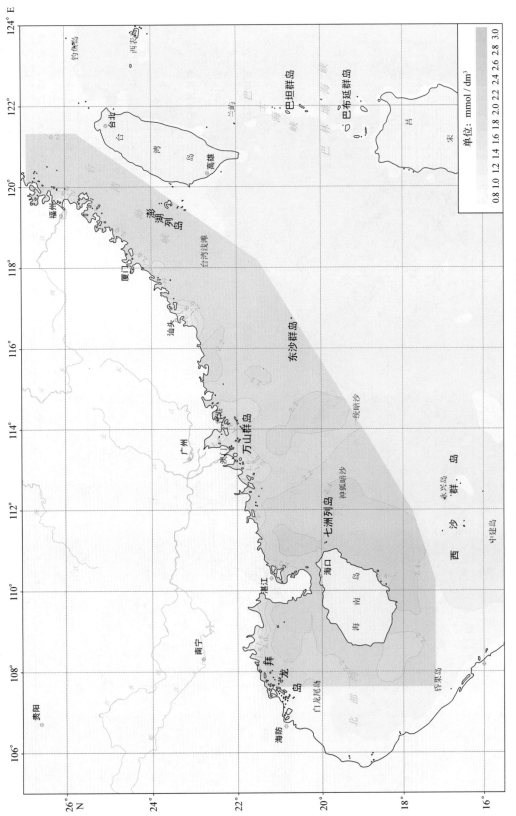

图2.19　2006年夏季南海表层海水中总碱度平面分布

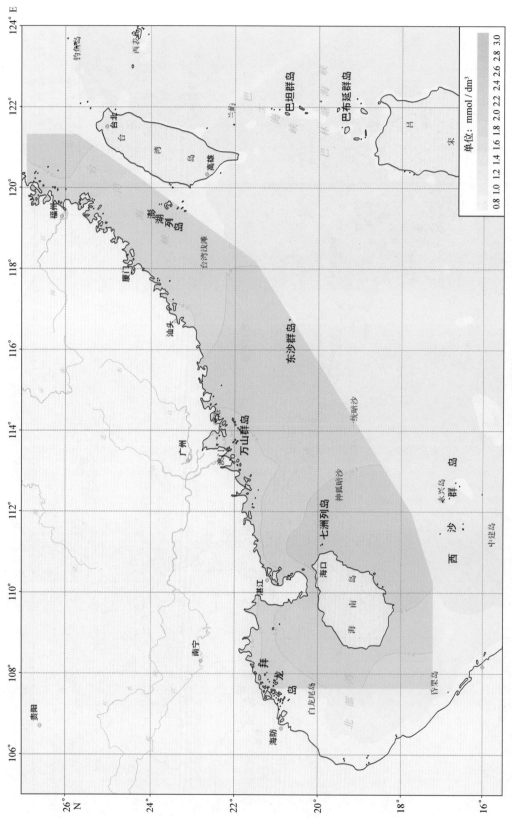

图2.20　2006年夏季南海底层海水中总碱度平面分布

单位：mmol/dm³

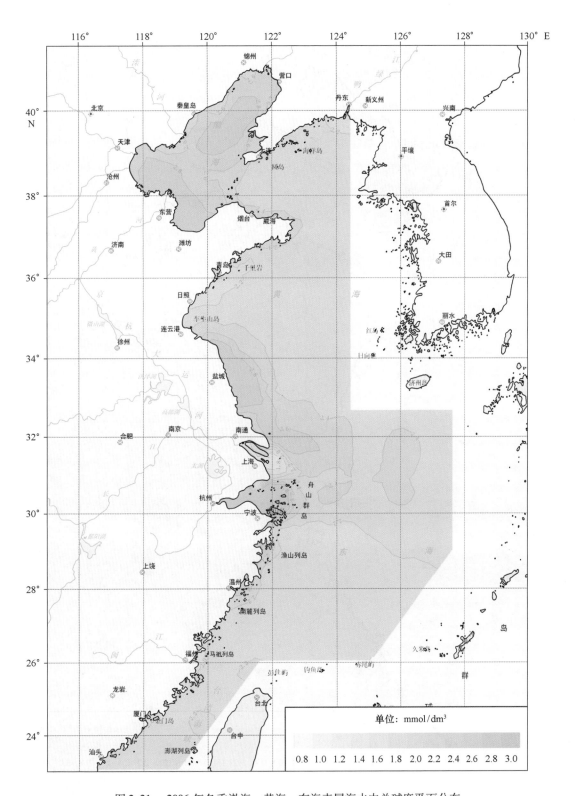

图 2.21　2006 年冬季渤海、黄海、东海表层海水中总碱度平面分布

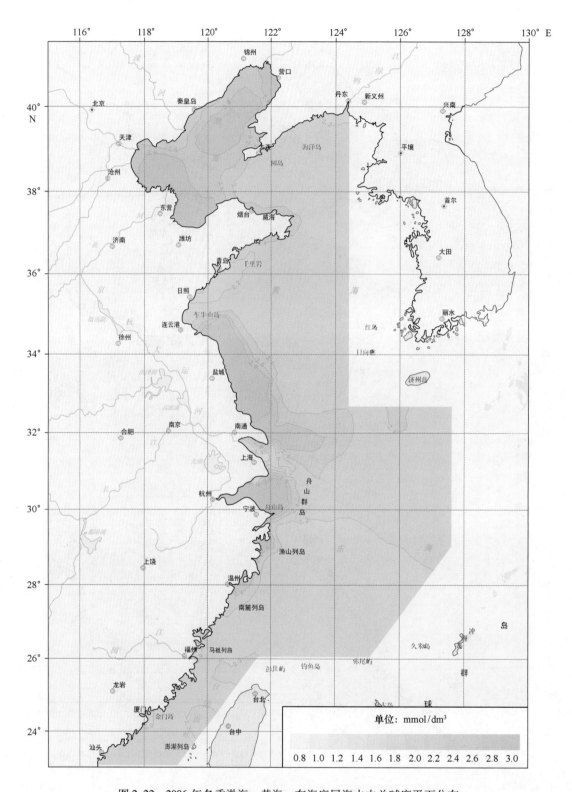

图 2.22 2006 年冬季渤海、黄海、东海底层海水中总碱度平面分布

2.8 mmol/dm³的高值区出现在渤海、苏北沿岸海域和杭州湾附近海域，可能与苏北沿岸流、长江口冲淡水南下引起近岸水体富营养化作用与浮游植物大量繁殖相关。

由图2.23和图2.24可见，2006年冬季，南海表层有一条来自台湾海峡的总碱度2.2 mmol/dm³的低值水舌向西南方向伸展至东沙群岛以北海域，总碱度为1.8 mmol/dm³的低值区出现在受陆源冲淡水影响的北部湾北部沿岸海域；海南岛东南部海域总碱度含量较高，为2.4 mmol/dm³。底层总碱度分布趋势与表层分布趋势相同，总碱度为1.8 mmol/dm³的低值区出现在北部湾北部海域；受深层海水影响的海南岛东部海域总碱度含量较高，为2.4 mmol/dm³。

2.1.4　悬浮物

悬浮物是指悬浮在海水中，不能通过0.45 μm滤膜的细小固体物质，包括有机和无机固体物质。海水中的悬浮物大部分是自然过程产生的。大部分由大陆径流携带入海，小部分来自海洋生物的排泄物、残骸及气溶胶飘尘。海水中人为产生的悬浮物质主要来自工业废渣、废水和生活污水的排放，以及海洋倾废、海洋航道疏浚和其他海洋开发作业等。海水中的悬浮物对重金属、农药等污染物有很强的吸附作用。作为携带污染物进入海洋并进行迁移的载体，悬浮物直接参与了河口、海洋的物理、地球化学等过程，含量因海域、季节、海况等的不同有着极大的差别。研究海水中悬浮物的含量及其分布变化特征，有助于评价海域的水质状况及了解污染物的迁移规律。

2.1.4.1　悬浮物统计特征值

渤海、黄海、东海及南海海水中悬浮物的季节变化，各个海区不尽相同，它的变化主要受到陆源冲淡水、沿岸流、上升流、台湾暖流、黑潮支流、南海环流等作用和海洋生物活动的影响。所以，往往表现出河口区、沿岸流区、海洋浮游植物活动强烈的区域以及近岸海域悬浮物含量高，外海水影响的海域悬浮物含量低。各季节各海区悬浮物统计特征值见表2.4，渤海悬浮物平均值，秋季最低，冬季最高；黄海悬浮物平均值，夏季最低，春季最高；东海悬浮物平均值，夏季最低，秋季最高；南海悬浮物平均值，秋季最低，冬季最高。

表2.4　海水悬浮物统计特征值　　　　　　　　　单位：mg/dm³

季节	渤海		黄海		东海		南海	
	范围	平均值	范围	平均值	范围	平均值	范围	平均值
夏季	1～2 624	48	0～66	6	0～2 452	67	0～216	4
冬季	7～452	69	2～313	21	0～8 341	156	0～93	5
春季	4～677	52	0～744	23	0～9 861	143	0～96	5
秋季	1～769	35	0～243	10	0～9 046	178	0～113	4

2.1.4.2　悬浮物平面分布变化特征

由图2.25和图2.26可见，2006年夏季，渤海、黄海、东海表层悬浮物呈现近岸高外海

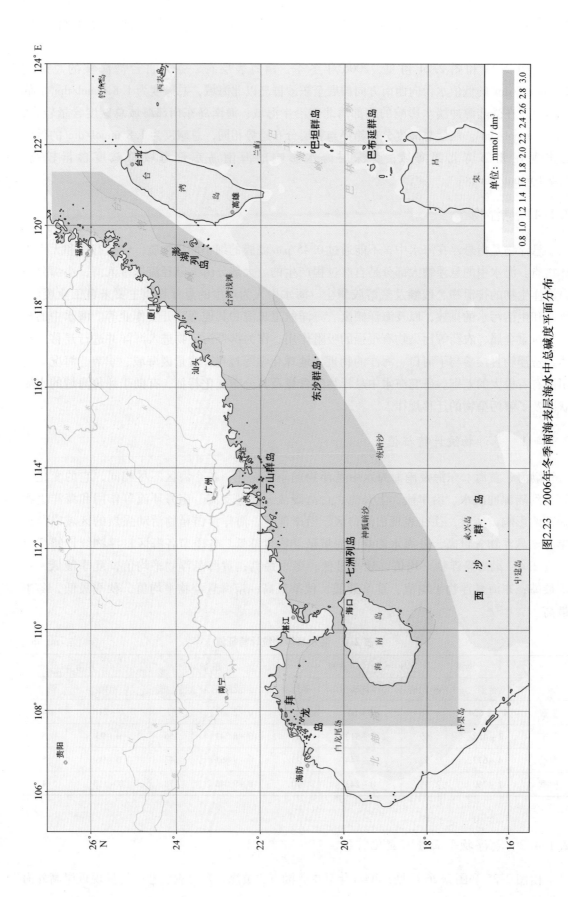

图2.23 2006年冬季南海表层海水中总碱度平面分布

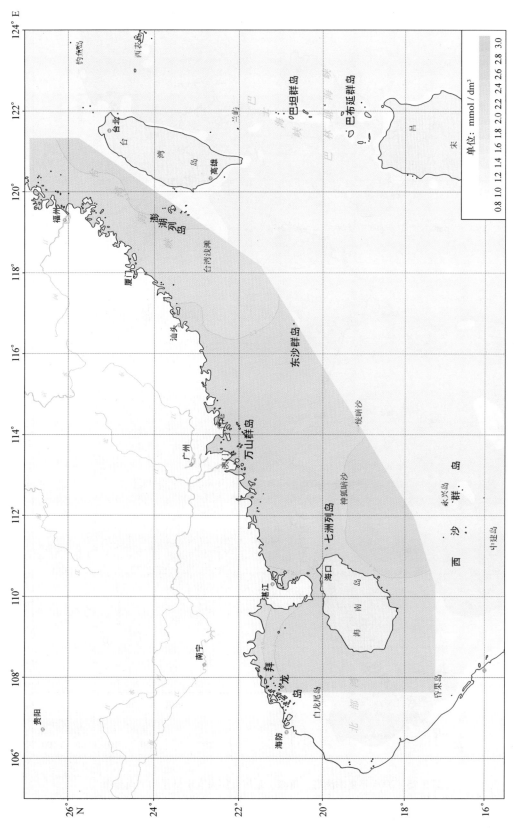

图2.24 2006年冬季南海底层海水中总碱度平面分布

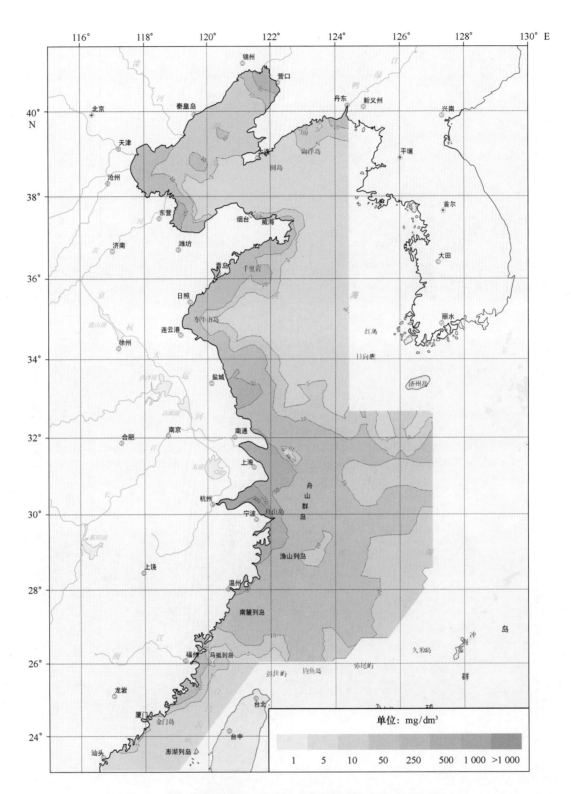

图 2.25　2006 年夏季渤海、黄海、东海表层海水中悬浮物平面分布

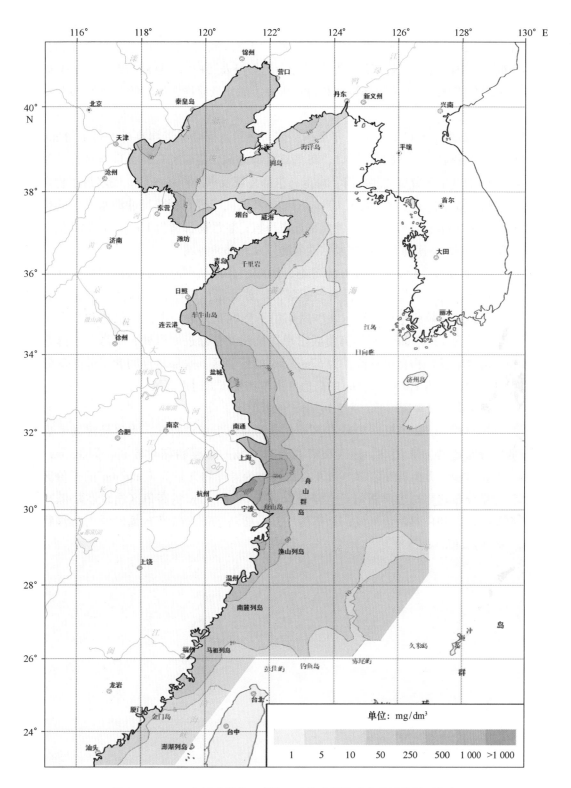

图2.26　2006年夏季渤海、黄海、东海底层海水中悬浮物平面分布

低的分布趋势。黄河口、辽东湾及渤海湾北侧、山东半岛沿岸及江苏沿岸、长江口和杭州湾由于陆源物质的输入，使得这些区域的悬浮物较高，悬浮物含量为 500 mg/dm³ 的高值区出现在受陆源冲淡水强烈影响的杭州湾；渤海、黄海、中部海域和台湾海峡大部分悬浮物含量较低，为 5 mg/dm³ 的低值区。底层悬浮物含量分布趋势与表层相似，悬浮物含量为 500 mg/dm³ 的高值区出现在杭州湾；黄海中部海域和台湾海峡大部分悬浮物含量较低，为 5 mg/dm³ 的低值区。

由图 2.27 和图 2.28 可见，2006 年夏季，南海表层悬浮物呈近岸高外海低的分布趋势。10 mg/dm³ 的相对高值区出现在珠江口、海南岛西部海域、福建和广西沿岸海域；悬浮物含量为 1 mg/dm³ 的低值区分布在北部湾、海南岛东部海域及东沙群岛海域。底层悬浮物含量分布趋势与表层相似，悬浮物含量大于 10 mg/dm³ 的高值区出现在受陆源冲淡水影响的珠江口附近海域、闽江口附近海域以及北部湾北部近岸海域；悬浮物含量为 1 mg/dm³ 的低值区分布在南海深层水影响的海南岛东部海域及东沙群岛以及北部湾海域。

由图 2.29 和图 2.30 可见，2006 年冬季，渤海、黄海、东海表层悬浮物呈现近岸高外海低的分布趋势，悬浮物含量由岸向外迅速降低。苏北沿岸流与长江冲淡水混合形成闽浙沿岸流，高悬浮物含量的沿岸流在东北季风作用下影响到苏北、浙江、福建和广东近岸海域；悬浮物含量为 1 000 mg/dm³ 的高值区出现在杭州湾；除近岸海域，黄海、东海海区中部海域和台湾海峡悬浮物含量较低，为 5 mg/dm³ 的低值区。底层悬浮物含量分布趋势与表层相似，悬浮物含量为 1 000 mg/dm³ 的高值区出现在杭州湾附近海域；黄海、东海海区中部海域和台海海峡悬浮物含量较低，为 5 mg/dm³ 的低值区。

由图 2.31 和图 2.32 可见，2006 年冬季，南海总体上相对较低，表层悬浮物呈现近岸高外海低的分布趋势。珠江口、福建和广西沿岸海域的悬浮物相对较高，为 10 mg/dm³；北部湾、神狐暗沙、万山群岛南部海域及台湾浅滩为悬浮物含量为 1 mg/dm³ 的低值区。底层悬浮物含量分布趋势与表层相似，悬浮物含量为 50 mg/dm³ 的高值区出现在陆源冲淡水的福州至汕头近岸和广州附近海域；北部湾、万山群岛东部海域及台湾浅滩为悬浮物含量为 1 mg/dm³ 的低值区。

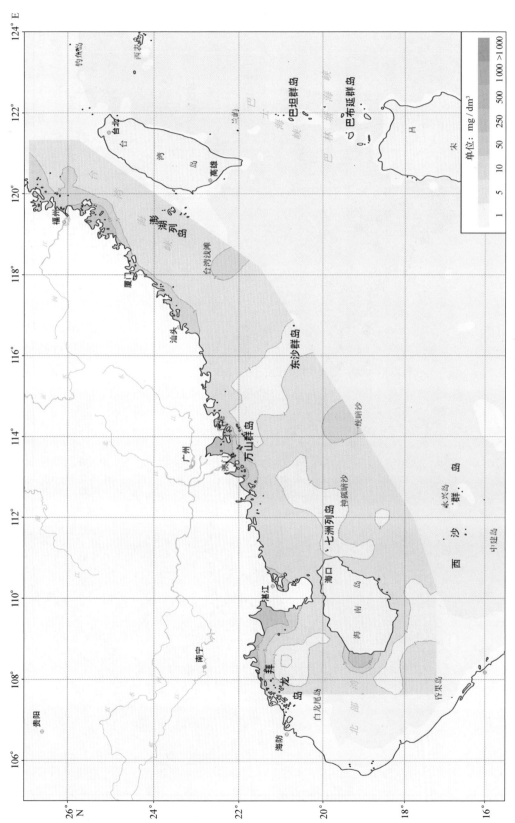

图2.27　2006年夏季南海表层海水中悬浮物平面分布

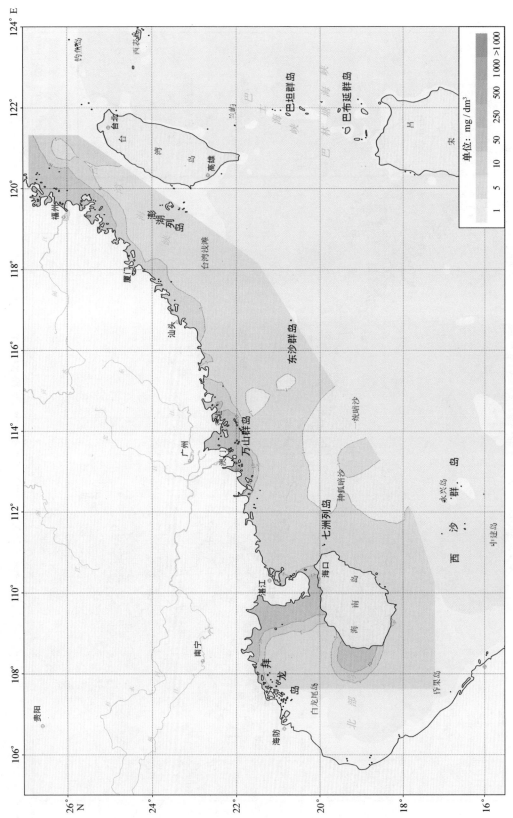

图2.28 2006年夏季南海底层海水中悬浮物平面分布

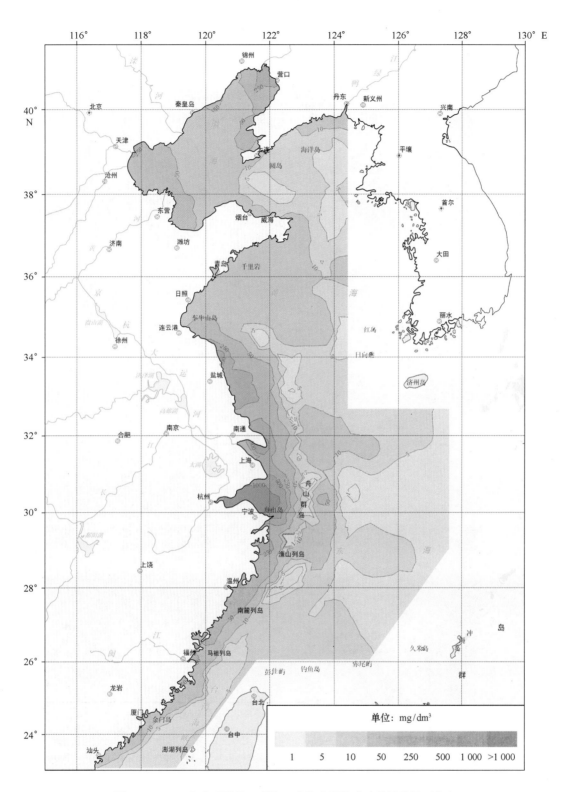

图 2.29　2006 年冬季渤海、黄海、东海表层海水中悬浮物平面分布

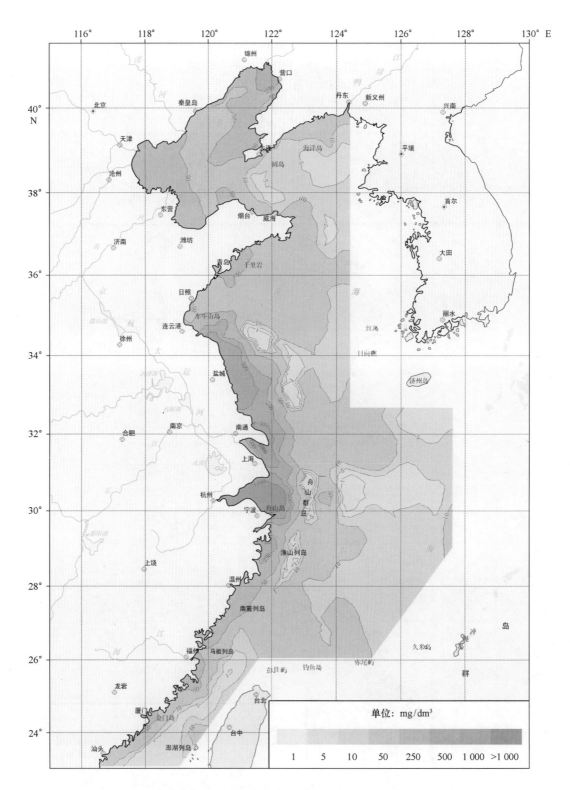

图 2.30　2006 年冬季渤海、黄海、东海底层海水中悬浮物平面分布

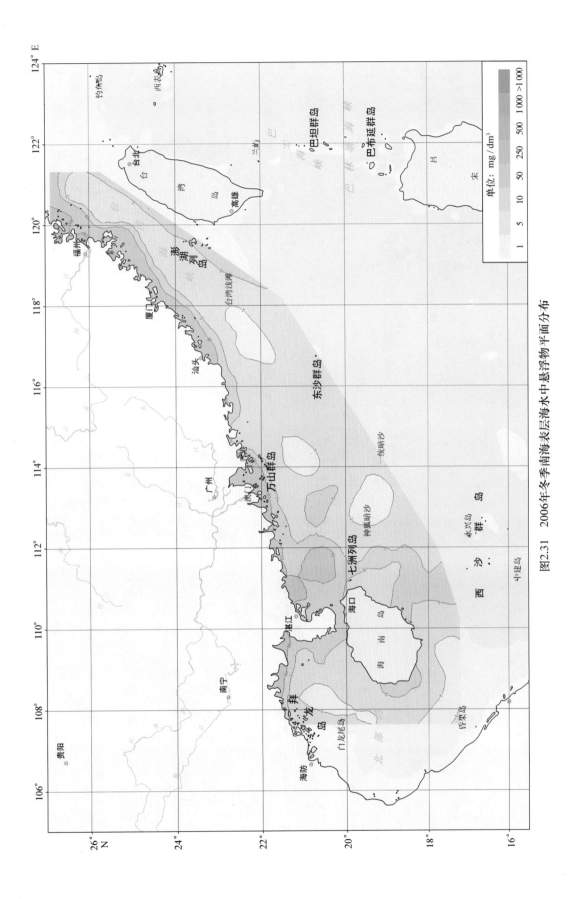

图2.31　2006年冬季南海表层海水中悬浮物平面分布

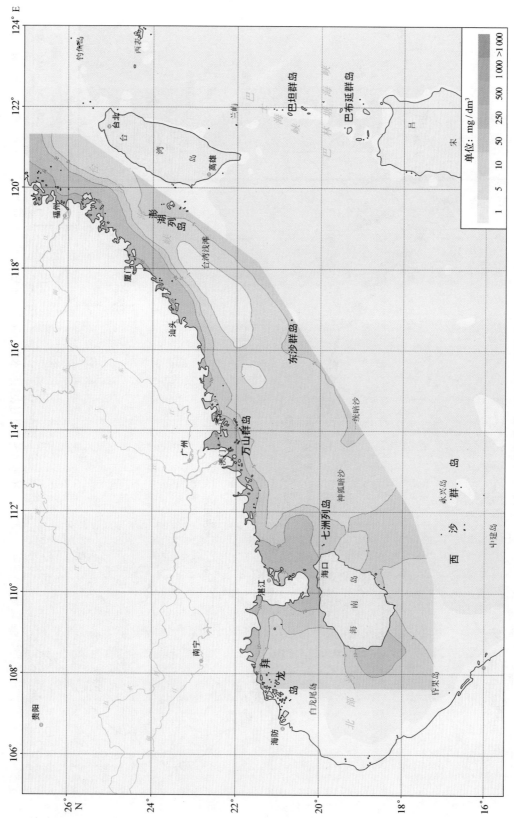

图2.32　2006年冬季南海底层海水中悬浮物平面分布

2.2　海水中生源要素分布变化特征

2.2.1　硝酸盐

海水中的无机氮化合物与磷、硅化合物一样，是海洋植物重要的营养物质。在氧化性水体中硝酸盐是有机氮氧化分解的最终产物，是海水中可溶性无机氮化合物中最稳定、含量最高的化合物。其含量的分布变化受水体运动、海洋生物活动和有机质氧化分解等因素影响。

2.2.1.1　硝酸盐统计特征值

渤海、黄海、东海及南海海水中硝酸盐的季节变化，各个海区不尽相同，它的变化主要受到陆源冲淡水、沿岸流、上升流、台湾暖流、黑潮支流、南海环流等作用和海洋生物活动的影响。所以，往往表现出河口区、沿岸流区、上升流区、深层海水影响海区以及近岸海域硝酸盐高，渤海湾硝酸盐也比较高，外海表层海水影响的海域以及海洋浮游植物活动强烈的区域硝酸盐低。各季节各海区硝酸盐统计特征值见表 2.5，渤海硝酸盐平均值，夏季最低，春季最高；黄海硝酸盐平均值，夏季最低，秋季最高；东海硝酸盐平均值，夏季最低，冬季最高；南海硝酸盐平均值，春季最低，夏季最高。

表 2.5　海水硝酸盐统计特征值　　　　　　　　　　　单位：$\mu mol/dm^3$

季节	渤海		黄海		东海		南海	
	范围	平均值	范围	平均值	范围	平均值	范围	平均值
夏季	0.05~44.93	5.85	0.03~38.34	2.89	0.03~203.57	17.83	0.03~140.00	5.64
冬季	6.34~38.00	15.23	0.03~21.07	6.60	1.64~172.14	22.20	0.03~66.43	5.24
春季	0.28~50.14	15.28	0.03~41.57	4.63	0.03~181.43	19.25	0.03~130.00	3.72
秋季	0.27~64.57	12.85	0.11~42.00	7.44	0.03~165.71	18.30	0.03~87.86	5.33

2.2.1.2　硝酸盐平面分布变化特征

由图 2.33 和图 2.34 可见，2006 年夏季，渤海、黄海、东海表层硝酸盐呈现近岸高外海低的分布趋势，海河入海口附近最高。沿岸海域硝酸盐含量整体高于外海，夏季受长江冲淡水的影响，硝酸盐含量为 100.0 $\mu mol/dm^3$ 的高值区出现在陆源冲淡水影响的杭州湾和长江口附近海域；渤海、黄海、东海海区中部是大片硝酸盐含量为 5.0 $\mu mol/dm^3$ 的低值区。底层硝酸盐含量分布与表层相似，硝酸盐含量为 100.0 $\mu mol/dm^3$ 的高值区出现在杭州湾；外海水影响的渤海中部、黄海西部海域和台湾海峡出现硝酸盐含量为 5.0 $\mu mol/dm^3$ 的低值区。

由图 2.35 和图 2.36 可见，2006 年夏季，南海硝酸盐高值区主要分布在大陆沿岸，呈现近岸高外海低的分布趋势。硝酸盐含量为 100.0 $\mu mol/dm^3$ 的高值区出现在珠江口附近海域；除近岸海域，离岸方向硝酸盐含量迅速下降，等值线密集，台湾海峡和海南岛周边海域是分布较为均匀硝酸盐含量小于 5.0 $\mu mol/dm^3$ 的低值区。底层硝酸盐含量分布趋势与表层相似，硝酸盐含量为 100.0 $\mu mol/dm^3$ 的高值区出现在陆源冲淡水影响的珠江口附近海域；外海水影

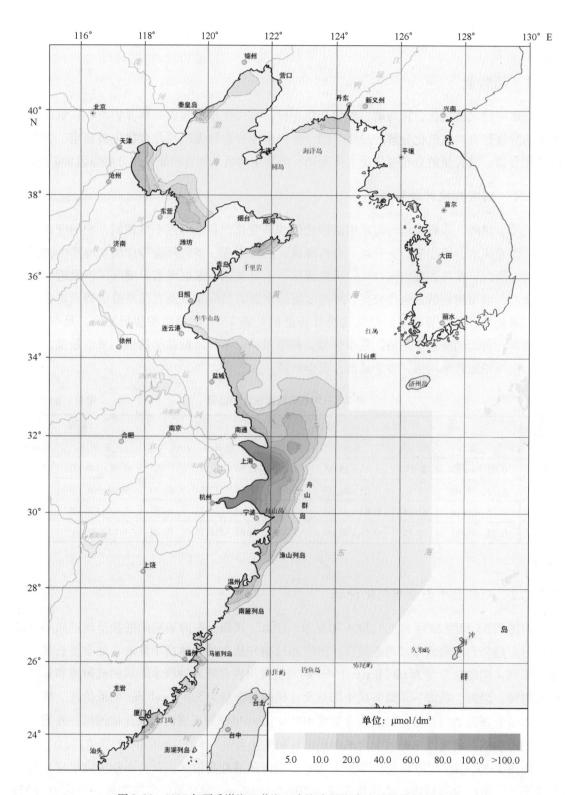

图 2.33　2006 年夏季渤海、黄海、东海表层海水中硝酸盐平面分布

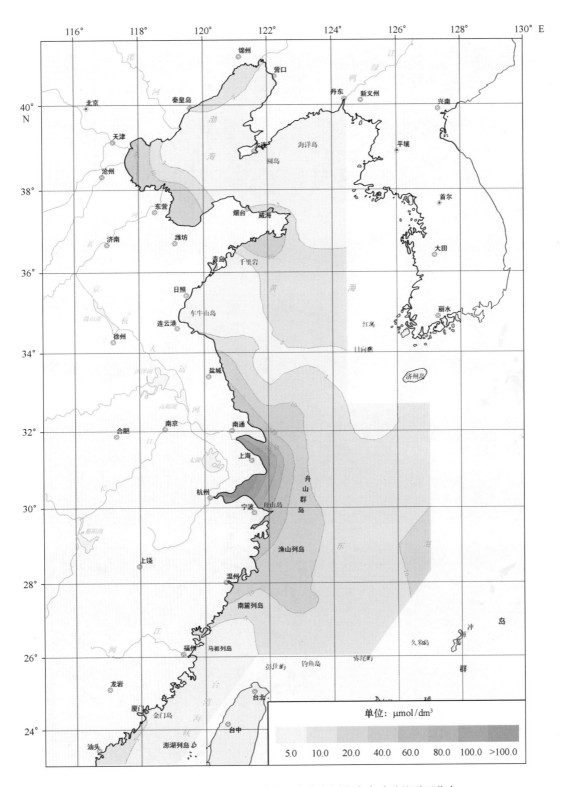

图 2.34　2006 年夏季渤海、黄海、东海底层海水中硝酸盐平面分布

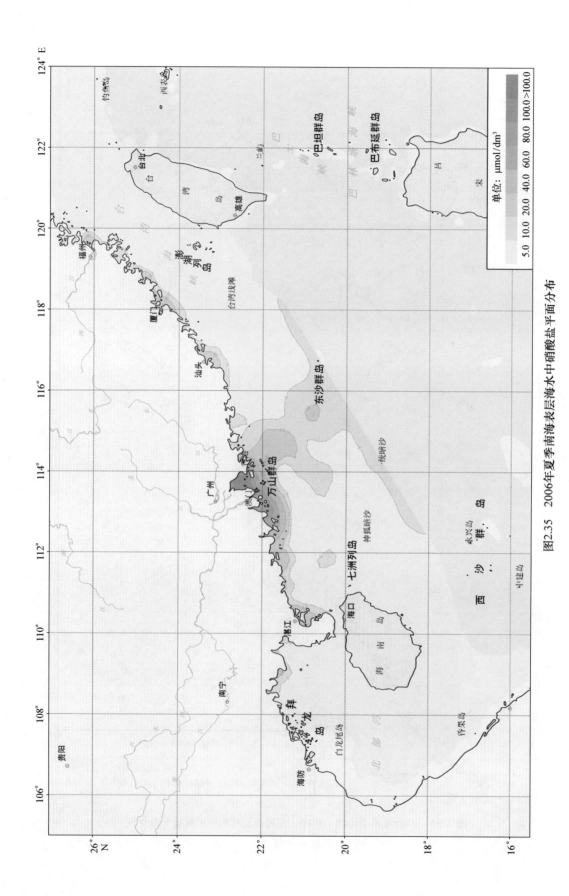

图2.35 2006年夏季南海表层海水中硝酸盐平面分布

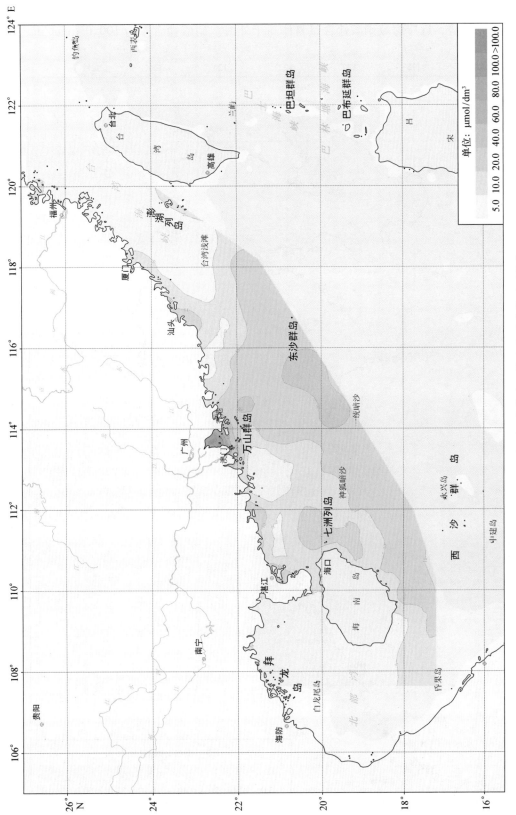

图2.36　2006年夏季南海底层海水中硝酸盐平面分布

响的台湾海峡和海南岛北部和西部海域是硝酸盐含量小于 5.0 μmol/dm³ 的低值区。

由图 2.37 和图 2.38 可见，2006 年冬季，渤海、黄海、东海表层硝酸盐呈现近岸高外海低的分布趋势，近岸海域硝酸盐含量整体高于外海。硝酸盐含量为 100.0 μmol/dm³ 的高

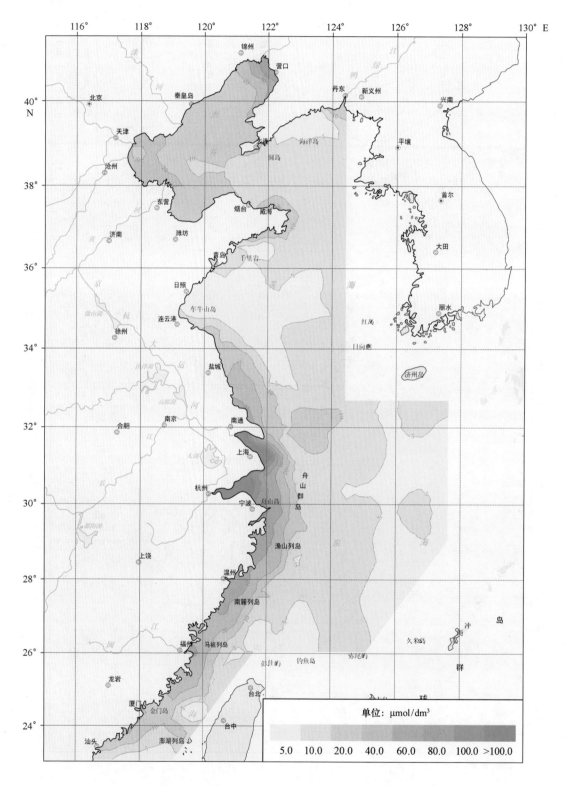

图 2.37　2006 年冬季渤海、黄海、东海表层海水中硝酸盐平面分布

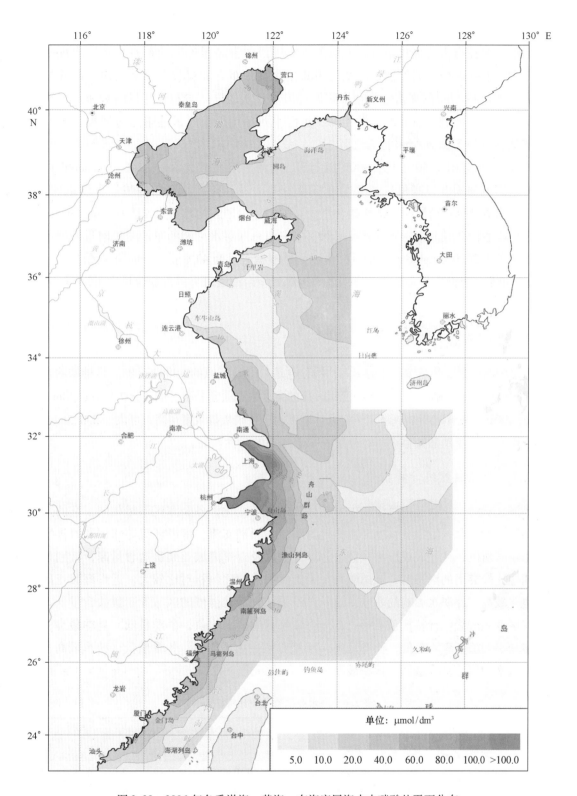

图 2.38　2006 年冬季渤海、黄海、东海底层海水中硝酸盐平面分布

值区出现在杭州湾和长江口附近海域，高硝酸盐含量的沿岸流在强烈东北季风的作用下影响到苏北、浙江、福建和广东近岸海域；黄海和东海中部海区、台湾海峡北部海域硝酸盐含量较低，北黄海大连至丹东近岸海域和黄海中西部青岛至连云港附近海域，出现硝酸盐含量小于5.0 μmol/dm^{3}的低值区。底层硝酸盐含量分布与表层分布趋势相似，硝酸盐含量大于100.0 μmol/dm^{3}的高值区出现在陆源冲淡水影响的杭州湾和长江口附近海域。北黄海大连至丹东近岸海域、黄海北部海洋岛、黄海中西部青岛至连云港附近海域和台湾海峡出现硝酸盐含量为5 μmol/dm^{3}的低值区。

由图2.39和图2.40可见，2006年冬季，南海表层硝酸盐含量为40.0 μmol/dm^{3}受陆源冲淡水影响的闽江口高值区主要分布在珠江口海域，向离岸方向硝酸盐含量迅速下降。海南岛周边海域至台湾浅滩为硝酸盐含量分布均匀，为硝酸盐含量小于5.0 μmol/dm^{3}的低值区。底层硝酸盐含量分布趋势与表层相似，但在南海深层水影响的东沙群岛附近海域出现硝酸盐含量大于20.0 μmol/dm^{3}的相对高值区，硝酸盐含量为40.0 μmol/dm^{3}的高值区出现在珠江口附近海域；外海表层水影响的海南岛周边海域至台湾浅滩为硝酸盐含量小于5.0 μmol/dm^{3}的低值区。

2.2.2 亚硝酸盐

海水中的亚硝酸盐是铵氧化的中间产物，也是硝酸盐还原的中间化合物。浮游植物在过度摄食期间也可排泄亚硝酸盐。海水中亚硝酸盐的自然浓度通常是很低的（<0.1 μmol/dm^3），但在上升流区和由氧环境向缺氧环境转变的过渡带内，亚硝酸盐浓度很高，可大于2.0 μmol/dm^3。当海水中有大量亚硝酸盐存在时，一般意味着细菌的活性很高。

2.2.2.1 亚硝酸盐统计特征值

渤海、黄海、东海及南海海水中亚硝酸盐的季节变化，各个海区不尽相同，它的变化主要受到陆源冲淡水、沿岸流、上升流、台湾暖流、黑潮支流、南海环流等作用和海洋生物活动的影响。所以，往往表现出河口区、沿岸流区以及近岸海域亚硝酸盐含量高，特别是富营养化问题比较突出的渤海湾，亚硝酸氮在无机氮中占的比例相对比较大，近岸海域亚硝酸盐含量也比较高，外海水影响的海域以及海洋浮游植物活动强烈的区域亚硝酸盐含量低。各季节各海区亚硝酸盐统计特征值见表2.6，渤海亚硝酸盐平均值，冬季最低，夏季最高；黄海亚硝酸盐平均值，春季最低，秋季最高；东海亚硝酸盐平均值，冬季最低，秋季最高；南海亚硝酸盐平均值，夏季最低，秋季最高。

表2.6　海水亚硝酸盐统计特征值　　　　　　　　　　　　　　　单位：μmol/dm^3

季节	渤海		黄海		东海		南海	
	范围	平均值	范围	平均值	范围	平均值	范围	平均值
夏季	0.03~31.07	1.59	0.01~2.36	0.25	0.01~8.64	0.50	0.01~16.86	0.46
冬季	0.05~2.26	0.24	0.01~0.83	0.15	0.01~1.38	0.35	0.01~15.36	0.63
春季	0.05~12.00	0.60	0.01~0.67	0.13	0.01~5.96	0.54	0.01~28.71	0.82
秋季	0.11~4.81	0.97	0.01~3.68	0.51	0.01~4.89	0.72	0.01~38.57	1.02

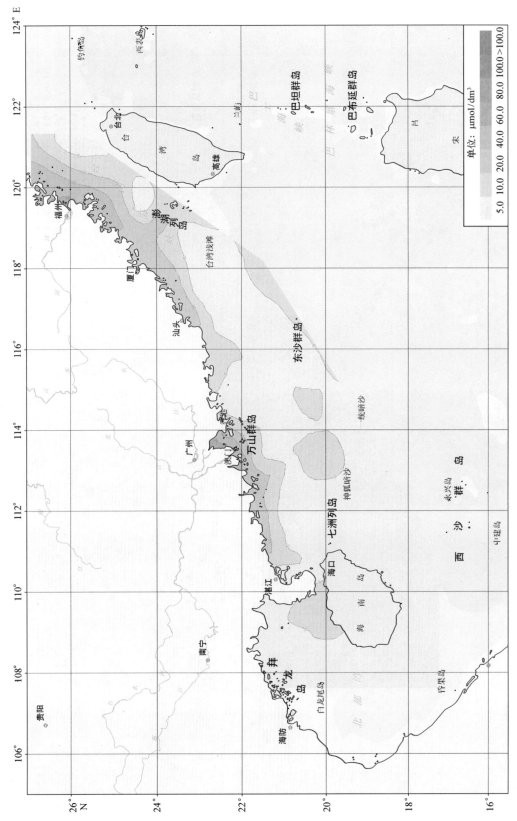

图2.39　2006年冬季南海表层海水中硝酸盐平面分布

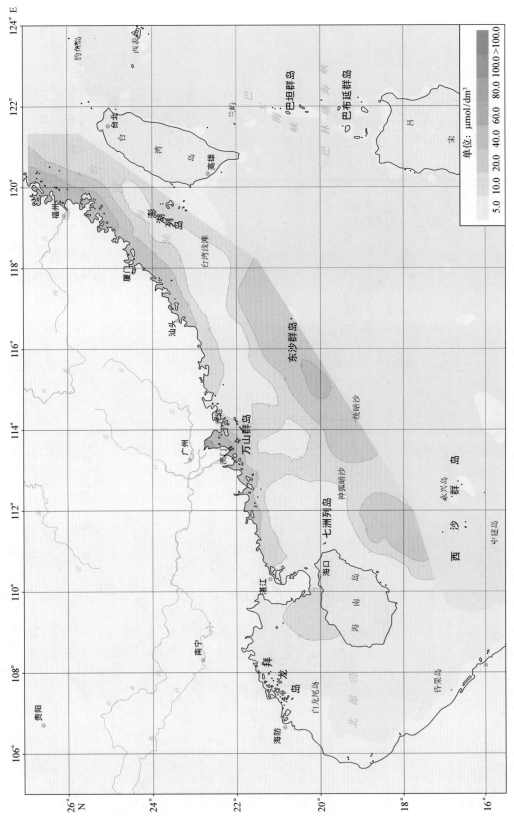

图2.40 2006年冬季南海底层海水中硝酸盐平面分布

2.2.2.2　亚硝酸盐平面分布变化特征

由图 2.41 和图 2.42 可见，2006 年夏季，渤海、黄海、东海表层亚硝酸盐呈现近岸高近海低的分布趋势，亚硝酸盐含量为 5.0 μmol/dm^3 的高值区出现在渤海湾和辽东湾近岸海域，黄海、东海和中部海域台湾海峡亚硝酸盐含量较低，亚硝酸盐含量为 0.1 μmol/dm^3 的低值区。底层亚硝酸盐含量分布趋势与表层相似，亚硝酸盐含量为 5.0 μmol/dm^3 的高值区出现在渤海湾和辽东湾近岸海域，亚硝酸盐氮在无机氮中占相当的比例，表明渤海湾富营养化问题比较突出，硝酸盐氮已经往亚硝酸盐氮、铵氮转移；亚硝酸盐含量为 0.1 μmol/dm^3 的低值区出现在外海水影响的黄海中部海域。

由图 2.43 和图 2.44 可见，2006 年夏季，南海表层亚硝酸盐呈现近岸高近海低的分布趋势。亚硝酸盐含量大于 4.0 μmol/dm^3 的高值区出现在珠江口；台湾浅滩、海南岛周边海域以及北部湾含量较低，亚硝酸盐含量为 0.1 μmol/dm^3 的低值区。底层亚硝酸盐含量分布趋势与表层相似，亚硝酸盐含量为 5.0 μmol/dm^3 的高值区出现在受冲淡水影响的珠江口附近海域；受外海水影响的台湾浅滩、海南岛东部和南部海域以及北部湾含量较低，为亚硝酸盐含量小于 0.1 μmol/dm^3 的低值区，但低值区范围较表层明显缩小。

由图 2.45 和图 2.46 可见，2006 年冬季，渤海、黄海、东海表层亚硝酸盐呈现近岸高外海低的分布趋势。渤海、胶东半岛、长江口、杭州湾近岸海域亚硝酸盐含量相对较高，亚硝酸盐含量大于 0.5 μmol/dm^3；渤海、黄海和东海中部海域亚硝酸盐含量为 0.2 μmol/dm^3 的低值区。亚硝酸盐含量大于 2.0 μmol/dm^3 的高值区出现在渤海湾秦皇岛附近海域。底层亚硝酸盐分布趋势与表层相似呈现出近岸离近海低的分布趋势，亚硝酸盐含量小于 1.0 μmol/dm^3 的低值区出现在渤海、黄海和东海中部海域附近海域；亚硝酸盐含量大于 2.0 μmol/dm^3 的高值区出现在渤海湾秦皇岛附近海域。

由图 2.47 和图 2.48 可见，2006 年冬季，南海表层亚硝酸盐呈现近岸高近海低的分布趋势。近海海域硝酸盐含量普遍较低，亚硝酸盐含量小于 0.1 μmol/dm^3 的低值区出现在北部湾和海南岛东南侧海域；亚硝酸盐含量大于 5.0 μmol/dm^3 的高值区出现在珠江口附近海域。底层亚硝酸盐分布趋势与表层相似，亚硝酸盐含量小于 0.1 μmol/dm^3 的低值区出现在北部湾和海南岛东南部海域；亚硝酸盐含量大于 5.0 μmol/dm^3 的高值区出现在珠江口附近海域。

2.2.3　铵盐

海水中的铵氮包括 $NH_4^+ - N$、$NH_3 - N$ 和部分游离的氨基酸氮，其中以 $NH_4^+ - N$ 所占比例最大。海水中的 $NH_4^+ - N$ 可直接为浮游植物同化，是重要的营养盐之一。它是有机氮氧化分解的第一个无机氮化合物，并可进一步氧化为 NO_2^- 和 NO_3^-。作为有机氮氧化为 NO_3^- 的一个中间产物，NH_4^+ 的热力学状态是不稳定的。NH_3 是水生动物代谢的产物，尤其浮游植物排泄物中 NH_3 含量很高（杨嘉东，1993）。海水中非离子 NH_3 含量过高，对鱼贝类有毒害作用。海水中 NH_4^+ 和 NH_3 之间存在着化学平衡关系，主要受水温、pH、盐度的影响，其含量的分布变化较为复杂。

2.2.3.1　铵盐统计特征值

渤海、黄海、东海及南海海水中铵盐的季节变化，各个海区不尽相同，它的变化主要受

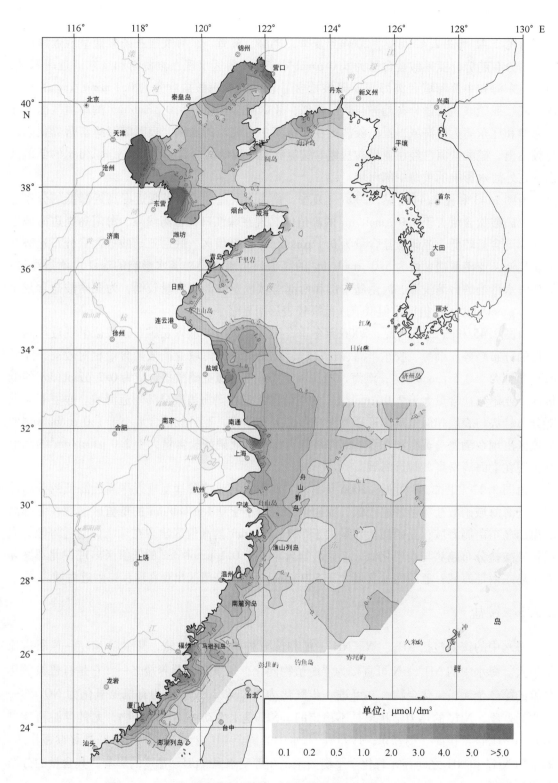

图 2.41 2006 年夏季渤海、黄海、东海表层海水中亚硝酸盐平面分布

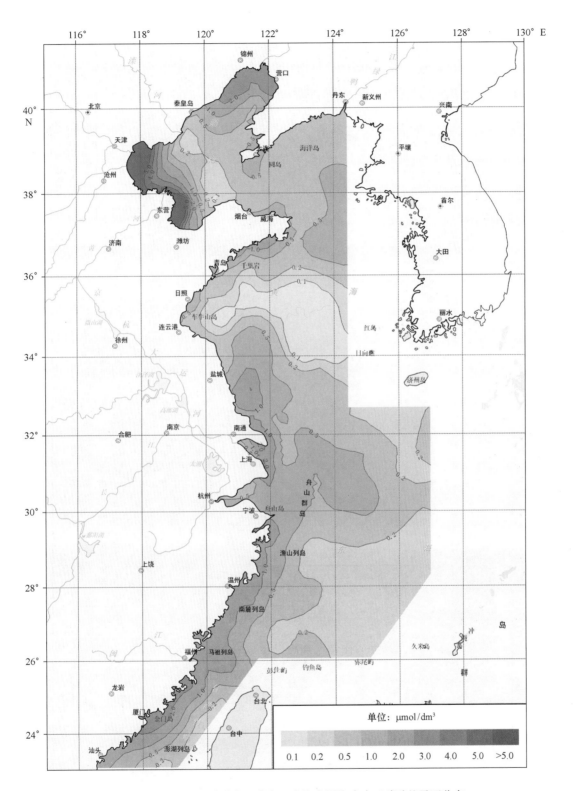

图 2.42 2006 年夏季渤海、黄海、东海底层海水中亚硝酸盐平面分布

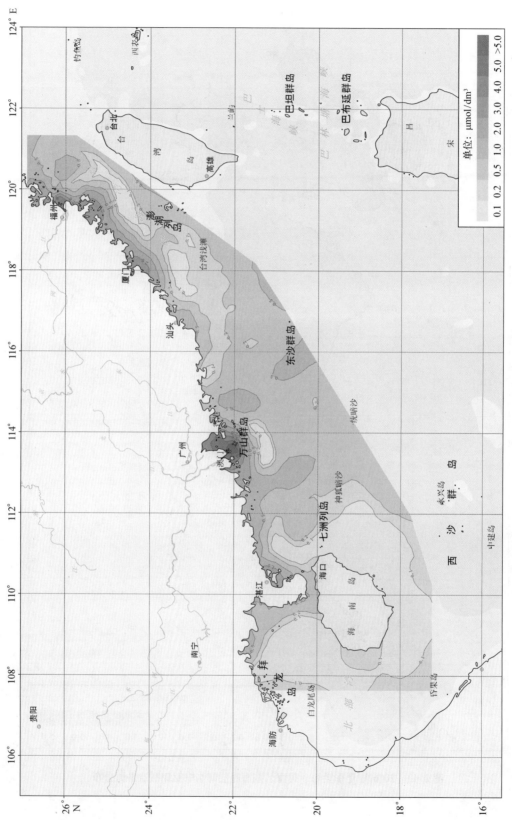

图2.43　2006年夏季南海表层海水中亚硝酸盐平面分布

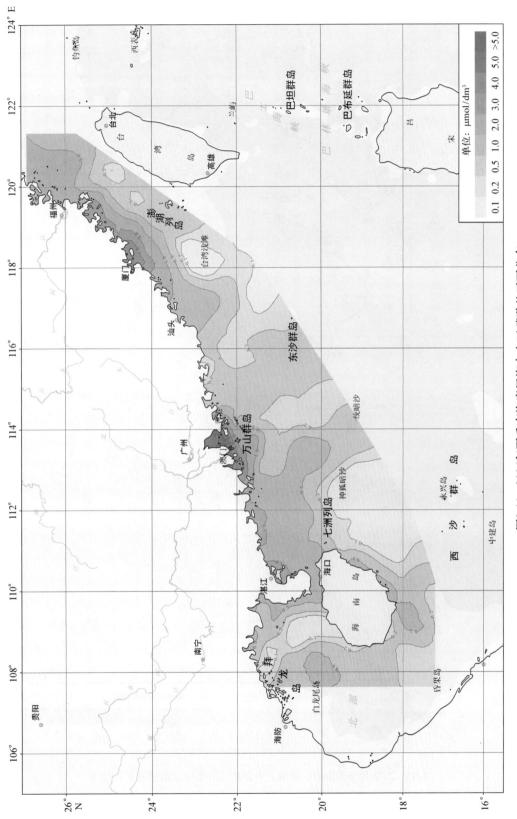

图2.44　2006年夏季南海海底层海水中亚硝酸盐平面分布

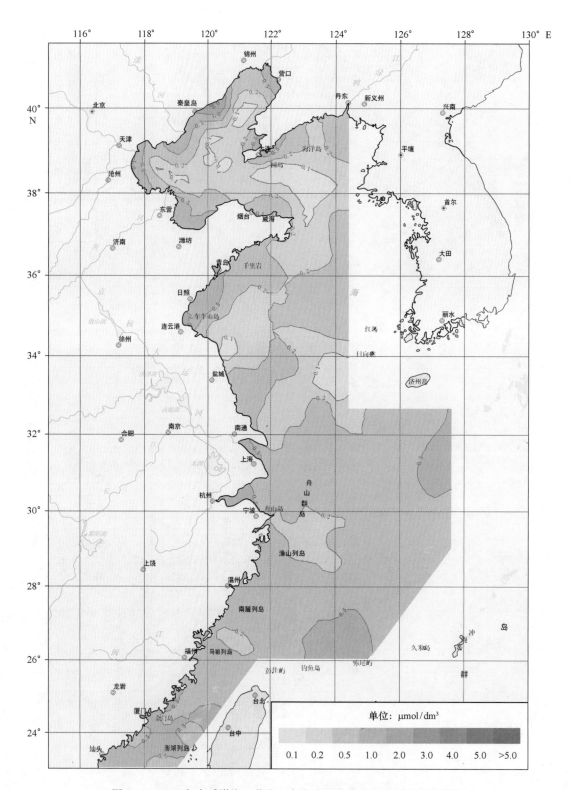

图 2.45　2006 年冬季渤海、黄海、东海表层海水中亚硝酸盐平面分布

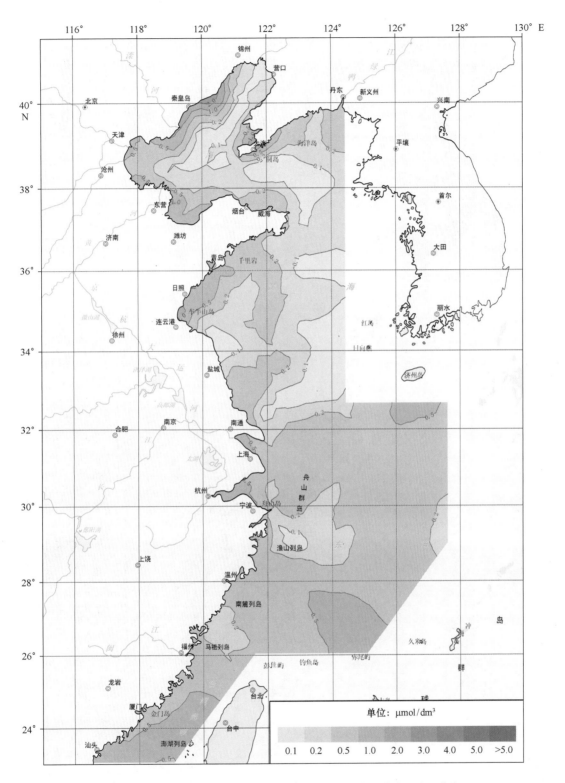

图 2.46　2006 年冬季渤海、黄海、东海底层海水中亚硝酸盐平面分布

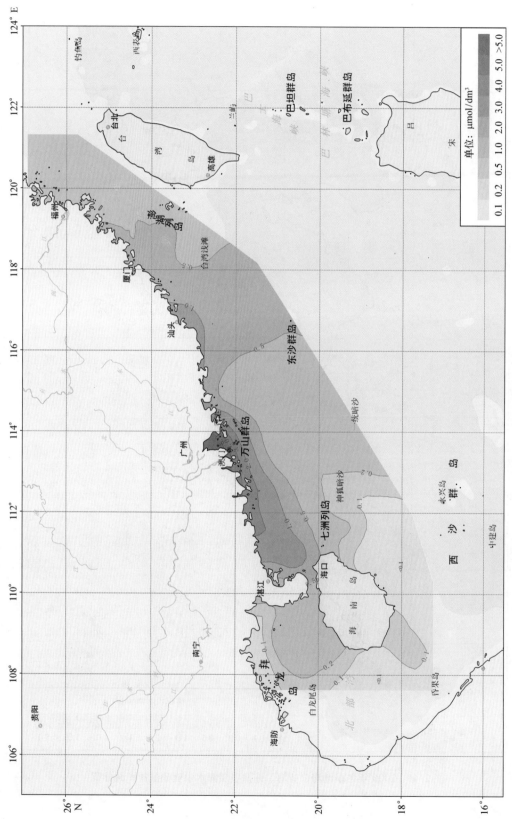

图2.47　2006年冬季南海表层海水中亚硝酸盐平面分布

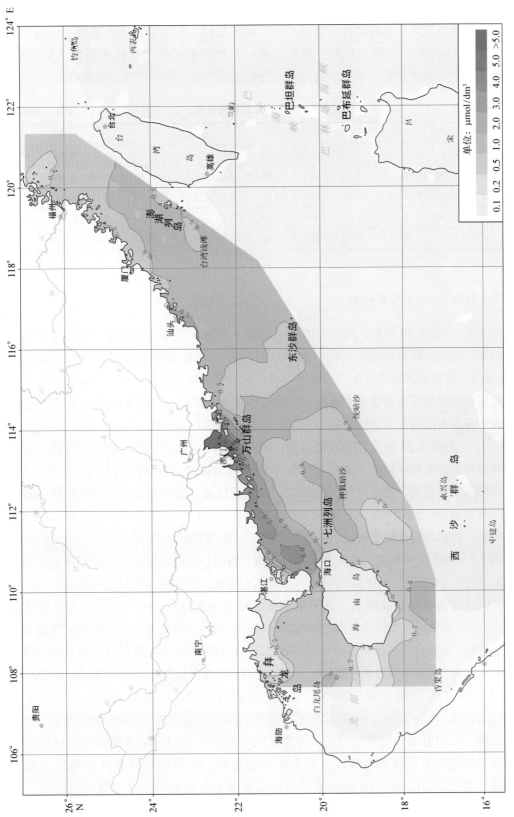

图2.48　2006年冬季南海底层海水中亚硝酸盐平面分布

到陆源冲淡水、沿岸流、上升流、台湾暖流、黑潮支流、南海环流等作用和海洋生物活动的影响。所以，往往表现出河口区、沿岸流区以及近岸海域铵盐高，渤海湾铵盐也比较高，外海水影响的海域以及海洋浮游植物活动强烈的区域铵盐低。各季节各海区铵盐统计特征值见表2.7，渤海铵盐平均值，冬季最低，夏季最高；黄海铵盐平均值，秋季最低，夏季最高；东海铵盐平均值，秋季最低，夏冬季最高；南海铵盐平均值，冬季最低，春季最高。

表 2.7　海水铵盐统计特征值　　　　　　　　单位：$\mu mol/dm^3$

季节	渤海		黄海		东海		南海	
	范围	平均值	范围	平均值	范围	平均值	范围	平均值
夏季	0.64~15.21	3.88	0.02~6.29	1.39	0.02~18.85	1.58	0.02~9.86	1.21
冬季	0.19~12.64	2.20	0.02~3.93	0.57	0.02~24.11	1.58	0.02~24.86	1.07
春季	0.40~12.86	3.22	0.02~11.47	0.87	0.02~48.78	1.27	0.02~24.43	1.36
秋季	0.17~13.79	2.58	0.02~6.41	0.42	0.02~10.43	0.98	0.02~21.21	1.14

2.2.3.2　铵盐平面分布变化特征

由图2.49和图2.50可见，2006年夏季，渤海、黄海、东海表层铵盐呈现近岸高近海低的分布趋势。渤海、山东半岛、长江口和闽江口沿岸表层铵盐含量相对较高，铵盐含量为 10.0 $\mu mol/dm^3$ 的高值区出现在闽江口附近海域；黄海中部铵盐含量为 0.5 $\mu mol/dm^3$ 的低值分布区。底层铵盐含量分布趋势与表层相似，铵盐含量为 8.0 $\mu mol/dm^3$ 的高值区出现在近岸海域；黄海中部至舟山群岛为铵盐含量为 0.5 $\mu mol/dm^3$ 的低值分布区。

由图2.51和图2.52可见，2006年夏季，南海表层铵盐含量呈现近岸高近海低的分布趋势。闽粤沿岸及台湾海峡较高，铵盐含量为 6.0 $\mu mol/dm^3$ 的高值区出现在闽江口附近海域；北部湾海域有大片铵盐含量小于 0.5 $\mu mol/dm^3$ 的低值区域。底层铵盐含量分布趋势与表层相似，铵盐含量为 2.0 $\mu mol/dm^3$ 的高值区出现在台湾海峡、广东近岸海域；万山群岛东部至东沙群岛海域、北部湾海域铵盐含量小于 0.5 $\mu mol/dm^3$ 的低值区。

由图2.53和图2.54可见，2006年冬季，渤海、黄海、东海表层铵盐呈现近岸高，向海区中部逐渐降低的分布趋势。8.0 $\mu mol/dm^3$ 的高值区出现在杭州湾和长江口上海附近海域，等值线密集；向外铵盐含量迅速降低，黄海中部海区铵盐含量较低，分布均匀，为铵盐含量为 0.5 $\mu mol/dm^3$ 的低值区，东海和台湾海峡铵盐含量分布均匀且变化不大。底层铵盐含量分布趋势与表层相似，铵盐含量为 6.0 $\mu mol/dm^3$ 的高值区出现在冲淡水影响的长江口至杭州湾附近海域；外海水影响的黄海中部海域含量较低，分布均匀，铵盐含量为 0.5 $\mu mol/dm^3$ 的低值区。

由图2.55和图2.56可见，2006年冬季，南海表层铵盐呈现近岸高近海低的分布趋势。铵盐含量为 10.0 $\mu mol/dm^3$ 的高值区在珠江口海域，珠江口向外铵盐含量迅速降低，高值的影响至万山群岛海域附近消失；铵盐含量小于 0.5 $\mu mol/dm^3$ 的低值区出现在万山群岛至东沙群岛之间、北部湾海域以及海南岛东南近海。底层铵盐含量分布趋势与表层相似，铵盐含量为 10.0 $\mu mol/dm^3$ 的高值区出现在冲淡水影响的珠江口海域；南海深层水影响的东沙群岛北部海域、万山群岛东南部海域、七洲列岛北部海域、北部湾海域以及海南岛东南近海铵盐含量较低，为 0.5 $\mu mol/dm^3$。

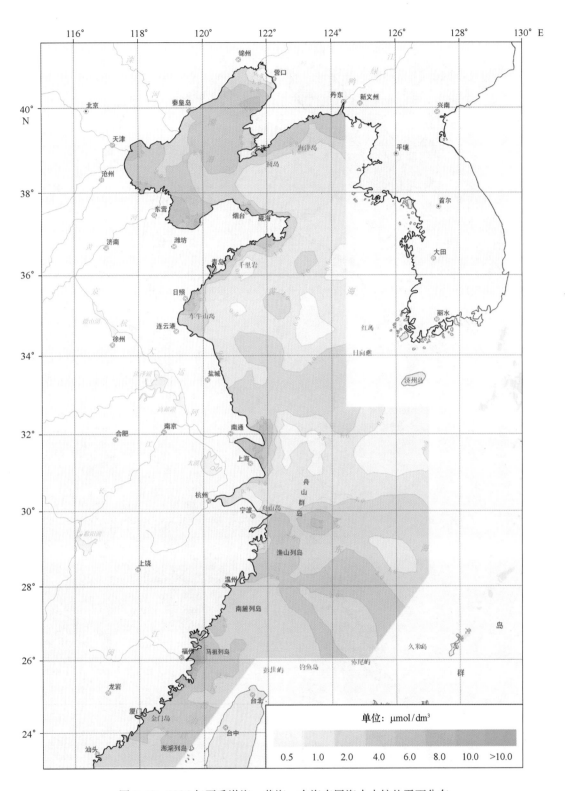

单位：μmol/dm³

0.5 1.0 2.0 4.0 6.0 8.0 10.0 >10.0

图 2.49　2006 年夏季渤海、黄海、东海表层海水中铵盐平面分布

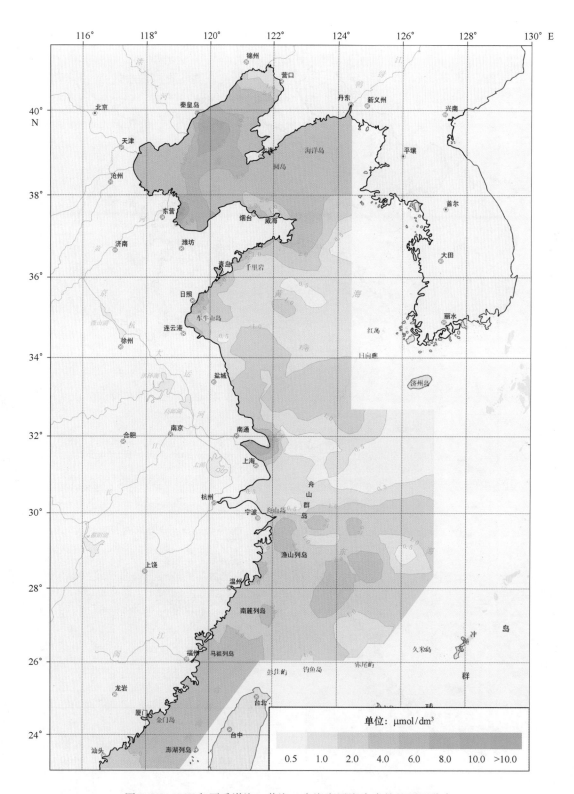

图 2.50 2006 年夏季渤海、黄海、东海底层海水中铵盐平面分布

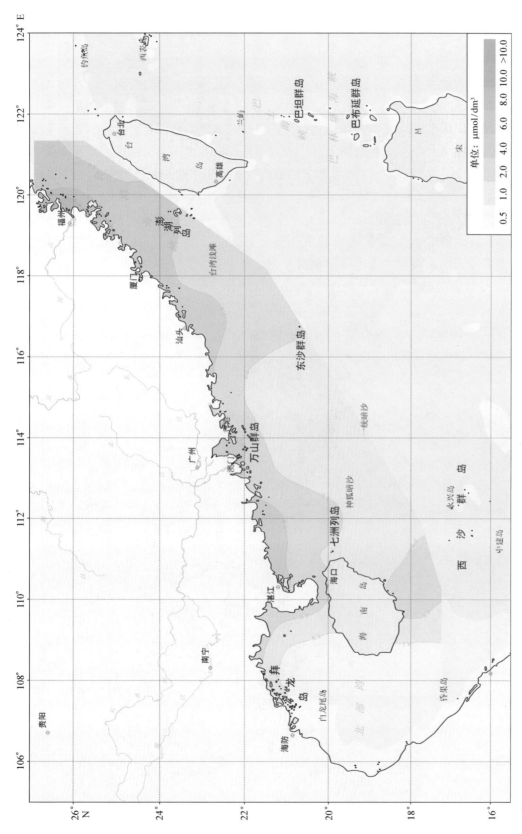

图2.51　2006年夏季南海表层海水中铵盐平面分布

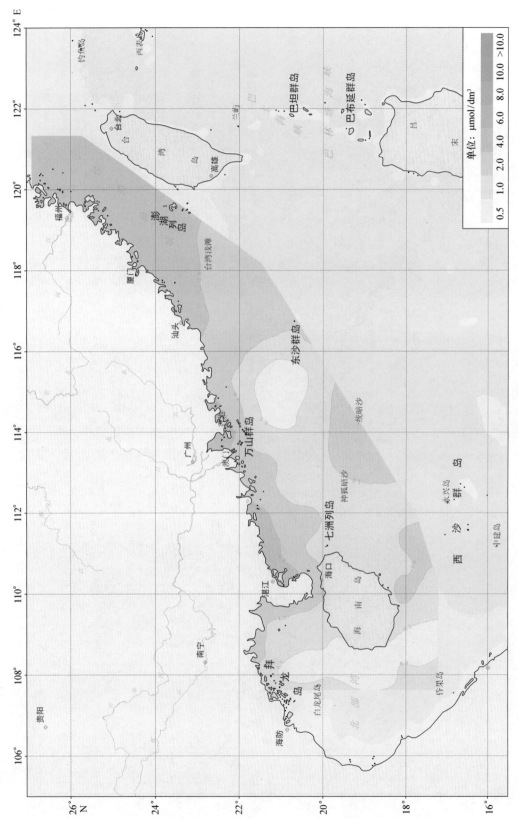

图2.52 2006年夏季南海底层海水中铵盐平面分布

单位：μmol/dm³

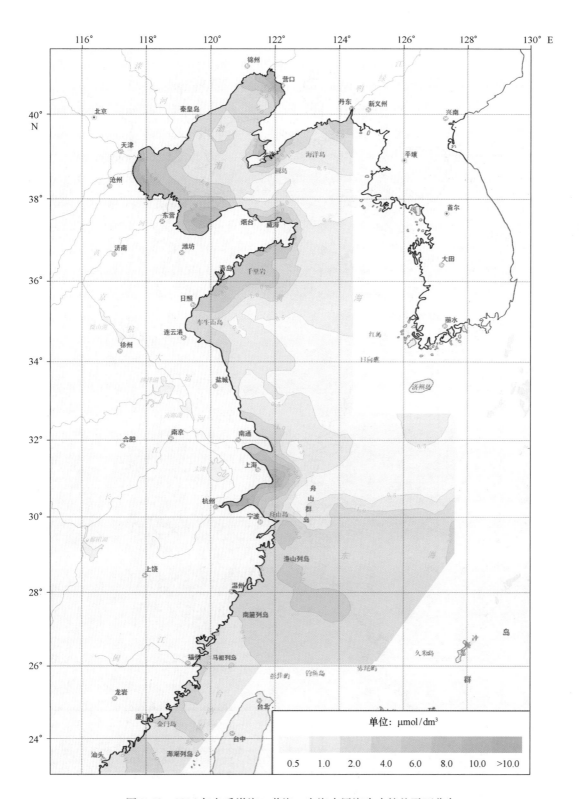

图 2.53　2006 年冬季渤海、黄海、东海表层海水中铵盐平面分布

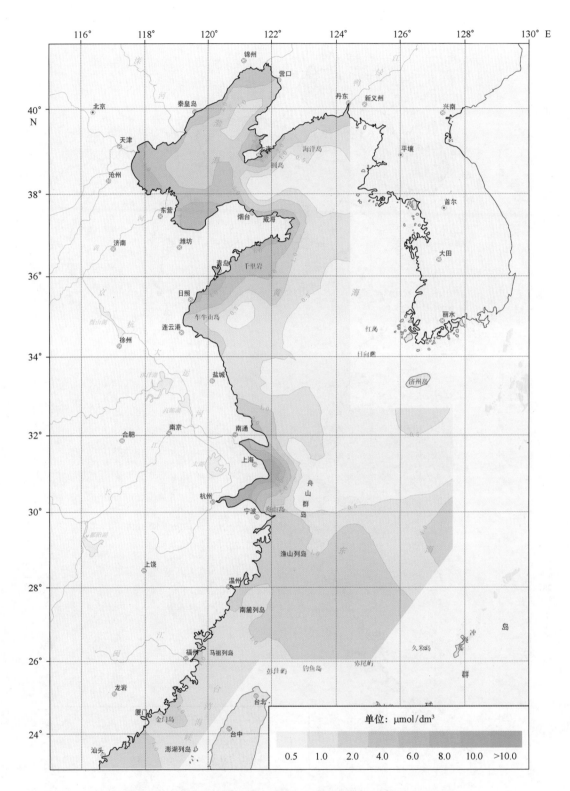

图 2.54 2006 年冬季渤海、黄海、东海底层海水中铵盐平面分布

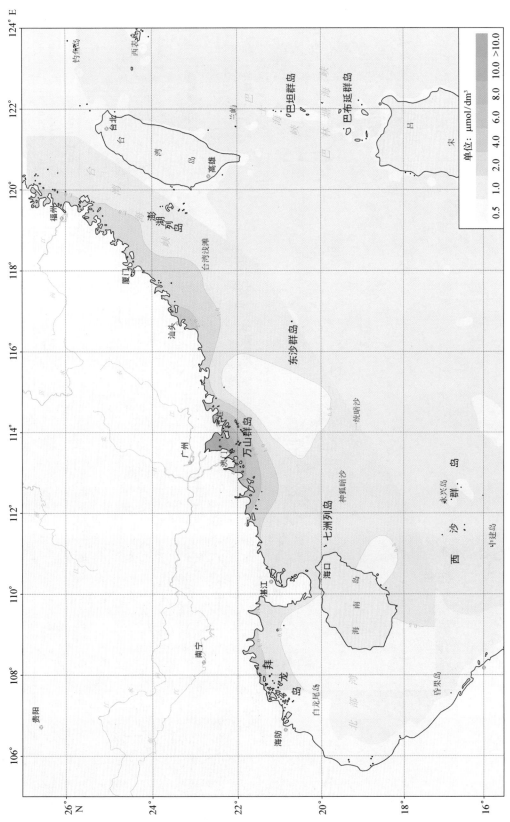

图2.55　2006年冬季南海表层海水中铵盐平面分布

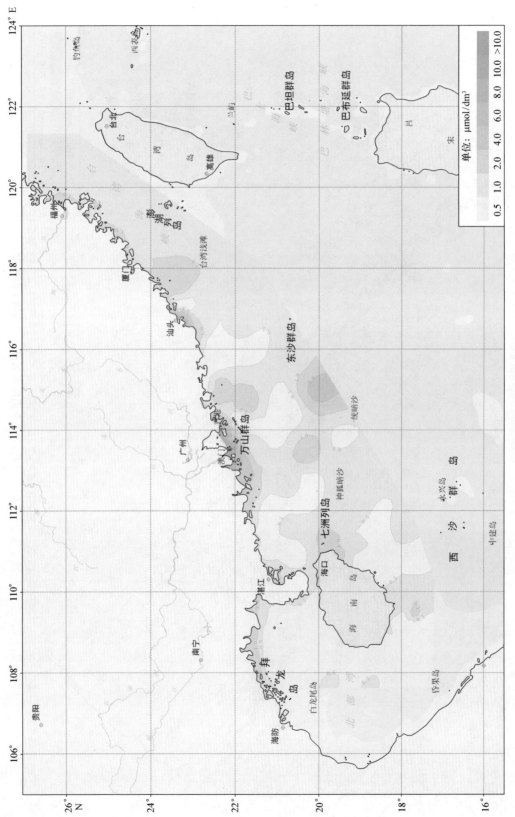

图2.56 2006年冬季南海底层海水中铵盐平面分布

单位：μmol/dm³

2.2.4　活性磷酸盐

海水中的活性磷酸盐是指能被海洋植物同化的无机磷酸盐（以磷计量）的总和，是海洋生物所必需的营养盐之一，也是海洋生物生产力的控制因素之一。主要来自大陆径流和大陆飘尘的输入，有机物的矿化和海洋沉积物中磷的释放等。其含量的分布变化受海洋水文、生物、化学等诸多因素的综合影响，具有明显的季节性和区域性。研究海水中活性磷酸盐含量的分布变化规律，不仅对于了解海洋中磷的海洋化学、生物化学和地球化学行为极为重要（洪华生，1995；暨卫东，1990，1999），而且对于研究开发海洋生物资源也有着重要的现实意义。

2.2.4.1　活性磷酸盐统计特征值

渤海、黄海、东海及南海海水中活性磷酸盐的季节变化，各个海区不尽相同，它的变化主要受到陆源冲淡水、沿岸流、上升流、台湾暖流、黑潮支流、南海环流等作用和海洋生物活动的影响。所以，往往表现出河口区、沿岸流区、上升流区、深层海水影响海区以及近岸海域活性磷酸盐含量高，渤海湾活性磷酸盐含量也比较高，外海表层海水影响的海域以及海洋浮游植物活动强烈的区域活性磷酸盐含量低。各季节各海区活性磷酸盐统计特征值见表2.8，渤海活性磷酸盐平均值，夏季最低，冬季最高；黄海活性磷酸盐平均值，夏季最低，冬季最高；东海活性磷酸盐平均值，春季最低，秋冬最高；南海活性磷酸盐平均值，春季最低，秋季最高。

表2.8　海水活性磷酸盐统计特征值　　　　　　　　单位：$\mu mol/dm^3$

季节	渤海		黄海		东海		南海	
	范围	平均值	范围	平均值	范围	平均值	范围	平均值
夏季	0.04 ~ 1.33	0.25	0.01 ~ 1.24	0.21	0.01 ~ 3.03	0.49	0.01 ~ 4.90	0.30
冬季	0.42 ~ 1.72	0.75	0.03 ~ 1.22	0.44	0.05 ~ 2.37	0.64	0.01 ~ 4.45	0.32
春季	0.05 ~ 1.11	0.48	0.01 ~ 8.01	0.29	0.01 ~ 1.81	0.40	0.01 ~ 2.69	0.26
秋季	0.06 ~ 1.87	0.36	0.01 ~ 1.43	0.33	0.01 ~ 2.49	0.64	0.01 ~ 3.16	0.35

2.2.4.2　活性磷酸盐平面分布变化特征

由图2.57和图2.58可见，2006年夏季，渤海、黄海、东海表层活性磷酸盐呈现近岸高近海低的分布趋势，沿岸海域活性磷酸盐含量整体高于外海。辽东湾和渤海湾、黄海北部辽东半岛东南沿海海域、长江入海口和杭州湾附近海域活性磷酸盐含量存在大于 $1.0\ \mu mol/dm^3$ 的高值区；黄海中部海域活性磷酸盐均较低，为 $0.1\ \mu mol/dm^3$。底层活性磷酸盐含量分布趋势与表层相似，但在黄海中部形成活性磷酸盐含量大于 $1.0\ \mu mol/dm^3$ 的高值区，应与黄海冷水团的存在有关，同时杭州湾、舟山群岛和渔山列岛附近海域也出现活性磷酸盐含量大于 $1.0\ \mu mol/dm^3$ 的高值区；活性磷酸盐含量小于 $0.1\ \mu mol/dm^3$ 的低值区出现在黄海西南部车牛山岛附近海域和台湾海峡。

由图2.59和图2.60可见，2006年夏季，南海表层活性磷酸盐含量 $1.0\ \mu mol/dm^3$ 的高值出现在珠江口，向外迅速降低；除万山群岛至东沙群岛之间海域和北部湾略高以外，从海南

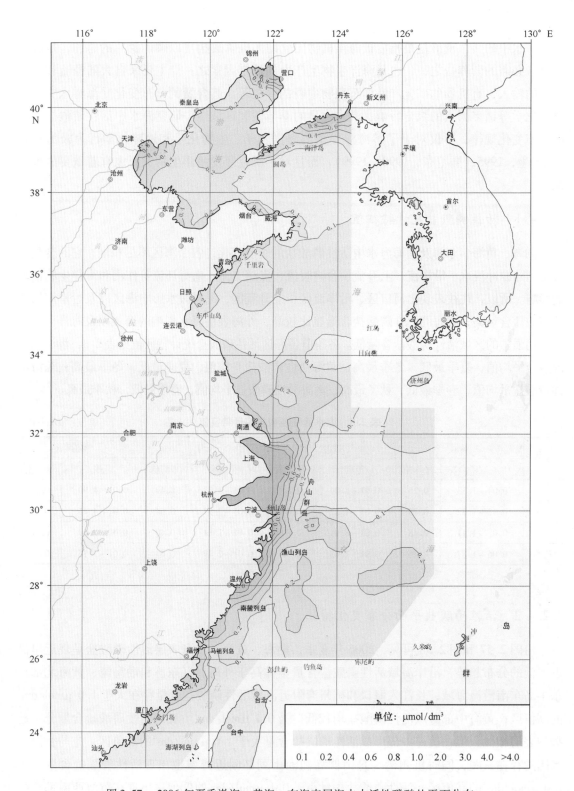

图 2.57 　 2006 年夏季渤海、黄海、东海表层海水中活性磷酸盐平面分布

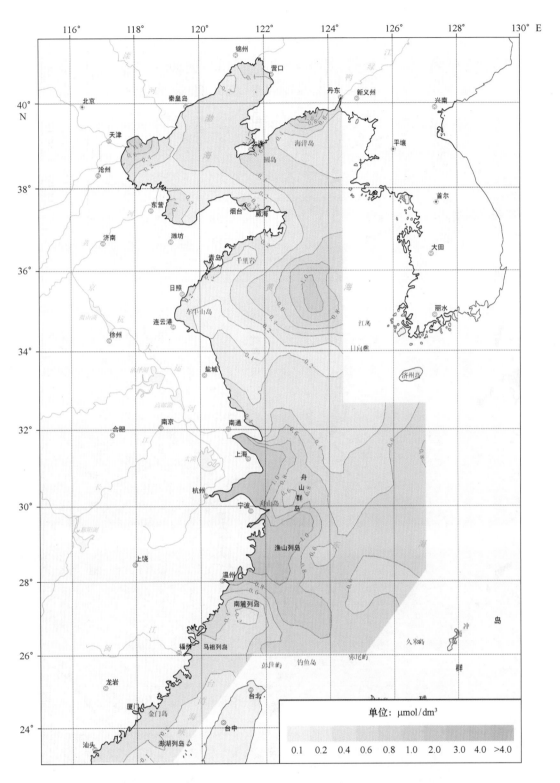

图 2.58　2006 年夏季渤海、黄海、东海底层海水中活性磷酸盐平面分布

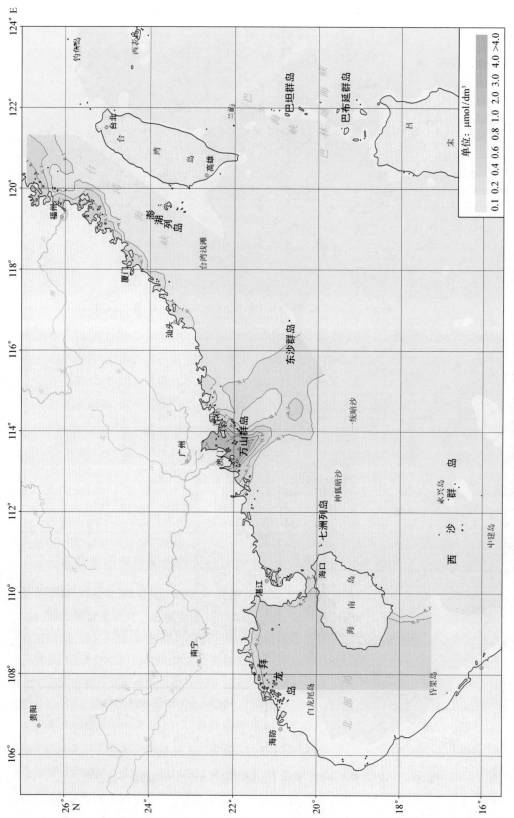

图2.59 2006年夏季南海表层海水中活性磷酸盐平面分布

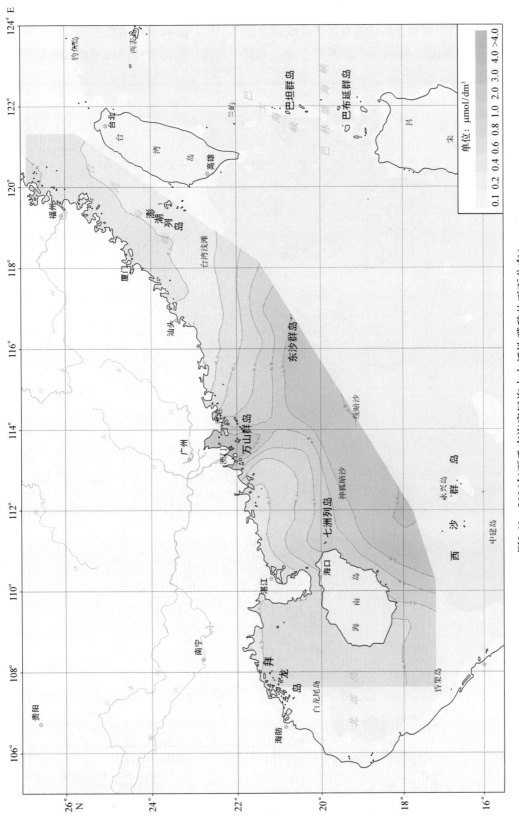

图2.60　2006年夏季南海底层海水中活性磷酸盐平面分布

岛东部直至台湾海峡是大片活性磷酸盐含量小于 0.1 μmol/dm³的低值区均匀分布。底层在西沙群岛北部海域至统暗沙附近海域存在活性磷酸盐含量大于 2.0 μmol/dm³的高值区，向北部逐渐降低；粤西沿岸和台湾浅滩有活性磷酸盐含量小于 0.1 μmol/dm³的低值分布。

由图 2.61 和图 2.62 可见，2006 年冬季，渤海、黄海、东海表层活性磷酸盐呈现近岸高

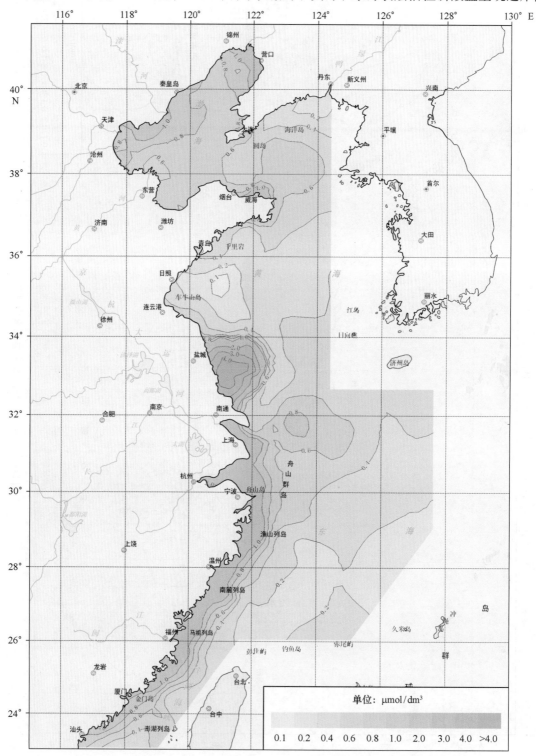

图 2.61　2006 年冬季渤海、黄海、东海表层海水中活性磷酸盐平面分布

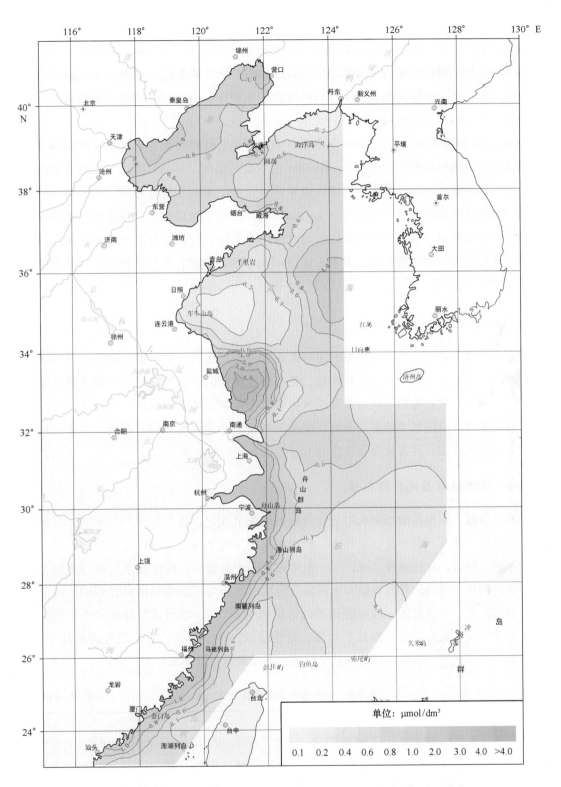

图 2.62　2006 年冬季渤海、黄海、东海底层海水中活性磷酸盐平面分布

近海低的分布趋势。近岸海域活性磷酸盐含量较高，活性磷酸盐含量大于 4.0 $\mu mol/dm^3$ 的高值区出现在江苏南部附近海域，高磷酸盐含量的沿岸流在强烈东北季风的作用下影响到苏北、浙江、福建和广东近岸海域；活性磷酸盐含量小于 0.1 $\mu mol/dm^3$ 的低值区出现在车牛山岛东北侧海域。底层活性磷酸盐含量分布趋势与表层相似，活性磷酸盐含量大于 4.0 $\mu mol/dm^3$ 的高值区出现在江苏南部附近海域；活性磷酸盐含量小于 0.1 $\mu mol/dm^3$ 的低值区出现在外海水影响的黄海牛车山岛以东海域。

由图 2.63 和图 2.64 可见，2006 年冬季，南海表层活性磷酸盐含量受沿岸流影响的福建沿岸及珠江口是活性磷酸盐大于 1.0 $\mu mol/dm^3$ 的主要高值区，呈明显的由岸向外逐渐降低的趋势，高值磷酸盐闽浙沿岸流水舌向西南沿岸伸展直达广东汕头附近海域；北部湾及海南岛东部海域海区活性磷酸盐含量较低为 0.1 $\mu mol/dm^3$。底层活性磷酸盐含量在沿岸流影响的福建沿岸及冲淡水影响的珠江口附近海域和南海深层海水影响的西沙群岛北部至东沙群岛西南部海域深水区出现活性磷酸盐含量大于 1.0 $\mu mol/dm^3$ 的高值区；北部湾海域活性磷酸盐含量较低，为 0.1 $\mu mol/dm^3$。

2.2.5 活性硅酸盐

海水中的活性硅酸盐是指溶解态的可与钼酸铵试剂产生黄色反应的硅酸盐，其易被海洋生物所吸收。因此，海水中的活性硅酸盐，是海洋生物所需的营养盐之一。对于硅藻类浮游植物、放射虫和有孔虫等原生动物及硅质海绵等海洋生物，硅更是构成其有机体不可缺少的组分。海水中活性硅酸盐主要来自入海径流及其携带的悬浮泥沙和岩石碎屑，也来自硅质生物死亡后的迅速释放；其含量分布变化与上述因素有密切的关系。

2.2.5.1 活性硅酸盐统计特征值

渤海、黄海、东海及南海海水中活性硅酸盐的季节变化，各个海区不尽相同，它的变化主要受到陆源冲淡水、沿岸流、上升流、台湾暖流、黑潮支流、南海环流等作用和海洋生物活动的影响。所以，往往表现出河口区、沿岸流区、上升流区、深层海水影响海区以及近岸海域活性硅酸盐含量高，外海表层海水影响的海域以及海洋浮游植物活动强烈的区域活性硅酸盐含量低。各季节各海区活性硅酸盐统计特征值见表 2.9，渤海活性硅酸盐平均值，春季最低，夏季最高；黄海活性硅酸盐平均值，夏季最低，冬季最高；东海活性硅酸盐平均值，春季最低，秋季最高；南海活性硅酸盐平均值，春季最低，夏季最高。

表 2.9 海水活性硅酸盐统计特征值　　　　　　　　　　　　　单位：$\mu mol/dm^3$

季节	渤海		黄海		东海		南海	
	范围	平均值	范围	平均值	范围	平均值	范围	平均值
夏季	4.86~179.64	30.93	0.23~39.56	5.08	0.55~131.25	25.54	0.23~160.53	11.61
冬季	13.18~41.79	23.84	0.32~20.89	9.90	0.23~148.57	23.60	0.23~150.02	9.14
春季	0.46~135.71	15.64	0.23~36.71	5.92	0.23~114.29	18.06	0.23~134.86	7.22
秋季	1.33~52.14	19.04	0.56~36.57	8.50	0.23~147.50	27.48	0.23~144.89	11.40

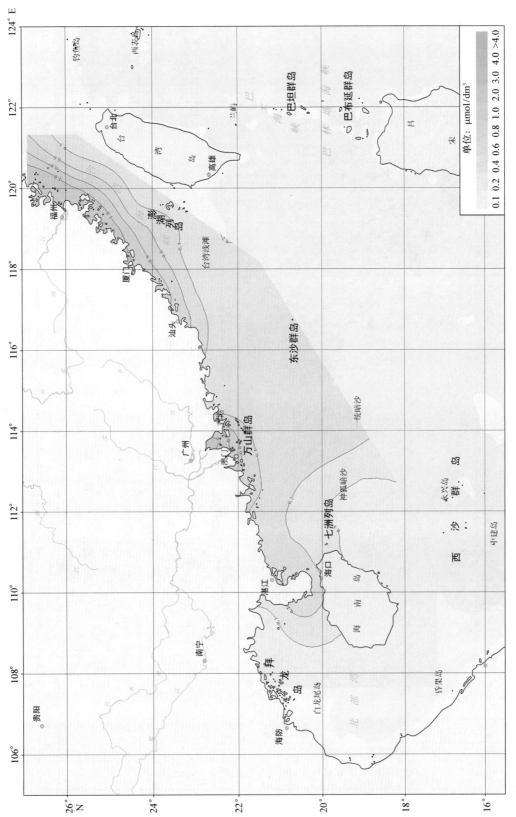

图2.63　2006年冬季南海表层海水中活性磷酸盐平面分布

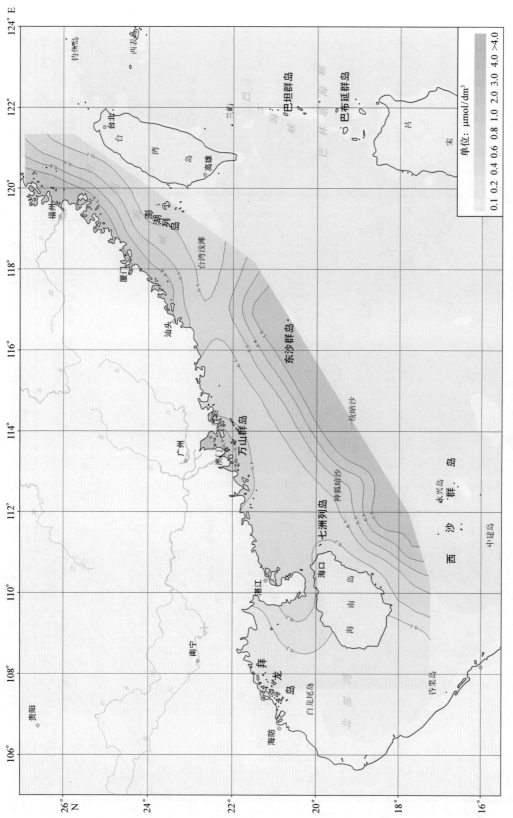

图2.64　2006年冬季南海底层海水中活性磷酸盐平面分布

单位：μmol/dm³

0.1 0.2 0.4 0.6 0.8 1.0 2.0 3.0 4.0 >4.0

2.2.5.2 活性硅酸盐平面分布变化特征

由图 2.65 和图 2.66 可见，2006 年夏季，渤海、黄海、东海表层活性硅酸盐呈现近岸高近海低的分布趋势。渤海湾内、黄海北部和长江口、杭州湾、闽江口含量较高，受冲淡水的影响，长江口、闽江口含量较高，活性磷酸盐大于 $100~\mu mol/dm^3$ 的高值区出现在长江入海口，向外含量迅速降低；黄海中部是大片均匀分布活性磷酸盐小于 $5~\mu mol/dm^3$ 的低值区。底层活性硅酸盐含量分布趋势与表层相似，活性磷酸盐大于 $100~\mu mol/dm^3$ 的高值区出现在陆源冲淡水影响的长江入海口和杭州湾附近海域；活性磷酸盐小于 $5~\mu mol/dm^3$ 的低值区出现在外海水影响的黄海北部圆岛和中部车牛山岛附近海域。

由图 2.67 和图 2.68 可见，2006 年夏季，南海表层活性硅酸盐在闽江口、珠江口和汕头韩江口陆源冲淡水附近海域都有活性磷酸盐大于 $100~\mu mol/dm^3$ 的高值出现；活性磷酸盐小于 $5~\mu mol/dm^3$ 的低值区出现在北部湾和海南岛东部、南部海域。底层活性硅酸盐含量在珠江口和汕头韩江口附近海域较高，海南岛东南外海受南海深层海水的影响出现活性磷酸盐大于 $100~\mu mol/dm^3$ 的高值区；活性磷酸盐小于 $5~\mu mol/dm^3$ 的低值区出现在北部湾海域。

由图 2.69 和图 2.70 可见，2006 年冬季，渤海、黄海、东海表层活性硅酸盐呈现近岸高近海低的分布趋势。活性磷酸盐大于 $100~\mu mol/dm^3$ 的高值区出现在东海长江口，闽江口活性硅酸盐含量也较高，为 $60~\mu mol/dm^3$，等值线大致与岸线平行，向外含量迅速降低；黄海和东海中部海域普遍活性硅酸盐较低，为小于 $5~\mu mol/dm^3$ 的低值区。底层活性硅酸盐含量分布趋势与表层相似，活性磷酸盐大于 $100~\mu mol/dm^3$ 的高值区出现在长江口附近海域；黄海和东海中部海域为活性磷酸盐小于 $5~\mu mol/dm^3$ 的低值区。

由图 2.71 和图 2.72 可见，2006 年冬季，南海表层活性硅酸盐含量由岸向外逐渐降低的分布趋势非常显著，等值线大致与岸线平行。北部湾和台湾浅滩至西沙群岛附近海域分布着成片活性磷酸盐小于 $5~\mu mol/dm^3$ 的低值区，活性磷酸盐大于 $40~\mu mol/dm^3$ 的高值区出现在福建闽江口、珠江口附近海域，南下高活性硅酸盐闽浙沿岸流与粤东沿岸流衔接影响到湛江和海南岛海口近岸海域。底层活性硅酸盐含量与表层相似，由岸向外逐渐降低，受南海深层海水影响的西沙群岛与东沙群岛外海区出现局部活性磷酸盐大于 $100~\mu mol/dm^3$ 的高值区，在外海表层海水影响的北部湾和台湾浅滩至海南岛东部海域分布着活性磷酸盐小于 $5~\mu mol/dm^3$ 的低值区。

2.2.6 溶解态氮

海水中含有活着的生物和不溶于海水的颗粒氮。一般把能通过孔径 $0.45~\mu m$ 微孔滤膜的无机和有机氮化合物称为溶解态氮，把不能通过的称为颗粒态氮。

2.2.6.1 溶解态氮统计特征值

渤海、黄海、东海及南海海水中溶解态氮的季节变化，各个海区不尽相同，它的变化主要受到陆源冲淡水、沿岸流、上升流、台湾暖流、黑潮支流、南海环流等作用和海洋生物活动的影响。所以，往往表现出河口区、沿岸流区、上升流区、深层海水影响海区以及近岸海域溶解态氮含量高，外海表层海水影响的海域以及海洋浮游植物活动强烈的区域溶解态氮含量低。它与海水中硝酸盐的分布趋势一致。各季节各海区溶解态氮统计特征值见

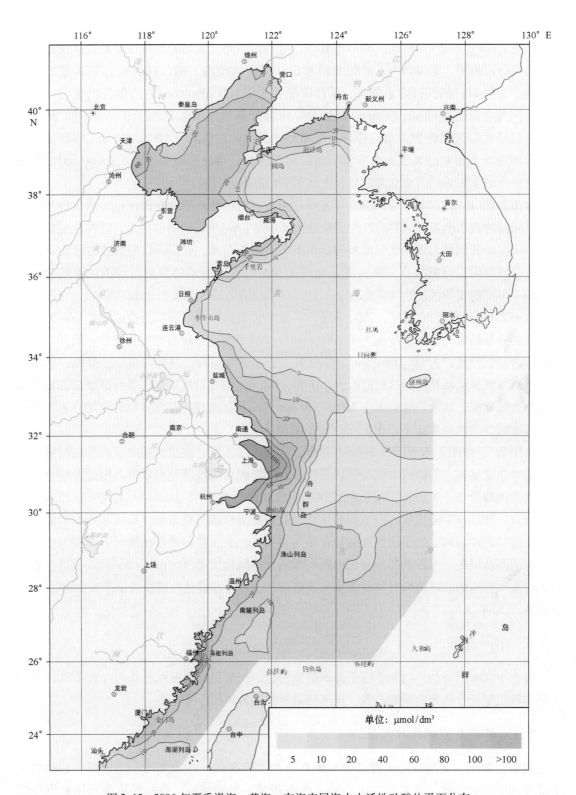

图 2.65　2006 年夏季渤海、黄海、东海表层海水中活性硅酸盐平面分布

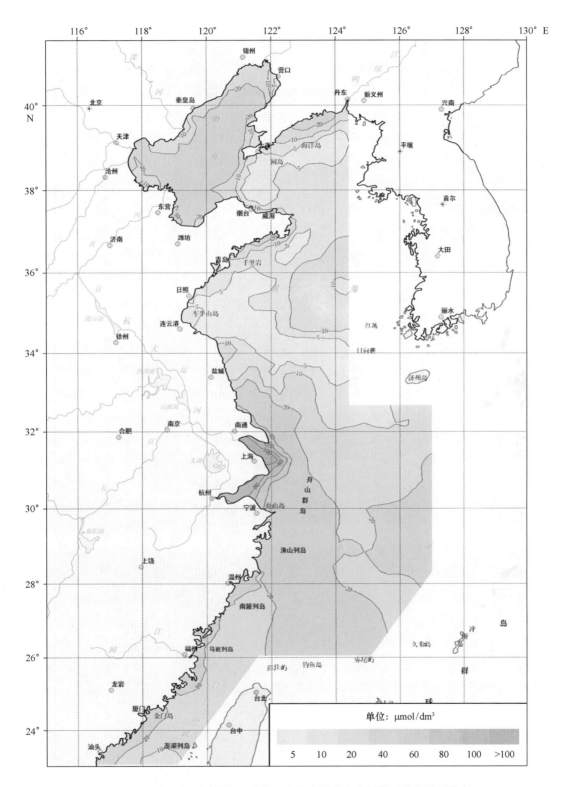

图 2.66　2006 年夏季渤海、黄海、东海底层海水中活性硅酸盐平面分布

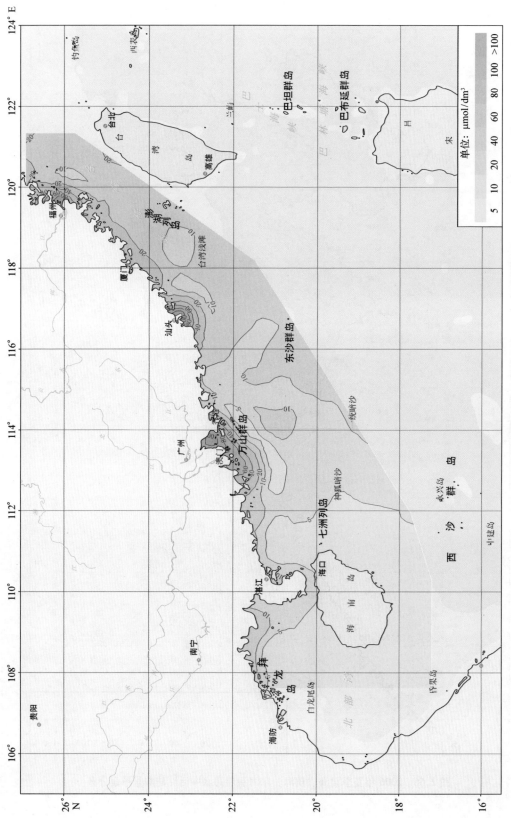

图2.67 2006年夏季南海表层海水中活性硅酸盐平面分布

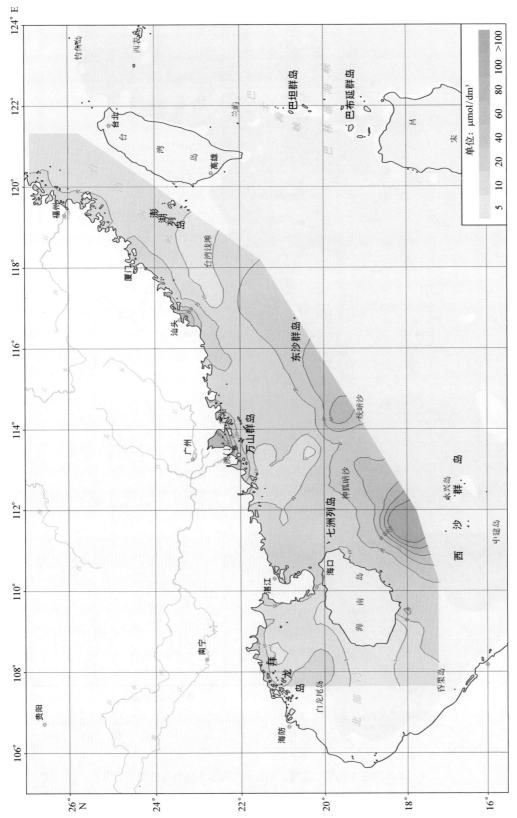

图2.68　2006年夏季南海底层海水中活性硅酸盐平面分布

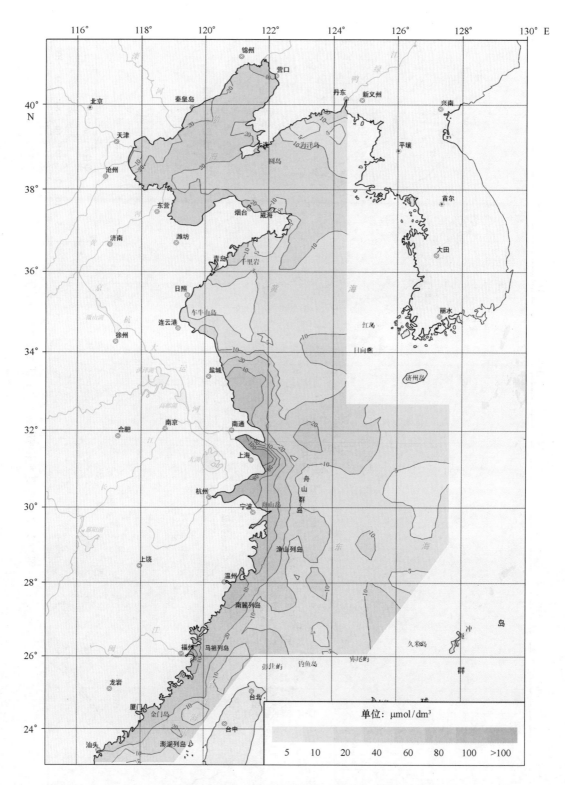

图2.69　2006年冬季渤海、黄海、东海表层海水中活性硅酸盐平面分布

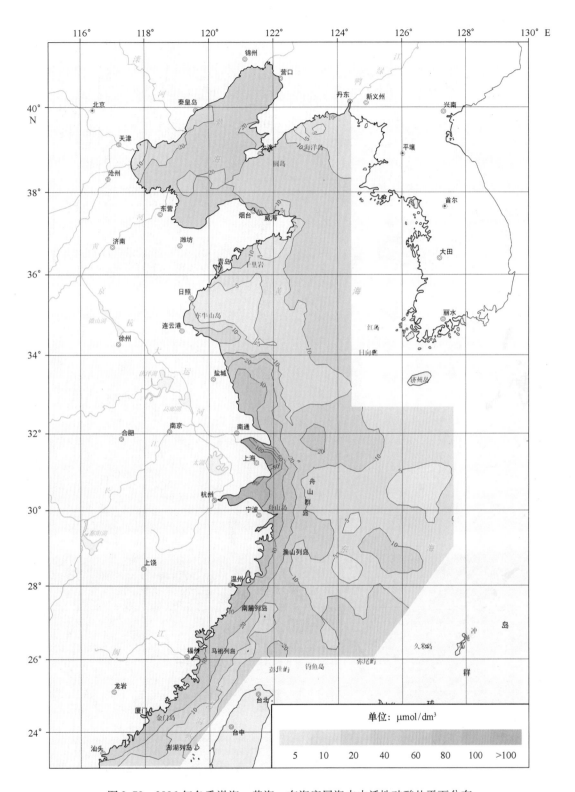

图 2.70　2006 年冬季渤海、黄海、东海底层海水中活性硅酸盐平面分布

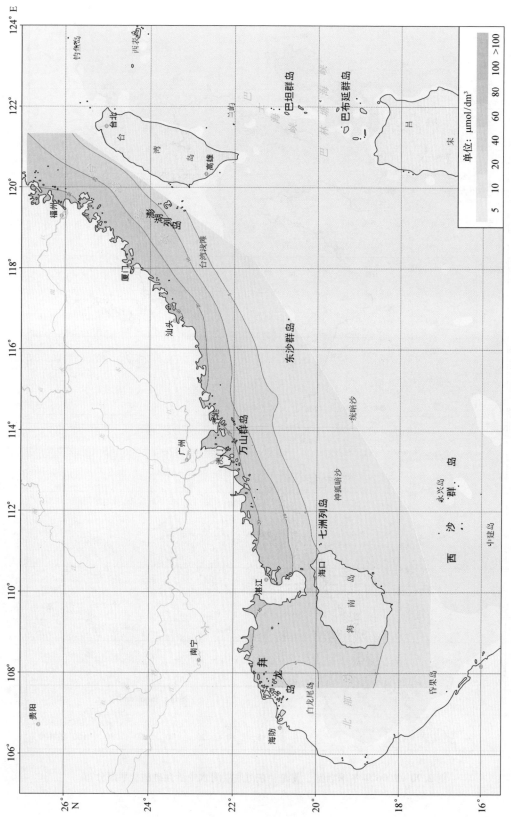

图2.71　2006年冬季南海表层海水中活性硅酸盐平面分布

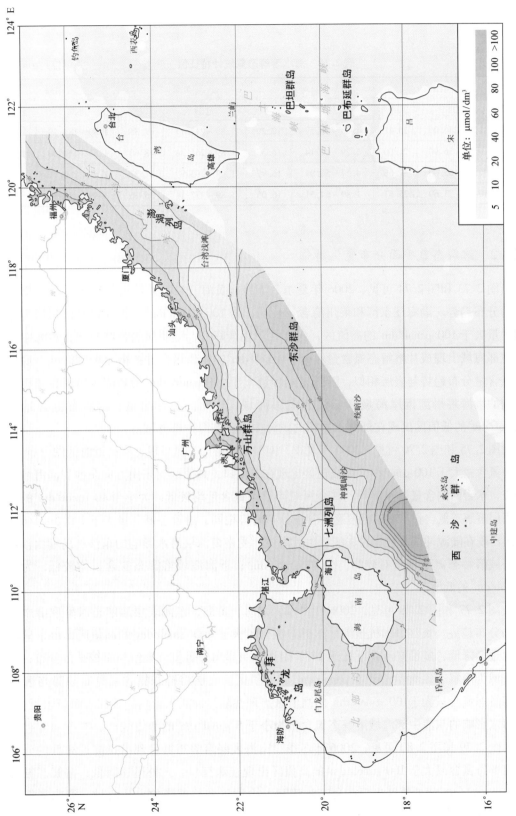

图2.72　2006年冬季南海底层海水中活性硅酸盐平面分布

表2.10，渤海溶解态氮平均值，冬季最低，春季最高；黄海溶解态氮平均值，夏季最低，春季最高；东海溶解态氮平均值，春季最低，冬季最高；南海溶解态氮平均值，春季最低，冬季最高。

表2.10　海水溶解态氮统计特征值　　　　　单位：$\mu mol/dm^3$

季节	渤海		黄海		东海		南海	
	范围	平均值	范围	平均值	范围	平均值	范围	平均值
夏季	4.20~246.00	26.47	1.89~48.57	12.29	1.89~212.71	47.35	1.89~184.29	16.74
冬季	10.30~56.90	21.60	5.29~40.14	14.33	1.89~261.34	48.60	1.89~150.00	22.88
春季	9.23~165.00	31.66	4.57~56.94	16.99	1.89~193.97	31.37	1.89~250.71	10.98
秋季	10.40~73.60	25.67	1.89~64.51	16.05	1.89~277.14	36.16	1.89~146.14	13.80

2.2.6.2　溶解态氮平面分布变化特征

由图2.73和图2.74可见，2006年夏季，渤海、黄海、东海表层溶解态氮呈现近岸高近海低的分布趋势。渤海辽东湾和莱州湾含量较高，为100 $\mu mol/dm^3$，长江口和杭州湾为溶解态氮含量大于100 $\mu mol/dm^3$的高值区，向外含量逐渐降低，呈明显的带状分布；黄海中部和东海中部海域出现成片溶解态氮含量小于5 $\mu mol/dm^3$的低值区，并扩散至台湾海峡。底层溶解态氮含量分布趋势与表层相似，溶解态氮含量大于100 $\mu mol/dm^3$的高值区出现在陆源冲淡水影响的渤海莱州湾近岸海域和长江入海口海域、杭州湾近岸海域；溶解态氮含量小于10 $\mu mol/dm^3$的低值区出现在外海水影响的黄海中部和东海中部海域。

由图2.75和图2.76可见，2006年夏季，南海表层溶解态氮呈现近岸高近海低的分布趋势。溶解态氮含量大于100 $\mu mol/dm^3$的高值区出现在珠江口，高值区向东南方向东沙群岛海域呈水舌分布，水舌两侧含量逐步降低；其余海域溶解态氮含量均较低，为小于10 $\mu mol/dm^3$的低值区。底层溶解态氮含量与表层溶解态氮含量分布趋势相同，溶解态氮含量大于100 $\mu mol/dm^3$的高值区出现在陆源冲淡水影响的珠江口附近海域，受南海深层海水影响的东沙群岛和西沙群岛北部海域溶解态氮含量相对较高，为40 $\mu mol/dm^3$；近海海域溶解态氮含量均较低，为小于10 $\mu mol/dm^3$的低值区。

由图2.77和图2.78可见，2006年冬季，渤海、黄海、东海表层溶解态氮呈现沿岸高近海低的分布趋势。长江口和杭州湾是溶解态氮含量大于100 $\mu mol/dm^3$的高值区，由东呈水舌向外含逐渐降低，随沿岸流南下抵达24°N附近，由岸向外等值线大致与岸线平行分布；东海中部海域为溶解态氮含量小于5 $\mu mol/dm^3$的低值区。底层溶解态氮含量分布趋势与表层相似，溶解态氮含量大于100 $\mu mol/dm^3$的高值区出现在陆源冲淡水影响的长江入海口附近海域；受外海水影响的东海中部海域溶解态氮含量为小于5 $\mu mol/dm^3$的低值区。

由图2.79和图2.80可见，2006年冬季，南海表层溶解态氮呈现沿岸高近海低的分布趋势。溶解态氮含量大于100 $\mu mol/dm^3$的高值区出现在珠江口，向外迅速降低；溶解态氮含量小于10 $\mu mol/dm^3$的低值区出现在台湾浅滩至万山群岛和北部湾的大片海域，海南岛东北和东南海域溶解态氮含量有所升高，为40 $\mu mol/dm^3$。底层溶解态氮含量与表层溶解态氮含量分布趋势相同，高值溶解态氮闽浙沿岸流水舌向西南沿岸伸展直达广东汕头附近海域，在西沙群岛至东沙群岛之间外海域底层受南海深层水的影响，溶解态氮含量达到 40 μmol/dm³，在受陆源冲淡水影响的珠江口附近海域溶解态氮含量高达 100 μmol/dm³；溶解态氮含量小于 10 μmol/dm³ 的低值区出现在外海水影响的台湾浅滩至万山群岛、北部湾的大片海域。

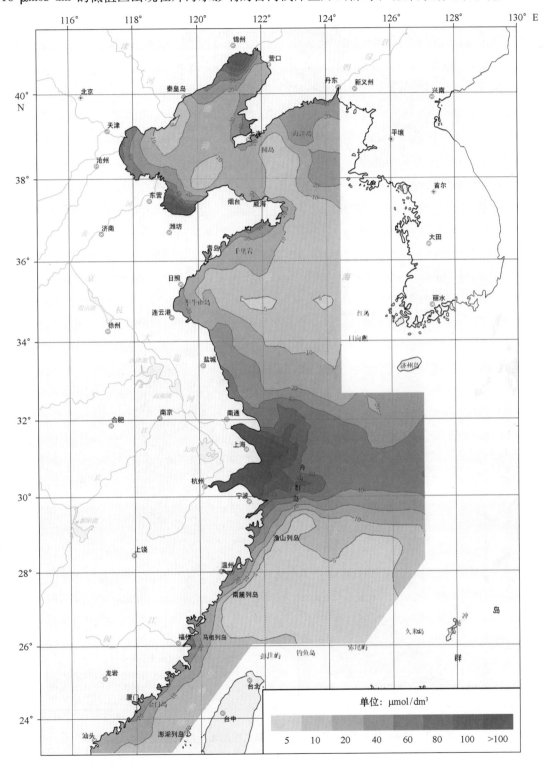

图 2.73　2006 年夏季渤海、黄海、东海表层海水中溶解态氮平面分布

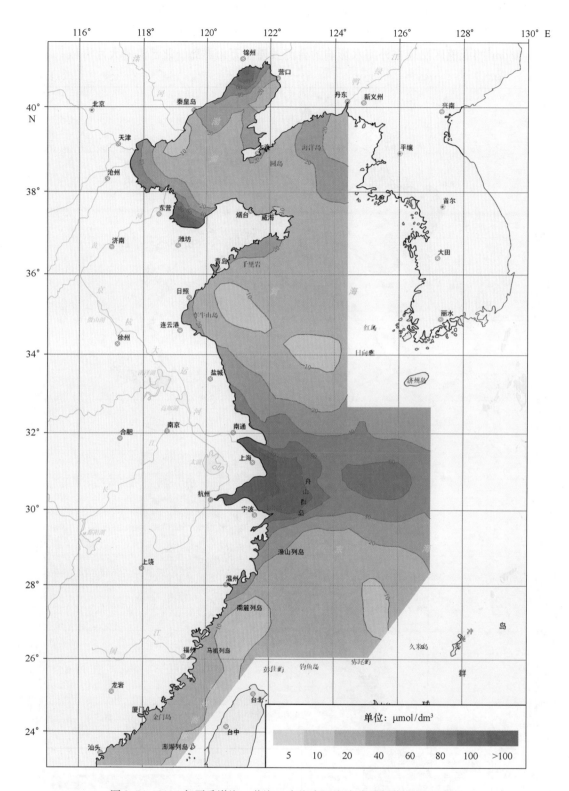

图2.74　2006年夏季渤海、黄海、东海底层海水中溶解态氮平面分布

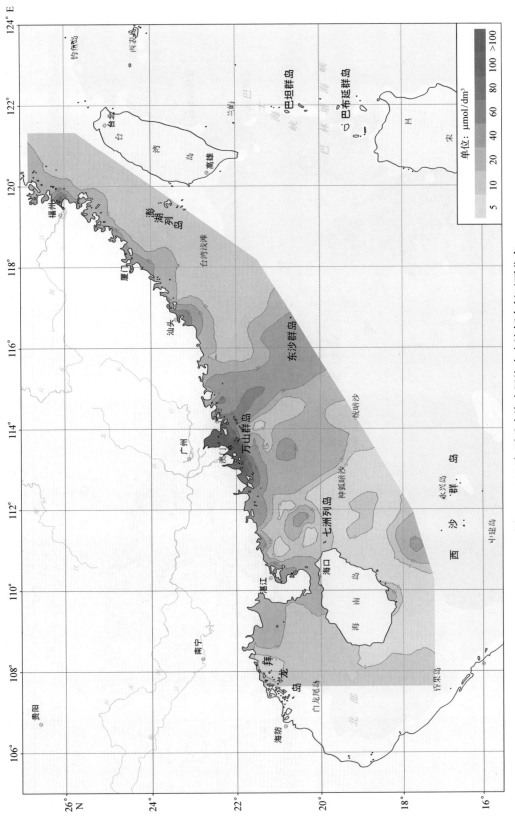

图2.75 2006年夏季南海表层海水中溶解态氮平面分布

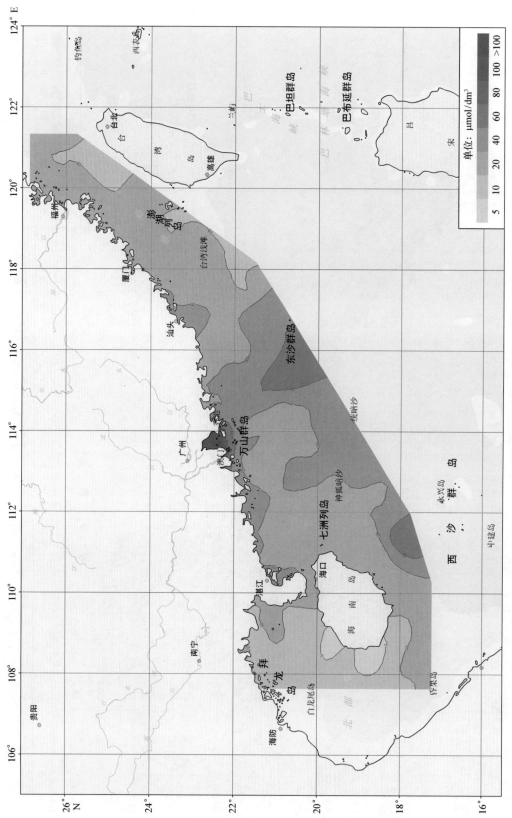

图2.76 2006年夏季南海底层海水中溶解态氮平面分布

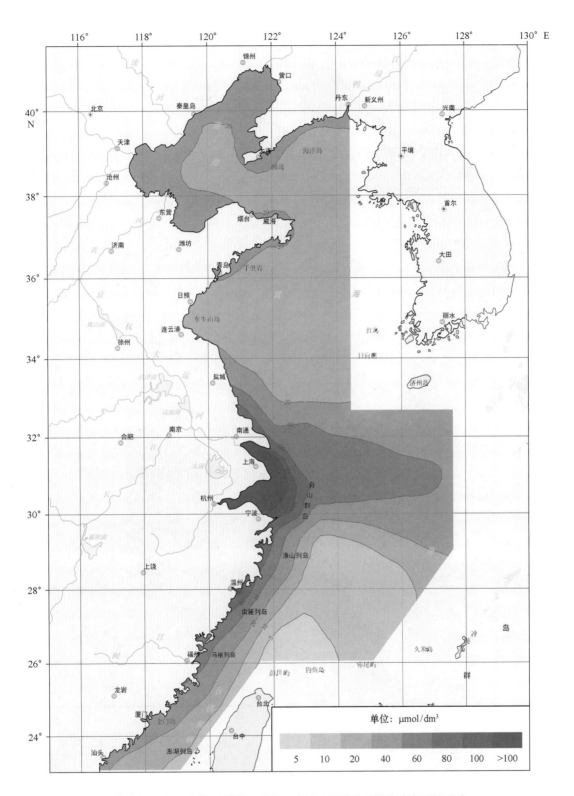

图 2.77　2006 年冬季渤海、黄海、东海表层海水中溶解态氮平面分布

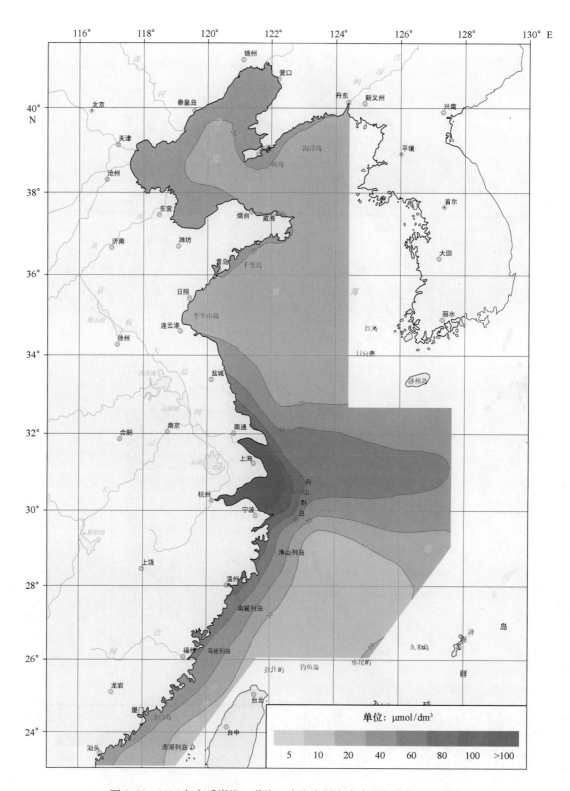

图 2.78　2006 年冬季渤海、黄海、东海底层海水中溶解态氮平面分布

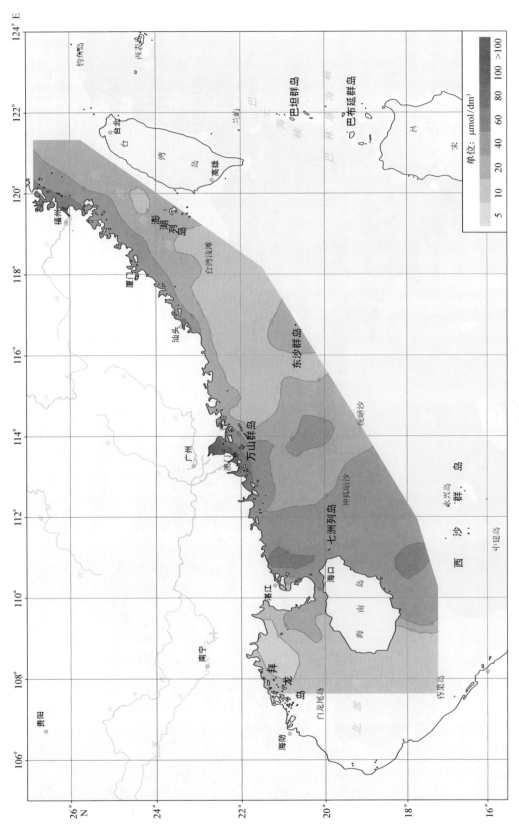

图2.79　2006年冬季南海表层海水中溶解态氮平面分布

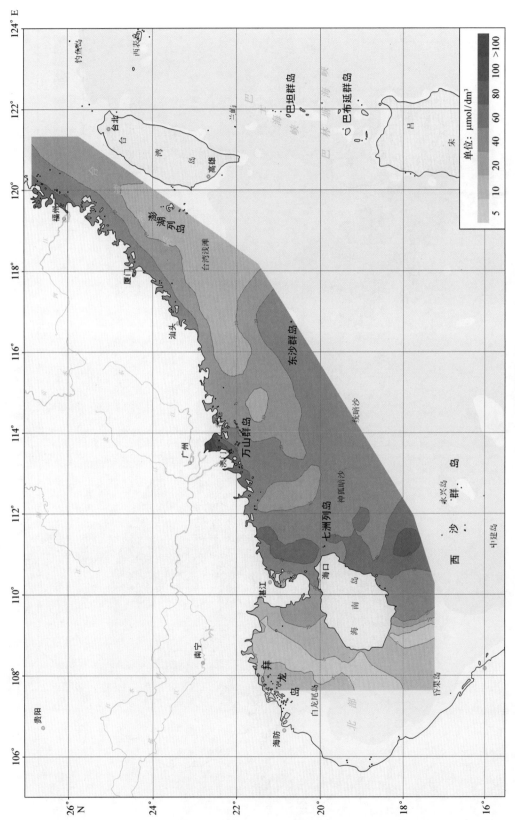

图2.80 2006年冬季南海底层海水中溶解态氮平面分布

2.2.7　溶解态磷

海水中磷的化合物有多种形式，如溶解态无机磷酸盐、溶解态有机磷化合物、颗粒态有机磷物质和吸附在悬浮物上的磷化合物。一般把能通过孔径 0.45 μm 微孔滤膜的无机磷化合物和有机磷化合物称为溶解态磷，把不能通过的称为颗粒态磷。

2.2.7.1　溶解态磷统计特征值

渤海、黄海、东海及南海海水中溶解态磷的季节变化，各个海区不尽相同，它的变化主要受到陆源冲淡水、沿岸流、上升流、台湾暖流、黑潮支流、南海环流等作用和海洋生物活动的影响。所以，往往表现出河口区、沿岸流区、上升流区、深层海水影响海区以及近岸海域溶解态磷含量高，外海表层海水影响的海域以及海洋浮游植物活动强烈的区域溶解态磷含量低。它与海水中活性磷酸盐的分布趋势一致。各季节各海区溶解态磷统计特征值见表2.11，渤海溶解态磷平均值，夏季最低，春季最高；黄海溶解态磷平均值，夏季最低，冬季最高；东海溶解态磷平均值，春季最低，夏季最高；南海溶解态磷平均值，春季最低，夏季最高。

表 2.11　海水溶解态磷统计特征值　　　　单位：μmol/dm³

季节	渤海		黄海		东海		南海	
	范围	平均值	范围	平均值	范围	平均值	范围	平均值
夏季	0.10~1.51	0.33	0.12~1.62	0.35	0.05~6.38	0.96	0.05~5.49	0.65
冬季	0.48~1.57	0.87	0.23~1.15	0.72	0.17~4.80	0.86	0.05~4.83	0.49
春季	0.19~2.09	0.93	0.22~1.86	0.62	0.05~3.15	0.70	0.05~7.77	0.42
秋季	0.14~1.97	0.41	0.05~1.56	0.57	0.16~4.10	0.89	0.05~4.65	0.52

2.2.7.2　溶解态磷平面分布变化特征

由图2.81和图2.82可见，2006年夏季，渤海、黄海、东海表层溶解态磷含量大于3.0 μmol/dm³的高值区出现在辽东半岛东侧、长江口及杭州湾附近海域；东海中部至台湾海峡为溶解态磷含量小于0.5 μmol/dm³的低值区。底层溶解态磷含量分布趋势与表层相似，溶解态磷含量大于2.0 μmol/dm³的高值区出现在辽东半岛东侧、长江口和杭州湾附近海域；溶解态磷含量小于0.5 μmol/dm³的低值区出现在受外海水影响的渤海、黄海中部海域和台湾海峡。

由图2.83和图2.84可见，2006年夏季，南海表层溶解态磷含量呈现沿岸高外海低的分布趋势。溶解态磷含量大于2.0 μmol/dm³的高值区主要分布在陆源冲淡水影响的珠江口和海南岛西北部的北部湾海域；溶解态磷含量小于0.2 μmol/dm³的低值区分布在海南岛东部海域及台湾浅滩附近海域。底层溶解态磷含量大于1.5 μmol/dm³的高值区除在珠江口和海南岛西北部的北部湾海域有分布外，同时分布在受南海深层海水影响的西沙群岛以北海域，将海南岛东部的低值向北压缩；溶解态磷含量小于0.2 μmol/dm³的低值区分布在台湾浅滩附近海域。

由图2.85和图2.86可见，2006年冬季，渤海、黄海、东海表层溶解态磷渤海湾、莱州湾和辽东湾、闽浙沿岸流中溶解态磷含量较高，受陆源冲淡水影响的长江口及杭州湾有溶解态磷含量大于2.5 μmol/dm³的高值区；溶解态磷含量小于0.5 μmol/dm³的低值区出现在受外海水影响的东海中部海域，分布均匀。底层溶解态磷含量分布趋势与表层相似，溶解态磷含量小于0.5 μmol/dm³的低值区出现在受外海水影响的东海中部海域，分布均匀。

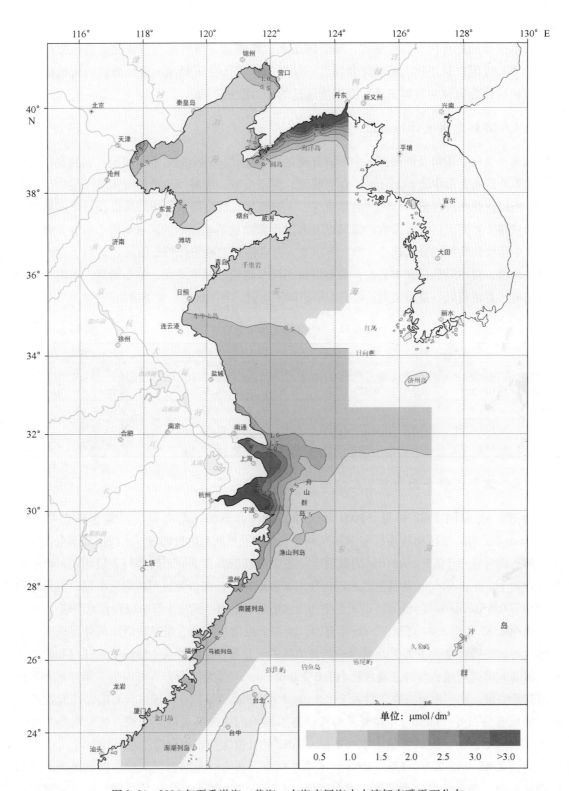

图 2.81　2006 年夏季渤海、黄海、东海表层海水中溶解态磷平面分布

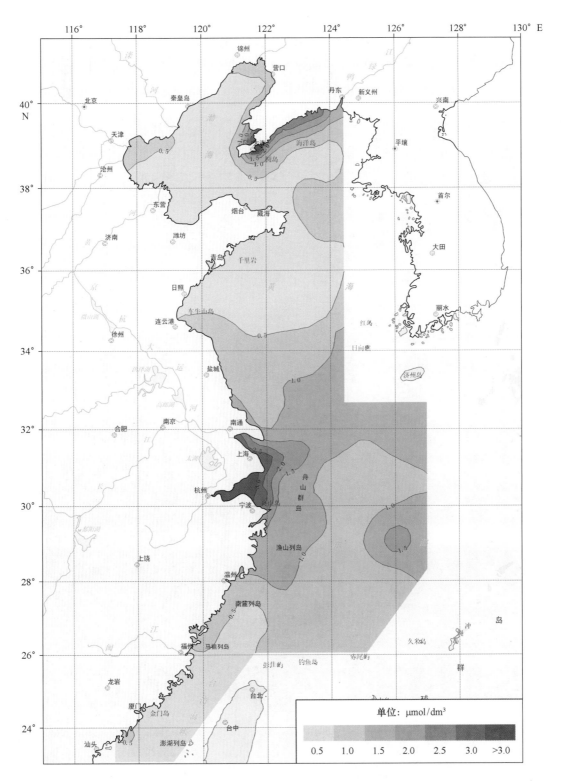

图 2.82　2006 年夏季渤海、黄海、东海底层海水中溶解态磷平面分布

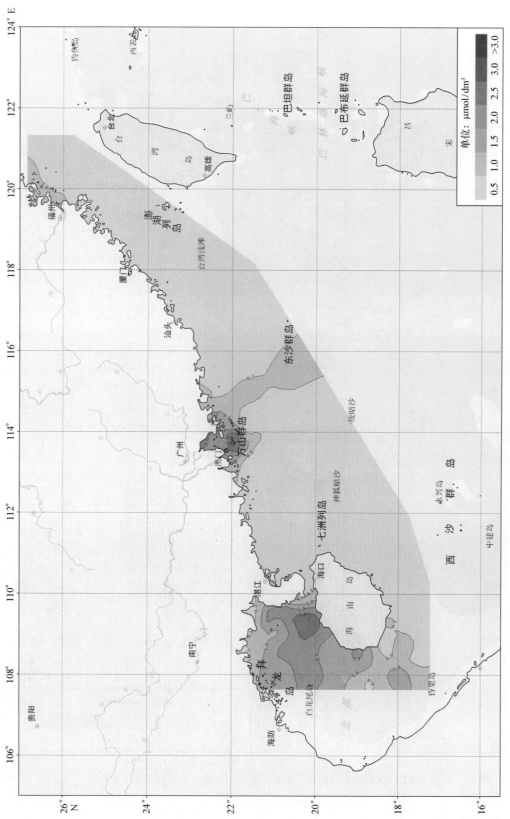

图2.83　2006年夏季南海表层海水中溶解态磷平面分布

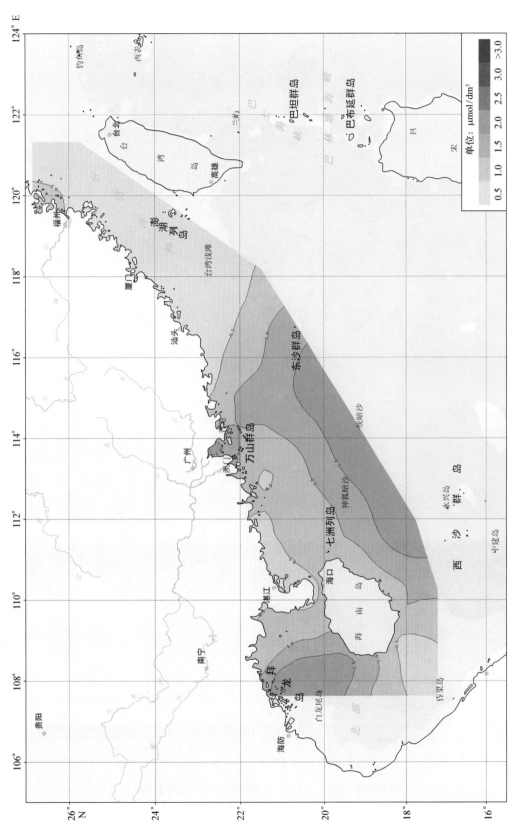

图2.84 2006年夏季南海底层海水中溶解态磷平面分布

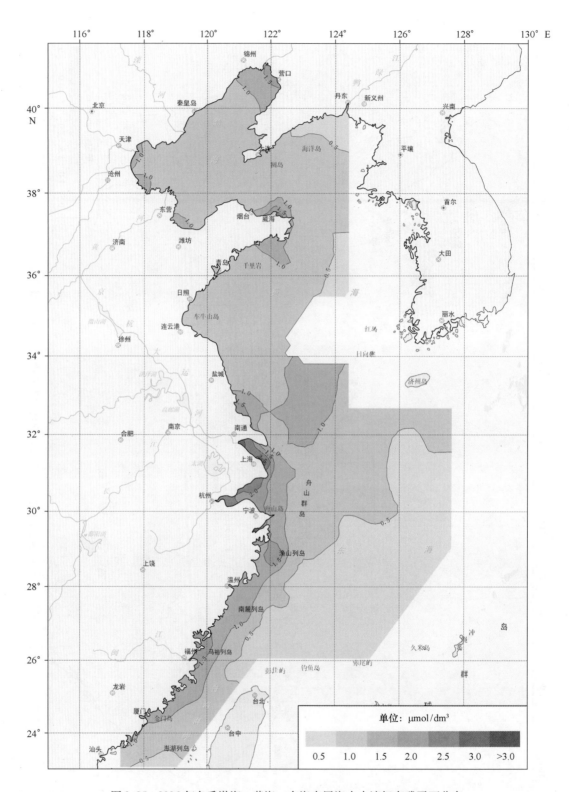

图 2.85　2006 年冬季渤海、黄海、东海表层海水中溶解态磷平面分布

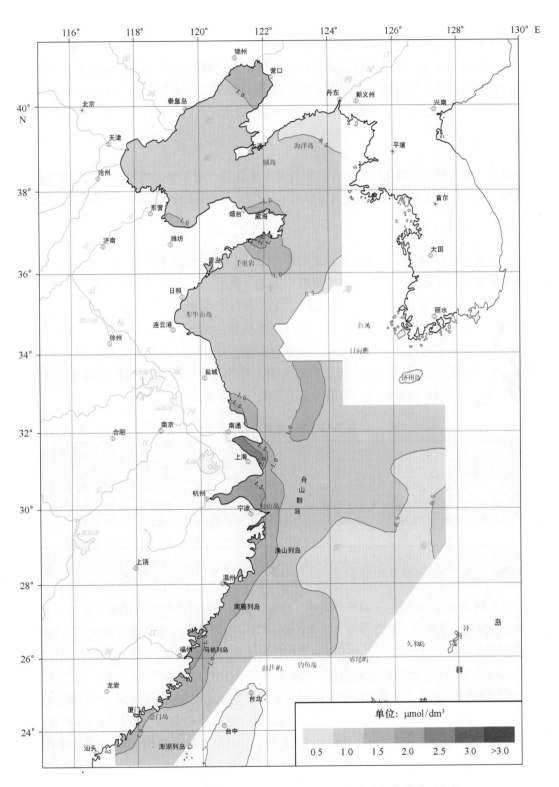

图 2.86　2006 年冬季渤海、黄海、东海底层海水中溶解态磷平面分布

由图 2.87 和图 2.88 可见，2006 年冬季，南海表层溶解态磷呈现沿岸高外海低的分布趋势。台湾海峡南部溶解态磷含量大于 1.5 $\mu mol/dm^3$ 的闽浙沿岸流高值水舌伸展到广东汕头一带海域，受陆源冲淡水影响的珠江口含量附近海域溶解态磷含量也高达 1.0 $\mu mol/dm^3$；溶解态磷含量小于 0.5 $\mu mol/dm^3$ 的低值区出现在海南岛东南部海域。底层溶解态磷含量分布趋势与表层相似，但在西沙群岛以北至东沙群岛一带海域，由于受到南海深层海水的影响，溶解态磷含量高达 2.0 $\mu mol/dm^3$，将溶解态磷含量小于 0.5 $\mu mol/dm^3$ 的低值区向西北侧挤压至近海中部海域。

2.2.8 总氮

海水中的氮包括广泛的无机氮化合物和有机氮化合物。海水中无机氮化合物是海洋植物最重要的营养物质。海水中有机氮主要为蛋白质、氨基酸、脲和甲胺等一系列含氮的有机化合物。

2.2.8.1 总氮统计特征值

渤海、黄海、东海及南海海水中总氮的季节变化，各个海区不尽相同，它的变化主要受到陆源冲淡水、沿岸流、上升流、台湾暖流、黑潮支流、南海环流等作用和海洋生物活动的影响。所以，往往表现出河口区、沿岸流区、上升流区、深层海水影响海区以及近岸海域总氮含量高，外海表层海水影响的海域以及海洋浮游植物活动强烈的区域总氮含量低。它与海水中硝酸盐、溶解态氮的分布趋势一致。各季节各海区总氮统计特征值见表 2.12，渤海总氮平均值，冬季最低，春季最高；黄海总氮平均值，夏季最低，春季最高；东海总氮平均值，春季最低，冬季最高；南海总氮平均值，春季最低，冬季最高。

表 2.12 海水总氮统计特征值　　　　　　　　　　单位：$\mu mol/dm^3$

季节	渤海		黄海		东海		南海	
	范围	平均值	范围	平均值	范围	平均值	范围	平均值
夏季	7.66~240.00	29.71	1.89~49.43	17.27	1.89~355.64	57.74	1.89~162.14	18.00
冬季	12.50~50.70	23.37	7.21~45.00	17.87	5.64~240.09	59.37	1.89~163.57	25.03
春季	12.60~181.00	38.63	5.29~61.88	20.42	1.89~251.47	42.51	1.89~257.14	13.27
秋季	17.20~76.60	29.56	4.26~47.43	19.37	1.89~251.56	46.96	1.89~142.86	16.70

2.2.8.2 总氮平面分布变化特征

由图 2.89 和图 2.90 可见，2006 年夏季，渤海、黄海、东海表层总氮渤海辽东湾、莱州湾、北黄海北部海域含量较高，总氮含量大于 200 $\mu mol/dm^3$ 的高值区出现在受陆源冲淡水影响的长江口和杭州湾，30°~32°N 之间，由于受到北上台湾暖流的影响，由西向东呈现出总氮含量大于 80 $\mu mol/dm^3$ 带状分布，然后向北向南逐渐降低；30°N 以南海域表层至 30 m 层总氮含量迅速降低，台湾海峡略有升高，总氮含量小于 5 $\mu mol/dm^3$ 的低值区出现在受外海水影响的渤海湾近岸海域、北黄海中部海域和南麂列岛近岸海域。底层总氮含量分布趋势与表层相似，总氮含量大于 150 $\mu mol/dm^3$ 的高值区出现在长江口和杭州湾近岸海域，总氮含量小于 10 $\mu mol/dm^3$ 的低值区出现在渤海湾滦海入海口、黄海海洋岛东部海域、南麂列岛附近海域。

由图 2.91 和图 2.92 可见，2006 年夏季，南海表层总氮呈现沿岸高近海低的分布趋势。总氮含量大于 100 $\mu mol/dm^3$ 的高值区出现在受陆源冲淡水影响的珠江口近岸海域；总氮含量小于 10 $\mu mol/dm^3$ 的低值区主要分布在受外海水影响的海南岛周边海域。底层总氮含量分布与表层相似，总氮含量大于 40 $\mu mol/dm^3$ 的高值区出现在珠江口近岸海域，底层在受南海深层海水影响

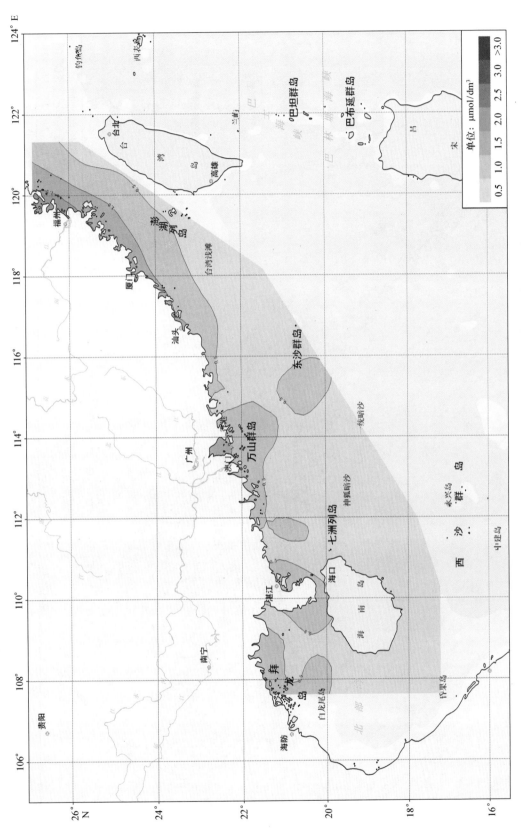

图2.87 2006年冬季南海表层海水中溶态磷平面分布

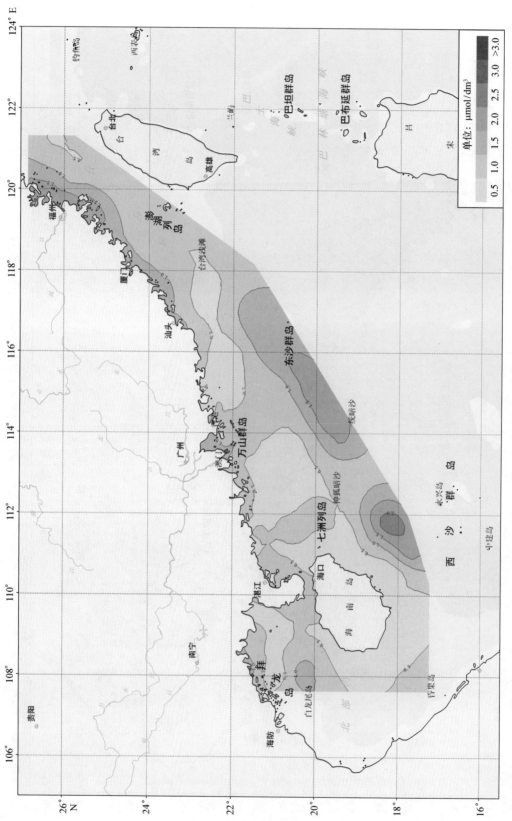

图2.88 2006年冬季南海海底层海水中溶解态磷平面分布

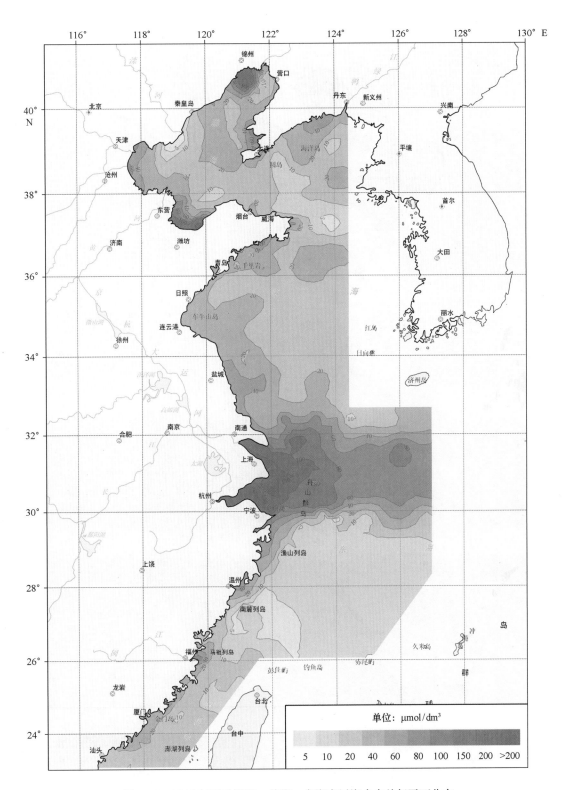

图 2.89 2006 年夏季渤海、黄海、东海表层海水中总氮平面分布

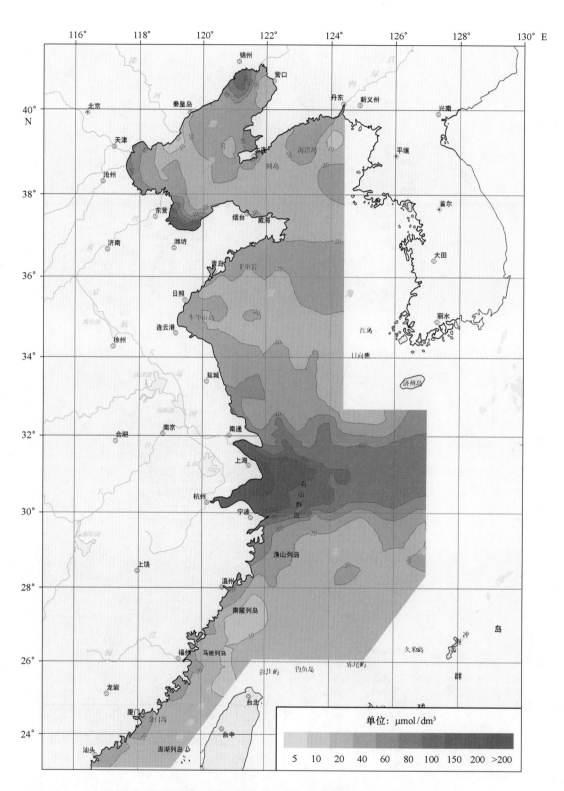

单位：μmol/dm³

5　10　20　40　60　80　100　150　200　>200

图 2.90　2006 年夏季渤海、黄海、东海底层海水中总氮平面分布

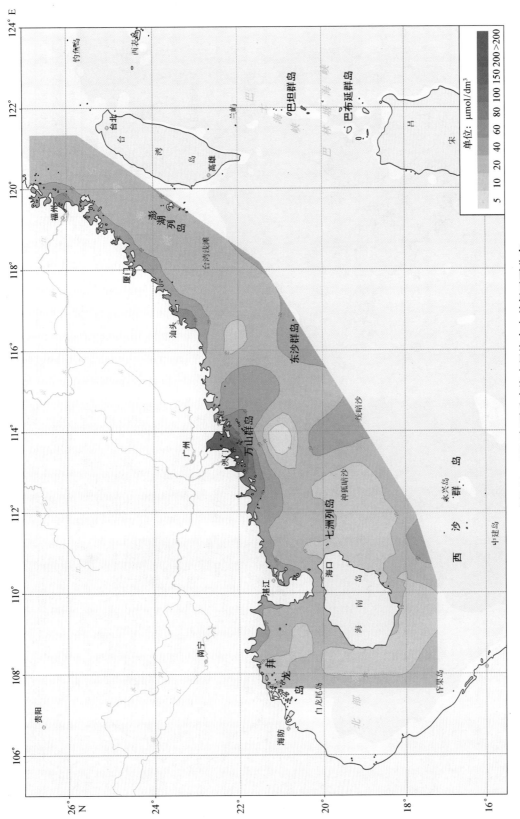

图2.91　2006年夏季南海表层海水中总氮平面分布

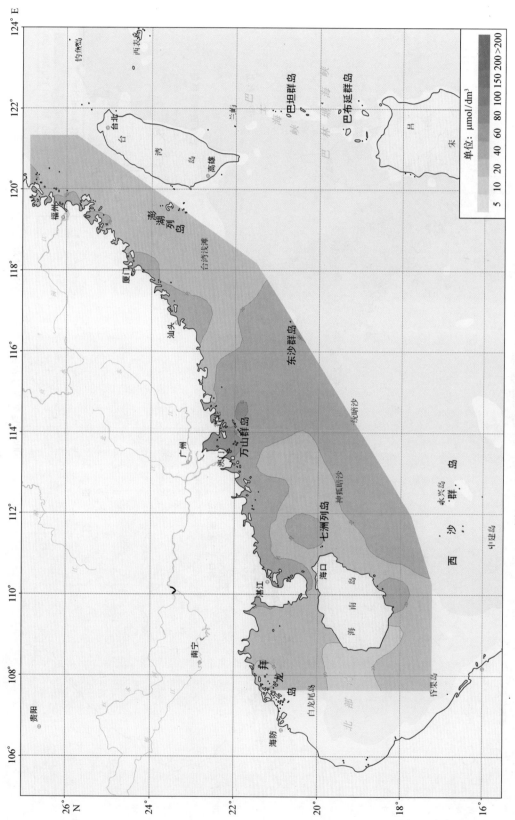

图2.92　2006年夏季南海底层海水中总氮平面分布

的东沙群岛至西沙群岛西北侧海域出现总氮含量大于 20 μmol/dm³的相对高值区，将低值分布向西北侧挤压，并将总氮含量小于10 μmol/dm³的低值区向西南西北侧挤压，在海南岛西部海域、南海北部及台湾海峡形成低值分布。

由图 2.93 和图 2.94 可见，2006 年冬季，渤海、黄海、东海表层总氮呈现沿岸高近海低

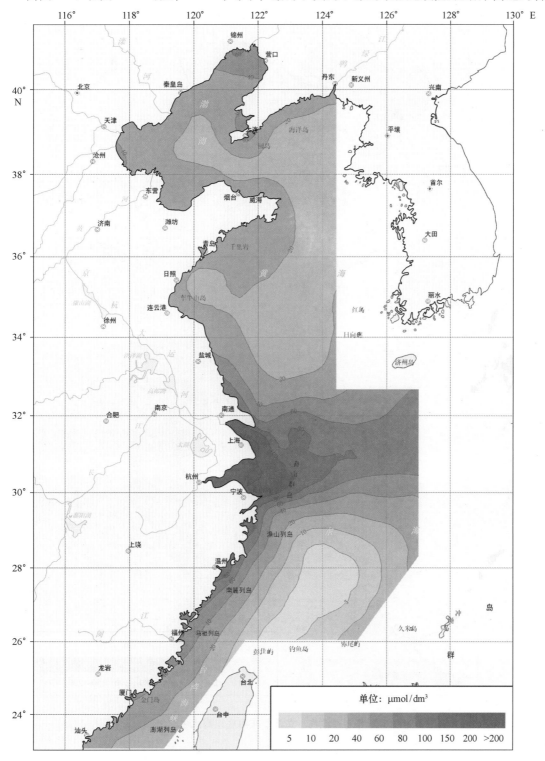

图 2.93　2006 年冬季渤海、黄海、东海表层海水中总氮平面分布

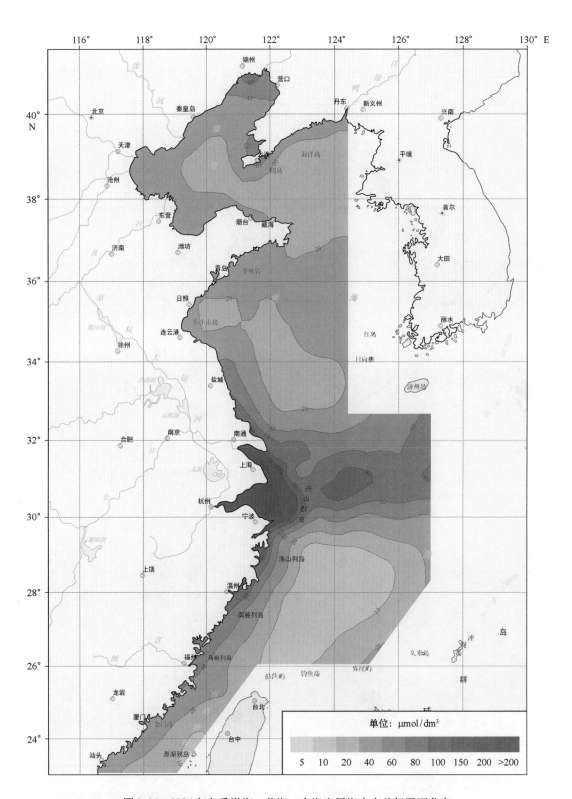

图 2.94　2006 年冬季渤海、黄海、东海底层海水中总氮平面分布

的分布趋势。总氮含量大于150 $\mu mol/dm^3$的高值区出现在受陆源冲淡水影响的长江入海口和杭州湾附近海域，30°～32°N之间，由于受到北上台湾暖流的影响，由西向东呈现出总氮含量大于80 $\mu mol/dm^3$带状分布，然后向北向南逐渐降低；在东北季风影响下高总氮的闽浙沿岸流南下影响至台湾海峡以南的近岸海域，由岸向外等值线大致与岸线平行分布。总氮含量小于10 $\mu mol/dm^3$的低值区均匀分布于渔山列岛至赤尾屿海域。底层总氮含量分布趋势与表层相似，总氮含量大于150 $\mu mol/dm^3$的高值区出现在长江入海口附近海域；总氮含量小于10 $\mu mol/dm^3$的低值区分布于渔山列岛至赤尾屿海域。

由图2.95和图2.96可见，2006年冬季，南海表层总氮呈现近岸高外海低的分布趋势。在东北季风影响下高总氮的闽浙沿岸流南下影响至广东汕头附近海域，总氮含量大于100 $\mu mol/dm^3$的高值区出现在陆源冲淡水珠江口近岸海域，向外迅速降低，海南岛东北和东南海域总氮含量又有所升高；总氮含量小于20 $\mu mol/dm^3$的低值区位于台湾浅滩至东沙群岛以北海域和北部湾海域。底层南海总氮分布趋势与表层相似，总氮含量大于100 $\mu mol/dm^3$的高值区出现在珠江口近岸和海南岛东南侧海域，底层在受南海深层海水影响的东沙群岛至西沙群岛西北侧海域总氮含量也比较高；总氮含量小于20 $\mu mol/dm^3$的低值区位于受南海表层水影响的台湾浅滩至东沙群岛以北海域和北部湾海域。

2.2.9 总磷

磷是海洋生物必需的营养要素之一。磷以不同的形态存在于海洋水体、海洋生物体、海洋沉积物和海洋悬浮物中。海水中磷的化合物有多种形式，如溶解态无机磷酸盐、溶解态有机磷化合物、颗粒态有机磷物质和吸附在悬浮物上的磷化合物。总磷指的是海水中磷的化合物总的含量。

2.2.9.1 总磷统计特征值

渤海、黄海、东海及南海海水中总磷的季节变化，各个海区不尽相同，它的变化主要受到陆源冲淡水、沿岸流、上升流、台湾暖流、黑潮支流、南海环流等作用和海洋生物活动的影响。所以，往往表现出河口区、沿岸流区、上升流区、深层海水影响海区以及近岸海域总磷含量高，外海表层海水影响的海域以及海洋浮游植物活动强烈的区域总磷含量低。它与海水中活性磷酸盐、溶解态磷的分布趋势一致。各季节各海区总磷统计特征值见表2.13，渤海总磷平均值，秋季最低，春季最高；黄海总磷平均值，夏季最低，冬季和春季最高；东海总磷平均值，春季最低，秋季最高；南海总磷平均值，春季最低，夏季最高。

表2.13 海水总磷统计特征值　　　　　　　　　　　　　单位：$\mu mol/dm^3$

季节	渤海		黄海		东海		南海	
	范围	平均值	范围	平均值	范围	平均值	范围	平均值
夏季	0.21～4.52	0.72	0.18～1.63	0.44	0.05～18.42	1.39	0.05～5.45	0.90
冬季	0.66～3.70	1.44	0.39～4.65	0.79	0.26～9.70	1.35	0.10～8.28	0.80
春季	0.47～4.71	1.63	0.35～1.47	0.79	0.09～5.29	1.15	0.05～8.07	0.67
秋季	0.21～3.28	0.67	0.11～1.22	0.64	0.18～16.65	1.70	0.13～6.06	0.78

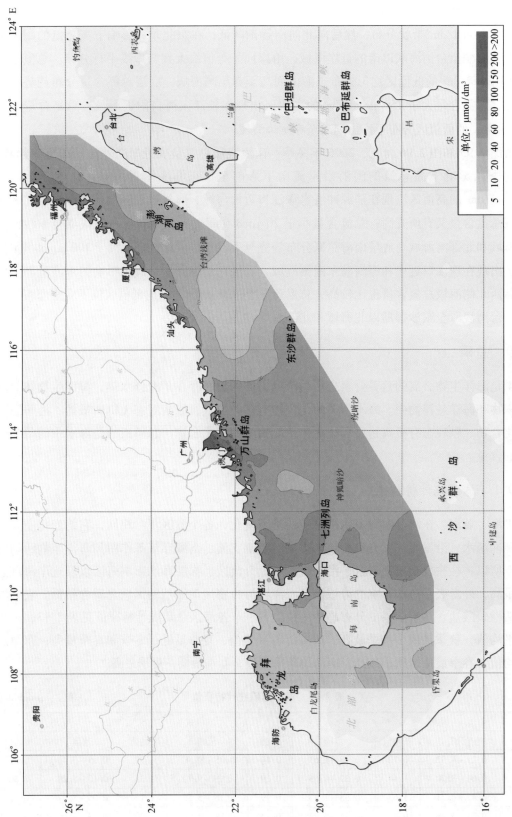

图2.95　2006年冬季南海表层海水中总氮平面分布

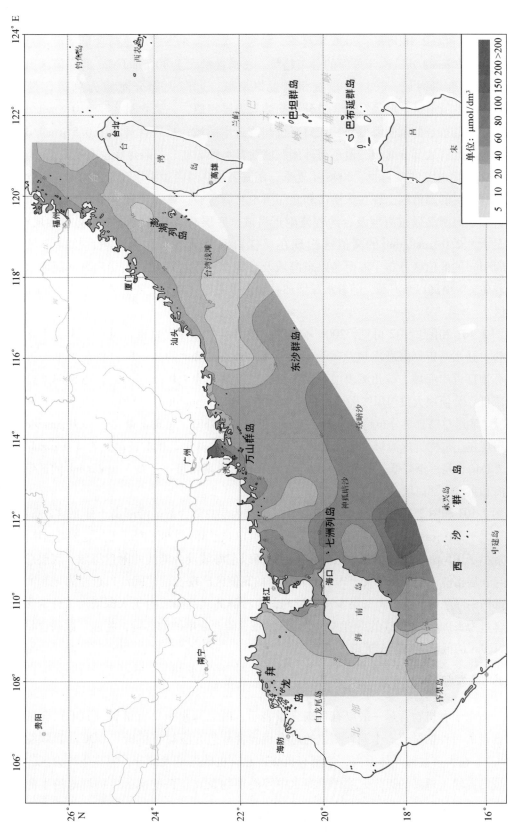

图2.96　2006年冬季南海底层海水中总氮平面分布

2.2.9.2 总磷平面分布变化特征

由图 2.97 和图 2.98 可见，2006 年夏季，渤海、黄海、东海表层总磷含量呈沿岸总磷含量较高，为 4.0 μmol/dm³ 高于外海的分布趋势。总磷含量大于 80 μmol/dm³ 的高值区出现在辽东半岛东侧近岸海域，长江口至杭州湾近岸海域；近海大部分海域为总磷含量小于 0.5 μmol/dm³ 的低值区。底层总磷含量分布趋势与表层相似，总磷含量大于 4.0 μmol/dm³ 的高值区出现在辽东半岛东侧海域和长江口至杭州湾近岸海域；总磷含量小于 0.5 μmol/dm³ 的低值区出现在近海大部分海域，但东海外侧海域随着水深增加，总磷含量也有所升高。

由图 2.99 和图 2.100 可见，2006 年夏季，南海表层总磷含量沿岸高于外海。总磷含量大于 2.0 μmol/dm³ 的高值区出现在珠江口和北部湾东北侧海域；总磷含量小于 0.5 μmol/dm³ 的低值区分布于海南岛以东海域及台湾浅滩附近海域。底层总磷含量的分布趋势与表层相似，总磷含量大于 2.0 μmol/dm³ 的高值区出现在珠江口和北部湾东北侧海域；总磷含量小于 0.5 μmol/dm³ 的低值区分布于海南岛以东海域及台湾浅滩附近海域，但受南海深层海水影响的东沙群岛至海南岛以东海域，随着水深增加总磷含量明显升高，出现总磷含量 2.0 μmol/dm³ 的高值区。

由图 2.101 和图 2.102 可见，2006 年冬季，渤海、东海表层总磷含量呈沿岸高于外海的分布趋势。辽东湾近岸海域出现总磷含量大于 10.0 μmol/dm³ 的高值区，胶东湾半岛近岸海域、江苏南部近岸海域、杭州湾表层总磷含量相对较高，为 4.0 μmol/dm³，由岸向外总磷含量逐渐降低，等值线大致与岸线平行；总磷含量小于 0.5 μmol/dm³ 的低值区出现在黄海和东海中部海域。底层总磷含量分布趋势与表层相似，近岸高于外海，总磷含量大于 10.0 μmol/dm³ 的高值区出现在辽东湾近岸海域，江苏沿岸、杭州湾表层总磷含量相对较高，为 4.0 μmol/dm³，由岸向外总磷含量逐渐降低，等值线大致与岸线平行；总磷含量小于 0.5 μmol/dm³ 的低值区出现在黄海和东海中部海域。

由图 2.103 和图 2.104 可见，2006 年冬季，南海表层总磷含量呈沿岸高于外海的分布趋势。总磷含量大于 2.0 μmol/dm³ 的高值区出现在福建闽江口近岸海域和海南岛西部北部湾沿岸海域；总磷含量小于 0.5 μmol/dm³ 的低值区分布于海南岛以东海域及台湾浅滩附近海域。底层总磷含量分布与表层相似，总磷含量大于 2.0 μmol/dm³ 的高值区出现在福建闽江口近岸海域和海南岛西部北部湾中部海域，受南海深层海水的影响，西沙群岛北部海域由于水深增加，总磷含量升高出现含量为 2.0 μmol/dm³ 的高值区；受水深增加总磷含量增加的影响，将底层总磷含量小于 0.5 μmol/dm³ 的低值区挤压至近岸沿岸海域。

2.2.10 总有机碳

由于海水中有机物含量一般以有机碳含量表示，所以海水中总有机碳（TOC）含量系总有机物含量的一种估量值。本调查测出的总有机碳含量包含溶解有机碳（DOC）和颗粒有机碳（POC）。在大多数海洋体系内，溶解有机碳占总有机碳的绝大部分，但高生产力区、高度扰动区或陆源输入量高的近岸区除外。海水中浮游植物及其相关的水生生物群落的生命活动产物和生物残骸的分解产物，以及沿岸有机污染物的输入等，是海洋有机物的主要来源。海水中的有机物对海洋中发生的许多生物、化学和物理过程都有着较重要的影响。同时，也表达海洋有机污染物质存在状况。因此，它是海水化学环境监测与评价的重要项目之一。

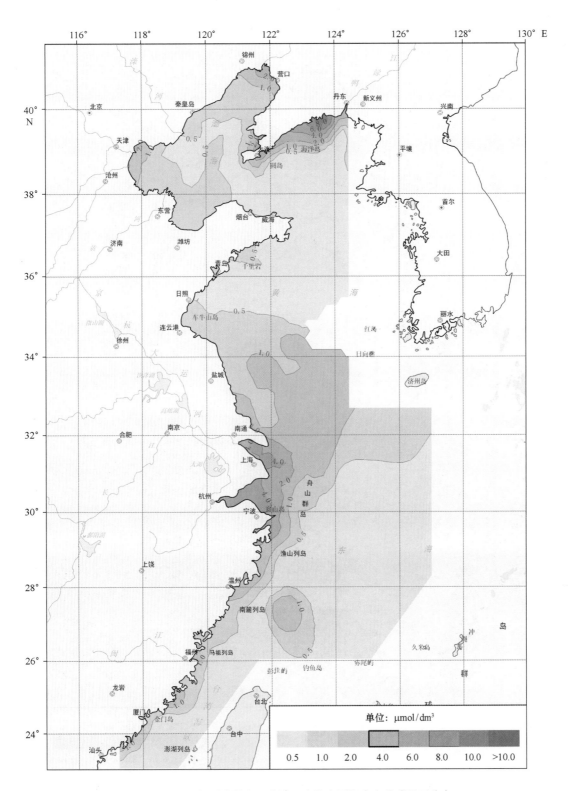

图 2.97　2006 年夏季渤海、黄海、东海表层海水中总磷平面分布

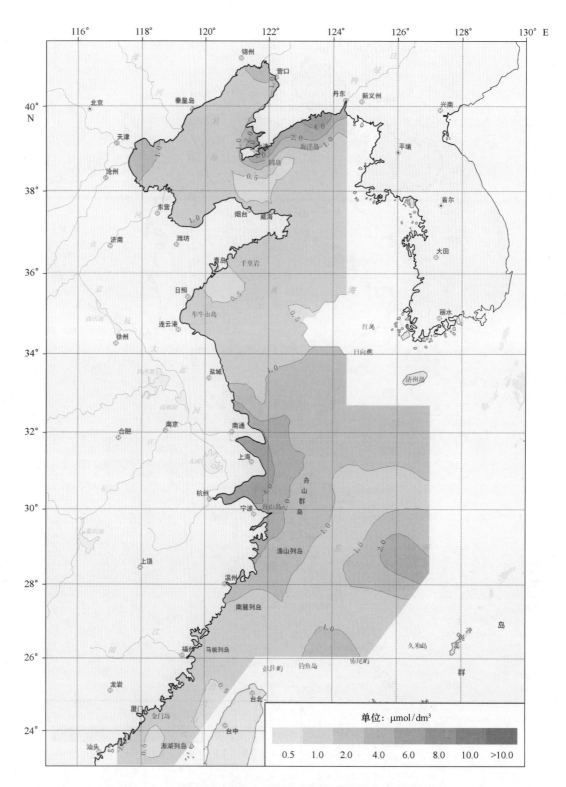

图 2.98　2006 年夏季渤海、黄海、东海底层海水中总磷平面分布

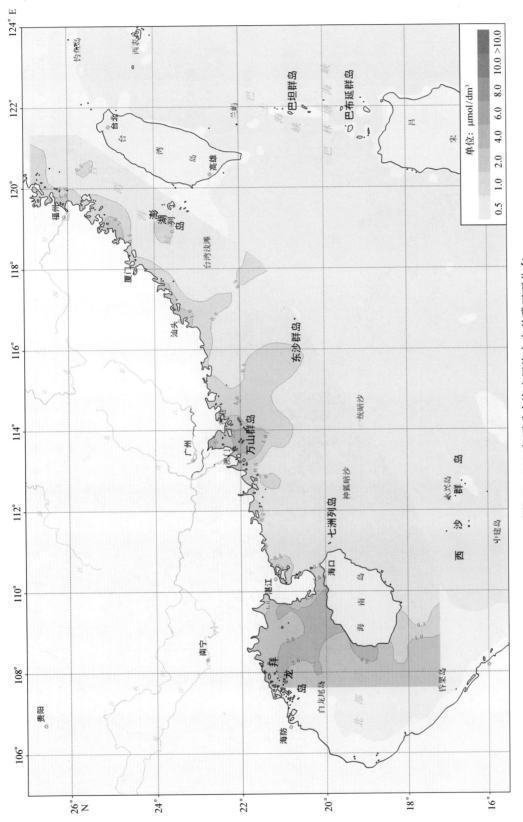

图2.99　2006年夏季南海表层海水中总磷平面分布

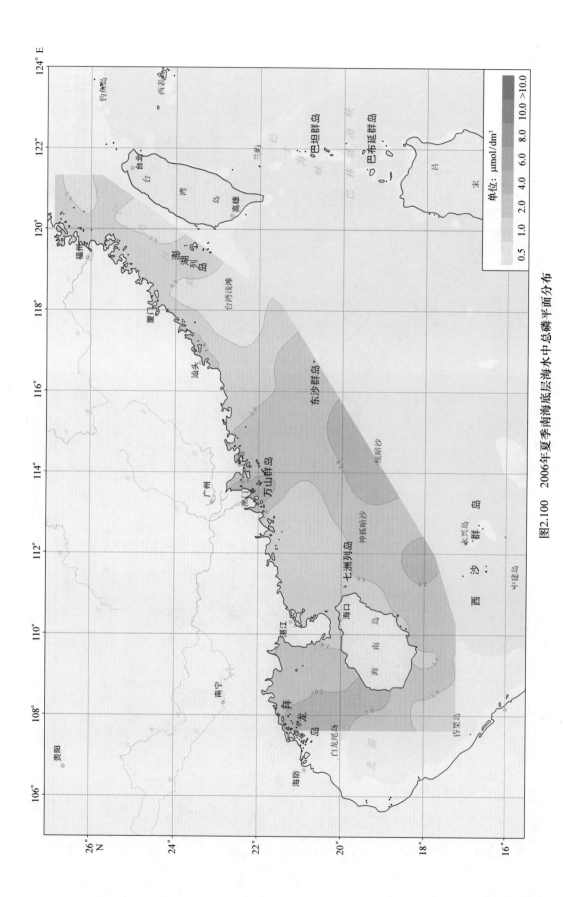

图2.100　2006年夏季南海底层海水中总磷平面分布

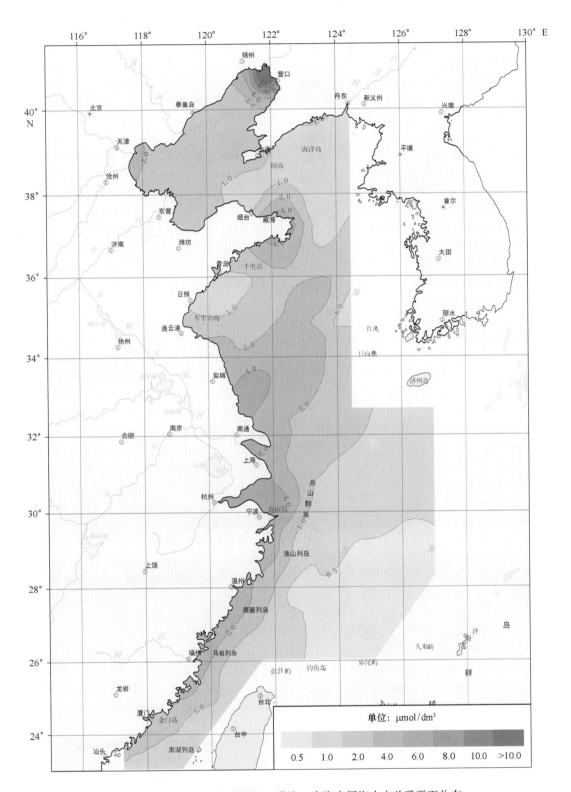

图 2.101　2006 年冬季渤海、黄海、东海表层海水中总磷平面分布

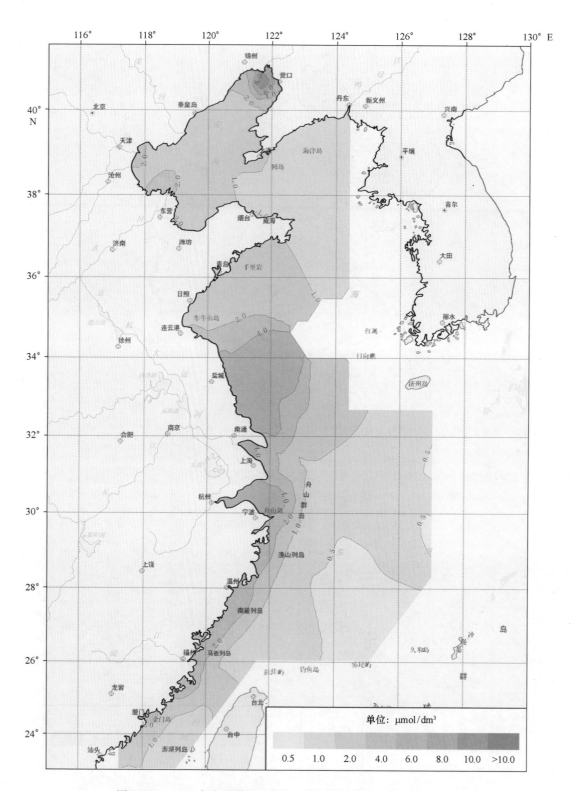

图 2.102　2006 年冬季渤海、黄海、东海底层海水中总磷平面分布

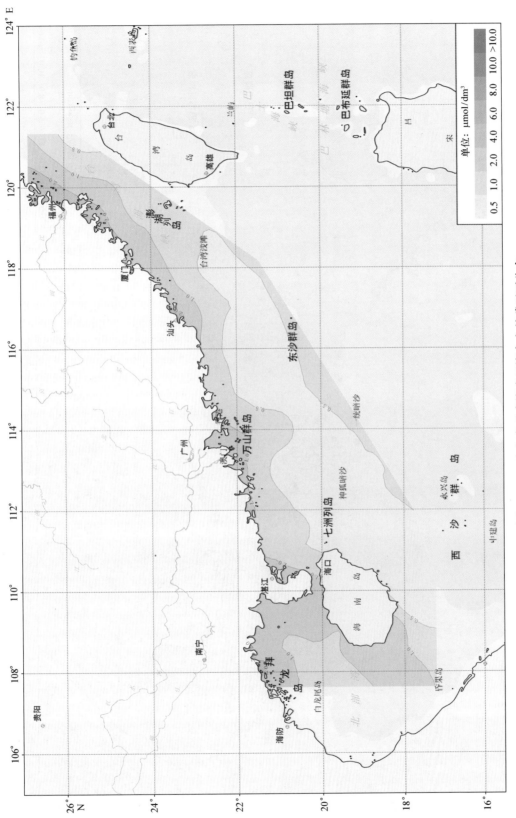

图2.103　2006年冬冬季南海表层海水中总磷平面分布

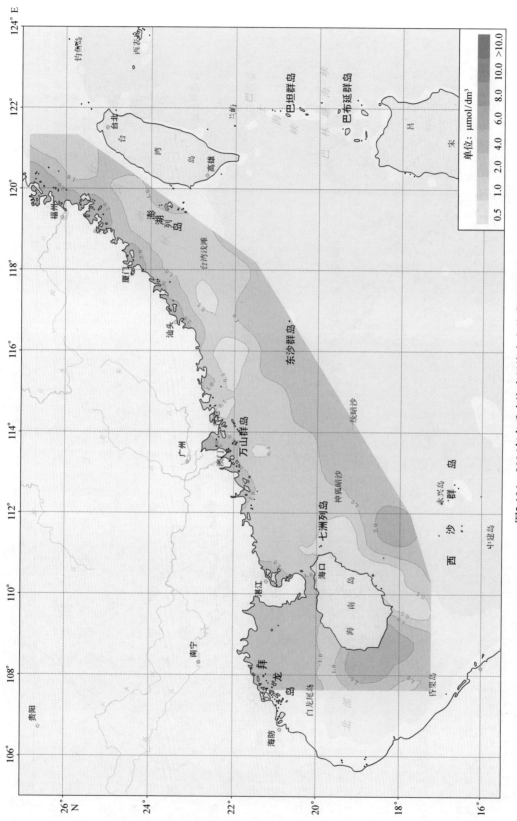

图2.104　2006年冬季南海底层海水中总磷平面分布

2.2.10.1　总有机碳统计特征值

渤海、黄海、东海及南海海水中总有机碳的季节变化，各个海区不尽相同，它的变化主要受到陆源冲淡水、沿岸流、上升流、台湾暖流、黑潮支流、南海环流等作用和海洋生物活动的影响。所以，往往表现出河口区、渤海、北黄海、深层海水影响海区以及近岸海域总有机碳含量高，外海表层海水影响的海域以及海洋浮游植物活动强烈的区域总有机碳含量低。各季节各海区总有机碳统计特征值见表2.14，渤海总有机碳平均值，秋季最低，冬季最高；黄海总有机碳平均值，夏季最低，冬季最高；东海总有机碳平均值，冬季最低，秋季最高；南海总有机碳平均值，秋季最低，春季最高。

表 2.14　海水总有机碳统计特征值　　　　单位：mg/dm³

季节	渤海		黄海		东海		南海	
	范围	平均值	范围	平均值	范围	平均值	范围	平均值
夏季	2.41~14.20	5.98	0.91~5.72	1.60	0.15~7.64	1.06	0.15~10.81	2.76
冬季	0.62~25.70	6.45	0.68~6.50	2.25	0.15~3.29	1.01	0.53~11.43	2.62
春季	1.04~18.30	4.71	0.87~7.10	1.72	0.15~8.04	1.11	0.86~30.82	3.55
秋季	0.84~10.10	4.53	0.15~13.80	1.85	0.14~7.89	1.19	0.47~5.99	1.36

2.2.10.2　总有机碳平面分布变化特征

由图2.105和图2.106可见，2006年夏季，渤海、黄海、东海表层总有机碳含量大于20 mg/dm³的高值区出现在辽东湾营口近岸海域和渤海湾天津近岸海域；总有机碳含量小于0.5 mg/dm³的低值区出现在苏北沿岸盐城近岸海域和东海南麓列岛东北侧海域；东海表层总有机碳含量总体较低，由岸向外含量逐渐降低，东海中部有封闭低值区。底层总有机碳含量分布趋势与表层相似，总有机碳含量大于20.0 mg/dm³的高值区出现在辽东湾营口近岸海域和渤海湾天津近岸海域；总有机碳含量1.0 mg/dm³的低值区出现在苏北沿岸盐城近岸海域至黄海中部、台湾海峡。

由图2.107和图2.108可见，2006年夏季，南海表层总有机碳含量在珠江口外至海南岛东南部海域含量较高，总有机碳含量6.0 mg/dm³的高值区出现在海南岛东南海域；总有机碳含量小于1.0 mg/dm³的低值区出现在澎湖列岛至台海浅滩海域。底层总有机碳含量分布趋势与表层相似，总有机碳含量6.0 mg/dm³的高值区出现在海南岛东南海域；总有机碳含量小于1.0 mg/dm³的低值区出现在澎湖列岛至湾浅滩海域。

由图2.109和图2.110可见，由于总有机碳与陆源输入和初级生产力密切相关，2006年冬季，渤海、黄海、东海表层总有机碳含量整体明显低于夏季表层，渤海和黄海北部总有机碳含量较高，总有机碳含量8.0 mg/dm³的高值区出现在渤海的东营近岸和莱州湾近岸，东北方向伸出狭长的高值水舌到达辽东半岛西部海域，杭州湾表层总有机碳含量局部相对较高，为4.0 mg/dm³；总有机碳含量0.5 mg/dm³的低值区出现在苏北沿岸盐城近岸海域和东海中部海域。底层总有机碳含量分布趋势与表层相似，渤海和黄海北部总有机碳含量相对较高，总有机碳含量6.0 mg/dm³的高值区出现在渤海的东营近岸和辽东半岛西南侧海域；总有机碳含量小于0.5 mg/dm³的低值区出现在苏北沿岸盐城近岸海域和东海中部海域。

由图2.111和图2.112可见，2006年冬季，南海表层总有机碳含量呈由北往南逐步升

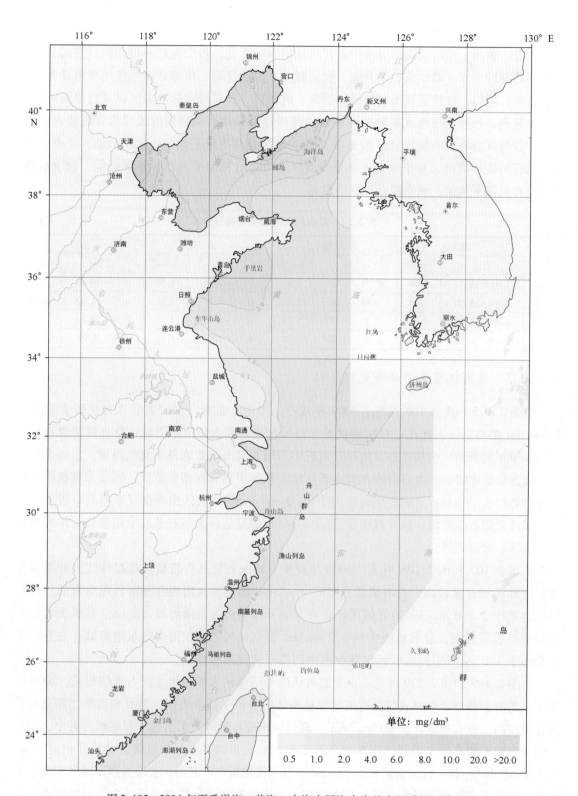

图 2.105 2006 年夏季渤海、黄海、东海表层海水中总有机碳平面分布

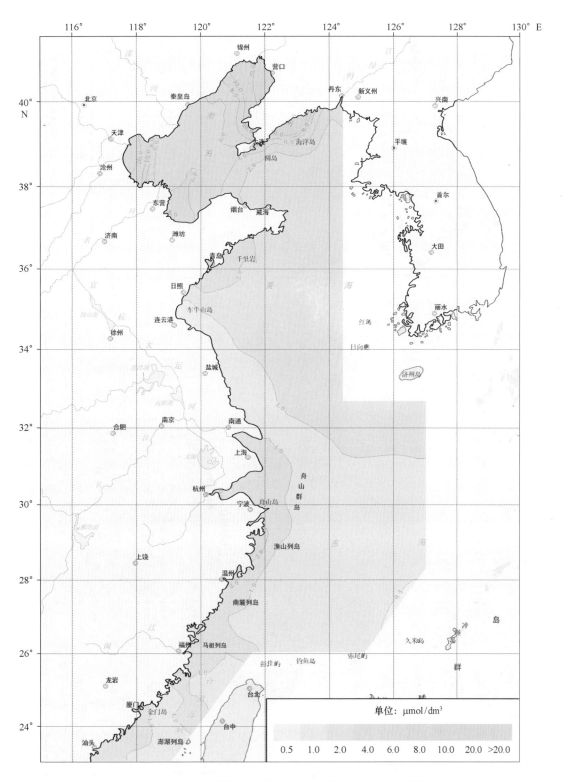

图 2.106　2006 年夏季渤海、黄海、东海底层海水中总有机碳平面分布

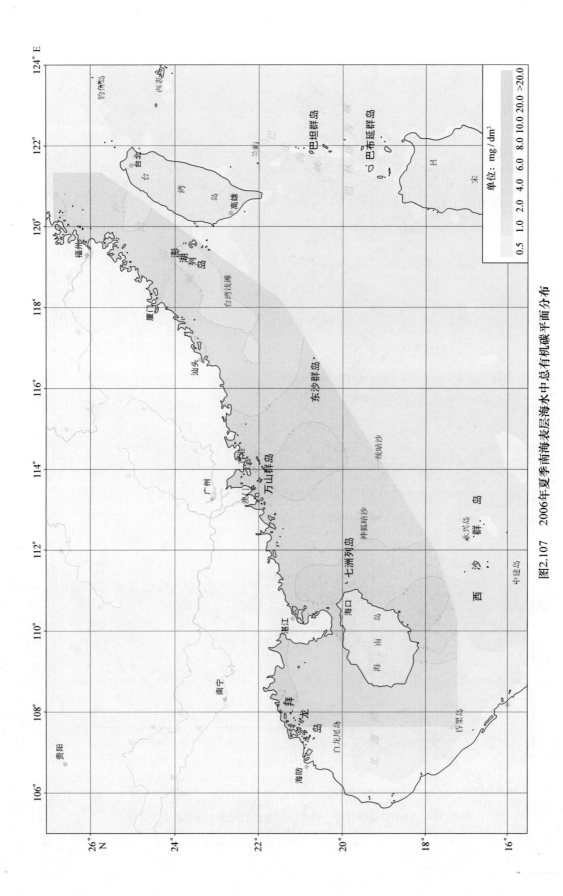

图2.107　2006年夏季南海表层海水中总有机碳平面分布

单位：mg/dm³

0.5　1.0　2.0　4.0　6.0　8.0 10.0 20.0 >20.0

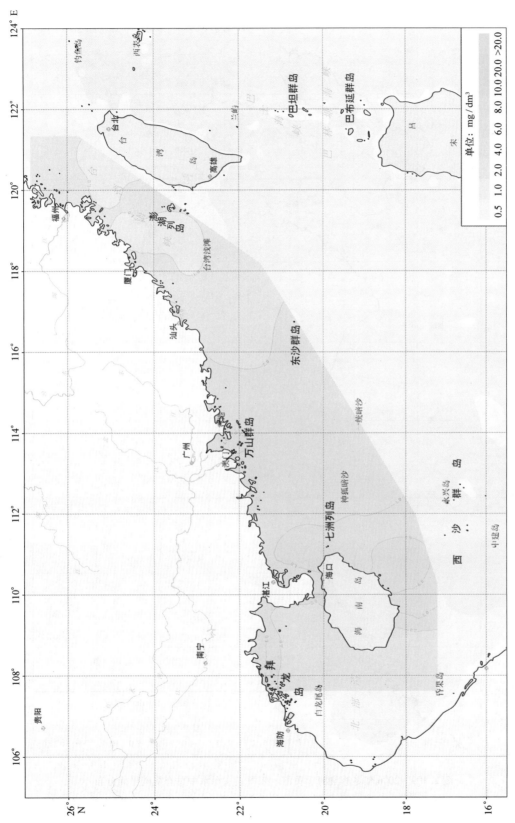

图2.108 2006年夏季南海底层海水中总有机碳平面分布

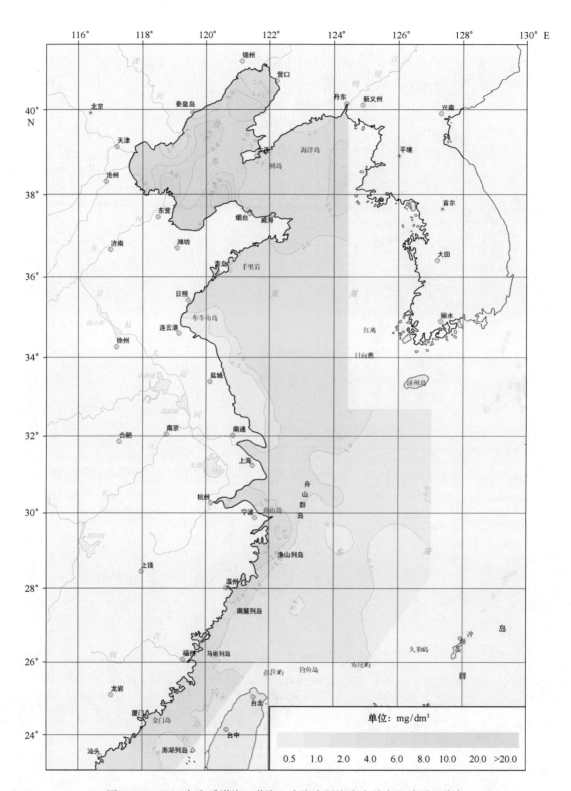

图 2.109　2006 年冬季渤海、黄海、东海表层海水中总有机碳平面分布

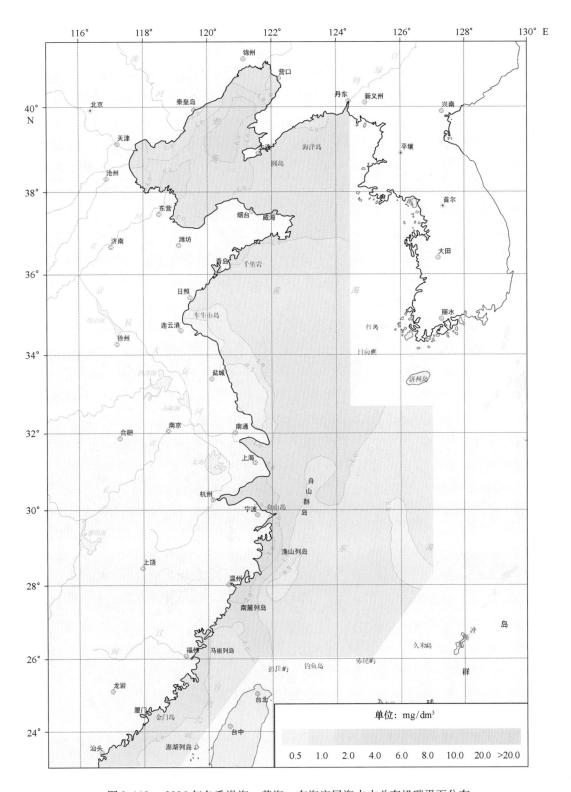

图 2.110　2006 年冬季渤海、黄海、东海底层海水中总有机碳平面分布

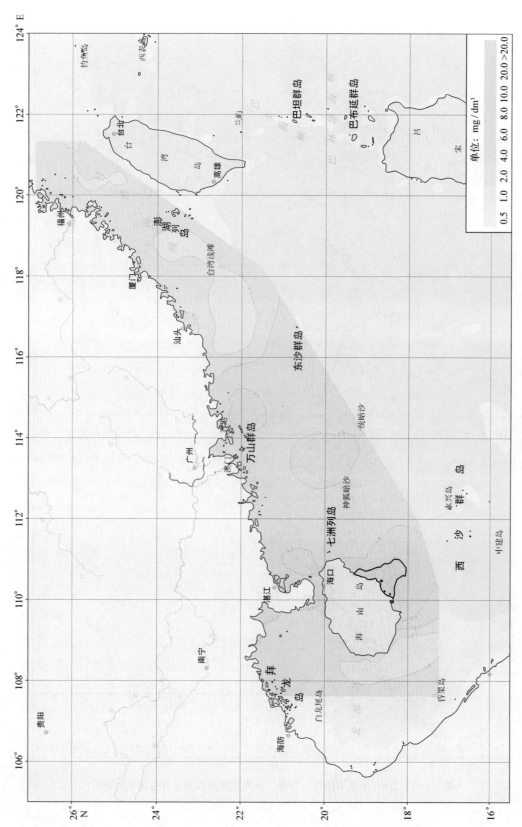

图2.111　2006年冬季南海表层海水中总有机碳平面分布

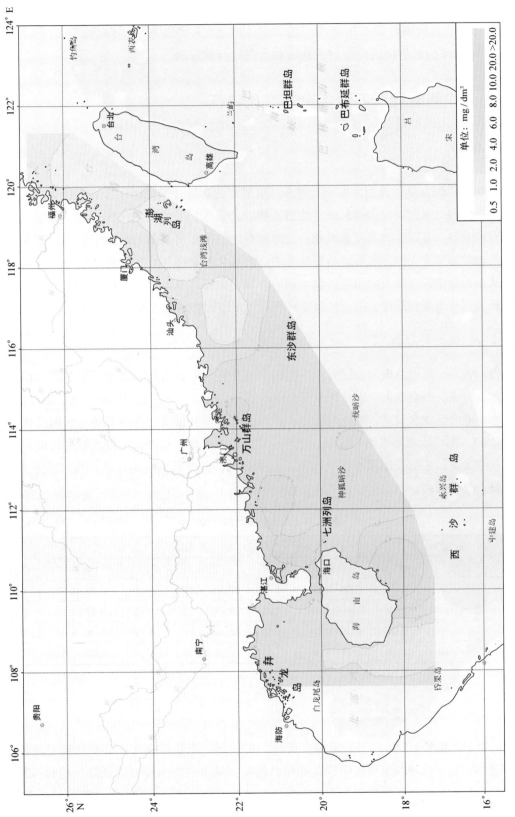

图2.112 2006年冬季南海底层海水中总有机碳平面分布

高的分布趋势，总有机碳含量 6.0 mg/dm³ 的高值区出现在海南岛东南沿岸；总有机碳含量小于 1.0 mg/dm³ 的低值区出现在台湾浅滩和海南岛西部海域。底层总有机碳含量分布趋势与表层相似，总有机碳含量 6.0 mg/dm³ 的高值区出现在海南岛东南侧海域；总有机碳含量小于 1.0 mg/dm³ 的低值区出现在台湾海峡和海南岛西部海域。

2.3 海水中重金属和石油类分布变化特征

2.3.1 铜

海水中的"铜含量"是指海水中溶解态酸可溶铜的含量。铜是海洋生物生长所必需的痕量元素之一，但过量的铜反而抑制海洋浮游植物的光合作用和生物的代谢过程，影响生物的正常发育和繁殖，甚至导致其变态或死亡，因此对生物体是有害的。海水中的铜主要来自入海径流所携带的悬浮泥沙、岩石碎屑等地壳的自然风化产物和死亡生物碎屑的分解释放。气溶胶和火山源微尘的沉降及沉积物间隙水铜的释放，也是其来源之一。研究海水中铜的海洋环境特征及其分布变化规律，为评价海水环境质量，防治海洋重金属污染提供科学依据。

2.3.1.1 铜统计特征值

渤海、黄海、东海及南海表层海水中铜的季节变化，主要受到陆源冲淡水、沿岸流、上升流、台湾暖流、黑潮支流、南海环流等作用的影响。所以，往往表现出河口区、沿岸流区、深层海水影响海区铜含量高，外海表层海水影响的海域铜含量低。各季节各海区铜统计特征值见表 2.15，渤海表层海水铜平均值，秋季最低，冬季最高；黄海表层海水铜平均值，夏季最低，秋季最高；东海表层海水铜平均值，春季最低，秋季最高；南海表层海水铜平均值，春季最低，夏季最高。

表 2.15 海水铜统计特征值　　　　　　　　　　单位：μg/dm³

季节	渤海		黄海		东海		南海	
	范围	平均值	范围	平均值	范围	平均值	范围	平均值
夏季	1.29~8.24	3.38	0.10~1.60	0.70	0.10~4.55	1.11	0.09~3.91	1.21
冬季	1.23~11.30	3.61	0.40~19.60	1.26	0.04~3.02	1.16	0.04~9.29	1.02
春季	1.33~6.92	3.21	0.10~2.30	0.78	0.08~3.71	0.79	0.08~6.06	0.64
秋季	1.73~4.47	2.99	0.14~4.50	1.27	0.00~3.99	1.27	0.00~2.53	1.01

2.3.1.2 铜平面分布变化特征

由图 2.113 和图 2.114 可见，渤海、黄海、东海铜平面分布变化主要受陆地径流影响，2006 年夏季，沿岸海域表层海水中铜含量相对较高，呈由沿岸向外海逐渐降低的分布趋势。铜含量大于 6.0 μg/dm³ 的高值区出现在渤海湾秦皇岛近岸海域，由岸向外逐渐降低；铜含量小于 0.5 μg/dm³ 的低值区出现在黄海和东海中部海域、台湾海峡。2006 年冬季，渤海、黄海、东海表层海水中铜含量与夏季分布趋势相似，铜含量大于 6.0 μg/dm³ 的高值区出现在渤

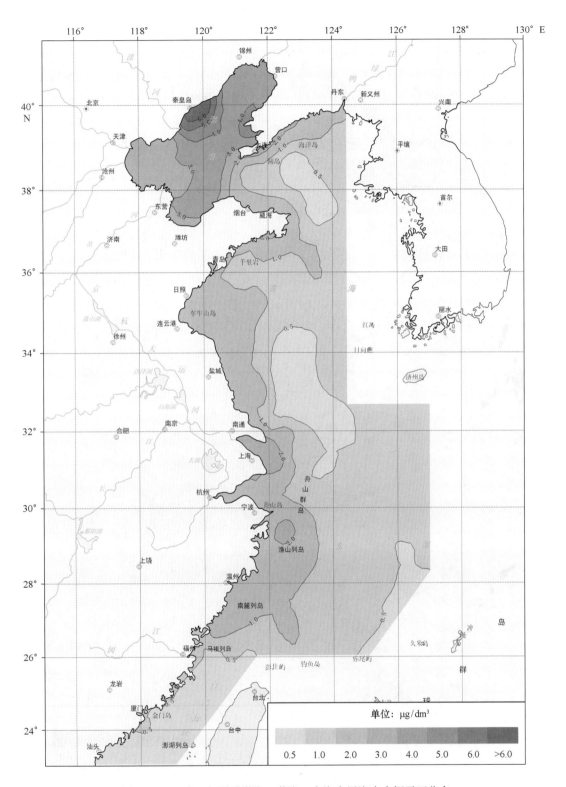

图 2.113　2006 年夏季渤海、黄海、东海表层海水中铜平面分布

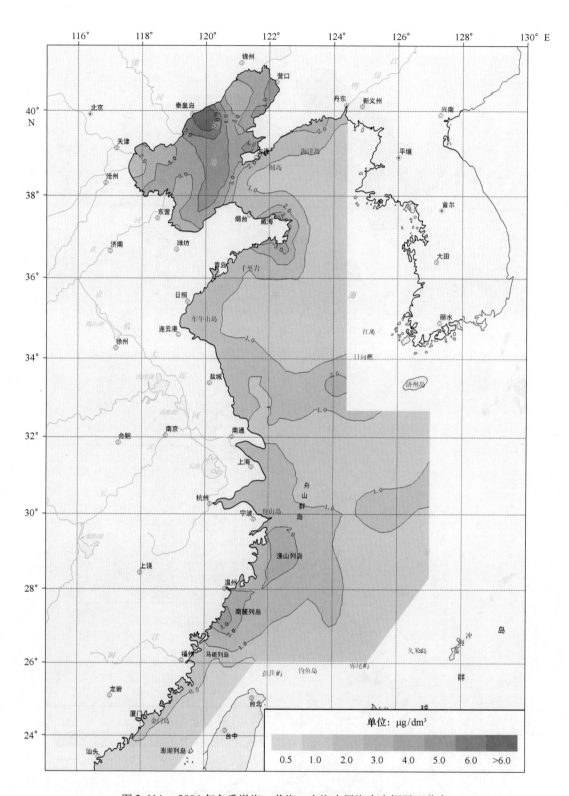

图 2.114　2006 年冬季渤海、黄海、东海表层海水中铜平面分布

海湾秦皇岛近岸海域，高值水舌向东南延伸直至莱州湾附近；铜含量小于 1.0 μg/dm³ 的低值区出现在黄海和东海中部海域、台湾海峡附近海域。

由图 2.115 和图 2.116 可见，2006 年夏季，南海表层海水中铜含量由北往南逐步升高，来自台湾海峡铜含量小于 0.5 μg/dm³ 的低值区向西南伸展至东沙群岛以北海域；铜含量大于 5.0 μg/dm³ 的高值区出现在湛江附近海域。2006 年冬季，南海表层海水中铜含量与夏季分布趋势相似，冬季南海来自台湾海峡铜含量小于 0.5 μg/dm³ 的低值区向西南伸展至东沙群岛以北海域，海南岛西部海域也有低值分布；铜含量大于 2.0 μg/dm³ 的高值区分布在阳江近岸海域、海南岛东南侧海域以及北部湾北部沿岸海域。

2.3.2　铅

海水中的"铅含量"是指海水中溶解态酸可溶铅的含量。海水中的铅部分来自陆地岩石的风化产物，大部分来源于入海径流、气溶胶传输、海上倾废所带入的人类活动产物。海水中铅的含量和形态明显受到 CO_3^{2-}、SO_4^{2-}、OH^-、Cl^- 等离子含量的影响。海水中溶解态铅可通过吸附在有机胶体、无机胶体或生物体的黏液表面等途径进入海洋食物链，为鱼类、贝类所富集积累，甚至导致毒害。由于铅的毒害是积累性的，它是对人体和海洋生物都具有潜在毒性的有害元素。研究海水中铅的海洋环境特征及其分布变化规律，为评价海水环境质量，防治海洋重金属污染提供科学依据。

2.3.2.1　铅统计特征值

渤海、黄海、东海及南海表层海水中铅的季节变化，主要受到陆源冲淡水、沿岸流、上升流、台湾暖流、黑潮支流、南海环流等作用的影响。所以，往往表现出河口区、沿岸流区、深层海水影响海区铅含量高，外海表层海水影响的海域铅含量低。各季节各海区铅统计特征值见表 2.16，渤海表层海水铅平均值，秋季最低，春季最高；黄海表层海水铅平均值，春季最低，冬季最高；东海表层海水中铅平均值，秋季最低，夏季和春季最高；南海表层海水铅平均值，秋季最低，夏季最高。

表 2.16　海水铅统计特征值　　单位：μg/dm³

季节	渤海		黄海		东海		南海	
	范围	平均值	范围	平均值	范围	平均值	范围	平均值
夏季	1.04~6.12	2.27	0.03~3.86	0.73	0.01~3.05	0.86	0.01~4.13	0.79
冬季	1.08~6.30	2.75	0.02~6.39	1.04	0.00~2.69	0.80	0.00~6.54	0.66
春季	0.88~5.67	2.77	0.04~1.33	0.25	0.00~6.08	0.86	0.00~6.33	0.62
秋季	0.88~3.41	1.89	0.02~2.81	0.42	0.00~4.92	0.71	0.00~2.80	0.60

2.3.2.2　铅平面分布变化特征

由图 2.117 和图 2.118 可见，渤海、黄海、东海铅平面分布变化主要受陆地径流影响，2006 年夏季，沿岸海域和半封闭的渤海和黄海北部表层海水中铅含量相对较高，铅含量大于 10 μg/dm³ 的高值区出现在胶东半岛威海近岸和苏北沿岸盐城近岸海域；铅含量小于 0.5 μg/dm³ 的低

141

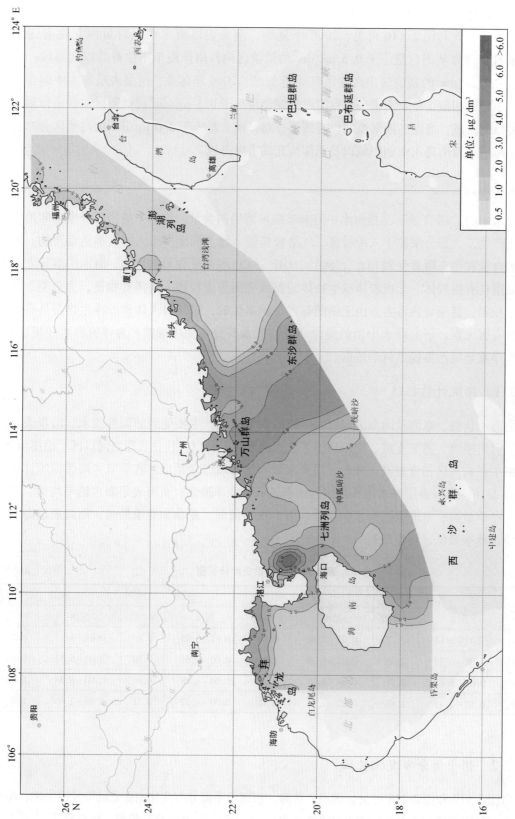

图2.115 2006年夏季南海表层海水中铜平面分布

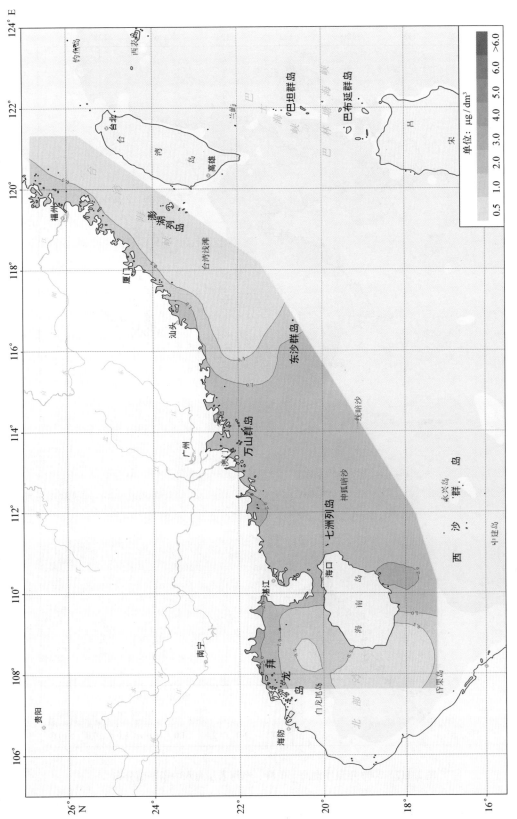

图2.116　2006年冬季南海表层海水中铜平面分布

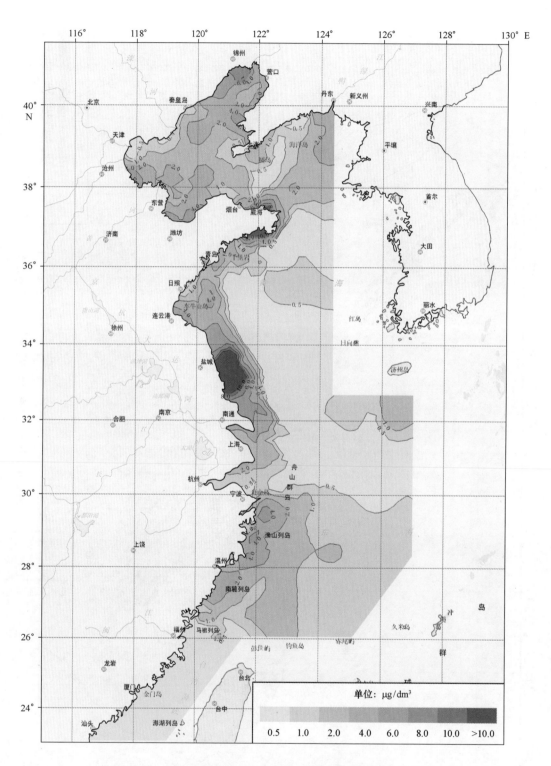

图 2.117　2006 年夏季渤海、黄海、东海表层海水中铅平面分布

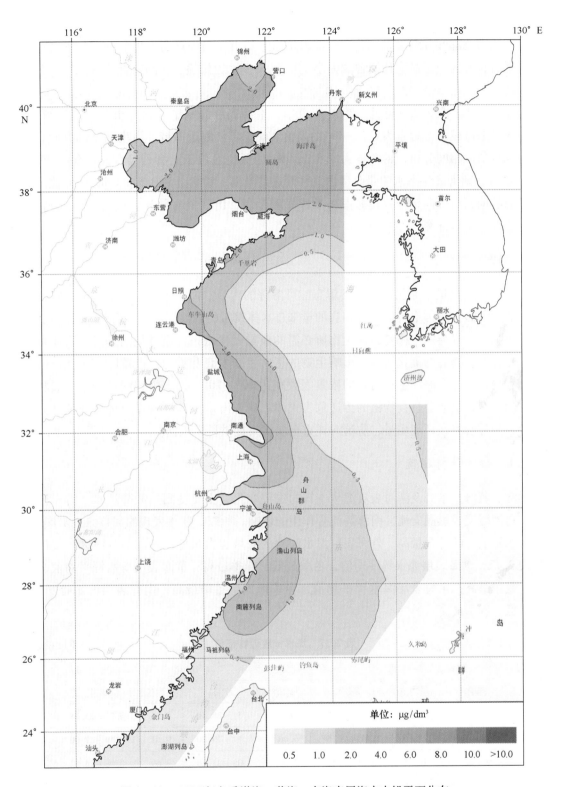

图 2.118　2006 年冬季渤海、黄海、东海表层海水中铅平面分布

值区位于南黄海中部至台湾海峡。2006年冬季，渤海、黄海、东海表层海水中铅含量与夏季分布趋势相似，但冬季近岸表层海水中铅含量低于夏季，铅含量为 2.0 $\mu g/dm^3$ 的高值区出现在渤海、黄海北部和苏北沿岸，黄海南部则是稳定的由岸向外逐渐降低的分布，等值线基本与岸线平行；海区中部是大片铅含量为小于 0.5 $\mu g/dm^3$ 的低值区，同时低值区也均匀分布于台湾海峡。

由图2.119和图2.120可见，2006年夏季，南海表层海水中铅含量由北往南逐渐升高，近岸高于外海海域。铅含量为 6 $\mu g/dm^3$ 的高值区位于湛江附近海域，海南岛东部海域有相对高值区和低值区相间分布；铅含量为 0.5 $\mu g/dm^3$ 的低值区位于七洲列岛和海南岛南部海域。2006年冬季，南海表层海水中铅含量由北往南逐渐升高，铅含量为 0.5 $\mu g/dm^3$ 的低值区水舌自台湾海峡向西南方向延伸，在海南岛东部海域升高，出现铅含量为 1.0 $\mu g/dm^3$ 的高值区，向西至北部湾又呈逐渐下降的趋势。

2.3.3 锌

海水中"锌含量"是指海水中溶解态酸可溶锌的含量。海水中锌主要来自随大陆径流入海的工业污水和生活污水，但也有相当的量来自水体携带的悬浮泥沙及岩石碎屑等风化产物。在正常情况下，锌与铜一样是海洋生物所必需的痕量元素之一，但过量的锌对生物体是有害的。它会抑制生物酶的催化活性，影响生物的正常生长发育和繁殖，严重时甚至会造成生物的变态和死亡。许多海洋生物对锌的浓集因数高达 $10^4 \sim 10^7$。海水中锌的污染不仅威胁到海洋生物的生存，也会通过食物链的传递危害人体。研究海水中锌的海洋环境特征及其分布变化规律，为评价海水环境质量，防治海洋重金属污染提供科学依据。

2.3.3.1 锌统计特征值

渤海、黄海、东海及南海表层海水中锌的季节变化，主要受到陆源冲淡水、沿岸流、上升流、台湾暖流、黑潮支流、南海环流等作用的影响。所以，往往表现出河口区、沿岸流区、深层海水影响海区锌含量高，外海表层海水影响的海域锌含量低。各季节各海区锌统计特征值见表2.17，渤海表层海水锌平均值，冬季最低，春季最高；黄海表层海水锌平均值，春季最低，夏季最高；东海表层海水锌平均值，春季最低，冬季最高；南海表层海水锌平均值，夏季最低，春季最高。

表 2.17　海水锌统计特征值　　　　　　　　　　　　　　单位：$\mu g/dm^3$

季节	渤海		黄海		东海		南海	
	范围	平均值	范围	平均值	范围	平均值	范围	平均值
夏季	11.10~34.90	17.52	0.61~74.60	10.06	0.31~38.10	9.24	0.27~25.88	4.86
冬季	11.60~30.90	17.05	0.61~19.70	6.06	0.14~29.20	9.41	0.14~17.00	5.10
春季	14.80~35.40	18.53	0.61~8.80	2.60	0.08~28.70	7.69	0.08~24.02	7.57
秋季	11.90~33.90	17.69	0.61~10.60	4.34	0.10~28.70	7.96	0.37~20.97	5.78

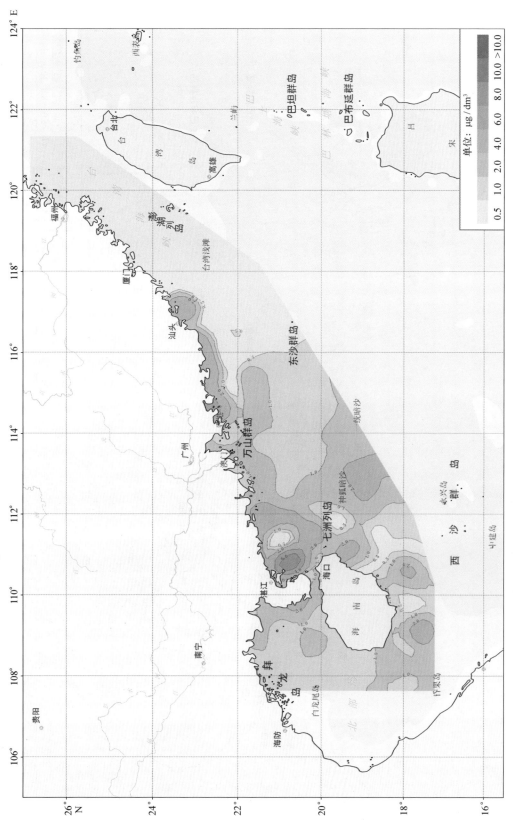

图2.119　2006年夏季南海表层海水中铅平面分布

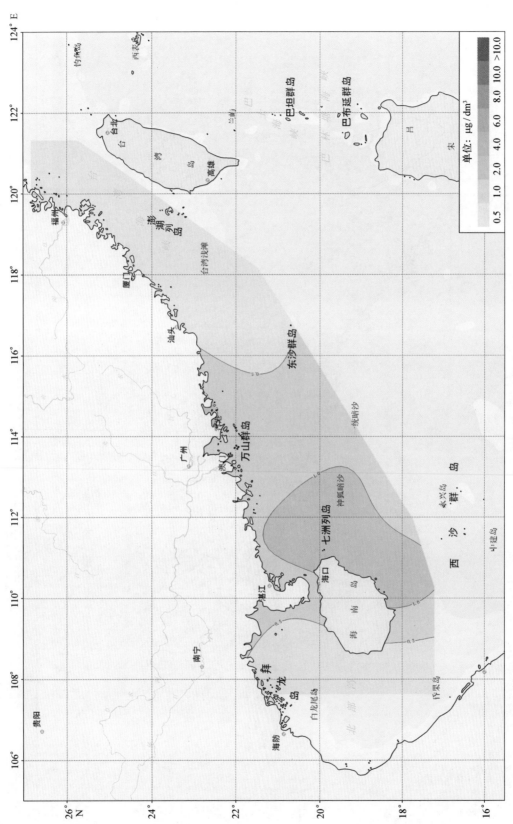

图2.120　2006年冬季南海表层海水中铅平面分布

2.3.3.2　锌平面分布变化特征

由图 2.121 和图 2.122 可见，渤海、黄海、东海锌平面分布变化主要受陆地径流影响，2006 年夏季，沿岸海域和半封闭的渤海和黄海北部表层海水中锌含量相对较高，由近岸向外海逐步降低，锌含量大于 50.0 $\mu g/dm^3$ 的高值区出现在山东半岛青岛东北侧近岸海域；锌含量为 1 $\mu g/dm^3$ 的低值区出现在黄海南部和台湾海峡，其中，低值区在黄海中南部分布均匀，由近岸向近海逐步降低，等值线大致与岸线平行。2006 年冬季，渤海、黄海、东海表层海水中锌含量与夏季分布趋势相似，辽东半岛海域锌含量相对较高，锌含量为 50.0 $\mu g/dm^3$ 的高值区出现在辽东半岛大连东北侧近岸海域，1 $\mu g/dm^3$ 的低值区出现在台湾海峡。

由图 2.123 和图 2.124 可见，2006 年夏季，南海锌含量由北往南逐步升高，锌含量大于 30 $\mu g/dm^3$ 的高值区出现在汕头、汕尾近岸海域，台湾海峡锌含量整体较低，为分布均匀锌含量小于 1.0 $\mu g/dm^3$ 的低值区。2006 年冬季，南海表层海水中锌含量小于 1.0 $\mu g/dm^3$ 的低值区位于台湾海峡，锌含量向西南方向逐渐升高，沿岸海域相对较高，锌含量为 1.0 $\mu g/dm^3$ 的高值区也出现在北部湾北部防城港近岸海域。

2.3.4　镉

海水中的"镉含量"是指海水中溶解态酸可溶镉的含量。海水中的镉主要来自河流输入和气溶胶沉降，也来自海水中悬浮物和海底沉积物镉的解吸。海水中的镉能被海洋植物、动物和微生物摄取和高度富集，并通过食物链的传递危害海洋生物和人体。研究海水中镉的海洋环境特征及其分布变化规律，为评价海水环境质量，防治海洋重金属污染提供科学依据。

2.3.4.1　镉统计特征值

渤海、黄海、东海及南海表层海水中镉的季节变化主要受到陆源冲淡水、沿岸流、上升流、台湾暖流、黑潮支流、南海环流等作用的影响。所以，往往表现出河口区、沿岸流区、深层海水影响海区镉含量高，特别是受陆源冲淡水影响珠江口附近海域表层海水中镉含量最高。外海表层海水影响的海域镉含量低。各季节各海区镉统计特征值见表 2.18，渤海表层海水镉平均值，冬季最低，夏季最高；黄海表层海水镉平均值，冬季最低，秋季最高；东海表层海水镉平均值，冬季最低，秋季最高；南海表层海水镉平均值，春季最低，冬季最高。

表 2.18　海水镉统计特征值　　　　　　　　　　　单位：$\mu g/dm^3$

季节	渤海		黄海		东海		南海	
	范围	平均值	范围	平均值	范围	平均值	范围	平均值
夏季	0.05 ~ 0.47	0.17	0.06 ~ 0.65	0.15	0.00 ~ 0.60	0.06	0.00 ~ 0.35	0.07
冬季	0.06 ~ 0.23	0.14	0.02 ~ 0.54	0.12	0.00 ~ 0.23	0.05	0.00 ~ 0.29	0.08
春季	0.08 ~ 0.40	0.16	0.01 ~ 0.81	0.18	0.00 ~ 0.58	0.09	0.00 ~ 0.19	0.06
秋季	0.08 ~ 0.22	0.14	0.01 ~ 0.46	0.19	0.00 ~ 1.47	0.18	0.00 ~ 0.20	0.07

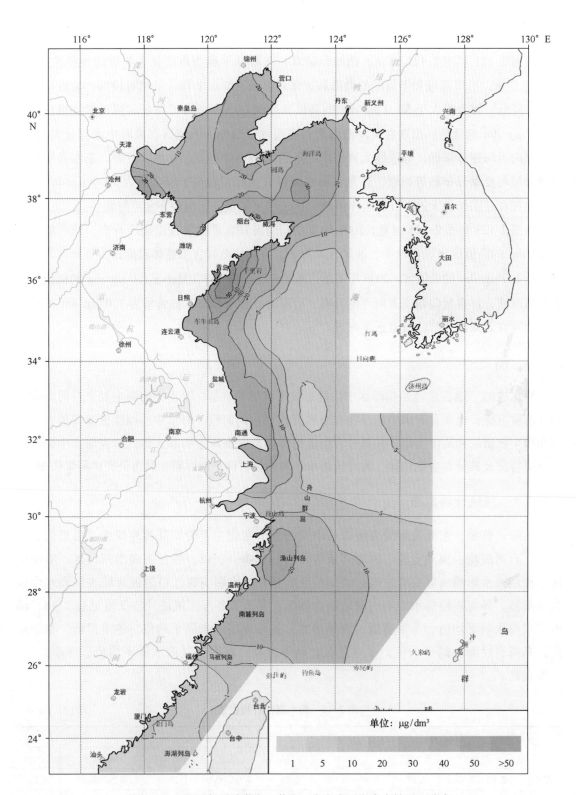

图 2.121　2006 年夏季渤海、黄海、东海表层海水中锌平面分布

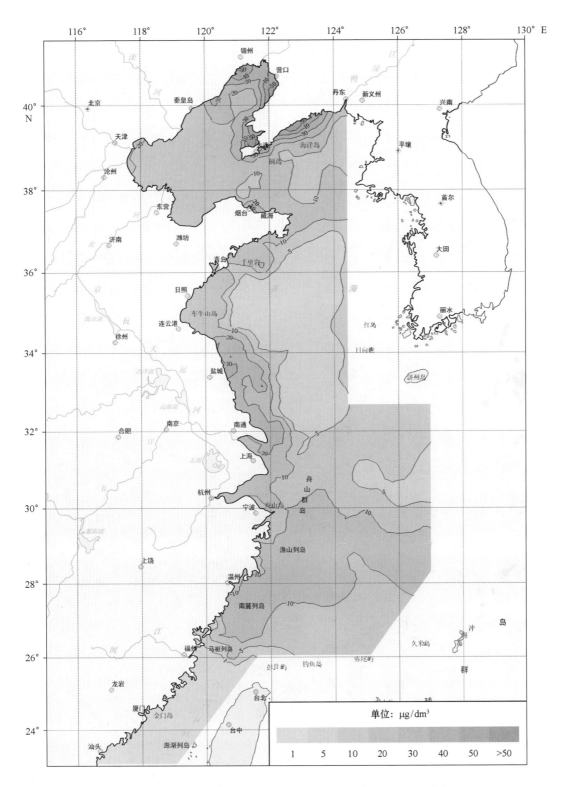

图2.122　2006年冬季渤海、黄海、东海表层海水中锌平面分布

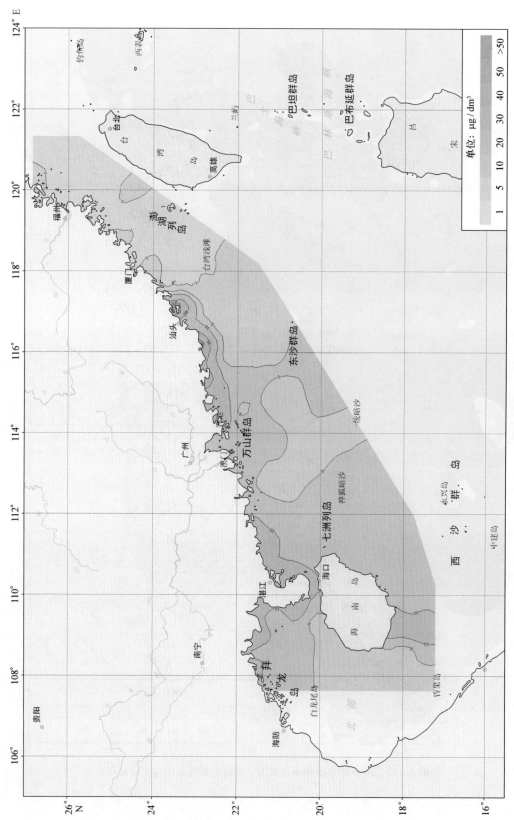

图2.123　2006年夏季南海表层海水中锌平面分布

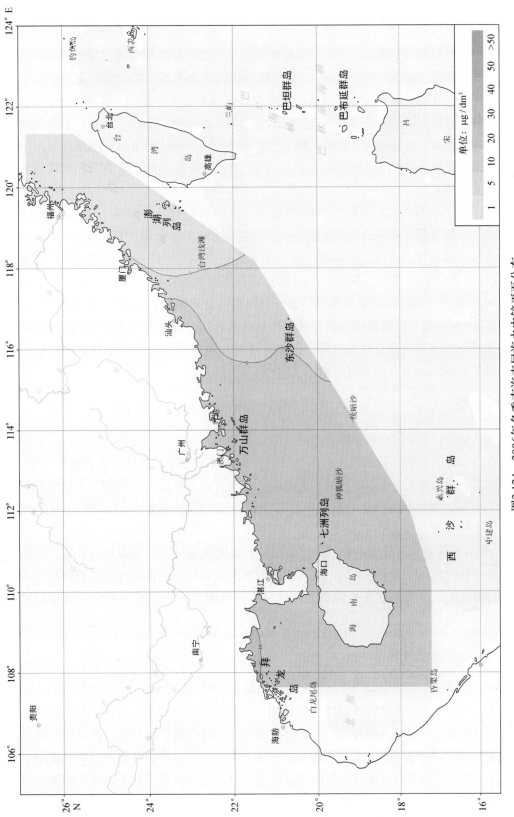

图2.124　2006年冬季南海表层海水中锌平面分布

2.3.4.2 镉平面分布变化特征

由图2.125和图2.126可见，渤海、黄海、东海镉的平面分布变化特征，2006年夏季，整个调查海域表层海水中镉含量较低，沿岸海域和半封闭的渤海和黄海北部相对较高，由近岸向近海逐渐降低，镉含量大于$1.00~\mu g/dm^3$的高值区出现在辽东半岛营口近岸和山东半岛威海沿岸海域、日照至连云港近岸海域；东海中部海域分布镉含量小于$0.02~\mu g/dm^3$的封闭低值区，台湾海峡含量整体较低，分布均匀，为低值区。冬季，渤海、黄海、东海镉含量与夏季分布趋势相似，但总体低于夏季，镉含量大于$1.00~\mu g/dm^3$的高值区出现在辽东半岛营口和日照近岸海域，镉含量小于$0.02~\mu g/dm^3$的低值区出现在东海中部海域和台湾海峡和东海中部低值封闭区。

由图2.127和图2.128可见，2006年夏季，南海表层海水中镉含量由北往南逐步升高，台湾海峡镉含量$0.02~\mu g/dm^3$的低值水舌向西南方向延伸，镉含量大于$0.10~\mu g/dm^3$的相对高值区出现在珠江口万山群岛附近海域往东南侧延伸至一统暗沙附近海域，镉含量为$0.20~\mu g/dm^3$的高值区出现在深圳近岸海域，北部湾和海南岛西部海域存在大片低值区分布。2006年冬季，南海表层海水中镉含量分布趋势与夏季相似，来自台湾海峡镉含量小于$0.02~\mu g/dm^3$的低值水舌向西南方向延伸，含量迅速升高，镉含量大于$0.20~\mu g/dm^3$的高值区出现在珠江口至万山群岛以南海域，继续向西南方向镉含量又逐步下降，海南岛西南海域镉含量为$0.04~\mu g/dm^3$的相对低值区。

2.3.5 总铬

海水总铬的含量是指海水中溶解态酸可溶总铬包括六价铬和三价铬。铬广泛存在于自然界，其自然来源主要是岩石风化，大多呈三价；人为污染来源主要是工业含铬废气和冶炼、电镀、制革、印染等工业废水的排放。工业废水中主要是六价铬的化合物，常以铬酸根离子（CrO_4^{2-}）存在。煤和石油燃烧的废气中含有颗粒态铬。铬在环境中不同条件下有不同的价态，其化学行为和毒性大小亦不同。如水体中三价铬可吸附在固体物质上而存在于沉积物（底泥）中；六价铬则多溶于水中，比较稳定，但在厌氧条件下可还原为三价铬。三价铬的盐类可在中性或弱碱性的水中水解，生成不溶于水的氢氧化铬而沉入海底。研究海水中总铬的海洋环境特征及其分布变化规律，为评价海水环境质量，防治海洋重金属污染提供科学依据。

2.3.5.1 总铬统计特征值

渤海、黄海、东海及南海表层海水中总铬的变化主要受到陆源冲淡水、沿岸流、上升流、台湾暖流、黑潮支流、南海环流等作用的影响。所以，往往表现出河口区、沿岸流区、深层海水影响海区总铬含量高，外海表层海水影响的海域总铬含量低。各季节各海区总铬统计特征值见表2.19，渤海表层海水总铬平均值，秋季最低，夏季最高；黄海表层海水中总铬平均值，夏季最低，秋季最高；东海表层海水总铬平均值，春季最低，秋季最高；南海表层海水总铬平均值，春季最低，夏季最高。

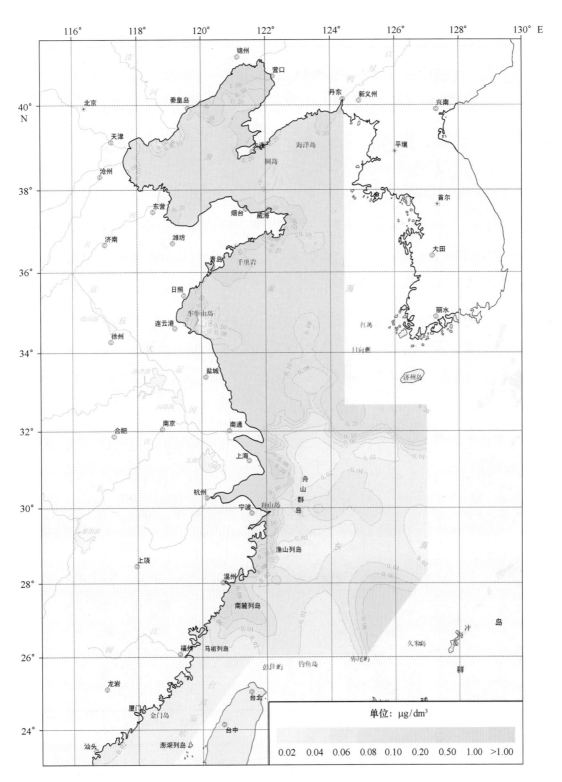

图 2.125　2006 年夏季渤海、黄海、东海表层海水中镉平面分布

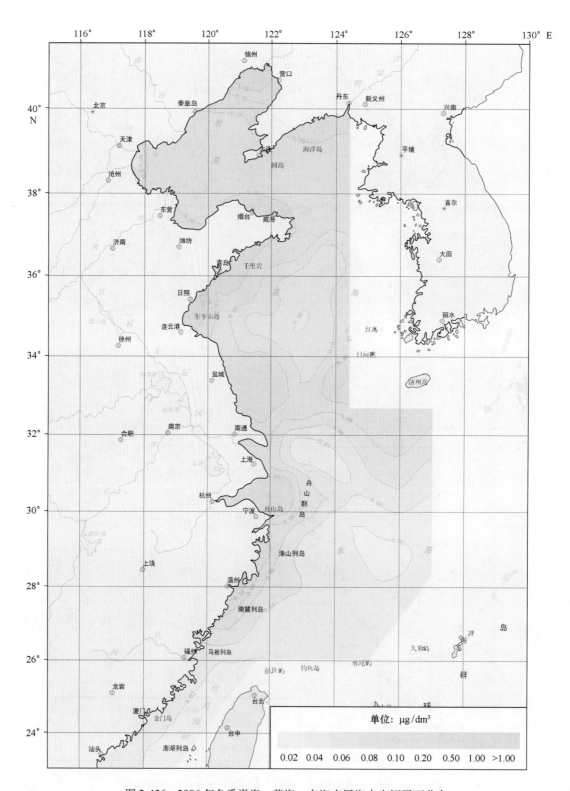

图 2.126 2006 年冬季渤海、黄海、东海表层海水中镉平面分布

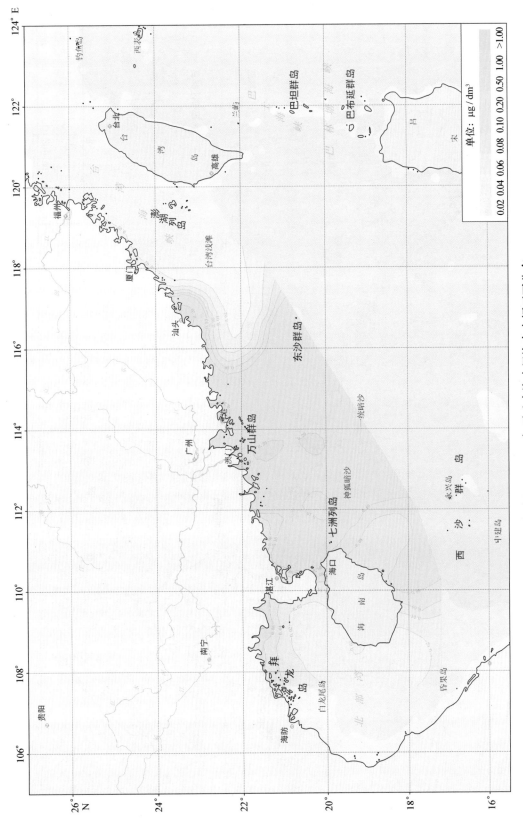

图2.127 2006年夏季南海表层海水中镉平面分布

单位：μg / dm³

0.02 0.04 0.06 0.08 0.10 0.20 0.50 1.00 >1.00

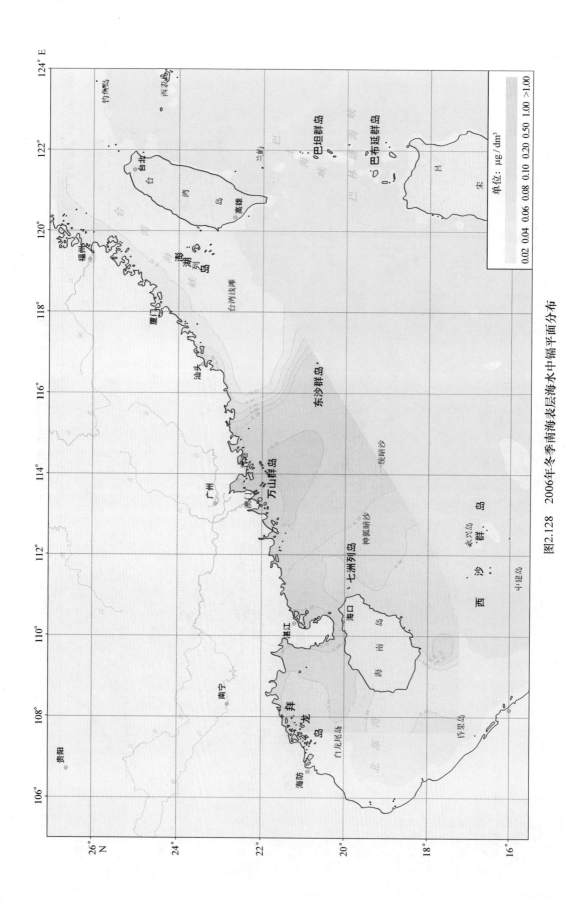

图2.128 2006年冬季南海表层海水中镉平面分布

表 2.19　海水总铬统计特征值　　　　　　　　　单位：μg/dm³

季节	渤海		黄海		东海		南海	
	范围	平均值	范围	平均值	范围	平均值	范围	平均值
夏季	1.87～5.39	3.48	0.10～4.50	0.65	0.00～1.18	0.33	0.00～1.97	0.50
冬季	1.16～4.61	3.24	0.10～5.30	0.72	0.05～1.00	0.34	0.02～1.96	0.47
春季	1.82～5.28	3.48	0.10～4.80	1.01	0.01～3.41	0.25	0.01～1.28	0.26
秋季	2.07～4.37	3.22	0.11～4.50	1.18	0.02～2.81	0.36	0.02～1.38	0.42

2.3.5.2　总铬平面分布变化特征

由图 2.129 和图 2.130 可见渤海、黄海、东海总铬平面分布变化特征。2006 年夏季，总铬含量在沿岸和半封闭的渤海和黄海北部表层海水中相对较高，总铬含量为 5.0 μg/dm³ 的高值区出现在辽东半岛大连东北侧海域，由北往南逐渐降低，浙江近岸海域总铬含量相对较高，舟山岛南部出现总铬含量为 3.0 μg/dm³ 的相对高值区。黄海、东海中部和台湾海峡表层海水中总铬含量较低，分布均匀，总铬含量为 0.10 μg/dm³ 的低值区出现在台湾海峡。2006 年冬季，渤海、黄海、东海表层海水中总铬含量与夏季分布趋势相似，总铬含量为 5.0 μg/dm³ 的高值区出现在渤海湾滦河入海口近岸海域。总铬含量为 0.1 μg/dm³ 的低值区位于钓鱼岛和澎湖列岛附近海域。

由图 2.131 和图 2.132 可见，2006 年夏季，南海表层海水中总铬含量由北往南逐渐升高，台湾海峡总铬含量为 0.10 μg/dm³ 的低值水舌向西南延伸至东沙群岛附近海域后逐渐升高，总铬含量为 4.0 μg/dm³ 的高值区位于北部湾北部近岸海域。2006 年冬季，南海表层海水中总铬含量分布趋势与夏季相似，台湾浅滩总铬含量为 0.10 μg/dm³ 的低值水舌向西南延伸至东沙群岛附近海域后逐渐升高，同时海南岛西部海域出现总铬含量为 0.20 μg/dm³ 的相对低值区，总铬含量为 4.0 μg/dm³ 的高值区出现在北部湾北部近岸海域。

2.3.6　汞

海水中的"汞含量"是指经玻璃纤维滤膜过滤的海水，强氧化剂消化后测出的汞含量，包括无机汞和有机结合可溶性汞的总含量。海水中的汞主要来自随大陆径流和气溶胶进入海洋的地球表面岩石风化物、海底火山爆发的喷发物及人类生产活动排放的含汞废水和废渣等。海洋生物对海水中的汞有很强的富集能力，经食物链的生物浓缩作用，可使汞在海洋生物和人体中积累而引起慢性中毒，危害海洋生物和人体健康，甚至可致生物体死亡。由于汞的毒性居各种海洋污染物之首，因而"汞含量"成为评价海水水质的重要参数之一。

2.3.6.1　汞统计特征值

渤海、黄海、东海及南海表层海水中汞含量的季节变化，主要受到陆源冲淡水、沿岸流、上升流、台湾暖流、黑潮支流、南海环流等作用的影响。所以，往往表现出河口区、沿岸流区、深层海水影响海区汞含量高，外海表层海水影响的海域汞含量低。各季节各海区汞统计特征值见表 2.20，渤海表层海水汞平均值，冬季最低，夏季最高；黄海表层海水汞平均值，夏季最低，秋季最高；东海表层海水中汞平均值，冬季最低，春季最高；南海表层海水汞平

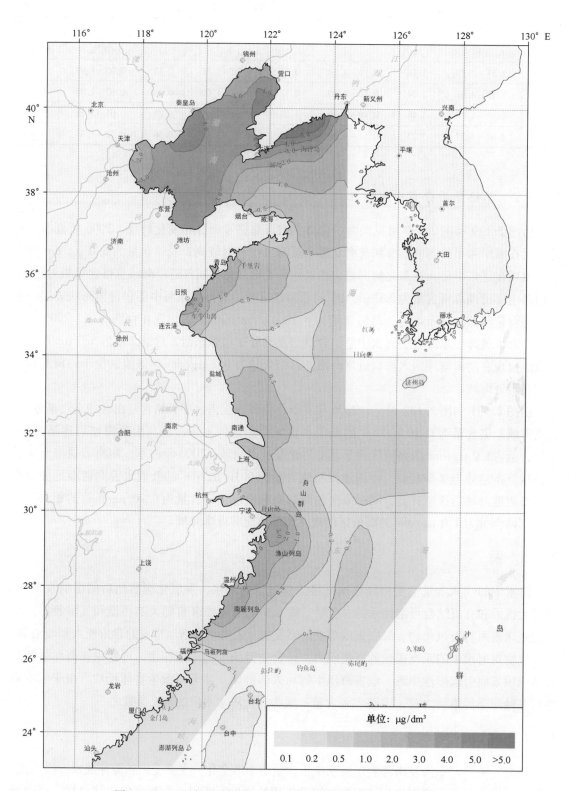

图 2.129　2006 年夏季渤海、黄海、东海表层海水中总铬平面分布

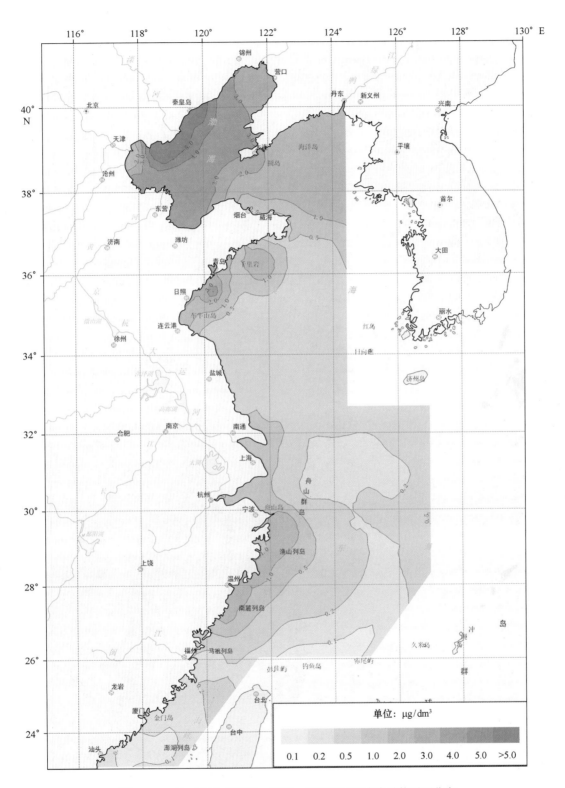

图2.130　2006年冬季渤海、黄海、东海表层海水中总铬平面分布

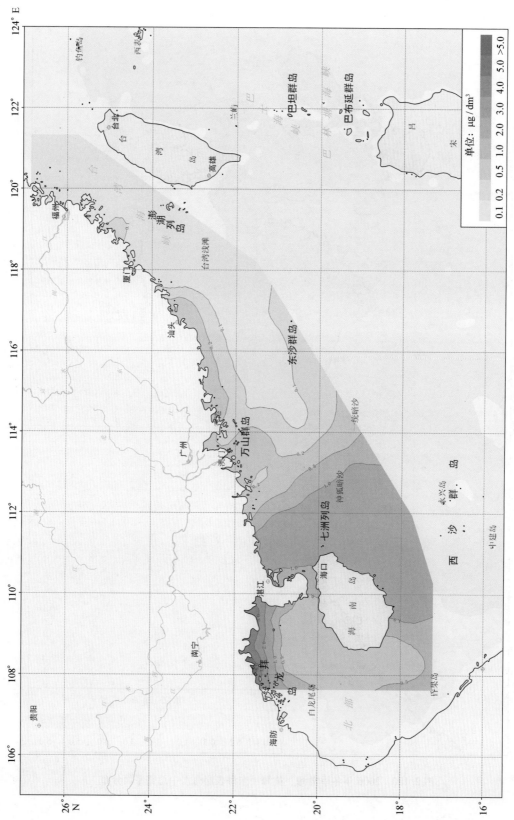

图2.131　2006年夏季南海表层海水中总铬平面分布

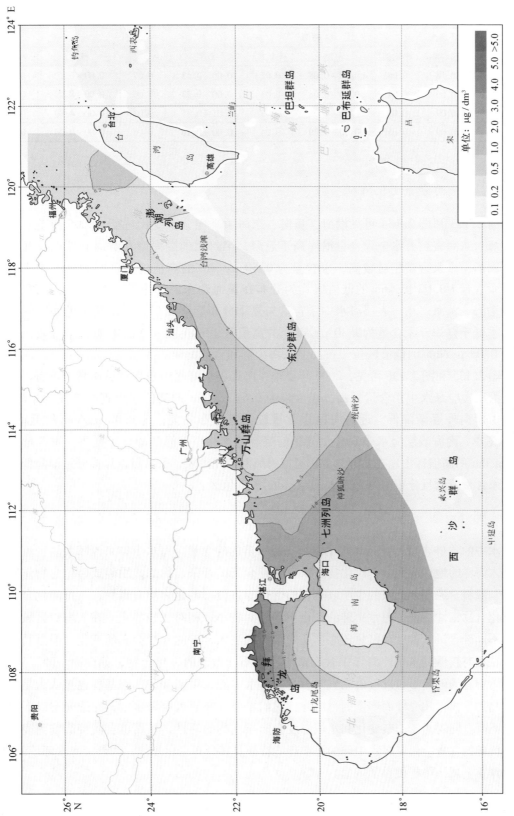

图2.132　2006年冬季南海表层海水中总铬平面分布

均值，夏冬季最低，春季最高。

表 2.20　海水汞统计特征值　　　　　　　　　　　　单位：μg/dm³

季节	渤海		黄海		东海		南海	
	范围	平均值	范围	平均值	范围	平均值	范围	平均值
夏季	0.03～0.14	0.06	0.00～0.08	0.02	0.00～0.43	0.07	0.00～0.10	0.02
冬季	0.02～0.06	0.04	0.00～0.08	0.03	0.00～0.23	0.06	0.00～0.09	0.02
春季	0.02～0.09	0.05	0.00～0.08	0.03	0.01～0.35	0.08	0.00～4.80	0.18
秋季	0.03～0.09	0.05	0.00～0.30	0.04	0.00～0.26	0.06	0.00～0.06	0.02

2.3.6.2　汞平面分布变化特征

由图2.133和图2.134可见渤海、黄海、东海汞平面分布变化特征。2006年夏季，渤海、黄海、东海表层海水中汞含量沿岸高于近海，半封闭的渤海湾和黄海北部以及苏北沿岸南至闽浙沿岸汞含量相对较高，汞含量为0.50 μg/dm³的高值区出现在渤海湾天津近岸海域，汞含量为0.02 μg/dm³的低值区均匀分布在黄海和东海的中部、台湾海峡。2006年冬季，渤海、黄海、东海表层海水中汞含量与夏季分布趋势相似，沿岸高于近海，但总体含量冬季低于夏季，汞含量为0.30 μg/dm³的高值区出现在胶东半岛威海近岸海域，汞含量小于0.02 μg/dm³的低值区位于黄海、东海中部和台湾海峡。

由图2.135和图2.136可见，2006年夏季，南海表层海水中汞含量沿岸高于近海，粤东和粤西沿岸表层海水中汞含量较高，汞含量为0.50 μg/dm³的高值区出现在湛江近岸海域，汞含量由岸向外逐渐降低，近海海区汞含量较低且分布均匀，为0.02 μg/dm³的低值区。2006年冬季，南海表层海水中汞含量分布趋势与夏季相似，但冬季低于夏季，汞含量大于0.10 μg/dm³的高值区出现在北部湾北部近岸海域和琼州海峡，汞含量由岸向外逐渐降低，近海海区汞含量较低且分布均匀，为0.02 μg/dm³的低值区。

2.3.7　砷

海水中的"砷含量"是指海水中溶解态酸可溶的砷含量。海水中砷来源随大陆径流和气溶胶进入海洋的地球表面岩石风化物，来自含砷金属的开采、冶炼，用砷或砷化合物作原料的玻璃、颜料、原药、纸张的生产以及煤的燃烧等过程。砷化物均有毒性，三价砷化合物比其他砷化合物毒性更强。海水中砷的含量波动相对较小，相对比较稳定。在入海口区域，由于受到不同砷含量、盐度和氧化还原梯度的水源的注入，砷的含量会有所变化，但是其含量依然处在相对较低的水平。海洋中含有最丰富的不同形态的砷化合物，如砷糖、砷胆碱等，海水中溶解态的砷的形态以五价无机砷为主，海水中的一甲基砷和二甲基砷也被认为是由于浮游植物的生物作用介导而产生的，因此，它们主要存在于表层海水中，在透光层以下含量会急剧下降。同时由于季节变化和水域温度会影响生物的活性，从而也会间接影响到表层海水中有机砷的含量。研究海水中砷的海洋环境特征及其分布变化规律，为评价海水环境质量，防治海洋重金属污染提供科学依据。

2.3.7.1　砷统计特征值

渤海、黄海、东海及南海表层海水中砷的季节变化主要受到陆源冲淡水、沿岸流、上升

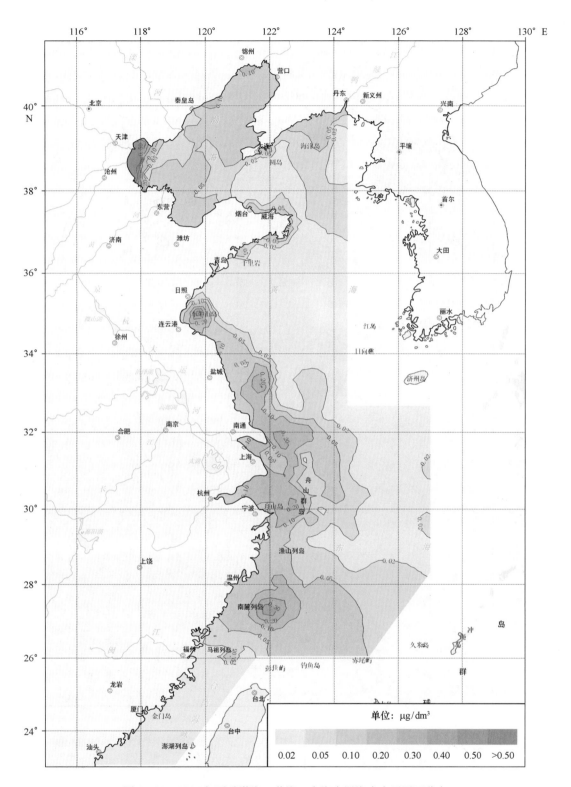

图 2.133　2006 年夏季渤海、黄海、东海表层海水中汞平面分布

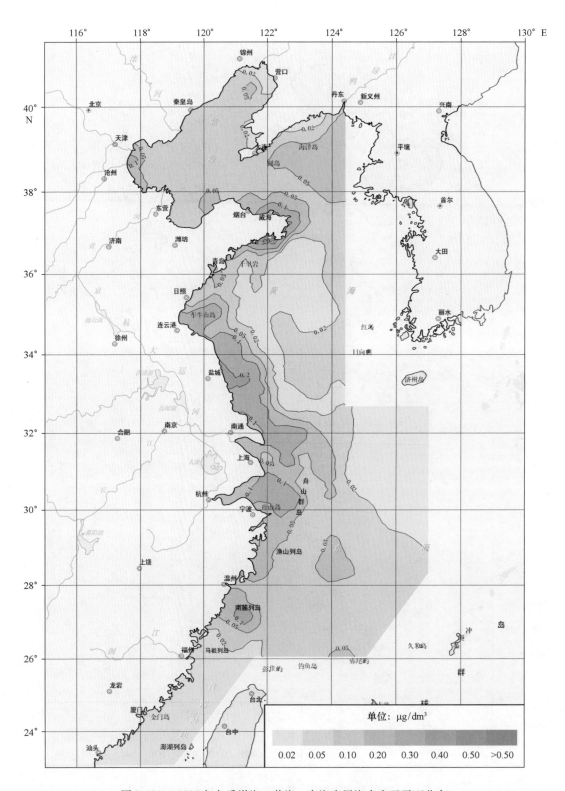

图 2.134　2006 年冬季渤海、黄海、东海表层海水中汞平面分布

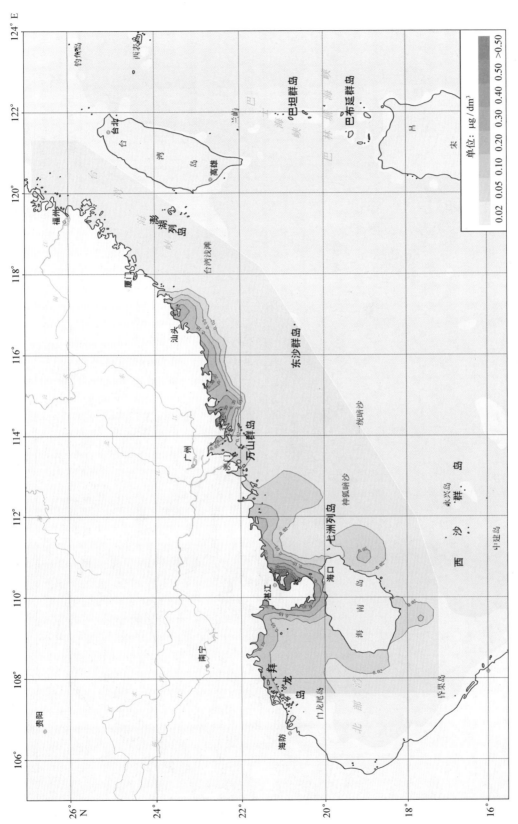

图2.135　2006年夏季南海表层海水中汞平面分布

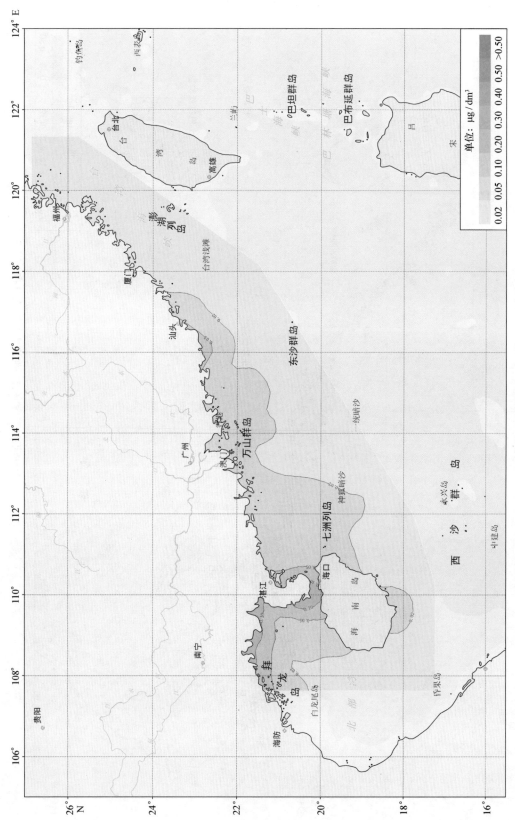

图2.136 2006年冬季南海表层海水中汞平面分布

流、台湾暖流、黑潮支流、南海环流等作用的影响，所以，往往表现出河口区、沿岸流区、深层海水影响海区砷含量高，外海表层海水影响的海域砷含量低。各季节各海区砷统计特征值见表2.21，渤海表层海水砷平均值，秋季最低，夏季最高；黄海表层海水砷平均值，夏季最低，秋季最高；东海表层海水砷平均值，冬季最低，秋季最高；南海表层海水砷平均值，春季最低，夏季和秋季最高。

表 2.21　海水砷统计特征值　　　　　　　单位：$\mu g/dm^3$

季节	渤海		黄海		东海		南海	
	范围	平均值	范围	平均值	范围	平均值	范围	平均值
夏季	1.0～3.4	1.6	0.9～4.4	1.7	0.5～7.0	2.6	0.3～4.4	1.8
冬季	0.7～2.3	1.2	1.0～7.8	2.2	0.8～6.7	2.4	0.7～4.1	1.5
春季	1.2～1.6	1.3	1.0～4.6	2.2	0.9～6.8	2.6	0.3～3.8	1.1
秋季	0.5～2.8	1.0	0.3～4.2	2.3	0.3～7.8	2.7	0.3～4.4	1.8

2.3.7.2　砷平面分布变化特征

由图2.137和图2.138可见渤海、黄海、东海砷平面分布变化特征。2006年夏季，渤海、黄海、东海表层海水中砷含量近岸高于近海，整个调查海域砷总体含量较低，砷含量为5.0 $\mu g/dm^3$的高值区出现在渤海、黄海中部和东海宁波至温州沿岸海域，由岸向外逐渐降低，向南至台湾海峡略有升高；中部海域砷含量较低，为均匀分布的2.0 $\mu g/dm^3$的低值区。2006年冬季，渤海、黄海、东海表层海水中砷含量同样呈现近岸高于近海的分布趋势，黄海中部存在砷含量为2.0 $\mu g/dm^3$封闭高值区，渤海辽东湾营口附近海域、胶东半岛日照近岸海域、杭州湾至温州近岸海域、长江口、舟山群岛附近海域砷含量相对较高，砷含量为6 $\mu g/dm^3$的高值区出现在杭州湾，高值水舌向东扩散，由岸向外逐渐降低。同时向南随沿岸流南下使浙江沿岸砷含量较高，为3.0 $\mu g/dm^3$，砷含量为1.0 $\mu g/dm^3$的低值区位于渤海渤海湾和莱州湾近岸海域。

由图2.139和图2.140可见，2006年夏季，南海表层海水中砷含量由北往南逐渐降低，北部湾北部近岸海域较高，砷含量为8.0 $\mu g/dm^3$的高值区出现在北部湾广西沿岸，由北往南砷含量迅速降低，北部湾中部出现砷含量为1.0 $\mu g/dm^3$的低值区均匀分布。2006年冬季，南海表层海水中砷含量分布总体呈由岸向外逐渐降低的分布趋势，砷含量为8.0 $\mu g/dm^3$的高值区出现在北部湾北部广西沿岸，由岸向外迅速降低，1.0 $\mu g/dm^3$的低值区出现在北部湾中部和台湾浅滩南部海域，在闽粤沿岸一条砷含量为2.0 $\mu g/dm^3$的等值线大致沿30 m等深线形成北高南低的分布。

2.3.8　石油类

海水中的"石油类"主要指海水中溶解态、乳化态和吸附在悬浮颗粒物上的、能被石油醚或正己烷、环己烷、二氯甲烷等有机溶剂萃取的石油烃化合物。其含量就是上述石油烃化合物的总含量。海洋是石油污染物的最后汇聚地。随着开采、加工、使用石油类化合物总量的增加，通过各种途径进入海洋的石油类化合物总量也日益增加。海洋石油污染已成为近百年来发生污染量递增速度最快、影响面最广，也是最普遍的环境污染之一。石油烃对海洋环

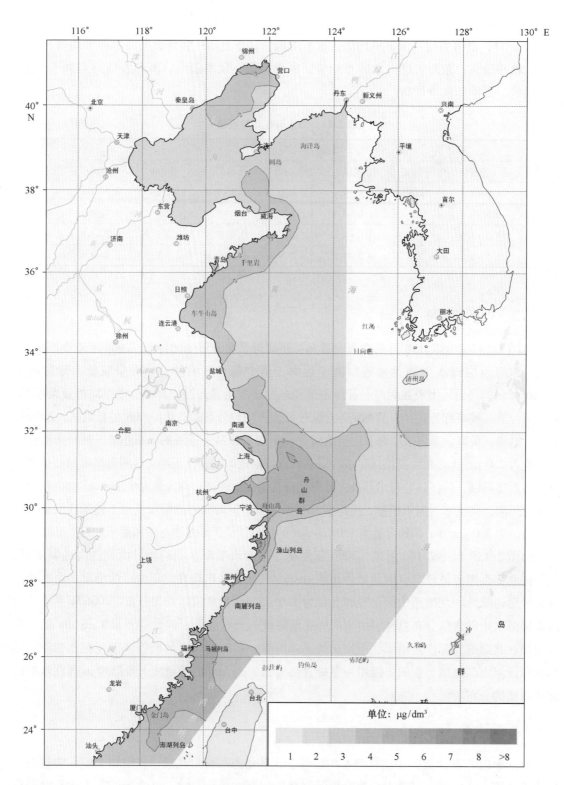

图 2.137 2006 年夏季渤海、黄海、东海表层海水中砷平面分布

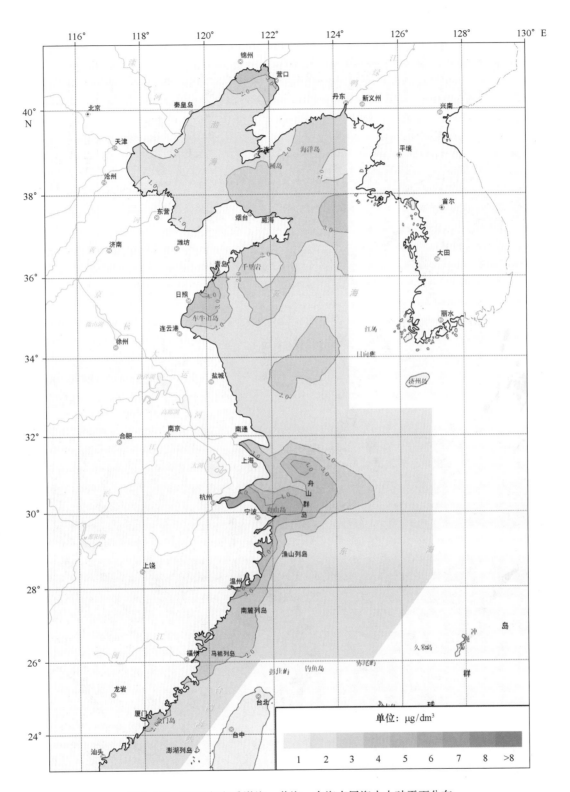

图 2.138　2006 年冬季渤海、黄海、东海表层海水中砷平面分布

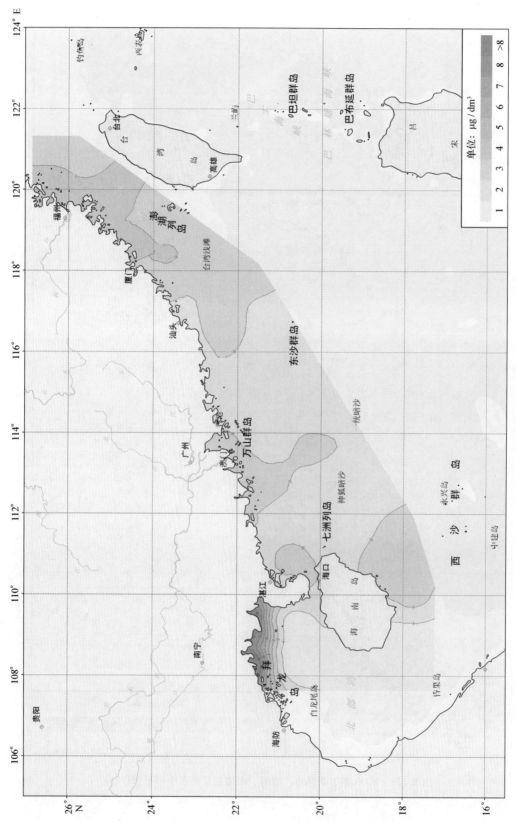

图2.139　2006年夏季南海表层海水中砷平面分布

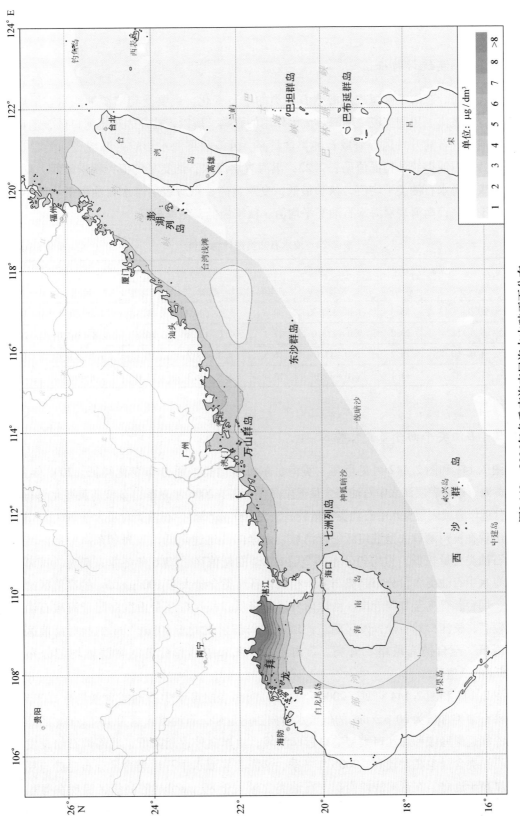

图2.140 2006年冬季南海表层海水中砷平面分布

境、海洋生物及人体的危害正日益显现。南海是我国主要的海上石油开采区之一，研究海水中石油类的海洋环境特征及其分布变化规律，为评价海水环境质量，防治海洋石油类污染提供科学依据。

2.3.8.1 石油类统计特征值

渤海、黄海、东海及南海表层海水石油类的季节变化，主要受到陆源冲淡水、沿岸流、上升流、台湾暖流、黑潮支流、南海环流等作用的影响。所以，往往表现出河口区、港口区、石油运输通道、石油开发区等海域石油类含量高。外海表层海水影响的海域石油类含量低。各季节各海区石油类统计特征值见表2.22，渤海表层海水石油类平均值，秋季最低，夏季最高；黄海表层海水石油类平均值，秋季最低，夏季最高；东海表层海水石油类平均值，春季最低，夏季最高；南海表层海水石油类平均值，秋季最低，冬季最高。

表2.22　海水石油类统计特征值　　　　　　单位：$\mu g/dm^3$

季节	渤海		黄海		东海		南海	
	范围	平均值	范围	平均值	范围	平均值	范围	平均值
夏季	20.0~73.3	33.5	1.8~154.2	39.5	3.9~649.6	49.4	1.8~69.0	18.1
冬季	5.6~58.4	26.2	9.0~178.0	27.1	4.7~122.6	36.7	1.8~164.0	29.9
春季	4.0~60.4	19.2	6.0~47.0	16.3	4.3~83.2	20.4	1.8~83.0	19.6
秋季	1.8~37.2	11.1	6.0~43.0	15.4	1.8~69.3	21.0	1.8~98.0	15.2

2.3.8.2 石油类平面分布变化特征

由图2.141和图2.142可见渤海、黄海、东海石油类平面分布变化特征。2006年夏季，渤海、黄海、东海表层海水中石油类含量近岸高于近海，2006年夏季，秦皇岛黄海北部石油开发区烟台近岸海域表层海水中石油类含量较高，为100 $\mu g/dm^3$。石油类含量大于200 $\mu g/dm^3$的高值区出现在杭州湾口大型港口区附近海域，由岸向外迅速降低，黄海和东海中部海域、台湾海峡石油类含量较低，为均匀分布的20 $\mu g/dm^3$的低值区。2006年冬季，渤海、黄海、东海表层海水中石油类含量分布趋势与夏季相似，石油类含量大于100 $\mu g/dm^3$的高值区出现在秦皇岛、烟台、青岛至日照近岸，由岸向外迅速降低。长江口至舟山群岛附近海域石油类含量相对较高，长江口外石油开发区附近海域存在局部封闭大于80 $\mu g/dm^3$的相对高值区，向南逐渐降低，至台湾海峡略有升高。黄海中部、东海中部和台湾海峡海域均匀分布，为20 $\mu g/dm^3$的低值区。

由图2.143和图2.144可见，2006年夏季，南海表层海水中石油类含量沿岸高于近海，台湾海峡石油类含量为20 $\mu g/dm^3$的低值水舌向西南延伸，石油类含量为40 $\mu g/dm^3$的高值区出现在深圳近岸海域和珠江口大型港口近岸海域，由岸向外逐渐降低，北部湾石油开发区附近海域石油类含量也相对较高。2006年冬季，南海表层海水中石油类含量分布趋势与夏季相似，沿岸高于近海，在台湾浅滩南部，石油类含量大于80 $\mu g/dm^3$的高值区出现在粤东近海和粤西沿岸。石油类含量小于20 $\mu g/dm^3$的低值区位于南海的万山群岛至东沙群岛附近海域、海南岛周边及北部湾海域。

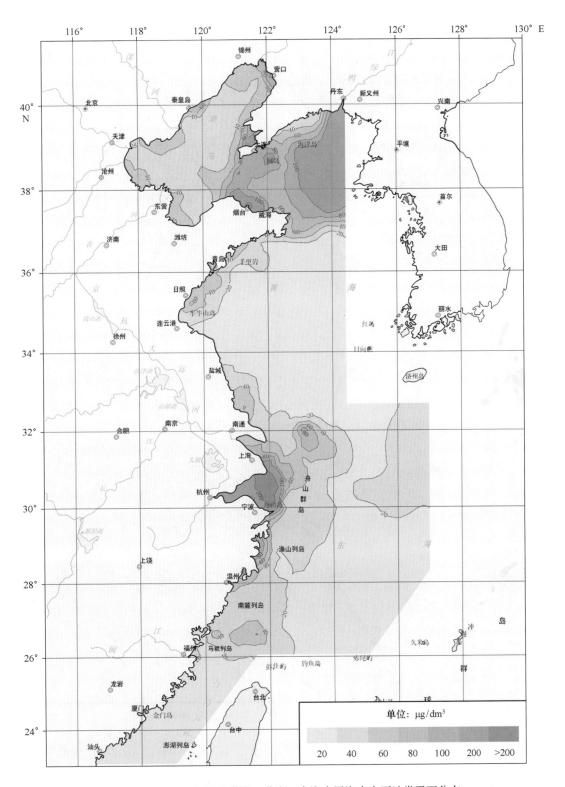

图 2.141　2006 年夏季渤海、黄海、东海表层海水中石油类平面分布

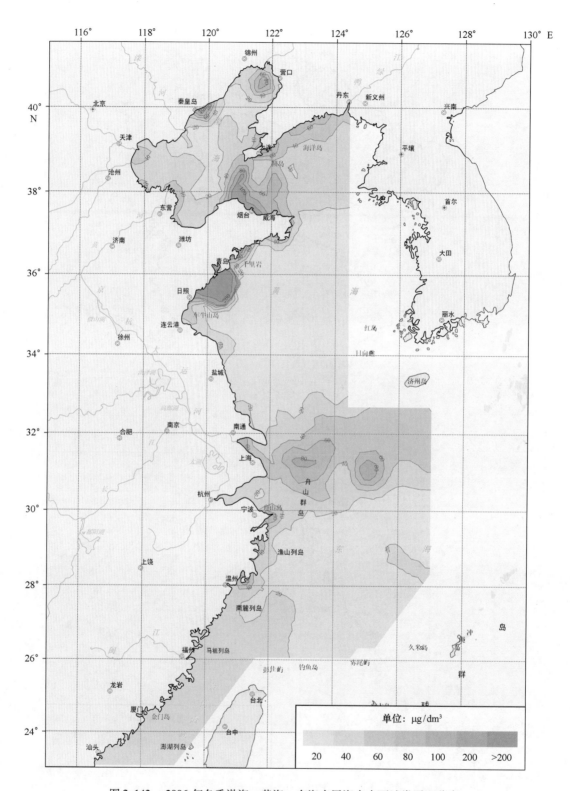

图 2.142   2006 年冬季渤海、黄海、东海表层海水中石油类平面分布

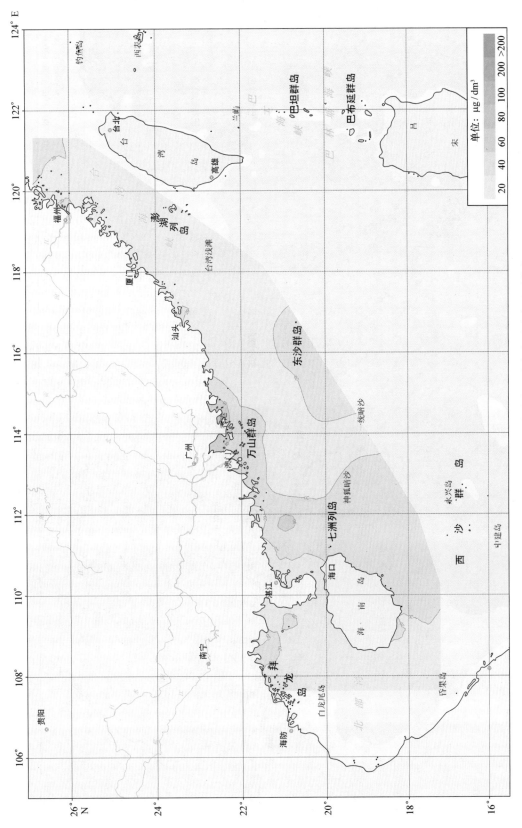

图2.143　2006年夏季南海表层海水中石油类平面分布

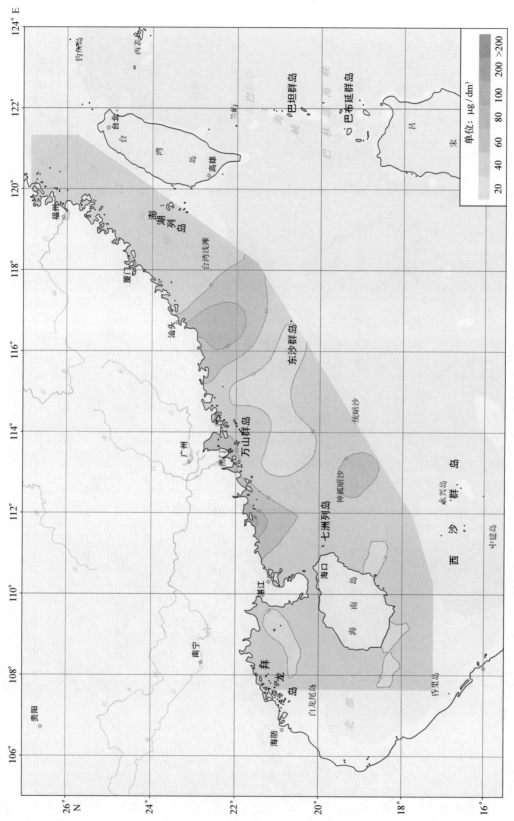

图2.144 2006年冬季南海表层海水中石油类平面分布

2.4　近海海水化学时空变化特征

渤海、黄海、东海及南海海水化学，各个海区不尽相同，它的时空分布与变化主要受到陆源冲淡水、沿岸流、上升流、台湾暖流、黑潮支流、南海环流等作用和海洋生物活动的影响。

渤海、黄海、东海及南海，冬季水温最低，氧在海水中溶解度大，海水溶解氧含量最高；春季水温升高是浮游植物水华期，浮游植物吸收二氧化碳和营养盐，并放出氧气，海水中的溶解氧也比较高；夏季水温最高，氧在海水中溶解度小，海水溶解氧含量最低；秋季水温降低海水溶解氧含量回升。在长江口等区域，由于大陆径流带来的大陆耗氧物质，使得底层出现低氧区现象。

渤海、黄海、东海及南海 pH 值和总碱度往往表现出河口区、沿岸流区和深层海水影响的区域以及近岸海域低，外海表层海水影响的海域以及海洋浮游植物活动强烈的区域高。悬浮物含量则相反，往往表现出河口区、沿岸流区、海洋浮游植物活动强烈的区域以及近岸海域悬浮物含量较高，外海水影响的海域较低。在长江口等底层出现低氧区现象，也伴随底层出现低 pH 值和低总碱度现象。

渤海、黄海、东海及南海海水生源要素（硝酸盐、亚硝酸盐、铵盐、活性磷酸盐、活性硅酸盐、溶解态氮、溶解态磷、总氮、总磷和总有机碳），往往表现出河口区、沿岸流区、上升流区、深层海水影响海区以及近岸海域生源要素高，渤海湾生源要素也比较高，外海表层海水影响的海域以及海洋浮游植物活动强烈的区域生源要素较低；渤海沿岸海区以及苏北、闽浙沿岸流海区以及河口港湾富营养化问题较为突出。

渤海、黄海、东海及在南海海水痕量重金属（铜、铅、锌、镉、铬、汞和砷）和石油类表现出：重金属往往在河口区、沿岸流区、深层海水影响海区含量较高，外海表层海水影响的海域铜含量较低；石油类往往在河口区、港口区、石油运输通道、石油开发区等海域含量较高，外海表层海水影响的海域石油类含量较低。

第3章　近海大气化学

大气输送是河流输送之外的陆源物质向海洋传输的重要通道,在某些沿海地区,经由大气输入的痕量元素与河流输入量相当,甚至更多。自然及人为来源排放的污染物以各种途径进入海洋,对海洋环境和海洋生态产生重要影响。陆源沙尘及空气污染物通过大气的大尺度传输,改变了全球大气化学物质的含量、结构和组成,进而对全球气候变化造成影响;同时气溶胶中的各种微量元素在大气环流作用下进入海洋,对海洋生态系统和底质环境产生重要影响。

海洋的大气是海洋环境的重要组成部分,近20年来,我国对渤海、东海、黄海、台湾海峡、南海等各个海域,进行了多航次考察,研究者已对这些海域的污染成分有了相当的了解。但海洋大气尚未纳入中国近岸海域环境质量体系,因此相对于每年由中国环境监测总站系统发布的《中国近岸海域环境质量公报》海水质量报告,当前对于中国近海海域气溶胶重金属污染的整体性质、特征仍缺乏连续全面的了解,我国近海海洋综合调查与评价专项海洋化学学科首次全面系统地开展了我国近海海洋大气化学调查研究。

3.1　气溶胶中总悬浮颗粒物、营养物质和重金属分布变化特征

3.1.1　总悬浮颗粒物

渤海和黄海北部海域受到朝鲜半岛相隔形成半封闭海区,特别是渤海属于我国内海,大气输送陆源物质的影响比较大,冬季在东北季风的作用下,渤海气溶胶中总悬浮颗粒物含量最高,渤海的总悬浮颗粒物含量是黄海、东海、南海的3倍;黄海南部、东海以及南海是开阔性海区,陆源与海源大气交换快,悬浮颗粒物相对较低;夏季在西南季风作用下,大气输送海源物质的影响较大,各海区气溶胶中总悬浮颗粒物含量最低。各季节各海区气溶胶中总悬浮颗粒物统计特征值见表3.1,渤海气溶胶中总悬浮颗粒物平均值,夏季最低,秋季最高;黄海气溶胶中总悬浮颗粒物平均值,夏季最低,春季最高;东海气溶胶中总悬浮颗粒物平均值夏季最低,春季最高;南海气溶胶中总悬浮颗粒物平均值,夏季最低,春季最高。

表3.1　海洋气溶胶中总悬浮颗粒物统计特征值　　　　　　　　单位:mg/m³

季节	渤海		黄海		东海		南海	
	范围	平均值	范围	平均值	范围	平均值	范围	平均值
夏季	0.300~0.300	0.300	0.032~0.104	0.055	0.003~0.250	0.063	0.011~0.118	0.050
冬季	0.300~0.400	0.333	0.041~0.271	0.123	0.004~0.381	0.094	0.024~0.313	0.100
春季	0.300~0.400	0.325	0.059~0.230	0.134	0.016~0.769	0.197	0.014~1.043	0.108
秋季	0.300~0.400	0.367	0.035~0.447	0.106	0.015~0.695	0.134	0.008~1.065	0.094

3.1.2　铜

渤海和黄海北部海域受到朝鲜半岛相隔形成半封闭海区，特别是渤海属于我国内海，黄海南部、东海以及南海是开阔性海区。冬季在东北季风的作用下，大气输送陆源物质的影响较大，东海气溶胶中铜含量最高；夏季在西南季风作用下，大气输送海源物质的影响较大，东海气溶胶中铜含量最低。各季节各海区大气溶胶中铜统计特征值见表 3.2，渤海气溶胶中铜平均值，夏季最低，冬季最高；黄海气溶胶中铜平均值，夏季最低，春季最高；东海气溶胶中铜平均值，夏季最低，冬季最高；南海气溶胶中铜平均值，秋季最高，其余 3 个季节铜含量相同。

表 3.2　海洋气溶胶中铜统计特征值　　　　　　　　　　单位：$\mu g/m^3$

季节	渤海		黄海		东海		南海	
	范围	平均值	范围	平均值	范围	平均值	范围	平均值
夏季	0.007 ~ 0.058	0.015	0.003 ~ 0.043	0.012	0.001 ~ 0.099	0.007	0.001 ~ 0.158	0.012
冬季	0.008 ~ 0.205	0.071	0.004 ~ 0.080	0.026	0.003 ~ 1.115	0.093	0.001 ~ 0.097	0.012
春季	0.002 ~ 0.092	0.018	0.010 ~ 0.143	0.048	0.005 ~ 0.398	0.058	0.001 ~ 0.071	0.012
秋季	0.018 ~ 0.195	0.057	0.006 ~ 0.123	0.030	0.001 ~ 0.220	0.039	0.001 ~ 0.271	0.022

3.1.3　铅

冬季在东北季风的作用下，大气输送陆源物质的影响较大，东海气溶胶中铅含量最高；夏季在西南季风作用下，大气输送海源物质的影响较大，南海气溶胶中铅含量最低。各季节各海区气溶胶中铅统计特征值见表 3.3，渤海气溶胶中铅平均值，夏季最低，冬季最高；黄海气溶胶中铅平均值，夏季最低，春季最高；东海气溶胶中铅平均值，夏季最低，冬季最高；南海气溶胶中铅平均值，夏季最低，秋季最高。

表 3.3　海洋气溶胶中铅统计特征值　　　　　　　　　　单位：$\mu g/m^3$

季节	渤海		黄海		东海		南海	
	范围	平均值	范围	平均值	范围	平均值	范围	平均值
夏季	0.002 ~ 0.043	0.019	0.001 ~ 0.190	0.025	0.001 ~ 0.289	0.019	0.001 ~ 0.041	0.008
冬季	0.004 ~ 0.184	0.054	0.004 ~ 0.209	0.086	0.008 ~ 0.519	0.108	0.001 ~ 0.440	0.045
春季	0.005 ~ 0.072	0.024	0.005 ~ 0.325	0.118	0.005 ~ 0.262	0.067	0.002 ~ 0.314	0.043
秋季	0.014 ~ 0.080	0.029	0.014 ~ 0.320	0.078	0.004 ~ 0.154	0.043	0.001 ~ 0.304	0.054

3.1.4　镉

冬季在东北季风的作用下，大气输送陆源物质的影响较大，渤海、南海气溶胶中镉含量最高；夏季在西南季风作用下，大气输送海源物质的影响较大，黄海气溶胶中镉含量最低。各季节各海区气溶胶中镉统计特征值见表 3.4，渤海气溶胶中镉平均值，冬季最高，其余 3 个季节镉含量相同；黄海气溶胶中镉平均值，夏季最低，冬季最高；东海气溶胶中镉平均值，秋季最低，夏季最高；南海气溶胶中镉平均值，夏季最低，春季最高。

表 3.4   海洋气溶胶中镉统计特征值   单位：μg/m³

季节	渤海		黄海		东海		南海	
	范围	平均值	范围	平均值	范围	平均值	范围	平均值
夏季	0.001 ~ 0.004	0.002	0.001 ~ 0.002	0.001	0.001 ~ 0.019	0.004	0.001 ~ 0.005	0.002
冬季	0.001 ~ 0.009	0.004	0.001 ~ 0.008	0.003	0.001 ~ 0.018	0.003	0.001 ~ 0.017	0.004
春季	0.001 ~ 0.005	0.002	0.001 ~ 0.006	0.002	0.001 ~ 0.021	0.002	0.001 ~ 0.026	0.005
秋季	0.001 ~ 0.006	0.002	0.001 ~ 0.004	0.002	0.001 ~ 0.003	0.001	0.001 ~ 0.014	0.004

3.1.5   钒

冬季在东北季风的作用下，大气输送陆源物质的影响较大，东海气溶胶中钒含量最高；夏季在西南季风作用下，大气输送海源物质的影响较大，南海气溶胶中钒含量最低。各季节各海区气溶胶中钒统计特征值见表3.5，渤海气溶胶中钒平均值，冬季最高，其余3个季节钒含量相同；黄海气溶胶中钒平均值，秋季最低，春季最高；东海气溶胶中钒平均值，秋季最低，冬季最高；南海气溶胶中钒平均值，夏季最低，冬季最高。

表 3.5   海洋气溶胶中钒统计特征值   单位：μg/m³

季节	渤海		黄海		东海		南海	
	范围	平均值	范围	平均值	范围	平均值	范围	平均值
夏季	0.001 ~ 0.001	0.001	0.002 ~ 0.033	0.008	0.001 ~ 0.054	0.006	0.001 ~ 0.020	0.005
冬季	0.001 ~ 0.006	0.002	0.001 ~ 0.012	0.005	0.001 ~ 0.107	0.016	0.001 ~ 0.061	0.013
春季	0.001 ~ 0.003	0.001	0.003 ~ 0.023	0.010	0.001 ~ 0.093	0.009	0.001 ~ 0.036	0.007
秋季	0.001 ~ 0.003	0.001	0.001 ~ 0.008	0.003	0.001 ~ 0.015	0.004	0.001 ~ 0.034	0.007

3.1.6   锌

冬季在东北季风的作用下，大气输送陆源物质的影响较大，渤海大气气溶中锌含量最高；夏季在西南季风作用下，大气输送海源物质的影响较大，黄海气溶胶中锌含量最低。各季节各海区气溶胶中锌统计特征值见表3.6，渤海气溶胶中锌平均值，夏季最低，冬季最高；黄海气溶胶中锌平均值，夏季最低，春季最高；东海气溶胶中锌平均值，夏季最低，冬季最高；南海气溶胶中锌平均值，秋季最低，冬季最高。

表 3.6   海洋气溶胶中锌统计特征值   单位：μg/m³

季节	渤海		黄海		东海		南海	
	范围	平均值	范围	平均值	范围	平均值	范围	平均值
夏季	0.230 ~ 0.770	0.393	0.001 ~ 0.176	0.043	0.001 ~ 3.336	0.129	0.001 ~ 3.410	0.412
冬季	0.052 ~ 8.820	1.304	0.001 ~ 0.470	0.105	0.018 ~ 1.562	0.509	0.007 ~ 4.819	0.657
春季	0.017 ~ 1.640	0.522	0.012 ~ 0.802	0.244	0.017 ~ 2.540	0.290	0.002 ~ 3.280	0.493
秋季	0.044 ~ 2.720	0.577	0.033 ~ 0.640	0.193	0.006 ~ 0.989	0.169	0.001 ~ 0.955	0.196

3.1.7 铁

冬季在东北季风的作用下，大气输送陆源物质的影响较大，渤海气溶胶中铁含量最高；夏季在西南季风作用下，气溶胶输送海源物质的影响较大，黄海气溶胶中铁含量最低。各季节各海区气溶胶中铁统计特征值见表3.7，渤海气溶胶中铁平均值，夏季最低，秋季最高；黄海气溶胶中铁平均值，夏季最低，春季最高；东海气溶胶铁平均值，夏季最低，冬季最高；南海气溶胶中铁平均值，夏季最低，秋季最高。

表 3.7 海洋气溶胶中铁统计特征值   单位：$\mu g/m^3$

季节	渤海		黄海		东海		南海	
	范围	平均值	范围	平均值	范围	平均值	范围	平均值
夏季	0.417 ~ 3.110	1.015	0.017 ~ 0.696	0.155	0.006 ~ 7.350	0.728	0.004 ~ 1.230	0.134
冬季	0.028 ~ 6.820	2.017	0.090 ~ 1.160	0.479	0.140 ~ 10.930	2.038	0.010 ~ 10.735	0.861
春季	0.172 ~ 4.880	1.253	0.075 ~ 3.147	0.857	0.115 ~ 3.570	1.246	0.030 ~ 2.180	0.292
秋季	0.826 ~ 6.190	3.022	0.069 ~ 2.716	0.570	0.110 ~ 30.433	1.959	0.026 ~ 17.128	1.487

3.1.8 铝

冬季在东北季风的作用下，大气输送陆源物质的影响较大，渤海气溶胶中铝含量最高；夏季在西南季风作用下，气溶胶输送海源物质的影响较大，南海气溶胶中铝含量最低。各季节各海区气溶胶中铝统计特征值见表3.8，渤海气溶胶中铝平均值，秋季最低，冬季最高；黄海气溶胶中铝平均值，夏季最低，春季最高；东海气溶胶中铝平均值，夏季最低，冬季最高；南海气溶胶中铝平均值，夏季最低，冬季最高。

表 3.8 海洋气溶胶中铝统计特征值   单位：$\mu g/m^3$

季节	渤海		黄海		东海		南海	
	范围	平均值	范围	平均值	范围	平均值	范围	平均值
夏季	0.296 ~ 1.660	0.683	0.039 ~ 2.180	0.333	0.005 ~ 1.190	0.075	0.002 ~ 0.326	0.053
冬季	0.224 ~ 3.210	1.404	0.010 ~ 1.260	0.442	0.040 ~ 9.000	1.295	0.007 ~ 2.498	0.470
春季	0.351 ~ 3.430	0.954	0.002 ~ 2.802	0.859	0.008 ~ 4.430	0.852	0.002 ~ 1.910	0.177
秋季	0.307 ~ 1.670	0.675	0.001 ~ 2.110	0.527	0.040 ~ 1.660	0.334	0.005 ~ 1.260	0.246

3.1.9 钾

冬季在东北季风的作用下，大气输送陆源物质的影响较大，渤海气溶胶中钾含量最高；夏季在西南季风作用下，大气输送海源物质的影响较大，南海大气气溶胶中钾含量最低。各季节各海区气溶胶中钾统计特征值见表3.9，渤海气溶胶中钾平均值，夏季最低，秋季最高；黄海气溶胶中钾平均值，夏季最低，秋季最高；东海气溶胶中钾平均值，夏季最低，冬季最高；南海气溶胶中钾平均值，夏季最低，冬季最高。

表 3.9　海洋气溶胶中钾统计特征值　　　　　　　　　　　单位：$\mu g/m^3$

季节	渤海		黄海		东海		南海	
	范围	平均值	范围	平均值	范围	平均值	范围	平均值
夏季	0.221~2.112	0.982	0.079~0.813	0.341	0.001~2.750	0.279	0.001~1.626	0.173
冬季	0.191~6.820	1.937	0.290~2.250	1.075	0.077~10.760	1.031	0.063~4.770	1.225
春季	0.356~5.260	1.478	0.101~3.088	1.133	0.002~15.750	0.869	0.073~2.970	0.334
秋季	0.429~6.510	2.053	0.277~5.542	1.168	0.108~4.670	0.857	0.089~3.370	0.634

3.1.10　钠

冬季在东北季风的作用下，大气输送陆源物质的影响较大，黄海气溶胶中钠含量最高；夏季在西南季风作用下，气溶胶输送海源物质的影响较大，渤海气溶胶中钠含量最低。钠是海源性的特征物质，它与其他要素在各海区含量分布恰好相反。各季节各海区气溶胶中钠统计特征值见表 3.10，渤海气溶胶中钠平均值，夏季最低，冬季最高；黄海气溶胶中钠平均值，夏季最低，冬季最高；东海气溶胶中钠平均值，夏季最低，春季最高；南海气溶胶中钠平均值，春季最低，冬季最高。

表 3.10　海洋气溶胶中钠统计特征值　　　　　　　　　　单位：$\mu g/m^3$

季节	渤海		黄海		东海		南海	
	范围	平均值	范围	平均值	范围	平均值	范围	平均值
夏季	0.438~3.789	1.922	0.715~8.200	3.293	0.019~25.110	4.181	0.011~30.138	3.469
冬季	0.479~7.150	2.086	0.800~17.620	7.240	0.070~30.250	4.909	0.045~88.800	7.097
春季	0.476~3.850	1.965	0.510~23.061	6.655	0.213~362.360	9.083	0.135~15.940	1.796
秋季	0.532~4.750	2.032	0.180~22.315	6.673	0.570~105.000	8.223	0.327~21.700	5.322

3.1.11　钙

冬季在东北季风的作用下，大气输送陆源物质的影响较大，黄海气溶胶中钙含量最高；夏季在西南季风作用下，大气输送海源物质的影响较大，东海气溶胶中钙含量最低。各季节各海区气溶胶中钙统计特征值见表 3.11，渤海气溶胶中钙平均值，夏季最低，春季最高；黄海气溶胶中钙平均值，夏季最低，秋季最高；东海气溶胶中钙平均值，夏季最低，冬季最高；南海气溶胶中钙平均值，夏季最低，冬季最高。

表 3.11　海洋气溶胶中钙统计特征值　　　　　　　　　　单位：$\mu g/m^3$

季节	渤海		黄海		东海		南海	
	范围	平均值	范围	平均值	范围	平均值	范围	平均值
夏季	0.653~6.189	1.805	0.223~3.850	0.861	0.004~1.530	0.296	0.003~3.387	0.332
冬季	0.588~7.440	2.211	0.413~5.830	2.592	0.070~66.260	2.439	0.030~15.060	1.746
春季	1.430~7.570	3.003	0.696~9.260	2.688	0.082~12.330	1.731	0.099~7.410	0.636
秋季	0.846~4.460	2.385	0.753~59.800	4.446	0.300~6.200	1.627	0.026~2.679	1.028

3.1.12　镁

冬季在东北季风的作用下，大气输送陆源物质的影响较大，南海气溶胶中镁含量最高；夏季在西南季风作用下，大气输送海源物质的影响较大，渤海气溶胶中镁含量最低。镁与钠都是海源性的特征物质，它与其他要素在各海区含量分布恰好相反。各季节各海区气溶胶中镁统计特征值见表3.12，渤海气溶胶中镁平均值，春季最低，冬季最高；黄海气溶胶中镁平均值，夏季最低，秋季最高；东海气溶胶中镁平均值，夏季最低，春季最高；南海气溶胶中镁平均值，春季最低，冬季最高。

表3.12　海洋气溶胶中镁统计特征值　　　　　　　　单位：$\mu g/m^3$

季节	渤海		黄海		东海		南海	
	范围	平均值	范围	平均值	范围	平均值	范围	平均值
夏季	0.137~0.753	0.370	0.109~2.277	0.446	0.003~2.650	0.414	0.001~6.560	1.199
冬季	0.127~1.950	0.480	0.100~1.150	0.567	0.025~3.470	0.584	0.017~22.520	1.540
春季	0.101~0.804	0.305	0.094~2.089	0.575	0.028~41.530	1.151	0.037~3.530	0.414
秋季	0.161~0.742	0.399	0.234~15.875	1.125	0.120~12.000	1.008	0.011~5.860	1.323

3.1.13　铵

冬季在东北季风的作用下，大气输送陆源物质的影响较大，黄海气溶胶中铵含量最高；夏季在西南季风作用下，大气输送海源物质的影响较大，东海气溶胶中铵含量最低。各季节各海区气溶胶中铵统计特征值见表3.13，渤海气溶胶中铵平均值，夏季最低，冬季最高；黄海气溶胶中铵平均值，夏季最低，冬季最高；东海气溶胶中铵平均值，夏季最低，春季最高；南海气溶胶中铵平均值，夏季最低，冬季最高。

表3.13　海洋气溶胶中铵统计特征值　　　　　　　　单位：$\mu g/m^3$

季节	渤海		黄海		东海		南海	
	范围	平均值	范围	平均值	范围	平均值	范围	平均值
夏季	1.049~6.423	3.329	0.200~12.000	3.726	0.009~5.080	0.836	0.005~11.700	1.356
冬季	0.459~12.400	3.964	2.000~27.000	12.192	0.071~21.790	3.328	0.061~22.340	3.958
春季	1.300~9.290	3.586	2.800~15.000	8.430	0.516~14.200	4.840	0.137~39.290	3.232
秋季	0.815~15.700	3.722	1.700~15.000	6.240	0.589~12.600	3.663	0.538~10.800	2.972

3.1.14　磷酸盐

冬季在东北季风的作用下，大气输送陆源物质的影响较大，黄海气溶胶中磷酸盐含量最高；夏季在西南季风作用下，大气输送海源物质的影响较大，东海气溶胶中磷酸盐含量最低。各季节各海区气溶胶中磷酸盐统计特征值见表3.14，渤海气溶胶中磷酸盐平均值，春季最低，秋季最高；黄海气溶胶中磷酸盐平均值，冬季最低，夏季最高；东海气溶胶中磷酸盐平均值，秋季最低，春季最高；南海气溶胶中磷酸盐平均值，秋季最低，夏季最高。

表 3.14　海洋气溶胶中磷酸盐统计特征值　　　　　　单位：μg/m³

季节	渤海		黄海		东海		南海	
	范围	平均值	范围	平均值	范围	平均值	范围	平均值
夏季	—	—	0.010~3.770	1.344	0.001~1.300	0.121	0.002~6.834	0.322
冬季	0.038~0.296	0.116	0.044~1.270	0.336	0.001~0.230	0.045	0.003~1.030	0.131
春季	0.002~0.160	0.047	0.175~1.560	0.617	0.001~12.810	0.381	0.002~0.541	0.038
秋季	0.096~0.188	0.149	0.021~1.330	0.716	0.003~0.145	0.032	0.001~0.123	0.036

3.1.15　硫酸盐

冬季在东北季风的作用下，大气输送陆源物质的影响较大，南海气溶胶中硫酸盐含量最高；夏季在西南季风作用下，大气输送海源物质的影响较大，南海气溶胶中硫酸盐含量最低。各季节各海区气溶胶中硫酸盐统计特征值见表 3.15，渤海气溶胶中硫酸盐平均值，春季最低，夏季最高；黄海气溶胶中硫酸盐平均值，冬季最低，秋季最高；东海气溶胶中硫酸盐平均值，夏季最低，春季最高；南海气溶胶中硫酸盐平均值，夏季最低，冬季最高。

表 3.15　海洋气溶胶中硫酸盐统计特征值　　　　　　单位：μg/m³

季节	渤海		黄海		东海		南海	
	范围	平均值	范围	平均值	范围	平均值	范围	平均值
夏季	5.52~40.70	17.82	1.25~14.78	6.88	0.06~34.70	5.72	0.16~34.20	4.16
冬季	1.71~55.40	15.34	1.11~3.19	2.24	0.50~100.09	14.70	1.70~46.78	16.26
春季	0.17~27.7	12.02	1.35~5.02	3.02	0.17~88.66	17.02	0.42~57.88	9.69
秋季	2.89~94.90	17.50	8.09~96.89	30.85	1.81~33.60	10.03	0.20~47.20	11.04

3.1.16　硝酸盐

冬季在东北季风的作用下，大气输送陆源物质的影响较大，黄海气溶胶中硝酸盐含量最高；夏季在西南季风作用下，大气输送海源物质的影响较大，东海气溶胶中硝酸盐含量最低。各季节各海区气溶胶中硝酸盐统计特征值见表 3.16，渤海气溶胶中硝酸盐平均值，夏季最低，秋季最高；黄海气溶胶中硝酸盐平均值，秋季最低，夏季最高；东海气溶胶中硝酸盐平均值，夏季最低，冬季最高；南海气溶胶中硝酸盐平均值，夏季最低，冬季最高。

表 3.16　海洋气溶胶中硝酸盐统计特征值　　　　　　单位：μg/m³

季节	渤海		黄海		东海		南海	
	范围	平均值	范围	平均值	范围	平均值	范围	平均值
夏季	5.41~34.43	14.14	0.12~90.21	30.40	0.01~17.85	2.60	0.07~11.70	2.92
冬季	0.79~52.40	15.79	2.90~50.00	16.65	0.30~89.69	11.19	0.10~34.91	9.79
春季	0.27~59.40	18.97	3.55~36.07	21.01	0.12~46.77	10.56	0.27~52.88	6.06
秋季	1.19~113.00	21.90	0.26~45.00	5.79	1.74~23.10	8.09	0.24~15.30	5.33

3.1.17　甲基磺酸盐

冬季在东北季风的作用下，大气输送陆源物质的影响较大，东海气溶胶中甲基磺酸盐含量最高；夏季在西南季风作用下，大气输送海源物质的影响较大，南海气溶胶中甲基磺酸盐含量最低。各季节各海区气溶胶中甲基磺酸盐统计特征值见表3.17，渤海气溶胶中甲基磺酸盐平均值，春季最低，冬季最高；黄海气溶胶中甲基磺酸盐平均值，秋季最低，春季最高；东海气溶胶中甲基磺酸盐平均值，秋季最低，春季最高；南海气溶胶中甲基磺酸盐平均值，夏季最低，冬季最高。

表3.17　海洋气溶胶中甲基磺酸盐统计特征值　　　　单位：μg/m³

季节	渤海		黄海		东海		南海	
	范围	平均值	范围	平均值	范围	平均值	范围	平均值
夏季	0.030~0.110	0.063	0.012~0.430	0.145	0.001~0.850	0.082	0.002~0.062	0.022
冬季	0.027~1.060	0.187	0.002~0.680	0.123	0.001~1.910	0.291	0.004~0.900	0.071
春季	0.012~0.184	0.051	0.031~1.668	0.256	0.009~4.620	0.434	0.008~0.260	0.038
秋季	0.023~0.298	0.093	0.004~0.170	0.042	0.005~0.280	0.048	0.001~0.350	0.039

3.1.18　总碳

冬季在东北季风的作用下，大气输送陆源物质的影响较大，渤海气溶胶中总碳含量最高，渤海气溶胶中总碳含量是黄海、东海以及南海的10倍；夏季在西南季风作用下，大气输送海源物质的影响较大，黄海气溶胶中总碳含量最低。各季节各海区气溶胶中总碳统计特征值见表3.18，渤海气溶胶中总碳平均值，夏季最低，冬季最高；黄海气溶胶中总碳平均值，夏季最低，冬季最高；东海气溶胶中总碳平均值，夏季最低，冬季最高；南海气溶胶中总碳平均值，夏季最低，冬季最高。

表3.18　海洋气溶胶中总碳统计特征值　　　　单位：μg/m³

季节	渤海		黄海		东海		南海	
	范围	平均值	范围	平均值	范围	平均值	范围	平均值
夏季	13.20~120.00	47.82	0.08~12.50	3.91	0.75~35.10	6.98	0.20~16.00	4.16
冬季	58.00~406.00	201.22	2.59~51.70	19.47	0.80~68.90	11.82	0.10~96.90	16.78
春季	52.10~316.00	125.69	1.85~32.49	10.66	1.36~25.70	9.07	0.78~64.20	9.15
秋季	14.80~279.00	111.58	1.82~34.28	7.64	2.80~32.40	9.84	0.18~75.60	13.86

3.2　大气温室气体分布变化特征

大气温室气体包括二氧化碳、甲烷、氧化亚氮和氮氧化物。大气二氧化碳是碳及含碳化合物的最终氧化物。它直接参与大自然的形成，影响人类和生物界的生存。海洋是大气中二氧化碳的汇与源。随着人类对燃料的使用量日益增加，向大气排放的二氧化碳越来越多。在所有的温室气体中，二氧化碳在大气中的含量高、寿命长，对温室效应的贡献最大。大气甲烷是大气中对温室效应影响仅次于二氧化碳的气体，甲烷的含量对于辐射过程和气候发展趋势的研究是特别重要；大气氧化亚氮也是温室气体中的一种，它的影响远小于二氧化碳的影响程度，但是二氧化氮吸收红外线的能力是二氧化碳的 250 倍，因此二氧化氮浓度的轻微增加就会对海洋环境造成较大的影响。通过对海洋大气温室气体环境特征与分布变化规律研究，为遏制全球变暖的趋势，防治海洋灾害提供科学依据。

3.2.1 二氧化碳

冬季在东北季风的作用下，大气输送陆源气体物质的影响较大，东海大气中二氧化碳含量最高；夏季在西南季风作用下，大气输送海源气体物质的影响较大，渤海大气中二氧化碳含量最低。各季节各海区大气中二氧化碳统计特征值见表 3.19，渤海大气中二氧化碳平均值，秋季最低，冬季最高；黄海大气中二氧化碳平均值，冬季最低，春季最高；东海大气中二氧化碳平均值，春季最低，冬季最高；南海大气中二氧化碳平均值，秋季最低，冬季最高。

表 3.19　海洋大气中二氧化碳统计特征值　　　　单位：μmol/mol

季节	渤海		黄海		东海		南海	
	范围	平均值	范围	平均值	范围	平均值	范围	平均值
夏季	343.85~390.10	370.10	343.95~490.94	390.44	365.72~455.56	387.94	243.33~420.36	380.68
冬季	348.17~404.90	374.42	344.26~493.00	390.34	362.34~417.67	392.18	275.65~455.08	382.99
春季	348.65~388.61	371.24	406.68~497.00	431.62	366.55~398.00	384.37	312.03~428.70	381.23
秋季	340.85~385.04	364.87	360.00~636.22	413.86	369.00~414.92	386.49	260.18~504.00	374.34

3.2.2 甲烷

冬季在东北季风的作用下，大气输送陆源气体物质的影响较大，渤海大气中甲烷含量最高；夏季在西南季风作用下，大气输送海源气体物质的影响较大，黄海大气中甲烷含量最低。各季节各海区大气中甲烷统计特征值见表 3.20，渤海大气中甲烷平均值，秋季最低，冬季最高；黄海大气中甲烷平均值，夏季最低，秋季最高；东海大气中甲烷平均值，秋季最低，冬季最高；南海大气中甲烷平均值，夏季最低，秋季最高。

表 3.20　海洋气溶胶中甲烷统计特征值　　　　单位：μg/m³

季节	渤海		黄海		东海		南海	
	范围	平均值	范围	平均值	范围	平均值	范围	平均值
夏季	1.86~2.20	1.97	1.16~1.67	1.42	1.32~2.70	1.55	0.93~4.05	1.54
冬季	1.87~3.05	2.06	1.18~1.76	1.45	1.27~1.98	1.67	1.24~4.57	1.83
春季	1.39~2.09	1.49	1.30~1.74	1.47	1.28~2.08	1.46	1.27~2.63	1.64
秋季	1.28~2.54	1.47	1.11~1.84	1.51	0.73~2.33	1.30	1.26~13.27	3.82

3.2.3 氧化亚氮

冬季在东北季风的作用下，大气输送陆源气体物质的影响较大，东海大气中氧化亚氮含量最高；夏季在西南季风作用下，大气输送海源气体物质的影响较大，渤海大气中氧化亚氮含量最低。各季节各海区大气中氧化亚氮统计特征值见表3.21，渤海大气中氧化亚氮平均值，夏季最低，春季最高；黄海大气中氧化亚氮平均值，夏冬季最低，秋季最高；东海大气中氧化亚氮平均值，春季最低，冬季最高；南海大气中氧化亚氮平均值，秋季最低，夏季最高。

表 3.21　海洋大气中氧化亚氮统计特征值　　　　　　　单位：μg/m³

季节	渤海		黄海		东海		南海	
	范围	平均值	范围	平均值	范围	平均值	范围	平均值
夏季	0.310 ~ 0.320	0.313	0.605 ~ 0.617	0.609	0.570 ~ 0.660	0.618	0.297 ~ 0.631	0.546
冬季	0.310 ~ 0.317	0.314	0.606 ~ 0.614	0.609	0.599 ~ 0.691	0.632	0.112 ~ 0.627	0.514
春季	0.608 ~ 0.622	0.616	0.605 ~ 0.616	0.610	0.606 ~ 0.637	0.616	0.127 ~ 0.626	0.510
秋季	0.601 ~ 0.625	0.612	0.609 ~ 0.616	0.611	0.514 ~ 0.713	0.623	0.176 ~ 0.699	0.507

3.2.4　氮氧化物

冬季在东北季风的作用下，大气输送陆源气体物质的影响较大，东海大气中氮氧化物含量最高；夏季在西南季风作用下，大气输送海源气体物质的影响较大，南海大气中氮氧化物含量最低。各季节各海区大气中氮氧化物统计特征值见表3.22，渤海大气中氮氧化物平均值，夏季最低，冬季最高；黄海大气中氮氧化物平均值，夏季最低，冬季最高；东海大气中氮氧化物平均值，夏季最低，冬季最高；南海大气中氮氧化物平均值，秋季最低，冬季最高。

表 3.22　海洋大气中氮氧化物统计特征值　　　　　　　单位：μg/m³

季节	渤海		黄海		东海		南海	
	范围	平均值	范围	平均值	范围	平均值	范围	平均值
夏季	0.006 ~ 0.050	0.022	0.006 ~ 0.057	0.021	0.002 ~ 0.379	0.047	0.004 ~ 0.083	0.015
冬季	0.008 ~ 0.080	0.037	0.004 ~ 1.395	0.072	0.003 ~ 0.892	0.083	0.001 ~ 0.486	0.033
春季	0.005 ~ 0.062	0.025	0.004 ~ 0.080	0.029	0.004 ~ 0.695	0.075	0.001 ~ 0.132	0.017
秋季	0.006 ~ 0.088	0.034	0.002 ~ 0.071	0.022	0.005 ~ 0.650	0.069	0.001 ~ 0.056	0.014

3.3　近海大气化学时空变化特征

渤海、黄海、东海及南海气溶胶化学，要素的分布与变化特征受近海季风作用变化的影响较大，冬季在东北季风作用下，以气溶胶输送陆源物质对近海气溶胶环境影响为主，夏季在西南季风作用下，以气溶胶输送海源物质对近海气溶胶环境影响为主。同时，我国近海的大气中气溶胶化学要素的分布与变化特征也与我国矿产资源及工业布局相关。

渤海、黄海、东海及南海海洋气溶胶中总悬浮颗粒物含量，在冬季渤海最高，渤海的总悬浮颗粒物含量是黄海、东海、南海的3倍；黄海南部、东海以及南海是开阔性海区，陆源与海源气溶胶交换快，悬浮颗粒物相对较低；夏季，各海区气溶胶中总悬浮颗粒物含量在4

189

个季节中最低。

气溶胶中总碳与总悬浮颗粒物分布与变化特征一致，气溶胶中铵、磷酸盐、硝酸盐含量，冬季，黄海高；夏季，东海低。

气溶胶中重金属含量，冬季，渤海气溶胶中镉、锌、铝和钾含量高，黄海气溶胶中钙含量高，东海气溶胶中铜、铅、钒和铁含量高，南海气溶胶中钠和镁含量高；夏季，渤海气溶胶中铜、铁、铝、钾和钙含量高，黄海气溶胶中铅和钒含量高，东海气溶胶中镉、锌和钠含量高，南海气溶胶中镁含量最高。

气溶胶中硫酸盐和甲基磺酸盐含量，冬季，南海气溶胶中硫酸盐高，东海气溶胶中甲基磺酸盐高；夏季，渤海气溶胶中硫酸盐高，黄海气溶胶中甲基磺酸盐高。

冬季在东北季风的作用下，大气输送陆源气体物质的影响较大；夏季在西南季风作用下，大气输送海源气体物质的影响较大。冬季，渤海大气中甲烷高，东海海洋大气中二氧化碳、氧化亚氮和氮氧化物高；夏季，渤海大气中甲烷高，黄海海洋大气中二氧化碳高，东海海洋大气中氧化亚氮和氮氧化物高。

第4章　近海沉积化学

中国东部和南海北部浅海陆架水系主要表现为外海水系和沿岸流两大水系的对峙。它们对陆源物质扩散途径和扩散范围起到决定性影响。中国陆架沉积物区具体划分9个类型，即：①河口外泥质沉积区；②沿岸流泥质沉积区；③小环流泥质沉积区；④外陆架泥质沉积区；⑤浪控砂沉积区；⑥潮控砂沉积区；⑦残留砂沉积区；⑧现代混合沉积区；⑨改造混合沉积区（刘锡清，1990）。应用沉积物区具体划分方法来揭示底质类型与沉积环境的关系，研究近海海洋沉积化学要素分布特征。

4.1　沉积物中硫化物和氧化还原电位分布变化特征

硫是重要的生源要素之一，它与碳、氢、氮、氧构成生物机体的基本组成。自然界中硫主要贮存于岩石圈。硫在自然界以多种价态存在。海水中硫主要以硫酸盐存在，并成为海水的常量成分之一。河流的输入是海水中硫酸盐的重要来源。人类的矿物燃料燃烧，向气溶胶释放大量的二氧化硫，经降雨过程，以亚硫酸盐和硫酸盐形式进入海洋，因此，气溶胶输入也是近海域硫的重要来源。海洋中浮游植物、细菌可以从海水中吸收硫酸盐，并转化为有机硫化物。海洋沉积物中硫是海水中颗粒硫酸盐和有机硫化物沉积的结果。在富氧条件下，沉积物中硫主要以硫酸盐形态存在；在缺氧条件下，硫酸盐作为氧源利用而被还原。因此，在缺氧条件下，硫化物含量急剧增加。对近海沉积环境中硫化物的分布特征与变化规律的研究，将为海域沉积环境恶化评估和防治提供科学依据。

4.1.1　硫化物

4.1.1.1　硫化物统计特征值

2007年秋季航次沉积物中硫化物统计特征值见表4.1，沉积物中硫化物平均值，黄海最低，东海最高。

表 4.1　沉积物中硫化物统计特征值　　　　$\times 10^{-6}$

海域	范围	平均值
渤海	2.0~68.9	24.5
黄海	0.4~437.6	14.4
东海	1.4~233.0	33.2
南海	1.5~216.0	27.2

4.1.1.2 硫化物平面分布特征

由图 4.1 可见，2007 年秋季，渤海、黄海、东海海洋沉积物中硫化物含量沿岸高于近海，黄海中部小环流砂泥混合沉积区出现小于 2.5×10^{-6} 的低值区，大于 150×10^{-6} 的高值区出现在渤海湾的秦皇岛至天津近岸海域沿岸流区，长江口泥质沉积区、陆架泥质沉积区、沿岸流泥质沉积区硫化物含量都比较高。

由图 4.2 可见，2007 年秋季，南海海洋沉积物中硫化物含量近岸高于近海，由北往南呈逐渐降低的趋势。沿岸流泥质沉积区硫化物含量比较高，大于 150×10^{-6} 的高值区出现在厦门近岸海域和汕头至香港沿岸海域。低值区出现在台湾浅滩、澎湖列岛潮控砂沉积区和西沙群岛附近海域砂质沉积区。

4.1.2 氧化还原电位

海洋沉积物中的氧化还原电位反映了沉积环境的化学特性——氧化性或还原性。所有的化学元素在适当的条件下，都能接受或释放电子。氧化反应是物质电子的损失，还原作用是电子之获得。沉积物的氧化–还原环境对于沉积物中自生矿物的形成、化学元素的地球化学过程起着关键性的作用。

4.1.2.1 氧化还原电位统计特征值

2007 年秋季航次沉积物中氧化还原电位统计特征值见表 4.2，沉积物中氧化还原电位平均值，黄海最低，东海最高。

表 4.2　沉积物中氧化还原电位统计特征值　　　　　　　单位：mV

海域	范围	平均值
渤海	$79.0 \sim 190.0$	127.4
黄海	$-287.0 \sim 477.7$	17.4
东海	$-5.8 \sim 626.5$	292.1
南海	$-150.0 \sim 521.0$	129.5

4.1.2.2 氧化还原电位平面分布特征

由图 4.3 可见，2007 年秋季，渤海、黄海、东海海洋沉积物中氧化还原电位整体上近岸高于近海，黄海北部小环流泥质沉积区出现小于 -200 mV 的低值区，黄海南部和东海外陆架残留砂沉积区氧化还原电位较高，400 mV 的高值区出现在渔山列岛附近海域的泥质沉积区。

由图 4.4 可见，2007 年秋季，南海海洋沉积物中氧化还原电位整体上近岸低于外海，沿岸流泥质沉积区氧化还原电位相对较低，小于 -100 mV 的低值区出现在北部湾混合沉积区，台湾浅滩、澎湖列岛潮控砂沉积区和东沙群岛附近海域外陆架残留砂沉积区氧化还原电位相对较高，为大于 400 mV 的高值区。

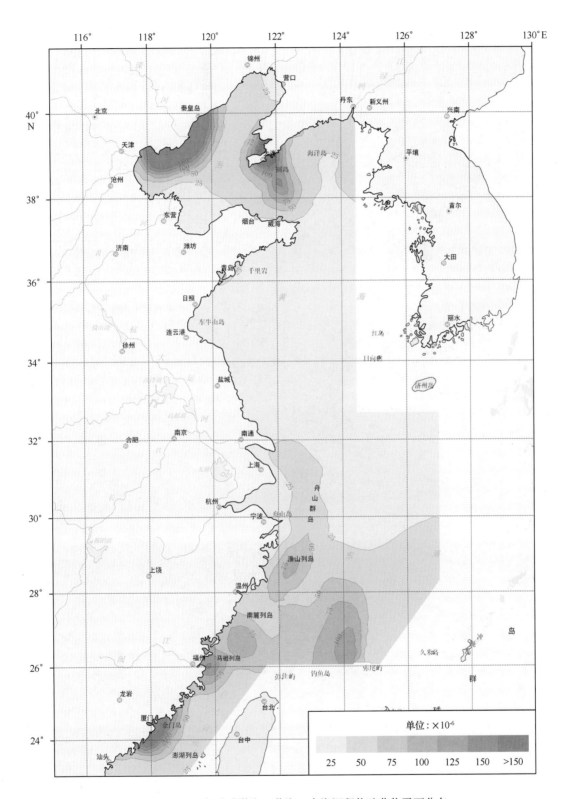

图 4.1　2007 年秋季渤海、黄海、东海沉积物硫化物平面分布

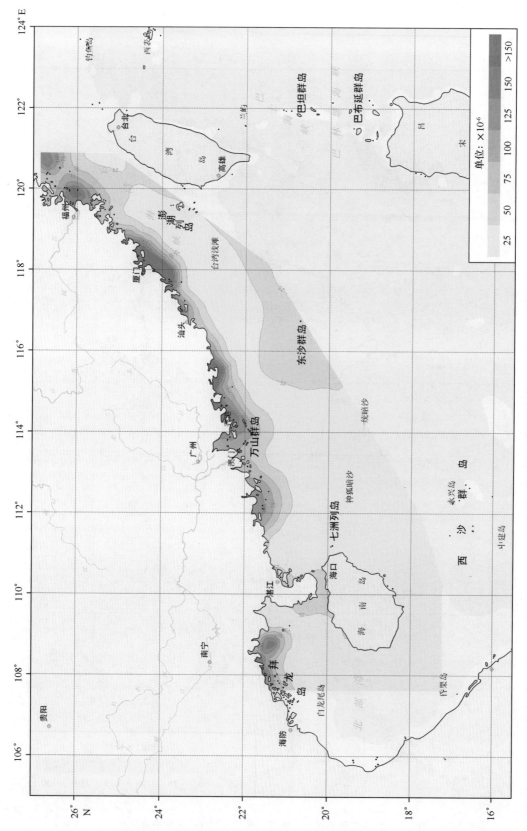

图4.2 2007年秋季南海沉积物中硫化物平面分布

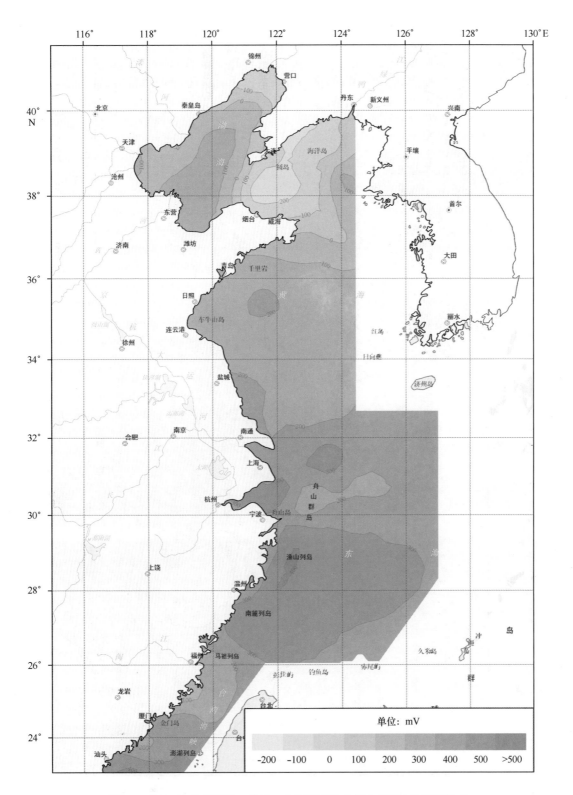

图 4.3　2007 年秋季渤海、黄海、东海沉积物中氧化还原电位平面分布

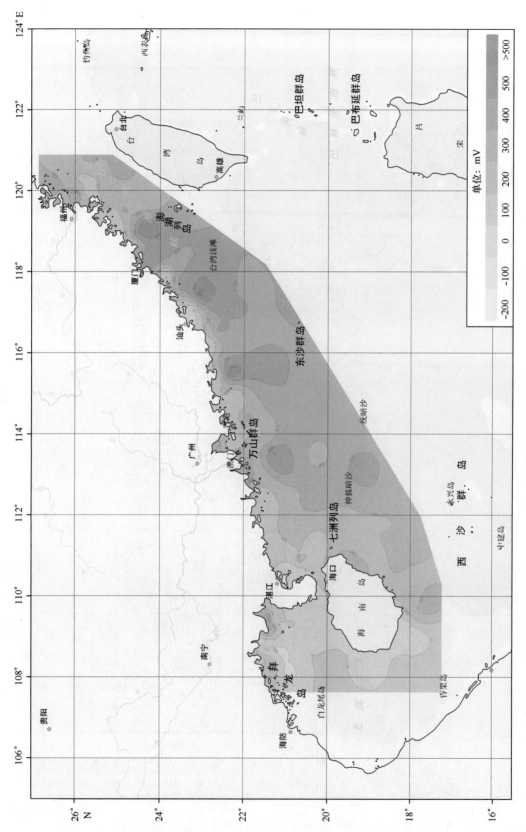

图4.4 2007年秋季南海沉积物中氧化还原电位平面分布

4.2　沉积物中有机碳、总氮和总磷分布变化特征

4.2.1　有机碳

沉积物中有机质系陆源有机物和海洋生物产生的有机物质在沉积、成岩过程中未被矿化的残留有机物质。对近海沉积环境中有机碳的分布特征与变化规律的研究，将为评估和防治海域富营养化提供科学依据。

4.2.1.1　有机碳统计特征值

2007 年秋季航次沉积物中有机碳统计特征值见表 4.3，沉积物中有机碳平均值，渤海最低，南海最高。

表 4.3　沉积物中有机碳统计特征值　　　　　　　　　　　　　　　　　%

海域	范围	平均值
渤海	0.03 ~ 0.68	0.22
黄海	0.01 ~ 3.76	0.38
东海	0.04 ~ 0.87	0.43
南海	0.00 ~ 1.55	0.52

4.2.1.2　有机碳平面分布变化特征

由图 4.5 可见，2007 年秋季，渤海、黄海、东海海洋沉积物中有机碳在北黄海小环流泥质沉积区沉积物中含量相对比较高，大于 1.2% 的高值区出现在北黄海圆岛附近海域，小于 0.2% 的低值区出现在苏北沿岸盐城附近海域的砂质沉积区。

由图 4.6 可见，2007 年秋季，南海海洋沉积物中有机碳含量近岸高于近海，沿岸流泥质沉积区和东沙群岛附近海域外陆架残留砂沉积区有机碳含量都比较高，一统暗沙附近海域出现大于 1.2% 的有机碳含量相对高值区，小于 0.2% 的低值区出现在台湾浅滩附近海域和南海南部海域潮控砂沉积区。

4.2.2　总氮

氮是重要的生源要素之一。沉积物中总氮包括有机和无机两种形态，各种形态比例依沉积成岩条件不同而异，一般而言，有机形态占总氮 85% ~ 90%。对近海沉积环境中总氮的分布特征与变化规律的研究，将为评估和防治海域富营养化提供科学依据。

4.2.2.1　总氮统计特征值

2007 年秋季航次沉积物中总氮统计特征值见表 4.4，沉积物中总氮平均值，东海最低，渤海最高。

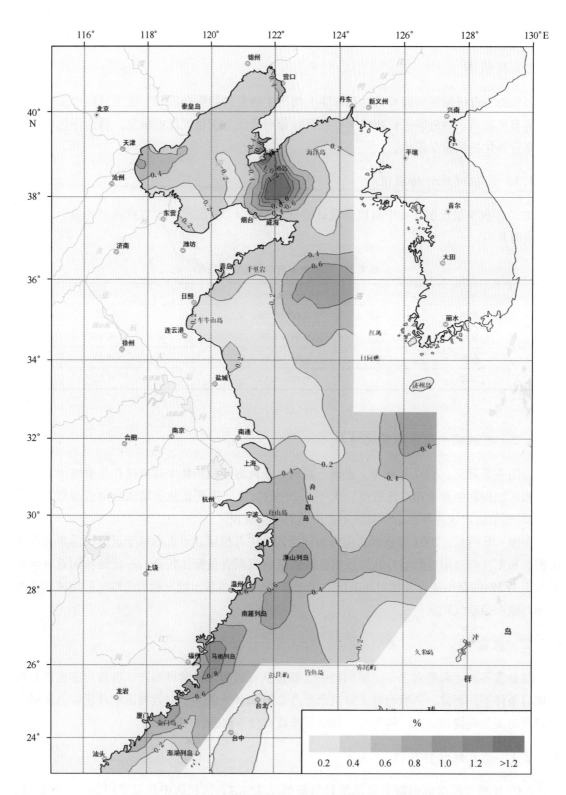

图 4.5　2007 年秋季渤海、黄海、东海沉积物中有机碳平面分布

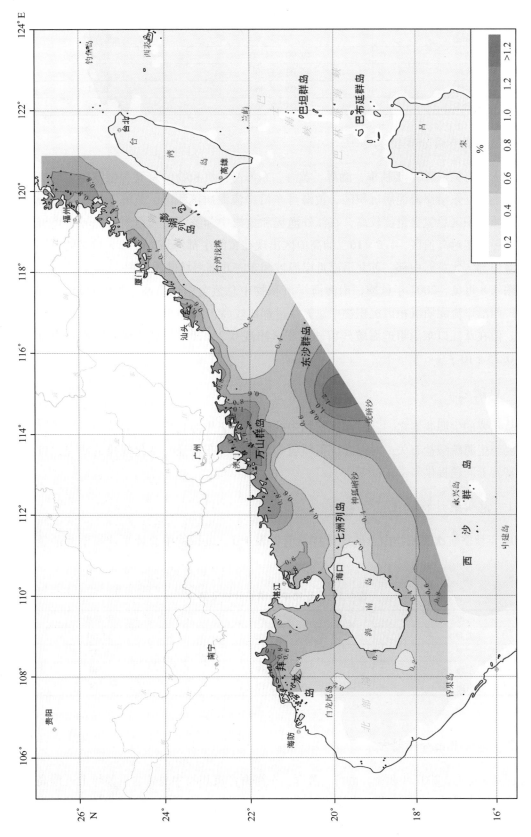

图4.6　2007年秋季南海沉积物中有机碳平面分布

表 4.4　沉积物中总氮统计特征值　　　　　　　　$\times 10^{-3}$

海域	范围	平均值
渤海	19.90 ~ 34.30	26.41
黄海	0.08 ~ 1.79	0.50
东海	0.05 ~ 1.36	0.44
南海	0.03 ~ 2.36	0.55

4.2.2.2　总氮平面分布特征

由图 4.7 可见，2007 年秋季，渤海、黄海、东海海洋沉积物中总氮含量整体上近岸高于外海，在渤海辽东沿岸流泥质沉积区，黄海丹东沿岸流泥质沉积区，黄海、长江口以及福建沿岸流泥质沉积区总氮含量比较高，在江外渔场和黄海中部黄海槽洼地附近海域小环流泥质沉积区有一个相对高值区，1.6×10^{-3} 的高值区出现在黄海中部海域，0.22×10^{-3} 的最小值出现在渤海中部、北黄海中部、苏北沿岸近岸海域和东海北部海域砂质沉积区。

由图 4.8 可见，2007 年秋季，南海海洋沉积物中总氮含量近岸高于外海，福建、广东、海南和广西沿岸流泥质沉积区沉积物中总氮含量都比较高，1.6×10^{-3} 的高值区出现在湛江近岸海域。但在珠江口东南附近海域残留砂沉积区出现 0.2×10^{-3} 的低值区，沉积物中总氮含量小于 0.25×10^{-3}。

4.2.3　总磷

磷是重要的生源要素之一。海洋沉积物中的磷来源于生源物质。一般认为，海洋沉积物中磷主要与生源碳酸盐有关。对近海沉积环境中总磷的分布特征与变化规律的研究，将为评估海域富营养问题提供科学依据。

4.2.3.1　总磷统计特征值

2007 年秋季航次沉积物中总磷统计特征值见表 4.5，沉积物中总磷平均值南海最低，渤海最高。

表 4.5　沉积物中总磷统计特征值　　　　　　　　$\times 10^{-3}$

海域	范围	平均值
渤海	9.30 ~ 24.60	15.74
黄海	0.08 ~ 0.50	0.32
东海	0.07 ~ 0.89	0.40
南海	0.00 ~ 0.47	0.18

4.2.3.2　总磷平面分布特征

由图 4.9 可见，2007 年秋季，渤海、黄海、东海海洋沉积物中总磷含量整体上近岸高于外海，黄海小环流泥质沉积区、苏北沿岸流泥质沉积区和长江口泥质沉积区沉积物中总磷含量都比较高，大于 0.6×10^{-3} 的高值区出现在苏北沿岸盐城近岸海域沿岸泥质沉积区，总碳含量 0.2×10^{-3} 的低值区出现在渤海中部、黄海北部、中部和台湾海峡近海海域砂质沉积区。

由图 4.10 可见，2007 年秋季，南海海洋沉积物中总磷含量整体上近岸高于外海，福建、广

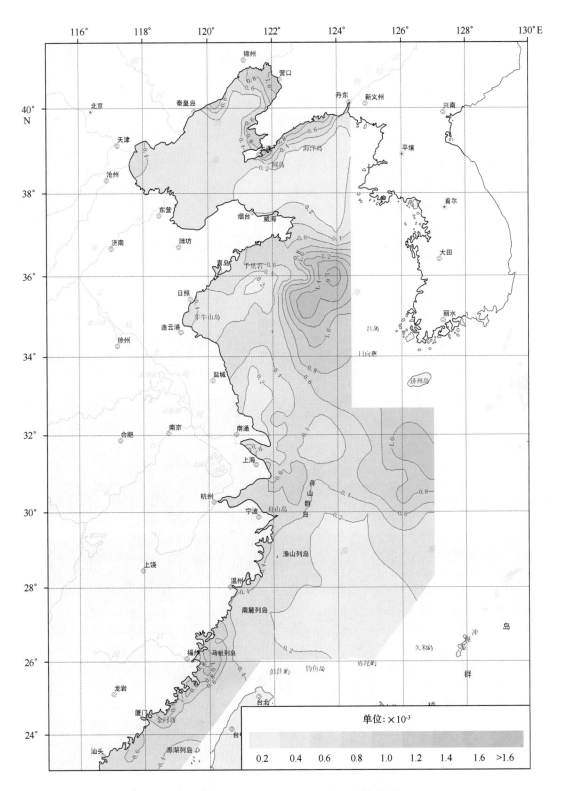

图 4.7　2007 年秋季渤海、黄海、东海沉积物中总氮平面分布

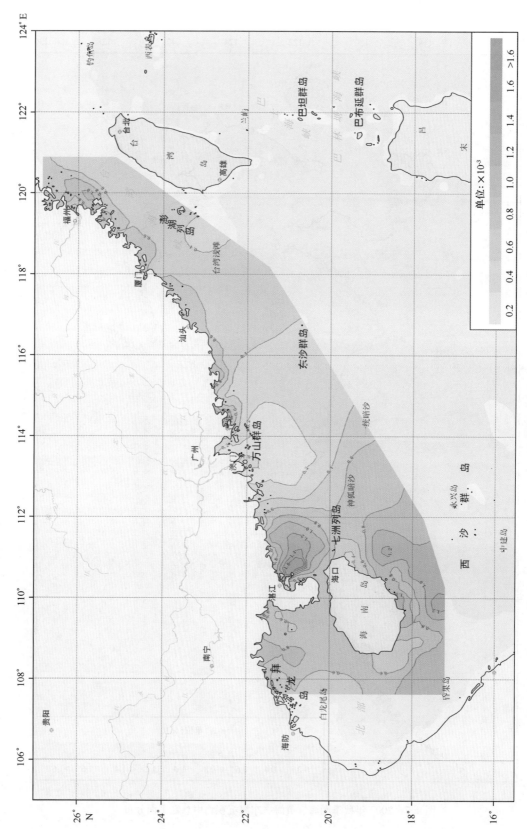

图4.8 2007年秋季南海沉积物中总氮平面分布

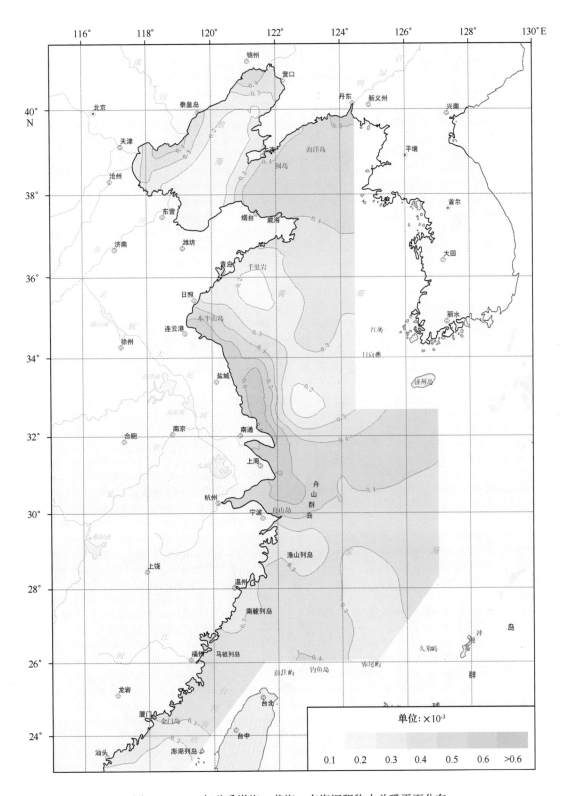

图 4.9　2007 年秋季渤海、黄海、东海沉积物中总磷平面分布

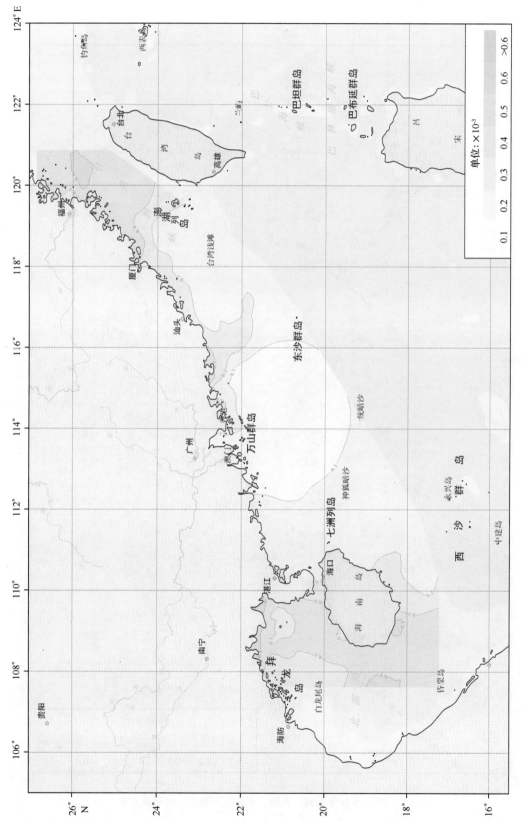

图4.10 2007年秋季南海沉积物中总磷平面分布

东、海南和广西沿岸流泥质沉积区沉积物中总磷含量都比较高，大于0.40×10^{-3}的高值区出现在北部湾北部近岸海域泥质沉积区。珠江口东南附近的万山群岛东南延伸至一统暗沙残留砂沉积区出现0.1×10^{-3}的低值区，台湾浅滩的潮控砂质沉积区总磷含量也较低，为0.2×10^{-3}。

4.3 沉积物中石油类和重金属分布变化特征

4.3.1 石油类

海洋中石油类主要来源于海上石油开采、船舶排污。油轮的溢油事件常对局部海域造成灾难性危害，海滩变脏，水面覆油膜和焦油球残留，使海鸟死亡或面临死亡威胁，对生态系统造成严重破坏。油轮压舱水排放和运输作业也是海洋石油污染的重要来源，对我国近海沉积物造成石油污染。对近海沉积环境中石油的分布特征与变化规律的研究，将为防治石油污染，石油污染损害评估提供科学依据。

4.3.1.1 石油类统计特征值

2007年秋季航次沉积物中石油类统计特征值见表4.6，沉积物中石油类平均值，东海最低，渤海最高。

表4.6 沉积物中石油类统计特征值　　　　　　　　$\times 10^{-6}$

海域	范围	平均值
渤海	1.5 ~ 1 120.0	110.6
黄海	1.2 ~ 1 088.8	69.3
东海	0.8 ~ 55.6	10.7
南海	1.5 ~ 406.0	34.6

4.3.1.2 石油类平面分布特征

由图4.11可见，2007年秋季，渤海、黄海、东海海洋沉积物中石油类含量整体上近岸高于近海，由于渤海石油开发活动，沉积物中石油类含量相对比较高，大于150×10^{-6}的高值区出现在渤海湾中部海域。苏北沿岸的泥质沉积区，浙江、福建沿岸流泥质沉积区沉积物中石油类含量也较高，长江口外的砂质沉积区和混合沉积区沉积物中石油类含量相对比较低，石油类含量25×10^{-6}的低值区出现在黄海南部、东海的海域陆架残留砂沉积区。

由图4.12可见，2007年秋季，南海海洋沉积物中石油类含量整体上近岸高于近海，福建、广东、海南和广西近岸海域的沿岸流泥质沉积区沉积物中石油类含量也较高，大于150×10^{-6}的高值区出现在珠江口泥质沉积区（可能受到珠江口开采的影响）；石油类含量25×10^{-6}的低值区出现在北部湾残留砂沉积区和台湾浅滩海域潮控砂沉积区。

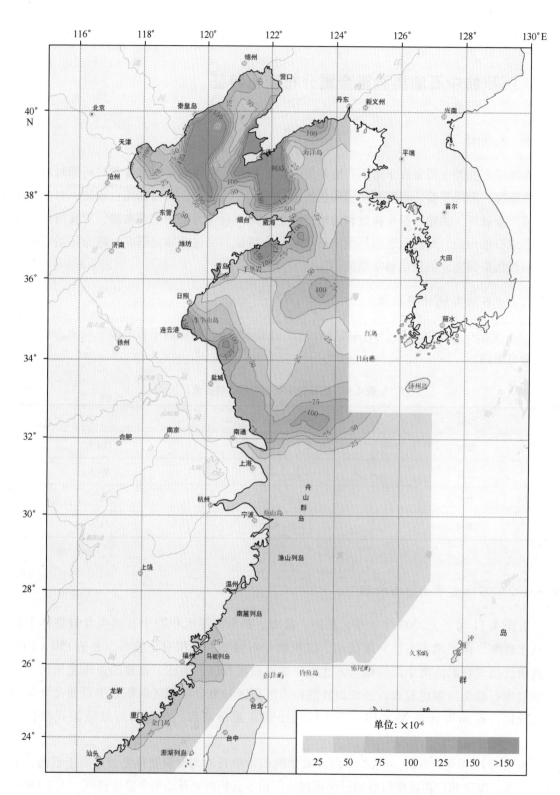

图 4.11　2007 年秋季渤海、黄海、东海沉积物中石油类平面分布

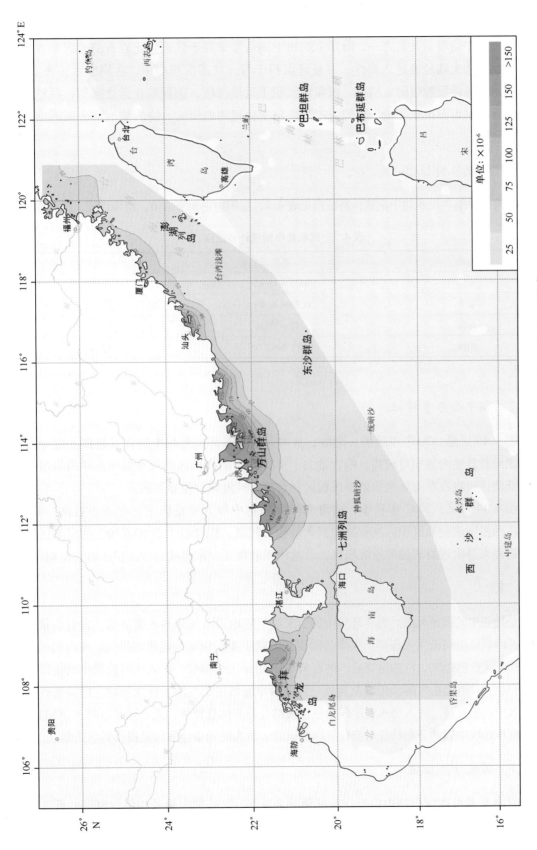

图4.12 2007年秋季南海沉积物中石油类平面分布

4.3.2 铜

铜是地壳中的痕量元素之一，海洋沉积物中铜通常来源于陆地风化岩石的碎屑和含铜废水，这些物质随大陆径流进入海洋，并最终沉积于海洋底部沉积物中。含铜废水排海之后，会迅速被水中悬浮颗粒吸附、结合，粗颗粒沉积于近岸海区，细颗粒在远处沉积，颗粒越细沉积处越远。对近海沉积环境中铜的分布特征与变化规律的研究，将为防治重金属污染提供科学依据。

4.3.2.1 铜统计特征值

2007 年秋季航次沉积物中铜统计特征值见表 4.7，沉积物中铜平均值，南海最低，渤海最高。

表 4.7　沉积物中铜统计特征值　　　　　　　　　　　　　　×10^{-6}

海域	范围	平均值
渤海	9.18 ~ 38.80	24.88
黄海	0.70 ~ 38.83	13.08
东海	1.52 ~ 37.80	17.12
南海	0.39 ~ 152.00	12.40

4.3.2.2 铜平面分布特征

由图 4.13 可见，2007 年秋季，渤海、黄海、东海海洋沉积物中铜含量整体上近岸高于近海，渤海较其他海域相对较高，铜含量大于 40×10^{-6} 的高值区出现在温州近岸海域泥质沉积区，低值区出现在东海陆架残留砂沉积区和台湾海峡海域潮控砂沉积区。

由图 4.14 可见，2007 年秋季，南海海洋沉积物中铜含量整体上近岸高于近海，福建、广东和广西沿岸流泥质沉积区沉积物中铜含量相对较高，铜含量大于 60×10^{-6} 的高值区出现在万山群岛东部附近海域的泥质沉积区，台湾浅滩和珠江口东南残留砂沉积区铜含量均较低。

4.3.3 铅

铅是地壳中的微量元素，海洋环境中的铅来源于陆地岩石风化和人类活动。含有痕量铅的风化岩石碎屑经由河流注入海洋。人类活动引入的铅主要是汽车内燃机的排气。在内燃机中铅以烷基铅形式作抗爆剂，汽油燃烧后，约有 75% 的铅排入气溶胶。注入气溶胶层中的铅以气溶胶形式存在，并可经由气溶胶传输至远处。许多沿岸海域受铅气溶胶注入影响，已显著改变了表层海水中的铅含量。注入海水表层的铅很快被结合进固体悬浮物，进而迅速沉降入沉积物中。对近海沉积环境中铜的分布特征与变化规律的研究，将为防治重金属污染提供科学依据。

4.3.3.1 铅统计特征值

2007 年秋季航次沉积物中铅统计特征值见表 4.8，沉积物中铅平均值，南海最低，东海最高。

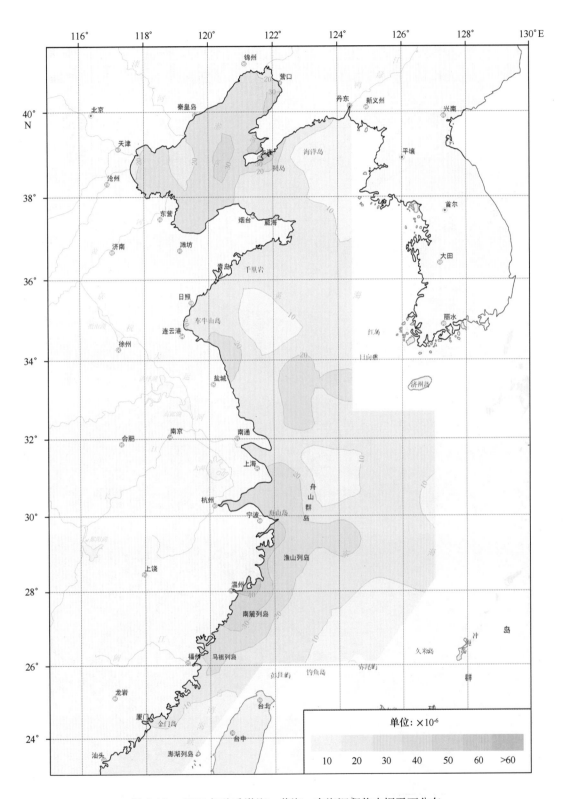

图4.13　2007年秋季渤海、黄海、东海沉积物中铜平面分布

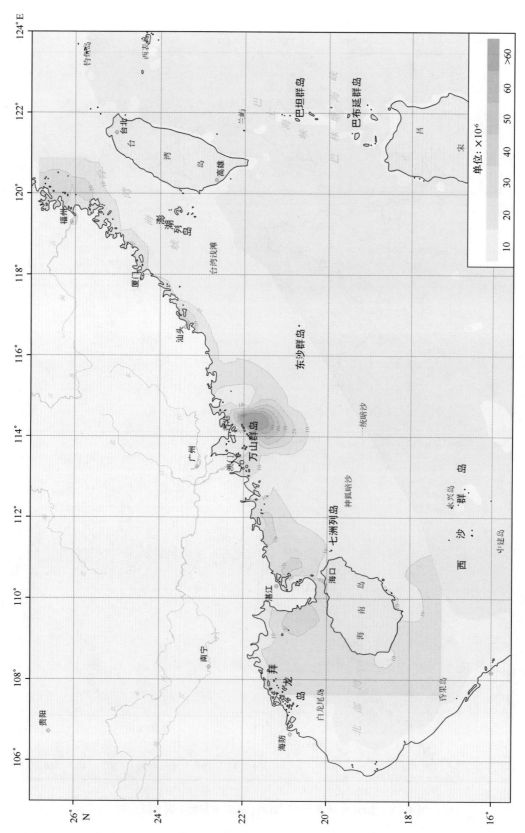

图4.14 2007年秋季南海海沉积物中镉平面分布

表4.8　沉积物中铅统计特征值　　　　　　　　$\times 10^{-6}$

海域	范围	平均值
渤海	8.69 ~ 39.50	22.77
黄海	11.60 ~ 44.20	25.57
东海	1.00 ~ 1 265.69	29.32
南海	1.00 ~ 141.00	22.19

4.3.3.2　铅平面分布特征

由图4.15可见，2007年秋季，渤海、黄海、东海海洋沉积物中铅含量在渤海湾中部泥质沉积区，黄海中部小环流泥质沉积区，东海宁波、温州近岸海域泥质沉积区沉积物中铅含量相对较高，高值区出现在温州近岸海域泥质沉积区，渤海、黄海和东海砂质沉积区和混合沉积区沉积物中铅含量相对较低，铅含量 10×10^{-6} 的低值区出现在东海东南部海域砂质沉积区和台湾海峡澎湖列岛南部海域潮控砂质沉积区。

由图4.16可见，2007年秋季，南海海洋沉积物中铅近岸高于近海，福建、广东、广西沿岸流泥质沉积区沉积物中铅含量比较高，在珠江口万山群岛附近海域出现大于 60×10^{-6} 高值区，铅含量整体分布较均匀，台湾浅滩潮控砂质沉积区和一统暗沙残留砂质沉积区附近海域铅含量较低，为 10×10^{-6} 的低值区。

4.3.4　锌

锌是地壳中的微量元素，锌通过气溶胶、河流和废水排放等途径进入海洋。在近岸海水中，相当大一部分锌以颗粒态存在。结合于颗粒中的锌将随颗粒沉降而沉积于底部沉积物中。对近海沉积环境中锌的分布特征与变化规律的研究，将为防治重金属污染评估提供科学依据。

4.3.4.1　锌统计特征值

2007年秋季航次沉积物中锌统计特征值见表4.9，沉积物中锌平均值，渤海最低，东海最高。

表4.9　沉积物中锌统计特征值　　　　　　　　$\times 10^{-6}$

海域	范围	平均值
渤海	13.90 ~ 55.60	27.41
黄海	15.81 ~ 126.17	47.61
东海	0.39 ~ 284.73	75.94
南海	0.44 ~ 206.00	55.77

4.3.4.2　锌平面分布特征

由图4.17可见，2007年秋季，渤海、黄海、东海海洋沉积物中锌含量在渤海湾近岸，北黄海近岸，东海上海、杭州、宁波、温州，福建闽江口、厦门湾近岸海域沿岸流泥质沉积

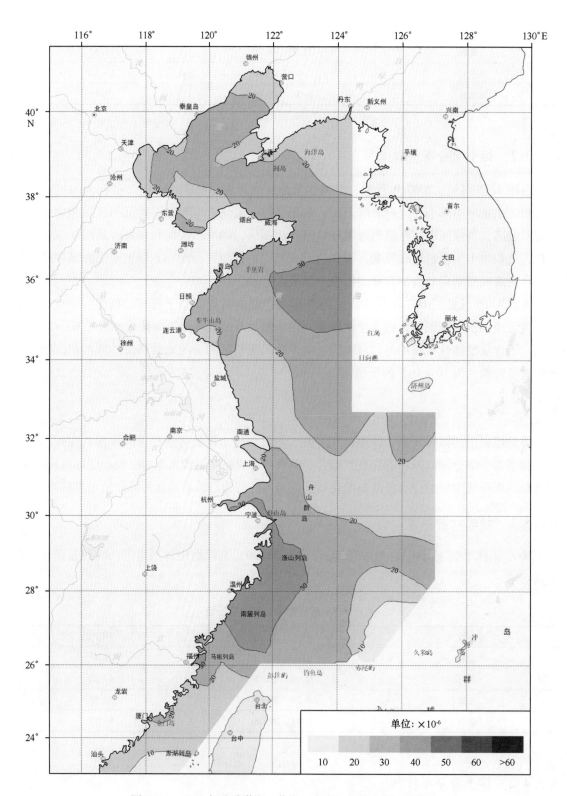

图 4.15　2007 年秋季渤海、黄海、东海沉积物中铅平面分布

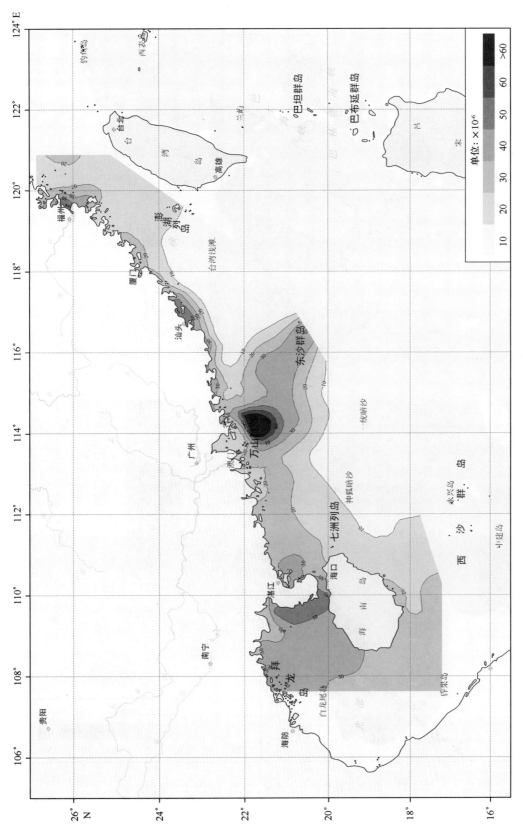

图4.16　2007年秋季南海沉积物中铅平面分布

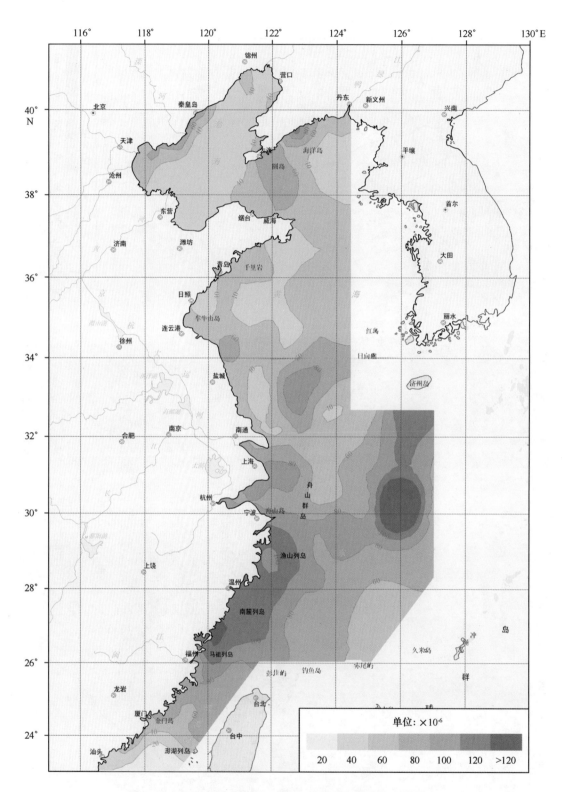

图 4.17 2007 年秋季渤海、黄海、东海沉积物中锌平面分布

区沉积物中锌含量相对较高，120×10^{-6} 的高值区出现在东海北部海域陆架泥质沉积区，低值区出现在台湾海峡澎湖列岛南部海域潮控砂沉积区。

由图 4.18 可见，2007 年秋季，南海海洋沉积物中锌含量整体分布较均匀，闽江口以北沿岸、广东沿岸流和海南岛以南近岸海域泥质沉积区沉积物中锌含量较高，100×10^{-6} 的高值区出现在福州近岸海域和北部湾中部海域。在台湾浅滩以及东沙群岛附近海域潮控砂质沉积区沉积物中锌含量较低，出现 20×10^{-6} 的低值区。

4.3.5　镉

镉是地壳中的痕量金属之一，其含量分布很分散，海洋中镉主要来自河流、气溶胶输入。由径流进入海洋的镉绝大部分（约 87%）以溶解形态存在，这部分镉大部分可到达开阔大洋。溶解态镉常被悬浮颗粒物吸附，与颗粒物中原存的镉构成颗粒形态镉。颗粒镉中约有90% 沉积于陆架，约有 10% 被带到开阔大洋沉积于深海底部。气溶胶输入是开阔大洋海水中镉的一个重要来源。对近海沉积环境中镉的分布特征与变化规律的研究，将为防治重金属污染提供科学依据。

4.3.5.1　镉统计特征值

2007 年秋季航次沉积物中镉统计特征值见表 4.10，沉积物中镉平均值，东海最低，南海最高。

表 4.10　沉积物中镉统计特征值　　　　　　　　　　　　　　$\times 10^{-6}$

海域	范围	平均值
渤海	0.08 ~ 0.29	0.16
黄海	0.023 ~ 1.198	0.382
东海	0.00 ~ 0.72	0.10
南海	0.01 ~ 2.35	0.41

4.3.5.2　镉平面分布特征

由图 4.19 可见，2007 年秋季，渤海、黄海、东海海洋沉积物中镉含量渤海、黄海较高，东海较低，0.8×10^{-6} 的高值区出现在黄海中部海域，0.2×10^{-6} 的低值区出现在长江口外混合区、东海南部陆架残留砂沉积区和台湾海峡潮控砂质沉积区。

由图 4.20 可见，2007 年秋季，南海海洋沉积物中镉含量台湾海峡和北部湾较低，小于 0.2×10^{-6} 的低值区出现在台湾浅滩潮控砂质沉积区、北部湾海域和一统暗沙东北侧海域，大于 1.2×10^{-6} 的高值区出现在万山群岛和东沙群岛与海南岛周边海域。

4.3.6　铬

陆地岩石经风化、雨水冲刷溶解，由河流携带或风送进海洋，构成海洋中铬的重要来源；工业废水和生活污水向海洋排放也可能构成局部海区铬的重要来源。海水中铬可分为溶解态和颗粒态。颗粒态铬可以是与某些金属氢氧化物共沉淀或共结晶，也可以是吸附在胶体物上，

215

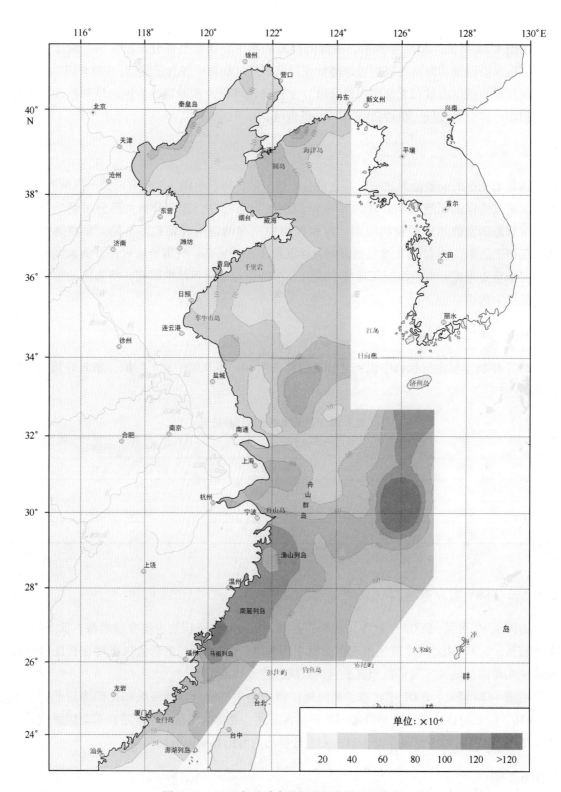

图 4.18　2007 年秋季南海沉积物中锌平面分布

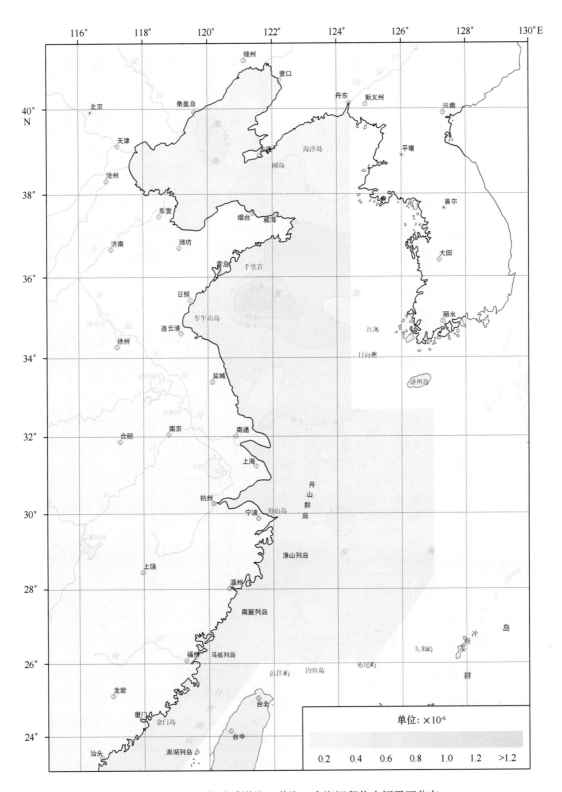

图 4.19　2007 年秋季渤海、黄海、东海沉积物中镉平面分布

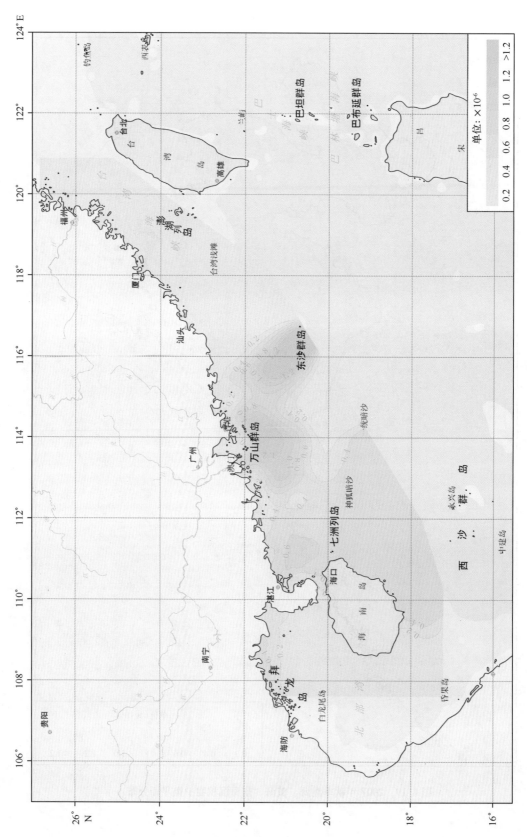

图4.20 2007年秋季南海沉积物中镉平面分布

还可以是存在于有机、无机颗粒以及黏土矿物晶格中。这些颗粒中的铬最终沉降到海底。对近海沉积环境中铬的分布特征与变化规律的研究，将为防治重金属污染评估提供科学依据。

4.3.6.1　铬统计特征值

2007年秋季航次沉积物中铬统计特征值见表4.11，沉积物中铬平均值，东海最低，黄海最高。

表4.11　沉积物中铬统计特征值 $\times 10^{-6}$

海域	范围	平均值
渤海	11.90~59.70	32.99
黄海	16.91~77.33	35.76
东海	1.32~119.00	26.97
南海	3.90~93.50	30.90

4.3.6.2　铬平面分布特征

由图4.21可见，2007年秋季，渤海、黄海、东海海洋沉积物中铬含量近岸高于近海，渤海秦皇岛至天津近岸泥质沉积区，黄海小环流泥质沉积区，苏北近岸海域泥质沉积区，宁波、温州近岸海域泥质沉积区沉积物中铬含量较高，大于60×10^{-6}的高值区出现在温州近岸至南麂列岛附近海域以及渔山列岛北部海域。东海长江口外残留砂沉积区、苏北外砂质沉积区和台湾海峡潮控砂质沉积区相对较低，10×10^{-6}的低值区出现在台湾海峡潮控砂质沉积区。

由图4.22可见，2007年秋季，南海海洋沉积物中铬含量在汕头至珠江口近岸海域泥质沉积区和海南岛周边海域泥质沉积区沉积物中铬含量都比较高，大于60×10^{-6}的高值区出现在湛江近岸海域泥质沉积区，10×10^{-6}的低值区出现在台湾海峡澎湖列岛及台湾浅滩潮控砂质沉积区和万山群岛至一统暗沙海域陆架残留砂沉积区。

4.3.7　汞

海洋沉积物中汞主要来源于经由河流输入的陆源矿物的携带、沉积以及含汞工业废水的排入，但这种污染通常仅影响近海区域。由于汞可通过气溶胶传输而散播到远处，因而远离大陆的外海或洋区，沉积物中汞可能受气溶胶传输影响，但这种影响十分微弱，一般为其他环境条件变动性所掩盖而不能被察觉。对近海沉积环境中汞的分布特征与变化规律的研究，将为防治重金属污染提供科学依据。

4.3.7.1　汞统计特征值

2007年秋季航次沉积物中汞统计特征值见表4.12，沉积物中汞平均值，黄海最低，渤海、南海最高。

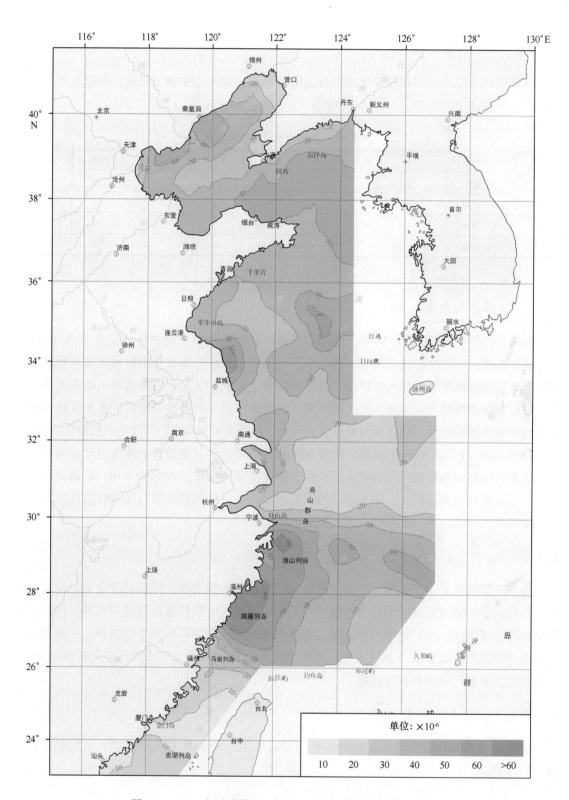

图 4.21 2007 年秋季渤海、黄海、东海沉积物中铬平面分布

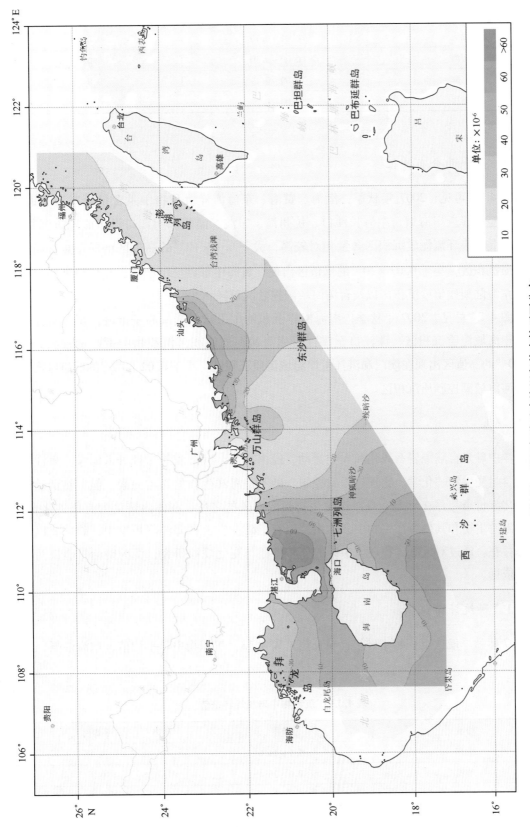

图4.22　2007年秋季南海沉积物中铬平面分布

表 4. 12　沉积物中汞统计特征值　　　　　　$\times 10^{-6}$

海域	范围	平均值
渤海	0.01 ~ 0.10	0.05
黄海	0.00 ~ 0.10	0.03
东海	0.00 ~ 0.19	0.04
南海	0.00 ~ 0.23	0.05

4.3.7.2　汞平面分布特征

由图 4.23 可见,2007 年秋季,渤海、黄海、东海海洋沉积物中汞含量近岸高于近海,渤海锦州至天津近岸海域,东海长江口、杭州湾、宁波、温州和闽江口沿岸流泥质沉积区,以及黄海北部小环流泥质沉积区含量相对较高,大于 0.1×10^{-6} 的高值区出现在秦皇岛近岸海域泥质沉积区,小于 0.02×10^{-6} 的低值区出现在黄海中部砂质沉积区、长江口外的混合沉积区、东海陆架残留砂沉积区以及台湾海峡潮控砂沉积区。

由图 4.24 可见,2007 年秋季,南海海洋沉积物中汞含量近岸高于近海,福建闽江口至厦门近岸海域泥质沉积区、珠江口至湛江近岸海域泥质沉积区沉积物中汞含量较高,大于 0.1×10^{-6} 的高值区出现在澳门和湛江近岸海域泥质沉积区。小于 0.02×10^{-6} 的低值区出现在台湾浅滩海域潮控砂质沉积区。

4.3.8　砷

海洋中砷来自陆源岩石风化和人类活动,经由河流、气溶胶等途径进入海洋。海洋环境中砷的含量受生物、化学、物理过程的控制。砷不是海洋生物的必需元素,但生物活动影响着砷的化学价态与存在形态。海洋浮游生物摄取砷酸盐之后,在体内转化为有机砷化合物。藻类、浮游生物和其他海洋生物中,砷主要以有机砷存在,在海洋沉积物中,砷主要以无机砷形态存在。通过对近海沉积环境中砷的分布特征与变化规律研究,将为防治重金属污染提供科学依据。

4.3.8.1　砷统计特征值

2007 年秋季航次沉积物中砷统计特征值见表 4.13,沉积物中砷平均值,东海最低,黄海最高。

表 4. 13　沉积物中砷统计特征值　　　　　　$\times 10^{-6}$

海域	范围	平均值
渤海	5.1 ~ 14.6	9.3
黄海	1.0 ~ 26.4	9.7
东海	1.8 ~ 51.2	7.1
南海	0.9 ~ 40.7	9.1

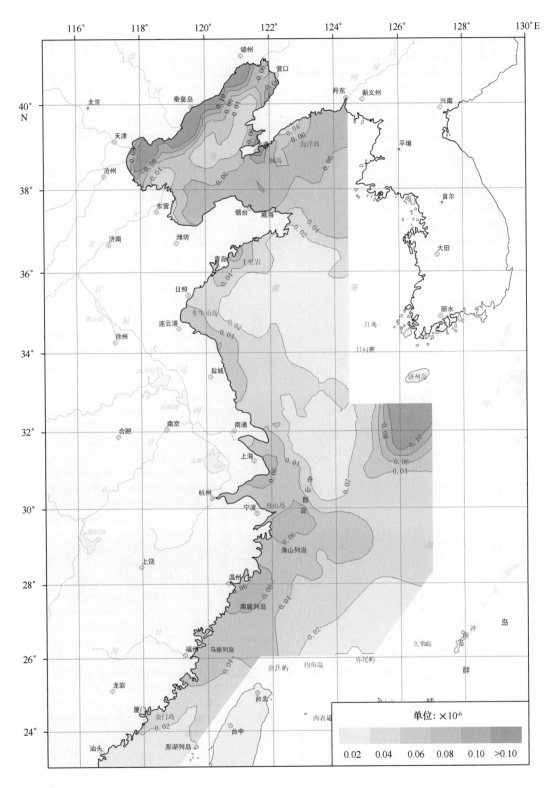

图 4.23　2007 年秋季渤海、黄海、东海沉积物中汞平面分布

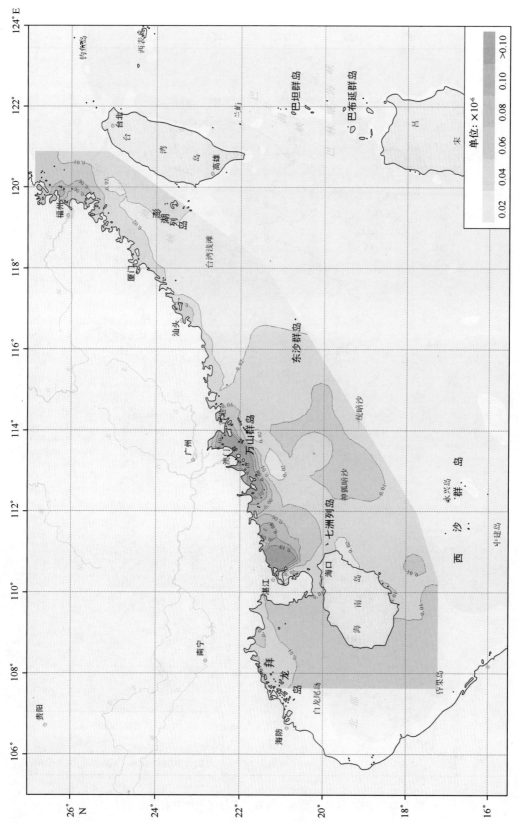

图4.24 2007年秋季南海沉积物中汞平面分布

4.3.8.2　砷平面分布特征

由图 4.25 可见，2007 年秋季，渤海、黄海、东海海洋沉积物中砷含量近岸高于近海，渤海天津近岸泥质沉积区、黄海北部小环流泥质沉积区和苏北近岸泥质沉积区、东海宁波至闽江口近岸泥质沉积区中砷含量较高，大于 30×10^{-6} 的高值区出现在天津近岸海域泥质沉积区，小于 5×10^{-6} 的低值区出现在渤海北部近岸、黄海北部近岸、黄海中部南部、东海陆架残留砂质沉积区、砂质沉积区和混合沉积区。

由图 4.26 可见，2007 年秋季，南海海洋沉积物中砷含量近岸高于近海，台湾海峡和海南岛周围近岸海域沉积物中砷含量较高，大于 30×10^{-6} 的高值区出现在珠江口近岸海域和闽江口近岸海域泥质沉积区。小于 5×10^{-6} 的低值区出现在一统暗沙西北侧海域陆架残留砂质沉积区、北部湾中部残留砂沉积区和北部湾西部混合沉积区。

4.4　近海沉积化学时空变化特征

渤海、黄海、东海及南海沉积化学，东海和南海北部浅海陆架水系主要表现为外海水系和沿岸流两大水系的对峙。它们对陆源物质扩散途径、扩散范围以及沉积化学要素的分布特征起到决定性的作用。

渤海、黄海、东海及南海沉积物中硫化物和氧化还原电位：硫化物在河口外泥质沉积区、沿岸流泥质沉积区、小环流泥质沉积区、现代混合沉积区和外陆架泥质沉积区相对较高，在浪控砂沉积区、潮控砂沉积区、残留砂沉积区相对较低；氧化还原电位则相反。

渤海、黄海、东海及南海沉积物中有机碳、总氮和总磷含量，其在河口外泥质沉积区、沿岸流泥质沉积区、小环流泥质沉积区、现代混合沉积区和外陆架泥质沉积区相对较高，在浪控砂沉积区、潮控砂沉积区、残留砂沉积区相对较低。

渤海、黄海、东海及南海沉积物中重金属（铜、铅、锌、镉、铬、汞和砷）和石油类表现出：重金属在河口外泥质沉积区、沿岸流泥质沉积区、小环流泥质沉积区、现代混合沉积区和外陆架泥质沉积区相对较高，在浪控砂沉积区、潮控砂沉积区、残留砂沉积区相对较低；近海石油开发区沉积物中石油类含量较高，石油类高值区出现在珠江口泥质沉积区和北部湾泥质沉积区，渤海石油开发区沉积物中石油类含量也相对比较高。

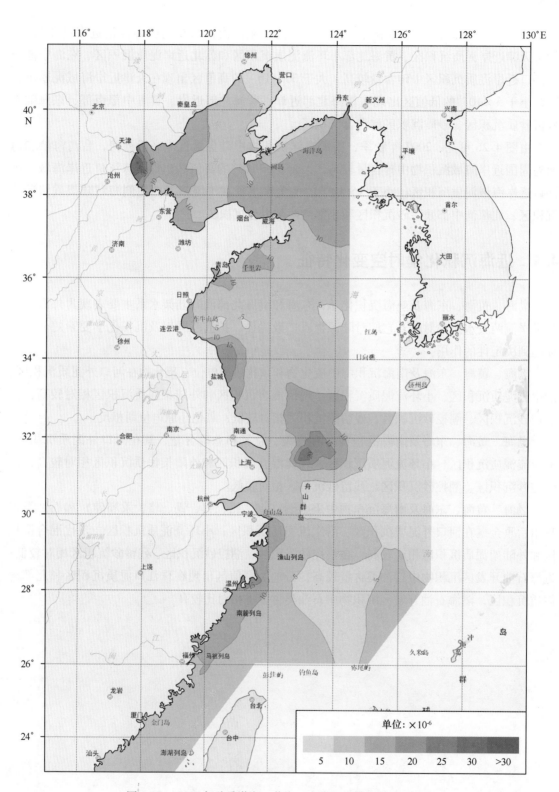

图 4.25   2007 年秋季渤海、黄海、东海沉积物中砷平面分布

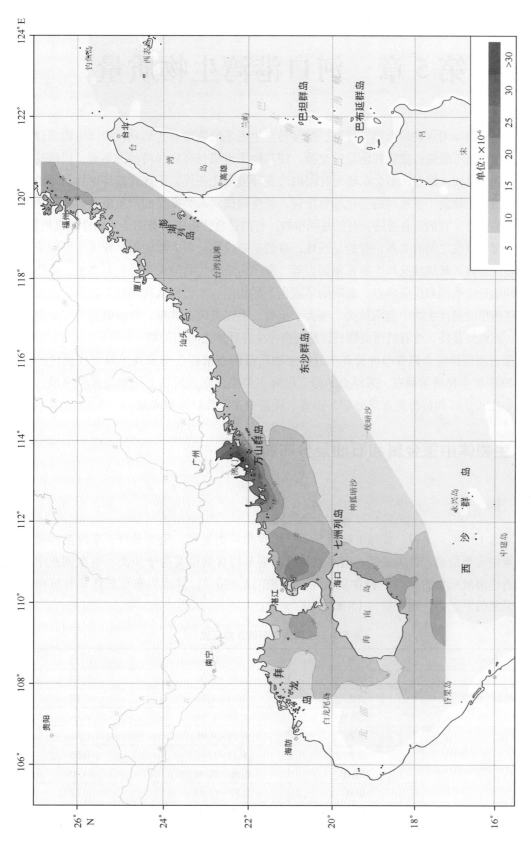

图4.26　2007年秋季南海沉积物中砷平面分布

第 5 章 河口港湾生物质量

海洋环境污染对生物的个体、种群、群落乃至生态系统造成有害影响，海洋生物通过新陈代谢同周围环境不断进行物质和能量的交换，使其物质组成与环境保持动态平衡，以维持正常的生命活动。然而，海洋污染会在较短时间内改变环境理化条件，干扰或破坏生物与环境的平衡关系，引起生物发生一系列的变化和负反应，甚至构成对人类安全的严重威胁。海洋污染对海洋生物的效应，有的是直接的，有的是间接的；有的是急性损害，有的是亚急性或慢性损害。污染物浓度与效应之间的关系，有的是线性，有的呈非线性。对生物的损害程度主要取决于污染物的理化特性、环境状况和生物富集能力等。海洋污染与生物的关系是很复杂的，生物对污染有不同的适应范围和反应特点，表现的形式也不尽相同。本研究从我国近岸各海区海水养殖具有经济价值的海洋生物中选取贝类、藻类、鱼类、甲壳类调查数据，分析研究海洋生物体中重金属、石油烃及持久性有机污染物残留量与海洋生存环境之间的关系。

我国近海海洋综合调查与评价专项近海生物质量调查采样点选取我国具有代表性的河口港湾。2007 年生物质量调查，采样点黄海、渤海主要集中在黄河口至莱州湾近岸海域，东海主要集中在长江口和杭州湾近岸海域，南海主要集中在珠江口近岸海域。

5.1 生物体中重金属和石油烃分布特征

5.1.1 铜

由表 5.1 可见，渤海、黄海生物质量铜平均含量贝类最高，鱼类最低；东海生物质量铜平均含量甲壳类最高，贝类最低；南海生物质量铜平均含量贝类高于鱼类。本次调查中南海珠江口近岸海域采集的贝类中铜含量最高，为 88.13×10^{-6}；其次为东海长江口和杭州湾近岸海域采集的甲壳类，铜含量为 13.85×10^{-6}。

表 5.1 生物体中铜统计特征值 　　　　　　　　　　　　　　　　　　　$\times 10^{-6}$

海域	参数	范围	平均值
渤海、黄海	鱼类	0.81 ~ 2.09	1.40
	贝类	0.63 ~ 3.56	1.69
	甲壳类	1.40 ~ 1.92	1.66
东海	鱼类	0.04 ~ 9.04	1.61
	贝类	1.12 ~ 1.95	1.55
	甲壳类	0.36 ~ 24.26	13.85
	藻类	2.77 ~ 11.33	7.13
南海	鱼类	0.40 ~ 28.40	4.52
	贝类	0.60 ~ 336.00	88.13

5.1.2 铅

由表5.2可见，2007年黄海、渤海生物质量铅平均含量甲壳类最高，鱼类最低；东海生物质量铅平均含量藻类最高，贝类最低；南海生物质量铅平均含量鱼类高于贝类。本次调查中南海的珠江口近岸海域采集的鱼类中铅含量最高，为2.69×10^{-6}；其次为东海长江口和杭州湾近岸海域采集的鱼类，铅含量为1.18×10^{-6}。

表5.2　生物体中铅统计特征值　　　$\times 10^{-6}$

海域	参数	范围	平均值
黄海、渤海	鱼类	0.13 ~ 0.38	0.21
	贝类	0.07 ~ 0.58	0.31
	甲壳类	0.23 ~ 0.53	0.38
东海	鱼类	0.02 ~ 5.17	1.18
	贝类	0.07 ~ 0.88	0.50
	甲壳类	0.03 ~ 1.31	0.81
	藻类	0.57 ~ 2.89	1.50
南海	鱼类	0.05 ~ 18.10	2.69
	贝类	0.05 ~ 3.10	0.91

5.1.3 锌

由表5.3可见，2007年黄海、渤海生物质量锌平均含量甲壳类最高，鱼类最低；东海生物质量锌平均含量藻类最高，鱼类最低；南海生物质量锌平均含量贝类高于鱼类。本次调查中南海的珠江口近岸海域采集的贝类中锌含量最高，为139.33×10^{-6}；其次为东海长江口和杭州湾近岸海域采集的藻类，锌含量为48.48×10^{-6}。

表5.3　生物体中锌统计特征值　　　$\times 10^{-6}$

海域	参数	范围	平均值
黄海、渤海	鱼类	1.42 ~ 3.04	1.97
	贝类	0.89 ~ 5.86	2.85
	甲壳类	3.70 ~ 3.76	3.73
东海	鱼类	3.37 ~ 128.00	31.64
	贝类	27.70 ~ 37.70	33.20
	甲壳类	11.30 ~ 60.00	42.30
	藻类	11.70 ~ 91.90	48.48
南海	鱼类	8.80 ~ 68.50	23.62
	贝类	8.00 ~ 399.00	139.33

5.1.4 镉

由表5.4可见，2007年黄海、渤海生物质量镉平均含量甲壳类最高，鱼类最低；东海生物质量镉平均含量藻类最高,鱼类最低;南海生物质量镉平均含量贝类高于鱼类。本次调查中东海的长江口和杭州湾近岸海域采集的藻类中镉含量最高,为 2.05×10^{-6},甲壳类中镉含量为 1.02×10^{-6}。

表 5.4　生物体中镉统计特征值　　　　　　　　　　　　　　　　　　　　　　　$\times 10^{-6}$

海域	参数	范围	平均值
黄海、渤海	鱼类	0.08 ~ 0.17	0.12
	贝类	0.04 ~ 0.36	0.16
	甲壳类	0.12 ~ 0.27	0.19
东海	鱼类	0.00 ~ 0.39	0.07
	贝类	0.08 ~ 0.13	0.11
	甲壳类	0.03 ~ 3.24	1.02
	藻类	0.08 ~ 3.12	2.05
南海	鱼类	0.01 ~ 0.09	0.04
	贝类	0.10 ~ 2.60	0.70

5.1.5　铬

由表 5.5 可见,2007 年黄海、渤海生物质量铬平均含量甲壳类最高,鱼类最低;东海生物质量铬平均含量藻类最高,鱼类最低;南海生物质量铬平均含量贝类高于鱼类。本次调查中东海的长江口和杭州湾近岸海域采集的藻类中铬含量最高,为 0.54×10^{-6},甲壳类中铬含量为 0.51×10^{-6}。

表 5.5　生物体中铬统计特征值　　　　　　　　　　　　　　　　　　　　　　　$\times 10^{-6}$

海域	参数	范围	平均值
黄海、渤海	鱼类	0.10 ~ 0.29	0.17
	贝类	0.05 ~ 0.46	0.21
	甲壳类	0.15 ~ 0.34	0.24
东海	鱼类	0.17 ~ 0.77	0.41
	贝类	0.40 ~ 0.56	0.49
	甲壳类	0.16 ~ 0.74	0.51
	藻类	0.35 ~ 0.79	0.54
南海	鱼类	0.10 ~ 0.35	0.16
	贝类	0.10 ~ 0.47	0.26

5.1.6　总汞

由表 5.6 可见,2007 年黄海、渤海生物质量总汞平均含量甲壳类最高,贝类最低;东海生物质量总汞平均含量鱼类最高,藻类最低;南海生物质量总汞平均含量鱼类高于贝类。本次调查中东海的长江口和杭州湾近岸海域采集的鱼类中总汞含量最高,为 4.19×10^{-6},贝类

中总汞含量为 1.80×10^{-6}。

表5.6　生物体中总汞统计特征值　　　　　　　　　　　　　　　$\times 10^{-6}$

海域	参数	范围	平均值
黄海、渤海	鱼类	0.02 ~ 0.78	0.37
	贝类	0.01 ~ 0.72	0.26
	甲壳类	0.24 ~ 0.52	0.38
东海	鱼类	0.02 ~ 11.60	4.19
	贝类	0.02 ~ 5.34	1.80
	甲壳类	0.00 ~ 3.38	0.87
	藻类	0.00 ~ 0.02	0.01
南海	鱼类	0.01 ~ 0.09	0.04
	贝类	0.02 ~ 0.06	0.03

5.1.7　砷

由表5.7可见，2007年黄海、渤海生物质量砷平均含量甲壳类最高，贝类最低；东海生物质量砷平均含量藻类最高，贝类最低；南海生物质量砷平均含量贝类高于鱼类。本次调查中东海的长江口和杭州湾近岸海域采集的藻类中砷含量最高，为 21.34×10^{-6}，甲壳类中砷含量为 15.14×10^{-6}。

表5.7　生物体中砷统计特征值　　　　　　　　　　　　　　　$\times 10^{-6}$

海域	参数	范围	平均值
黄海、渤海	鱼类	0.68 ~ 4.25	1.36
	贝类	0.48 ~ 2.75	1.35
	甲壳类	1.66 ~ 4.85	3.25
东海	鱼类	0.19 ~ 32.26	6.05
	贝类	0.28 ~ 1.91	1.32
	甲壳类	0.25 ~ 30.02	15.14
	藻类	8.50 ~ 26.08	21.34
南海	鱼类	0.10 ~ 0.90	0.42
	贝类	0.20 ~ 1.70	0.81

5.1.8　石油烃

由表5.8可见，2007年黄海、渤海生物质量石油烃平均含量贝类最高，鱼类最低；东海生物质量石油烃平均含量甲壳类最高，藻类最低；南海生物质量石油烃平均含量贝类高于鱼类。本次调查中南海的珠江口近岸海域采集的贝类中石油烃含量最高，为 52.22×10^{-6}；其次为在黄河口至莱州湾近岸海域采集的贝类，石油烃含量为 34.26×10^{-6}。

表5.8 生物体中石油烃统计特征值 ×10⁻⁶

海域	参数	范围	平均值
黄海、渤海	鱼类	1.13~18.00	10.08
	贝类	9.88~62.00	34.26
	甲壳类	8.54~19.60	14.07
东海	鱼类	2.89~18.50	7.29
	贝类	3.56~14.00	8.31
	甲壳类	2.43~13.28	8.95
	藻类	1.71~14.12	5.28
南海	鱼类	0.10~76.10	12.67
	贝类	1.24~412.00	52.22

5.2 生物体中有机污染物分布特征

5.2.1 六六六

由表5.9可见，2007年黄海、渤海生物质量六六六平均含量甲壳类最高，贝类最低；东海生物质量六六六平均含量鱼类最高，甲壳类最低；南海生物质量六六六平均含量贝类高于鱼类。本次调查中东海长江口和杭州湾近岸海域采集的鱼类中六六六含量最高，为16.76×10^{-9}，贝类中六六六含量为15.73×10^{-9}。

表5.9 生物体中六六六统计特征值 ×10⁻⁹

海域	参数	范围	平均值
黄海、渤海	鱼类	0.36~3.76	1.10
	贝类	0.19~2.74	1.09
	甲壳类	2.09~5.81	3.95
东海	鱼类	0.01~49.80	16.76
	贝类	4.70~29.80	15.73
	甲壳类	0.01~19.30	7.88
	藻类	6.20~20.70	14.13
南海	鱼类	0.06~3.43	1.33
	贝类	0.06~15.40	6.08

5.2.2 滴滴涕

由表5.10可见，2007年黄海、渤海生物质量滴滴涕平均含量鱼类最高，贝类最低；东海生物质量滴滴涕平均含量鱼类最高，甲壳类最低；南海生物质量滴滴涕平均含量贝类高于鱼类。本次调查中东海长江口和杭州湾近岸海域采集的鱼类中滴滴涕含量最高，为112.84×10^{-9}，藻类中滴滴涕含量为61.25×10^{-9}。

表 5.10　生物体中滴滴涕统计特征值　　　　　　　×10⁻⁹

海域	参数	范围	平均值
黄海、渤海	鱼类	0.33 ~ 18.50	3.94
	贝类	0.36 ~ 7.34	2.56
	甲壳类	2.32 ~ 5.25	3.79
东海	鱼类	0.04 ~ 267.60	112.84
	贝类	8.00 ~ 84.80	33.80
	甲壳类	8.60 ~ 25.40	16.10
	藻类	4.10 ~ 226.30	61.25
南海	鱼类	2.03 ~ 25.10	12.79
	贝类	1.48 ~ 29.50	15.27

5.2.3　多氯联苯

由表 5.11 可见，2007 年黄海、渤海生物质量多氯联苯平均含量甲壳类最高，贝类最低；东海生物质量多氯联苯平均含量藻类最高，鱼类最低；南海生物质量多氯联苯平均含量贝类高于鱼类。本次调查中东海长江口和杭州湾近岸海域采集的藻类中多氯联苯含量最高，为 41.83×10^{-9}，甲壳类中多氯联苯含量为 32.31×10^{-9}。

表 5.11　生物体中多氯联苯统计特征值　　　　　　　×10⁻⁹

海域	参数	范围	平均值
黄海、渤海	鱼类	0.18 ~ 11.30	5.48
	贝类	0.09 ~ 10.10	4.25
	甲壳类	11.00 ~ 12.10	11.55
东海	鱼类	0.23 ~ 16.50	8.15
	贝类	8.55 ~ 31.40	22.95
	甲壳类	0.23 ~ 96.20	32.31
	藻类	15.40 ~ 79.20	41.83
南海	鱼类	0.44 ~ 28.30	14.71
	贝类	7.77 ~ 29.90	15.90

5.2.4　多环芳烃

由表 5.12 可见，2007 年黄海、渤海生物质量多环芳烃平均含量贝类最高，甲壳类最低；东海生物质量多环芳烃平均含量甲壳类最高，藻类最低；南海生物质量多环芳烃平均含量鱼类高于贝类。本次调查中南海珠江口近岸海域采集的鱼类中多环芳烃含量最高，为 332.30×10^{-9}；其次为黄渤海黄河口至莱州湾近岸海域采集的贝类，多环芳烃含量为 202.46×10^{-9}。

表 5.12　生物体中多环芳烃统计特征值　　　　　　　　　×10^{-9}

海域	参数	范围	平均值
黄海、渤海	鱼类	26.10～424.00	178.56
	贝类	56.70～327.00	202.46
	甲壳类	60.50～212.00	136.25
东海	鱼类	3.50～212.00	104.71
	贝类	69.40～128.80	91.70
	甲壳类	23.70～291.20	153.18
	藻类	43.20～119.30	68.75
南海	鱼类	3.50～1 360.00	332.30
	贝类	3.50～3.50	3.50

5.3　近海生物质量时空变化特征

本次生物质量调查设计以人类活动最强烈、经济最发达的三角洲区域为重点，采样点渤海、黄海主要集中在黄河口至莱州湾近岸海域，东海主要集中在长江口和杭州湾近岸海域，南海主要集中在珠江口近岸海域。重点关注人类活动可能造成的污染，在海洋生物链的传递过程中海洋生物体中积累效应，对海洋生物质量的影响。

长江口附近海域大型藻类的镉、铬和砷含量以及鱼类的汞含量最高，珠江口附近海域贝类的铜、石油烃含量以及鱼类的锌含量最高；其次，长江口附近海域大型藻类的铅和锌含量、甲壳类的铜、镉、铬、砷含量以及贝类的汞含量较高，黄河口附近海域石油烃含量较高。

长江口附近海域鱼类的六六六、滴滴涕含量和藻类的多氯联苯含量最高，珠江口附近海域鱼类的多环芳烃最高；其次，长江口附近海域贝类和藻类的六六六、滴滴涕含量较高，长江口附近海域甲壳类的多氯联苯含量较高，黄河口附近海域多环芳烃含量较高。由此可见，长江径流量最大，长江输送大量的陆源污染物，对生长在长江口附近海域的海洋生物影响最大，其次是珠江口。

参 考 文 献

陈国珍.1990.海水痕量元素分析.北京：海洋出版社.

郭炳火，暨卫东.2004.中国近海及邻近海域海洋环境.北京：海洋出版社.

刘锡清.1990.中国大陆架的沉积物分区.海洋底质与第四季地质，10（1）：13-22.

国家海洋局.1997.海水水质标准 GB 30975—1997.

国家海洋局.2002.海洋沉积物质量标准 GB 18668—2002.

国家海洋局.2002.空气质量标准 GB 3095—1996.

国家质量技术监督局.1998.海洋监测规范 GB 17378—1998.

黄自强，傅天宝，张远辉.1997.东海水体中 POC 的分布特征.台湾海峡，16（2）：145-163.

黄自强，暨卫东，杨绪林，等.1998年南极中山站海洋气溶胶的化学组成及其来源判别.海洋学报，2005，27（3）：59-66.

海洋化学海化教研室.1993. 海水分析化学. 青岛：中国海洋大学.

海洋监测质量保证手册编委会.2000. 海洋监测质量保证手册. 北京：海洋出版社.

暨卫东，黄尚高.1990a. 台湾海峡西部营养盐变化特征：Ⅱ. 水系混合及浮游植物摄取对无机氮含量变化影响统计分析. 海洋学报，12（3）：324－332.

暨卫东，黄尚高.1990b. 台湾海峡西部营养盐变化特征：Ⅲ. 水系混合及浮游植物摄取对磷酸盐含量变化影响统计分析. 海洋学报，12（4）：447－454.

暨卫东，黄尚高.1990c. 台湾海峡西部营养盐变化特征：Ⅰ. 水系混合及浮游植物摄取对硅酸盐含量变化影响统计分析. 海洋学报，12（1）：38－47.

暨卫东，黄尚高.1992. 台湾海峡西部营养盐变化特征Ⅳ，水系混合及浮游植物摄取对 Si：N：P 比值的影响. 海洋学报，14（2）：53－62.

暨卫东.1995. 厦门西海域水体富营养化状况的综合评价. 中国科技协会第二届青年学术年会论文集（资源与环境分册）：109－116.

暨卫东.1996a. 厦门西海域富营养化与赤潮关系研究. 海洋学报，18（1）：51－60.

暨卫东.1996b. 马銮湾养殖海域富营养化与赤潮关系研究. 中国赤潮研究 SCOR－IOC 赤潮工作组，中国委员会第二次会议论文集：99－107.

暨卫东.1999. 热带西太平洋磷与环境的关系//中国海洋学文集，TOGA－COARE 专集. 北京：海洋出版社：66－73.

暨卫东.2002a. 我国专署经济区和大陆架勘测研究论文集，南海营养盐增补与转移现象研究. 北京：海洋出版社.

暨卫东.2002b. 我国专属经济区和大陆架勘测专项综合报告. 北京：海洋出版社：234－245.

暨卫东.2003. 中国海洋志，海水中的痕量金属. 郑州：大象出版社：254－259.

暨卫东，等.2006. 海洋化学调查技术规程（我国近海海洋综合调查与评价专项）. 北京：海洋出版社.

第 2 篇　近海区域性海洋化学若干问题研究

第 6 章　聚类分析闽浙沿岸流的 季节变化和环境特征

　　闽浙沿岸水起源于长江口和杭州湾一带，由长江、钱塘江的径流入海后构成，沿途还有瓯江和闽江等径流加入，在秋、冬、春三季东北季风驱动下，低温、低盐且富含营养盐的闽浙沿岸水沿海峡西岸向南流动，可影响到南澳岛近岸海域，对台湾海峡的环流结构、水团组成、海洋生态等产生重要影响。关于闽浙沿岸水的影响范围已有众多研究，如伍伯瑜（1982）认为冬季闽浙沿岸水由于径流量小，仅能影响到平潭岛一带；还有研究认为闽浙沿岸水在强东北季风驱动下，向南可达泉州附近。目前大家比较认可闽浙沿岸水向南可影响到东山至南澳岛附近海域。王胄和陈庆生（王胄，1989）进一步指出闽浙沿岸水还可入侵台湾海峡东侧，并指出东北季风的大小会导致闽浙沿岸冷水的空间波动形态。曾刚（1986）采用 33.00 等盐线作为划分沿岸水的界线，对福建近海的表层沿岸水进行了初步分析，认为 2 月、5 月、11 月表层沿岸水影响范围大致相同，而 8 月沿岸水影响范围明显变小。黄自强等（1995）用水文化学要素聚类分析台湾海峡西部水团，指出闽浙沿岸流对台湾海峡西部海域的影响，春季势力减弱，往北退缩至平潭以北海域，夏季几乎消失，秋季又进入研究海域，而且势力不断增强。

　　要研究闽浙沿岸流的季节变化和环境特征，水团划分方法的合理采用至关重要。分析水团的方法，概括起来，主要有地理学分析法（也有人叫综合分析法）、浓度混合分析法以及概率统计分析法。地理学分析法，是根据海区海水的物理、化学特征和环境要素的分布、变化，用逻辑推理来探讨海洋水团特征和环流结构的方法。这种方法的特点是综合性和经验性比较强，所以有人把它称为综合法或经验法。它是一种定性的方法，只能得到定性的结果。浓度混合分析法是根据浓度混合理论，结合 $T-S$ 图解，用几何方法，比较定量地确定出水团边界的位置。概率统计分析法是指随着观测技术的发展，水文观测资料逐渐增多，出现了分析水团的概率统计法，应用统计方法分析浅海水团已引起国内水团研究者们重视，进入 20 世纪 90 年代以后，许多科研工作者采用聚类分析和模糊数学的方法研究中国近海的水团的划分，如黄海冷水团、黑潮水团、对马暖流、台湾暖水流等变性的水团的概念被提出，增添了中国浅海水团研究内容（喻祖祥，1989）。

　　台湾海峡西部地处亚热带，为东海和南海的过渡海域，水文状况十分复杂。李立（1990）等对夏季台湾浅滩周围海域水团的多维模糊聚类分析结果表明，该研究海域主要存在南海陆架水，内斜上升冷水（黑潮水）及粤东上升水。翁学传（1992）等对台湾海峡中、北部海域春、夏季水团分析结果表明，该海域 5 月主要存在闽浙沿岸水和海峡暖流，6—8 月均为海峡暖水盘踞，存在上升流。Shaw Ping-Tung（1992）根据 $T-S$ 图，对台湾海峡的水团分析结果表明，该海域冬季主要受中国沿岸水和东海陆架水混合影响，夏季主要受黑潮分支和南海表层水影响。黄建冲等对巴士海峡水团的分析结果表明，在夏季有一股黑潮分支进入台湾海峡。黄自强、暨卫东等在《海洋学报》发表了"用水文化学要素聚类分析划分台湾海峡水团"一文，该文依据 HeHand-Hansen 创立浓度混合理论，采用相关分析筛选了台湾海峡水团环境特征要素，并采用聚类分析和模糊数学方法划分了台湾海峡水团，探讨了台湾海峡水团的季节演变规律。总的来说，运用统计方法分析浅海水团已引起国内水团研究者们的重视，越来越多的学者应用聚类分析的方法进行水团的研究工作。

在闽浙沿岸流的研究方面，由于观测的局限性，早期针对闽浙沿岸流的研究多基于有限的几次走航观测或卫星遥感资料，对于闽浙沿岸流整个流系的发生、发展、消亡过程尚不十分清楚。本研究采用 2006 年至 2008 年国家我国近海海洋综合调查与评价专项和福建省我国近海海洋综合调查与评价专项近海海洋化学四季的调查资料，研究范围纬度跨度为 21°36′—32°35′N，覆盖了闽浙沿岸流的源头（长江口和杭州湾）和向南所能影响到的最大海域（粤东汕头以南海域），采用偏相关系数分析两两变量之间的相关关系，再利用指标聚类方法，对关系很弱的指标进行进一步剔除，然后对各指标进行 Q - 聚类分析，讨论闽浙沿岸流全流系的季节变化和环境特征。

本研究于 2006 年 7 月至 2008 年 1 月共进行 4 个季度的大面调查，调查范围及站位布设如图 6.1 所示，共布设调查站位数 612 个。样品采集、处理、保存、分析方法均按国家海洋监测规范的要求进行。

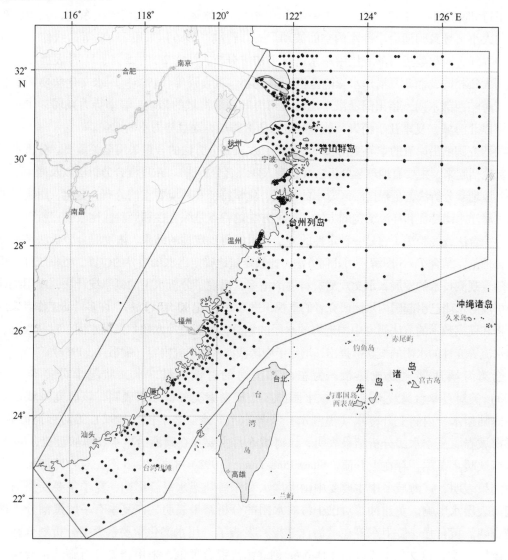

图 6.1　调查海区范围及站位布设

6.1　闽浙沿岸流聚类分析方法

6.1.1　数据选取

选用春、夏、秋、冬 4 个航次调查数据的表层和底层，对盐度、水温、溶解氧、pH、总碱度、悬浮物、硝酸盐、亚硝酸盐、铵盐、活性磷酸盐、活性硅酸盐 11 个指标变量进行聚类分析。

6.1.2　数据标准化处理

由于不同指标变量数值大小相差悬殊，为了有效克服指标变量因数值悬殊而在分类中的作用也大小不一这个缺陷，必须对原始数据进行标准化处理。

设有 n 个观测站，在每一个观测站的固定层次上观测，得到含有 p 个指标变量的信息。对于每一固定的观测层次，获得原始数据矩阵 $X = (x_{ij})$，$i = 1, 2, \cdots, p$；$j = 1, 2, \cdots, n$。对数据做如下标准化处理：

$$x'_{ij} = \frac{x_{ij} - \overline{x_i}}{S_i} \tag{6.1}$$

其中，

$$\overline{x_i} = \frac{1}{n}\sum_{J=1}^{N} X_{ij}; \quad S_j = \sqrt{\frac{1}{n-1}\sum_{j=1}^{n}(x_{ij} - \overline{x_i})^2} \tag{6.2}$$

6.1.3　指标变量选择方法

针对春、夏、秋、冬 4 个季度的表底两层的 11 个指标变量，如何选择出关系密切的指标变量是合理划分水团的关键。考察两个以上的指标变量中两两之间的相关关系时，用简单相关系数往往不能说明现象间的关系程度，因为简单相关系数只是一种数量表面上的相关性质，在它的计算过程中没有考虑其他指标变量对所研究的两个指标变量相关关系的影响，所以简单相关系数的结果可能含有一些虚假成分。如何在消除其他变量影响的情况下来计算两个变量之间的相关关系程度，偏相关系数就可以完成这一任务，其计算公式如下：

设指标变量 y，x_1，x_2，$\cdots$，x_p 每两个之间的单相关系数所构成的行列式为

$$\Delta = \begin{vmatrix} r_{11} & r_{12} & \cdots & r_{1p} & r_{1y} \\ r_{21} & r_{22} & \cdots & r_{2p} & r_{2y} \\ \cdots & \cdots & \cdots & \cdots & \cdots \\ r_{p1} & r_{p2} & \cdots & r_{pp} & r_{py} \\ r_{y1} & r_{y2} & \cdots & r_{yp} & r_{yy} \end{vmatrix} \tag{6.3}$$

其中，

$$r_{ij} = \frac{\sum_{l=1}^{n}(x_{li} - \overline{x_i})(x_{lj} - \overline{x_j})}{\sqrt{\sum_{l=1}^{n}(x_{li} - \overline{x_i})^2 \sum_{l=1}^{n}(x_{lj} - \overline{x_j})^2}}, \quad i,j = 1,2,\cdots,p \tag{6.4}$$

$$r_{iy} = \frac{\sum_{l=1}^{n}(x_{li} - \overline{x_i})(y_l - \overline{y})}{\sqrt{\sum_{l=1}^{n}(x_{li} - \overline{x_i})^2 \sum_{l=1}^{n}(y_l - \overline{y})^2}}, \quad i = 1, 2, \cdots, p \tag{6.5}$$

变量 y 与 x_i 之间的偏相关系数记为

$$r_{yi,1,2,\cdots,(i-1),(i+1),\cdots,p} = \frac{-\Delta_{iy}}{\sqrt{\Delta_{yy} \cdot \Delta_{ii}}} \tag{6.6}$$

其中，Δ_{iy}、Δ_{yy}、Δ_{ii} 分别是 Δ 中元素 r_{iy}、r_{yy}、r_{ii} 的代数余子式，l 是指第 l 个观测站。

根据偏相关系数的计算结果在显著性水平为 0.01 的条件下就可以剔除一些不相关的指标变量。当某一个指标变量与其他指标变量之间的偏相关系数均为 0 时，该指标变量就被剔除；同时也看到有的指标变量与其他指标变量的偏相关系数计算出的结果很小，表明该指标变量与其他指标变量之间存在着相关关系，但关系很弱。为了提炼出关系较密切的指标变量，本研究利用指标聚类的方法（即 R - 聚类分析方法）对关系很弱的这种指标变量进行了进一步的剔除。

6.1.4 水团划分方法

本研究选择 Q - 聚类分析方法进行水团划分。为了将样品进行分类，就需要研究样品之间的关系。在实际问题中，研究样品之间的关系常用距离，即将一个样品看做 P 维空间的一个点，并在空间定义距离，距离越近的点归为一类，距离较远的点归为不同的类。常用的距离定义有 Minkowski 距离、Mahalanobis 距离、Canberra 距离，Mahalanobis 距离排除了各指标变量之间相关性的干扰，而且还不受各指标变量量纲的影响，此外将原数据作一线性交换后，马氏距离仍不变，所以本项目选择了马氏距离。

设有 n 个样品，每个样品测得 p 个指标变量，原始数据矩阵为

$$X = \begin{pmatrix} x_{11} & x_{12} & \cdots & x_{1p} \\ x_{21} & x_{22} & \cdots & x_{2p} \\ \cdots & \cdots & \cdots & \cdots \\ x_{n1} & x_{n2} & \cdots & x_{np} \end{pmatrix} \tag{6.7}$$

如果把 n 个样品看成 p 维空间中 n 个点，则两个样品间相似程度可以用 p 维空间中两点的距离来度量。令 d_{ij} 表示样品 X_i 与 X_j 的距离，X_i 为原始数据矩阵的第 i 行向量。则有：

$$d_{ij}^2(M) = (X_i - X_j)' \sum\nolimits^{-1} (X_i - X_j) \tag{6.8}$$

其中要求 $\sum^{-1}$ 存在。$\sum$ 表示指标的协差阵，即 $\sum = (\sigma_{ij})_{p \times p}$，$\sigma_{ij} = \frac{1}{n-1}\sum_{\alpha=1}^{n}(x_{\alpha i} - \overline{x_i})(x_{ij} - \overline{x_j})$，$\overline{x_i} = \frac{1}{n}\sum_{\alpha=1}^{n}x_{\alpha i}$，$\overline{x_j} = \frac{1}{n}\sum_{\alpha=1}^{n}x_{\alpha j}$。

正如样品之间的距离可以有不同的定义方法一样，类与类之间的距离也有各种定义。常用方法有 8 种：最短距离法、最长距离法、中间距离法、重心法、类平均法、可变类平均法、可变法、离差平方和法（又称 Ward 法）。究竟哪种方法好，至今还没有一个标准。本节结合实际需要，进行了多种方法的比较，最终选择了 Ward 法，很好地完成了水团的划分。

6.2　闽浙沿岸流水团特征

6.2.1　春季水团特征

图 6.2 为春季表层和底层的水团分类分布，表 6.1 和表 6.2 为各水团的春季环境特征统计值。从表 6.1 可以看出，春季研究海域水团可以分类为：

长江口冲淡水：该水系的特征是低温、低盐、低 pH 值、低碱度、高溶解氧、高悬浮物、高营养盐。

闽浙沿岸水：春季东北季风逐渐减弱，闽浙沿岸水影响范围已经退缩到宁德三都湾邻近海域。该水系特征为低温、低盐、高溶解氧、高悬浮物、高营养盐；春季底层已经和外海水混合。

混合水：为南海暖流、进入台湾海峡的黑潮分支、台湾暖流、对马暖流等多个外海水系和沿岸水混合而成，其水系特征为高温、高盐、高 pH 值、低悬浮物和低营养盐。

福建沿岸水：春季东北季风逐渐减弱，在福建沿岸存在一个受沿岸水影响的福建沿岸流，其水系特征为相对外海水而言盐度较低，pH 值较低，营养盐较高。

苏北沿岸水混合区：为苏北沿岸水进入研究海域混合而成，该水系特征为低温、较高盐度、较高营养盐、高悬浮物。

长江口东向混合水：为长江口冲淡水和混合水系、苏北沿岸水混合区等水团混合而成，该水系特征为较低温度、较高盐度、较高营养盐和高悬浮物。

由上述可见：春季由于东北季风逐渐减弱，表层闽浙沿岸水影响范围已经退缩至三都湾邻近海域，表层和苏北沿岸水贯通，底层已经和外海水混合，南海暖流、进入台湾海峡的黑潮分支、台湾暖流和对马暖流等多个水系的混合水控制了大部分的调查海区。

表 6.1　春季表层水团特征

类别	特征值	T（℃）	S	DO（mg/dm^3）	pH	ALk（mmol/dm^3）	SPM（mg/dm^3）	NO_3^-（mg/dm^3）	NO_2^-（mg/dm^3）	NH_4^+（mg/dm^3）	PO_4^{3-}（mg/dm^3）	SiO_3^{2-}（mg/dm^3）
混合水	平均值	19.2	33.03	8.13	8.25	2.21	4.9	0.060	0.005	0.015	0.005	0.245
	最大值	26.7	34.61	12.3	8.42	2.88	17.8	0.396	0.018	0.108	0.017	1.159
	最小值	12.5	26.30	6.58	8.13	1.84	0.4	nd	nd	nd	nd	0.001
福建沿岸水	平均值	16.8	31.30	7.90	8.16	2.04	9.1	0.172	0.024	0.033	0.018	0.666
	最大值	20.7	34.50	8.61	8.23	2.13	61.9	0.437	0.040	0.199	0.040	1.240
	最小值	15.4	16.50	6.97	8.07	1.62	2.0	0.016	0.014	0.003	0.004	0.232
长江口冲淡水	平均值	16.6	2.73	8.82	7.99	1.84	167.2	1.746	0.026	0.076	0.040	2.550
	最大值	21.4	15.50	10.1	8.16	4.43	2 030.2	2.540	0.074	0.679	0.056	3.390
	最小值	14.6	0.02	7.14	7.79	0.79	18.4	0.737	0.002	0.007	0.027	0.874
闽浙沿岸水	平均值	14.9	27.30	8.61	8.06	2.47	288.9	0.561	0.006	0.017	0.023	0.927
	最大值	20.1	33.90	11.3	8.38	4.92	8 389.0	2.465	0.083	0.458	0.093	3.920
	最小值	10.5	1.08	6.79	7.71	0.90	0.3	0.007	nd	nd	0.002	0.064

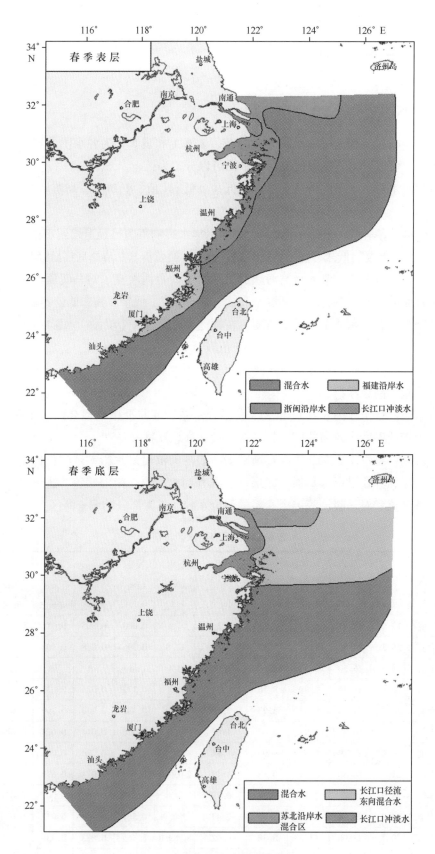

图 6.2　春季调查海域分类分布

表 6.2　春季底层水团特征

类别	特征值	T (℃)	S	DO (mg/dm³)	pH	ALk (mmol/dm³)	SPM (mg/dm³)	NO_3^- (mg/dm³)	NO_2^- (mg/dm³)	NH_4^+ (mg/dm³)	PO_4^{3-} (mg/dm³)	SiO_3^{2-} (mg/dm³)
混合水	平均值	18.6	33.33	7.28	8.18	2.11	18.4	0.095	0.011	0.020	0.013	0.404
	最大值	24.8	34.76	9.64	8.31	2.33	738.8	0.876	0.039	0.134	0.076	3.64
	最小值	11.9	5.27	4.46	7.79	1.17	0.9	0.001	0.001	nd	nd	0.006
长江口东向混合水	平均值	15.3	30.59	7.92	8.17	2.77	199.1	0.269	0.005	0.010	0.016	0.502
	最大值	19.5	34.48	9.39	8.97	4.96	2 339.2	1.130	0.019	0.039	0.036	1.540
	最小值	10.6	19.32	6.27	7.91	1.08	0.1	0.013	nd	0.001	0.004	0.068
长江口冲淡水	平均值	15.9	17.49	8.68	8.01	2.52	834.8	1.18	0.013	0.036	0.035	1.74
	最大值	21.4	30.10	10.1	8.18	4.91	9 861.0	2.51	0.080	0.683	0.065	3.41
	最小值	11.9	0.03	7.16	7.68	0.94	6.0	0.147	nd	nd	0.004	0.727
苏北沿岸水混合区	平均值	12.9	31.07	8.37	8.05	2.56	236.9	0.262	0.004	0.015	0.015	0.388
	最大值	15.8	33.96	9.46	8.19	5.41	2 518.0	2.06	0.020	0.161	0.039	1.64
	最小值	11.0	18.87	7.20	7.80	1.46	3.7	0.051	nd	nd	nd	0.058

注：nd 表示未检出，下同。

6.2.2　夏季水团特征

图 6.3 为夏季表层和底层的水团分类分布，表 6.3 和表 6.4 为各水团的夏季环境特征统计值。从表 6.3 中可以看出，夏季研究海域水团可以分类如下。

长江口冲淡水：该水系的特征是高温、低盐、低 pH 值、高悬浮物、高营养盐。

混合水：为南海暖流、进入台湾海峡的黑潮分支、台湾暖流、对马暖流等多支外海水系和沿岸流混合而成，其水系特征为高温、高盐、高溶解氧、高 pH 值、低悬浮物和低营养盐。

苏北沿岸水混合区：为苏北沿岸水进入研究海域混合而成，该水系特征为低温、较高盐度、较低溶解氧、较高 pH 值、较高营养盐、高悬浮物。

黑潮分支：来源主要为来自台湾东北方海域的黑潮次表层水（苏纪兰，2001），夏季陆架上层水比黑潮水密度低，不利于黑潮表层水的入侵（Liu and Su，1993），下层水通过底部摩擦作用能变成非地转，因此，黑潮次表层水的入侵是可能的。其水系特征主要为较高温度和盐度，低溶解氧，较低营养盐。

由上述可见，与春季相比，混合水和黑潮分支代表的外海水系控制的范围更大，南向的闽浙沿岸流在夏季已经消失。

表 6.3　夏季表层水团特征

类别	特征值	T (℃)	S	DO (mg/dm³)	pH	ALk (mmol/dm³)	SPM (mg/dm³)	NO_3^- (mg/dm³)	NO_2^- (mg/dm³)	NH_4^+ (mg/dm³)	PO_4^{3-} (mg/dm³)	SiO_3^{2-} (mg/dm³)
苏北沿岸水混合区	平均值	26.3	25.58	6.48	8.09	2.28	56.5	0.317	0.014	0.024	0.015	0.903
	最大值	31.0	32.21	12.1	8.56	2.85	1 143.3	1.53	0.205	0.417	0.051	7.93
	最小值	22.2	0.08	2.97	7.13	0.35	1.0	nd	nd	nd	nd	0.006

续表6.3

类别	特征值	T（℃）	S	DO（mg/dm³）	pH	ALk（mmol/dm³）	SPM（mg/dm³）	NO_3^-（mg/dm³）	NO_2^-（mg/dm³）	NH_4^+（mg/dm³）	PO_4^{3-}（mg/dm³）	SiO_3^{2-}（mg/dm³）
混合区	平均值	28.2	31.78	6.90	8.19	2.15	18.7	0.088	0.009	0.027	0.009	0.465
	最大值	33.6	33.92	13.36	8.71	2.85	524.0	0.956	0.118	0.161	0.108	2.29
	最小值	21.1	10.13	4.71	7.79	1.55	0.3	nd	nd	0.001	nd	0.015
长江口冲淡水	平均值	28.6	5.70	6.75	7.98	2.01	214.7	1.41	0.014	0.028	0.048	2.73
	最大值	29.9	20.94	8.80	8.35	2.75	1 087.2	2.85	0.121	0.218	0.063	3.68
	最小值	24.6	0.02	5.31	7.61	1.09	6.6	0.535	nd	nd	0.029	1.127

表6.4　夏季底层水团特征

类别	特征值	T（℃）	S	DO（mg/dm³）	pH	ALk（mmol/dm³）	SPM（mg/dm³）	NO_3^-（mg/dm³）	NO_2^-（mg/dm³）	NH_4^+（mg/dm³）	PO_4^{3-}（mg/dm³）	SiO_3^{2-}（mg/dm³）
苏北沿岸水混合区	平均值	20.6	30.73	5.73	8.05	2.26	122.4	0.320	0.006	0.021	0.031	0.947
	最大值	28.4	34.76	7.29	8.27	2.98	2 219.2	1.66	0.035	0.071	0.094	3.15
	最小值	12.4	0.24	3.27	7.78	1.79	1.0	0.061	nd	0.001	0.002	0.148
混合水	平均值	23.5	32.76	5.86	8.13	2.16	28.1	0.092	0.016	0.033	0.011	0.523
	最大值	34.1	34.53	8.70	8.42	2.76	1 597.0	1.73	0.121	0.264	0.102	3.17
	最小值	9.7	0.16	1.91	7.57	1.78	0.1	nd	nd	nd	nd	0.025
长江口冲淡水	平均值	28.6	18.91	6.52	7.95	2.27	385.4	0.866	0.012	0.019	0.040	1.730
	最大值	31.6	34.39	7.93	8.15	4.08	2 452.0	2.07	0.066	0.121	0.063	3.62
	最小值	18.1	0.02	4.05	7.71	1.39	10.6	0.074	nd	nd	0.019	0.550
黑潮分支	平均值	22.5	31.13	3.69	8.04	2.56	71.1	0.169	0.008	0.012	0.016	0.642
	最大值	30.0	34.46	7.18	8.28	4.17	553.0	1.39	0.033	0.138	0.051	3.13
	最小值	13.8	0.14	1.36	7.71	1.79	5.6	nd	nd	nd	0.001	0.006

6.2.3　秋季水团特征

图6.4为秋季表层和底层的水团分类分布，表6.5和表6.6为各水团的秋季环境特征统计值。从图6.4中可以看出，秋季研究海域水团可以分类如下。

长江口冲淡水：该水系的特征是高温、低盐、低pH值、高溶解氧，高悬浮物、高营养盐。

混合水：为南海暖流、进入台湾海峡的黑潮分支、台湾暖流、对马暖流等多支外海水系和沿岸水混合而成，其水系特征为高温、高盐、低溶解氧、高pH值、低悬浮物和低营养盐。

闽浙沿岸流：在秋季随着东北季风的加强，表层闽浙沿岸流南下至泉州湾一带，底层则南下至东山岛邻近海域，其水系特征为低温、低盐、较高pH值、高悬浮物、高营养盐。

由上述可见，秋季随着东北季风的加强，闽浙沿岸流南下势力大大增强，表层影响至泉州湾一带，底层则影响至东山岛邻近海域。

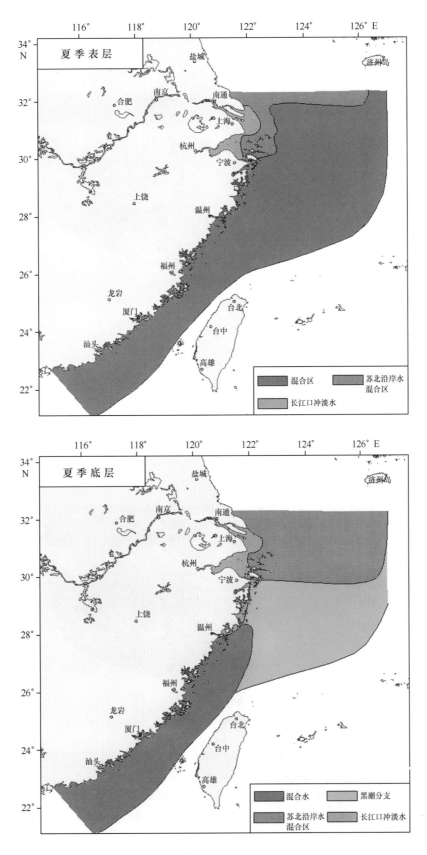

图6.3　夏季调查海域分类分布

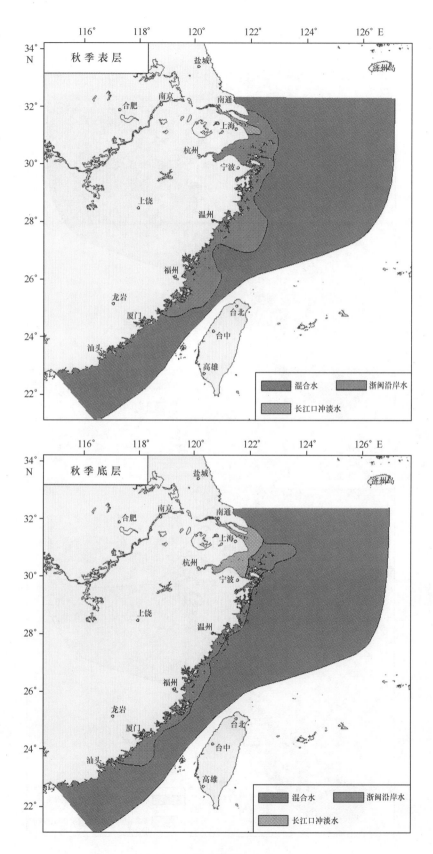

图6.4 秋季调查海域分类分布

表6.5　秋季表层水团特征

类别	特征值	T (℃)	S	DO (mg/dm³)	pH	ALk (mmol/dm³)	SPM (mg/dm³)	NO_3^- (mg/dm³)	NO_2^- (mg/dm³)	NH_4^+ (mg/dm³)	PO_4^{3-} (mg/dm³)	SiO_3^{2-} (mg/dm³)
混合水	平均值	22.3	32.26	7.08	8.19	2.27	20.7	0.09	0.01	0.02	0.01	0.44
	最大值	26.4	34.55	8.70	8.37	2.80	646.0	0.86	0.14	0.16	0.06	3.85
	最小值	12.6	11.00	5.59	7.85	1.78	0.3	nd	nd	0.00	nd	0.01
长江口冲淡水	平均值	22.1	1.12	7.63	7.95	2.10	263.5	1.18	0.01	0.02	0.04	3.60
	最大值	22.9	11.02	8.29	8.42	4.10	1 681.2	1.83	0.03	0.10	0.05	4.13
	最小值	18.9	0.04	6.62	7.73	1.43	84.3	0.22	nd	0.00	0.04	2.52
闽浙沿岸水	平均值	20.4	25.24	7.58	8.12	2.35	184.9	0.58	0.01	0.02	0.03	1.33
	最大值	26.6	34.67	12.1	8.47	4.94	3 606.0	2.40	0.04	0.07	0.11	3.72
	最小值	11.6	0.14	5.12	7.70	1.39	0.1	0.00	nd	nd	nd	0.09

表6.6　秋季底层水团特征

类别	特征值	T (℃)	S	DO (mg/dm³)	pH	ALk (mmol/dm³)	SPM (mg/dm³)	NO_3^- (mg/dm³)	NO_2^- (mg/dm³)	NH_4^+ (mg/dm³)	PO_4^{3-} (mg/dm³)	SiO_3^{2-} (mg/dm³)
混合水	平均值	20.7	32.43	6.74	8.17	2.27	32.8	0.15	0.01	0.02	0.02	0.50
	最大值	26.4	34.70	8.81	8.34	3.72	1 036.3	2.01	0.07	0.15	0.06	3.88
	最小值	11.8	0.22	4.04	7.71	1.68	0.3	0.00	nd	nd	nd	0.04
闽浙沿岸水	平均值	20.4	29.23	6.52	8.08	2.46	243.1	0.42	0.01	0.01	0.04	1.06
	最大值	26.2	34.63	9.16	8.28	4.61	3 425.0	1.34	0.03	0.04	0.10	2.40
	最小值	13.5	11.68	1.94	7.69	1.75	1.5	0.04	nd	nd	0.01	0.01
长江口冲淡水	平均值	21.0	8.61	7.95	8.09	2.87	1 435.0	1.21	0.00	0.01	0.04	2.77
	最大值	25.2	30.59	9.81	8.43	4.81	9 045.7	2.99	0.02	0.05	0.06	4.05
	最小值	15.4	0.04	6.65	7.81	1.33	32.0	0.15	nd	0.00	0.02	0.76

6.2.4　冬季水团特征

图6.5为冬季表层和底层的水团分类分布，表6.7和表6.8为各水团的冬季环境特征统计值。从图6.5可以看出，冬季研究海域水团可以分类如下。

长江口冲淡水：该水系的特征是较低温度、低盐、低pH值、高溶解氧、高悬浮物、高营养盐。

混合水：为南海暖流、进入台湾海峡的黑潮分支、台湾暖流、对马暖流等多支外海水系和沿岸水混合而成，其水系特征为高温、高盐、低溶解氧、高pH值、低悬浮物和低营养盐。

闽浙沿岸水：冬季东北风达到最强，其闽浙沿岸流南下至汕头邻近海域，其水系特征为低温、低盐、高溶解氧、高悬浮物、高营养盐。

苏北沿岸水：水系特征为温度盐度较低、pH值低、悬浮物高、营养盐较高。

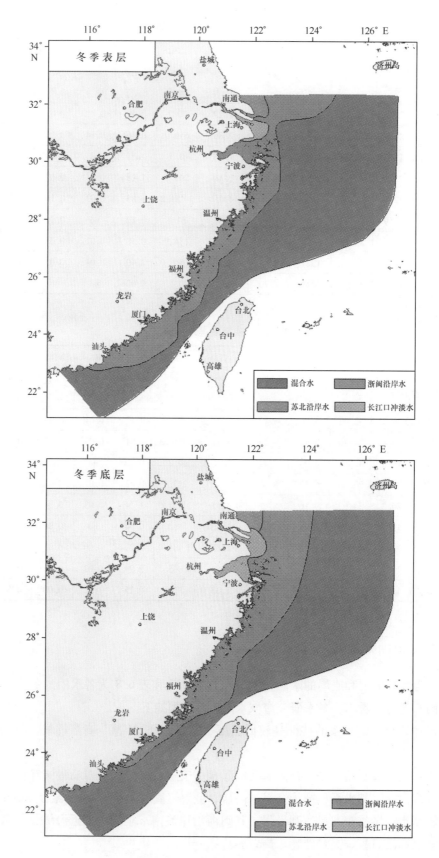

图 6.5　冬季调查海域分类分布

由图6.5可见，冬季在强劲东北季风的驱使下，闽浙沿岸水控制范围向南可达汕头邻近海域，并且与秋季相比其控制范围更大。

表 6.7　冬季表层水团特征

类别	特征值	T（℃）	S	DO（mg/dm³）	pH	ALk（mmol/dm³）	SPM（mg/dm³）	NO_3^-（mg/dm³）	NO_2^-（mg/dm³）	NH_4^+（mg/dm³）	PO_4^{3-}（mg/dm³）	SiO_3^{2-}（mg/dm³）
混合水	平均值	17.3	33.84	7.74	8.23	2.24	6.8	0.10	0.00	0.02	0.01	0.25
	最大值	24.1	34.63	9.32	8.36	2.66	157.0	0.63	0.01	0.07	0.03	0.88
	最小值	10.8	28.75	6.65	8.02	1.90	0.2	0.00	nd	nd	0.00	0.03
闽浙沿岸水	平均值	11.9	29.00	9.01	8.15	2.40	261.5	0.46	0.00	0.02	0.03	0.91
	最大值	21.8	34.64	11.5	8.74	5.05	8 341.2	2.00	0.04	0.17	0.14	3.35
	最小值	5.0	6.09	7.19	7.96	0.99	0.4	0.01	nd	nd	0.00	0.05
苏北沿岸水	平均值	7.2	29.56	7.95	8.06	2.80	289.8	0.25	0.00	0.02	0.08	1.03
	最大值	9.0	31.85	8.63	8.24	3.81	1 316.0	0.57	0.01	0.06	0.23	2.09
	最小值	5.7	21.39	7.34	7.96	2.31	31.0	0.06	nd	0.00	0.00	0.32
长江口冲淡水	平均值	9.1	7.21	10.4	8.03	1.79	259.9	1.55	0.01	0.09	0.04	2.98
	最大值	11.9	30.67	11.9	8.27	3.44	1 419.0	2.41	0.02	0.32	0.06	4.11
	最小值	6.8	0.10	8.86	7.55	0.95	31.0	0.26	0.00	0.01	0.01	0.58

表 6.8　冬季底层水团特征

类别	特征值	T（℃）	S	DO（mg/dm³）	pH	ALk（mmol/dm³）	SPM（mg/dm³）	NO_3^-（mg/dm³）	NO_2^-（mg/dm³）	NH_4^+（mg/dm³）	PO_4^{3-}（mg/dm³）	SiO_3^{2-}（mg/dm³）
苏北沿岸水	平均值	12.0	32.53	8.10	8.17	2.57	149.8	0.11	0.00	0.01	0.05	0.49
	最大值	18.7	34.43	10.1	8.33	3.86	971.0	0.43	0.01	0.04	0.22	1.72
	最小值	6.1	27.80	7.18	8.01	2.29	0.5	0.04	0.00	nd	0.01	0.08
混合水	平均值	14.3	32.72	7.93	8.16	2.41	151.1	0.17	0.00	0.02	0.02	0.47
	最大值	24.1	34.67	10.0	8.35	6.86	2 029.0	0.59	0.01	0.05	0.18	2.03
	最小值	5.9	27.65	4.98	7.96	1.98	0.1	0.04	nd	nd	0.00	0.03
长江口冲淡水	平均值	13.2	25.29	8.65	8.15	2.18	143.7	0.57	0.00	0.04	0.03	1.19
	最大值	19.8	34.66	11.4	8.61	3.12	1 390.0	2.33	0.02	0.34	0.07	4.16
	最小值	6.3	0.12	6.04	7.78	1.00	3.4	0.06	0.00	nd	0.00	0.01
闽浙沿岸水	平均值	12.6	29.20	8.73	8.16	2.45	347.3	0.44	0.00	0.02	0.03	0.88
	最大值	21.7	34.63	11.3	8.33	4.71	6 920.8	2.01	0.03	0.18	0.15	4.34
	最小值	5.62	0.64	6.56	7.97	1.09	0.20	0.00	nd	nd	0.00	0.03

6.3　小结

（1）本研究利用偏相关系数计算指标两两之间的相关关系，然后再进行指标聚类分析，据此剔除关系较弱的指标，选择出关系密切的指标变量聚类分析来划分水团，克服了以往利用简单相关系数来选择聚类指标时可能含有的一些虚假成分，很好地完成了浅海水团的划分，结果令人满意。

（2）研究区域覆盖了整个闽浙沿岸水系，包括其源头和最大影响范围，清晰地展示了闽浙沿岸水的季节变化和环境特征，结果表明：低温低盐高营养盐的闽浙沿岸水在春季表层影响至三都湾邻近海域，南向的闽浙沿岸水在夏季由于西南季风的影响逐渐消失，秋季在东北季风作用下，南下影响逐渐加强，表层沿岸水影响可达泉州湾一带，底层可影响至东山湾一带，冬季闽浙沿岸水影响达到全年最大范围，其南下影响可至汕头邻近海域。

（3）闽浙沿岸水具有低温、低盐、高悬浮物和高营养盐的普遍环境特征，其在春、秋、冬季的南下将给其影响海域带来丰富的营养盐。

（4）由上述分析可知，受东北季风驱使，秋、冬、春三季闽浙沿岸流将南下影响福建甚至粤东近岸海域。闽浙沿岸流的南侵，伴随着大量的营养盐物质向南运输扩散，将对福建至粤东近海及港湾的海洋环境造成影响，这已在多次实际调查结果中得到证实，汇总如表6.9所示。

表6.9 调查结果季节间比较

海区	总无机氮含量（mg/dm³）（调查时间）		活性磷酸盐含量（mg/dm³）（调查时间）	
诏安湾	0.131（2005－12）	0.121（2006－04）	0.024（2005－12）	0.015（2006－04）
湄洲湾	0.182（2005－10）	0.162（2006－05）	0.023（2005－10）	0.006（2006－05）
兴化湾	0.183（2009－01）	0.343（2009－07）	0.037（2009－01）	0.015（2009－07）

从表6.9中的数据可以看出，由于春夏季诏安湾、湄洲湾和兴化湾没有受到闽浙沿岸流的影响，其营养盐的含量较低，而秋冬季节，闽浙沿岸流的影响带来大量营养物质，使得港湾内的营养盐含量明显提高。

参 考 文 献

黄自强，暨卫东.1995.用水文化学要素聚类分析台湾海峡西部水团.海洋学报，17（1）：40－51.

李立，等.1990.1984年夏季台湾浅滩周围海域水团的多维模糊聚类分析.海洋学报，12（5）：562－570.

苏纪兰.2001.中国近海的环流动力机制研究.海洋学报，23（2）：1－13.

王胄，陈庆生.1989.台湾海峡东侧冷季之闽浙沿岸水入侵事件.台湾大学海洋学刊，22：43－67.

翁学传，等.1992.台湾海峡中、北部海域春、夏季水团分析.海洋与湖沼，23（3）：235－243.

伍伯瑜.1982.台湾海峡环流研究中的若干问题.台湾海峡，1（1）：1－7.

喻祖祥.1989.关于水团分析的研究现状.青岛海洋学报，19（1）（Ⅱ）：377－389.

曾刚，1986.福建近海沿岸水及其水文状况.海洋通报，5（8）：32－37.

LIU X B, SU J L. 1993. A numerical model of winter circulation in shelf seas adjacent to China. Proceedings of the Symposium on the Physical and Chemical Oceanography of the China Seas. Beijing：China Ocean Press，288－298.

Shaw Ping－Tung. Shelf circulation off the southeast coase of China. Reviews in Aauatic Sciences，1992，6（1）：1－28.

第7章　闽南沿岸上升流区环境特征与物质输运、通量评估

　　闽南沿岸上升流区主要位于台湾海峡南部（图7.1），是我国东南海域重要的大陆架渔场。该海区属于亚热带型季风气候区，海底地形极为复杂，加上多种水系在该处交汇，形成其独特复杂的海洋环境，在我国东南沿海工业、农业、交通运输业的发展中占有极其重要的经济地位。

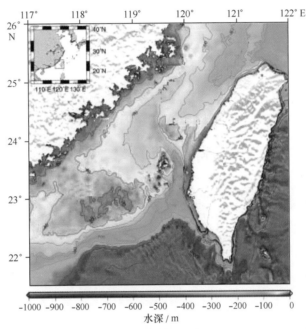

图 7.1　台湾海峡和闽南上升流区地理位置

　　上升流是海水运动的特殊形式之一，是海水在垂直方向的一种缓慢运动，运动速度一般在 $10^{-7} \sim 10^{-5}$ m/s 之间，而水平流动速度量级则在 $10^{-1} \sim 10^2$ m/s 之间，上升流虽然运动速度缓慢，但对人类生产、生活、大洋水循环、二氧化碳循环都有特殊的作用。在上升流区，海水向上运动，将底层低温水带入上层，形成海气之间热量交换特殊区域，上升流将底层营养盐（硝酸盐、磷酸盐、硅酸盐等）带入表层和次表层，为浮游植物大量生长提供了有利的条件，同时浮游植物的大量生长又能促使浮游动物大量繁殖，从而维持更多鱼类生存。因此，世界上大多数重要渔场都处在上升流区。

　　中国沿岸海域是上升流的多发区，其中，台湾海域附近海域存在众多的上升流区。这主要是由以下原因造成的：①季风原因：中国沿岸海域地处东南亚季风区，下半年盛行东南风和西南风，风向大致和海岸平行，离岸的 Ekman 输送，必然形成近岸上升流，夏季是闽南沿岸上升流区的强盛期。②地形影响：很多海域的上升流出现的范围、强度和存在时间，并不

能单独用风生来解释，它们的存在和地形有关。陆架区域地形的抬升、海岸侧（底）的摩擦作用、岬角地形和绕岛环流等都能造成上升流。例如，闽南—台湾浅滩渔场上升流，澎湖浅滩附近上升流都是地形作用引起的，受岛屿地形影响，在近岛区域都会产生上升流。③风与地形的联合影响：除去岬角地形可以算作上升流单原子形成之外，许多上升流并非单因子作用结果，而是多因子联合作用才形成。

根据闽南沿岸上升流的历史资料和我国近海海洋综合调查与评价专项近海水体调查 2006 年夏季航次的调查结果，可以确定闽南沿岸的上升流区主要出现在东山岛以南，陆丰以北的近岸海域。在我国近海海洋综合调查与评价专项近海水体调查原有调查站位的基础上，针对上升流主要发生在近岸的特点，对近岸进行加密调查。共设置 9 条断面，其中 8 条断面的方向大体为岸线的方向，1 条断面的方向大体与岸线平行。设置水文、气象调查大面测站；生物、化学大面测站 30 个。生物、化学测站与水文、气象测站的站位相同。2009 年 6 月和 8 月两个航次具体站位布设见图 7.2 和图 7.3。

其中，海水化学调查要素包括：①一类要素：溶解氧、pH、碱度、悬浮物、硝酸盐、亚硝

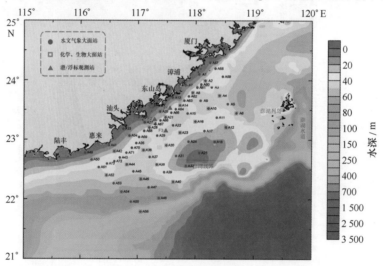

图 7.2　2009 年 6 月航次调查范围及站位布设

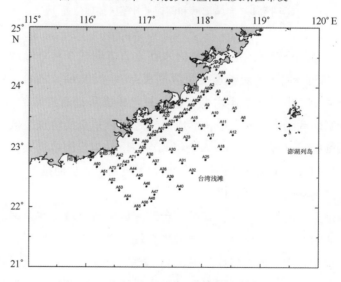

图 7.3　2009 年 8 月航次调查范围及站位布设

酸盐、铵盐、活性磷酸盐、活性硅酸盐、总有机碳；②二类要素：气溶胶二氧化碳、海水二氧化碳分压。采样层次和采样站数：①一类要素每个航次进行 8 条断面 30 个大面站的观测，采样层次为：表层、10 m、30 m、50 m、75 m、底层；②二类要素：采用走航观测的方式进行。

7.1　闽南沿岸上升流范围

2006 年 7—8 月表层、10 m、30 m 层温盐平面分布图见图 7.4。从表层温盐平面分布来看，东山附近海域及其东侧局部海域存在低温高盐现象；从 10 m 层温盐平面分布来看，惠来至南澳近岸海域表现为低温高盐特征；从 30 m 层温盐分布图来看，低温高盐区域较上层扩大，涵盖惠来至漳浦之间近岸区域。

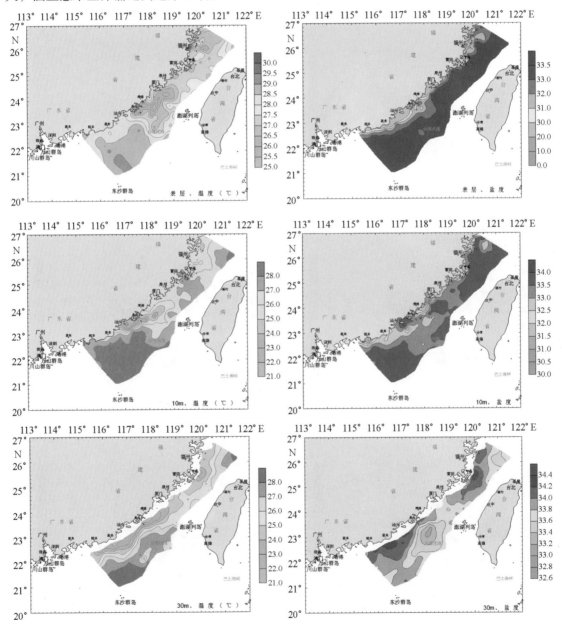

图 7.4　2006 年 7—8 月温盐平面分布

　　2009 年 6 月表层、10 m、30 m、底层温盐平面分布见图 7.5；从表层温盐平面分布来看，惠来至南澳之间近岸区域水温较周边海域为低，但其盐度较周边海域为高，表现出上升流的特征；

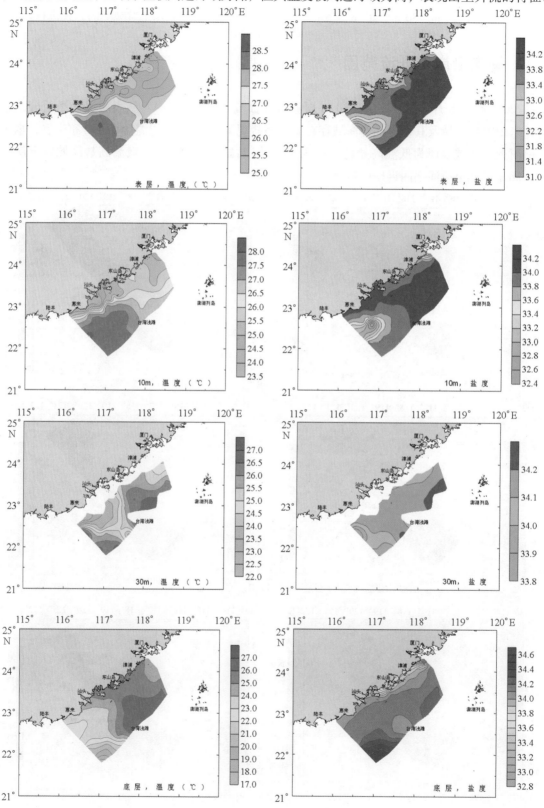

图 7.5　2009 年 6 月温（左，单位:℃）、盐（右）平面分布

从 10 m 层温盐平面分布看，陆丰以东至南澳近岸海域表现为低温高盐特征；范围较表层有所扩大；从 30 m 层温盐分布来看，低温高盐区域陆丰以东至南澳岛近岸海域向海区中部继续扩大。

2009 年 8—9 月表层、10 m、30 m、底层温盐平面分布见图 7.6；从表层温盐平面分布来

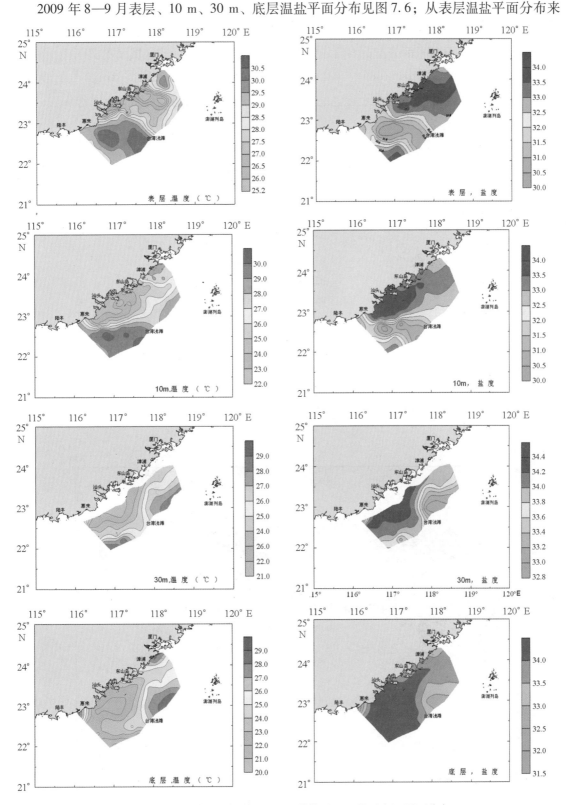

图 7.6　2009 年 8—9 月温（左，单位:℃）、盐（右）平面分布

看，汕头至东山之间近岸区域水温较周边海域为低，但其盐度较周边海域为高，表现出上升流的特征；从 10 m 层温盐平面分布来看，惠来至东山岛之间近岸海域至调查海区中部之间的海域表现为低温高盐特征；范围较表层有所扩大；从 30 m 层温盐分布来看，低温高盐区调查海域扩大到调查海区的近岸海域，同时东南扩展至海区中部。

根据 3 个航次温盐平面分布，大致划分出 3 个航次的上升流分布区域（见图 7.7、图 7.8 和图 7.9）从图中可以看出，在粤东、闽南上升流区，各航次上升流区范围依次表现为 2009 年

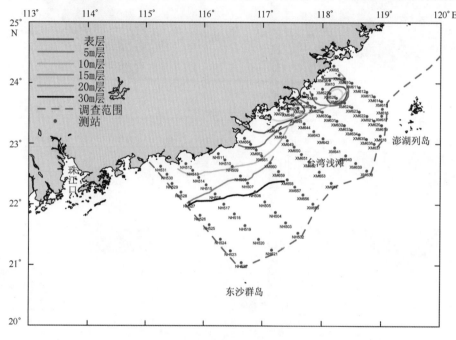

图 7.7　2006 年 7—8 月航次

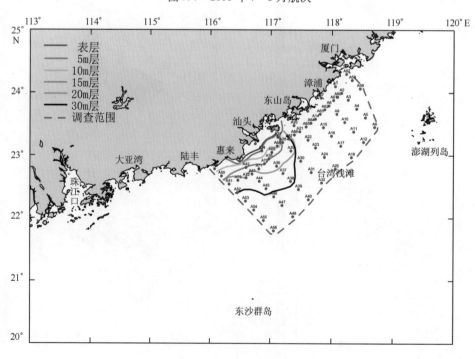

图 7.8　2009 年 6 月航次

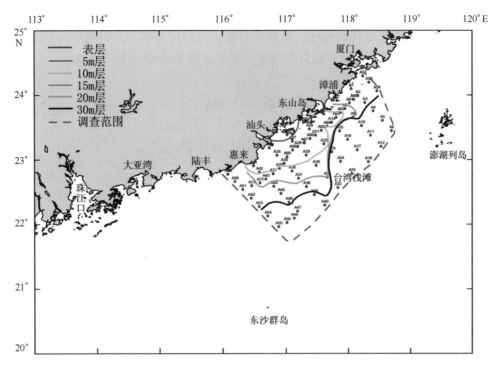

图 7.9　2009 年 8—9 月航次

6 月上升流区范围分布较窄；2006 年 7—8 月上升流区范围分布有所增加，至 2009 年 8—9 月上升流区范围最大。因此，从 3 个航次获取的资料基本反映了上升流区发育变化的过程。

7.2　闽南沿岸上升流区环境化学要素环境特征

　　分别根据 2006 年 7—8 月、2009 年 6 月和 2009 年 8—9 月闽南沿岸上升流区近岸海域上升流区范围进行的划分：2006 年 7—8 月上升流涌升至 30 m 层的区域为整个调查海区的近岸部分；上升流涌升 10 m 层的区域则缩减到南澳岛以西、汕头外侧近岸海域至东山岛局部近岸海域以及 XM626 附近局部海域；上升流继续涌升至表层则范围进一步缩减。

　　2009 年 6 月近岸上升流涌升区域主要集中在南澳岛以西近岸海区。其中，上升流涌升至 30 m 层的区域占据南澳岛以西大部的调查海区，其远岸端在 A38 附近；涌升至 10 m 层的区域缩减至南澳岛至调查海区西南端近岸海域；陆丰之间近岸则扩展至惠来以西近岸海域；涌升至表层的区域主要在惠来至南澳之间近岸区域。

　　2009 年 8—9 月涌升至 30 m 层区域占据整个调查海区的近岸区域；中部延伸至台湾浅滩西侧；涌升至 10 m 层的区域主要集中在惠来至东山岛之间的区域；涌升至表层的仅在南澳岛近岸局部。

　　根据闽南上升流区上升流涌升范围来看，3 个航次上升流强度排序，从弱到强依次为 2009 年 6 月、2006 年 7—8 月和 2009 年 8—9 月。

7.2.1　溶解氧

　　溶解氧调查期间 10 m 层至 30 m 层的平面分布见图 7.10。2009 年 6 月溶解氧含量在 5.49 ~

6.76 mg/dm³ 之间；随着水深的增加溶解氧含量逐渐降低，溶解氧饱和度亦随之减小。表层溶解氧含量高值出现在南澳岛外侧海域，而惠来至汕头之间近岸海域溶解氧含量较低（<6.1 mg/dm³）；随着水深的增加惠来至汕头之间近岸溶解氧低值区域逐渐向两侧扩展；并向东南侵入调查海域。

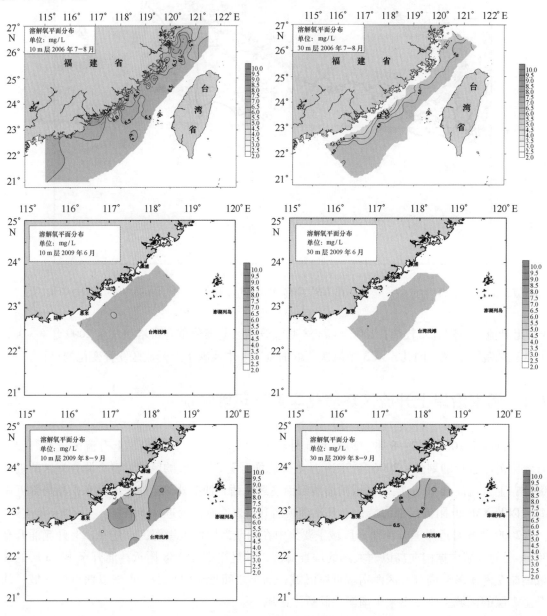

图 7.10　溶解氧平面分布

　　2006 年 7—8 月溶解氧含量在 3.79~7.70 mg/dm³ 之间；随着水深的增加溶解氧和溶解氧饱和度下降明显；10 m 层，在东山岛以东局部海域存在溶解氧含量小于 6.0 mg/dm³ 的低值区；而至 30 m 层，东山岛以东溶解氧含量小于 3.5 mg/dm³；而小于 5.5 mg/dm³ 的区域扩展至粤东近岸海域。

　　2009 年 8—9 月溶解氧含量在 5.14~7.74 mg/dm³ 之间；表层溶解氧含量在南澳至漳浦之

间外侧调查海区变化幅度较大；低值主要出现在东山湾外侧附近海域；至 10 m 层东山岛附近海域小于 6.4 mg/dm³ 低氧区面积扩大；至 30 m 层溶解氧低值区继续向南扩展。

根据近岸海域 3 个航次上升流涌升区域范围以及实际化学要素采样层次，近岸上升流区溶解氧含量及其饱和度各层分布见表 7.1。

表 7.1 近岸上升流区溶解氧及其饱和度均值分布特征

项目	层次	2006 年 7—8 月	2009 年 6 月	2009 年 8—9 月
溶解氧含量 （mg/dm³）	表层	7.83	6.19	—
	10 m	4.99	5.92	6.14
	30 m	5.16	6.14	6.41
溶解氧饱和度 （%）	表层	115.4	92.5	—
	10 m	71.8	88.2	89.3
	30 m	75.0	89.5	95.1

7.2.2 pH

pH 表层和 10 m 层平面分布见图 7.11。2009 年 6 月 pH 值范围在 8.16 ~ 8.31 之间。表层 pH 高值出现在东山岛至南澳岛之间的近岸海域；汕头外侧近岸海域存在 pH 值小于 8.20 的低值区；至 10 m 水深该低值区向近岸两侧扩展，30 m 层 pH 低值出现在东山岛至漳浦之间的近岸海域。底层 pH 低值区主要集中在东山岛以东以及南澳至惠来之间的近岸海域。

2006 年 7—8 月，南澳岛附近海域 pH 值较高，其值大于 8.30；pH 值表现出由西南至东北递增的趋势；10 m 层 pH 分布表现出近岸低，远岸高的特点；汕头至南澳之间近岸海域较低，该区域 pH 值小于 8.0。至 30 m 水层近岸 pH 值低值区向东北移动至南澳与东山之间的海域。至底层水体 pH 小于 8.05 的区域向离岸方向扩展。

2009 年 8—9 月，pH 值范围在 8.05 ~ 8.40 之间，低值主要出现在漳浦至东山之间的近岸海域。随着水深的增加，pH 在各水层的平面分布趋势大体相当。

根据近岸海域 3 个航次上升流涌升区域范围以及实际化学要素采样层次，近岸上升流区 pH 值各层分布见表 7.2。

表 7.2 近岸上升流区 pH 值均值分布特征

项目	层次	2006 年 7—8 月	2009 年 6 月	2009 年 8—9 月
pH 值	表层	8.25	8.20	—
	10 m	8.08	8.20	8.21
	30 m	8.04	8.23	8.24

7.2.3 营养类物质

本部分研究仅描述硝酸盐、亚硝酸盐、磷酸盐等营养类物质的分布特征，其他营养类物质如氨盐、硅酸盐、溶解态磷、总磷、溶解态氮、总氮等亦有类似的分布特征，这里仅列出其在不同水层的统计特征值。

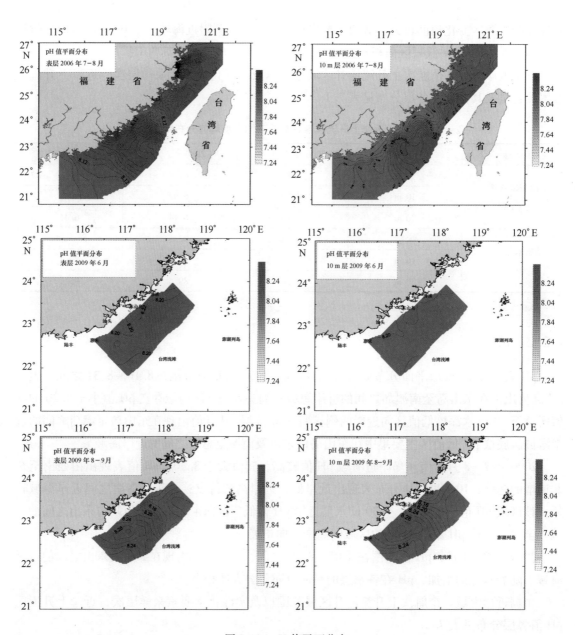

图 7.11　pH 值平面分布

硝酸盐调查期间 10 m 层和 30 m 层的平面分布图分别见图 7.12。2009 年 6 月表层硝酸盐含量范围在未检出至 5.01 $\mu mol/dm^3$ 之间；表层硝酸盐含量高值出现在调查海区的西南端，在惠来至东山岛之间的近岸海域硝酸盐的含量低于检测限；除西南端的高值区外，大部分海区硝酸盐含量介于未检出至 0.50 $\mu mol/dm^3$ 之间。随着水深的增加，至 10 m 层，硝酸盐平面分布格局基本同表层类似，即调查海区西南端存在大于 1.0 $\mu mol/dm^3$ 的高值区；其他海域亦在未检出至 0.5 $\mu mol/dm^3$ 之间，但未检出区移至调查海区中部；在惠来至东山之间的近岸海域硝酸盐含量较表层略有增加。至 30 m 层未检出区域面积较 10 m 有明显减小；惠来至东山之间的近岸海域硝酸盐含量亦有所增加。

2006 年 7—8 月闽南粤东区域表层硝酸盐含量介于未检出至 1.90 $\mu mol/dm^3$ 之间，该区域硝酸盐含量分布均匀，汕头至东山之间近岸海域硝酸盐含量较高，其值大于 2.0 $\mu mol/dm^3$。

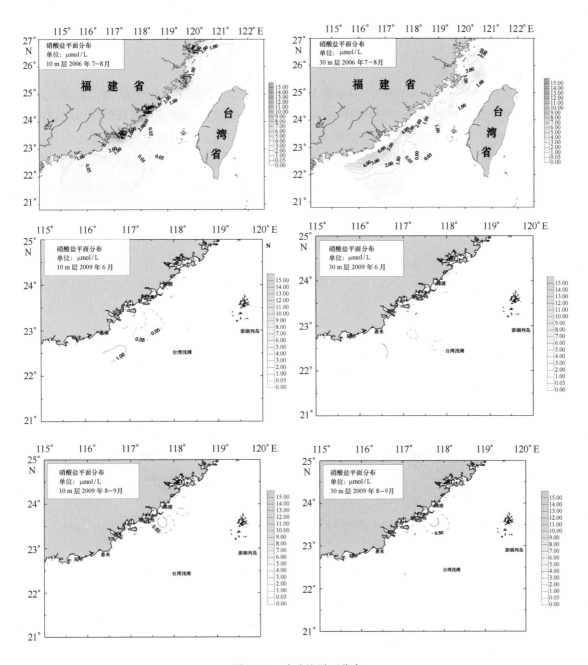

图 7.12　硝酸盐平面分布

至 10 m 层汕头至南澳之间近岸海域硝酸盐含量有所增加，含量大于 2.0 μmol/dm³ 的区域向外扩展；但远岸大部分区域硝酸盐含量小于 0.50 μmol/dm³；至 30 m 层近岸区域硝酸盐含量进一步增加，2.0 μmol/dm³ 等值线继续向外海移动。硝酸盐高值出现在离岸远端（东南端）的区域。

2009 年 8—9 月硝酸盐表层高值区（>0.30 μmol/dm³）主要出现在东山岛附近海域，惠来至南澳之间海域直至海区中部硝酸盐含量基本小于 0.20 μmol/dm³，而调查海区东南端硝酸盐含量大于 0.4 μmol/dm³；而惠来至南澳之间近岸海域硝酸盐含量在未检出至 0.1 μmol/dm³ 之间。至 10 m 层，高值区依旧存在于东山岛附近，其强度及范围均增强明显，中心区域硝酸盐含量可达 1.5 μmol/dm³，而惠来至南澳之间近岸海域硝酸盐含量有所增加，其值在 0.1 ~ 0.2 μmol/dm³。30 m 和底层硝酸盐含量的分布格局总体变化不大，在离岸远端（东南端）的区域出现硝酸盐相对高值区。

2006 年和 2009 年夏季亚硝酸盐 10 m 层及 30 m 层平面分布见图 7.13。2009 年 6 月调查海区表层亚硝酸盐含量范围在未检出至 0.293 μmol/dm³ 之间；表层亚硝酸盐含量高值出现在调查海区西南端；低值主要出现在东山岛至台湾浅滩之间，惠来至南澳之间近岸海域亚硝酸盐含量大多在 0.1 ~ 0.15 μmol/dm³ 之间。10 m 层亚硝酸盐含量范围在未检出至 0.177 μmol/dm³ 之间，惠来至南澳之间的近岸海域的亚硝酸盐基本在 0.1 ~ 0.15 μmol/dm³ 之间，属于 10 m 层的高值区；30 m 和底层亚硝酸盐平面分布格局基本变化不大，只是高值区向惠来近岸海域扩展。

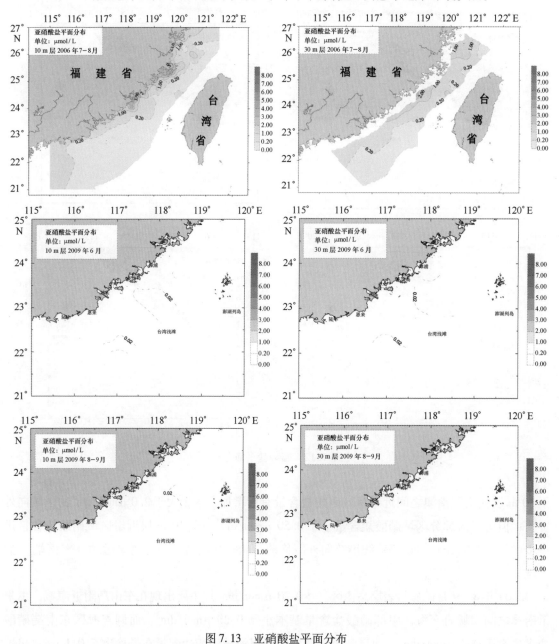

图 7.13　亚硝酸盐平面分布

2006 年 7—8 月粤东闽南海区表层亚硝酸盐含量在检出限至 0.563 μmol/dm³ 之间，总体上分布均匀；表现为近岸高、远岸低的特征；粤东闽南海区西南部其值在 0.10 ~ 0.50 μmol/dm³ 之间；其东北部亚硝酸盐含量则低于 0.1 μmol/dm³；在惠来至南澳之间近岸海域亚硝酸盐含量在 0.1 ~ 0.50 μmol/dm³ 之间。10 m 层亚硝酸盐含量表现出近岸高、远岸低的特征，惠来至南澳之间近岸海区亚硝酸盐含量达到 1.0 ~ 2.0 μmol/dm³。30 m 层亚硝酸盐含量亦表现出近岸高、远岸低的特点，但含量较 10 m 有所下降；其中，惠来至南澳之间近岸海区亚硝酸盐含量在 0.5 ~ 1.0 μmol/dm³ 之间；大于 1.0 μmol/dm³ 的相对高值区域出现在东山岛外侧海域；底层，亚硝酸盐等值线基本平行岸线分布，近岸区域较高，基本在 1.0 ~ 2.0 μmol/dm³ 之间。

2009 年 8—9 月表层亚硝酸盐含量范围在 0.022 ~ 0.351 μmol/dm³ 之间，高值区域分布在南澳岛附近海域；低值主要出现在调查海区的东北及西南端海区。10 m 层亚硝酸盐含量范围在 0.022 ~ 0.318 μmol/dm³ 之间，高值区出现在东山湾外侧近岸海域；30 m 层亚硝酸盐含量范围在 0.022 ~ 0.252 μmol/dm³ 之间，东山岛附近高值区继续向调查海区中部扩展；此外，惠来至南澳之间近岸海域亚硝酸盐含量处于次高区。底层在调查海区中部远端有一个大于 0.25 μmol/dm³ 的水舌直抵东山岛附近海域。

2006 年和 2009 年夏季部分磷酸盐平面分布见图 7.14。2009 年 6 月，表层磷酸盐含量范围在未检出至 0.643 μmol/dm³ 之间；表层磷酸盐含量高值出现在东山岛至漳浦东侧的近岸海域，而惠来附近海域磷酸盐含量相对较高（＞0.05 μmol/dm³）为西南部海区的高值区；而汕头至南澳之间近岸海域向东南延伸至台湾浅滩，磷酸盐含量均低于检测限。10 m 层，惠来近岸高值区移至惠来至汕头之间的近岸海域；而海区中部低值区向岸向退缩。10 m 层和 30 m 层磷酸盐分布格局基本与上层类似，底层台湾浅滩附近海域水体中磷酸盐略高于检测限，并向西北进抵至南澳东南的近岸海域。

2006 年 7—8 月，闽南粤东海域表层磷酸盐含量范围在 0.088 ~ 0.445 μmol/dm³ 之间；表层磷酸盐分布与 2009 年 6 月类似，磷酸盐含量高值出现在东山岛至漳浦东侧的近岸海域，而惠来附近海域磷酸盐含量相对较高（＞0.05 μmol/dm³）为西南部海区的高值区；10 m 层磷酸盐含量分布表现为近岸高、远岸低的特征；外侧海域磷酸盐含量分布均匀，高值区（＞0.20 μmol/dm³）主要集中在汕头至东山之间的近岸海域；30 m 层磷酸盐含量的分布趋势与 10 m 层类似，但高值区（＞0.20 μmol/dm³）向外扩展；底层可以明显看到调查海区南端有磷酸盐高值水舌深入调查海区中部。

2009 年 8—9 月，表层磷酸盐含量高值主要出现在东山岛至漳浦之间的近岸海域；而惠来近岸海域存在磷酸盐相对高值区（＞0.2 μmol/dm³）；磷酸盐低值区（低于检测限）主要出现在调查海区南端。10 m 层磷酸盐含量的高值区（＞0.2 μmol/dm³）出现在汕头近岸海域，并伸入海区中部；30 m 层，磷酸盐高于 0.1 μmol/dm³ 的区域较 10 m 层有所扩展，大于 0.2 μmol/dm³ 的高值区则出现在海区中部。底层，磷酸盐分布格局与上层类似，高值区出现在惠来至南澳之间海域并伸入海区中部。

根据近岸海域 3 个航次上升流涌升区域范围以及实际化学要素采样层次，近岸上升流区营养类物质各层分布特征见表 7.3。

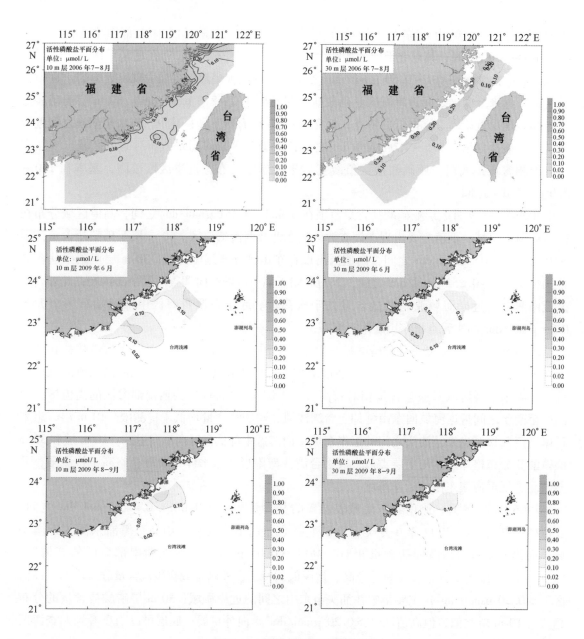

图 7.14　活性磷酸盐平面分布

表 7.3　近岸上升流区营养类物质分布特征

项目	层次	2006 年 7—8 月	2009 年 6 月	2009 年 8—9 月
硝酸盐－氮（μmol/dm³）	表层	1.60	0.03	—
	10 m	4.39	0.06	0.41
	30 m	5.02	0.43	0.30
亚硝酸盐－氮（μmol/dm³）	表层	0.29	0.17	—
	10 m	0.72	0.11	0.23
	30 m	0.86	0.10	0.13

续表 7.3

项目	层次	2006 年 7—8 月	2009 年 6 月	2009 年 8—9 月
铵盐－氮 （μmol/dm³）	表层	1.59	2.37	—
	10 m	1.81	1.59	1.21
	30 m	2.40	1.62	1.68
磷酸盐－磷 （μmol/dm³）	表层	0.07	0.09	—
	10 m	0.18	0.12	0.097
	30 m	0.26	0.15	0.054
硅酸盐－硅 （μmol/dm³）	表层	19.6	8.91	—
	10 m	26.8	10.5	7.94
	30 m	19.6	6.75	4.04
溶解态总氮 （μmol/dm³）	表层	16.4	8.65	—
	10 m	20.2	8.55	13.4
	30 m	17.6	9.37	13.5
总氮 （μmol/dm³）	表层	24.0	12.6	—
	10 m	24.0	13.9	16.3
	30 m	21.6	13.0	16.2
溶解态总磷 （μmol/dm³）	表层	0.21	0.27	—
	10 m	0.38	0.28	0.29
	30 m	0.50	0.23	0.21
总磷 （μmol/dm³）	表层	1.22	0.40	—
	10 m	1.29	0.37	0.48
	30 m	0.70	0.25	0.32

7.3　闽南沿岸上升流区营养盐限制特征及老化指标

营养盐是生态系统的基础物质和能量来源，营养盐结构直接影响浮游植物的初级生产力变化和生物资源的可持续利用（杨东方等，2002）。营养盐的供求状况会影响浮游植物细胞组成成分；浮游植物对营养盐的吸收速率与海水营养盐含量和温度、光照等环境因素有关，且因浮游植物种类不同而有不同的影响特征（黄邦钦等，1993）但浮游植物生长速率主要取决于其细胞内部营养盐的含量，而不是外部环境的营养盐浓度。营养盐是海洋浮游植物生长繁殖的必需成分，也是影响浮游植物生长的重要因素之一。不同浮游植物在不同的生活时期有着各自独特的营养需求，在对营养盐吸收竞争过程中，营养盐的浓度及其比例对浮游植物群落结构产生调节作用（蒲新明等，1993）。

海洋中的浮游植物是按一定比例自海水中吸收营养盐，这一恒定比例称为 Redfield 系数。海水中营养盐比值偏离 Redfield 系数过高或过低，均可导致浮游植物的生长受到某一相对低含量元素的限制，并显著影响水体中浮游植物的种类组成。一般认为，淡水环境中的初级生产力受磷的限制，而在海洋及河口环境中则受氮的限制。Fisher 等（1992）研究指出，氮或磷的限制性是有空间变化的，甚至在同一海区也有氮、磷营养盐限制的季节性交替变化。近年来有的研究者指出硅也可能成为限制性因素，微量元素铁、锰等亦可成为限制因子。

根据 2006 年和 2009 年在闽南沿岸上升流区海区的调查资料，对粤东至漳浦之间以及大陆岸线至台湾浅滩所围成的调查区域的营养盐结构以及营养盐限制情况进行研究；为今后开展浮游植物对海水营养盐结构的生态响应、浮游植物生长的营养盐限制，对深入研究营养盐对浮游植物生长的调控机制等提供研究基础。

硅：氮（Si：N）比值是取海洋上层水体（0~30 m）的平均值算得；由于上层水体中无机磷盐含量极低，无法获得可靠的无机磷浓度，此时计算氮/磷（N/P）比值已没有实际意义，也是不真实的。可以通过考察表层水中无机氮含量相对于无机磷含量的余缺状况（王保栋，2003），以此来探讨营养盐限制因素，按下式计算无机氮相对于无机磷的余缺状况：$C_{Nex} = C_N - R \cdot C_P$，$C_{Nex}$ 为过剩的无机氮；C_N 为水体中无机氮的现存浓度；C_P 为水体中无机磷的浓度；R 为 Redfield 系数，这里取理论值 16（即 N：P = 16：1）。当 C_{Nex} 为正值时，表示水体中有过剩的无机氮存在，而磷酸盐相对缺乏，该海域浮游植物生长受磷限制；反之，当 C_{Nex} 为负值时，表示水体中有过剩的无机磷存在，而无机氮相对缺乏，该海域浮游植物生长受氮限制；当 C_{Nex} 为 0 时，表示水体中无机磷和无机氮的比例适宜。

7.3.1 硅氮比值

从调查海区 3 个航次获取的 0~30 m 硅氮比值（表 7.4）可以看出，调查海区大部分站位的 Si：N 比值大于 1，只有个别少数站位的 Si：N 比值小于 1，由于通常认为海洋硅藻的 Si：N：P 摩尔比值大约是 16：16：1（即 Si：N = 1：1），因此总体上，硅在粤东至漳浦之间的调查海区不会成为该区域的限制性因素。

表 7.4　闽南沿岸上升流区 Si：N 比值统计

调查时间	海区	Si：N 比值范围	平均值	标准偏差	总站位数	Si：N < 1 的站位数
2006 年 7—8 月	全海区	1.02~10.3	4.12	±1.72	65	0
	上升流区	1.08~8.87	3.22	±2.04	14	0
2009 年 6 月	全海区	1.03~7.26	4.09	±1.75	30	0
	上升流区	0.57~7.87	3.85	±2.89	8	1
2009 年 8—9 月	全海区	0.24~9.93	2.87	±2.54	30	7
	上升流区	0.02~10.4	2.84	±2.71	27	8

7.3.2 净氮含量

由于海区上层水体磷酸盐含量极低，有些站位磷酸盐含量低于检测限，若计算氮磷比值，以反映海区氮或磷限制的情况，意义不大；因此，结合调查海区 0~30 m 水体中净氮含量均值来反映海区氮或磷限制情况，其统计值列于表 7.5，从 2009 年 6 月，全海区及上升流区净氮含量小于 0 的站位超过半数，全海区净氮含量均值为 -0.22 μmol/dm³，表现出弱的氮限制的特征；上升流区净氮含量均值为 0.13，但其中净氮含量小于 0 的站位达到 62.5%，表明上升流区，弱氮限制有所加剧，即上升流对海区氮提供了补充，但依然占据主导地位。

2006 年 7—8 月全海区和上升流的净氮含量均值分别为 4.12 和 3.22；表现出磷限制的特征，且无净氮含量均值小于 0 的站位；2009 年 8—9 月全海区和上升流区的净氮含量均值分别为 4.09 和 3.85，且大多数站位净氮含量均值大于 0；亦表现出磷限制特征。

表 7.5　闽南沿岸上升流区 N_{Nex} 统计　　　　　　　　单位：$\mu mol/dm^3$

调查时间	海区	N_{Nex} 比值范围	平均值	标准偏差	总站位数	$N_{Nex} < 0$ 的站位数
2006 年 7—8 月	全海区	−1.04 ~ 19.7	2.52	±3.39	65	4
	上升流区	0.36 ~ 7.67	3.89	±1.95	14	0
2009 年 6 月	全海区	−4.42 ~ 4.02	−0.22	±1.69	30	16
	上升流区	−2.79 ~ 3.01	0.13	±2.04	8	5
2009 年 8—9 月	全海区	−1.64 ~ 2.54	0.96	±0.88	30	5
	上升流区	−1.61 ~ 2.72	2.72	±1.09	27	3

上升流将富含营养盐的深层水带到上表层，促成上升流区水域真光层的高生产力（陈水土，2000）。在新涌升的水体中，营养要素主要以溶解无机盐形态存在，在真光层中被浮游生物摄取进入食物链并逐步转化为颗粒形态和有机形态，所以，在老化的水体中，营养要素主要以颗粒、有机形态（例如，浮游生物细胞或残骸）存在。一个涌升水体的老化状况可以表示为营养要素有机形态与无机形态的相对比率表示。各形态磷之间相对比例曾被用于表征闽南 – 台湾浅滩渔场上升流区上升流水体老化程度；即上升流水体老化指数 AIU ＝（DOP ＋ PP）／（DIP ＋ DOP ＋ PP）。2006 年 7—8 月、2009 年 6 月和 2009 年 8—9 月上升流区上层水体（30 m 以浅）中不同形态磷比例见表 7.6。

表 7.6　上升流区上层水体中磷含量及不同形态磷的比例

调查时间	特征值	DIP	DTP	DOP	PP	TP
2006 年 7—8 月	范围	0.040 ~ 0.469	0.120 ~ 0.680	未 ~ 0.345	0.088 ~ 1.33	0.548 ~ 1.77
	平均值	0.208	0.361	0.153	0.610	0.971
2009 年 6 月	范围	未 ~ 0.264	0.17 ~ 0.35	未 ~ 0.20	未 ~ 0.32	0.19 ~ 0.64
	平均值	0.131	0.25	0.12	0.10	0.35
2009 年 8—9 月	范围	未 ~ 0.258	0.15 ~ 0.48	0.064 ~ 038	未 ~ 0.56	0.22 ~ 0.97
	平均值	0.066	0.226	0.16	0.14	0.366

上升流海域深层水溶解无机磷含量较高，是磷的主要存在形态，在涌升过程，尤其在真光层，因生物活动而转化为溶解有机磷和颗粒磷等，并随滞留时间延续，溶解态有机磷和颗粒磷所占比例增大。这样，对于新涌升的水体，溶解无机磷含量高，而溶解有机磷和颗粒磷含量较低，则老化指数 AIU 很小；如果水体老化，溶解有机磷和颗粒有机磷含量较高，溶解无机磷含量所占比例小，则 AIU 接近于 1，即 0 ＜ AIU ＜ 1。从前人研究的结果表明：上升流老化指标 AIU 的季节变化能用于指示上升流消长变化规律；同时 AIU 较小的区域，其水体为新涌升的水。根据对 2006 年和 2009 年夏季不同时期，闽南沿岸上升流区海洋水文调查的研究结果，6 月的上升流仅影响惠来至南澳之间的近岸海域，7 月的影响区域扩大至惠来至东山近岸海域，而到 9 月影响区域则向外海扩展；至 9 月，上升流区的强度以及影响范围不断扩大。

根据表 7.7 计算不同航次的 AIU。从表 7.7 中可以清楚地看出 3 个航次上升流水体老化指标的月变化，其中，2009 年 6 月其老化指标在 0.06 ~ 0.95 之间，平均值约为 0.60；2006 年

7—8 月老化指标在 0.34 ~ 0.97 之间，平均值约为 0.78；2009 年 8—9 月老化指标在 0.53 ~ 0.98 之间，平均值约为 0.82。

表 7.7 上升流区上层水体中以同形态磷表示的 *AIU*

调查时间	特征值	
	范围	平均值
2006 年 7—8 月	0.34 ~ 0.97	0.78
2009 年 6 月	0.06 ~ 0.95	0.53 ~ 0.98
2009 年 8—9 月	0.63	0.82

2009 年 6 月上升流区的 *AIU* 平均指数最小，表明此时该区域新涌升水的比例较大。而随着时间的推移，至 8—9 月上升流区 *AIU* 平均指数最大，达到 0.82，此时，上升流区扩展至外海海域，由于上升流持续强劲，上层水体营养盐补充丰富，使得该区域上层水体中积累了较多的有机物质，导致溶解态有机磷和颗粒磷高于 7—8 月，其占总磷的比例亦较上升流形成初期为高。因此，运用上升流区不同形态磷所表示的上升流水体老化指标，对于反映上升流的消长变化，具有一定的指示意义。

7.4 闽南沿岸上升流物质输运特征

海洋水体是生物生存和发展的理想环境。海洋生物丰富多样，其分布受各种因素的影响，如光照、温度、盐度、透明度及底土的理化性质等，从而形成各种生命力不同的生态系统。其中，最具有生命力的生态系统有四个：红树林、珊瑚礁、上升流和海岸湿地。

上升流（upwelling）是深层海水涌升到上层的过程，根据上升流在海洋中的分布可分为大洋上升流和沿岸上升流。沿岸上升流是由特定的风场、海岸线或海底地形等特殊条件所引起的，能够将深层的营养盐带入上层区，影响上层浮游植物量和初级生产力（Margalef et al.，1978；Margalef，1978；Blasco et al.，1980；Blasco et al.，1981），对渔场生产力、沿岸生态环境和气候特征产生重要影响（Oleg et al.，2003；Cui et al.，2004）。如著名的南美西岸秘鲁上升流区、非洲西部和西北部上升流区。我国渤海、黄海、东海陆架区、台湾海峡以及海南岛近岸都存在上升流区。上升流速度虽慢，却是一种重要现象，全世界沿岸上升流区域的总面积还不到海洋总面积的千分之一，却产生了世界总渔获量的一半，这充分说明沿岸上升流区域是世界上海洋生产力较高的区域。

夏季，闽南沿岸上升流现象最为明显，为上层海域输入营养物质，从而较大程度地改善了海区的营养盐结构，促进了浮游植物的生长。本研究初步估算了 3 个航次上升流的营养盐通量，同时借鉴陈水土等（1996）估算台湾海峡上升流区营养盐输送通量的方法，对 3 个航次中闽南沿岸上升流区的氮、磷和硅的垂直输运通量进行估算，计算公式如下：

$$P = a \times C \times W \tag{7.1}$$

式中，P [g/（m²·d）] 为营养盐的垂直输运通量，是指由底层向上层在垂直方向上每天通过每平方米面积的营养盐量；a 为单位换算常数；C（μmol/dm³）为营养盐浓度；W（m/s）为上升流速度。

由于 3 个航次的调查仅进行大面的走航观测，无法获取现场的上升流流速数据；本研究采用的上升流流速主要参考他人的研究成果。

韩舞鹰等（1988）根据 1982—1983 年广东省海岸带调查资料以及参考国家海洋局南海分局 1979—1982 年断面调查资料，对粤东沿岸上升流的研究结果表明：粤东沿岸的夏季存在风生上升流，中心位置在 20 m 以浅；其根据盐量平衡公式，计算出 8 月份碣石湾至神泉湾 20 m 以浅区域内上升流的平均上升速度为 1.2×10^{-3} cm/s。章克本等（1997）对珠江口以东沿岸海区，应用有限元法对沿岸上升流进行数值模拟，模拟珠江口以东的大鹏湾、大亚湾、红海湾一带的外海，南北宽约 200 km、东西长约 300 km 的区域，其计算结果表明在大亚湾附近，界面日上升 5 m 左右，即上升流上升速度约 5.79×10^{-3} cm/s。吴永成等（1997）给出夏季东山岛东侧上升流流速约为 5.1×10^{-3} cm/s；同时亦给出东山岛东南侧风生上升流在 6 月、7 月和 8 月的流速分别为 5.43×10^{-3} cm/s、4.59×10^{-3} cm/s 和 3.23×10^{-3} cm/s。吴丽玉等（1991）在闽南 - 台湾浅滩渔场上升流区研究中，使用的该海区上升流流速为 1.3×10^{-3} cm/s。陈水土等（1996）对台湾海峡上升流区上升流流速取值为 4.4×10^{-3} cm/s。因此，本书根据前人研究成果，该海区上升流的流速取值为 $1.0 \times 10^{-3} \sim 6.0 \times 10^{-3}$ cm/s。

根据 2006 年 7—8 月、2009 年 6 月以及 2009 年 8—9 月的调查结果，上升流涌升至表层仅局限于局部很小的范围，这里仅仅估算涌升至 10 m 层以及涌升至 30 m 层营养盐物质的通量。因此，估算涌升至 30 m 层营养物质通量，分别采用 30 m 至底层之间的营养盐平均浓度进行估算。其估算值汇总如表 7.8。

表 7.8　营养盐平均浓度　　　　　　　　单位：$\mu mol/dm^3$

项目	调查时间			平均值
	2006 年 7—8 月	2009 年 6 月	2009 年 8—9 月	
$NO_3 - N$	5.00	0.55	0.31	1.95
DIN	8.26	2.34	2.19	4.26
DTN	17.4	9.48	13.7	13.53
TN	20.8	12.5	16.6	16.63
$PO_4 - P$	0.26	0.16	0.06	0.16
DTP	0.50	0.24	0.21	0.32
TP	0.68	0.33	0.32	0.44
$SiO_3 - Si$	20.0	7.12	3.95	10.36

近岸上升流将深层水带入真光层的营养盐可通过上升流海域营养盐的垂直输送通量计算，对于 N、P 和 Si，其单位换算常数分别为 12 096、26 758 和 24 270。各营养盐物质输送通量列于表 7.9。

表 7.9　闽南沿岸上升流营养盐输送通量

项目	平均浓度（$\mu mol/dm^3$）	$V_{上升流}$（$\times 10^{-3}$ cm/s）	垂直通量（g/（$m^2 \cdot d$））
$NO_3 - N$	1.95	1.0~6.0	60.5~362.9
DIN	4.26	1.0~6.0	99.9~599.5
DTN	13.53	1.0~6.0	210.5~1 262.8
TN	16.63	1.0~6.0	251.6~1 509.6

续表 7.9

项目	平均浓度（$\mu mol/dm^3$）	$V_{上升流}$（$\times 10^{-3}$ cm/s）	垂直通量（g/（$m^2 \cdot d$））
$PO_4 - P$	0.16	1.0 ~ 6.0	7.0 ~ 41.7
DTP	0.32	1.0 ~ 6.0	13.4 ~ 80.3
TP	0.44	1.0 ~ 6.0	18.2 ~ 109.2
$SiO_3 - Si$	10.36	1.0 ~ 6.0	485.4 ~ 2 912.4

7.5　闽南沿岸上升流区海 – 气 CO_2 通量的变化

陆架边缘海由于物理与生物地球化学过程远比大洋复杂，其 CO_2 源汇过程研究难度大，因而当前关于陆架和陆坡海域的各项通量数据都还很不确定（Fasham et al.，2001），这成为全球的 CO_2 源汇作用研究中最薄弱的环节。陆架边缘海界于陆地及开阔的大洋之间，陆源物质经此向大洋传输，沿岸海流的循环、混合及涌升和陆地河水径流带来的丰富营养盐，促使边缘海生物生产率远高于开阔海域，其生物固氮作用可加速海水吸收气溶胶中的 CO_2，并将 CO_2 转化成颗粒态的碳化合物，沉积在边缘海区，或经由侧向传输流入大洋深部。但另一方面，深水涌升到陆架海区以及大量有机质分解，也可能使边缘海区中 CO_2 呈过饱和状态，而成为气溶胶 CO_2 的源区（Lefèvre et al.，2002）。这种错综复杂的作用一直在边缘海区域发生。

到 2000 年，我国因化石燃烧所排放的 CO_2（以碳计）已经达到 0.73 Gt/a，占全球排放量的 10.6%（Streets et al.，2001），因此中国的 CO_2 排放量过高的问题日益受到国际社会的关注。中国有着广阔的陆架边缘海，约占全球陆架海的 12.5%，是研究陆架边缘海 CO_2 源汇作用的良好场所。特别是由于陆架边缘海受到人类活动影响显著，具有上升流与陆地边界流、高生产力、淡水的季节性输入特点，使得陆架边缘海在海洋碳循环中占有重要的作用。

中国不少学者在东海、黄海、台湾海峡、南海等海域开展了研究。尤其以东海的研究较充分，诸学者的研究表明，东海表层海水与空气的 CO_2 分压差有明显的空间和季节变化，在长江口及杭州湾附近海水 pCO_2 大大高于空气，如长江口盐度小于 20 的区域在夏季可高达 800 μatm（1 atm = 101.325 kPa），表明受到河水碳酸盐系统的强烈影响；而在长江口东北方向受冲淡水影响的大片海域明显地吸收气溶胶 CO_2；在南部靠近黑潮的大片区域，海水 pCO_2 也高于气溶胶，春、夏季尤为明显。胡敦欣等（2001）曾估算东海每年从气溶胶中吸收约 43×10^6 t C。

张远辉等（2000）认为位于南海北部边缘的台湾海峡在夏季是气溶胶 CO_2 的弱源而冬季为汇，海 – 气通量分别约为 0.1 mmol/（$m^2 \cdot d$）和 – 8 mmol/（$m^2 \cdot d$）；而 Rheder 等（2001）在南海东部边缘海以及南部陆架所作的一次调查，显示这两个海域在夏季海表层水温最高时均为气溶胶的弱源，海 – 气通量估计为 0 ~ 1.9 mmol/（$m^2 \cdot d$）（海盆）和 0.3 ~ 5.5 mmol/（$m^2 \cdot d$）（南部陆架）。翟惟东等（2005）对南海的研究表明这些边缘海区是气溶胶中 CO_2 的源区，表层海水 pCO_2 在 360 ~ 450 μamt 之间。春季，ΔpCO_2 在 0 ~ 50 μatm 之间；夏季，ΔpCO_2 在 50 ~ 100 μatm 之间；而秋末则在 0 ~ 90 μatm 之间。夏季的 CO_2 平均通量为 7 mmol/（$m^2 \cdot d$），春秋季节则在 1 ~ 3 mmol/（$m^2 \cdot d$）之间。

郭水伙（1995）曾利用 1984 年 5 月至 1985 年 2 月获取的 pH、总碱度、温度和盐度资料，估算了台湾西部海域海水 CO_2 体系各分量及其与环境因子之间的关系；谭敏等（1990）利用总碱度、pH、温度和盐度资料计算了渤海、黄海水体中 CO_2 体系各分量的含量，讨论了水体中 CO_2 的分布变化规律；李悦（1997）利用渤海物质质量平衡模式，计算出渤海每年向气溶胶排放 $6.53 \times 10^9 \, kg$ 的 CO_2；孙云明等（2002）用温带海表温度与表层海水 pCO_2 的关系，模拟计算了渤黄东海海 – 气界面 CO_2 通量，指出渤海的春季、秋季和冬季是气溶胶 CO_2 的汇，在量值上是冬季远大于春季大于秋季，而夏季则是海水向气溶胶释放 CO_2。就全年而言，渤海是吸收气溶胶中的 CO_2，通量为 $36.8 \, g/(m^2 \cdot d)$（以 C 计）。

7.5.1　海 – 气界面 CO_2 通量的计算方法

海 – 气界面的 CO_2 通量是指单位时间单位面积上大气和海洋界面的净交换量，它代表着海洋吸收或放出 CO_2 的能力。海 – 气 CO_2 通量的估算方法包括：^{14}C 示踪法、碳的稳定同位素比例法、通过测量气溶胶中 O_2 浓度的镜像法等基于物质守恒原理在全球尺度上估算海 – 气 CO_2 交换通量的方法、分别测量海水和大气的 CO_2 分压结合 CO_2 海气交换速率来实测海气 CO_2 交换通量的海 – 气界面 CO_2 分压差法、采用涡动相关法等直接在海面测量 CO_2 通量的微气象学方法。

其中，海 – 气界面 CO_2 分压差法估算海 – 气 CO_2 通量最常用的方法，即海气间 CO_2 的交换通量按式 $F = K \times \alpha \times \Delta pCO_2$ 进行计算。其中，K 为 CO_2 迁移速率（cm/h）；ΔpCO_2 为海洋和气溶胶中 CO_2 的分压差（μatm）；α 为海水中 CO_2 的溶解度 $[mol/(L \cdot atm)]$。

海水中 CO_2 的溶解度 α 的表达式为

$$\ln\alpha = A_1 + A_2(100/T) + A_3\ln(T/100) + S[B_1 + B_2(T/100) + B_3(T/100)^2] \quad (7.2)$$

其中，T 为 K 氏温度，S 为盐度，$A_1 = -58.0931$，$A_2 = 90.5069$，$A_3 = 22.294$，$B_1 = 0.027766$，$B_2 = -0.025888$，$B_3 = 0.0050578$。气体迁移速率难以准确量化主要是因为其几个主要影响因素难以进行估算，目前一般认为风速是影响气体迁移速率的主要因素。国际上关于 CO_2 迁移速率的研究工作很多。表 7.10 中的前 5 种是基于化学质量平衡的间接法，最后一种是基于涡动相关技术的直接法。目前，Wanninkhof（1992）的关系式应用最为广泛，本研究的计算公式采用 $K = 0.31 \times U_{10}^2 \times (660/Sct)^{1/2}$。

表 7.10　CO_2 迁移速率表达式

作者	表达式
Liss 和 Merlivat（1986）	$K = 0.17U_{10}$（$U_{10} < 3.6 \, m/s$）
	$K = 2.85U_{10} - 9.65$（$3.6 \, m/s < U_{10} < 13 \, m/s$）
	$K = 5.9U_{10} - 49.3$（$U_{10} > 13 \, m/s$）
Tans 等（1990）	$K = 0$（$U_{10} < 3.0 \, m/s$）
	$K = 0.016$（$U_{10} - 3$）（$U_{10} > 3.0 \, m/s$）
Woolf 和 Thorp（1991）	$K = 0.17U_{10}$（$Sc/660$）$^{-2/3}$（$U_{10} < 9.65$ $[2.85 - 0.17$（$Sc/660$）$^{-1/6}]^{-1}m/s$）
	$K = (2.85U_{10} - 9.65)$（$Sc/660$）$^{-1/2}$（$U_{10} > 9.65$ $[2.85 - 0.17$（$Sc/660$）$^{-1/6}]^{-1}m/s$）
Wanninkhof（1992）	$K = 0.39U_{10}^2$（$Sc/660$）$^{-1/2}$（多年平均风）
	$K = 0.31U_{10}^2$（$Sc/660$）$^{-1/2}$（短期风）

作者	表达式
Wanninkhof 和 Gillis（1999）	$K = (1.09U_{10} - 0.333U_{10}^2 + 0.078U_{10}^3)(Sc/660)^{-1/2}$（多年平均风，$U_{10} < 20$ m/s）
	$K = 0.0283U_{10}^3 (Sc/660)^{-1/2}$（短期风）
Jacobs 等（1999）	$K = 0.54U_{10}^2$（短期风）

注：（1）U_{10} 为离海面 10 m 处的风速；（2）Sc 为施密特常数，盐度 = 35，温度 0～30℃，$S_{ct} = 2\,073.1 - 125.62\,t + 3.627\,6\,t^2 - 0.043\,212\,9\,t^3$，（$t$:℃），660 为温度 20℃盐度 35 的海水中 CO_2 的施密特常数。

7.5.2 闽南沿岸上升流区海气 CO_2 通量变化

7.5.2.1 闽南沿岸上升流区海气 CO_2 分布特征

2009 年 6 月大气及海水表层 pCO_2 平面分布特征见图 7.15。2009 年 6 月大气 pCO_2 变化范围为 376.98～394.22 μatm，平均值为 384.83 μatm；近岸区域的惠来、汕头、南澳岛、漳浦东北侧附近以及调查海区东北部局部区域大气中 CO_2 的分压较高，基本高于 388.0 μatm。而在调查海区西南部，即台湾浅滩西侧至调查海区中部区域，存在低于 380.0 μatm 的区域。

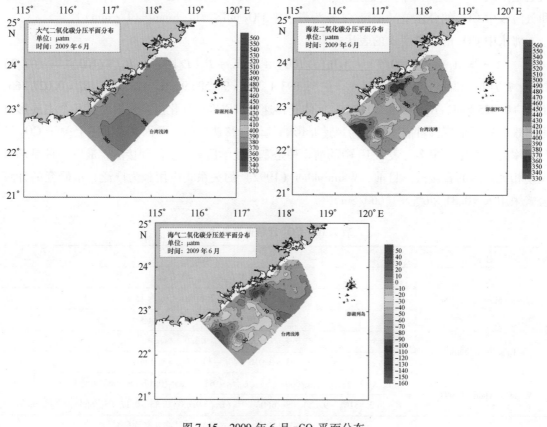

图 7.15 2009 年 6 月 pCO_2 平面分布

海水表层 pCO_2 变化范围为 336.28～454.11 μatm，平均值为 389.26 μatm；大部分海区海

水表层 pCO_2 高于 380.0 μatm，仅在南澳岛、东山岛之间海域东南侧 A28 至 A21 之间局部海域、调查海区西南端 A52、A54 以及 A36 之间局部海域、台湾浅滩东侧局部海域存在海水表层 pCO_2 低于 380.0 μatm 的区域。东山岛至漳浦以东的近岸海域、惠来附近近岸海域以及 A46 附近海域海水表层 pCO_2 高于 400.0 μatm。

大气与海水表层 ΔpCO_2（$pCO_{2,大气} - pCO_{2,海表}$）变化范围为 -75.23 ~ 49.54 μatm，平均值为 -4.44 μatm；总体上，调查海区表现为 CO_2 的源区；其中，强源区主要集中在东山岛近岸海域以及 A46 站附近海域，ΔpCO_2 为 -30.0 μatm。低值主要存在于东山岛东向的 A21、台湾浅滩北侧以及调查海区西南端 A52 至 A54 之间局部海域，其 ΔpCO_2 高于 10.0 μatm。

2009 年 9 月大气及海水表层 pCO_2 平面分布特征见图 7.16，2009 年 9 月大气 pCO_2 变化范围为 383.65 ~ 430.74 μatm，平均值为 393.82 μatm；近岸区域的惠来至汕头之间海域、南澳岛以东 A28 附近海域、东山岛至漳浦近岸海域大气中 pCO_2 较高，其值高于 400.0 μatm。而在汕头至台湾浅滩之间的 A42、A46 附近海域大气 pCO_2 较低，其值低于 390.0μatm。

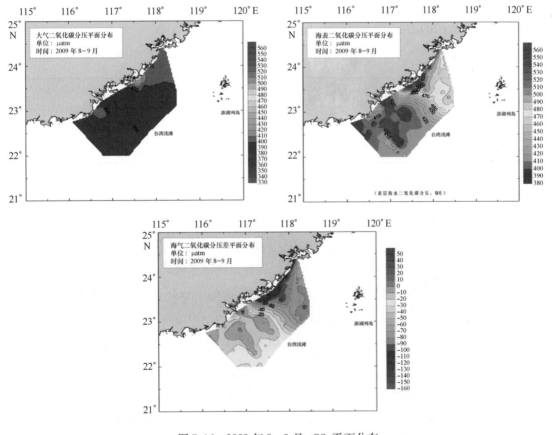

图 7.16　2009 年 8—9 月 pCO_2 平面分布

海水表层 pCO_2 变化范围为 382.14 ~ 610.36 μatm，平均值为 438.86 μatm；调查海区的东北部区域海区海水表层 pCO_2 高于西南部；其中，东山岛至漳浦一线近岸区域海水表层 pCO_2 高于 500.0 μatm；在汕头、南澳以南至调查海区中部区域海水表层 pCO_2 较低，其值小于 400.0 μatm。

大气与海水表层 ΔpCO_2（$pCO_{2,大气} - pCO_{2,海表}$）变化范围为 -221.79 ~ 4.45 μatm，平均值为 -45.04 μatm。总体上，调查海区表现为 CO_2 的源区；其中强源区主要集中在调查海区的东北部，东山岛至漳州近岸海域大气与海水表层 $\Delta p CO_2$ 达 -100.0 μatm 以上；汕头至南澳之间近岸以及调查海区西南端 A50 附近局部海域大气与海水表层 $\Delta p CO_2$ 在 $0.0 \sim 10.0$ μatm 之间。

7.5.2.2 闽南沿岸上升流区海气 CO_2 通量估算

2009 年 6 月调查期间风速变化幅度较大，变化幅度为 $0 \sim 12$ m/s，平均风速为 5.5 m/s。调查期间调查区进入了夏季，偏北气流减弱，偏南气流活跃。最多风向为 SSW 向（21.2%），其次为 S 向（15.8%）。占主导地位的是偏南风（SW—S—SE）频率达 57.1%。偏北风（NW—N—NE）较弱，频率为 17.4%。

2009 年 8—9 月调查期间风速变化幅度较大，在 $0 \sim 16$ m/s 之间，平均风速为 5.4 m/s。调查期间调查区进入了夏末初秋，偏北气流增强，偏南气流减弱。海面风向以偏北风（NW—N—NE）为主，频率为 49.5%，其次为偏东风（ENE—E—ESE），频率为 34.9%，偏南风（SW—S—SE）频率减弱为 10.3%。

由于站位在调查海区内的分布比较均匀，调查海域海气 CO_2 的通量计算以观测范围内通量均值表示；2009 年 6 月及 2009 年 8—9 月通量特征值列于表 7.11。

表 7.11 调查海区海气 CO_2 通量

航次	风速范围（m/s）	风速均值（m/s）	海气 CO_2 通量范围 [mmol/(m²·d)]	海气 CO_2 通量均值 [mmol/(m²·d)]
2009 年 6 月	$0 \sim 12$	5.5	$-2.3 \sim 3.70$	0.53
2009 年 8—9 月	$0 \sim 16$	5.4	$0.014 \sim 8.64$	3.23

注：负号表示 CO_2 由大气进入海洋，正号表示 CO_2 由海洋进入大气。

2009 年 6 月调查海区海气 CO_2 通量在 $-2.3 \sim 3.70$ mmol/(m²·d) 之间，整个海区 CO_2 通量均值为 0.53 mmol/(m²·d)，此时该海区表现为 CO_2 弱源。总体上近岸海域以及台湾浅滩西南侧局部海域为 CO_2 的源区，其中，台湾海峡西南侧源强较高。见图 7.17。

2009 年 8—9 月调查海区海气 CO_2 通量在 $0.014 \sim 8.64$ mmol/(m²·d) 之间，整个海区 CO_2 通量均值为 3.23 mmol/(m²·d)，此时该海区表现为 CO_2 源。其中，东山附近近岸海域源强较高，其高值达 8.0 mmol/(m²·d)。见图 7.17。

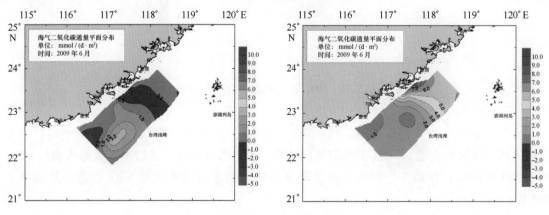

图 7.17 海气 CO_2 通量平面分布 [单位：mmol/(m²·d)]

7.6　小结

7.6.1　粤东闽南上升流影响范围

根据 2006 年 7—8 月国家我国近海海洋综合调查与评价专项 ST06 区块海洋调查以及 2009 年 6 月和 2009 年 8—9 月组织的国家我国近海海洋综合调查与评价专项补充调查的资料得出，从 6 月至 9 月粤东、闽南近岸区域低温高盐的区域范围逐渐增大，反映出粤东及闽南上升流区的发育变化过程。总体上，6 月上升流区主要集中在粤东近岸海域，上升流涌升至 10 m 层的范围大致分布在惠来至南澳岛之间的近岸区域；8 月上升流范围从粤东近岸区域扩展至厦门湾以西近岸区域，其中，上升流涌升至 10 m 层的范围在惠来至东山岛之间的近岸区域；9 月上升流范围主要向离岸方向扩展，占据从调查区域西南至东北均为上升流涌升至 30 m 的区域，上升流涌升至 30 m 的区域的东南端进至台湾浅滩附近；9 月上升流影响范围及强度，在 6 月、8 月和 9 月中属于影响范围最广、强度最大的月份。

7.6.2　上升流区营养盐限制特征

粤东闽南近海海域水层水体中硅氮比值较高，即使在上升流涌升的区域，其平均硅氮比值也大于 1，这表明硅不会成为台湾海峡西南部区域及其上升流涌升区浮游植物生长的限制因子。夏季台湾海峡西南部海区氮或磷限制因素主要受到上升流水体的氮磷比的影响，主要表现出"磷"限制的特征，在局部区域也会出现氮的弱限制。

7.6.3　上升流区老化指标 *AIU* 的研究

2009 年 6 月上升流区的 *AIU* 平均指数最小，表明此时该区域新涌升水的比例较大。而随着时间的推移，至 8—9 月上升流区 *AIU* 平均指数最大，达到 0.82，此时，上升流区扩展至外海海域，由于上升流持续强劲，上层水体营养盐补充丰富，使得该区域上层水体中积累了较多的有机物质，导致溶解态有机磷和颗粒磷高于 7—8 月，其占总磷的比例亦较上升流形成初期为高。因此，运用上升流区不同形态磷所表示的上升流水体老化指标，对于反映上升流的消长变化，具有一定的指示意义。

7.6.4　闽南沿岸上升流区物质输运特征

若该海区上升流的流速取值为 $1.0 \times 10^{-3} \sim 6.0 \times 10^{-3}$ cm/s，根据 2006 年 7—8 月、2009 年 6 月以及 2009 年 8—9 月的调查结果，估计近岸上升流将深层水带入真光层的营养盐；粤东闽南上升流的无机氮、活性磷酸盐和硅酸盐的垂直输送通量在中国近海上升流中属于中等强度，其中，台湾海峡上升流携带的无机氮、活性磷酸盐和硅酸盐的垂直输送通量分别为 $99.9 \sim 599.5$ g/(m^2·d)、$7.0 \sim 41.7$ g/(m^2·d) 和 $485.4 \sim 2\,912.4$ g/(m^2·d)。

7.6.5　上升流区海 – 气 CO_2 通量的变化

2009 年 6 月上升流区海 – 气 CO_2 通量在 $-2.3 \sim 3.70$ mmol/(m^2·d) 之间，平均约为

0.53 mmol/（m² · d）；2009 年 9 月上升流区海 – 气 CO_2 通量在 0.014 ~ 8.64 mmol/（m² · d）之间，平均值约为 3.23 mmol/（m² · d），同时 2009 年 9 月 CO_2 源区的范围亦较 6 月明显增大。因此，上升流区海 – 气 CO_2 通量的变化也反映出上升流强度及其影响范围变化趋势。

参 考 文 献

陈金泉，傅子琅 . 1982. 关于闽南—台湾浅滩渔场上升流的研究 . 台湾海峡，1（2）：5 – 13.

陈水土，阮五崎 . 1996. 台湾海峡上升流区氮、磷、硅的化学特性及输送通量估算，海洋学报，18（3）：36 – 44.

陈水土 . 以各形态磷存量研究上升流水体老化变性指标 . 海洋学报，2000，22（4）：51 – 59.

邓松 . 1987. 七洲列岛以南上升流分析 . 广州：国家海洋局南海分局 .

管秉贤，陈上及 . 1964. 中国近海的海流系统 . 青岛：中国科学院海洋研究所 .

郭水伙 . 1995. 台湾海峡西部海水二氧化碳体系各分量与环境因子的相关性 . 台湾海峡，14（4）：320 – 327.

韩舞鹰，马克美 . 1988. 粤东沿岸上升流的研究，海洋学报，10（1）：52 – 59.

韩舞鹰，王明彪，马克美 . 1990. 我国夏季最低表层水温海区——琼东沿岸上升流区的研究 . 海洋与湖沼，21（3）：167 – 275.

洪华生，丘书院，阮五崎，等 . 1991. 闽南 – 台湾浅滩渔场上升流区生态系研究 . 北京：科学出版社 .

胡敦欣，马黎明，张龙军 . 2001. 东海：气溶胶二氧化碳的一个汇：东海海洋通量关键过程 . 北京：海洋出版社，140 – 149.

黄邦钦，洪华生，戴民汉 . 1993. 环境因子对海洋浮游植物吸收磷酸盐速率的影响 . 海洋学报，15（4）：64 – 67.

暨卫东，等 . 2006. 海洋化学调查技术规程（我国近海海洋综合调查与评价专项）. 北京：海洋出版社 .

雷鹏飞 . 1984. 浙江近海上升流速度及其营养盐通量计算 . 海洋湖沼通报，2：22 – 26.

李立，郭小钢，吴日升 . 2000. 台湾海峡南部的海洋锋 . 台湾海峡，19（2）：147 – 156.

李立，李达 . 1989. 台湾浅滩西侧水道夏季的水文特征与上升流 . 台湾海峡，8（4）：353 – 359.

李悦 . 1997. 渤海现代物质通量研究 . 青岛大学学报，10（3）：46 – 49.

裴绍峰，沈志良 . 2008. 长江口上升流区营养盐的分布及其通量的初步估算 . 海洋科学，32（9）：64 – 70.

蒲新明，吴玉霖，张永山 . 1993. 长江口区浮游植物营养限制因子的研究 II . 春季的营养限制情况 . 海洋学报，15（4）：64 – 67.

孙云明，宋金明 . 2002. 中国海洋碳循环生物地球化学过程研究的主要进展（1998—2002），南黄海春季 CO_2：海 – 气交换通量及其与夏季的比较 . 海洋科学进展，20（3）：110 – 117.

谭敏，陈燕珍 . 1990. 渤黄海水中的二氧化碳 . 海洋环境科学，1：35 – 40.

王保栋，战闰，藏家业 . 2003. 黄海、东海浮游植物生长的营养盐限制性因素初探 . 海洋学报，25（2）：190 – 194.

王桂云，减家业 . 1987. 东海海洋化学要素含量及其分布//国家海洋局科技司 . 黑潮调查研究论文集 . 北京：海洋出版社，267 – 284.

王荣 . 1992. 海洋生物泵与全球变化 . 海洋科学，（1）：18 – 21.

吴丽云，阮五琦 . 1991. 闽南—台湾浅滩渔场上升流区营养盐的研究//洪华生 . 闽南—台湾浅滩渔场上升流区生态系研究 . 北京：科学出版社：169 – 178.

吴永成，翁学传，杨玉玲 . 1997. 台湾海峡西部上升流的生成和长消原因分析 . 海洋科学集刊，38：53 – 59.

肖晖，郭小钢，吴日升 . 2002. 台湾海峡水文特征研究概述 . 台湾海峡，21（1）：126 – 138.

杨东方，李宏，张越美，等 . 2000. 浅析浮游植物生长的营养盐限制及其判断方法 . 海洋科学，24（12）：

47－50.

于文泉.1987.南海北部上升流的初步探讨.海洋科学,(6):7－10.

曾流明.1986.粤东沿岸上升流迹象的初步分析.热带海洋学报,5(1):68－73.

张远辉,黄自强,王伟强,等.2000.台湾海峡二氧化碳研究.台湾海峡,19(2):163－169.

章克本,韦壮志.1997.沿岸上升流数值模拟.中山大学学报(自然科学版),36(4):16－20.

Blasco D, Estrada M, Burton J. 1980. Relationship between the hytoplankton distribution and composition and the hydrography in the northwest African upwelling region near Cabo Corbeiro. Deep-Sea Res, 27A: 799－821.

Blasco D, Estrada M, Jones B H. 1981. Short time variability of phytoplankton populations in upwelling regions - the example of Northwest Africa//Richard, F (Ed.). Proceedings of the international symposium on coastal upwelling. American Geophysical Union, LA: 339－347.

Borges A V, Delille B, Frankignoulle M. 2005. Budgeting sinks and sources of CO_2 in the coastal ocean: Diversity of ecosystems counts. Geophysical Research Letters, 32 (14): L14601, doi: 10.1029/2005GL0203053.

Borges A V. 2005. Do we have enough pieces of the jigsaw to integrate CO_2 fluxes in the coastal ocean? Estuaries, 28 (1): 3－27.

Brown E J, Button D K. 1979. Phosphate - limited growth kinetics of Selanastrum capricornatun (Chlorophyceae). Journal of Phycology, 15: 305－311.

Brzezinski M A. 1985. The Si: C: N ratio of marine diatoms: interspecific variability and the effect of some environmental variables. Journal of Phycology, 21: 347－357.

Copin - Montegut, C. 1985. A method for the continuous determination of the partial pressure of carbon dioxide in the upper ocean. Marine Chemistry, 17: 13－21.

Cor M. J. Jacobs, WIM Kohsiek, Wiebe A Oost. 1999. Air-sea fluxes and transfer velocity of CO_2 over the North Sea: results from ASGAMAGE. Tellus, 51B: 629－641.

Cui A, Street R. 2004. Large-eddy simulation of coastal upwelling flow. Environmental Fluid Mechanics, 4: 197－223.

Fasham M J R, Balino B M, Bowles M C. 2001. A new vision of ocean biogeochemistry after a decade of the Joint Global Ocean Flux Study (JGOFS). Ambio Special Report, 10 May 2001, Royal Swedish Academy of Sciences, Stockholm, Sweden, 31.

Fisher T R K-Y. Lee H Berndt, Benitez J A, et al. 1998. Hydrology and chemistry of the Choptank River basinin the Chesapeake Bay drainage. Water Air Soil Pollut, 105: 387－397.

Fisher T R, Peel E E R, Ammerman J W, et al. 1992. Nutrient limitation in Chesapeake Bay [J]. Mar Ecol Prog Ser, 1992, 82 : 51－63.

GB 17378—1991 海洋调查规范.

GB 17378—2007 海洋监测规范.

GB 3097—1997, 中华人民共和国国家标准——海水水质标准.

Goldman J C, McCarthy J J, Peavy D G. 1979. Growth rate influence on the chemical composition of phytoplankton in oceanic waters. Nature, (279): 210－215.

Harrison P J, Conway H L, Homes R W, et al. 1977. Marine diatoms grown in chemostats under silicate or ammonium limitation: III. Cellular chemical composition and morphology of Chaetoceros debilis, Skeletonema costatum, and Thalassiosira gravida. Marine Biology, 43 (1): 19－31.

Houghton J T, Jenkins G, WEphraums J. 1990. Climate Change: The IPCC Scientific Assessment, Cambridge, UK.

Justic D, Rabalais N N, Turner R E. 1995. Changes in nutrient structure of river-dominated coastal waters: stoichiometric nutrient balance and its consequences. Estuarine, Coastal and shelf Science, 40: 339－356.

Lefèvre N, Taylor A. 2002. Estimating pCO_2 from sea surface temperatures in the Atlantic gyres. Deep-Sea Research I, 49: 539 – 554.

Liss P S, Merlivat L. 1986. Air-sea gas exchange rates: introduction and synthesis//the Role of Air-sea Exchange in Geochemical Cycling. Adv Sci. Inst. Ser. P. Buat-Menard, Ed. Reidel, D., Norwell, Mass.

Margalef R. 1978a. Phytoplankton communities in upwelling areas. The example of NW Africa. Oecol. Aquatica, 3: 97 – 132.

Margalef R. 1978b. Life-forms of phytoplankton as survival alternatives in an unstable environment. Oceanol Acta, 1: 493 – 509.

Melillo J M, Callaghana T V, Woodward F l. 1990. Eeffects on ecosystems//Houghton J T, Jenkins G J, EPhraums J J (Eds.). Climate Change: The IPCC Scientific Assessment. Cambridge: Cambridge University Press: 283 – 310.

Millero F J, Graham T B, Huang F, et al. 2006. Dissociation constants of carbonic seawater as a function of salinity and temperature. Marine Chemistry, 100: 80 – 94.

Nelson D M, Brzezinski M A. 1990. Kinetics of silicate acid uptake by natural diatom assemblages in two gulf and stream warm-core rings. Marine Ecology Progress Series, 62: 283 – 292.

Niino H, Emery O. 1961. Sediment of shallow port ions of East China Sea and South China Sea. Geological Society of American Bulletin, 72: 731 – 761.

Oleg Z, Rafael C D, Orzo M, et al. 2003. Coastal upwelling activity on the Pacific Shelf of the Baja California Peninsula. Journal of Oceanography, 59: 489 – 502.

Petit J R, Jouzel J, Raynaud D. 1999. Climate and atmospheric history of the past 420,000 years from the Vostok ice core, Antarctica. Nature, 399: 429 – 436.

Raven J A, Falkowski P G. 1999. Oceanic sinks for atmospheric CO_2. Plant Cell and Environment, 22 (6): 741 – 755.

Rehder G, Suess E. 2001. Methane and p_{CO_2} in the Kuroshio and South China Sea during maximum summer surface temperatures, Marine Chemistry, 75: 89 – 108.

Sarmiento J L, Sundguist E T. 1992. Revised budget for the oceanic uptake of anthropogenic carbon dioxide, Nature. 356: 589 – 593.

Sen Jan, Wang Joe, Chern Ching-Sheng, et al. Seasonal variation of the circulation in Taiwan Strait. Journal of Marine Systems, 35: 249 – 268.

Siegenthaler U, Sarmiento J L. 1993. Atmospheric carbon dioxide and the ocean, Nature, 365: 119 – 125.

Streets D G, Jiang K J, Hu X L, et al. 2001. Recent reductions in China's greenhouse gas emissions. Science, 294: 1835 – 1837.

Takahashi M, Ishizaka J, Ishimaru T, et al. 1986. Temporal change in nutrient concentrations and phytoplankton biomass in shor time scale losal upwelling around the Izu Peninsula, Japan. Journal of Plankton Research, 8 (6): 1039 – 1049.

Tans P P, Fung I Y, Takahashi T. 1990. Observation constraints on the global atmospheric CO_2 budget, Science, 247: 1431 – 1438.

Wanninkhof R H. 1992. Relationship between gas exchange and wind speed over the ocean. Journal of Geophysical Research, 97 (C5): 7373 – 7381.

Wanninkhof R, McGillis W M. 1990. A cubic relationship between gas transfer and wind speed. Geophysical Research Letter, 26: 1889 – 1893.

Woolf, D. K. and S. A. Thorpe. 1991. Bubbles and the air – sea exchange of gases in near – saturation conditions.

J. Mar. Res. , 49, 435 - 466.

Wyrtki K. 1961. Scientific Results of Marine Investigation of the South China Sea and the Gulf of Thailand 1959—1961: Physical Oceanography of the Southeast Asia Waters （NAGA Report 2） . La Jolla, Calif. Scripps Inst. of Oceanogr: 195.

Zhai W D, Dai M H, Cai W J, et al. 2005b. The partial pressure of carbondioxide and air - sea fluxes in the northern South China Sea in spring, summer and autumn. Marine Chemistry, 96 （1/2）: 87 - 97.

第8章 长江口溶解氧的季节和年际变化及底层缺氧成因分析

通常将溶解氧（Dissolved oxygen，DO）浓度小于 2.0 mg/dm³ 的水体称为低氧水体。全球范围内根据缺氧水体不同特征可分成两类：一类是大洋低氧，特别是上升流等自然现象显著、初级生产力较高的海区由于有机颗粒物沉降、耗氧降解在 500～1 000 m 水深形成低氧水体，俗称低氧带（Oxygen Minimum Zone，OMZ），如非洲纳米比亚岸外和秘鲁沿岸都有 OMZ 发育，OMZ 常常是永久性低氧；另一类是近岸低氧，通常发生在河口及近海陆架海域，它与人类活动导致的近岸水体富营养化，与各季节入海河水的径流量、营养物质、季风及上升流等水文因素密切相关，属季节性缺氧。从 20 世纪 50 年代开始近岸海区低氧现象就已经成为影响海洋生态环境健康发展的灾害之一，发生频率从 1950 年之前只有在近 20 个海区监测到低氧发生，至 21 世纪初全球范围内已有不少于 400 个海区（图 8.1）发生低氧，覆盖面积超过 245 000 km²，主要集中在人口密集度高、营养物质排放量大的北半球近岸海区（Diaz and Rosenberg，2008）。本研究主要综述与人类活动密切相关的近岸低氧的相关研究进展，并重点讨论我国长江口邻近海区低氧的季节变化，年际变化及其形成机制。

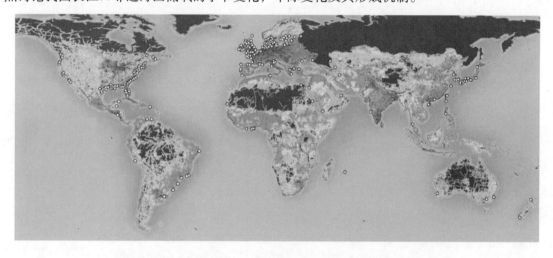

图 8.1　全球近岸海区已有研究报道的 400 多个低氧海区示意图
（引自 Diaz 和 Rosenberg，2008）

长江是世界第三大河流，长江三角洲地区已成为我国社会经济高速发展龙头。随着人口的不断增加以及经济的快速发展，与世界其他河口发达地区一样，长江河口及近海的水环境面临巨大压力和挑战。资料表明，长江入海的营养盐从 20 世纪 50 年代末以来增加了 7～8 倍（沈志良，2004；Zhou et al.，2008）。海域的富营养化促进了海域的初级生产力，也造成河口外海域底层的季节性缺氧现象。资料表明，长江口外近底层水体，于 20 世纪 50 年代末就观测到缺氧现象，那时候的缺氧区面积约为 1 000 km² （Wang，2009）。王玉衡等（1991）根据 1976—1985 年调查资料编著出版的《渤海、黄海、东海海洋图集——化学》表明，长江口外存在一个南北走向的椭圆形缺氧分布区，其核心在 31.5°N，123°E 附近，DO 含量小于 100 μmol/dm³ 的面积大约 3 000～4 000 km²。90 年代末，李道季等（2002）在长江口外海域发现 DO 含量低至 1 mg/dm³，而 DO 含量小于等于 2 mg/dm³ 的缺氧区面积可达 13 700 km²。石晓勇等分析了 2002 年春季长江口毗邻海域物理和生化等多种要素的观测资料，认为春季藻华和径流所带来的有机质的分解和底层水体交换速度缓慢促使研究海域底层在春季就可形成溶解氧偏低的情况，此后有机质沉降逐渐增加，并随水团扩张，导致底层溶解氧浓度越来越低，且面积逐渐扩大。Wei 等（2007）根据次表层浊度极小值的现象，认为引起长江口毗邻海域低氧的底层有机质主要不是来自长江输入，而是源于南方海区的向北输送。Wang（2009）分析历史资料认为在过去的 50 年中长江口存在低氧现象，但是并非每年都会发生。Wang 认为在水体层化和有机质输入这两个必要条件之外，台湾暖流低溶解氧本底值和长江口外海底深槽也是形成低氧的重要条件。

2006—2007 年，我国近海海洋综合调查与评价专项 – ST04 区块任务单元在长江口开展了春、夏、秋、冬 4 个航次多学科综合调查，其调查范围之广、采样之密集、学科之综合，均超过了以前的任何调查。本章以此为基础，结合 2009 年 6 月和 8 月开展的我国近海海洋综合调查与评价专项长江口缺氧补充调查，讨论了长江口水体底层溶解氧的季节和年际变化及缺氧的形成机制；综述缺氧研究发展趋势以及缺氧在沉积物中的长时间序列沉积记录。

我国近海海洋综合调查与评价专项 – ST04 区块分别于 2006 年 7 月 13 日至 8 月 31 日（夏），2006 年 12 月 16 日至 2007 年 2 月 13 日（冬），2007 年 3 月 26 日至 5 月 10 日（春），2007 年 10 月 3 日至 12 月 8 日（秋），在长江口附近海区进行了营养盐、溶解氧等化学参数调查。站位航迹如图 8.2 所示，范围东至 127°E，西至 121°E，南至 30°N，北至 32.33°N。

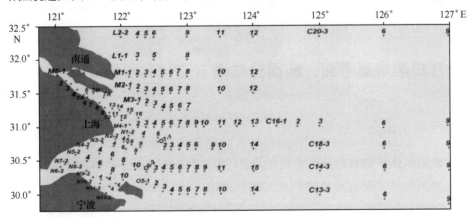

图 8.2　我国近海海洋综合调查与评价专项 – ST04 区块 4 个航次航迹

图中圆点表示水文调查站位，水化学参数调查站位为其中的一半站位，共 149 个

2009 年 6 月和 8 月，我国近海海洋综合调查与评价专项新增项目"陆源物质跨锋面/跃层的输送对长江口外缺氧事件的影响"又对该海域（见图 8.3）开展了溶解氧和水化学参数调查。

海水样品利用美国 Seabird Niskin 采水器采集，温度、盐度、深度数据由 CTD 探头获得。

283

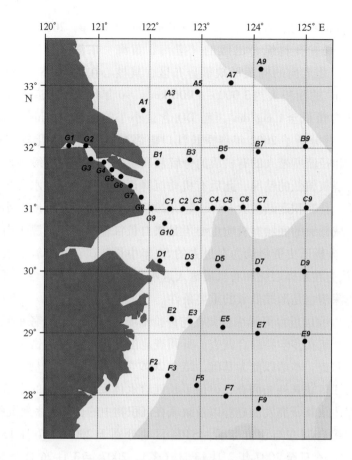

图 8.3　外业调查站位分布示意图

营养盐样品现场用 0.45 μm 的醋酸纤维膜过滤，使用荷兰产 Skalar 流动分析仪测定。所有溶解氧（DO）测定采用经典的碘量滴定法（即 Winkler 法）。

8.1　长江口溶解氧平面、断面分布季节变化和年际变化

8.1.1　溶解氧平面分布的季节变化

春季，表层水体溶解氧值分布范围是 7.21～12.78 mg/dm³，如图 8.4 所示。在江苏沿岸外侧海区和东海外陆架有两块高值区，溶解氧浓度基本大于 9.0 mg/dm³，高值可以到达 10 m 水层。特别是江苏沿岸高值区的中心区域，溶解氧饱和度可达到 150% 以上（同期测得的叶绿素 a 在 5 μg/dm³ 以上），指示春季藻华已经开始。其他海域溶解氧值分布较均匀，基本在 8.0～9.0 mg/dm³ 范围内。底层水体溶解氧的分布趋势可能主要是由入侵的外海水团性质决定的。如图 8.4 所示，调查海区浓度高值位于杭州湾和苏北沿岸及以东海区，浓度在 8.5～10 mg/dm³ 之间。而舟山群岛及其以东的外陆架海区溶解氧浓度较低，分布在 6.0～8.0 mg/dm³ 之间，底层溶解氧低浓度水舌可延伸至长江口外 122.5°E 的海区，与长江口外深槽的走向大致一致，这主要是由于地形引起的上升流导致的。

夏季，表层水体溶解氧值分布范围是 3.97～13.04 mg/dm³，其最明显的特征是在 122.5°～

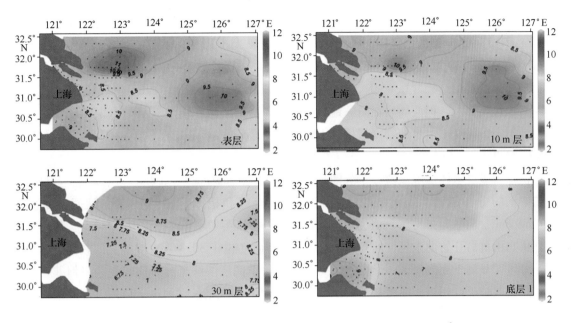

图 8.4　春季表层、10 m、30 m 和底层溶解氧分布（单位：mg/dm³）

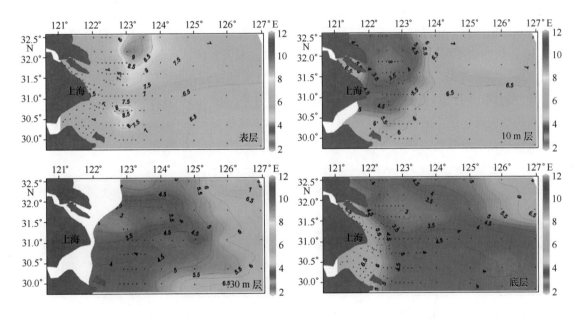

图 8.5　夏季表层、10 m、30 m 和底层溶解氧分布（单位：mg/dm³）

123.5°E 之间有一贯穿南北的"高氧带"（图 8.5），溶解氧值在 8.00～13.00 mg/dm³ 之间，最高溶解氧饱和度可达到 190% 左右（叶绿素 a 可高达 45 μg/dm³），表明上层浮游植物生物量相当可观。"高氧带"的左侧，即江苏沿岸、长江口和杭州湾的溶解氧值呈块状分布，其中，长江口区域溶解氧值较小，在 4.00～6.00 mg/dm³ 之间；而江苏沿岸和杭州湾溶解氧值在 6.00～8.00 mg/dm³ 之间，分布均匀。值得注意的是在长江南支入海口到杭州湾一带多数站位表层溶解氧饱和度未达到 100%，可能受到了陆源有机质耗氧的影响。"高氧带"的右侧，即东海外海区溶解氧值分布较均匀，在 6.00～7.00 mg/dm³ 之间。夏季底层水体溶解氧值分布范围是 2.02～9.48 mg/dm³，其中，长江口和杭州湾底层溶解氧分布均匀，在 5.00～

285

6. 00 mg/dm³ 之间。长江口外 31°—32°N，122°—123.5°E 范围内，底层海水溶解氧低至 2. 00～3. 00 mg/dm³，是典型的低氧区，底层缺氧区的位置与表层高氧带相比，位置稍微偏南。低氧分布区在 10 m、30 m 和底层均有出现，在底层甚至一直扩散至 31°N 以南，123°E 以外的海域。与前人的观测结果（Li et al.，2002；Wei et al.，2007）相比，此时的低氧现象程度不算低，面积也不算大。但两周后在同一地区的"973"航次调查结果显示，原来的缺氧区面积进一步扩大，程度进一步加剧（最低达 1. 00 mg/dm³），可能是先前上层生物碎屑下沉到海底耗氧的结果。

秋季，表层水体溶解氧值分布范围是 6. 12～12. 09 mg/dm³（图 8.6），总体上呈近岸高、外陆架低的分布趋势。高值区位于长江河道、口门和杭州湾海区，溶解氧值基本大于 7. 5 mg/dm³。向东延伸溶解氧值也逐渐降低，到外海区溶解氧值小于 7. 0 mg/dm³。值得注意的是从舟山群岛开始向东延伸的 O6 断面和 C14 断面（位于 30.3°N）溶解氧值较高，特别是在外海区明显高于周围海区，形成一条高氧带。秋季底层溶解氧分布比较复杂，但非常有意思。高值区位于杭州湾，浓度基本大于 8. 0 mg/dm³。其次是长江河道、口门、苏北沿岸和舟山群岛附近溶解氧分布较均匀，浓度在 7. 0～8. 0 mg/dm³ 之间。值得注意的是，122.5°E 以东的外陆架海区，溶解氧呈块状分布，在调查海区的右上角和右下角有 3 块较大面积的溶解氧低值区，浓度小于 5. 0 mg/dm³，特别是在 C18－6 站溶解氧值低至 2. 73 mg/dm³，与夏季低氧区的观测值接近，但总体来说，与夏季相比，程度较轻。查阅同期调查的叶绿素 a 数据，发现 30 m 层的浓度可以达到 0. 75～1. 5 μg/dm³。以前未曾在秋季观测到东海存在大面积的低氧区。这一结果表明，只要层化和上层生物产生有机质的过程存在，东海外陆架的缺氧在深秋（观测时间 10 月下旬到 11 月初）也可以存在。另外，在 30°—31. 2°N，122. 7°—124. 0°E 存在两块低氧区，最小值位于最南部的 O5－8 站溶解氧值低至 1. 94 mg/dm³。此两块区域位置与长江口夏季季节性的缺氧区域大体一致，应该是夏季缺氧区的残留。

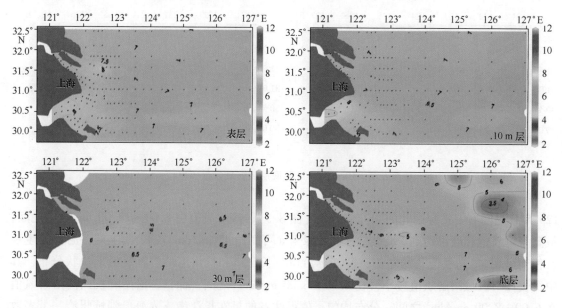

图 8.6　秋季表层、10 m、30 m 和底层溶解氧分布（单位：mg/dm³）

冬季，表层水体溶解氧值分布范围是 7. 00～11. 98 mg/dm³（图 8.7），总体上呈近岸高、外陆架低的分布趋势。123°E 以西的向岸海区，溶解氧值基本大于 10 mg/dm³，例如长江口和杭州湾海区；随着调查海区向东延伸溶解氧值也逐渐降低，至 127°E 附近，溶解氧值已降至 7.50 mg/dm³ 左右。这可能主要是近岸海水低温、低盐，气体溶解度大，而外陆架海水高温、高盐，气体溶解度小造成的。底层水体溶解氧值分布趋势与表层基本相似，低氧区块完全消失。表明冬季水体充分混合，溶解氧分布也较均匀。

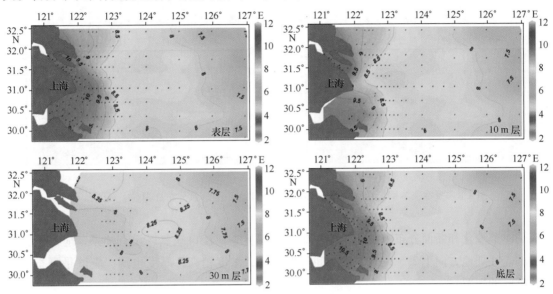

图 8.7　冬季表层、10 m、30 m 和底层溶解氧分布（单位：mg/dm³）

8.1.2　溶解氧典型断面的季节变化

M4 断面位于 31°N，122°—127°E 之间，是 ST04 区块由河口至外海区典型的断面，横跨长江冲淡水和陆架水。见图 8.8。

春季，从该断面溶解氧值的分布表明，在小于 10 m 的较浅陆架海区溶解氧值基本大于 8.0 mg/dm³，且水柱垂直方向分布均匀。该断面水深大于 10 m 的其他站位（除 M4 - 13 站）溶解氧上下分层比较明显，15 m 以浅溶解氧值大于 8.0 mg/dm³，溶解氧值随着深度的增加而降低。

夏季，底层水相对于表层水而言温度较低，本底的溶解氧也较低。在东海外海区，底层溶解氧值在 3.00 ~ 7.50 mg/dm³ 之间。该断面溶解氧值的分布表明，溶解氧值有较明显的分层现象：近岸海区（123°E 以西）5 m 以浅和外海区（123°—127°E）15 m 以浅溶解氧值大于 6.00 mg/dm³，随着深度的增加而降低。溶解氧分布的层化，可能是夏季水体层化而引起的。M4 断面 122.5°—123.5°E 间海区处于长江口夏季低氧区，底层水体溶解氧值小于 3.50 mg/dm³；而在 123.5°—124.5°E 之间海区地势隆起，溶解氧值分布范围在 4.50 ~ 5.50 mg/dm³ 之间，相对较高。124.5°E 以东，底层溶解氧值又在 4 mg/dm³ 以下。

秋季，M4 断面溶解氧垂直分布也较复杂：水深小于 15 m 的站位水柱上下分布较均匀，溶解氧浓度高于 7.5 mg/dm³；随着断面向东延伸溶解氧浓度有所降低，且上下分层明显，特别是位于 123°—123.5°E 的海底凹槽处，溶解氧浓度低于 3.5 mg/dm³，厚度在 10 m 以上。从

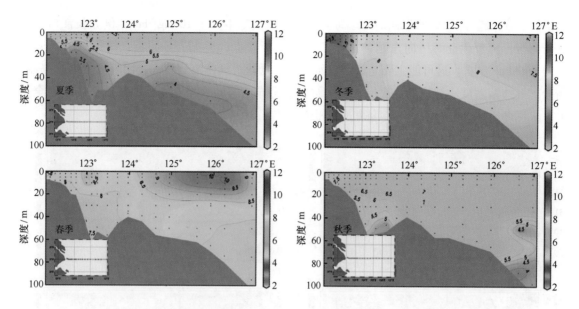

图 8.8　夏季、冬季、春季和秋季 M4 断面（31°N）溶解氧分布（单位：mg/dm³）

缺氧的季节变化和断面分布来判断，该片缺氧区与夏季长江口缺氧区没有关系，应该是当地形成的。往陆地方向 122.5°—123°E 之间的低值区，浓度稍高，厚度也薄，应该是夏季长江口缺氧区的残留。

冬季，M4 断面溶解氧垂直剖面分布趋势是以水深 20 m 为界，近岸高，外陆架低，两侧水柱上下层混合较均匀。其中在 123°—123.5°E 附近海区溶解氧值相对较低（小于 8.00 mg/dm³），可能是由于外陆架高盐海水被东面 124°E 处比深槽高了 20 m 的地形阻隔所造成的，两侧的水团不同。

8.1.3　长江口缺氧区的年际变化

据现有资料，长江口近年来夏季的缺氧区的范围呈现比较大的变动。如果把王玉衡等（1991）根据 1976—1985 年近 10 年的调查资料汇编的《渤海、黄海、东海海洋图集——化学》资料作为背景，从平均意义上说，长江口缺氧区主要呈狭长的南北走向的椭圆形分布。李道季等（2002）除了观测到相似的椭圆形分布区外，还在浙江中部岸外观测到了小块缺氧区。Wei 等的观测结果发现在长江口外底层缺氧存在双核结构。周锋等（2010）的结果表明，2006 年 8 月下旬开始，长江口的缺氧区主要在长江口北部 33°—31°N，122°—124°E 之间，长江口以南浙江岸外也有分布，但范围较小，程度较低。但至 10 月，北部缺氧区消失，而以舟山群岛以东为核心的南部缺氧区仍然存在，且程度较强。上述变化可能是由于北部层化消失较早引起。2009 年 8 月，我国近海海洋综合调查与评价专项新增项目对长江口缺氧区的补充调查发现，往年 32°—31°N，123°E 附近的低氧核心区有向南和向东扩散的趋势，尤其在浙江中部近海和以往没有发现过的以 125°E 为轴心，32.5°—31.5°N 范围内也出现了大面积的低氧区域（图 8.9）。底层总体缺氧面积超过 2006 年夏季，表明长江口—东海缺氧区可以越过 123°E 扩展到 125°E 以东。

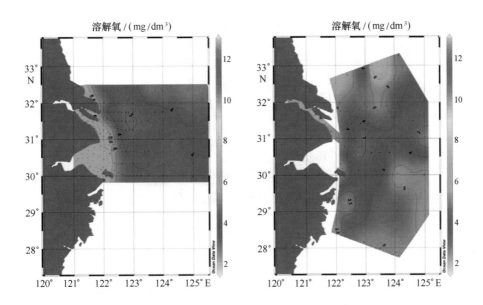

图 8.9　2006 年 8 月（左）、2009 年 8 月（右）长江口近底层的溶解氧分布（单位：mg/dm^3）

8.2　长江口夏季底层缺氧形成机制

低氧现象的形成是个复杂的过程，受到多种因素的共同影响。Rabouille 等（2008）对长江、珠江、美国密西西比河和法国罗纳河的比较分析显示，虽然这 4 条河的营养盐浓度相似，但是仅长江和密西西比河口外的夏季低氧比较显著（面积大且时间持久），他们认为可能有四种差异导致四条河的外海溶解氧形成的区别，分别是初级生产力、底层水滞留时间、层化持续时间和河口外陆架的地理形状。如图 8.10 所示，近岸海区上层水体溶解氧主要是通过浮游植物光合作用和通过与气溶胶交换维持在较高浓度；而在密度跃层以下水体则通过异养生物的呼吸作用、有机物质的降解作用以及还原性物质（如 H_2S，CH_4 等）的氧化作用等过程消耗溶解氧。因此，当溶解氧的消耗速率超过其补充速率时就有可能发生低氧。Diaz 等（2008）根据全球 40 多个海域低氧现象的统计分类和评估，认为富营养化是导致近海低氧现象趋于严重的主要原因。陆地来源营养物质排入近岸海区，特别是 20 世纪 40 年代开始大量使用化肥造成以氮元素为主导的富营养化将显著提高海洋初级生产力，增加上层水体颗粒有机物质输出通量，进而促进微生物的生长而消耗更多溶解氧。

一般认为，水体缺氧的形成与水体层化和底部有机质分解耗氧有关。前者是缺氧形成的外部物理背景，后者是缺氧形成和发展的生物地球化学内因（Justic et al.，2002；Rabalais et al.，2010）。水柱（体）层化是指形成盐跃层（或密度跃层）界面，水体的垂向交换受到阻止，这是缺氧形成的必要条件。一般在风力较弱的春季，大量冲淡水从河口排入海湾，易形成盐跃层（或密度跃层），阻止水体垂向混合和交换，随着气温上升，层化作用在夏季达到高峰。河口底层水季节性缺氧只发生于密度跃层以下的水体，一般形成于春末夏初，在仲夏达到高峰，在夏末秋初结束，具有明显的季节特征（Rabalais et al.，2010）。根据已经有的认识，长江口缺氧的形成总体上与上面描述的基本过程类似。但由于受人文活动和自然变化的叠加影响，长江口动力因素和生态响应复杂多变，加上缺乏长期的系统性的观测，目前我

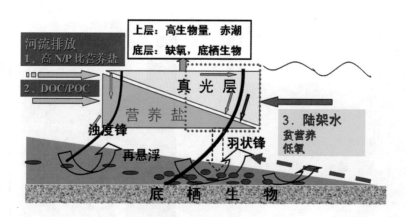

图 8.10　近岸海区溶解氧产生与消耗机制

（引自 Zhang et al.，2010）

们对长江口缺氧的时间变化和空间变化仍然缺乏了解，对缺氧形成机制尚没有清晰的认识。总的来说，长江口缺氧与长江冲淡水扩散、层化强度、台湾暖流水入侵、上升流、营养盐供应，有机质（包括陆源有机质）水平输运和陆架宽度、地形等因素有关（Li et al.，2002；Zhang et al.，2007；Wei et al.，2007；Wang et al.，2009；周锋等，2010）。其中，物理因素和动力过程的影响（Zhou et al.，2009；周锋等，2010）、地形和台湾暖流水入侵的作用（Zhang et al.，2007；Wang，2009）已经有比较深入的探讨，我们这里主要根据生态方面的观测和分析结果，对 2006 年和 2008 年夏季长江口的缺氧形成机制作初步探讨。

8.2.1　营养盐跃层及生物过程

长江口层化开始于丰水期的早春季节，在 2007 年我国近海海洋综合调查与评价专项春季调查航次期间，长江口主断面 M4 断面 122.5°—123°E 的水柱已经形成层化现象，但北部 M1 断面此时尚未形成层化，等值线呈垂直分布。长江冲淡水携带大量富含营养盐的物质流入外海，与密度较高的陆架水相遇后覆盖于其上。随着日光照射增强气温上升，促成了浮游植物的勃发。调查期间叶绿素 a 多在 0.75 ~ 5 μg/dm³ 之间，最大值出现在北部 M1 断面的锋面附近，在 10 μg/dm³ 以上。由于浮游植物的勃发刚刚开始，春季出现的叶绿素 a 高值多在表层或 10 m 层以上（图 8.11）。至夏季，北部 M1 断面的层化大大加强，上层被大量的冲淡水占据，123°E 以西海域硝酸盐高达 20 μmol/dm³ 以上，为浮游植物的大量繁殖提供了物质基础（图 8.12）。冲淡水扩散至透明度较低的陆架海，刺激了浮游植物的旺发。据调查期间的观测结果，长江口北侧锋面区叶绿素 a 可达 45 μg/dm³，溶解氧饱和度在 190% 以上。由此产生的新鲜浮游植物有机碳迅速沉入海底，连同浮游动物排出的粪便颗粒形成了有机质，将消耗大量海水中的溶解氧。由于层化的形成，近海底水体的氧垂直交换受阻，加上夏季海面风场较弱，不能打破层化水体，由此形成缺氧现象，并发展持续到秋季台风来临和秋冬的降温才能破坏跃层。中部主断面，由于台湾暖流水的入侵，致使营养跃层压缩在 122.5°E 以西海域，冲淡水扩散和层化范围比北部小。这也是 2006 年夏季长江口缺氧区往北偏的主要原因。

8.2.2　陆源有机物质输入的影响

水体缺氧的形成前提之一是有机质耗氧分解。前面讨论了营养盐对缺氧的形成和发展的

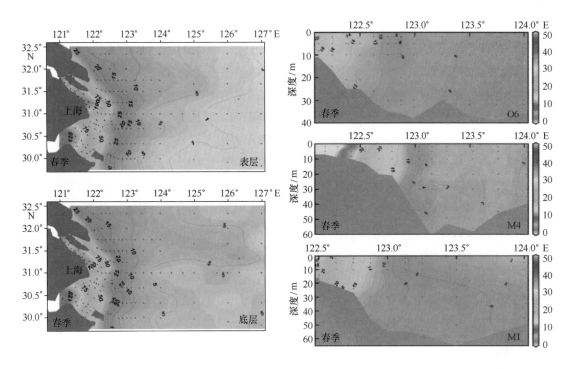

图 8.11　春季硝酸盐（NO₃）表层、底层及 M1、M4、O6 断面分布（单位：μmol/dm³）

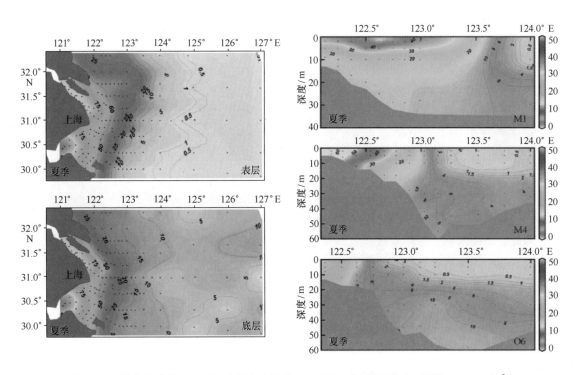

图 8.12　夏季硝酸盐（NO₃）表层、底层及 M1、M4、O6 断面分布（单位：μmol/dm³）

影响。其实河流也可以携带大量的溶解和颗粒有机质（DOC 和 POC）入海，从而可能对水体中的溶解氧产生影响。如何鉴别和区分营养盐刺激的产生的有机物质和陆源直接排放的有机物质对缺氧的影响，是了解缺氧机制的关键因素之一，但至今对此的了解十分有限

（Rabouille et al.，2008）。陆源物质在长江口空间上呈现 3 个特征区域：①陆源物质入海之前的区域，即高营养和高混浊的近岸河口区，它是源地区，不但提供生物生长所需要的营养盐，而且也提供陆源有机物质；②高生产力或高生物量区，它位于长江口外的锋面区域，该区内的主要特点是初级生产过程把陆源溶解态营养物质转化为颗粒有机质，陆源有机质的贡献减少；③外海区，它位于锋面外海侧，陆源颗粒更为稀少，其生物过程主要由混合和上升流控制。从图 8.13 可以看出，长江口的颗粒有机碳（POC）绝大部分分布在河口区（前述 1 区），与悬浮颗粒的分布一致。总有机碳（TOC）分布类似，受上海市主排污口影响，高值主要在南支的入海口附近。两者与缺氧高发区的位置不同。陆地来源的有机质一般是高度降解后的产物，耗氧细菌所需要的氨基酸等含氮化合物很少，比较"惰性"，因此，消耗氧的能力有限。即使有，耗氧速率也可能很慢。另外，长江口颗粒物和沉积物中的有机质主要来自河口生物过程（蔡德陵，1997；Tian et al.，1992），而且是经过改造后的非活性有机质（陈建芳等，2000）。由于长江口潮汐的作用和动荡的水动力条件，锋面内侧水体中的悬浮颗粒很大一部分由沉积物再悬浮产生，耗氧能力有限。

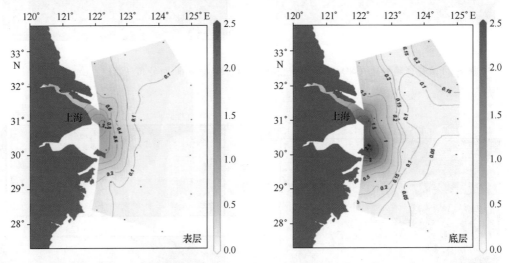

图 8.13　夏季表层和底层颗粒有机碳分布（单位：$\mu g/dm^3$）

因此，总体来看，陆地直接排放的颗粒有机质所占比例较少，高混浊的近岸区颗粒有机质和沉积物中的有机物质在"沉积"—"再悬浮"的循环过程中经历了一次又一次的微生物降解、改造，其耗氧的能力受到限制。即使有耗氧的过程，其作用范围局限于口内，与缺氧核心区的位置有较大的不同。

8.2.3　物理过程的影响

除了生物和化学过程之外，物理因素在低氧现象的形成、维持和破坏中也有重要作用（周锋等，2010）。①跃层的形成阻碍了表层（溶解氧相对高）和底层（溶解氧相对低）水体的交换，如长江口外海的高温、低盐的表层长江冲淡水和底层北上的台湾暖流高盐、低温水形成较强的温度和盐度层化成为垂向溶解氧交换的障碍；而珠江口则由于水深较浅、大风过程频发等原因无法形成持续时间较久的大面积低氧。②平流过程对营养盐和有机质的输运作用，影响表层或者近表层浮游植物或者底层有机质的空间分布，如 Wei 等根据次表层浊度极

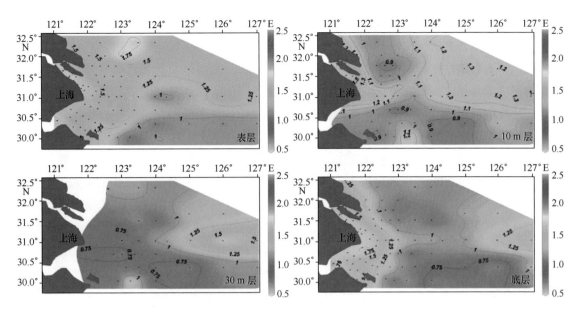

图 8.14　夏季表层 10 m 层、30 m 层和底层分布（单位：mg/dm³）

小值的现象，认为引起长江口毗邻海域低氧的底层有机质主要不是来自长江输入，而是源于南方海区的向北输送；Zhang 等（2010）认为长江河口及其临近海域富营养化除了受陆源影响外，富营养的黑潮次表层水的入侵亦是原因之一。③上升流携带外源性低溶解氧、高营养盐含量的水体入侵：前者使溶解氧背景值相对偏低，更易发生低氧现象；后者会加剧富营养化并可使藻华多发，从而使底层有机碎屑增多，其分解需要消耗更多溶解氧，如加利福尼亚近海的缺氧就属于这种情况；在东海陆架边缘，高营养盐的黑潮次表层水涌升也会给我国近海带来磷含量相对丰富的水体。

长江口低氧水体主要受冲淡水影响，8 月层化增强，在水下河谷区底层有机质聚集发生耗氧分解而出现低氧。而浙江近海上升流携带低浓度溶解氧涌升可能是此处持续时间较长低氧现象形成的原因，而 8 月恰是台湾暖流水入侵最为显著的时候。周锋等（2010）根据 1999 年和 2006 年现场调查以及综合资料分析，了解长江口毗邻海域低氧现象的季节变化、年间变化，及其水团变化的关系。该海域存在长江口和浙江近海 2 处低氧水体，且其季节演替和年际变化特征不同：长江口低氧水体持续时间短、覆盖面积大，浙江近海低氧水体持续时间长，面积小。具有不同的形成机制。此外，通过数值模拟表明（周锋等，2009，2010），携带大量营养盐的长江冲淡水的季节变化和年际变化，以及风场、台湾暖流等多种因素是长江口低氧季节性特征形成、年间差异的共同驱动因素。

8.3　海洋低氧的沉积记录研究

我国缺乏对重要断面的长期综合观测，缺少长江河口及邻近海域长时间序列的资料，现有调查数据记录大多只能追溯到 20 世纪 80 年代中期，甚至更晚。同时受制于调查区域、时间上也不同步，加上 80 年代以来人类活动影响不断增大，根据已有的、不连续的、未同化的调查数据，无法直接估算缺氧状况的长期变化。沉积物记录了不同时空环境变化的信息。国外的研究表明，缺氧区沉积物的化学组成及生物种类等信息与缺氧区外邻近区域有显著差异，且与多年来水体、表层沉积物现场监测数据及人类活动的影响（如化肥使用）有较好的相关性。我国学者利用柱样沉积物有效地开展了珠江河口、万泉河口及其邻近海域环境演变的研究，通过提取并测定沉积物中有机质、生源元素及其同位素的含量和组成，推测或重建了百年时间尺度的沉积环境和水体富营养化演变的历史。受各种条件限制，以往在长江口及邻近浙江海域取样及研究以表层沉积物居多，鲜见有关高分辨柱状样的分析研究。

冯旭文等（2009，2010）选取长江口高生产力且有赤潮、缺氧发生的上升流区域，采集沉积物柱状样，在 ^{210}Pb 放射性同位素定年的基础上，通过分析常量元素和微量元素、生源要素及有机碳同位素，来表征长江口生产力高值区百年来沉积环境的演变，尤其是人类活动影响导致富营养化的发生及发展程度。通过对 CJ43 柱的常量、微量元素分析和粒度测定，发现低氧区外柱样中亲生物元素 Ca、Sr、P 含量高，反映了所在区域有较强的钙质生物沉积作用；低氧区内 Ca、Sr、P 的含量自 20 世纪 70 年代起分别增加了 129%、64% 和 38%，反映了百年来尤其近 40 年来长江口外水体生产力的提高和生物量的增加；同时，Mo、Cd、As 等氧化还原敏感元素在长江口缺氧区柱样中自 20 世纪 70 年代以来显著富集，含量分别增加了 83%、73% 和 50%，Mn 则相对贫化，与其在缺氧区外百年来几乎不变的分布有显著差异，指示了长江口外缺氧区水体营养物质的增加导致日趋还原的沉积环境，反映了近 40 年来受人类活动影响，缺氧的发生与加剧。沉积通量的分布则有明显的年代特征。在 20 世纪 70 年代以前，上述各组分的通量没有明显变化，维持在一个相对较低的水平上，反映了沉积物输入及早期成岩作用等自然因素的影响；从 20 世纪 70 年代始，TOC（图 8.15）和 TN 沉积通量分别增加了约 45%、36%。这一方面反映了早期成岩作用对柱样沉积物中有机质分布的影响，但从 Zimmerman 等计算切萨皮克湾沉积物中有机质的分解常数的结果看，柱样 TOC 和 TN 沉积通量的增加不仅仅是成岩作用的表现，同时反映了近 30 年来该区域生产力的提高，即陆源营养物质输入量增加刺激海洋生物大量增殖，增加了沉积物中有机质的输入，而底部水体季节性缺氧降低了沉积物中有机质的氧化分解，二者共同作用导致在富营养化区域沉积物有机质通量递增。

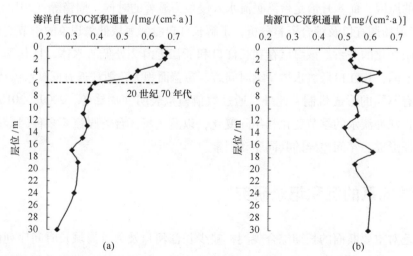

图 8.15　借助线性方程计算得到不同物源的 TOC 沉积通量分布（冯旭文等，2009）

（a）源自海洋自生 TOC 沉积通量分布；（b）陆源 TOC 沉积通量分布

生物硅主要源自硅藻、放射虫和海绵骨针等，海洋沉积物中生物硅记载了上层水体初级生产力强度和位置的变化（Mortlock and froelich，1989）。长江口沉积物中生物硅总体含量较低（按 SiO_2 计其含量小于 1%），其分布主要受大量陆源性颗粒的稀释和上层水体的环境变化影响，可反映海域水体的生产力大小（潘建明等，2000；赵颖翡等，2005）。长江入海河口区的 SiO_3^{2-}–Si 年通量在 3.2×10^6 t 左右波动，受长江三峡等大型水利工程的影响，自 20 世纪 70 年代以来有一定的降低趋势（刘新成等，2002），但还不足以限制硅藻的生长（周名江等，2003；王金辉等，2004）。生物硅沉积通量阶段性的增大或减小（如 7~3 cm↑，11~7 cm↓，19~11 cm↑）反映了该区域生产力的周期性变动。同时也可能与东海海面温度的长期变化存在 4 个不同的状态（Region Shift）有关，反映了海区生物资源及生产力的变动受自然变化和人类活动双重影响（"973"计划 2006CB400603 内部交流成果）。

有机碳同位素在区分海洋与陆地有机物的来源方面具有重要作用。陆源 C_3 植物 $\delta^{13}C_{org}$ 为 -26×10^{-3}~-27×10^{-3}，海洋藻类 $\delta^{13}C_{org}$ 通常为 -20×10^{-3}~-22×10^{-3}。CJ43 柱样 TOC 和 TN 含量较低，可忽略成岩作用对 $\delta^{13}C_{org}$ 的影响。柱样 $\delta^{13}C_{org}$ 值阈为 -24.20×10^{-3}~-22.14×10^{-3}，说明沉积物有来自陆源和海洋自生物质双重输入。$\delta^{13}C_{org}$ 自 20 世纪 90 年代开始变重，在 20 世纪 50 年代和 20 世纪 70 年代分别有显著的加重趋势，反映了该区域生产力增大，海洋生物量增加，沉积物中包含更多海洋自生物质的贡献。同时对应于我国工农业发展的 3 个阶段：即 20 世纪初资本主义萌芽（上海开埠，人口迅速增长，现代工业萌芽）、20 世纪 50 年代社会主义工业建设初期和和 70 年代末改革开放。

将 20 世纪 50 年代以来我国化肥施用量、长江口硝酸盐通量与沉积物 TOC 通量、$\delta^{13}C_{org}$ 进行比较（图 8.16），可看出，它们具有相同的分布特征和变化趋势，相互之间强烈正相关。我国化肥施用量从 20 世纪 60 年代开始呈数量级增加（图 8.16a），从 1962 年的 0.63×10^6 t，增加到 2000 年的 41.4×10^6 t；长江口的 NO_3–N 年通量也从 1972 年起逐渐增加（图 8.16b），1972 年为 0.95×10^5 t，1998 年已达 14.99×10^5 t；与此同时，据不完全统计，东海赤潮发生次数占全国有记录总数的 45% 左右，尤其是进入 20 世纪 90 年代后赤潮发生频率剧增，从 1990 年的 18 次，增加到 2001 年的 34 次，2003 年更是达到 86 次，发生面积多数大于 10 000 km²；缺氧区面积也在不断扩大，20 世纪 60 年代 DO 小于等于 2 mg/dm³ 的缺氧区面积约为 1 800 km²（"973"计划 2006CB400603 内部交流成果），1999 年 13 700 km²，2006 年为 15 000 km²（国家海洋局第二海洋研究所我国近海海洋综合调查与评价专项 ST04 报告）。因此，TOC 沉积通量和 $\delta^{13}C_{org}$ 的垂向分布充分地反映了百年来长江口邻近海域生产力提高和富营养化加剧。

此外，C/N 比值（原子比）可用来指示有机质的潜在物源分布，通常陆源和海源有机质中 C/N 比值分别为大于 12 和 6~9。柱样沉积物 0~30 cm 段 C/N 比值在 5.5~7.6 区间分布，平均值为 6.48，反映了沉积物中的有机质主要来自海洋性物质的输入；其分布特征表现为自下往表层递增，即陆源性物质增加的趋势，与碳同位素的结论不一致。其可能的原因是河口区 POM 在沉降过程中易受微生物分解等生物化学过程作用的影响，沉积物沉降后又有硝化和反硝化等氧化还原过程，导致沉积物中氮含量不能反映表层水体 POM 的浓度，相应的 C/N 比值得以改造，反映不出其物源信号。该结果与长江悬浮颗粒物物源研究及长江口潮间带沉积物物源研究的结论相一致，在苏格兰 Tay 河口等也得到类似的结果，即 C/N 比值不能严格体现物源的影响，其应用常受到限制。

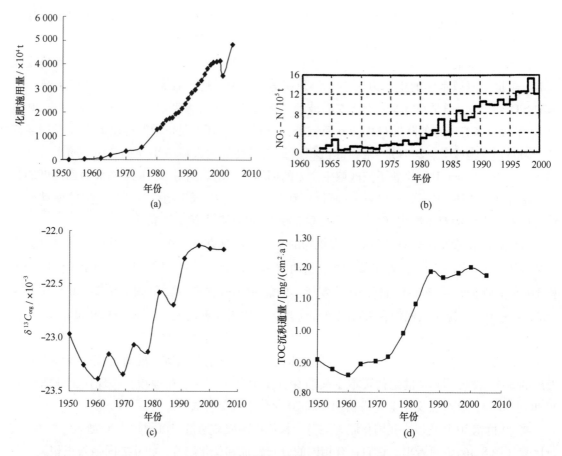

图 8.16　20 世纪 50 年代以来导致长江口水体富营养化的相关陆源参数与沉积物反演参数的对比

（a）我国各年化肥施用量（$\times 10^4$t）；（b）长江入海各年硝酸盐通量（$\times 10^5$t）；

（c）沉积物 $\delta^{13}C_{org}$ 分布；（d）TOC 沉积通量分布

8.4　近几十年来长江口缺氧的发展

长江三角洲地区是我国经济社会高速发展龙头，随着流域人口不断增加以及经济的快速发展，与世界其他河口发达地区一样，河口及邻近海域的生态与环境面临着巨大压力和挑战。资料表明，长江口外近底层水体，于 20 世纪 60 年代就观测到缺氧现象，DO 含量小于等于 2 mg/dm³ 的缺氧区面积约为 1 800 km²（张经，"973"报告）。根据 1976—1985 年调查资料编著出版的《渤海、黄海、东海海洋图集——化学》，夏季长江口外已经出现一个南北走向的椭圆形缺氧分布区，其核心在 31.5°N，123°E 附近。90 年代末，华东师范大学李道季等在长江口外海域发现 DO 含量低至 1 mg/dm³，而 DO 含量小于等于 2 mg/dm³ 的缺氧区面积可达13 700 km²。2006 年生态动力学 "973" 和本次我国近海海洋综合调查与评价专项调查结果表明，长江口缺氧区面积有增加的趋势。我国近海海洋综合调查与评价专项调查结果还显示，缺氧可能已经对底栖生态系统产生实质性的影响。夏季上层海洋的生产力最高，饵料生物丰富，底栖生物的丰度一般也应是全年中最高的，然而调查结果却显示夏季缺氧区的小型底栖生物的丰度比周围海域低，可能是受夏季底层水缺氧的影响（图 8.17）。

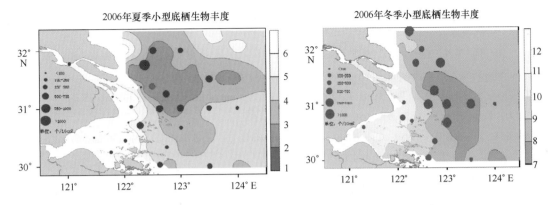

图 8.17　2006 年夏季和冬季小型底栖生物丰度（单位：$\mu g / m^2$）

陈建芳、陈全振、王春生、黄大吉等

　　长江口外海域分布着以舟山渔场为代表的众多渔场，如长江口渔场、吕泗渔场、大沙渔场等，都是缺氧影响的海域，底层的缺氧的日益严重必将对底层渔业资源产生严重的负面影响。目前对长江口外夏季底层缺氧现象缺乏长期的监测，对它造成的危害知之甚少。因此，迫切需要对其实施业务化监测，对缺氧形成过程开展深入的调查和研究，对其造成的危害进行系统的评价，找出形成缺氧现象和加剧缺氧程度的主要因子，为政府制定相关的减缓措施提供决策依据。

参 考 文 献

蔡德陵 . 1997. 黄河和长江河口有机碳的同位素地球化学//张经主编 . 中国主要河口生物地球化学研究 . 北京：海洋出版社：160 - 185.

陈建芳，周怀阳，金海燕，等 . 2000. 长江口沉积物中的氨基酸分布及生物地球化学指示意义 . 海洋学报，22（增）：411 - 418.

刘新成，沈焕庭，黄清辉 . 2002. 长江入河口区生源要素的浓度变化及通量估算 . 海洋与湖沼，33（3）：332 - 340.

潘建明，周怀阳，扈传昱，等 . 2000. 东海长江口特定海区沉积物生源硅的分布和积累及其环境意义 . 海洋学报，22：152 - 159.

沈志良 . 2004. 长江氮的输送通量 . 水科学进展，15（6）：752 - 759.

石晓勇，王修林，陆茸，等 . 2005. 东海赤潮高发区春季溶解氧和 pH 分布特征及影响因素探讨 . 海洋与湖沼，36（5）：404 - 412.

王金辉，黄秀清，刘阿成，等 . 2004. 长江口及邻近水域的生物多样性变化趋势分析 . 海洋通报，23（1）：32 - 39.

王玉衡 . 1991. 渤海、黄海、东海海洋图集——化学 . 北京：海洋出版社：1 - 257.

赵颖翡，刘素美，叶曦文，等 . 2005. 黄、东海柱状沉积物中生物硅含量的分析 . 中国海洋大学学报，35（3）：423 - 428.

周锋，黄大吉，倪晓波，等 . 2010. 影响长江口毗邻海域低氧多发区多种时间尺度变化的水文因素分析 . 生态学报，30（17）：4728 - 4740.

周名江，颜天，邹景忠 . 2003. 长江口邻近海域赤潮发生区基本特征初探 . 应用生态学报，14（7）：1031 - 1038.

Diaz R J, Rosenberg R. 2008. Spreading dead zones and consequences for marine ecosystems. Science, 321 (5891): 926 –929.

Justic D, Rabalais N N, Turner R E. 2002. Simulated responses of the Gulf of Mexico hypoxia to variations in climate and anthropogenic nutrient loading. Journal of Marine Systems, 42: 115 – 126.

Li D J, Zhang J, Huang D J, Wu Y, et al. 2002. Oxygen deficit out of the Changjiang Estuary. Science in China, Series D: Earth Sciences, 32 (8): 686 –694.

Mortlock R A, Froelich P N. 1989. A simple and reliable method for the rapid determination of biogenic opal in pelagic sediments. Deep-Sea Res, 36: 1415 – 1426.

Rabalais N N, Diaz R J, Levin L A, et al. 2010. Dynamics and distribution of natural and human-caused hypoxia. Biogeosciences, 7 (2): 585 –619.

Rabouille C, Conley D J, Dai M H, et al. 2008. Comparison of hypoxia among four river – dominated ocean margins: The Changjiang (Yangtze), Mississippi, Pearl, and Rhone rivers. Continental Shelf Research, 28 (12): 1527 – 1537.

Tian R C, Sicre M A, Saliot A, 1992. Aspects of the geochemistry of sedimentary sterols in the Changjiang Estuary. Organic geochemistry, 18: 843 – 852.

Wang B D. 2009. Hydromorphological mechanisms leading to hypoxia off the Changjiang estuary. Marine Environmental Research, 67: 53 –58.

Wei H, He Y, Lia Q, et al. 2007. Summer hypoxia adjacent to the Changjiang Estuary. Journal of Marine Systems, 67 (3/4): 292 – 303.

Zhang J, Gilbert D, Gooday A J, et al. 2010. Natural and human-induced hypoxia and consequences for coastal areas: synthesis and future development. Biogeosciences, 7 (5): 1443 – 1467.

Zhang J, Liu S M, Ren J L, et al. 2007. Nutrient gradients from the eutrophic Changjiang (Yangtze River) Estuary to the oligotrophic Kuroshio waters and re-evaluation of budgets for the East China Sea Shelf. Progress In Oceanography, 74 (4): 449 – 478.

Zhou F, Xuan J L, Ni X B, et al. 2009. A preliminary study on variations of the Changjiang diluted Water between August 1999 and 2006. Acta Oceanologica Sinica, 31 (4): 1 – 12.

Zhou Ming-Jiang, Shen Zhi-Liang, Yu Ren-Cheng. 2008. Responses of a coastal phytoplankton community to increased nutrient input from the Changjiang (Yangtze) River. Continental Shelf Research, 28: 1483 – 1489.

第 9 章　长江口外低氧区长期变化研究

海水中溶解氧含量维持着海洋生物生长和繁殖，是反映海洋生态环境质量的重要指标。海水中溶解氧含量过低可导致海洋生物死亡率增加、生长速率减小及其分布和行为的改变，所有这些都将引起整个食物网的重大改变（Breitburg，2002）。通常将溶解氧含量低于 2 mg/dm³ 的水体称为低氧水体（hypoxia），在该临界值以下，鱼类要逃离该水体，而底栖生物濒临死亡（Breitburg，2002）。由于低氧对海洋生态系统造成极大的改变和危害，因此低氧区又称"死亡区"（dead zone）。自 20 世纪 80 年代发现美国长岛湾底层海水夏季低氧的严重事件以来，各国纷纷报道低氧现象，世界范围内出现了以低氧现象（hypoxia）或无氧现象（anoxia）为特征的不稳定河口生态系统，屡见报道的有墨西哥湾、切萨皮克湾、北海、东京湾等（Diaz，2001）。据报道，全球"死亡区"的数量和面积都在扩大，1994 年全球海洋共有 149 个"死亡区"，但 2006 年已多达 200 个（UNEP，2006）。"死亡区"对渔业形成了潜在的威胁，成为制约河口和近海生态环境可持续发展的一个关键问题。

在东海长江口外和南海珠江口外海域夏季的底层均存在低氧区（Zhang et al.，2002）。近几年来，关于长江口外海域夏季底层低氧区的观测研究越来越受到关注和重视。尽管对长江口外夏季低氧区的形成机制有初步的认识，但这些认识均缘于某个航次偶然的发现。因此，关于长江口外低氧区的认识尚存在若干问题。比如，长江口外低氧区究竟是自然现象还是近年来水体富营养化的结果；是自古有之还是开始于哪个年代；低氧区地理位置、面积和最低氧含量的年际变化规律或趋势如何；低氧区的形成机制及边界条件有何区域性特征；长江口外低氧区与世界其他低氧海区相比有何特点，等等。本章根据近 50 年来长江口及其邻近海域的观测资料，拟对上述问题进行系统的总结和探讨。

9.1　长江口外低氧区的早期记录

关于长江口外低氧区的最早记录，作者查阅了 1958—1959 年全国海洋综合调查资料（中国科学技术委员会海洋组海洋综合调查办公室，1961），发现 1958 年 9 月和 1959 年 7—8 月黄海、东海化学要素大面观测记录资料中，在长江口外 3 处海域的底层溶解氧含量低于 2 mg/dm³（具体位置和量值见表 9.1）。这应该是迄今长江口外低氧区最早的观测记录，同时也表明长江口外低氧区的存在至少可追溯到 20 世纪 50 年代末。然而，20 世纪 50 年代末长江口海域还远未达到富营养化的程度（Wang，2006），因此，海水富营养化并不是长江口外低氧区形成的必要条件。

表 9.1 长江口外低氧区中心位置、面积和最低氧含量的历史记录

时 间	地 点		最低氧含量	低氧区面积	参考文献
	N	E	（mg/dm³）	（km²）	
1958—09	29°14′	122°28′	0.73	2 300	海洋综合调查办公室，1961
1959—07	32°59′	123°32′	1.73	—	海洋综合调查办公室，1961
1959—08	31°15′	122°45′	0.34	1 600	海洋综合调查办公室，1961
1976—1985 – 08	31°00′	123°00′	≥0.80	14 700	张竹琦，1990
1981 – 08	30°50′	123°00′	2.00	<100	Limeburner et al.，1983
1985 – 08	31°15′	122°30′	2.00	—	任广法，1992
1988 – 08	30°50′	123°00′	1.96	<300	Tian et al.，1993
1990 – 08	32°00′	122°30′	0.77	>2 800	日本国际海洋数据中心
1998 – 08	32°10′	124°00′	1.44	600	Wang and Wang，2007
1999 – 08	30°51′	122°59′	1.00	13 700	Li et al.，2002
2002 – 08	32°00′	122°29′	1.73	<500	石晓勇等，2006
	31°00′	123°00′	1.99		
2003 – 06	122°50′	30°50′	~1.00	5 000	许淑梅，2005
2003 – 09	30°49′	122°56′	0.80	20 000	Wei et al.，2007
	31°55′	122°45′	<1.50		
2005 – 08	32°09′	122°46′	1.55	—	朱卓毅，2007
2006 – 07	32°42′	122°23	1.36	—	韦钦胜等，2010
2006 – 08	32°30′	123°00′	0.87	17 000	张莹莹等，2007

9.2 长江口外低氧区的地理位置

图 9.1 给出历年来观测到的长江口外低氧区中心位置的分布状况。从地理位置来看，低氧区中心位置分布在长江口外凹槽中；从水深变化来看，其分布在 20~55 m 之间的海域，且由南向北、自东向西水深递减；从出现频率来看，以 30°50′N、123°00′E 附近海域出现频率最高，该处水深约 40 m。总体来看，低氧区中心位置的分布与长江口外凹槽的走势十分相似。

9.3 长江口外低氧区面积和最低氧含量的变化

表 9.1 给出了近 50 年来在长江口外观测到低氧区的时间、中心位置、最低氧含量及面积的变化情况。低氧区的最低溶解氧含量及面积不同年份差别较大。总的来看，近 50 年来低氧区的最低溶解氧含量没有明显的降低或增大趋势（图 9.2）；但低氧区面积超过 5 000 km² 的超大面积低氧区均是在 20 世纪 90 年代以后观测到的。因此，总的来说目前长江口外的低氧状况似乎较 20 世纪 80 年代以前更严重些。

在此需要指出的是，顾宏堪（1980）在研究黄海溶解氧垂直分布最大值现象时，为了与

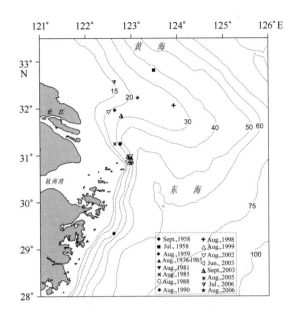

图 9.1　长江口邻近海域海底地形及近 50 年来观测到的
低氧区中心位置的分布（1959—2006 年）

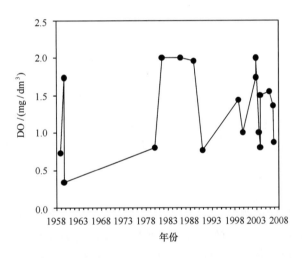

图 9.2　近 50 年来长江口外低氧区最低溶解氧含量的变化

黄海冷水团中溶解氧的垂直分布特征进行比较，曾给出了长江口东北部海域某一站位溶解氧
的垂直分布，该站底层溶解氧含量为 2.57 mg/dm^3。有些研究者误将此值作为 1959 年 8 月长
江口外海域溶解氧最低值，实际上顾宏堪的原文中并未指明该值是长江口外海域溶解氧最
低值。

　　此外，对低氧现象多发区 32°N，123°E 海域近 50 年来的底层溶解氧观测数据的统计分析
结果表明，底层溶解氧与溶解氧饱和度月变化趋势基本一致，呈现出明显的"V"字形变化
（图 9.3）。从 1 月到 2 月，随着水温的降低，水体溶解氧溶解度增大，故底层水氧含量增大；
从 2 月开始二者便呈现出急剧下降趋势，到 8 月降至最低，形成明显的低氧现象；9 月二者
又开始回升，到 12 月基本达到饱和状态。即长江口低氧区的月变化存在两个过程，2 月到 8
月的耗氧过程和 8 月到翌年 2 月的充氧过程。

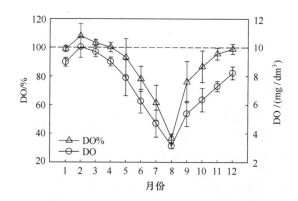

图 9.3　长江口低氧区溶解氧和饱和度气候态月平均值的变化

9.4　长江口外低氧区的形成机制

综观世界海洋中低氧区，易于形成低氧区海域的基本特征是具有弱的水动力条件（潮汐、海流、风）和大的淡水径流输入，由此形成水体的层化或在近底层形成稳定的水团，当底层得不到表层水中溶解氧的补充时便形成低氧区（Diaz，2001）。因此，以往的研究者主要从生物地球化学和海洋学的角度对长江口外低氧区的形成机制进行探讨。一般认为，长江口外海域存在着由长江冲淡水和台湾暖流形成的强温盐跃层，限制了表层高含量氧向底层扩散，底层水由于有机物分解耗氧而使氧含量逐渐减小，由此形成长江口外低氧区（Zhang，2002；Wei et al.，2007）。但关于有机物的来源则存在不同的看法，有人认为是表层浮游植物光合作用产生的大量颗粒态有机碳向底层输送，而且长江 N、P 输入的增加更加剧了这一过程（Zhang，2002）；而有人认为有机物不是当地产生的，也不是长江径流的输入，而是由台湾暖流携带而来的（Wei，2007）。

强温盐跃层的存在和有机物分解耗氧是形成长江口外低氧区的必要条件，但不是充分条件。强温盐跃层的存在只能说明该处水体具有垂直稳定性，但不能保证该处水体水平方向的稳定性。例如，在海底地形较平坦的海域，虽然强温盐跃层的存在阻挡了表层水中溶解氧向底层的扩散，但由于底层水可与周围高氧水体进行横向交换，即便底层水氧含量也会降低，但却很难达到低氧程度。实际上，在长江口外海域几乎处处都满足上述两个条件，但低氧区却仅出现在少数几处海域。因此，一定存在另外的条件影响着长江口外低氧区的形成。

从长江口外海域地形图（图 9.1）中可以看出，长江口外存在一个十分陡峭且较狭窄的凹槽，低氧区中心位置恰好分布在凹槽中。夏季，台湾暖流底层水顺凹槽走向由南向西北方向延伸，当到达长江口外海域后，因受海底地形的阻挡而流速减小（Guan，1994）；叠置其上的是巨量的高温、低盐的长江冲淡水，在 2 个水团之间形成了强温盐跃层（Zhang，2002；Wang and Wang，2007；石晓勇等，2006）。台湾暖流底层水本身具有低溶解氧特征（Wang and Wang，2007），当其进入凹槽后，海底地形阻挡了其与相邻水体的横向交换，而强温盐跃层的存在则阻挡了表层高含量氧向底层扩散。因此，底层水由于有机物分解耗氧却又得不到氧的补充，其氧含量逐渐减小，最终形成低氧区（Wang，2009）。

9.5　小结

长江口外低氧区的形成是由长江口外独特的海底地形和水文状况决定的。它是一个自然现象，也许自古有之。从近50年来的出现频率来看，长江口外低氧区的出现并非周期性的；从长江口外低氧区面积的变化来看，似乎人类活动导致的长江口富营养化加剧了长江口外的低氧状况。长江口外低氧区的存在必然对该水域底栖生态系统乃至东海陆架区生源物质的生物地球化学循环产生较大影响，因此，必须给予足够重视并进行长期观测和全面研究。

参 考 文 献

许淑梅.2005.长江口外低氧区及其邻近海域氧化还原敏感性元素的分布规律及环境指示意义.中国海洋大学博士学位论文.

顾宏堪.1980.黄海溶解氧垂直分布中的最大值.海洋学报，（2）：70－79.

任广法.1992.长江口及邻近海域溶解氧的分布变化.海洋科学集刊，33：139－152.

石晓勇，陆茸，张传松，等.2006.长江口邻近海域溶解氧分布特征及主要影响因素.中国海洋大学学报，36（2）：287－290.

韦钦胜，战闫，魏修华，等.2010.夏季长江口东北部海域DO的分布及低氧特征.海洋科学进展，28（1）：32－40.

张莹莹，张经，吴莹，等.2007.长江口溶解氧的分布特征及影响因素研究.环境科学，28（8）：1649－1654.

张竹琦.1990.黄海和东海北部夏季底层溶解氧最大值和最小值特征分析.海洋通报，9（4）：22－26.

中国科学技术委员会海洋组海洋综合调查办公室.1961.全国海洋综合调查资料第一册：渤、黄、东海水文气象和化学要素大面观测记录资料.北京：811.

朱卓毅.2007.长江口及邻近海域低氧现象的探讨——以光合色素为出发点.上海：华东师范大学博士学位论文，223.

Breitburg D L. 2002. Effects of hypoxia, and the balance between hypoxia and enrichment, on coastal fishes and fisheries. Estuaries, 25：767－781.

Diaz R J. 2001. Overview of hypoxia around the world. Journal of Environmental Quality, 30：275－281.

Guan B X. 1994. Patterns and structures of the currents in Bohai, Huanghai and East China Sea//Zhou D, Liang Y B and Zeng C K. Oceanology of China Seas. Kluwer Academic Publishers, Netherlands, Vol. 1：17－26.

Japanese National Oceanographic Data Center. http：//www. jodc. go. jp/

Li D, Zhang J, Huang D, et al. 2002. Oxygen depletion off the Changjiang (Yangtze River) Estuary. Science in China (Series D：Earth Sciences), 45（12）：1137－1146.

Limeburner R, Beardsley R C, Zhao J. 1983. Water masses and circulation in the East China Sea. Proceedings of international symposium on sedimentation on the continental shelf, with special reference to the East China Sea. April 12－16, 1983, Hangzhou, China. Vol. 1. Beijing：China Ocean Press, 1983：285－294.

Tian R C, Hu F X, Martin J M. 1993. Summer Nutrient Fronts in the Changjiang (Yantze River) Estuary. Estuary, Coastal and Shelf Science, 37：27－41.

UNEP. 2006. Global Programme of Action for the Protection of the Marine Environment from Land-Based Sources—2nd Intergovernmental Review Meeting (IGR－II) . October 19－20, 2006, Beijing.

303

Wang Baodong, Wang Xiulin. 2007. Chemical hydrography of the coastal upwelling in the East China Sea. Chinese J Oceanol Limnol, 25 (1): 16 – 26.

Wang Baodong. 2006. Cultural eutrophication in the Yangtze River plume: history and perspective. Estuarine, Coastal and Shelf Science, 69: 471 – 477.

Wang Baodong. 2009. Hydromorphological Mechanisms Leading to Hypoxia off the Changjiang Estuary. Marine Environmental Research, 67: 53 – 58.

第 10 章　黄海冷水团中溶解氧
垂直分布最大值现象

　　黄海作为我国颇为重要的陆架浅海，被列为世界 50 个大海洋生态系之一，称为黄海大海洋生态系（唐启升等，2001）。黄海冷水团作为这一陆架浅海上一个重要海洋现象，一直备受我国海洋学家关注。黄海冷水团每年 5 月前后开始形成于黄海中部，7 月、8 月达到其强盛期，直到 11 月、12 月才完全消失（邹娥梅等，2001；于非等，2006）。已有的研究表明，黄海冷水团对溶解氧（DO）的垂直分布具有重要的影响。顾宏堪（1966，1980）最早发现和研究了黄海夏季 DO 垂直分布中的最大值现象。海洋中 DO 垂直分布最大值，正如最小值一样，不仅是 DO 垂直分布中的一个突出的现象，也是海洋化学家历来研究的课题之一。同时，由于海水中 DO 的含量和变化是海洋化学过程、生物过程和物理过程相互作用的结果，所以深入研究南黄海冷水域 DO 垂直分布最大值现象，也将有助于对物理海洋过程及生物、化学过程的揭示。

　　关于海洋中 DO 垂直分布最大值现象，几十年来，人们开展了大量的研究，并作出了不同的解释。其中，Thompson 等（1934）通过分析在太平洋北部及东北部 25～50 m 处观测到的 DO 最大值现象，认为氧最大值层是与光合带相适应的。然而，Вогоявленский（1953）在分析鄂霍次克海 DO 最大值的形成原因时，则认为氧最大值是系由跃层形成时浮游植物光合作用所产生的氧气自上层渗入到稍下层所致，且 Cmetahйи（1959）对千岛 – 堪察加海区中的 DO 最大值现象，也作出了与 Вогоявленский 类似的解释，并认为在氧最大值处，pH 和生源要素的分布曲线上，并没有相应的特征。Вруевич 等（1960）的研究亦指出，氧最大值存在的重要因素，是先前上层水体光合作用时渗入到该层中的高浓度氧，并维持在这一稳定密度层中，而并非是该层中光合作用的积累。Ichiye（1954）则认为密度跃层中的氧最大值之所以能够得以保存，是由于氧的涡动扩散较慢所致。此外，Reid（1962）和 Shulenberger 等（1981）在研究北太平洋中的氧最大值后指出，夏季氧最大值处及其上面的氧的浓度，主要取决于水的温度。

　　自顾宏堪（1966，1980）报道黄海夏季存在 DO 垂直分布最大值现象以来，陆续有多人在调查中发现这一科学现象，并对其进行了探讨（刁焕祥等，1985；熊庆成等，1986；王保栋等，1996，1999；刘克修等，1997）。与此同时，不少学者（刁焕祥等，1984；傅永法，1990；项有堂等，1991；仁典勇等，1993；李富荣等，1997；林洪瑛等，1989，2001，2003）也开始关注和研究我国东海和南海的 DO 垂直分布最大值现象。针对 DO 垂直分布最大值现象的成因，顾宏堪（1980）在国际上最早提出了"夏季 DO 垂直分布中的最大值，主要系由冬季保持而来"的理论，并认为这一观点可能在世界海洋中都具有普遍的意义。之后，不少研究者（刁焕祥等，1984，1986；傅永法，1990）也均沿用上述理论来解释黄海、东海及南海夏季 DO 垂直分布最大值的成因。而王保栋（1996）通过对 1976—1985 年 10 年的南黄海断面调查资料进行研究后指出，黄海 DO 垂直分布中的最大值并非主要由冬季保持而来，而是光合作用和良好的温跃层共同作用的结果，且与次表层叶绿素最大值现象（Subsurface Chlorophyll Maximum，SCM）相伴生（王保栋等，1999），这一观点与杨嘉东（1991）、王小羽等（1991）及蒋国昌等（1991）分别对南海、东海陆架及黑潮区的研究结果基本一致。

总之，人们在研究 DO 垂直分布最大值现象的成因方面已取得了重大进展，并积累了一定的成果。然而，分析这些文献成果，也不难发现如下问题：①文献大多是在定性方面从跃层和光合作用的角度对 DO 垂直分布最大值现象进行描述和解释，而没有做进一步的深入量化研究，如 DO 最大值与跃层强度、跃层厚度及 Chl a 的关系还有待确立；②对 DO 垂直分布最大值处氧的来源（或构成），探讨得也不够明确、具体和深入；③对 DO 垂直分布最大值现象和 SCM 现象的内在关系缺乏量化研究，虽然这两种现象同时存在，但是它们出现的位置是否吻合，其统计计量关系究竟如何，为何冷水团中心区 DO 最大值较高，而浮游植物生物量却较低，两者的量值之间是否存在明确相关性，文献资料对此均没有明确交代。

根据南黄海 2006 年夏季对冷水团的最新调查资料（站位见图 10.1），本节详细分析了黄海冷水域西部 DO 垂直分布中的最大值现象，并结合温度、盐度、温跃层、Chl a 和营养盐等同步观测资料，探讨它们之间的定量关系，对南黄海冷水域 DO 垂直分布最大值现象的成因进行了新的认识。

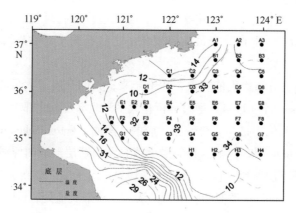

图 10.1　南黄海底层温度（℃）和盐度分布

10.1　黄海冷水团中溶解氧的垂直分布特征

南黄海冷水团西部海域内 DO 的浓度范围为 5.35 ~ 10.36 mg/dm³，平均值为 7.73 mg/dm³，且 DO 浓度均值由大到小依次为 30 m 层、10 m 层、表层、底层。由典型断面的 DO 分布情况来看（图 10.2），DO 高值核心也是出现在中层水体，这显然是 DO 垂直分布最大值的具体表现。进一步分析还发现，DO 垂直分布最大值的深度和量值在整个研究海区也并不是均匀一致的，而是存在以下的变化规律：在 122.5°E 以东透明度较高的深水区域，DO 最大值位置较深，大多在水深 30 m 上下，DO 最大值的量值相对也较大，而在 122.5°E 以西受近岸影响较明显的区域，DO 最大值位置大多在 20 m 水深上下或者更浅，DO 的量值也明显低于外海区（图 10.2）。总体而言，各采样站点 DO 垂直分布最大值深度总体上随水体深度的增加而增加。

为了更清楚和准确地描述 DO 的垂直分布特征与温跃层、Chl a 及营养盐的关系，以典型断面 D 为例，给出了断面上各站位 DO 和温度随深度的变化曲线（图 10.3），以及温度、叶绿素和营养盐的断面分布情况（图 10.4）。由图 10.2（a）、图 10.3 及图 10.4 可知，上混合层中的氧由于增温而排入气溶胶中，致使 DO 浓度较低且变化不大，从跃层上界处 DO 浓度开始逐渐增加，到跃层下界附近处达到最大值，随后随着深度的增加，DO 浓度便逐渐降低，并在底层形成 DO 的低值区，DO 最大值总体上处于受黄海冷水团影响的温跃层的下界附近，且基本与温跃层下界附近营养盐浓度的低值锋面相一致，同时还与次表层叶绿素最大值现象（Subsurface Chlorophyll Maximum，SCM）相伴生。此外，需要特别指出的是，其他断面的情况与 D 断面也基本类似。

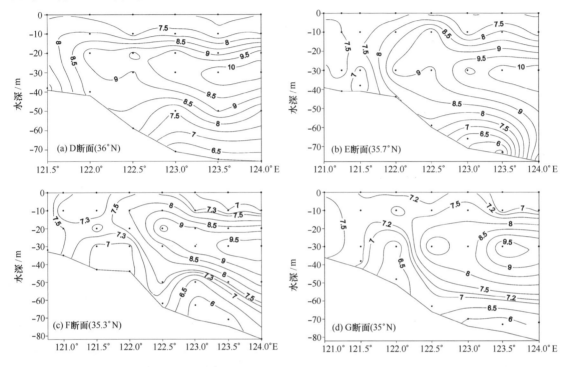

图 10.2　黄海典型断面的 DO 分布（单位：mg/dm³）

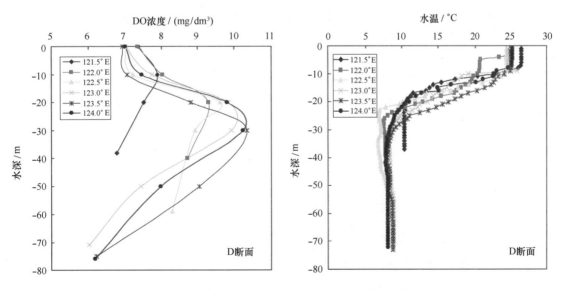

图 10.3　黄海 D 断面上各站点 DO 和温度的垂直分布

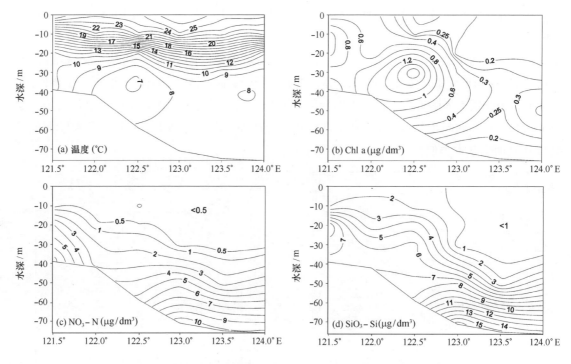

图 10.4　黄海 D 断面温度、Chl a 和营养盐分布

这一结果验证了以往的研究成果，即夏季南黄海 DO 垂直分布最大值的出现与跃层密切相关，并与 SCM 现象相伴生。但也有一些新的发现，如 DO 最大值深度与叶绿素最大值深度并不完全一致，叶绿素最大值深度在深水区要比 DO 最大值深度更大些 [图 10.2 (a)、图 10.4 (b)]；DO 最大值处的氧浓度（DO_{Max}）与该处叶绿素浓度以及 Chl a 最大值处的叶绿素浓度分布情况也不一致，Chl a 浓度较高的海域，DO 含量较低，而在 Chl a 浓度较低的地方，DO 含量却较高 [图 10.2 (a)、图 10.4 (b)]。其他断面也同样存在上述现象。

10.2　黄海冷水团中溶解氧浓度与主要环境因子的关系

10.2.1　DO 浓度与温盐的关系

对 DO 最大值层以上水体而言，DO 浓度与温度和盐度之间具有较好的相关性 [图 10.6 (a)、(b)]；而对 DO 最大值层及以下水体，DO 浓度与温度和盐度之间则无明显相关性（R^2 分别为 0.004 1 和 0.019 4，$P < 0.01$），因此水温和盐度是 DO 最大值层以上水体中 DO 平衡浓度的主要控制因素。

10.2.2　影响 DO 最大值深度因素分析

对各站位 DO 最大值深度、温跃层深度及 Chl a 最大值深度的统计结果表明 [图 10.5 (a)]，其值根据 CTD 携带的经过校正的 DO 和 Chl a 探头所测数据来确定）：DO 最大值深度、温跃层上下界深度、温跃层厚度及 Chl a 最大值深度随各站位水深的分布与 DO 最大值浓度分布具有总体上的一致性，量值都在浅水区较小，而在深水区较大；DO 最大值出现在8~30 m，基本上所有站位DO最大值都位于温跃层中，并且大多数站位的DO最大值深度与温跃层下界接近，进一步分析发现，DO最大值深度与温跃层下界深度存在良好的正相关［图10.5（b）］，这说明DO最大值的存在，既需要有较低的水温，又需要水体具有较强的垂直稳定性。

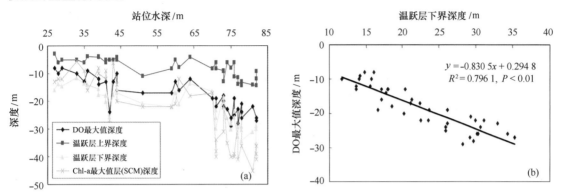

图10.5 黄海夏季DO垂直分布最大值深度与温跃层、Chl a最大值深度的关系

此外，研究发现调查区域的温跃层强度在0.64~2.54℃/m之间（平均值为1.21℃/m），且DO最大值的量值与温跃层强度之间无明显相关性，而与温跃层的厚度呈正相关［图10.6（c）］，这可以用以下机制来解释：海水层化会影响DO的垂直涡动扩散，从而对DO垂直分布最大值的形成和保持起着至关重要的作用，因此，本书认为在跃层强度达到一定程度的时候，随着跃层厚度的增加，会导致DO垂直涡动扩散的减弱，进而影响DO最大值的量值。

由DO和Chl a的断面分布情况可以看出［图10.2（a）、图10.4（b）］，虽然DO和Chl a垂直分布最大值现象同时存在，但DO最大值深度与叶绿素最大值层并不完全一致。图10.5（a）的统计结果表明：DO最大值深度与叶绿素最大值深度之间存在三种关系：一种是叶绿素最大值深度比DO最大值深度要浅；二种是两者基本吻合；三种是叶绿素最大值深度比DO最大值深度要大。对这一现象可以用下述机制来解释：Chl a最大值的形成是光照和营养盐共同作用的结果，在大部分海域尤其是较深水区（水深大于45 m），一方面黄海冷水团内的垂直环流虽然存在将下层的营养盐向上层扩散的趋势，但由于强大的温、密跃层的存在，营养盐会在跃层下界及以下水体中积累，而并未穿透温、密跃层［图10.4（c）、图10.4（d）］；另一方面深水区透明度也较大，光照强度适应，因而易在温跃层下界及以下水体中形成叶绿素最大值层，表现为与DO最大值层相吻合或在其之下；对浅水区而言（水深<45 m），由于跃层强度和厚度较小，营养盐的贯跃层输运会使其穿越温跃层，而且受水体透明度的限制，适宜的光照也出现在跃层的中部，因此叶绿素最大值层出现在跃层之中，甚至在DO最大值层以上。

10.2.3 氧最大值与Chl a的关系

研究发现，DO最大值处的氧浓度与该处叶绿素浓度以及Chl a最大值处的叶绿素浓度在量值上并不存在相关性，DO_{Max}越高的海域，Chl a值却越小［图10.2（a）、图10.4（b）］。对于DO_{Max}与Chl a最大值之间的不相关性，本书认为，只有当叶绿素最大值深度在DO最大值深度之下或两者相吻合的情况下，DO_{Max}与 Chl a 最大值才可能有关，而在 Chl a 最大值深度比 DO 最大值深度小的情况下，DO_{Max}与 Chl a 最大值没有关系，这是因为浮游植物光合作用所产生的氧会向上扩散，并在温跃层的下界附近积聚和保存，并逐步形成 DO 最大值层，所以当叶绿素最大值深度在 DO 最大值深度之上时，其光合作用产氧将对 DO_{Max} 没有贡献。此外，由于观测的 Chl a 含量只是某一时间节点的值，而且 Chl a 含量较高的地方也有可能存在由于上部跃层厚度较小以及垂直环流所引起的氧涡流扩散加剧的情况（如 D 断面 122.5°E 附近海域的 20~30 m 水深处，见图 10.4a、图 10.4b），氧损失严重，从而使 DO_{Max} 也会比较低，造成现场观测时 Chl a 与 DO_{Max} 之间的不相关。所以，观测之时 DO 最大值层中的 Chl a 浓度及 Chl a 最大值均不是影响 DO 最大值的决定因素。

10.2.4 氧最大值与"DO 净积累效应"

在黄海，跃层总在真光层以内，所以，DO 最大值层以下、真光层以内水体中在时间跨度上 DO 的净积累作用才与 DO_{Max} 密切相关，本书称之为"DO 净积累效应"，其含义是：一定条件的跃层形成以后（DO 最大值层开始出现），DO 最大值层以下、真光层以内水体在一定时间内（可以是一天）光合作用产氧抵消有机物分解、呼吸耗氧，氧的垂直涡动扩散等氧损失后，会有氧的剩余，由于温跃层下界附近具有相对较低的水温和较强的垂直稳定性，一部分剩余的氧（$DO_{净积累}$）会在此积聚和保存。将 $DO_{净积累}$ 从跃层出现开始对时间进行积分，将得到较大时间跨度上 DO 净积累的叠加：DO 净积累的叠加 $= \int_{=t_0}^{t} DO_{净积累} dt$。而且，在跃层出现并为形成 DO_{Max} 层提供必要条件时，水体中还存在一 DO 含量的本底值（$DO_{本底}$），假定 $DO_{本底}$ 在一定时间内的氧损失已体现在 $DO_{净积累}$ 中，所以 DO 最大值层氧含量可表示为：$DO_{Max} = DO_{本底} + \int_{=t_0}^{t} DO_{净积累} dt$。当 $DO_{净积累}$ 对时间的积分值（$\int_{=t_0}^{t} DO_{净积累} dt$）大于 0，并逐渐增大时，则 DO 最大值层处于形成期，且 DO 最大值逐渐升高；当 $\int_{=t_0}^{t} DO_{净积累} dt$ 不变时，则是 DO 最大值层的成熟和保持期，此时 DO 最大值的量值最大；当 $\int_{=t_0}^{t} DO_{净积累} dt$ 逐渐下降时，则 DO 最大值层将开始衰退并逐渐消失。为直观地描述这一过程，本书给出了 $DO_{净积累}$ 对时间的积分值随时间变化的概念曲线（图 10.6）。

由此可见，DO 最大值层氧的含量（或来源）由两部分组成：一是 DO 最大值层开始产生时水体中 DO 的本底值，$DO_{本底}$ 受两个因素制约，即 DO 最大值层开始产生之前春季光合作用的产氧以及由于海水增温而来不及扩散到上层水体中的由冬季保留下来的一部分氧；二是自 DO 最大值层开始产生至观测之时 $DO_{净积累}$ 的叠加。由以上分析也不难看出，$DO_{净积累}$ 的叠加则会受到氧的垂直涡动扩散和光合作用的影响，前者主要受控于跃层的厚度，自跃层形成之后，其厚度可能变化不大，从而使 DO_{Max} 与其呈正相关；光合作用则与自 DO 最大值层开始产生至观测之时该层以下、真光层以内水体中 Chl a 的总产出有关。需要进一步指出的是，针对 DO 最大值的形成机制，在肯定温跃层和光合产氧所起的作用的基础上，"DO 净积累效应"的观点不仅从时间跨度以及动态的角度上对 DO 垂直分布最大值的形成机制进行了分析，而且在理论上探讨了 DO 最大值层氧含量（或来源）的构成，并明确指出了自 DO 最大值层开始产生至观测之时该层以下、真光层以内水体中的生物化学作用（或 Chl a 的总产出）才与氧最

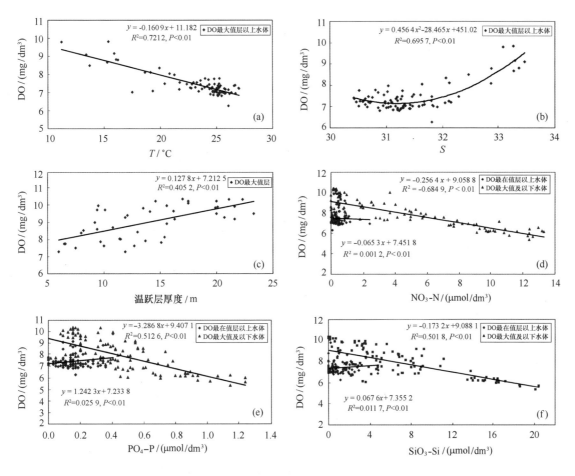

图 10.6　黄海夏季 DO 与环境因子的相关性

大值密切相关。

应用上述观点，显然可以很好地解释春、夏季氧最大值处氧含量普遍高于冬季这一事实，而且也能解释夏季氧最大值处的氧含量整体上逐月增大这一现象。

10.2.5　DO 浓度与营养盐的关系

从 D 断面 $NO_3 - N$ 和 $SiO_3 - Si$ 的浓度分布情况来看［图 10.4（c）、图 10.4（d）］，营养盐总体上是在温跃层下界及以下水体中积累，并由跃层附近向下层逐渐增加，在水深较浅的海域，温跃层附近的营养盐存在向上层扩散的趋势，磷酸盐也有类似的分布趋势。营养盐的这种分布趋势表明 DO 最大值层基本与温跃层下界附近营养盐浓度的低值锋面相一致，这是该层中光合作用消耗营养盐的结果，而底层 DO 含量的低值区也与营养盐浓度的高值区相吻合，这显然是下层水及沉积物中有机物分解耗氧而使营养盐再生并逐渐积累的结果。对调查海域 DO 最大值层以上水体，DO 最大值层及以下水体中 DO 浓度和上述 3 种生源要素之间的化学计量关系分别进行统计分析，结果表明，DO 最大值层及以下水体中，DO 与 $NO_3 - N$、$PO_4 - P$ 和 $SiO_3 - Si$ 之间均存在较好的负相关，而 DO 最大值层以上水体中，DO 与营养盐之间基本不存在相关性且营养盐含量均很低［图 10.6（d）、图 10.6（e）、图 10.6（f）］。这些结果也进一步说明，DO 最大值层及以下水体中，营养盐的消耗或增加是时间跨度上生物化

311

学作用的结果，而 DO 含量也是受到时间跨度上生物化学累积作用的影响，所以它们之间呈现较好的相关性也是自然而然的。

10.3　小结

通过对 DO 浓度与主要环境因子的相关性分析，对南黄海冷水域 DO 垂直分布最大值现象的成因有了更详尽的认识：温、盐明显控制着 DO 最大值层以上水体中的氧含量；一定强度的温跃层形成之后，DO 最大值层出现在跃层的下界附近，且其氧含量受控于跃层厚度和生物化学作用，并与跃层厚度呈正相关；DO 最大值深度与叶绿素最大值深度之间存在 3 种关系，且成功解释了 DO 最大值处与次表层叶绿素最大值层位置不吻合且量值不相关的原因；提出了"DO 净积累效应"的观点，不仅从时间跨度以及动态的角度上对 DO 垂直分布最大值的形成机制进行了分析，而且从理论上探讨了 DO 最大值层氧含量（或来源）的构成，并明确指出了自 DO 最大值层开始产生至观测之时该层之下、真光层以内水体中的生物化学作用（或 Chl a 的总产出）才与氧最大值密切相关；底层较低的 DO 含量是底层水及沉积物中有机物分解耗氧的结果。总体来看，水体层化和生物化学作用明显影响着夏季南黄海冷水域 DO 的垂直分布。

参 考 文 献

刁焕祥，姜传贤，陆家平.1984.南海溶解氧垂直分布最大值.海洋学报，6（6）：770－780.

刁焕祥，沈志良.1985.黄海冷水域水化学要素的垂直分布特性.海洋科学集刊，北京：科学出版社，第25集：41－51.

刁焕祥.1986.黄海冷水溶解氧垂直分布最大值的进一步研究.海洋科学，10（6）：30－34.

傅永法.1990.东海北部黑潮及其邻近海域溶解氧分布特征的研究//黑潮调查研究论文选（二）.北京：海洋出版社：84－91.

顾宏堪.1966.海水溶解氧夏季垂直分布中的最大值.海洋与湖沼，8（2）：85－91.

顾宏堪.1980.黄海溶解氧垂直分布中的最大值.海洋学报，2（6）：70－79.

蒋国昌，王玉衡，唐仁友.1991.东海溶解氧垂直分布和季节变化.海洋学报，13（3）：348－355.

李富荣，赵继胜，毕嘉.1997.东海海域溶解氧垂直分布最大值的分析研究.东海海洋，15（1）：1－10.

林洪瑛，程赛伟，韩舞鹰，等.2003.南沙群岛海域次表层溶解氧垂直分布最大值的强度特征.热带海洋学报，22（3）：9－15.

林洪瑛，韩舞鹰，王汉奎，等.2001.南沙群岛海域溶解氧垂直分布最大值的季节特征.海洋学报，23（5）：65－69.

林洪瑛，韩舞鹰.1989.我国低纬度海水中氧最大值初步研究.海洋学报，11（2）：162－169.

刘克修，赵保仁.1997.黄海溶解氧垂直分布最大值的数值研究.海洋学报，19（4）：80－89.

仁典勇，董恒霖，王玉衡.1993.东海黑潮区溶解氧垂直分布最大值//黑潮调查研究论文选（五）.北京：海洋出版社：353－362.

唐启升，苏纪兰.2001.中国海洋生态系统动力学研究：Ⅰ.关键科学问题与研究发展战略.北京：科学出版社：3－34.

王保栋，王桂云，郑昌洙，等.1999.南黄海溶解氧的垂直分布特征.海洋学报，21（5）：72－77.

王保栋 . 1996. 黄海溶解氧垂直分布最大值的成因 . 黄渤海海洋，15（3）：10－15.

王小羽，朱碧英 . 1991. 东海陆架及黑潮区夏季次表层叶绿素最大值成因探讨//黑潮调查研究论文选（三）.
北京：海洋出版社：297－304.

项有堂，陆鸣民，郑锡建 . 1991. 东海海域夏季溶解氧垂直分布最大值 . 海洋通报，10（1）：18－23.

熊庆成，丁宗信，赵保仁 . 1986. 秋末南黄海冷水团区溶解氧垂直结构及其最大值的分析研究 . 海洋科学集
刊，27：107－114.

杨嘉东 . 1991. 南海中部海区溶解氧垂直分布最小值 . 海洋与湖沼，22（4）：353－359.

于非，张志欣，刁新源，等 . 2006. 黄海冷水团演变过程及其与邻近水团关系的分析 . 海洋学报，28（5）：
26－34.

邹娥梅，熊学军，郭炳火，等 . 2001. 黄、东海温跃层的分布特征及其季节变化 . 黄渤海海洋，19（3）：
8－18.

Вогоявленский А Н. 1953. Пройсхождеһие максимума кислорода втоpe. рукописв ФоһдыИи － Ta
OKeaHoл. AHCCCP T.

Вруевич С В，Вогоявлеһский А Н，Мокйевская В В. 1960. Гһдрохимйческая характерhсthка оxotekoto моря. Тр
Ии － Ta okeaһoл. AHCCCP T，42：125.

Cmetaһйи Д А. 1959. Гһдрохимйя районa кyouлo-kamчaTcKoй глбоководиой впадйиы. Тр Ии － Ta
okeaHoл. AHCCCP T，33：43－86.

Ichiye T. 1954. On the distribution of oxygen and their seasonal variations in the adjacent seas of Japan. Part Ⅱ. Ocean-
ogr Mag，6：2.

Reid J L. 1962. Distribution of dissolved oxygen in the summer thermocline. J Mar Res，20（2）：138－148.

Shulenberger E，Reid J L. 1981. The Pacific shallow oxygen maximum，deep chlorophyll maximum，and primary pro-
ductivity，reconsidered. Deep Sea Res，28A（9）：901－919.

Thompson T，Thomas B，Barnes C. 1934. Distribution of dissolved oxygen in North Pacific Ocean. James Johnston
memorial volume，Univ. Liverpppl.

第 11 章　长江河口营养盐的
混合过程研究

淡水和海水中营养盐浓度一般差别较大，岩石风化、气溶胶干湿沉降、人类生产生活排放等使得河流中 NO_3^-、PO_4^{3-}、SiO_3^{2-} 等含量较高（Meybeck，1982；Guo et al.，2004），尤其在人类活动比较频繁的海湾河口，NO_3^-、SiO_3^{2-} 含量往往在 100 $\mu mol/dm^3$ 以上，而外海水表层其浓度甚至低于检测限，因此在典型河口区，咸淡水混合可能是营养盐分布的主要控制因素。即使营养盐在初级生产期间被利用明显的条件下，当它们现场转化速率相对于通过河口的迁移速率慢时，在河口的表现也可能是准保守的（Head，1985），如 Astoria River（Park et al.，1972）。对于单一的淡水源，盐度是指示混合程度的理想内标（Head，1985；Eyre and Balls，1999；Davies，2004），营养盐在河口的加入、转移或保守情况可以通过营养盐和盐度的关系而进行评价（Peterson et al.，1975；Liss，1976；Morris et al.，1981），这种方法称为"反应物法"。若两者相关关系显著，则可认为该成分行为保守或准保守。在确定理论稀释线之后，若稳态条件下，不考虑营养盐本身形态的转移变化，采集样品营养盐浓度数据点分布趋势高于此线，则可以认为该数据点范围处有外部高浓度来源输入；反之则有可能是生物吸收或吸附沉降等迁移因素影响。当然，判断某成分是否保守还应考虑分析准确度和精密度。

近年来，长江口海域水体富营养化迅速发展，生源物质浓度日益升高，不仅为浮游植物生长提供物质基础，更为严重的后果是使长江口及邻近海域水环境质量明显下降，对生态环境造成直接或间接的影响。因此，认识长江口营养物质的分布显得十分重要，并且是了解营养盐迁移转化规律的基础。

11.1　端元的确定

利用美国 Seabird 公司生产的 Niskin 采水器采集海水样品，温度、盐度、深度数据由 CTD 探头获得。营养盐采用荷兰产 Skalar 流动分析仪测定。溶解氧采用碘量滴定法（即 Winkler 法）测定。调查区域及采样站位见图 11.1。

对于 M5 断面、M4 断面、C16 断面，钱塘江径流量远小于长江，杭州湾水团影响较小，可认为长江为单一的主要淡水来源。考察长江河道内连续站 M5 - 1，表、底层盐度 9 次测量平均值为 0.13、0.14，并且周日变化幅度在 0.02 个盐度内，盐度基本恒定。同时，除了 NO_2^-，其他营养盐周日变化小于或接近分析精密度，认为该淡水组成处于稳态条件，可作为淡水端元代表长江河水来源浓度。表 11.1 和表 11.2 分别给出了夏季和冬季连续站 M5 - 1 表、底层盐度、营养盐变化趋势。为更接近实际情况，选取 M5 - 1 和附近的 M5 - 1A、M5 - 1B 的盐度、5 项营养盐的平均值作为端元各参数点。由于在外海营养盐浓度受生物干扰、水团影响程度较大，分布零散，变幅不一，因此较难确定组成恒定、来源单一的咸水端元，因此为确定咸水端元，我们选主断面上盐度大于 31 的站位和层位的营养盐数据取其平均值，作为咸水端元营养盐大致参考点。两点相连所得直线即认为是理论稀释线。选取 M5 断面、M4 断面、C16 断面上站位的表、底层营养盐数据对盐度作图，考察 5 项营养盐随盐度变化规律，以及受咸淡水混合的影响程度。

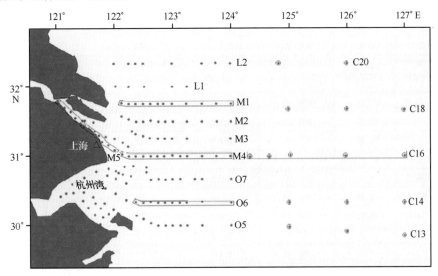

图 11.1　长江口调查区域及采样站位

表 11.1　夏季连续站 M5 -1 表底层盐度、营养盐变化趋势

时间	层位（m）	盐度	NO_3^- （μmol/dm³）	NO_2^- （μmol/dm³）	NH_4^+ （μmol/dm³）	PO_4^{3-} （μmol/dm³）	SiO_3^{2-} （μmol/dm³）
3：00	2	0.14	99.51	0.19	3.04	1.63	115.27
6：00	2	0.14	99.41	0.12	3.68	1.55	115.08
9：00	2	0.14	100.63	0.05	3.77	1.60	114.03
12：00	2	0.14	100.25	0.06	3.14	1.50	116.71
15：00	2	0.14	99.85	0.04	3.79	1.57	117.00
18：00	2	0.09	99.80	0.04	5.50	1.58	112.81
21：00	2	0.15	99.01	0.02	3.27	1.56	113.75
0：00	2	0.14	99.88	0.03	3.94	1.73	112.93
3：00	2	0.13	99.09	0.03	3.62	1.71	113.04
平均值 ± 标准偏差		0.13 ± 0.02	99.71 ± 0.52	0.06 ± 0.06	3.75 ± 0.73	1.60 ± 0.08	114.51 ± 1.59
3：00	12	0.14	99.82	0.14	3.87	1.57	114.10
6：00	12	0.14	101.56	0.07	3.42	1.51	114.57
9：00	12	0.14	101.53	0.13	3.50	1.60	115.95
12：00	12	0.14	99.53	0.08	1.23	1.52	116.27
15：00	12	0.15	101.24	0.04	3.97	1.56	112.69
18：00	12	0.14	98.74	0.04	4.42	1.55	113.53
21：00	12	0.15	99.8	0.01	3.17	1.57	113.81
0：00	12	0.14	101.41	0.03	4.63	1.72	113.78
3：00	12	0.13	100	0.06	3.86	1.68	114.03
平均值 ± 标准偏差		0.14 ± 0.01	100.40 ± 1.04	0.07 ± 0.04	3.56 ± 0.99	1.59 ± 0.07	114.30 ± 1.14

表 11.2　冬季连续站 M5－1 表底层盐度、营养盐变化趋势

时间	层位（m）	盐度	NO_3^- （μmol/dm³）	NO_2^- （μmol/dm³）	NH_4^+ （μmol/dm³）	PO_4^{3-} （μmol/dm³）	SiO_3^{2-} （μmol/dm³）
18：00	2	0.16	108.12	0.71	6.35	1.68	121.77
21：00	2	1.11	109.83	0.72	6.26	1.68	121.84
0：00	2	0.30	106.02	0.69	5.69	1.69	126.87
3：00	2	0.02	102.98	0.67	6.36	1.71	118.46
6：00	2	1.32	101.88	0.82	5.61	1.70	120.18
9：00	2	0.14	103.81	0.70	5.90	1.70	119.21
12：00	2	0.20	100.50	0.65	6.35	1.63	119.87
15：00	2	0.20	101.22	0.68	7.39	1.68	121.23
18：00	2	0.85	98.56	0.65	7.73	1.69	121.46
平均值±标准偏差		0.48±0.48	103.66±3.69	0.70±0.05	6.40±0.72	1.68±0.02	121.21±2.43
18：00	20	0.16	108.02	0.69	6.73	1.67	121.81
21：00	18	4.16	108.18	0.75	4.61	1.62	120.89
0：00	18	6.15	104.99	0.67	4.85	1.70	123.14
3：00	18	0.20	102.90	0.68	5.81	1.69	119.50
6：00	20	0.20	101.84	0.66	5.17	1.66	118.51
9：00	20	4.19	102.83	0.73	6.80	1.68	123.91
12：00	18	0.20	102.00	0.66	6.45	1.66	119.91
15：00	18	0.20	100.65	0.60	7.40	1.69	119.53
18：00	21	0.88	97.84	0.62	6.02	1.67	122.79
平均值±标准偏差		1.82±1.82	103.25±3.35	0.67±0.05	5.98±0.96	1.67±0.02	121.11±1.89

11.2　保守行为与加入、转移机制

夏季 NO_3^- 与盐度回归高度显著（$r^2=0.979$），说明咸淡水混合是控制 NO_3^- 分布的主要因素，在淡水端元有较明显的高值输入（图 11.3）而高于理论稀释线，在咸水端元表层数据点低于稀释线而底层数据点高于稀释线，暗示表层 NO_3^- 有所转移而底层有所增加。NO_2^- 在显著性水平 $a=0.01$ 上回归不显著（$r^2=0.060$），NH_4^+ 与盐度回归高度显著（$r^2=0.318$），对于 NO_2^- 和 NH_4^+ 淡水端浓度高值情况更加明显。在冲淡水盐度范围内 NO_2^- 随盐度增大而缓慢减小，且表底层数据点一般位于理论稀释曲线之上，NH_4^+ 在盐度 5～15 范围内基本位于稀释曲线之下。在咸水端 NH_4^+ 数据点较为集中，NO_2^- 在咸水端元同样有类似 NO_3^- 的现象。PO_4^{3-} 与盐度回归性同样高度显著（$r^2=0.740$），在淡水端元浓度较高（2.04 μmol/dm³），5～15 盐度数据点在稀释曲线之上，咸水端元表层数据点和底层数据点明显分别位于稀释线的上下方。SiO_3^{2-} 与盐度一元回归曲线相关系数 $r^2=0.979$，在淡水端分布集中，咸水端有类似 NO_3^-、NO_2^-、PO_4^{3-} 的现象。

由上述结论可知，营养盐浓度与盐度的相关性系数可以表征其稀释效应的程度，进而说明其行为是否保守（Head，1985）。夏季长江口及邻近海区 NO_3^-、PO_4^{3-}、SiO_3^{2-} 与盐度回归高度显著，具有明显的稀释效应，主要是由于长江河水与入侵的外海水不同程度的混合造成，NO_2^- 具有非保守行为，而 NH_4^+ 存在一定程度的保守行为。具体分析如下：在淡水端，排污口

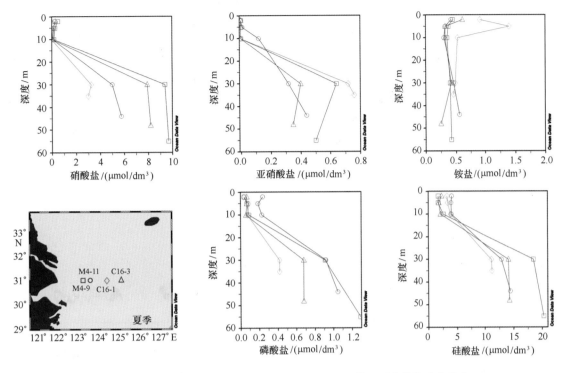

图 11.2　夏季 M4 - 9、M4 - 11、C16 - 1、C16 - 3 的 5 项营养盐垂直分布

附近的 M5 - 9、M5 - 10 站高 NO_3^- 浓度（111.10 $\mu mol/dm^3$）是造成其浓度高于理论稀释线的原因，表明污水所含 NO_3^- 含量高于长江水，且可一直影响到盐度 15 的海水；此外，上海市排污口污水中 NO_2^- 和 NH_4^+ 含量很高（刘成等，2003；柴超等，2007），我们在 M5 - 9、M5 - 10 站所测 NO_2^- 和 NH_4^+ 平均值分别为 8.13 $\mu mol/dm^3$、15.48 $\mu mol/dm^3$，因此在淡水端同样存在由于高浓度 NO_2^- 和 NH_4^+ 的点源污染而造成陡然升高的现象；PO_4^{3-} 也是如此，但 SiO_3^{2-} 并无此现象，说明污水并未带来额外的 SiO_3^{2-} 加入。在长江冲淡水盐度范围内（$5 < S < 31$），NO_3^-、PO_4^{3-}、SiO_3^{2-} 基本符合理论稀释线，并未表现出对稀释线明显的偏离。NO_2^- 的非保守行为表明在 5~30 盐度范围内对表底层水体仍有少量外源输入，结合其表底层平面分布和 M4 断面图，这应是点源污染向外扩散的残余影响所致。表层和底层 NH_4^+ 在盐度为 5~15 之间有较为明显的迁出，恰好处于长江口区盐度入侵锋区内外界面盐度范围，这里常年存在著名的长江口"最大混浊带"（沈焕庭和潘定安，2001），由于带负电的矿物颗粒易吸附 NH_4^+（Mackin and Aller，1984），且低盐度有利于 NH_4^+ 的被吸附（Rysgaa et al.，1999；刘敏等，2005），推测此处泥沙的悬浮及絮凝作用对 NH_4^+ 的去除有显著影响，故表现出数据点低于稀释曲线。对 5~15 盐度的 PO_4^{3-} 表现出加入现象，除了排污口的影响外，根据以前对不同河口研究成果（Kaul and Froelich，1984；Fox et al.，1986；林以安等，2004；王奎等，2007），悬浮颗粒物在一定盐度所释放的磷也可能是长江口海区 PO_4^{3-} 的主要来源，这被称作磷的"缓冲机理"（Froelich，1988）。在咸水端元，底层 NO_3^-、NO_2^-、PO_4^{3-}、SiO_3^{2-} 都有高于稀释曲线的现象，而表层低于稀释曲线，暗示底层有营养盐的输入，而在表层转移占主要地位。由盐度估计数据点在 M4 - 7 以东的站位。根据 M4 - 9、M4 - 11、C16 - 1、C16 - 3 营养盐垂直分布（图 11.2），发现 NO_3^-、NO_2^-、PO_4^{3-}、SiO_3^{2-} 都有随深度增加而浓度升高的

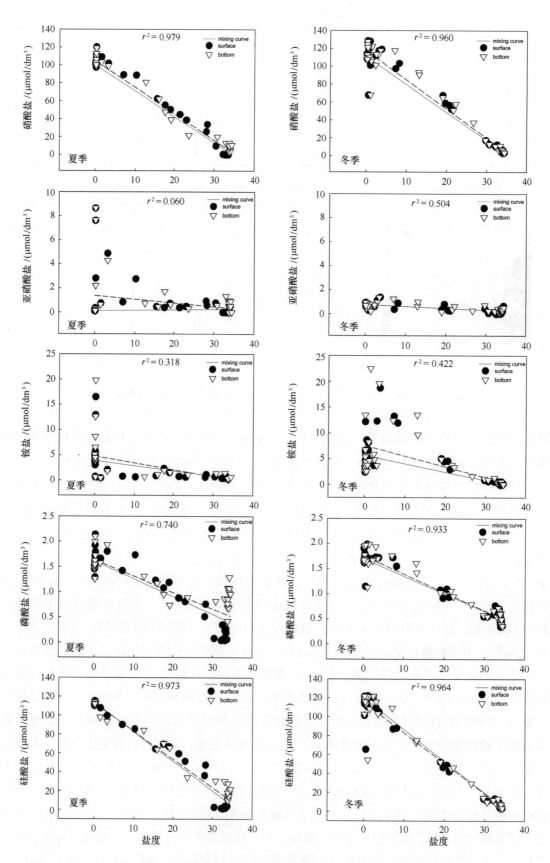

图 11.3 夏、冬季 M5、M4、C16 断面 5 项营养盐与盐度回归

现象，表层 NO_3^-、NO_2^- 低于检测限，表层 PO_4^{3-} 一般在 0.1 μmol/dm^3 以下，SiO_3^{2-} 为 2.0 μmol/dm^3 左右，而在底层 NO_3^-、NO_2^-、PO_4^{3-}、SiO_3^{2-} 达到各测站垂直分布的最大值，且在 30 m 层 M4-9 和 M4-11 站其含量高于外海测站。由于此处真光层夏季初级生产力较高，常被认为是"赤潮高发区"（徐韧等，1994；朱德弟等，2003；孙霞等，2004），表层营养盐大量消耗，甚至低于检测限，而随着生源颗粒下降，有机质不断矿化降解，营养盐再生而浓度升高。

表 11.3　夏冬季 M5、M4、C16 断面营养盐对盐度线性回归显著性检验

夏季	$NO_3^- - S$	$NO_2^- - S$	$NH_4^+ - S$	$PO_4^{3-} - S$	$SiO_3^{2-} - S$	自由度
r^2	0.979	0.06	0.318	0.74	0.973	—
F	3 496.43	4.79	34.97	213.46	2 702.78	75
显著水平 ($\alpha=0.01$)	高度	显著 ($\alpha=0.05$)	高度	高度	高度	
冬季	—	—	—	—	—	
r^2	0.96	0.504	0.422	0.933	0.964	
F	1 800.00	76.21	54.76	1 044.40	2 008.33	85
显著水平 ($\alpha=0.01$)	高度	高度	高度	高度	高度	—

海洋中有机质通过有氧降解过程所消耗的氧气可表示为：$[O_2]_{remin}=[O_2]_{observed}-[O_2]_{preformed}$。其中，$[O_2]_{remin}$ 为降解过程耗氧变化，$[O_2]_{observed}$ 为所测溶解氧气浓度，$[O_2]_{preformed}$ 为氧气起始浓度。通常认为 O_2 在海气界面为饱和状态，则 $[O_2]_{preformed}=[O_2]_{sat}$，氧气饱和浓度可以通过水温、盐度计算，由此可以估算有机质降解所耗氧量，一般利用表观耗氧量（AOU）来表征，定义为：$AOU=-[O_2]_{remin}=[O_2]_{sat}-[O_2]_{observed}$。需要注意的是 AOU 并不包括脱氮作用参与的降解过程所耗氧量，且通常原始浓度与饱和浓度并不完全等同。对 M4-9、M4-11、C16-1、C16-3 若不考虑脱氮作用，并且认为各层次氧气饱和浓度与起始浓度相等，考察 5 项营养盐和表观耗氧量的关系（图 11.4），可见 NO_3^-、NO_2^-、PO_4^{3-}、SiO_3^{2-} 与 AOU 回归显著，相关系数 r^2 分别为 0.935、0.432、0.833、0.918，表明底层高值主要为营养盐再生造成，NH_4^+ 与 AOU 相关系数低（$r^2=0.026$），未表现出明显的再生现象，具体原因有待进一步研究。此外考察 M4 温盐断面分布，可以看出在 123°00′—123°30′E 位置有一低温高盐水的抬升（温度 20~22℃，盐度 33~34），结合前人研究（苏纪兰，2001；赵保仁等，2001；朱德弟等，2003），此处为长江口外存在的台湾暖流水，由于其向上爬坡涌升，将底部较为丰富的营养盐带到 30 m 层甚至更浅，从而对上层水体形成重要的营养盐来源（赵保仁等，2001；Wang and Wang，2007），这也充分地解释了 30 m 层 M4-9 和 M4-11 站含量高于外海测站的缘由。

冬季 M5、M4、C16 断面 NO_3^-、NO_2^-、NH_4^+、PO_4^{3-}、SiO_3^{2-} 与盐度回归均高度显著（图 11.3，表 11.3），表明冬季 5 项营养盐分布主要受咸淡水混合控制，尤其 NO_3^-、PO_4^{3-}、SiO_3^{2-} 与盐度相关性很高，具有明显的稀释效应。淡水端 NO_3^-、NH_4^+ 和 PO_4^{3-} 在排污口附近的数据点普遍高于理论稀释线，甚至可影响到盐度 20 的海水。NO_2^- 和 SiO_3^{2-} 一样并未表现出污水高值影响，分布较保守。由于冬季温度低，垂直混合强烈，海水入侵较夏季更深入陆架，营养

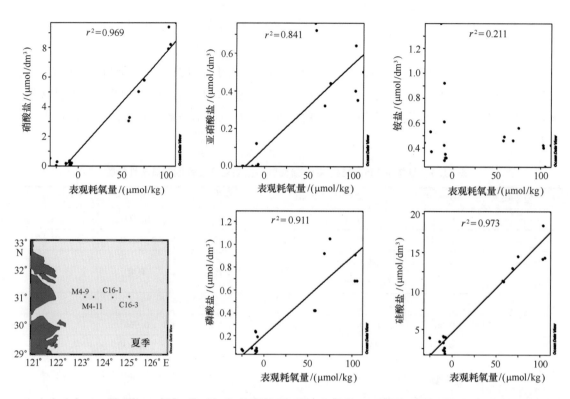

图 11.4　夏季 M4 – 9、M4 – 11、C16 – 1、C16 – 3 营养盐与 AOU 回归

盐在咸水端并未出现表层低于稀释线而底层高于稀释线的情况。表层生物利用不明显，且从表层至底层营养盐浓度变化均较小，垂直混合主要控制营养盐的垂向分布（图 11.5），PO_4^{3-}在咸水端数据分散应该是调查范围较大，浓度有较大差别而引起的。

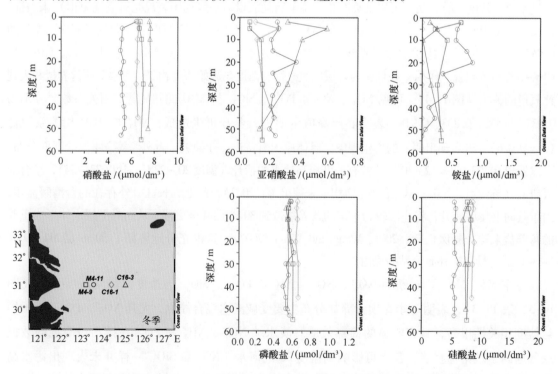

图 11.5　冬季 M4 – 9、M4 – 11、C16 – 1、C16 – 3 的 5 项营养盐垂直分布

表 11.4　夏季 M5、M4、C16 断面不同盐度范围营养盐平均浓度

位置	盐度	NO_3^- （$\mu mol/dm^3$）	NO_2^- （$\mu mol/dm^3$）	NH_4^+ （$\mu mol/dm^3$）	PO_4^{3-} （$\mu mol/dm^3$）	SiO_3^{2-} （$\mu mol/dm^3$）
排污口	$S = 0.17$	111.10	8.13	15.48	2.04	112.92
表层	$S < 5$	103.13	1.42	4.62	1.62	111.59
底层	$S < 5$	102.51	1.35	5.33	1.62	110.41
表层	$5 < S < 31$	49.94	0.84	1.00	0.97	57.33
底层	$5 < S < 31$	45.25	0.75	1.30	0.98	58.05
表层	$S < 31$	0.20	0.00	0.54	0.14	2.74
底层	$S < 31$	7.77	0.54	0.55	0.88	17.65

表 11.5　冬季 M5、M4、C16 断面不同盐度范围营养盐平均浓度

位置	盐度	NO_3^- （$\mu mol/dm^3$）	NO_2^- （$\mu mol/dm^3$）	NH_4^+ （$\mu mol/dm^3$）	PO_4^{3-} （$\mu mol/dm^3$）	SiO_3^{2-} （$\mu mol/dm^3$）
排污口	$S = 0.70$	126.65	0.41	9.14	1.88	111.53
表层	$S < 5$	112.50	0.75	6.61	1.71	111.90
底层	$S < 5$	111.71	0.72	6.89	1.70	112.27
表层	$5 < S < 31$	58.34	0.44	5.49	1.05	48.73
底层	$5 < S < 31$	60.38	0.59	5.73	1.08	50.68
表层	$S < 31$	6.44	0.20	0.26	0.53	7.56
底层	$S < 31$	6.30	0.29	0.31	0.53	7.42

11.3　小结

为了初步认识长江口及邻近海区 NO_3^-、NO_2^-、NH_4^+ 的分布行为，利用反应物法考察调查海区三氮营养盐对盐度的分布特征。夏季长江口 NO_3^- 与盐度回归高度显著（$r^2 = 0.924$），而杭州湾具有更高浓度淡水端元，与盐度也有良好的相关性（$r^2 = 0.790$），说明在杭州湾海区 NO_3^- 分布主要也是咸淡水混合控制，可以得知整个长江口及邻近海区 NO_3^- 都表现保守。冬季长江口 NO_3^- 更为保守（$r^2 = 0.981$），且数据点较夏季集中，来自杭州湾的高值源同样遵守保守混合行为（$r^2 = 0.790$）。NO_2^- 和 NH_4^+ 尽管呈现保守趋势，但相对更为分散，与盐度相关性可通过表 11.3 比较。夏季 NO_2^- 在长江口淡水端显示出高值输入，与盐度相关性较低（$r^2 = 0.073$），而在杭州湾浓度变化较为平缓，盐度范围跨度较大；冬季仍表现出一定的保守性，但淡水端和咸水端分布较为分散，说明有多种因素影响其分布。NH_4^+ 夏季也明显表现出长江口淡水端高值输入，而在杭州湾变化较小，冬季高值点更为分散，且杭州湾低盐度区存在 NH_4^+ 的较高值，但整体较 NO_2^- 更为保守。

由上述现象可知，对于整个长江口及邻近海区，咸淡水混合是控制 3 种氮营养盐分布的主要因素，主要淡水源除了来自长江口还包括杭州湾内的水团。对夏季 NO_3^- 来说，尽管有些数据点较为分散，可能有局部区域的转移（生物利用）或输入（深层营养盐再生），但并未

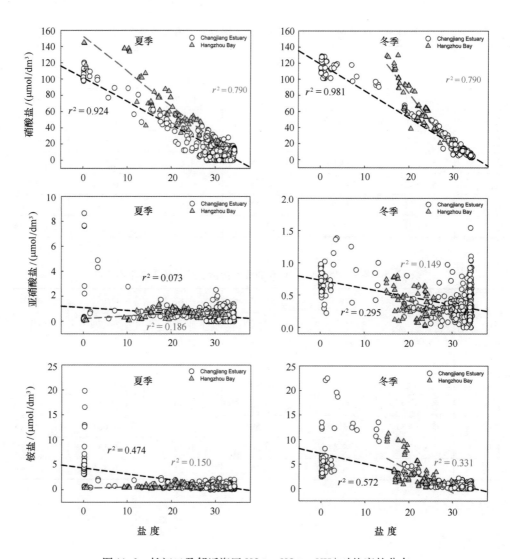

图 11.6 长江口及邻近海区 NO_3^-、NO_2^-、NH_4^+ 对盐度的分布

看出在长江口赤潮高发区（盐度为 15～30）发生明显的大范围的 NO_3^- 转移，可能的原因有：①NO_3^- 再生速率或其他还原态氮硝化作用与浮游植物利用 NO_3^- 速率接近；②长江口新氮输入远大于浮游植物利用量；③再生氮（氨或尿素等）释放速度快且被浮游植物优先利用，具体原因需要相关数据进行更深入的探讨，而可以肯定的是长江口 NO_3^- 含量已经大大地超过了浮游植物可利用能力。冬季由于温度较低，垂直混合强烈，生物干扰程度更小，因此数据点表现较为集中。夏季上海市的排污口是长江口淡水端 NO_2^- 出现高值的主要原因，而在杭州湾并未出现明显的污染，冬季 NO_2^- 不论是在长江口还是杭州湾浓度都较低，说明冬季其污染较小。夏、冬季排污口对 NH_4^+ 输入有显著贡献，表现与夏季 NO_2^- 相似，不同的是冬季杭州湾淡水端也存在 NH_4^+ 高值，结合平面分布，推测冬季长江冲淡水贴岸南下，将高浓度 NH_4^+ 带入杭州湾所致。同时，由营养盐对盐度还可辅助判断不同来源区域对营养盐分布影响特征、贡献和地理位置等，如杭州湾高 NO_3^- 水团在盐度接近约 20 处开始交汇混合，对浓度提高有一定贡献，直到盐度大于 30 处海区仍有其影响，当然由于长江和钱塘江径流差别较大，即使两种淡水源混合，长江冲淡水占有绝对优势，因此交汇后 NO_3^- 随盐度分布直线的斜率并未发生改

变。此外图中冬季 3 种氮营养盐在杭州湾数据点盐度范围较夏季更为集中，这应是冬季枯水期钱塘江淡水径流量显著减小，外海水入侵深入所造成的。

表 11.6　夏冬季长江口及邻近海区 NO_3^-、NO_2^-、NH_4^+ 对盐度线性回归显著性检验

长江口夏季	$NO_3^- \sim S$	$NO_2^- \sim S$	$NH_4^+ \sim S$	自由度
r^2	0.924	0.073	0.474	—
F	5 981.68	38.74	443.36	492
显著水平（$\alpha=0.01$）	高度	高度	高度	—
杭州湾夏季	—	—	—	—
r^2	0.79	0.186	0.15	—
F	274.62	16.68	12.88	73
显著水平（$\alpha=0.01$）	高度	高度	高度	—
长江口冬季	$NO_3^- \sim S$	$NO_2^- \sim S$	$NH_4^+ \sim S$	自由度
r^2	0.981	0.295	0.572	—
F	27 571.26	223.45	713.66	534
显著水平（$\alpha=0.01$）	高度	高度	高度	—
杭州湾冬季	—	—	—	—
r^2	0.79	0.149	0.331	—
F	334.81	15.58	44.03	89
显著水平（$\alpha=0.01$）	高度	高度	高度	—

参 考 文 献

柴超，俞志明，等．2007．长江口水域富营养化特性的探索性数据分析．环境科学，28（1）：53 – 58.

林以安，苏纪兰，等．2004．珠江口夏季水体中的氮和磷．海洋学报，26（5）：63 – 73.

刘成，王兆印，等．2003．上海污水排放口水域水质和底质分析．中国水利水电科学研究院学报，1（4）：275 – 280.

刘敏，侯立军，等．2005．长江口潮滩表层沉积物对 NH_4^+ – N 的吸附特征．海洋学报，27（5）：60 – 66.

沈焕庭，潘定安．2001．长江河口最大浑浊带．北京：海洋出版社．

苏纪兰．2001．中国近海的环流动力机制研究．海洋学报，23（4）：1 – 16.

孙霞，王保栋，等．2004．东海赤潮高发区营养盐时空分布特征及其控制要素．海洋科学，28（8）：28 – 32.

王奎，金明明，等．2007．三门湾海域 4 月、7 月营养盐分布及其稀释效应．海洋学研究，25（1）：10 – 22.

徐韧，洪君超，等．1994．长江口及其邻近海域的赤潮现象．海洋通报，13（5）：25 – 29.

赵保仁，任广法，等．2001．长江口上升流海区的生态环境特征．海洋与湖沼，32（3）：327 – 333.

朱德弟，潘玉球，等．2003．长江口外赤潮频发海区水文分布特征分析．应用生态学报，14（7）：1131 – 1134.

Davies P. 2004. Nutrient processes and chlorophyll in the estuaries and plume of the Gulf of Papua. Continental Shelf Research，24：2317 – 2341.

Eyre B. Balls P. 1999. A Comparative Study of Nutrient Behavior along the Salinity Gradient of Tropical and Temperate Estuaries. Estuaries，22（2A）：313 – 326.

Fox L E, Sager S L, et al. 1986. The chemical contrl of soluble phosphorus in the Amazon River and estuary. Geochim Cosmochim, 50: 783 – 794.

Froelich P N. 1988. Kinetic control of dissolved phosphate in natural rivers and estuaries: A primer on the phosphorus buffer mechanism. Limnology and Oceanography, 33（4）: 649 – 668.

Guo L D, Zhang J Z, et al. 2004. Speciation and fluxes of nutrients（N, P, Si）from the upper Yukon River. Global Biogenchemical Cycles, 18: GB1038, doi: 1010. 1029/2003GB002152.

Head P C. 1985. Practical Estuarine Chemistry: A Handbook. Cambridge, Cambridge University Press.

Kaul L W, Froelich P N. 1984. Modeling estuarine nutrient geochemistry in a simple system. Geochim. Cosmochim. 48: 1417 – 1433.

Liss P S. 1976. Conservative and non-conservative behavior of dissolved constituents during estuarine mixing.

Mackin J E, Aller R C. 1984. Ammonium adsorption in marine sediment. Limnology and Oceanography, 29: 250 – 257.

Meybeck M. 1982. Carbon, nitrogen and phosphorus transport by world rivers. Am J Science, 282: 401 – 450.

Morris A W, Bale A J, et al. 1981. Nutrient distributions in an estuary: evidence of chemical precipitation of dissolved silicate and phosphate. Estuarine, Coastal and Shelf Science, 12: 16 – 205.

Park P K, Osterberg C L, et al. 1972. Chemical budget of the Columbia River// PruterA T, Alverson D L（eds.）. Seattle: The Columbia River Estuary and Adjacent Ocean Waters. University of Washington Press: 34 – 123.

Peterson D H, Conomos T J, et al. 1975. Processes controlling the dissolved silica in San Francisco Bay//Cronin L E（ed.）. Estuarine Research. Vol. 1. Chemistry, Biology and the Estuarine System, 153. New York: Academic Press.

Rysgaa S, Thastum P, et al. 1999. Effect s of salinity on NH_4^+ adsorption capacity, nitrification, and denitrification in Danish estuary sediments. Estuaries, 22: 52 – 59.

Wang B D, Wang X L. 2007. Chemical hydrography of coastal upwelling in the East China Sea. Chinese Journal of Oceanology and Limnology, 25（1）: 16 – 26.

第 12 章 黄海冷水团的营养盐储库作用

黄海冷水团是中国近海浅海水文最突出、最重要的现象之一，它不仅控制着黄海环流等物理海洋过程，也控制着黄海的生物、化学过程。黄海冷水团的前身是黄海暖流水进入黄海后与当地低温沿岸水混合形成的低温混合水，当春季上层水开温后于底层中央槽区被保留下来，体现出冷水特征而得名（赫崇本等，1959）。它形成于春季（5 月），并很快达到其体积的极大值（5—6 月）；以后随着混合作用，其体积基本上是不断缩小，但其强度的极大值约在 7—8 月之间；秋季对流作用加强，无论其体积和强度都在逐渐消衰，12 月—翌年 1 月黄海冷水团消失（苏育嵩，1986；邱道立等，1989）。

在黄海冷水团存在期间（5—11 月），由于浮游植物大量摄取营养盐，黄海冷水域上层水体中的营养盐几近耗尽，并一直持续到秋末冬初黄海冷水团消失为止，但在温、密跃层以下的冷水团中，营养盐却逐步累积（刁焕祥、沈志良，1985；王保栋，2000；张书文等，2002），且营养盐浓度呈线性逐月递增（王保栋，2000）。温、密跃层与绕冷水团锋面的存在无疑是冷水团内外物质交换的屏障。然而，近年来越来越多的研究表明，通过湍流混合过程存在穿越海洋内部界面的物质输运，通过锋面涡旋和上升运动存在跨锋面的物质输运。因而富营养水体侵入寡营养一侧，带来初级生产的大幅度增长和低营养系统的快速响应（Mahadevan，2000；Spall and Richards，2000；Stigebrandt，1981）。Stigebrandt（1981）指出，欧洲北海出乎意料的高初级生产力主要是由于营养盐从下混合层穿越强夏季温度跃层向上输运提供了丰富的营养基础。Mahadeven（2000）发现通过锋面中尺度环流引起的富营养水向真光层的垂直输运，是寡营养的副热带流环内新生产的重要机制。黄海冷水团被认为是黄海的营养盐储库（王保栋，2000）。魏浩等（2002）指出，黄海冷水团中营养盐库存的提取依赖于湍流卷挟输运，并定量估计了层化季节贯跃层的营养盐输运。然而，黄海冷水团中的营养盐对上层初级生产的贡献不仅仅是贯跃层的营养盐垂直输运，还应包括横跨冷水团锋面的水平输运，以及因冷水团体积的缩小而被遗留在冷水团外的那部分营养盐。此外，由于与周围水团相比，冷水团具有较为特殊的营养盐结构特征，而这一特征的出现又对海区营养盐结构的调整产生了一定影响。为此，本研究将从南黄海冷水团的营养盐储量及其季节变化的研究出发，并根据冷水团内生源要素之间的化学计量关系，定量估算冷水团向外的营养盐输送通量，阐明冷水团中营养盐输送对上层初级生产力的贡献；并探讨黄海冷水团在黄海生源要素生物地球化学循环中的作用和地位。

12.1 冷水团体积估算方法与冷水团营养盐储量估算方法

本研究使用的资料来源于 1996—1998 年中、韩黄海水循环动力学合作研究项目 6 个航次的调查资料和 2006—2007 年我国近海海洋综合调查与评价专项 ST02 和 ST03 区块的 4 个季节的调查资料。

12.1.1　冷水团体积估算方法

对于冷水团范围的划分主要有两种方法：一种是以10℃等温线包括的区域作为水团范围进行划分（毛汉礼，1964；管秉贤，1963）；另一种则是依据温盐数据，采用"相似系数"法，确定其边界（翁学传，1988）。在此处，我们采用较为简单而直观的方法，以10℃作为其范围划分的主要依据，其原因主要为：①根据水团划分的结果，结合温盐点聚图，确定冷水团边界的等温线为10℃；②结合前人（赫崇本等，1959；翁学传，1989）多年来对于水团范围的划分结果，对水团的大致存在区域进行进一步的限定，其结果与本次调查中10℃等温线的包络范围相近似。

由于对冷水团体积的计算仅是一个较为粗略的估算，顶界的确定主要是根据已有的调查数据，使用 Origin 7.0 软件中的 Interpolate/Extrapolate 功能，对冷水团内各站由表到底的温度进行插值计算，然后求出各站水温为10℃时所处的深度，再依据这些深度数据绘制出冷水团的顶界曲面，并利用划定的冷水团边界条件，限定顶界面的具体范围。

冷水团体积的计算：水团体积通过调用 Surfer 8.0 软件里 Grid 文件中 Volume 程序进行计算，上表面采用的是上述确定的顶界面，而下底面采用的则是依据冷水团内各站水深资料绘制的曲面。在计算过程中，首先要将经纬度坐标转化为距离坐标。

12.1.2　冷水团营养盐储量估算方法

为估算黄海和黄海冷水团中的营养盐储量，首先将各要素的现场调查数据进行网格化差值（水平网格为 $10' \times 10'$，垂向以 5 m 为间隔），然后根据各网格内的营养盐浓度进行积分，以获得黄海和黄海冷水团中的营养盐现存量。其中，黄海冷水团是按各季节温跃层下界温度的10℃等温线所围水体计算。

12.2　黄海冷水团营养盐分布特征和季节变化特征

12.2.1　黄海冷水团营养盐分布特征

在4—11月间的黄海冷水域，上层水中（0～30 m）硝酸盐几乎被浮游植物耗尽（小于 $0.5\ \mu mol/dm^3$ 或 $1.0\ \mu mol/dm^3$，图 12.1）；在密跃层以下硝酸盐逐渐累积，而且在黄海槽中心及其西侧斜坡上分别存在一硝酸盐高值中心，其位置与黄海冷水团两个冷中心的位置基本一致，这是由于下层水及沉积物中因有机体分解而再生的营养盐在温密跃层以下的水体中逐渐累积的结果。温跃层附近硝酸盐等值线的起伏趋势或马鞍形形态表明，黄海冷水团中的垂直环流存在将下层的营养盐向上层扩散的趋势。11月，硝酸盐等值线的起伏现象消失，这与等温线的分布形态一致。秋末冬初，强烈的垂直涡动混合作用，将积聚在黄海冷水团中的营养盐带至上层，营养盐垂向分布均一［图 12.1（a）］。因此，可将黄海冷水团看做是黄海的一个重要的营养盐储库，但库存的提取依赖于营养盐自下层向真光层的输送速率的大小。

12.2.2　黄海冷水团营养盐季节变化特征

图 12.2 是黄海冷水团中某一典型站位硝酸盐的季节分布。4—11月上层水中硝酸盐几乎

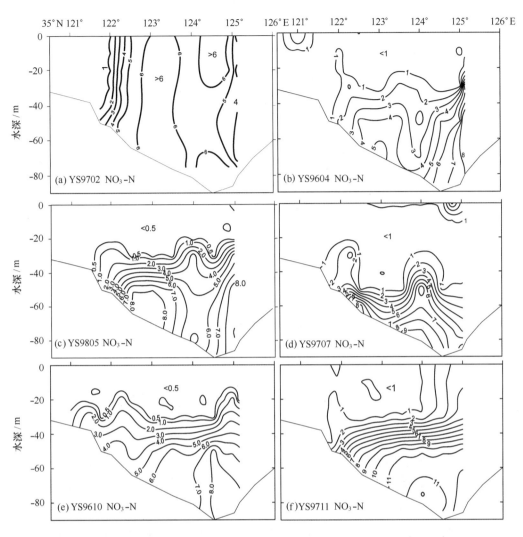

图 12.1 黄海冷水团典型断面（35°N）硝酸盐（单位：μmol/dm³）分布

（a）2月；（b）4月；（c）5月；（d）7月；（e）10月；（f）11月

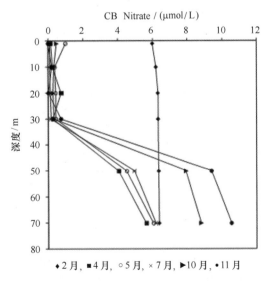

◆2月，■4月，○5月，×7月，▶10月，•11月

图 12.2 黄海冷水团典型站位（35°N，124°E）硝酸盐季节变化

被浮游植物所耗尽，但在密跃层以下，硝酸盐逐步累积。这是由于下层水有机物的分解使营养盐得以再生，加之沉积物间隙水中因有机物的分解而再生的高浓度营养盐，越过沉积物 – 海水界面扩散至其上覆水中。

在同一年度内（即 1997 年 2 月、7 月和 11 月），在整个黄海冷水团的下底层水中（50 m 层以下），硝酸盐平均含量随时间呈线性递增，磷酸盐、活性硅酸盐和溶解无机氮（DIN）的季节变化与硝酸盐的基本一致。这说明在黄海冷水团的下底层水中营养盐含量基本不受生物的扰动，主要是有机物的分解使营养盐得以再生。

12.3 黄海冷水团营养盐储量估算

12.3.1 南黄海冷水团营养盐储量估算

图 12.3 显示了南黄海营养盐总储量和南黄海冷水团营养盐储量的季节变化情况。南黄海营养盐的总储量以冬季为最高，这是由于冬季初级生产力很低，营养盐的再生和外部补充速率远远大于浮游植物的摄取速率，因此营养盐得以逐步累积并被保留下来；至春季，浮游植物开始大量繁殖，尤其是 4 月在南黄海中央海域出现春季藻华，浮游植物大量摄取营养盐，因之春季南黄海营养盐储量锐减；这一过程一直持续到夏季，南黄海营养盐储量减至最小，只有冬季储量的一半左右；从夏季至秋季，南黄海营养盐储量又开始回升，至秋末（11 月末）大致恢复到冬季时的水平。这说明南黄海营养盐的年内循环基本处于稳态平衡。从各种营养盐储量的季节变化幅度看，N 和 P 的变化幅度基本相同，且变化幅度大，而硅酸盐的变化幅度较小。说明南黄海浮游植物种类和数量以非硅藻类为主，这与实际情况吻合。此外，南黄海无机氮和无机磷的储量与初级生产力的线性相关系数均达 0.997 以上，说明南黄海营养盐储量以春季最大，夏季最小，至秋季又略有回升，其变化趋势与南黄海营养盐总储量的

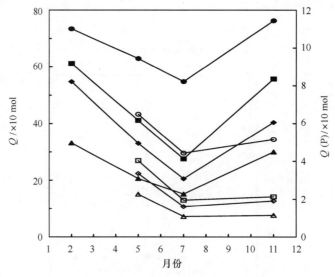

图 12.3 南黄海和南黄海冷水团中营养盐储量的季节变化

左轴为硅酸盐（●○）硝酸盐（◆◇）和溶解无机氮（■□），右轴为磷酸盐

（▲△）。实心点为南黄海营养盐储量，空心点为南黄海冷水团营养盐储量

季节变化相似。表 12.1 显示春季冷水团的体积虽然不到南黄海总体积的一半，但其磷酸盐储量却占南黄海磷酸盐总储量的近 3/4，无机氮和硅酸盐约占 2/3；夏季冷水团的体积约占南黄海总体积的 1/3，但其营养盐储量却占南黄海总储量的近一半；秋季冷水团的体积约为南黄海总体积的 1/7，但其营养盐储量却占南黄海总储量的 1/4 多。可见冷水团的营养盐储量所占南黄海总储量的百分数，远比冷水团体积所占南黄海总体积的百分数大，此乃黄海冷水团中营养盐浓度从冬季至秋季呈线性逐月增大之故（王保栋，2000）。至于冷水团的营养盐储量秋季大于夏季，也是出于同样的原因。

表 12.1 南黄海和黄海冷水团的体积、营养盐储量及初级生产力

区 域 时 间	南黄海				南黄海冷水团		
	2 月	5 月	7 月	11 月	5 月	7 月	11 月
体积（$\times 10^3$ km^3）	13.50				5.76（42.7%）	4.60（34..1%）	2.00（14.8%）
$PO_4 - P$（$\times 10^9$ mol）	4.97	3.09	2.28	4.50	2.26（73.3%）	1.08（47.5%）	1.14（25.4%）
$SiO_3 - Si$（$\times 10^9$ mol）	73.42	62.95	54.77	76.25	41.3（65.6%）	29.6（54.1%）	34.4（45.1%）
$NO_2 - N$（$\times 10^9$ mol）	—	1.39	1.54	4.35	0.97（69.6%）	0.53（34.5%）	0.12（2.7%）
$NH_4 - N$（$\times 10^9$ mol）	6.45	6.67	5.45	10.95	3.82（57.3%）	1.70（31.1%）	1.37（12.6%）
$NO_3 - N$（$\times 10^9$ mol）	54.75	33.01	20.51	40.39	22.30（67.6%）	10.90（53.2%）	12.70（31.5%）
DIN（$\times 10^9$ mol）	61.20	41.11	27.50	55.69	27.10（65.9%）	13.10（47.6%）	14.20（25.5%）
PP [mg/（m$^2 \cdot$ d）（以 C 计）]*	311	540	664	385	—	—	—

注：括号内数字为南黄海冷水团体积占南黄海总体积的百分数，或南黄海冷水团营养盐储量占南黄海总储量的百分数。*吕瑞华，2002。

那么，在黄海冷水团消长过程中，究竟有多少营养盐从冷水团内输出到冷水团外呢？单纯从冷水团营养盐储量的变化无法获得这一数据。为此，首先从考察黄海冷水团内生源要素之间的化学计量关系入手。黄海冷水团真光层以下（即 50 m 以下）水体中的溶解氧和营养盐不受浮游植物光合作用的影响，因此可以进行有机物分解耗氧并再生营养盐的化学计量关系的计算。如图 12.4 所示，黄海冷水团内真光层以下水体中各种营养盐的平均浓度从冬季到秋季呈线性逐月递增，而溶解氧却呈线性逐月递减，这是冷水团内有机物分解而再生营养盐并同时消耗溶解氧之故。那么，溶解氧的消耗速率是否与营养盐的增加速率相匹配？按照 Redfield 比值即 $-O_2/C/N/P = 138/106/16/1$，即每消耗 138 mol 的氧气可产生 1 mol 的 P、16 mol 的 N 和 106 mol 的 CO_2。但是，对黄海冷水团中各季节营养盐数据的统计分析结果表明，黄海冷水团中 N/P 比值的平均值为 12.8，其偏离 Redfield 比值可能是由于存在脱氮作用（Spall and Richards，2000）。这里，我们按 $-O_2/N/P = 138/12.8/1$。计算结果表明，按溶解氧的消耗速率（图 12.4 中直线之斜率）算出的 N 和 P 的再生速率要比其实际增加速率（图 12.4 中直线之斜率）分别高出 0.454 μmol/（dm$^3 \cdot$ 月）和 0.035 5 μmol/（dm$^3 \cdot$ 月），均比其实际增加速率高出 80%。高出的这 80% 即为冷水团内 N 和 P 的损失量，也即由冷水团内向冷水团外输送的 N 和 P 的量。根据各季节南黄海冷水团的体积，可以算出春、夏、秋季由冷水团内向冷水团外输送的 N 的通量分别为 2.6×10^9 mol/月、2.1×10^9 mol/月、1.0×10^9 mol/月，P 的通量分别为 2.0×10^8 mol/月、1.7×10^8 mol/月、0.8×10^8 mol/月。在黄海冷水团存在的

全部时期内（按5—11月共7个月估算），由冷水团内向冷水团外输送的 N 和 P 的总通量分别为 13.9×10^9 mol 和 1.1×10^9 mol。其量值大致与夏季和秋季冷水团的营养盐储量相当。

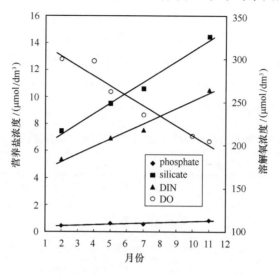

图 12.4 南黄海冷水团真光层以下水体中营养盐平均含量的季节变化

此外，黄海冷水团的体积从5月至11月逐渐缩小，其体积的缩小是通过温跃层位置的下移和冷水团底部边界向黄海中央推移而实现的。若取冷水团边界附近无机氮平均浓度为 2.5 μmol/dm^3，无机磷为 0.2 μmol/dm^3，则从5月至11月底，因黄海冷水团体积的缩小而遗留在冷水团外的营养盐的量为：无机氮 $= 2.5 \times$（$5.76 - 2.00$）$\times 10^9$ mol $= 9.4 \times 10^9$ mol，无机磷 $= 0.20 \times$（$5.76 - 2.00$）$\times 10^9$ mol $= 0.75 \times 10^9$ mol。

综合上述两种输送途径，由南黄海冷水团向南黄海真光层输送的无机氮和无机磷的总通量分别为 23.3×10^9 mol 和 1.8×10^9 mol。这些营养盐可为南黄海带来 2.1×10^{12} g·C 的新生产力，占黄海冷水团存在时期（按5—11月共7个月估算）南黄海冷水团海域（按7月份南黄海冷水团海域面积 1.5×10^5 km^3，即南黄海总面积的一半计算）总初级生产力（以碳计为 1.7×10^{13} g）的 12%。

Chung 等（1999）根据南黄海东、西两岸岸基站多年的观测资料，给出南黄海无机氮和无机磷的气溶胶沉降通量分别为 63.9 mmol/（m^2·a）和 0.59 mmol/（m^2·a）。若按冷水团存在期间的气溶胶沉降通量占全年的 70% 估算，则黄海冷水团存在期间南黄海冷水团海域无机氮和无机磷的气溶胶沉降通量分别为 6.7×10^9 mol 和 6.2×10^7 mol。与冷水团的输出总量相比较可以看出，冷水团 N 输出总量是气溶胶沉降通量 3.5 倍，冷水团 P 输出总量是气溶胶沉降通量的近 30 倍。由此可见，黄海冷水团的营养盐输出是热成层期间黄海冷水域真光层中营养盐的主要外部补充源。

此外，从南黄海及南黄海冷水团中各种营养盐储量的比例来看，各季节 N/P 比值在 12.0～13.3 之间，平均值为 12.4±0.4；Si/N 比值在 1.2～2.4 之间，平均值为 1.8±0.4，Si/N/P 比值大致适宜。但具体到某一海区，情况可能会有所不同。

12.3.2 北黄海冷水团营养盐储量估算

根据以往专家学者对于冷水团的研究（袁业立，1993；苏纪兰，1995；赵保仁，1996）

可知，冷水团是一个较为稳定、均一的层结体。此处平均浓度的求算使用的均是算数平均值，其求算结果见表12.2。

表 12.2　北黄海各要素的平均浓度

项目区域	$PO_4 - P$（$\mu mol/dm^3$）	DIN（$\mu mol/dm^3$）	$SiO_3 - Si$（$\mu mol/dm^3$）
北黄海冷水团	0.46	5.44	5.56
整个北黄海海区	0.20	3.32	4.45

由表12.2中可以很直观地看出，北黄海冷水团内各项要素的浓度均远高于整个调查海区。尤其以 $PO_4 - P$ 的高值最为突出，甚至是整个海区平均浓度的2倍还多。

冷水团营养盐的占比：首先，根据已求出的体积（单位：km^3）和浓度（单位：$\mu mol/L$），根据下式分别求算北黄海冷水团和整个海区的营养盐总量。营养盐总量（mol）＝营养盐浓度（$\mu mol/L$）×水体体积（km^3）×10^6计算结果如表12.3所示。

表 12.3　北黄海营养盐总量计算结果

项目区域	$PO_4 - P$ 总量（$\times 10^9$ mol）	DIN 总量（$\times 10^9$ mol）	$SiO_3 - Si$ 总量（$\times 10^9$ mol）
北黄海冷水团	0.29	3.44	3.51
整个北黄海海区	0.53	8.86	11.88

然后，根据计算总量的结果，依下式求出北黄海冷水团内营养盐在整个海区的占比。

冷水团营养盐的比重＝（冷水团内营养盐总量/整个海区的营养盐总量）×100%。结果列于表12.4中。

表 12.4　冷水团营养盐的占比

项目区域	$PO_4 - P$	DIN	$SiO_3 - Si$	体积分数
冷水团中营养盐所占比重（%）	54.7	38.8	29.5	23.7

从表12.4中可以看出仅占海区体积23.7%的北黄海冷水团，其各项营养盐的贡献却远大于体积分数，尤其是 $PO_4 - P$ 的贡献量，更是达到海区总量的一半以上，充分体现出其营养盐储库作用（王保栋，2000），特别是 $PO_4 - P$ 储库的特性。在水体层化减弱、消失的季节，对整个水体的营养盐是极大的补充，对海区营养盐结构的调整也显示了其突出的贡献。

至于为何冷水团中的 $PO_4 - P$ 对于整个海区来说占据如此之大的比例，而 DIN 和 $SiO_3 - Si$ 的比例却相对较小，主要有以下几个原因。

（1）根据 Zhang 等（1999）和刘昌岭等（2003）的研究，黄海海域的雨水中具有高浓度的 N 和高 N/P。而降水在夏季又是一个频繁的过程，因此气溶胶输送对于海区上层水体的影响是显著的，它使得上层水体可以维持相对稳定的 DIN 含量，而 $PO_4 - P$ 的相对缺乏则更加突出。相较之下，处于下底层的冷水团内，DIN 则缺乏外部的补充，仅靠有机物的降解、再生从而积累，因此含量上与其他水团的差异没有 $PO_4 - P$ 来得明显。

（2）由于 $SiO_3 - Si$ 的再生速度相对较慢，因此在主要依靠有机质的分解从而得以积累的冷水团内，其 $SiO_3 - Si$ 的浓度与周围海区相差不大，仅略高于黄海水团和渤-黄海混合水。

331

（3）对于 $PO_4 - P$ 来说，它主要是依靠陆源的输入（包括点源和面源）以及水体内部的循环再生，来源相对较少。在黄海的降水中 $PO_4 - P$ 的含量明显较低（张金良等，2000），因此气溶胶的输入不能成为其主要补充来源。上层水体中的 $PO_4 - P$ 由于春夏季浮游植物的大量消耗而大幅降低，并且由于缺乏有效而持续的补充从而维持其低浓度水平；跃层以下的冷水团内，则由于水温较低、生物活性较弱等因素导致对于营养盐的消耗较弱，并且大量的有机质在下底层的分解、释放，加之强大温跃层的存在使得营养盐难以向上层输运，因而使 $PO_4 - P$ 能够较好的得以积累。在以上种种因素的共同造就下，冷水团内具有明显异于其他水团的高浓度 $PO_4 - P$。因此，在跃层消失之后，强烈地垂直混合将底层高浓度的营养盐带至表层，从而提高了海区营养盐浓度的总体水平，进而改善其营养盐结构。

12.4 小结

从黄海营养盐储量的季节变化来看，冬季所保存的营养盐从春季开始被浮游植物大量消耗，至夏季营养盐储量达到最低，秋末又大致恢复到冬季时的水平。黄海冷水团中营养盐储量的季节变化趋势与黄海营养盐总储量的变化相似。但是，黄海冷水团中的营养盐储量所占南黄海总储量的百分数，远比冷水团体积所占黄海总体积的百分数大。在黄海冷水团存续期间，通过冷水团体积的缩小、穿越跃层和冷水团锋面向真光层中输送的营养盐，可为黄海冷水团海域带来较大比例的新生产力。黄海冷水团的营养盐输出是热成层期间黄海冷水域真光层中营养盐的主要外部补充源。

参 考 文 献

刁焕祥，沈志良. 1985. 黄海冷水域水化学要素的垂直分布特性. 海洋科学集刊，25：41 - 51.

管秉贤. 1963. 黄海冷水团的水文变化及其环流特征的初步分析. 海洋与湖沼，5（4）：255 - 283.

赫崇本，汪园祥，雷宗友，等. 1959. 黄海冷水团的形成及其性质的初步探讨. 海洋与湖沼，2（1）：11 - 15.

刘昌岭，陈洪涛，任宏波，等. 2003. 黄海及东海海域气溶胶湿沉降（降水）中的营养元素. 海洋环境科学，22（3）：26 - 30.

吕瑞华. 2002. 黄海、东海和南海的叶绿素与初级生产力//我国专属经济区和大陆架勘测研究论文集. 北京：海洋出版社，344 - 351.

毛汉礼，任允武，万国铭. 1964. 应用 T - S 关系定量地分析浅海水团的初步研究. 海洋与湖沼，6（1）：1 - 22.

翁学传，张以恩，王从敏，等. 1989. 黄海冷水团的变化特征. 中国海洋大学学报，19（1）：119 - 131.

邱道立，周诗赉，李昌明. 1989. 应用聚类分析法划分黄海水团的初步研究. 青岛海洋大学学报，19（1）：86 - 98.

苏育嵩. 1986. 黄、东海地理环境概况、环流系统与中心渔场. 山东海洋学院学报，16（1）：12 - 27.

王保栋. 2000. 黄海冷水域生源要素的变化特征及相互关系. 海洋学报，22（6）：47 - 54.

王保栋，王桂云，郑昌洙，等. 1999. 南黄海冬季生源要素的分布特征. 黄渤海海洋，17（1）：40 - 45.

王保栋，战闰，臧家业. 2003. 黄海、东海浮游植物生长的营养盐限制性因素初探. 海洋学报，25（增刊2）：190 - 195.

王保栋 . 2003. 黄海和东海营养盐分布及其对浮游植物的限制 . 应用生态学报，14（7）：1122 – 1126.

魏皓，王磊，林以安，等 . 2002. 黄海中部营养盐的贯跃层输运 . 海洋科学进展，20（3）：15 – 20.

吴强明 . 2001. 黄、渤海溶解态营养盐研究 . 青岛：中国海洋大学 .

张金良，于志刚，张经，等 . 2000. 黄海西部气溶胶湿沉降（降水）中各元素沉降通量的初步研究 . 环境化
　　学，19（4）：352 – 356.

张书文，夏长水，袁业立 . 2002. 黄海冷水团水域物理 – 生态耦合数值模式研究 . 自然科学进展，12（3）：
　　315 – 320.

Chung C S, Hong G H, Kim S H, et al. 1999. The distributional characteristics and budget of dissolved inorganic
　　nutrients in the Yellow Sea//Zhang J, Chung C S, Biogeochemical Processes in the Bohai and Yellow Sea, edited
　　by G. H. Hong, J. Seoul：The Dongjin Publication Association：41 – 68.

Mahadevan A, Archer D. 2000. Modeling the impact of fronts and mesoscale circulation on the nutrient supply and bio-
　　geochemistry of the upper ocean. J Geophys Res, 105（C1）：1209 – 1225.

Spall S A, Richards K J. 2000. A numerical model of mesoscale frontal instabilities and plankton dynamics：I. Model
　　formulation and initial experiments. Deep-Sea Res, 47：1261 – 1301.

Stigebrandt，A. Cross thermocline flow on continental shelves and the location of shelf fronts//Oceanography Series
　　32：Ecohydrodynamics, Edited by Nihoul. London：Elsevier：51 – 64.

Zhang J, Chen S Z, Yu Z G, et al. 1999. Factors influencing changes in rainwater composition from urban versus
　　remote regions of the Yellow Sea. Journal of Geophysical Research, 104（D1）：1631 – 1644.

第13章 长江口夏季水体磷的
形态分布特征及影响因素

磷是海洋浮游生物生长繁殖的必需元素，是海洋初级生产力和食物网的物质基础。磷在海洋中以不同的形态存在于水体、生物体、沉积物和悬浮物中。海水中磷的化合物有多种形式，即溶解态无机磷酸盐（DIP）、颗粒态无机磷酸盐（PIP）、颗粒态有机磷化合物（POP）和溶解态有机磷化合物（DOP）。自19世纪开始，河流向海洋输送溶解态无机磷已增加了数倍，使近海水域由磷引发的富营养化日益严重（Howarth et al.，1995）。近些年来，研究者们对磷在海洋中的分布以及循环转化进行了大量的研究，认为河流输入海洋中磷的主要形态是悬浮颗粒态（邹景中等，1983；Froelich，1988；沈志良等，1989；洪华生，1989；陈淑珠等，1997）。长江为我国最大的河流，在陆源物质向东海和西太平洋的输送过程中起着重要作用，其年均径流量达 9.28×10^{11} m^3/a，悬浮物入海达 4.68×10^8 t/a，具有潜在生物活性的颗粒态磷被认为是长江河口及近海区富营养化的潜在污染源（Froelich，1988；王凡和许炯心，2004）。本章对长江口及邻近海域夏季各形态磷的时空分布特征及相互关系进行了探讨，为未来深入了解长江口磷的形态和循环特征以及颗粒态磷的生物可利用性研究提供科学依据。

样品为2006年7月至9月由"海监49"号科学考察船采自长江口附近海区的海水样品（图13.1）。利用美国 Seabird 公司生产的 Niskin 5 L 采水器分别采集了该区47个站位的表层、5 m、10 m、30 m 和底层的水样，采集后立即用直径为 47 mm、孔径为 0.45 μm 的醋酸纤维滤膜过滤

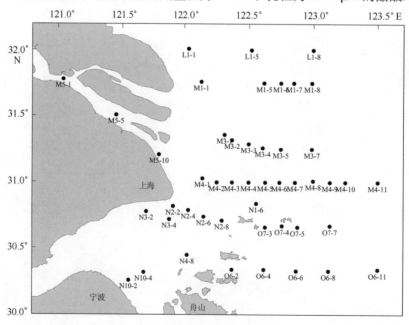

图 13.1　采样站位

200 mL 左右，将滤液分别装于两个洁净的 100 mL 塑料瓶中，并加入 $HgCl_2$ 固定保存，用于测定溶解态无机磷酸盐（DIP）和总溶解态磷酸盐（TDP）；用已称量过的直径为 47 mm、孔径为 0.45 μm 的醋酸纤维滤膜过滤采集的 50~2 000 mL 海水样品，将滤膜放于原滤膜盒中，低温冷冻保存并带回实验室，用于测定悬浮颗粒物（SPM）、颗粒总磷（PP）和颗粒无机磷（PIP）。

样品的分析用荷兰 Skalar 公司生产的营养盐连续流动分析仪测定 DIP、消解磷钼蓝分光光度法测定 TDP（Valderrama，1981），而 TDP 与 DIP 之差便是溶解态有机磷（DOP）。

悬浮颗粒物样品于 45℃ 烘干、恒重后称量，经过在硫酸 – 过硫酸钾氧化剂的高压消解后采用浓度为 1 mol/dm³ 盐酸浸泡提取，用磷钼蓝分光光度法测定 PP 和 PIP 浓度，用差减法得到颗粒态有机磷（POP）。

总磷（TP）是悬浮颗粒态总磷（PP）与总溶解态磷（TDP）之和。

13.1　长江口夏季水体各种形态磷的含量及平面分布

表 13.1 为 2006 年 7 月至 9 月长江口及其邻近海域各种形态磷的含量。从表 13.1 中的数据可知，除个别站位的表层 DIP 出现了低于检测限的情况外，各种形态磷均为底层高于表层；与 DIP 相比，DOP 平均值会略小，但仍有 21 个站位的表层 DOP 大于 DIP；PP 浓度平均值要远大于 TDP 的平均值，但在各个区域有一定差别。近岸站位 DOP 高于 DIP，主要是由于近岸海域夏季生产力水平较高，浮游植物生长较快，大量的磷在生物生长过程中由于生物利用而被消耗掉，而 DOP 一般来源于海洋生物的分解与排泄产物，浮游生物在释放有机磷的同时消耗掉大量的 DIP，致使 DOP 相对较高（George and Williams，1985）。

表 13.1　各种形态磷的含量分布　　　　单位：μmol/dm³

样品		TP	TDP	PP	DIP	DOP	PIP	POP
表层	最大值	24.58	4.93	21.37	1.92	3.22	15.68	7.32
	最小值	0.21	0.10	0.06	<0.02*	0.02	0.02	0.04
	平均值	3.93	1.40	2.53	0.71	0.69	1.60	0.93
底层	最大值	41.37	3.47	39.54	1.99	1.50	27.16	12.38
	最小值	0.94	0.74	0.13	0.20	0.04	0.05	0.07
	平均值	5.09	1.56	3.55	0.90	0.72	2.42	1.12

注*：DIP 的方法检出限为 0.02 μmol/dm³。

海水中磷的分布受生物、化学、物理及水文过程等诸多因素的影响。图 13.2 为长江口及邻近海域 DIP、DOP 和 TDP 的平面分布特征。调查海域的 DIP 浓度为 0.02~1.99 μmol/dm³，平均值为 0.80 μmol/dm³，其中，表层、底层 DIP 分别为 0.02~1.92 μmol/dm³ 和 0.20~1.99 μmol/dm³，平均值分别为 0.71 μmol/dm³ 和 0.90 μmol/dm³，故底层 DIP 浓度高于表层。表层、底层 DIP 浓度高值区出现在长江口和杭州湾两个区域，长江口水体中 DIP 浓度最高达 1.99 μmol/dm³，杭州湾内 DIP 浓度最高值也达到了 1.47 μmol/dm³。冲淡水盐度范围内（0~25）DIP 浓度最大值为 1.43 μmol/dm³，离岸越近，其浓度值越高，在外海水区，浓度低于 0.15 μmol/dm³。在 M3–7 和 N1–6 两个站位的表层水体中未检出 DIP（小于 0.02 μmol/dm³）。

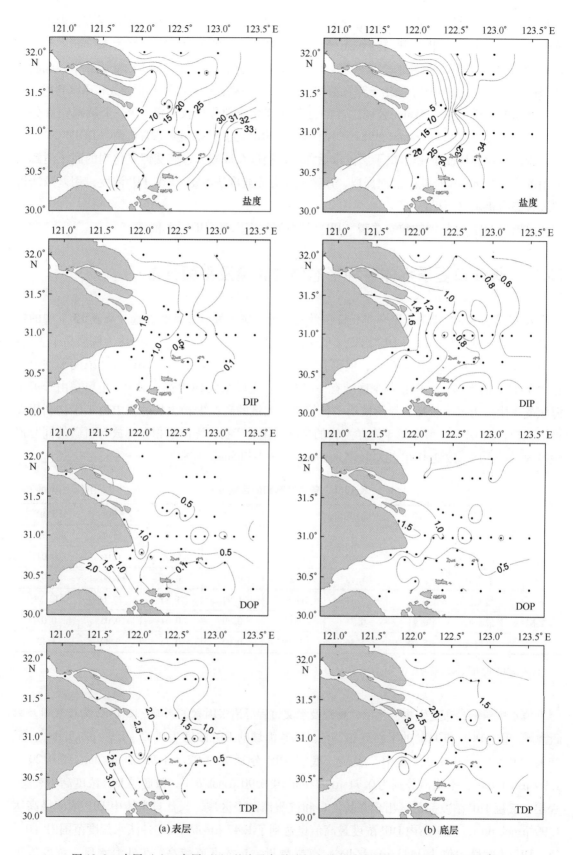

(a) 表层　　　　　　　　　　　　　　　(b) 底层

图 13.2　表层（a）、底层（b）盐度及各种溶解态磷的分布特征（单位：μmol/dm³）

表层、底层 DIP 浓度的变化趋势相似，沿岸海域表、底层的 DIP 浓度均较高，向外海其浓度则逐渐降低，故呈西高东低的分布态势。此时由于径流较大，加之长江的工业及生活污水的排放，使得河口区水体中 DIP 浓度较高，也说明长江对东海有着磷的输入。这种情况与该区高浮游植物生物量相对应，即浮游植物大量繁殖，并且吸收 DIP。

调查海域的 DOP 浓度为 $0.02 \sim 3.22$ μmol/dm³，平均值为 0.68 μmol/dm³，其中，表层、底层 DOP 浓度分别为 $0.02 \sim 3.22$ μmol/dm³ 和 $0.04 \sim 1.50$ μmol/dm³，平均值为 0.69 μmol/dm³ 和 0.67 μmol/dm³，表层、底层的 DOP 浓度基本相同。表层、底层 DOP 浓度的分布特征也基本一致，高值出现在杭州湾及长江口的 M5-10 站位及 M4、M3 两个断面的站位上，最高值（3.22 μmol/dm³）出现在杭州湾口近岸处的 N10-2 站位。由于在 M5-10 站位附近有一个排污口，所以该站位附近水体 M4 断面上 4 个站位的 DIP 浓度虽然均在 0.05 μmol/dm³ 以下，其 DOP 浓度却都比较高，而杭州湾口近岸处的 N10-2 站位的 DIP 浓度也是比较高的（1.71 μmol/dm³），说明岸边的排污口或其他污染源对该海域水体中 DOP 和 DIP 浓度产生了一定的影响。

调查海域 TDP 浓度为 $0.1 \sim 4.93$ μmol/dm³，平均值为 1.48 μmol/dm³，其中表层、底层 TDP 的浓度分别为 $0.1 \sim 4.93$ μmol/dm³ 和 $0.74 \sim 3.47$ μmol/dm³，平均值分别为 1.40 μmol/dm³ 和 1.56 μmol/dm³，表层、底层浓度相差不大，但底层平均浓度仍高于表层。TDP 浓度的高值区出现在杭州湾和长江口区，最高值出现在杭州湾的 N10-2 站位，为 4.93 μmol/dm³，与 DOP 浓度的最高值点相吻合。从图 13.2 可见，研究海域的东南部区域表、底层 DOP 浓度都出现了低值区，且呈西高东低的分布趋势，且沿岸海域 DOP 的浓度较高，向外海则浓度逐渐降低。在 TDP 的组成中，DIP 占 TDP 的 54%，DOP 则占 TDP 的 46%，可见，DIP 在 TDP 中所占的比率略高于 DOP 在 TDP 中所占的比率。但在很多近岸海域，夏季表层 DOP 的含量常常超过 DIP，这是因为 DOP 的来源一般是海洋生物分解与排泄的产物，夏季研究区域生产力水平很高，浮游生物消耗大量 DIP 的同时释放了有机磷，此时，DOP 的含量相对较高。

图 13.3 为调查海域颗粒态磷及总磷浓度的分布。PIP 浓度为 $0.02 \sim 27.16$ μmol/dm³，平均值为 2.00 μmol/dm³，其中表层、底层 PIP 的浓度分别为 $0.02 \sim 15.68$ μmol/dm³ 和 $0.05 \sim 27.16$ μmol/dm³，平均值分别为 1.60 μmol/dm³ 和 2.42 μmol/dm³，底层 PIP 浓度高于表层。POP 浓度为 $0.04 \sim 12.38$ μmol/dm³，平均值为 1.02 μmol/dm³，其中表层、底层 POP 的浓度分别为 $0.04 \sim 7.32$ μmol/dm³ 和 $0.07 \sim 12.38$ μmol/dm³，平均值分别为 0.93 μmol/dm³ 和 1.12 μmol/dm³，底层 POP 浓度高于表层。PP 的平面分布特征与 PIP、POP 的基本相同，POP 仅占 PP 组成的 33.8%，PIP 则约占 66.2%，约是 POP 的两倍，所以 PIP 是调查海域 TP 的一种主要形态。

调查海域 PP 浓度为 $0.06 \sim 39.54$ μmol/dm³，平均值为 3.02 μmol/dm³，其中，表层、底层 PP 的浓度范围分别为 $0.06 \sim 21.37$ μmol/dm³ 和 $0.13 \sim 39.54$ μmol/dm³，平均值分别为 2.53 μmol/dm³ 和 3.55 μmol/dm³，底层 PP 浓度高于表层。PP 出现的两个高值区，是位于长江口外的最大混浊带区域（31.00°N，122.00°—122.75°E）和杭州湾海域。PP 的分布特征和悬浮物的分布非常相似，说明 PP 的浓度主要与陆源输入及水体中有机体分解的化学过程有关，还与水体中的悬浮物质有关。

调查海域 TP 浓度为 $0.21 \sim 41.37$ μmol/dm³，平均值为 4.50 μmol/dm³，其中表层、底层 TP 的浓度分别为 $0.21 \sim 24.58$ μmol/dm³ 和 $0.94 \sim 41.37$ μmol/dm³，平均值分别为 3.93 μmol/dm³ 和 5.09 μmol/dm³，底层 TP 浓度高于表层，这主要是由于受到底质再悬浮以及间隙水释放等因素的

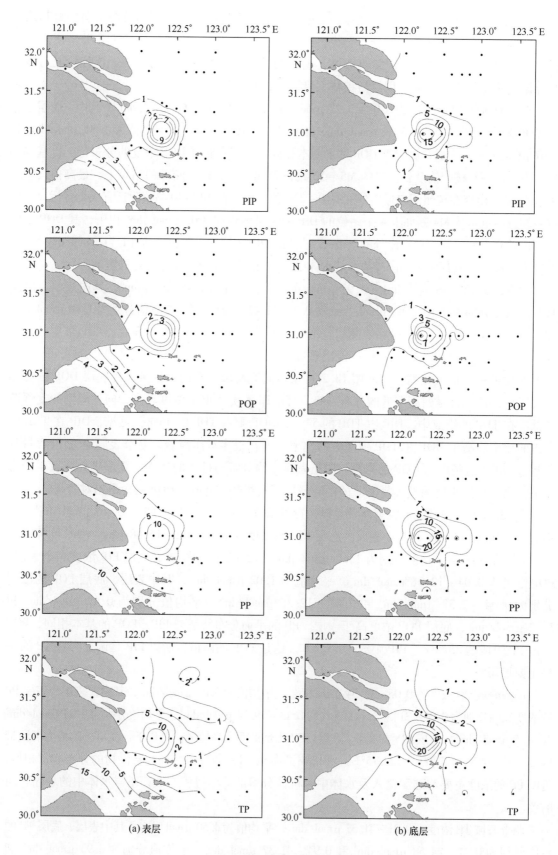

图 13.3　表层（a）、底层（b）颗粒态磷及总磷浓度的分布特征（单位：μmol/dm³）

影响。夏季 TP 浓度的平面分布特征与 PP 浓度的分布特征基本相同，呈现出沿岸高、外海低的分布趋势，高值区出现在最大混浊带区域和杭州湾海域。在表层、底层的 TP 组成中，PP 的平均含量分别达到了 64.4％和 69.7％，最高可达到 96.0％，可见在调查海域 PP 是 TP 的主要组成部分。

13.2　长江口夏季水体各种形态磷的结构组成

综合考虑调查区盐度表底层差异、悬浮物浓度差异及各形态磷的结构组成，可将该区域分为 A、B 和 C 三个区域，图 13.4 和图 13.5 分别表征了表层、底层各种形态磷在上述三个区域的百分含量。

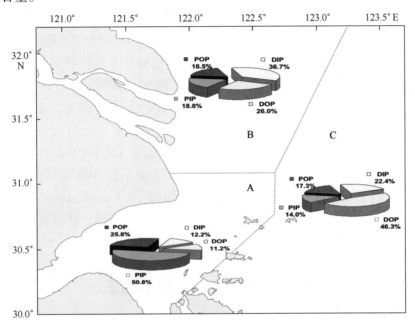

图 13.4　不同区域表层海水中各种形态磷的百分含量

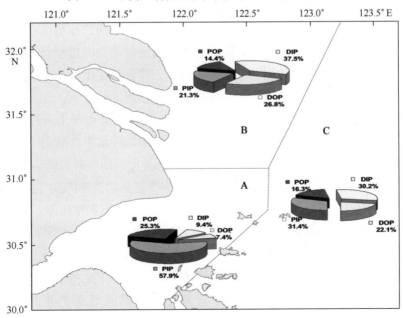

图 13.5　不同区域底层海水中各种形态磷的百分含量

A 区是三个区域中悬浮物浓度最大的区域，包括最大混浊带区的一部分和杭州湾海域。该区域表层、底层悬浮颗粒物平均质量浓度分别高达 340.6 mg/dm^3 和 500.4 mg/dm^3，颗粒态磷所占比率最高，PP 共占了 TP 的 76.6% 和 83.2%，表明悬浮颗粒物对颗粒态磷的重要影响。其中，表层、底层 PIP 分别占 TP 的 50.8% 和 57.9%，表明该区 PIP 为 TP 最主要的存在形式，该区的 DIP 平均浓度大于 1.0 μmol/dm^3，故该区不存在磷的限制，但由于高悬浮颗粒物影响，使得浮游植物受到光限制。

B 区主要为长江口门及江苏东部近海区域。该区域表、底层悬浮颗粒物平均质量浓度与 A 区差一个数量级，分别为 37.4 mg/dm^3 和 51.1 mg/dm^3，表层、底层 TDP 分别占 TP 的 62.7% 和 64.3%，可见该区磷以 TDP 为主，DIP 为该区 TP 的最主要存在形式，分别占 TP 的 36.7% 和 37.5%。该区 DIP 平均浓度大于 0.9 μmol/dm^3，故不存在磷的限制。

C 区主要为舟山群岛东部外海区。该区域表层、底层悬浮颗粒物平均质量浓度分别为 23.0 mg/dm^3 和 70.4 mg/dm^3，表层以 TDP 为主，占 TP 的 68.7%，DOP 为 TP 最主要的存在形式，占 TP 的 46.3%。底层 PIP 为 31.4%，DIP 为 30.2%，两者同为该区 TP 的主要存在形式，TDP 占 TP 的 52.3%，略大于 PP。该区表层 DIP 平均浓度为 0.24 μmol/dm^3，大于磷限制的阈值（0.1 μmol/dm^3）（Fisher et al.，1992），其中，在 122.88°E 以西，31.25°N 以南的 6 个站位，DIP 浓度都大于 0.3 μmol/dm^3，而其余的 11 个站位 DIP 均小于 0.15 μmol/dm^3，其中，8 个站位低于浮游植物生长限制的动力学最低阈值（0.1 μmol/dm^3），构成了一个大范围的磷限制区域，而同时磷的过度消耗也导致了较高的 DOP 浓度，使得该区 DOP 为磷的主要存在形式。该区底层 DIP 浓度范围为 0.27~1.14 μmol/dm^3，不存在磷的限制。

13.3 长江口夏季水体磷的循环及分布影响因素

磷元素在整个海洋中进行着大范围的迁移和循环。通过光合作用，吸收了海水中的无机磷和溶解有机磷的浮游植物被浮游动物吞食后，一部分转化为动物组织，再经代谢作用还原为无机磷释放到海水中，而另一部分有些经浮游植物细胞磷酸酶的作用而还原为无机磷，有些则分解为可溶性有机磷，有些则形成难溶的颗粒态磷通过动物的排泄释放到海水中。溶解有机磷和颗粒磷再经细菌的吸收代谢而还原为无机磷，部分磷在生物体的沉降过程中没有完全得到再生，而随同生物残骸沉积于海底，在沉积层中细菌的作用下，逐步得到再生而成为无机磷（张正斌，2004）。在沉积层中和底层水中的无机磷又会由于上升流、涡动混合和垂直对流等水体运动被输送到表层海水，再次参加光合作用。海水中的磷由于沉积作用而损失的量，可被河水中携带的磷酸盐所补充，大陆径流为海洋增添的溶解态磷约为 2.2×10^{12} g/a，颗粒态磷为 12×10^{12} g/a。因此，海洋中的磷存在着一个复杂的循环体系。这个循环受到各种因素的控制，这些因素包括海洋生物化学作用、海水运动以及沉积作用等。

DIP 的变化主要与生物活动和水动力有关，浮游植物及自养细菌吸收 DIP 进入有机体，是无机磷转化为有机磷。大部分浮游植物又被食植动物所消耗，在食物链的传递过程中不断地释放出磷酸盐，有机磷又转化为无机磷，通常认为 DIP 与 DOP 之间呈显著的负相关性（陈洪涛等，2004），而在黄河口邻近海域 DIP 与 DOP 之间则呈显著的正相关性（孟春霞，2004）。此次调查研究发现在长江口及邻近海域研究发现，A 区表层和 B 区底层 DIP 与 DOP 之间呈一定的正相关性，仅在 C 区底层呈负相关性，但相关性不明显，这主要是受长江带入的磷酸盐的影响。PIP 与 POP、PP 与 TP、TP 与 SPM 均呈显著的正相关性（图 13.6），表现出在高悬浮颗粒物的海区有着较高的颗粒态磷含量，说明了悬浮颗粒物是颗粒态磷的主要影响因素，悬浮颗粒物浓度大时，上述各参数值也将相应增大。DIP、TDP 与盐度（S）呈现显

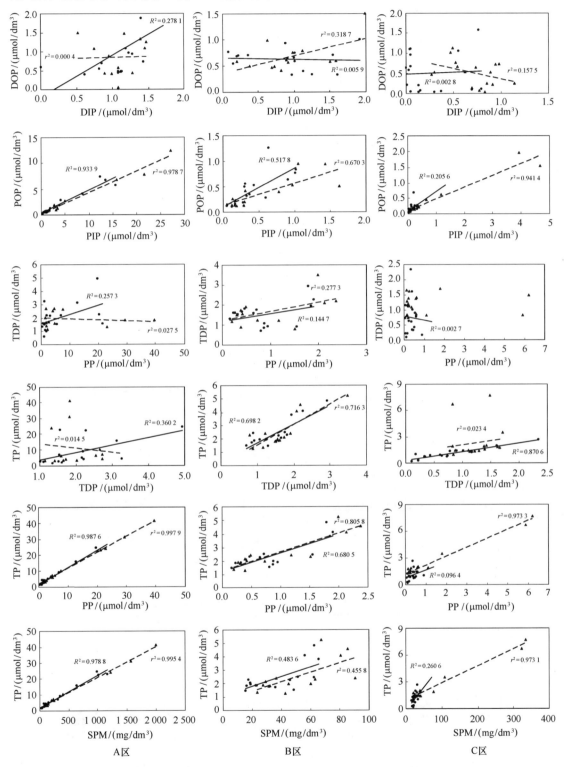

图 13.6　表层、底层各种形态磷之间以及 TP 与 SPM 的相关性

●——为表层；▲——为底层

著的负相关性（图 13.7），表现出在低盐度的海区有着较高的 DIP 与 TDP 含量，这暗示了径流输入作用对长江口邻近海域 DIP 和 TDP 有着重大的影响。

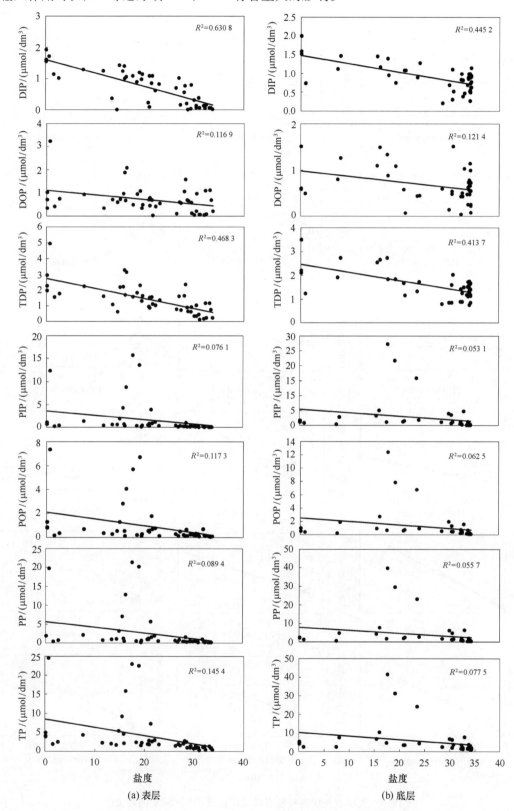

(a) 表层　　　　　　　　　　　　　(b) 底层

图 13.7　表层（a）、底层（b）各种形态磷与盐度的相关性

13.4　小结

（1）长江口及邻近海域夏季水体中各种形态磷的底层浓度均高于表层浓度，且均具有西高东低的分布特征，沿岸磷的浓度较高，向外海磷的浓度则逐渐降低。在划分的三个区（A、B 和 C 区）中，A 区包括最大混浊带区的一部分和杭州湾海域，以颗粒态磷为主，PIP 为其主要的存在形态；B 区包括长江口门及江苏东部近海区域，主要以溶解态磷为主，DIP 为其主要的存在形态；C 区包括舟山群岛东部外海区，表层以 DOP 为主要存在形态，而底层水体中的溶解态磷浓度略大于颗粒态磷，磷的存在形态以无机磷为主。

（2）长江口及邻近海域夏季水体中 PIP 与 POP、PP 与 TP、TP 与 SPM 均呈非常显著的正相关性，说明了悬浮颗粒物含量是颗粒态磷的主要影响因素。DIP 和 TDP 与盐度呈现显著的负相关性，表现出在低盐度的海区有着较高的 DIP 和 TDP 含量，说明了径流输入作用对长江口邻近海域 DIP 和 TDP 有着重大的影响。

（3）调查海域 C 区大部分水体中的 DIP 表层浓度接近或小于浮游植物生长限制的动力学最低阈值（0.1 μmol/L），是磷限制或潜在的磷限制区域。

参 考 文 献

陈洪涛，陈淑珠，张经，等.2002. 南黄海海水中各种形态磷的分布变化特征. 海洋环境科学，21（1）：9-13.

陈淑珠，钱红，张经.1997. 沉积物对磷酸盐的吸附与释放. 中国海洋大学学报，27（3）：413-418.

洪华生.1989. 春季厦门港、九龙江口各形态磷的分布与转化. 海洋环境科学，8（2）：1-8.

孟春霞.2005.2004 年夏季黄河口及邻近海域各形态磷的研究. 青岛：中国海洋大学.

沈志良，刘兴俊，陆家平.1987. 长江下游无机氮和磷酸盐的分布及其在河口的转移过程. 海洋科学集刊，28：69-77.

王凡，许炯心.2004. 长江、黄河口及邻近海域陆海相互作用若干重要问题. 北京：海洋出版社：23-30.

张正斌.2004. 海洋化学. 青岛：中国海洋大学出版社：127-135.

邹景忠，董丽萍，秦宝平.1983. 渤海湾富营养化和赤潮问题初步探讨. 海洋环境科学，2（2）：41-53.

Fisher T R，Deele E R，Ammerman T W，et al. 1992. Nutrient limitation of phytoplankton in Chesapeake Bay. Marine Ecological Progress Series，82（1）：51-63.

Froelich P N. 1988. Kinetic control of dissolved phosphate in natural rivers and estuaries：A primer on the phosphate vuffer mechanism. Limnology and Oceanography，33（4，part2）：649-668.

George A J，Williams P M. 1985. Importance of DON and DOP to biological nutrient cycling. Deep-Sea Research，32：223-235.

Howarth R W，Jensen H S，Marino R，et al. 1995. Transport to and processing of P in near-shore and oceanic waters//Tissen H. Phosphorus in the global environment：transfers，cycles and management. Chichest：John Wiley 5 Sons Ltd：323-345.

Lewis E Fox，Shawn L，Sager，et al. 1986. The chemical control of soluble phosphorus in the Amazon estury. Geochimica et Cosmochimica Acta，50：783-794.

Valderrama M J C. 1981. The simultaneous analysis of total nitrogen and phosphorus in natural waters. Marine Chemistry，10：109-122.

第14章 渤海、黄海营养盐结构及其对浮游植物生长的限制

营养盐是浮游植物生命活动的物质基础，浮游植物摄取营养盐来维持自身的物质和能量代谢。浮游植物生长是按一定比例吸收海水中的营养盐，这一比例为 Redfield 系数（Redfield，1958），海水中营养盐结构偏离该值过高或过低均将影响浮游植物的生长，改变物种组成，甚至影响整个种族和群落的变化。一般来说：①沿岸和较封闭海域易发生 P 限制，如：地中海（Zohary and Robarts，1998；Thingstad et al.，1998）、Archipelago 海域（Kirkkala et al.，1997）；②在水交换较好的外海和大洋，多发生 N 的限制，如波罗的海和 Kaneohe 湾（Maestnm et al.，1999；Lamed，1998）；③在咸淡水交界的河口地带，易出现集中营养盐的同时或交替限制。Fisher 等（1992）认为 N 或 P 的限制是有空间变化，甚至在同一海区还有 N、P 营养盐限制的季节性交替变化（Fisher et al.，1992）。近年来 Si 为限制性的报道有所增多，Fe、Mn 等微量元素的缺乏亦可限制浮游植物的生长（Dugdale et al.，1995；Martin，1992）。

渤海、黄海是我国重要的半封闭陆架海区，具有沿岸人口众多、陆源输入量大、海交换通量小、初级生产力高等特点，随着沿海经济的发展，工业（生活）污水的排放，使海区营养盐结构存在着明显的季节变化。研究指出低的 N/P 或较高浓度的磷酸盐将更有利于硅藻的生长，而高的 N/P 或较高浓度的氮盐将更有利于甲藻的生长；硅酸盐对硅藻的生长非常重要，低的 N/Si 值或较高浓度的硅酸盐将更有利于硅藻在与甲藻竞争中占据优势。Smayda 等认为长期以来全世界范围非硅藻赤潮的大规模暴发与 Si/P 的降低有关。我国许多学者对黄海、东海、长江口、北黄海以及沿岸海域营养盐结构进行了研究（高生泉等，2004；蒲新明等，2001；王修林等，2004；王保栋，2003；张辉等，2009），结果表明营养盐结构的时空变化对海区生态环境产生深远的影响。本研究根据 2006—2007 年对渤海、黄海整个陆架海区 4 个季节的现场调查资料，拟对整个海区不同季节的营养盐结构的分布、变化及其对浮游植物生长的限制状况进行探讨，这对了解渤海、黄海浮游植物生长状况、种群组成和群落更替提供重要的依据。

本研究分别于 2007 年 4 月、2006 年 7 月、2007 年 10 月和 2007 年 1 月对渤海、黄海进行 4 个航次的大面调查，调查站位覆盖整个渤海、黄海海域，共 345 个站位。

水样按照 0 m、10 m、30 m 和底层（标准层）采集，无机氮（包括 NO_3-N、NO_2-N、NH_4-N）、无机磷（PO_4-P）和活性硅酸盐（SiO_3-Si）水样后经 0.45 μm 醋酸纤维滤膜现场过滤后，按照海洋监测规范（GB12763.4-91）现场测定。

14.1　渤海、黄海营养盐结构

14.1.1　渤海、黄海 N/P，Si/N 和 Si/P 的量值情况

浮游植物基本按照 Si∶N∶P 为 16∶16∶1 的比例来吸收营养盐，适宜的营养盐结构有利于促进海洋浮游植物的生长和繁殖，某种营养盐元素的过多或缺乏均能造成营养盐结构失调，造成浮游生物种群结构改变，甚至可以引发赤潮灾害。表 14.1 为渤海、黄海水体营养盐结构的四季变化情况。

表 14.1　渤海、黄海海域 N/P、Si/N 和 Si/P

季节	层次	N/P		Si/N		Si/P	
		范围	平均值	范围	平均值	范围	平均值
春季	上层	1.57～779.54	43.61	0.11～11.34	1.41	1.79～399.21	35.05
	底层	1.77～786.59	39.03	0.11～11.18	1.05	1.20～329.49	26.39
夏季	上层	0.85～401.99	53.31	0.02～42.67	3.40	0.83～529.58	101.38
	底层	0.78～760.83	47.82	0.07～24.40	2.26	2.25～580.02	75.61
秋季	上层	7.73～713.74	72.35	0.25～5.98	1.26	9.66～592.32	67.14
	底层	7.01～391.19	43.07	0.10～3.49	1.29	8.28～365.36	45.68
冬季	上层	7.45～135.11	22.38	0.40～4.20	1.45	8.73～72.04	27.52
	底层	2.66～259.32	21.29	0.20～8.61	1.46	4.74～72.11	26.13

注：上层为表层和 10 m 层营养盐含量平均值的比值。

从表 14.1 可以看出，各季节渤海、黄海 N/P、Si/N 和 Si/P 均值都高于 Redfield 比值，N/P 最高值出现在秋季的上层水体，冬季底层最低；而夏季水体的 Si/N 较高，其他季节均在1.30 左右；Si/P 高值出现在夏季和秋季，春冬季节较低。由于浮游植物主要生长在具有较好的光照、温度和营养盐状况的真光层中，营养盐的生物消耗较大，因此上层水体 N/P、Si/P要高于底层。

春季随着水体温度上升，浮游植物活动加强，营养盐消耗增大，因此水体 N/P、Si/N 和Si/P 的离散程度均较大，最高值分别达 786.59、1.41 和 35.05，N/P 如此之高说明春季水体浮游植物生长可能受到 P 的限制。夏季，水体 N/P 的离散程度较春季小，最大值出现在底层水体，而水体的 Si/N 和 Si/P 的离散性均较春季增大，从整体上来看夏季水体营养盐结构发生了改变，较春季具有较高的 N/P、Si/N 和 Si/P。此外，随着强温跃层的形成，阻碍了微生物分解和沉积物释放存在底层丰富的营养盐对上层水体的补充，上下层营养盐结构比值差距加大，底层营养盐结构具有离散性高（Si/N 除外），量值低的特点。秋季随着水体温跃层的减弱水体上下交换加强，底层储存的营养盐对上层水体补充加强，水体营养盐含量高于夏季，上层水体中 N/P 和 Si/P 的离散性较大，说明秋季浮游植物的生长较为旺盛，对 P 需求较大，P 很有可能成为浮游植物生长的限制因子；冬季，水温降低，浮游植物活力下降，营养盐消耗减少，水体垂向涡动加强，上下层水体营养盐含量基本一致，N/P、Si/P 较秋季有所降低，Si/N 则较秋季提高，水体 N/P、Si/N、Si/P 离散性不大，较为集中。

345

14.1.2　渤海、黄海营养盐结构的平面分布

渤海、黄海调查海域水体 N/P、Si/N、Si/P 的平面分布见图 14.1、图 14.2，主要分布特征如下。

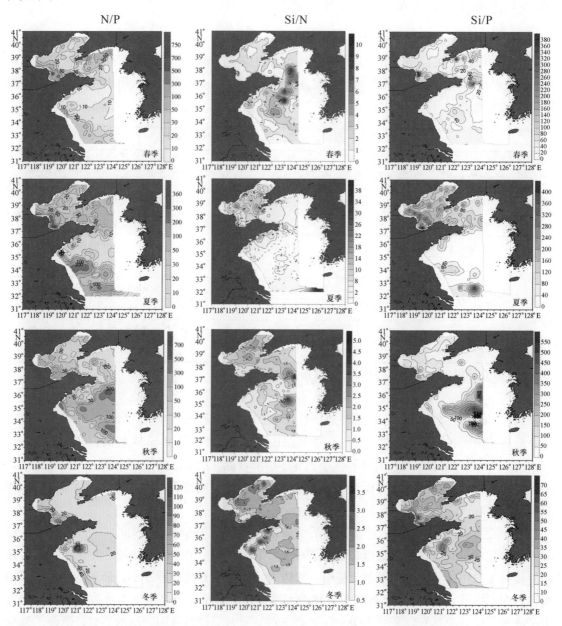

图 14.1　渤海、黄海上层水体营养盐结构的平面分布

（1）春季：N/P 高值区主要出现黄河口、鸭绿江口、青岛近岸及苏北近岸，低值区则主要出现在渤海、黄海的中部。上层水体黄河口南部海域 N/P 最高，达 779.54，黄河口、鸭绿江口及苏北沿岸 N/P 均大于 20，青岛外部海域较低（<10）。底层 N/P 的分布趋势与表层基本一致，量值低于表层。Si/N：上层水体 Si/N 高值区主要分布在渤海及黄海中部海域，低值区（<1）主要出现在辽东半岛沿岸、鲁北沿岸和苏北沿岸；底层与表层类似，量值高于表

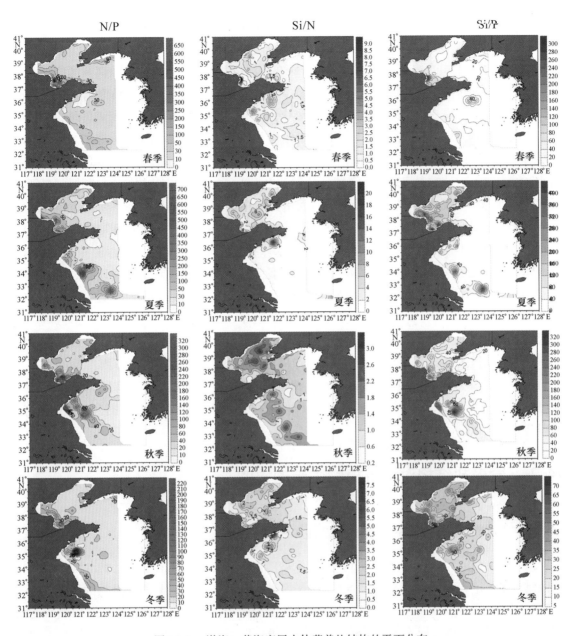

图 14.2　渤海、黄海底层水体营养盐结构的平面分布

层。Si/P：黄河口南部沿岸、辽东半岛南部近岸和山东半岛东部海域 Si/P 较高，而渤海中部、鲁南沿岸 Si/P 较低（小于 10）；底层分布与表层相似，量值低于表层。综合来看，春季黄河口、鸭绿江口、苏北沿岸等河口海域具有高 N/P、Si/P 和低 Si/N（黄河口 Si/N 小范围较高）的特点，而黄海中部外海具有低 N/P、高 Si/N 的特点。

（2）夏季：上层水体 N/P 高于春季，高值区分布在渤海沿岸、北黄海中部和海州湾以南沿岸，其中，黄河口及 34°N 沿岸 N/P 最高，达 200 以上，南黄海的中北部海域 N/P 较低。底层 N/P 分布与表层类似，沿岸 N/P 较高，外海较低，量值低于表层。Si/N：高值区主要出现在渤海的中部和青岛北部海域，低值区主要出现在苏北沿岸；底层 Si/N 分布与表层类似，不再陈述。Si/P：渤海和北黄海 Si/P 明显高于南黄海，呈现北高南低的分布趋势，在细节方面，除渤海和北黄海 Si/P 普遍高外，南黄海的 Si/P 分布趋势与 Si/N 分布类似。夏季黄河口、鸭绿江口具有高 N/P、高 Si/P、低 Si/N 的特点，受陆源影响较少的南黄海中部海域具有低 N/P、低 Si/N 和低 Si/P 的特点。

（3）秋季：上层水体 N/P 高值区主要分布在黄河口附近海域、海州湾及南黄海中部，其中，海州湾和南黄海中部海域均出现 N/P（>500）高值中心，而辽东半岛南部、山东半岛北部近岸、苏北沿岸 N/P 较低。底层近岸 N/P 分布与表层相似，但北黄海和南黄海的中部海域 N/P 较低（<10）。Si/N：渤海、黄海西部沿岸 Si/N 较低，中部离岸较远海域 Si/N 较高。底层近岸 Si/N 分布与表层相似。Si/P：渤海、黄海水体 Si/P 的分布趋势与 N/P 相似，不再描述。综合来看，秋季黄河口附近海域具有高 N/P、低 Si/N、低 Si/P 的特点，鸭绿江口则为低 N/P、低 Si/N、低 Si/P 的营养盐结构，而南黄海中部上层水体具有高 N/P、高 Si/P、低 Si/N 的特性，该区域与夏季黄海冷水团的所在位置基本一致，说明随着温跃层的减弱，黄海冷水团内储存的丰富的营养盐向黄海中部上层水体补充，促进了上层水体浮游植物的生长，对水体 P 的消耗进一步加大，使水体 P 的含量较低，造成高 N/P、高 Si/P 的现象。

（4）冬季：水体垂直涡动混合加强，上下层水体性质趋于一致，从表层到底层营养盐结构分布变化不大。N/P：高值区主要分布在黄河口近岸、海州湾及苏北沿岸一狭窄区域，低值区则主要出现在渤海、北黄海及南黄海南部海域。底层 N/P 的分布与表层类似，不再陈述。Si/N：高值区主要出现在渤海的中部、青岛近岸海域，低值区（<1）则主要出现在苏北沿岸。底层 Si/N 分布与表层相似。Si/P：黄河口南部沿岸和海州湾外部海域 Si/P 较高，北黄海的东部 Si/P 较低，整个海域 Si/P 差异不明显，相对集中，Si/P 变化范围为 0~70，底层分布与表层类似。

14.2　营养盐结构对浮游植物生长的限制

14.2.1　浮游植物生长的营养盐限制标准

Justic 等（1995）、Dorch 和 Whitledge（1992）在总结前人研究的基础上提出营养盐的相对限制标准：①若 N/P<10 和 Si/N>1，则 N 为限制因子；②若 Si/P 和 N/P 均大于22，则 P 为限制因子；③若 Si/P<10 和 Si/N<1，则 Si 为限制因子，同时，必须考虑浮游植物所能利用的营养盐最低浓度，即绝对限制标准。Nelson 等借助于浮游植物生长动力学来研究浮游植物所能利用的营养盐最低浓度：$Si = 2\ \mu mol/dm^3$，$DIN = 1\ \mu mol/dm^3$，$P = 0.1\ \mu mol/dm^3$。为了兼顾营养盐的绝对限制标准和相对限制标准，我们采用 Dorth and Whitledge 提出的营养盐限制标准，即：①同时符合 $DIN < 1\ \mu mol/dm^3$，$N/P < 10$，为 N 限制；②同时符合 $P < 0.2\ \mu mol/dm^3$，$N/P > 30$，为 P 限制；③同时符合 $Si < 2\ \mu mol/dm^3$，$Si/N < 1$，$Si/P < 3$，为 Si 限制。

14.2.2　渤海、黄海浮游植物生长的营养盐限制状况

根据调查数据对渤海、黄海浮游植物生长的营养盐限制状况进行分析（表14.2），具体如下。N 限制：春季北黄海和南黄海 N 限制站位较多，分别占海区的 11.11% 和 12.06%；夏季 N 限制站位则主要出现在渤海和南黄海，分别为 15.45% 和 13.48%；秋冬季节整个调查海域没有出现 N 限制的现象。P 限制：春夏秋季海域 P 限制的站位较多，以夏季最为突出，P

限制站位分别占所在海域的 33.33% 、59.26% 和 24.82% ，而春秋季 P 限制主要出现在黄海；冬季仅在黄海出现零星站位 P 限制的现象。Si 限制：整个海域 Si 含量基本满足浮游植物生长的需求，仅在春夏季的南黄海出现零星站位 Si 限制的现象。

表 14.2　渤海、黄海上层水体浮游植物生长的营养盐限制状况

季节	N 限制（个）			P 限制（个）			Si 限制（个）		
	渤海 123	北黄海 81	南黄海 141	渤海 123	北黄海 81	南黄海 141	渤海 123	北黄海 81	南黄海 141
春季	0	9	17	3	23	1	0	0	2
夏季	19	1	19	41	48	35	0	0	8
秋季	0	0	0	14	7	72	0	0	0
冬季	0	0	5	0	2	4	0	0	0

综上所述，渤黄海浮游植物生长主要受到 N 和 P 的限制，基本不受 Si 的限制，夏季营养盐限制现象最为突出，渤海和南黄海浮游植物生长均受到 N、P 的限制，北黄海则主要受 P 限制。春季北黄海浮游植物生长主要受 N、P 限制，而南黄海则主要受到 N 的限制；秋季渤海、黄海浮游植物主要受到 P 的限制，以南黄海最为严重，受限站位数达 51.42%；冬季浮游植物生长基本不受营养盐的限制。春季随着水温的上升，浮游植物生长繁殖，水体营养盐的消耗加强，黄海部分站位出现了 N 或 P 的限制，但限制站位不多，营养盐限制现象属于个别现象。夏季温跃层逐渐增强加厚，阻碍了水体的上下交换，沉积物溶解释放和微生物释放的营养盐难以到达上层水体，浮游植物生长消耗的营养盐难以得到补充，营养盐的限制现象加剧。秋季水体温跃层减弱，底层富含营养盐的水体冲过温跃层对上层水体进行了适当的补充，上层水体营养盐限制的现象得以好转。冬季强烈的垂直涡流搅动，水层上下层混合较好，再加上生物活动减弱，营养盐消耗减少，整个调查海域浮游植物生长基本不受营养盐的限制。

14.2.3　营养盐限制区域的季节变化

由图 14.3 可以看出，春季 N 限制海域主要出现在山东半岛的南部，而 P 限制则主要在辽东半岛的南部近岸和莱州湾沿岸。夏季黄河口两侧的渤海湾沿岸、莱州湾沿岸和南黄海的中北部海域出现 N 的限制，海区 P 限制现象较严重，受限制站位数达 35.94%，主要分布在黄河口附近海域、北黄海及苏北沿岸大部分海域；整个海域仅在南黄海的中北部海域出现少许站位 Si 限制的现象。秋季 P 限制现象仍为严重，但 P 限制区域与夏季相比表现出明显的不一致性，尽管莱州湾沿岸仍然出现 P 限制，但 P 限制区域由夏季的北黄海和苏北沿岸转移到青岛沿岸及南黄海的中西部海域，北黄海及苏北沿岸 P 限制现象得以好转，P 限制站位、区域均较夏季减少了很多。秋季海域浮游植物生长基本不受 N 和 Si 的限制。冬季水体营养盐状况好转很多，浮游植物生长基本不受营养盐的限制，仅在海州湾附近海域出现零星站位 N 或 P 的限制。

综合来看：莱州湾附近海域春秋季均受到 P 限制，夏季则受 N 和 P 的限制；辽东半岛南部海域春夏季节主要受 P 的限制；山东半岛南部近岸在春夏季易受 N 限制；苏北沿岸夏秋季节浮游植物生长受 P 限制现象较为严重；南黄海中部海域夏季受 N、P、Si 同时或交错限制，秋季则主要受 P 的限制。

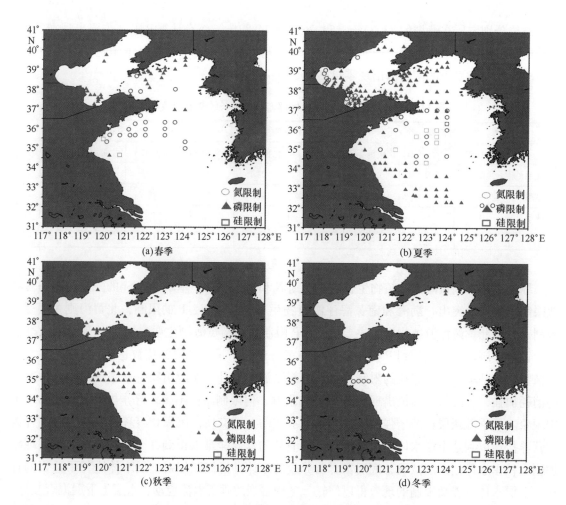

图14.3　渤海、黄海浮游植物生长营养盐限制的分布

14.3　小结

（1）渤海、黄海各季节N/P、Si/N和Si/P均值都高于Redfield比值，N/P最高值出现在秋季的上层水体，冬季底层最低；而夏季水体的Si/N较高，其他季节均在1.30左右；Si/P高值出现在夏季和秋季，春冬季节较低。

（2）黄河口附近海域具有高N/P、高Si/P（秋季除外）、低Si/N（春季Si/N较低）的特点；苏北沿岸春夏冬季节为高N/P、高Si/P、低Si/N的分布特征，秋季则表现为低N/P、低Si/P、低Si/N的分布；离岸较远的南黄海中部海域春夏季节N/P、Si/P较低，秋冬季节N/P、Si/P较高。

（3）渤海、黄海浮游植物生长主要受到P的限制，基本不受Si的限制。夏季营养盐限制现象最为严重，渤海和南黄海浮游植物生长受到P、N的限制，北黄海则主要受P限制。春季北黄海浮游植物生长主要受P、N限制，而南黄海西部则主要受到N的限制；秋季海区浮游植物主要受到P的限制，以南黄海最为严重，受限制站位数达51.43%；冬季浮游植物生长基本不受营养盐的限制。

（4）渤黄海 N、P、Si 营养盐限制存在着明显的时空变化及营养盐同时或交替限制的现象。具体而言，莱州湾附近海域春秋季均受到 P 限制，夏季则受 N 和 P 的限制；辽东半岛南部海域春夏季节主要受 P 的限制；山东半岛南部近岸在春夏季易受 N 限制；苏北沿岸夏秋季节浮游植物生长受 P 限制现象较为严重；南黄海中部海域夏季受 N、P、Si 同时或交错限制，秋季则主要受 P 的限制。

参 考 文 献

高生泉，林以安，金明明，等 . 2004. 春、秋季东、黄海营养盐的分布变化特征及营养结构 . 东海海洋，22（4）：38 − 50.

蒲新明，吴玉霖，张永山 . 2001. 长江口区浮游植物营养限制因子的研究：II. 春季的营养限制情况 . 海洋学报，23（3）：57 − 65.

王保栋 . 2003. 黄海和东海营养盐分布及其对浮游植物的限制 . 应用生态学报，14（7）：1122 − 1126.

王修林，孙霞，韩秀荣，等 . 2004. 2002 年春、夏季东海高发区营养盐结构及分布特征的比较 . 海洋与湖沼，35（4）：323 − 330.

韦桂峰 . 2005. 广东大亚湾西南部海域营养盐结构的长期变化 . 生态科学，24（1）：1 − 5.

张辉，石晓勇，张传松，等 . 2009. 北黄海营养盐结构及限制作用时空分布特征分析 . 中国海洋大学学报，39（4）：773 − 780.

Dortch Q，Whitledge T E. 1992. Does nitrogen or silicon limit phytoplankton production in the Mississippi River plume and nearby regions. Continental Shelf Research，12：1293 − 1309.

Dugdale R C，Wilkerson FP，Minas H J. 1995. The role of a silicate pump in driving new production. Deep − Sea Res，42：697 − 719.

Fisher T R，Peele E R，Ammerman J W，et al. 1992. Nutrient limitation in Chesapeake Bay. Mar Ecol Prog Ser，82：51 − 63.

Justic D，Rabalais N N，Turner R E. 1995. Stoichiometry nutrient balance and origin of coastal eutrophication. Marine Pollution Bulletin，30：41 − 46.

Kirkkala T，et al. 1998. Variability of nutrient limitation in the Archipelago Sea，SW Finland，Hydrobiologia，263（1 − 3）：117 − 126.

Lamed S T. 1998. Nitrogen versus phosphorus − limited growth and sourse of nutrients for coral reef macroalgae. Marine Biology，132（3）：409 − 421.

Maestnm S Y，et al. 1999. Nitrogen as the nutrient limiting the algal growth potential for summer natural assemblages in the Gulf of Riga. Eastern Baltic Sea. Plankton Biology and Ecology，46（1）：1 − 7.

Martin JH. 1992. Iron as a limiting factor in oceanic productivity. In：Falkowski PG 5 Woodhead AD eds. Primary Productivity and Biogeochemical Cycles in the Sea. New York：Plenum Press. 123 − 137.

Redfield A C. 1958. The biological control of chemical factors in the environment. American Scientist，46：205 − 222.

Thingstad T F，et al. 1998. P limitation of heterotrophic bactena and phytoplankton in the northwest Mediterranean. Limnology and Oceanography，43（1）：88 − 94.

Zohary T，Robarts R D. 1998. Experimental study of microbial P limitation in the eastern. Limnology and Oceanography，43（3）：387 − 395.

第 15 章　黄河口的生态化学
特征及环境效应

黄河入海口位于渤海的莱州湾和渤海湾之间。黄河口海域是渤海重要的构成部分，其生态环境系统是典型的河口型海洋生态系统。

作为我国第二大河流，黄河每年给渤海输入大量的淡水和泥沙。李泽刚（2000）的研究表明黄河多年平均径流量占了渤海总径流量的 78%。7 月和 8 月黄河入海径流量最大，强大的跃层使得黄河口附近沿岸海域，主要是莱州湾和渤海湾南部近岸海域，淡水在海水表层堆积较多。渤海盐度最小值一般出现在 9 月，比黄河径流量峰值推迟 1~2 个月。此时黄河三角洲岸边表层盐度在 16~29 之间，距河口岸一定距离增大到 29。在丰水年（如 1964 年），29 等盐线可移动到渤海海峡附近。而在冬季，29 等盐线在黄河口附近。刘哲等（2003）的研究也表明夏季黄河径流最大时，受影响较多的区域是莱州湾，而低盐海水范围可达渤海中部。

黄河给渤海带来了大量的泥沙、淡水、营养盐和有机物质等，使得河口及其附近海域含盐度低，含氧量高，有机质多，饵料丰富，形成了复杂的生态环境（刘爱霞等，2009）。但是近几十年来受人类活动的影响，黄河入海径流量持续锐减，带来极大的生态环境变化。1997—2001 年入海年平均水沙量只有 20 世纪 50 年代均值的 10%，入海淡水和泥沙急剧减少，导致渤海的平均盐度上升近 2 个盐度单位，物理场发生巨变，引发了环流结构的调整（吴德星等，2004a，2004b）。方国洪等（2002）利用线性回归方法对渤海和北黄海西部沿岸 7 个海洋站长期实测海洋表层盐度等气象要素的长期变化趋势作了分析，得出渤海在 1965—1997 年这 32 年期间海表盐度年变率为 0.042/a，32 年盐度升高了 1.34。

2006 年夏季至 2007 年秋季，在渤海海域进行了综合调查（我国近海海洋综合调查与评价专项）。在受黄河影响较大的莱州湾、渤海湾和渤海中部海区，挑选出相关的 3 个调查项目的数据进行分析整理，数据包括山东省我国近海海洋综合调查与评价专项项目 SD - 908 - 02 - 09 区块春秋季节 2 个航次的渤海范围内的调查数据，河北省我国近海海洋综合调查与评价专项 HB - 908 - ST01 区块的 4 个季节调查数据，以及国家区块我国近海海洋综合调查与评价专项 - ST01 区块莱州湾、渤海湾和渤海中部海区（即除辽东湾外其余区域）的 4 个季节调查数据。

本研究从赤潮、营养盐变化和生物群落 3 个方面入手，结合我国近海海洋综合调查与评价专项调查资料和文献资料，讨论多年来黄河对黄河口及附近海域生态环境的影响。

15.1　黄河口附近海域营养盐来源、结构分析与历史变化

渤海的赤潮通常被认为是人为营养盐的过多输入所造成的富营养化的结果（Zou et al.，1985）。目前渤海的营养盐结构与 20 世纪相比已经有所改变，随着无机氮的增加和磷酸盐、

硅酸盐的减少，渤海已经由氮限制状态转变到磷和硅限制状态。

从 20 世纪 90 年代以来，渤海赤潮暴发次数逐渐增加，由 1 位数升至 2001 年的 20 次，之后赤潮暴发次数有所减少，逐步回到个位数。但赤潮面积总体上呈增大趋势，也就是说大规模赤潮的发生比例呈增大趋势。同时有毒藻类引发的赤潮次数和面积也大幅增加，渤海赤潮优势种已经从无毒性的中肋骨条藻、裸甲藻、夜光藻等转变为中肋骨条藻、裸甲藻、夜光藻和具有毒害作用的米氏凯伦藻、棕囊藻等；这些藻种经常形成复合型赤潮，棕囊藻与米氏凯伦藻也多次在渤海引发大面积有毒赤潮（国家海洋局，2001—2010；王保栋，2007）。

据不完全统计，黄河口及附近海域的较大规模赤潮暴发次数总体保持在个位数，但是暴发面积也越来越大，有毒藻种引发的赤潮也不在少数（国家海洋局，2001—2010）。比如：2004 年 6 月 11 日黄河口附近海域发生棕囊藻赤潮面积达 1 850 km²（王保栋，2007）；2005 年 6 月 2 日至 10 日在渤海湾附近暴发的裸甲藻赤潮面积达到 3 000 km²（国家海洋局，2006）；2009 年 5 月 31 日至 6 月 13 日，在渤海湾附近海域暴发面积高达 4 460 km² 的异弯藻赤潮（国家海洋局，2010）。

15.1.1　黄河口附近海域营养盐的现状

对 2006—2007 年的调查数据（我国近海海洋综合调查与评价专项）进行分析，结果表明在渤海（除辽东湾以外）水体中无机氮含量春季为 280 μg/dm³，夏季为 171 μg/dm³，秋季为 235 μg/dm³，冬季为 264 μg/dm³；年平均值为 238 μg/dm³。研究海域水体中春季无机磷平均含量是 14.7 μg/dm³，夏季是 8.4 μg/dm³，秋季是 12.8 μg/dm³，冬季是 25.1 μg/dm³；全年平均值为 15.5 μg/dm³。详见图 15.1，其中，无机氮和活性磷酸盐年际变化趋势类似，为冬季或春季最高，夏季最低，体现了黄河等径流对水体中营养盐的补充和生物活动对氮磷营养盐的吸收。赵亮等（2002）研究结果表明，渤海的无机氮和活性磷酸盐都经历了春夏的减少和秋冬的补充，在补充过程中黄河是很大的源，在这个过程中莱州湾和中央海区受黄河影响最大。

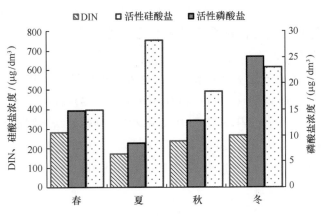

图 15.1　研究海域营养盐季节变化规律

研究水域中活性硅酸盐含量春季是 397 μg/dm³，夏季是 753 μg/dm³，秋季是 491 μg/dm³，冬季是 615 μg/dm³；年平均值为 564 μg/dm³。其年际变化规律是夏季水体中含量最高，春季最低，体现了黄河径流量的影响。

15.1.2 黄河口附近海域的营养盐结构分析

对我国近海海洋综合调查与评价专项资料进行分析，得到研究海域 DIN/P 值和 Si/DIN 值年际变化规律，如图 15.2 所示。

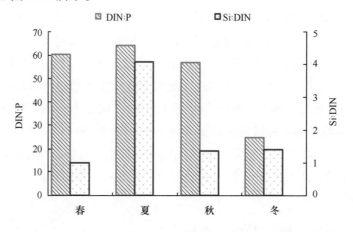

图 15.2　研究海域 DIN/P 和 Si/DIN 年际变化规律

研究区域 DIN/P 年平均值为 51；春季、夏季和秋季接近，其中，夏季最高，为 64，春季为 60，秋季为 57，冬季最低为 25。研究区域全年 Si/DIN 平均值为 1.9；夏季最高，为 4.1，春季、秋季和冬季接近，分别为 1.0、1.4 和 1.4。

具体分析相关海域春季、夏季、秋季和冬季 4 个航次的分层 DIN/P 和 Si/DIN 分布趋势如图 15.3 和图 15.4 所示。DIN/P 高值区基本都集中在黄河口附近和莱州湾，以及渤海湾南部海域。黄河口附近海域春季和夏季 DIN/P 值较高，表层、10 m 层和底层在黄河口附近海域都超过 100；秋季和冬季 DIN/P 比值超过 50，相对低于春季和夏季。

四季表层和底层的 Si/DIN 在黄河口附近海域存在高值范围，10 m 层不存在高 Si/DIN 值。其中，春季和夏季 Si/DIN 值较高，黄河口附近海域表层 Si/DIN 均高于 8，底层高于 10；秋季和冬季 Si/DIN 比值相对较低，秋季黄河口附近海域表层、底层的 Si/DIN 分别大于 1 和 1.5，冬季分别大于 2.5 和 3。

根据吸收的营养盐各成分比率及海水可利用营养盐的溶解形态和浮游植物生长中可能的 Si、N、P 的限制条件，Justice D（1995）和 Dortch 等（1992）提出一个系统评估每一种营养盐化学计量限制的标准：①若 Si/P > 22 和 DIN/P > 22，则磷酸盐为限制因素；②若 DIN/P < 10 和 Si/DIN > 1，则溶解无机氮为限制因素；③若 Si/P < l0 和 Si/DIN < 1，则溶解无机硅为限制因素。根据这个标准，黄河口附近海域高 DIN/P 和 Si/DIN 比值的区域满足 Si/P > 22 和 DIN/P > 22，为磷酸盐限制区域。

15.1.3 黄河口附近海域营养盐的历史变化

渤海调查的最早资料是 1956—1960 年，崔毅等（1996a）的研究结果显示，渤海海域无机氮由 1956—1960 年的 36 $\mu g/dm^3$，增加到 1982 年的 42 $\mu g/dm^3$，到 1992 年增加到 50 $\mu g/dm^3$。蒋红等（2005）研究结果表明，1998 年渤海无机氮平均含量为 106 $\mu g/dm^3$，她认为渤海无机氮的增加尤其以春季最为显著，特别是硝酸盐和亚硝酸盐含量增加较大。于志

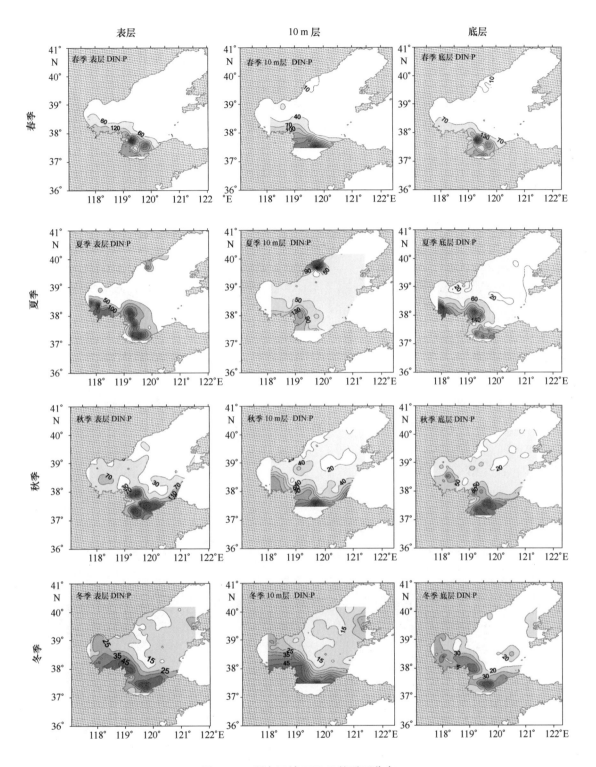

图 15.3　研究区域 DIN:P 的平面分布

刚等（2000）也提出近些年渤海中部海区的无机氮含量逐渐增加，硝酸盐、亚硝酸盐、总无机氮持续增加。与我国近海海洋综合调查与评价专项调查研究海区区域类似的崔毅等（1996a）的研究结果相比，2006—2007 年度渤海水体中无机氮为 238 $\mu g/dm^3$，比 15 年前增加了 3.5 倍。

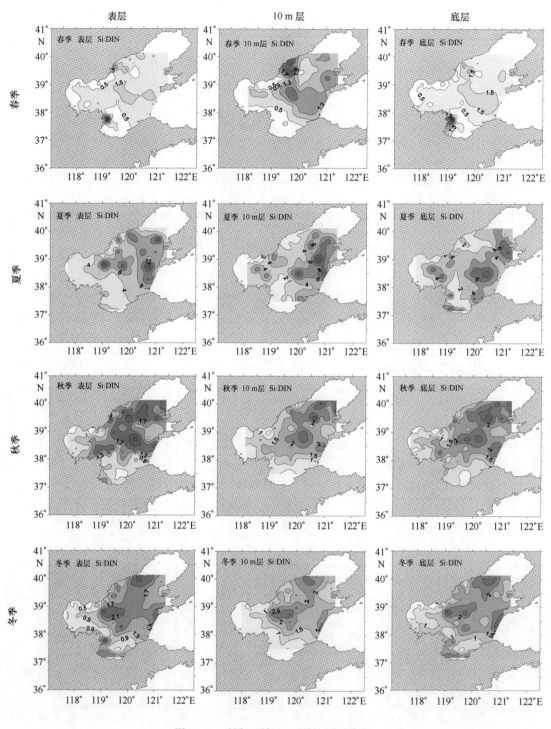

图 15.4　研究区域 Si:DIN 的平面分布

　　崔毅等（1996b）研究渤海湾无机氮从 1982 年、1992 年到 1998 年逐步增加，从 1982 年的 42 μg/dm³ 到 1992 年的 71 μg/dm³，再到 1998 年的 102 μg/dm³。张洁帆等（2007）对黄河口西北方的渤海湾营养盐年际变化规律的研究也显示，除 1995 年渤海湾营养盐出现异常偏高，无机氮含量高达 990 μg/dm³ 外，从 1996 年到 2003 年浓度在 300 μg/dm³ 附近缓慢增加，到 2004 年、2005 年浓度明显升高至 700 μg/dm³ 以上。

崔毅等（1996b）研究莱州湾无机氮从 1982 年到 1998 年的变化趋势也是逐渐增长的，其中，水体中 1998 年无机氮浓度是 115 $\mu g/dm^3$，是 1982 年的 2.8 倍，是 1992 年的 1.6 倍。同时期童钧安等（1995）研究结果显示 1980—1989 年莱州湾无机氮缓慢增加，由 1980 年的 28 $\mu g/dm^3$，增至 1981 年的 32 $\mu g/dm^3$，到 1984 年的 47 $\mu g/dm^3$ 和 1989 年的 67 $\mu g/dm^3$；到 1990 年迅速增至 241 $\mu g/dm^3$。孙丕喜等（2006）研究结果显示 2001 年莱州湾溶解无机氮的平均浓度为 137 $\mu g/dm^3$，是 1989 年的 2 倍（沈志亮，1989）。

渤海，包括莱州湾、渤海湾，无机氮增加的主要原因可能与沿岸地区大量使用化肥有关：沿岸流域在化肥使用方面是以氮肥为主，过量的氮肥随着农田排灌或雨水冲刷而大量入海，其中，仅黄河沿岸随水土流失而带入海水中的氮肥一年超过 170×10^4 t 吨（崔毅，1996a；蒋红等，2005），同时无机氮含量呈明显递增也与海水养殖面积的扩大有关（刘霜等，2009）。

近几十年渤海的活性磷却在逐渐减少。崔毅等（1996a）的研究结果显示，渤海海域活性磷酸盐浓度由 1960 年的 31 $\mu g/dm^3$，降为 1982 年的 30 $\mu g/dm^3$，到 1992 年减小到 10 $\mu g/dm^3$。20 世纪 80 年代至 90 年代 10 年间，渤海中部 38.0°—39.0°N，118.5°—121.0°E 海区活性磷年平均值从 33 $\mu g/dm^3$ 大幅度降低到 10 $\mu g/dm^3$（于志刚等，2000）。蒋红等（2005）也指出 1998 年和 1992 年渤海中活性磷酸盐低于 1982 年水平，1998 年为 10 $\mu g/dm^3$。我国近海海洋综合调查与评价专项调查资料分析结果为渤海中部海区、莱州湾和渤海湾海域 2006—2007 年度总平均值为 15.5 $\mu g/dm^3$，低于 20 世纪 80 年代，略高于 20 世纪 90 年代。

崔毅等（1996b）研究结果表明，1992 年和 1998 年渤海湾磷酸盐浓度分别为 8 $\mu g/dm^3$ 和 9 $\mu g/dm^3$，远低于 1982 年的 36 $\mu g/dm^3$。张洁帆等（2007）研究结果表明 1995 年渤海湾磷酸盐浓度为 55 $\mu g/dm^3$，1997 年为 61 $\mu g/dm^3$，2002 年降至 15 $\mu g/dm^3$。阚文静等（2010）总结渤海湾水体中 2004—2007 年 4 年中磷酸盐浓度也是逐年降低的。

崔毅等（1996b）总结 1982 年莱州湾磷酸盐浓度是 22 $\mu g/dm^3$，浓度明显高于 1992 年和 1998 年，分别是 1992 年和 1998 年浓度的 3.5 倍和 1.8 倍。童钧安等（1995）的研究结果显示 1984 年莱州湾磷酸盐是 51 $\mu g/dm^3$，1989 年是 80 $\mu g/dm^3$，1990 年是 110 $\mu g/dm^3$，呈递增趋势。孙丕喜等（2006）研究结果显示 2001 年莱州湾活性磷酸盐的平均浓度为 14.9 $\mu g/dm^3$（沈志亮，1989）。

无机磷含量与历史资料相比较下降较大，这种现象可能与径流量下降有关，特别是随着工农业的迅速发展，进入 20 世纪 80 年代后，对渤海影响较大的黄河、海河和滦河等水的利用率大增。黄河的年引水量已超过入海径流量，海河和滦河上下游均建有防潮闸和引水渠，平时几乎没有入海量，只有汛期部分入海。再加上近年来北方地区干旱少雨，使渤海气溶胶沉降入海量下降，造成对营养盐的补充量下降（崔毅等，1996a）。此外也可能与海域的生物量减少有关，因为浮游生物排泄磷常常是磷再生的最重要途径，如崔毅等（1996a）指出渤海 1992—1993 年间生物量较 1982 年同期大为减少，是调查期间磷含量较低的可能因素之一。

近些年渤海的硅也在波动减少。蒋红（2005）研究结果表明，渤海硅酸盐 1982 年年平均值为 643 $\mu g/dm^3$，1992 年为 209 $\mu g/dm^3$，1998 年为 512 $\mu g/dm^3$。1998 年比 1992 年增加了 1.5 倍，但低于 1982 年水平。20 世纪 80 年代至 20 世纪 90 年代 10 年间，渤海中部硅年平均值从 650 $\mu g/dm^3$ 大幅度降低到 190 $\mu g/dm^3$（于志刚等，2000）。我国近海海洋综合调查与评价专项资料分析结果表明研究海域的硅酸盐浓度为 560 $\mu g/dm^3$，与 1998 年数据接近。

1982 年渤海湾硅酸盐是 1 200 $\mu g/dm^3$，1992 年和 1998 年则降到 300 $\mu g/dm^3$ 和 490 $\mu g/dm^3$（崔毅等，1996b；曲惠等，2008）。阚文静等（2010）对渤海湾的硅酸盐研究结果显示，

2005 年、2007 年为 500 μg/dm³ 左右，2006 年接近 700 μg/dm³。

1982 年和 1998 年莱州湾硅酸盐浓度高于 1992 年，浓度分别为 550 μg/dm³，410 μg/dm³ 和 160 μg/dm³（崔毅等，1996b）。孙丕喜等（2006）研究结果显示 2001 年莱州湾活性硅酸盐的平均浓度为 316 μg/dm³。

于志刚等（2000）指出 20 世纪 80 年代到 20 世纪末 20 年以来的规律显示黄河断流减少了主要由风化过程产生的硅的入海量，是造成渤海硅酸盐含量下降及下降幅度呈现季节性变化的主要因素。同时蒋红等（2005）指出与氮、磷季节变化十分明显不同，5 月枯水期硅酸盐含量明显低于 8—10 月丰水期，20 世纪 90 年代硅酸盐含量明显低于 20 世纪 80 年代，说明黄河断流是造成渤海硅酸盐含量下降的主要因素。

渤海的无机氮大幅度增加，活性磷酸盐和硅酸盐明显减少，N/P 值升高，Si/N 值下降，使得渤海的营养结构均发生了显著变化。崔毅等（1996a）指出在 1992 年前后，无机氮仍为渤海浮游植物生长繁殖的主要限制因子，同时无机磷也起一定的限制作用。但从渤海局部水域看，莱州湾和渤海湾的 N:P 大于 16:1，其中，受黄河径流影响较大的莱州湾 N/P 值最大，这可能与黄河水含有较高的硝酸盐有关，使得该海域无机氮含量较高，而无机磷含量与其他海区相差不大。莱州湾和渤海湾无机磷可能成为限制浮游植物生长繁殖的主要影响因子，而辽东湾和渤海中部无机氮可能成为限制浮游植物生长繁殖的主要影响因子，从整个海域角度看，无机氮仍为浮游植物生长繁殖的主要限制因子（崔毅等，1996a）。刘霜等（2009）也指出 2004 年黄河口生态监测结果表明，该海域 5 月无机氮平均浓度为 593 μg/dm³，8 月为 573 μg/dm³，均超出四类国家海水水质标准；5 月氮磷比为 421:1，8 月为 262:1，远高于浮游植物正常生长需要的氮磷比 16:1 这一比例，氮磷比已经严重失调，磷酸盐已是黄河口附近海域浮游植物生长的限制因子，这也符合磷限制已成为中国近海河口区域这一特征。渤海水域氮限制的状况正在逐步从氮限制向磷和硅供给相对不足的方向演化（于志刚等，2000；蒋红等，2005）。

同时渤海硅含量的减少，使 Si/N 值已经从 1960 年的 10 左右降低至 2004 年的 0.5 左右（王保栋，2007）。于志刚（2000）也提出，渤海 5 月和 10 月 Si/N 平均值由 1982 年前后的 13.2，降到 1993 年的 3.87，1999 年则降为 1.32。5 月枯水期的变化更加明显。渤海海域营养盐结构的改变，尤其是硅含量的减少，使化学环境已经从硅藻占竞争优势的状态，转变为非硅藻具有选择优势的状态。这也是近年来渤海有毒藻类引发的赤潮次数和面积大幅增加的主要原因（王保栋，2007）。无机氮的增加和活性磷、硅的下降会使硅藻生长有较大压力，间接地助长了甲藻的生长，同时又使生态系统对磷的变化十分敏感，当其他条件（如稳定的水动力、适宜的温度和光照等）具备，这两点均可能成为诱发渤海甲藻赤潮的危险因素（于志刚等，2000；王保栋，2007）。

蒋红等（2005）从整个渤海水域看，与营养盐化学计量限制标准比较，1998 年符合磷限制条件，活性磷酸盐可能成为渤海水域浮游植物生长的限制因子，而 1982 年和 1992 年符合氮限制条件，无机氮可能成为渤海水域浮游植物生长的限制因子。从局部水域看，莱州湾水域，1998 年和 1992 年为磷限制，1982 年为氮限制；渤海湾水域，1998 年和 1992 年为磷限制，1982 年为氮限制。N/P 值的升高主要是无机氮含量升高较大所致，由此使得渤海近岸水域营养盐结构从氮限制逐渐演化为磷限制，若此趋势继续发展，会导致磷供给的相对不足，相应地会使生态系统对磷的浓度变化十分敏感。

15.2　黄河口附近海域浮游植物群落结构分析与历史变化

受黄河径流量减少及其他原因的影响，渤海的无机氮逐年增加，活性磷酸盐和硅酸盐减少，DIN/P 和 Si/DIN 比值改变，渤海浮游植物数量、初级生产力等都有所减少，浮游植物群落结构也发生改变。

如崔毅等（1996a）的调查结果表明，1992 年渤海同期调查的浮游植物数量较 1982 年历史同期调查的浮游植物数量下降较大。同时 1992—1993 年渤海海域初级生产力比 10 年前下降约 1/3，但叶绿素 a 与初级生产力的空间分布与季节变化特征基本一致（吕瑞华等，1999）。于志刚等（2000）研究结果表明，20 世纪 80 年代到 90 年代 10 年以来渤海中部水域初级生产者生物量的数值降低了约 1/3，浮游动物生物量则上升了约 1/3。对 1982—1993 年 10 年间的营养盐等化学参数和浮游植物细胞总数、硅藻的个体数量等生物参数进行相关分析表明，氮是渤海中部海域浮游植物生长的主要限制因子，磷酸盐浓度则因绝对量极低，可能是浮游植物生长的另一个限制因子。无论从绝对量还是相对量来看，此 10 年间渤海中部海域浮游植物的生长不受硅酸盐含量的限制。此外，浮游植物细胞数量和浮游动物生物量呈现良好的负相关关系，浮游动物的捕食压力增大也可能是初级生产者生物量降低的重要因子（于志刚等，2000）。

但对于某些局部海域，如莱州湾无机氮含量为全海区之首，无机磷含量与其他海区相差不大，并且浮游植物数量也较高于其他海区（崔毅等，1996a）。

渤海浮游植物的研究较早可以追溯到 20 世纪 30 年代，但研究的高峰期是伴随着新中国成立后的多次渤海阶段性综合调查展开的。

渤海早期的浮游植物研究结果发现渤海的浮游植物以硅藻为主，最主要的为圆筛藻属（*Coscinodiscus*）和角毛藻属（*Chaetoceros*）（Wang，1936；金德祥等，1965）。孙军等（2002）对渤海浮游植物群落春季和秋季主要优势种的变化研究发现总的趋势是由小细胞硅藻和角毛藻占优到大细胞硅藻联合甲藻占优（表 15.1）。1958—1963 年春季水华中一直以中肋骨条藻和冰河拟星杆藻占优，但到 1999 年春季大细胞的硅藻如圆筛藻和布氏双尾藻也是主要和普遍的种类，而中肋骨条藻则很少出现。秋季的变化就更为明显，甲藻类纺锤角藻和大细胞硅藻浮动弯角藻出现在优势种类中，小细胞硅藻菱形海线藻和尖刺伪菱形藻从群落中逐渐淘汰出去。甲藻的占优反映了人为的营养盐输入对渤海营养盐结构的改变，从而导致群落功能群结构的变化。

表 15.1　1958—1999 年渤海浮游植物群落春秋季水华期的优势种（孙军等，2000）

	1958—1959 年 （朱树屏等，1959）	1982—1983 年 （康元德，1991）	1992—1993 年 （王俊等，1998）	1998—1999 年 （本书）
秋季	菱形海线藻（*Thalassionema Nitzschioides*）、圆筛藻（*Coscinodiscus* spp.）	圆筛藻、角毛藻	圆筛藻、角毛藻、浮动弯角藻（*Eucampia zodiacus*）	圆筛藻、尖刺伪菱形藻（*Pseudo - nitzschia pungens*）、角毛藻、纺锤角藻（*Ceratium fusus*）

续表 15.1

	1958—1959 年 （朱树屏等，1959）	1982—1983 年 （康元德，1991）	1992—1993 年 （王俊等，1998）	1998—1999 年 （本书）
春季	中肋骨条藻（*Skeletonema costatum*）、角毛藻（*Chaetoceros* spp.）	中肋骨条藻、冰河拟星杆藻（*Asterionellopsis glacialis*）、具槽帕拉藻（*Paralia sulcata*）	中肋骨条藻、诺氏海链藻（*Thalassiosua nordenskioeldii*）、具槽帕拉藻、冰河拟星杆藻	圆筛藻、布氏双尾藻（*Ditylum brightwellii*）、刚毛根管藻（*Rhizosolenia setigera*）

与历史资料相比，1999 年的观测表明，浮游植物群落由硅藻占绝对优势逐渐转变为硅藻 – 甲藻共存为主的群落演变趋势。甲藻的占优以及绿藻在特定时期的普遍发生显示反映了渤海海区营养盐结构比例变化对海区生态系统结构的影响，氮与磷比率的增加和硅与氮比率的降低是造成这一结果的直接原因。甲藻的突出一定程度上反映了渤海的富营养化程度在加剧。渤海近年来的赤潮频发与人类活动所造成的营养盐结构比例变化密切相关（孙军等，2002）。

曲惠（2008）调查结果显示 1982 年、1993 年和 1998 年三次调查富有植物总生物量逐渐减少，可能原因之一是渤海近岸水域营养盐中磷酸盐和硅酸盐变化不大，但硝酸盐等无机氮明显增加，这对喜氮藻类来说增强了竞争优势，但是减少了硅藻的竞争优势。同时，近几年夜光藻等赤潮藻类明显增加，而且经常发生赤潮，赤潮出现后，当赤潮藻类大量死亡时，它产生的毒素不仅危害鱼类等高级水生生物，而且抑制了其他非赤潮藻类的生长，特别是硅藻，这可能也是近几年浮游植物量减少的原因。另外，浮游动物的增加也可能使浮游植物减少。

15.3　小结

受近几十年黄河径流量减少的影响，由径流输入渤海的磷酸盐和硅酸盐大幅度减少，而无机氮不减反增，使得渤海的营养结构均发生了显著变化，DIN/P 比值升高，Si/DIN 比值下降。渤海水域，尤其是黄河口附近的莱州湾、渤海湾南部等区域已经由过去的氮限制状态，逐步转变为磷限制或者磷和硅供给相对不足的状态。这不仅造成了浮游植物生物量的减少，也造成了浮游植物群落结构的改变：由硅藻占绝对优势逐渐转变为硅藻 – 甲藻共存为主的群落演变趋势。使得一些喜氮的赤潮藻类明显增加，同时有毒藻类引发的赤潮次数和面积也大幅增加，对渤海的生态环境产生了严重影响。

参 考 文 献

崔毅，陈碧娟，任胜民，等 . 1996. 渤海水域生物理化环境现状研究 . 中国水产科学，3（2）：1 – 12.

崔毅，宋云利 . 1996. 渤海海域营养现状研究 . 海洋水产研究，17（1）：57 – 62.

方国洪，王凯，郭丰义，等 . 2002. 近 30 年渤海水文和气象状况的长期变化及其相互关系 . 海洋与湖沼，33

（5）：515－524.

蒋红，崔毅，陈碧鹃，等.2005.渤海近20年来营养盐变化趋势研究.海洋水产研究，26（6）：61－67.

金德祥，陈金环，黄凯歌.1965.中国海洋浮游硅藻类.上海：上海科学出版社.1－230.

阚文静，张秋丰，石海明，等.2010.近年来渤海湾营养盐变化趋势研究.海洋环境科学，29（2）：238－241.

康元德.1991.渤海浮游植物的数量分布和季节变化.海洋水产研究，12：31－44.

李泽刚.2000.黄河口附近海区水文要素基本特征.黄渤海海洋，18（3）：20－28.

刘爱霞，郎印海，薛荔栋，等.2009.黄河口表层沉积物中多环芳烃（PAHs）的生态风险分析.生态环境学报，18（2）：441－446.

刘霜，张继民，杨建强，等.2009.黄河口生态监控区主要生态问题及对策探析.海洋开发与管理，26（3）：49－52.

刘哲，魏皓，蒋松年.2003.渤海多年月平均温盐场的季节变化特征及形成机制的初步分析.青岛海洋大学学报，33（1），7－14.

吕瑞华，夏滨，李宝华，等.1999.渤海水域初级生产力10年间的变化.黄渤海海洋，17（3）：80－86.

曲慧.2008.渤海近岸水域营养盐变化对鱼类资源的影响.齐鲁渔业，25（5）：55－56.

沈志亮，陆家平，刘兴俊.1989.黄河口及附近海域的无机氮和磷酸盐.海洋科学集刊，30：51－79.

孙军，刘东艳，杨世民，等.2002.渤海中部和渤海海峡及邻近海域浮游植物群落结构的初步研究.海洋与湖沼，33（5）：461－471.

孙丕喜，王波，张朝晖，等.2006.莱州湾海水中营养盐分布与富营养化的关系.海洋科学进展，24（3）：329－335.

童钧安，陈懋.1995.莱州湾环境质量现状与发展趋势研究.黄渤海海洋，13（3）：26－33.

王保栋.2007.新世纪渤海污染新特点.海洋开发与管理，3：117－119.

吴德星，牟林，李强，等.2004.渤海盐度长期变化特征及可能的主导因素.自然科学进展，14（2）：191－195.

吴德星，万修全，鲍献文，等.2004.渤海1958年和2000年夏季温盐场及环流结构的比较.科学通报，49（3）：287－292.

于志刚，米铁柱，谢宝东，等.2000.二十年来渤海生态环境参数的演化和相互关系.海洋环境科学，19（2）：15－19.

张洁帆，陶建华，李清雪，等.2007.渤海湾氮磷营养盐年际变化规律研究.安徽农业科学，35（7）：2063－2064，2107.

赵亮，魏皓，冯士筰.2002.渤海氮磷营养盐的循环和收支.环境科学，23（1）：78－81.

Dortch Q Whitledge T E. 1992. Does nitrogen or silicon limit phytoplankton production in the Mississippi River plume and nearby regions? Cont. Shelf Res, 12：1293－1309.

Dubravko Justice, Rabalais Nancy N, Turner R Eugene, et al. 1995. Changes in nutrient structure of river－dominated coastal waters：stoichiometric nutrient balance and its consequences. Estuarine, Coastal and Shelf Science, 40（3）：339－356.

Justic D, Rabalais N N, Turner R E. 1995. Stoichiometry nutrient balance and origin of coastal eutrophication. Marine Pollution Bulletin, 30：41－46.

Wang C C. 1936. Dinoflagellata of the Gulf of Pe – Hai. Sinensia, Nanking, 7 (2): 128 – 171.

Zou J, Dong L, Qin B. 1985. Preliminary studies on eutrophication and red tide problems in Bohai Bay. Hydrobiologia, 127: 27 – 30.

第 16 章　东海颗粒有机质
来源及其影响因素

海洋浮游植物通过光合作用吸收大气中的 CO_2，最终转化为颗粒有机碳（POC）被固定下来。最新的研究表明，全球海洋 POC 的输出通量为 (9.5±1) Gt（Schlitzer，2002）。海水中的 POC 在整个海洋碳循环及海洋生态系统中的作用举足轻重，它不仅在一定程度上控制着海水中溶解有机碳（DOC）、胶体有机碳（COC）以及溶解无机碳（DIC）的行为，而且还是生物摄食的主体，对海洋生态系统食物链结构影响巨大。

海水 POC 的分布受到陆源输入、浮游生物生产力以及沉积物再悬浮等的影响，不同海区 POC 的含量各不相同，水平分布大体呈现河口大于近岸，近岸大于大洋的特征。这是因为河口及近岸地区，河流及沙尘带来的大量陆源 POC，同时充足的营养盐极大地促进了近岸浮游植物的初级生产和浮游动物的次级生产，导致水体中 POC 的大量增加。

海洋中颗粒有机碳的垂直分布很大程度上反映了生物泵作用的强度，还受控于颗粒物的来源、动力海洋环境及理化环境状况。近岸海域水深较浅，水体混合均匀，POC 分布较一致；深海区域，由于浮游生物的摄食和微生物对氨基酸、氨基糖类物质的分解等，POC 随着深度的增加逐渐减少，颗粒有机质中的 C/N 比值不断增大。另外，海底水动力较强的区域，沉积物再悬浮对 POC 的分布影响也不容忽视。

海洋中 POC 的研究已有近百年的历史。早期的研究侧重于海水中 POC 含量的研究。随着全球海洋通量联合研究（JGOFS）的实施，焦点逐渐转向对其行为机制的研究，包括其迁移转化、时空变化与垂直通量等（Guo et al.，2004；Tolosa et al.，2005）。

2009 年 6 月 1—17 日，"北斗"号科学考察船在东海进行了"我国近海海洋综合调查与评价"补充调查航次。采样站位如图 16.1 所示，共 7 个断面，43 个站位。从 Niskin 采水器中定量量取 0.5~2.0 L 的海水，使用预先在 450℃下灼烧 5 h 的 GF/F 膜（47 mm，0.7 μm）在较小的负压下过滤，获得颗粒有机物样品。样品置于 −20℃冰箱保存直至实验室分析。

冷冻保存的 GF/F 膜样品冷冻干燥 24 h，得到干燥的膜样，在干燥器中平衡并用浓盐酸熏蒸去除无机碳，使用 MilliQ 超纯水将盐酸清洗干净后，烘干、恒重。处理好的样品使用 Elementar vario MICRO CUBE 测定有机碳、总氮含量，平行样品测定误差小于 6%。使用稳定同位素质谱仪（Finnigin Delta plus XP）测定稳定碳、氮同位素，仪器运行时氧化炉温度 1 020℃，还原炉温度 650℃，填充柱温度 40℃。平行双样分析碳同位素误差一般小于 0.2×10^{-3}，氮同位素小于 0.14×10^{-3}。

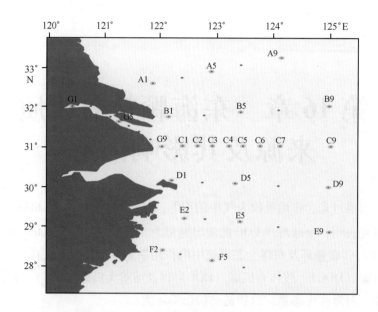

图 16.1　2009 年颗粒有机碳样品采样站位

16.1　东海颗粒有机碳含量与平面分布特征

东海海区 POC 的分布，黄自强等（1997）和刘文臣等（1997）通过对东海颗粒有机碳春秋两季的研究，指出了 POC 分布及其影响因素的季节性差异。金海燕等（2005）指出黄海、东海海区 POC 受到长江口附近总悬浮颗粒物浓度的影响，平面分布表现为近岸高、远岸低，垂直分布呈现为表层低、底层高的特征。2009 年我国近海海洋综合调查与评价专项补充调查航次调查研究表明长江口及邻近海区颗粒有机碳浓度含量为 19～3 765 $\mu g/dm^3$，平均值为 224.8 $\mu g/dm^3$。表层海水 POC 的浓度含量为 30～2 004 $\mu g/dm^3$，平均值为 262.0 $\mu g/dm^3$。高值区出现在长江口及舟山近岸海域，与最大混浊带相吻合，其中，除长江口的 G9 站 POC 浓度含量达到 2 004 $\mu g/dm^3$ 外，其余近岸海域以及舟山海域的各站小于 900 $\mu g/dm^3$，在 31°N断面上 400 $\mu g/dm^3$ 的等值线达到 122.5°E 附近，然后向外海逐渐降低，在陆架中部以及陆架外缘海区 POC 浓度含量都低于 100 $\mu g/dm^3$，在 D9 站出现最低值，明显地表现出近岸高外海低的特点。

底层颗粒有机碳的浓度含量为 19～3 765 $\mu g/dm^3$，平均值为 473.6 $\mu g/dm^3$。高值区仍然出现在长江口以及舟山近岸海域，最高值仍为 G9 站 3 765 $\mu g/dm^3$，不过 POC 浓度较之表层的分布特征而言，不仅含量提高了，高值区面积也大大增加了，31°N 断面上 400 $\mu g/dm^3$ 的等值线向东扩展到 123°E 附近，而且从图 16.2 中可以看出在中陆架海区小于 100 $\mu g/dm^3$ 的面积大大减小，济州岛附近海域 POC 含量有较大的提高。大体的变化趋势仍然是近岸高外海低，最低值也出现在 D9 站，最高值为 19 $\mu g/dm^3$。

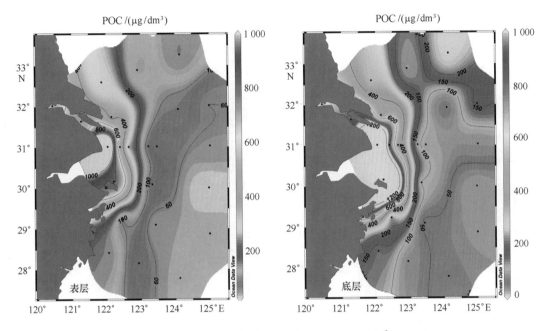

图 16.2　POC 浓度平面分布（单位：μg/dm³）

16.2　东海颗粒有机氮含量与平面分布特征

长江口及邻近海区颗粒有机氮浓度含量为 5～262 μg/dm³，平均值为 38.6 μg/dm³。表层海水 PON 的浓度含量为 8～200 μg/dm³，平均值为 47.58 μg/dm³。大体趋势为近岸高，外海低，最高值为长江口的 G1 站，陆架南部海区 PON 浓度含量大于 50 μg/dm³，北部济州岛附近海域 PON 在 30 μg/dm³ 以上，陆架中部的外陆架区域 PON 浓度含量小于 25 μg/dm³，最低值出现在 D9 站。

底层 PON 的浓度含量为 5～262 μg/dm³，平均值为 52.86 μg/dm³。大体趋势也是近岸高，外海低，最高值为 G9 站，长江口及近岸海域除 G1 站外底层 PON 浓度含量较之表层都略有升高，近岸的高值范围较表层向东扩展，75 μg/dm³ 的等值线向东移了 1°左右。陆架海域的各站位 PON 浓度含量有所提高，但外陆架中部的大部分站位底层 PON 浓度含量仍低于 25 μg/dm³，最低值出现在 E9 站。

颗粒有机物的调查表明长江口及其邻近海域 C、N 显著性相关，其关系式为：$y = 7.4666x - 63.095$（$R^2 = 0.4827$），其中 y 为 POC 含量，而 x 为 PON 含量。C、N 质量的比例系数介于陆源 C/N 端元 17.1（wt/wt）及 Redfield 比 5.7（wt/wt）之间，表明了有机质的海陆混合输入。

16.3　东海颗粒有机碳的来源及其影响因素

海区的颗粒有机碳（POC）的来源途径主要有以下几种：陆源（通过河流、气溶胶沉降输入）、海源（海洋生物过程）以及海底沉积物的再悬浮。

陆源有机物不仅是全球碳循环的一个重要的碳库，也是海洋碳库的一个巨大的"源"

365

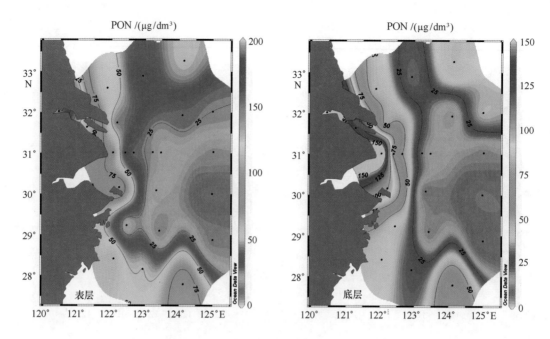

图 16.3 　 PON 浓度平面分布（单位：μg/dm³）

（Hedges et al.，1997）。Schlunz 等估计，全球每年通过河川径流进入海洋的 POC 为 0.43 Gt，主要来源于各流域的草地、农田、森林植物碎屑以及土壤中的有机碳、人类排废等（Wei et al.，2003），相当于目前埋藏于海洋沉积物中的所有有机碳总量（Benner，1989；Hedges and Keil，1995b）。

海洋真光层的浮游植物通过光合作用吸收 CO_2，转化为有生命的 POC，这些有机碳再通过食物链逐级转移到大型动物的机体中。未被利用的各级产品将死亡、沉降和分解，各级动物产生的粪团、蜕皮构成大量非生命颗粒有机碳向下沉降。从而构成了海区 POC 的另一个来源。

沉积物的底部再悬浮是海区 POC 的另一主要来源。前人研究认为埋藏于河口和陆架区的有机物占整个海洋总量的 90%（Benner，1989；Hedges and Keil，1995a）。在我国近海，沉积物中有机质的再悬浮是 POC 的一个重要来源，当海上风速为 15 m/s 时，底部的 POC 的含量增加到原来的 3 倍（Hung et al.，2000）。

从 POC 浓度的平面分布（图 16.3）可看出，长江陆源有机碳的输入对东海 POC 的分布有着重要的影响，POC 浓度等值线与海岸线平行，其分布与总悬浮颗粒物成正相关（图 16.4）。东海初级生产力有着十分明显的季节和平面变化（Guo，1991）。夏季的长江河口浮游植物的初级生产力很高（Wen，1995）。本研究中 Chl a 的最高值含量为 13.97 μg/dm³，出现在长江冲淡水羽状锋区域的表层。POC 与 TChl a 的相关性见图 16.4。长江口及邻近海区平均 C/N 摩尔比为 5.73，接近于 Redfield 比值 6.63（Redfield et al.，1963）。从以上的粗略分析可知，长江口及其近岸海域颗粒有机质来源于陆源输入和浮游植物的初级生产。

16.3.1　颗粒有机碳来源的研究方法

海洋 POC 的来源多样，即使对于同一海区，不同时间，不同空间 POC 的来源组成也各不相同。河口及陆架混合水中颗粒有机质的来源十分复杂，既有河流输送的天然陆源有机物，又有现场浮游生物产生的有机质，还有沉积物的再悬浮，在受人类活动影响较大的地区还包

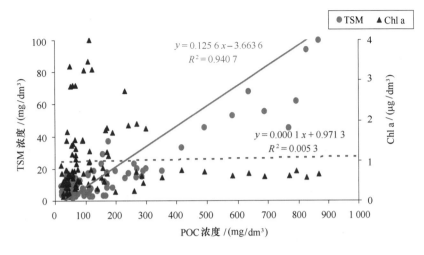

图 16.4　POC 与 TSM、Chl a 相关关系

含着工农业生产及生活污水的流入。判断其来源组成，对进一步探讨 POC 的控制因素非常重要。长江主导的陆架区是海陆碳库的交汇区，有机质组成和来源融合了陆地流域自然过程、海洋生物生产、人文活动、地质成因四大类产物，成分复杂，区域差异显著。目前对于碳特别是有机碳来源进行定性研究的方法主要有以下 3 种（Hedges et al.，1997；McCallister et al.，2006）。

（1）C/N 比值：由于不同类型有机质中含碳量和含氮的差异，有机质的 C/N 值被广泛地用来指示沉积物中的有机质是藻类来源还是陆地植物来源。

（2）稳定碳同位素法：由于不同来源的有机质可能具有不同的 δ^{13}C 典型值，即 δ^{13}C 值具有反映有机质生产地生物群来源的能力，因此有机碳同位素组成常被用来作为海洋或河口环境中有机物质来源的示踪剂，同时可以示踪其在海洋环境中的分解过程。

（3）生物标志物是指一切可被用来示踪有机碳生物来源及各种过程的生物自然产生的有机分子，所以生物标志物可作为有机碳来源及其生物地球化学过程研究的工具。实际研究中生物标志物可以是光合色素、脂肪酸、甾醇、烃类等。

16.3.2　POC 与 Chl a、TSM 的相关性

POC 通常分为生命和非生命部分，生命 POC 主要来自生物生产过程，不仅包括 Micro-（大于 20 μm）、Nano-（2～20 μm）、Pico-（0.2～2 μm）等各类海洋浮游生物，还包括细菌、噬菌体、浮游动物、小鱼小虾、海洋哺乳动物等。非生命部分也叫碎屑 POC，包括海洋生物生命活动过程中产生的残骸、粪便等。两者不但化学性质不同，而且在海水中的循环时间及最终归宿也不尽相同。不同区域 POC 组成各异，且随着水体深度、季节和生物种群的变化，其生命物质的比例也有较大变化。楚科奇海的沉降生命 POC 主要由粒径小于 330 μm，以硅藻为优势的浮游植物（包括硅藻、甲藻、绿藻、定鞭藻）、小型原生动物（纤毛虫类、肉足虫类）和以桡足类为优势的大型浮游动物（桡足类、箭虫、腹足类、枝角类）组成（Chen et al.，2003）。东海沉降的生命 POC 主要由浮游植物（圆筛藻、具槽直链藻、曲舟藻和舟形藻）、浮游动物（桡足类、砂壳纤毛虫、瓣鳃类幼虫）以及非生命的浮泥小颗粒、浮游动物粪便、蜕皮和桡足类残体组成（宋金明，1997）。

海洋学家们还尝试用显微镜直接观测法，叶绿素，三磷酸腺苷（ATP），脱氧核糖核酸（DNA）化学量转化法等多种方法来估算 POC 中生命物质的比例，但都有各自的局限（BjOrkman and Karl，2001；Holm-Hansen，1970；刘文臣、王荣，1996）。Gundersen 等（2001）对大西洋百慕大海区的研究发现，随着水深的增加，生命部分的比例不断下降，非生命组成从表层（65 m 以上）的 54% 增加到 74%（135 m 以下）。刘文臣等（1996）测定了春季和秋季东海水体中的 ATP 含量，发现春季生命部分占 POC 总量的 10%，是秋季含量的 2.5 倍。金海燕等（2005）对东海和黄海的研究发现 POC 中生命物质的比例在 0.5% ~82.2% 之间。

从图 16.4 中可看出，颗粒有机碳浓度与总悬浮物浓度之间有良好的正相关性，相关系数为 $R^2 = 0.9407$（$n = 105$）；POC 与 TChl a 相关性较小，特别是当 POC 值较高时（大于 400 $\mu g/dm^3$），Chl a 基本维持在一个低值的水平，结合 POC 分布图可看出 POC 浓度在 400 $\mu g/dm^3$ 以上的等值线包围区域正好位于长江口最大混浊带，该区域浮游植物的生产力由于受到光限制，Chl a 值都较低，相反悬浮物浓度较大，由此可看出长江口海域的 POC 主要以非生命有机碳为主。因此可以说长江口海区高 POC 浓度的主要原因是高悬浮颗粒物含量。该区悬浮颗粒物的来源主要有两个：一是长江径流带入的富含陆源有机碳的悬浮物；二是沉积物的再悬浮（林晶，2007）。

由上分析可以得出，长江口及毗邻海区颗粒有机质的整体分布为近岸高、外海低，表层低、底层高，这主要是受悬浮颗粒物含量的影响。POC 的分布与总悬浮物有显著正相关性，长江口近岸海区水体的 POC 含量最高，并往外海逐渐降低，这与 Hung 等（2000）的结果相一致，一方面因为陆源输入的悬浮颗粒物沿途沉积作用；另一方面 POC 受吸附在悬浮物上的异氧细菌的分解作用，沿河口向下悬浮颗粒物中的 POC 含量也逐渐降低（Tipping et al.，1997）。底层水体由于水动力引起的沉积物再悬浮使得有机物含量高于表层水体有机质的含量。

16.3.3　总有机物的 C/N 比值

由于不同类型有机质中含碳量和含氮量存在差异，藻类缺少纤维素，而含氮高的蛋白质很丰富；脉管植物则相反。C/N 摩尔比常常被用来指示有机质的潜在物源分布。例如，浮游植物的 C/N 比值为 6 ~ 9（Holligan et al.，1984）。浮游细菌富氮，C/N 比值为 2.6 ~ 4.3（Lee and Fuhrman，1987）。陆源有机质的 C/N 比大于 12（Hedges and Mann，1979）。正是因为陆源输入的有机物的 C/N 比值通常要高于海洋中有机物的 C/N 比值，所以该法常被定性的鉴别河口有机碳的来源（张龙军等，2005）。然而微生物对碳和氮不同的降解利用作用往往会改造有机质原来的 C/N 比值（Hedges and Oades，1997），因此，应用此指标时应小心。

长江口及邻近海区 C/N 摩尔比的范围为 0.63 ~ 32.22，平均值为 5.730。与以往（刘文臣等，1997；Wu et al.，2003）报道的该海区 C/N 摩尔比相比，平均值偏小，最低值也偏低较多。有可能在样品的获取方式上存在差异，刘文臣等在通过 0.7 μm 膜之前，用 200 μm 的筛绢将一些浮游生物过滤掉了，这样有利有弊：一方面可以减少某个采样站位点的偶然因素，毕竟对于只取 1 L 左右水过滤的样品，某些大型浮游生物对颗粒有机碳的影响太大，过滤一定体积的海水也是为了估算该海区的 POC，将异常剔除也算合理；但另一方面经 200 μm 的筛绢过滤的水样，就有相当一部分的颗粒有机碳被剔除出去，这样自然对颗粒有机碳的分析不全面了。表层 C/N 比值变化范围为 0.63 ~ 26.06，平均值 5.729，大体趋势为近岸高，外海低。高值区位于长江口的最大混浊带，C/N 摩尔比大于 12 的只有 G9 站（26.06）、C1 站

（16.79），122.5°E 以西的长江口区域 C/N 摩尔比的范围在 7~12 之间，其余陆架的大部分海域都小于 5，低值位于 F 断面，其海区的 C/N 比值大都在 3.0 以下，最低值为 F9 站 0.63。底层水体 C/N 摩尔比值范围为 0.76~32.22，平均值为 7.575。C/N 比值较小的可能原因是水体中有机质的转化和微生物活动，使得 C/N 比值也在此过程中得到改造（Owens et al.，1985）。Milliman 等（1984）对长江中有机质的来源调查，其悬浮有机质中 C/N 比值范围在 1.1~49.0，并认为 C/N 比值小于 4 的主要原因是黏土颗粒吸收了氨。平面分布趋势与表层一致，但底层 C/N 摩尔比值均高于表层，7~12 等值线包围的范围有显著的增加，中陆架海域的各站位底层比值较之表层都有不同程度的升高，最高值为 D1 站，变化较大，最低值仍为 F9 站，这有可能受到沉积物的再悬浮影响。另外，在叶绿素 a 的高值区，并未发现明显的 C/N 摩尔比低值区。

C/N 比值往往会因为细菌降解等而较易改变（Hedges and Oades，1997）。假如 C/N 比值能严格体现物源影响，那么碳同位素应与 C/N 比值有比较理想的负相关关系。然而实际结果并非如此，图 16.5 显示了稳定碳同位素和 C/N 比值间的关系。通常，陆源有机质具有高的 C/N 比值及较轻的 $\delta^{13}C$ 值，相反海源有机质具有低的 C/N 比值以及较重的 $\delta^{13}C$ 值。然而长江口及邻近海区颗粒有机质却有着高的 C/N 比和重的 $\delta^{13}C$ 值，或者一些颗粒有机质有低的 C/N 比值和轻的 $\delta^{13}C$ 值，如 F9 站 $\delta^{13}C$ 值为 −26.7‰，C/N 比值为 0.63。Roman（1980）和 Meyers 等（1984）研究发现分解过程（如自溶、过滤、微生物再矿化作用等）能够促使上述的现象发生，导致 C/N 比值和 $\delta^{13}C$ 值在指示物源时产生偏差。一般来说，各种来源颗粒有机质的 C/N 比值会随着降解过程而改变，这种改变就使得通过 C/N 比值来判断物源产生了偏离（Rice and Tenore 1981；Thornton and McManus，1994）。

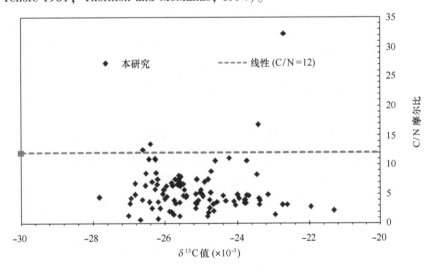

图 16.5　颗粒有机物 $\delta^{13}C$ 与 C/N 摩尔比相关性

表 16.1　颗粒物各参数浓度范围

	POC 浓度（$\mu g/dm^3$）	PON 浓度（$\mu g/dm^3$）	C/N	$\delta^{13}C$（$\times 10^{-3}$）	$\delta^{15}N$（$\times 10^{-3}$）
总量	19~3 765	5~262	0.63~32.22	−27.82~−19.20	−3.07~12.13
表层	30~2 004	8~200	0.63~26.06	−26.95~−19.20	−0.6~8.1
底层	19~3 765	5~262	0.76~32.22	−26.44~−22.71	0.02~7.31

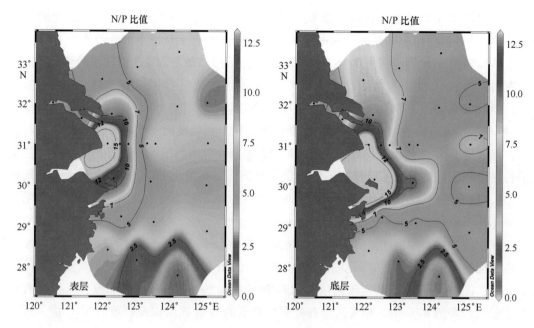

图16.6　颗粒有机物碳氮摩尔比分布

16.3.4　稳定同位素

长江口及邻近海区 $\delta^{13}C$ 的范围为 $-27.82\times10^{-3}\sim-19.2\times10^{-3}$，平均值为 -25.09×10^{-3}，结果与以往学者（Edmond et al.，1985；Milliman et al.，1984；蔡德陵等，1992；施光春，1993；吴莹等，2000）在长江口海区的研究结果相一致。蔡德陵等（1992）对长江口区颗粒有机碳同位素的调查显示，$\delta^{13}C$ 范围为 $-25.4\times10^{-3}\sim-19.7\times10^{-3}$，说明了长江河口区中河流有机碳和海洋有机碳的混合作用。本次调查结果低值范围超出其结果，主要由于本次的长江口及邻近海区域比蔡德陵的站位更向西扩大；Wu 等（2003）对东海 PN 断面的颗粒有机物碳同位素的调查结果为 $-31\%\sim-19\%$，变化幅度较大，同样表现为海陆混合来源。

此次调查研究海域表层稳定碳同位素范围为 $-26.95\times10^{-3}\sim-19.20\times10^{-3}$，平均值为 -24.76×10^{-3}。同位素最重值位于 F2 站，与表层 Chl a 高值区相吻合，长江口近岸海域以及台湾暖流控制区同位素出现低值区，最轻值在 G5。底层范围为 $-26.44\times10^{-3}\sim-22.71\times10^{-3}$，平均值为 -25.173×10^{-3}，与表层分布差别较大，同位素重值区出现在长江口近岸海域以及舟山海域，最高值为 D1 站。苏北沿岸的 A1 站，表底分布变化较大，表层 $\delta^{13}C$ 值为 -26.28×10^{-3}，底层为 -23.45×10^{-3}；表层最重值站位 B7 站（-19.2×10^{-3}），底层 $\delta^{13}C$ 只有 -24.99×10^{-3}（图16.7）。

长江口及邻近海区 $\delta^{15}N$ 的范围为 $-3.07\times10^{-3}\sim12.13\times10^{-3}$，平均值为 3.50×10^{-3}。表层范围为 $-0.6\times10^{-3}\sim8.1\times10^{-3}$，平均为 3.13×10^{-3}。高值位于靠近济州岛海域的 A9 站，在陆架中部及闽浙沿岸有斑状低值出现，苏北沿岸 $\delta^{15}N$ 低于 2×10^{-3}。底层范围为 $0.02\times10^{-3}\sim7.31\times10^{-3}$，平均值为 4.45×10^{-3}。与表层相比 $\delta^{15}N$ 值有明显升高，闽浙沿岸、北部外陆架海域都大于 5×10^{-3}。表底存在较大的差别意味着在水柱中发生了复杂的生物地球化学过程，对 $\delta^{15}N$ 有很大的改造作用（图16.8）。

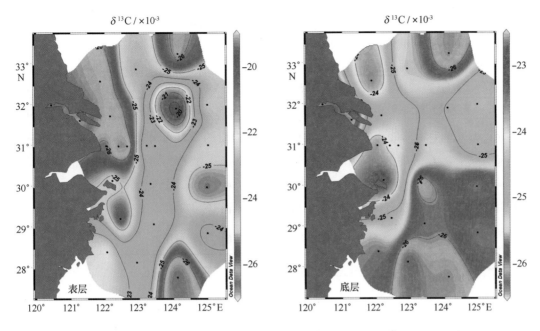

图 16.7　颗粒有机物稳定碳同位素分布（×10^{-3}）

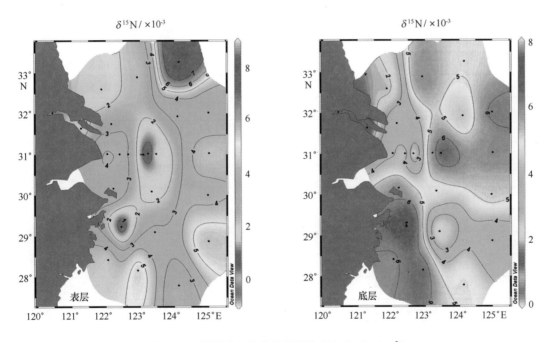

图 16.8　颗粒有机物稳定氮同位素分布（×10^{-3}）

16.3.5　海、陆源的贡献比率

要想深入了解河口区有机质的循环就需要定量估算有机质中的海、陆源组分。从上述分析中也可得出，碳同位素与氮同位素和 C/N 比值相比更不易受生物活动以及早期成岩作用的影响（Wu et al.，2003），因此可以利用碳同位素分布来估算不同物源的贡献。经典的两箱混合模型是根据同位素质量平衡，以 C3 植物碎屑（δ^{13}Corg = -27.0×10^{-3}）和海洋浮游植物

（$\delta^{13}\text{Corg} = -19.5 \times 10^{-3}$）为两个端元，计算有机质中海陆来源的比重。

假设长江有机质的输入贡献仅为陆源和海源生物的影响，那么颗粒有机质中来自陆源的成分的计算表达式可以写成：

$$R_{\text{alga}} + R_{\text{c3}} = 1 \tag{16.1}$$

$$R_{\text{alga}}14\delta^{13}C_{\text{alga}} + R_{\text{c3}}14\delta^{13}C_{\text{c3}} = \delta^{13}C_{\text{i}} \tag{16.2}$$

其中，R_{alga}为海洋生物贡献百分比，R_{c3}为陆源输入物质的贡献百分比，$\delta^{13}C_{\text{alga}}$为海洋浮游植物同位素端元，$\delta^{13}C_{\text{c3}}$为陆源维管植物碎屑的同位素端元。$\delta^{13}C_{\text{i}}$为对应站位样品的有机碳同位素值。

应用该模型计算颗粒有机质海陆源组成，结果见表 16.2。

表 16.2 颗粒有机质海/陆来源的平均贡献比率

站位	陆源贡献率（%）	海源贡献率（%）
A1	77.5	22.5
A5	72.5	27.5
A9	88.1	11.89
B1	77.2	22.8
B7	65.7	34.3
B9	78.0	22.0
C1	83.5	16.5
C2	79.7	20.3
C4	59.3	40.7
C5	67.3	32.7
C9	69.3	30.7
D1	55.9	44.1
D5	75.6	24.4
D9	76.4	23.6
E2	77.3	22.7
E5	70.2	29.8
E9	77.1	22.9
F2	47.9	52.2
F5	77.5	22.5
F9	84.9	15.1
G1	96.3	3.7
G5	95.3	4.7
G9	67.7	32.3

长江口及邻近海区陆源的平均贡献范围为 47.9%~96.3%，陆源贡献的高值位于长江口 G1、G5 站及济州岛附近的 A9 站；海源平均贡献范围为 3.7%~52.2%，海源贡献的高值位于闽浙沿岸的 F2 站、舟山海域的 D1 站。

从各断面结果来看，A、B 断面陆源贡献差别不大，但两端陆源贡献值较陆架中部海区大，对应于苏北沿岸流域和济州岛流域的陆源输入；C 断面（图16.9）有着明显的至西向东陆源输入降低的趋势，除了最低值 C4 站 59.3%，该站受生物活动活跃的长江冲淡水羽状锋的影响，海源输入明显增强；D 断面由于 D1 点位于舟山海域，是著名的养殖区域，陆源的贡献只占到 55.9%，海源贡献相对于该断面的其余区域较大，但 Chl a 值并不算高，因此可判断主要的海源贡献并非来自浮游植物，D5、D9 差别不大，陆源贡献都在 75% 左右，D9 站稍高点的陆源贡献对应于叶绿素 a 的低值；E 断面整体差别不大，陆源输入都在 70% 以上，低值位于中陆架的 E5 站；F 断面出现了自西向东反而陆源贡献增大的趋势，F2 站主要由于存在沿岸的上升流，富营养盐的海水涌升，促进了海洋浮游植物的生长，对应于 Chl a 的高值区，F9 位于台湾暖流控制区。Wu 等（2003）研究发现在黑潮区域碳同位素较轻，认为可能的原因是采集的样品受到微生物的影响或者其他生物地球化学过程的影响而变得更轻了，因此该区域的碳同位素值表征的来源信息并不能反映全部的事实。这个现象同样在本次的调查中出现，F9 站位的碳同位素特别轻，然而碳氮比却异常的低。另外水体中的各种生物地球化学过程对 δ^{13}C 具有很大的改造作用。如有机碳的选择性降解作用和 Suess 效应等的影响。Degens 等早在 1968 年就发现，不同种类的有机质有很大的同位素差异，蛋白质的 δ^{13}C 比类脂物的重。有机质的选择性降解作用是损失蛋白质而富集类脂物的过程，因此有机质的选择性降解能使得 δ^{13}C 偏轻。工业革命以来，化石燃料燃烧使气溶胶 CO_2 的 δ^{13}C 值由工业革命以前的 -6.4×10^{-3} 到现在的 -7.8×10^{-3}，海水中 DIC 的 δ^{13}C 由 4‰ 到现在的 2.5‰（Bauch et al.，2001），这一现象被称为 Suess 效应。人为化石燃料产生低 δ^{13}C 值 CO_2 的 Suess 效应，导致气溶胶 CO_2 以及海水 DIC 的 δ^{13}C 值的持续降低，从而使得海洋中颗粒物有机碳的 δ^{13}C 可能也会偏轻。

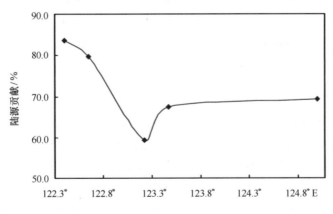

图 16.9　C 断面颗粒有机质陆源输入贡献估算

虽然运用 δ^{13}C 两端模型估算的海陆源贡献存在一定的不确定性。加之水体中的各种生物地球化学过程对 δ^{13}C 具有很大的改造作用，从而使得海洋中颗粒物有机碳的 δ^{13}C 可能偏轻，从而使得通过 δ^{13}C 估算的陆源贡献值远远高于实际。但仍然能够在一定程度上用来表征研究海域有机碳的海源和陆源贡献。

参 考 文 献

蔡德陵，Tan F C，Edmond J M. 1992. 长江口有机碳同位素地球化学. 地球化学，3：305 – 312.

黄自强，傅天保，张远辉. 1997. 东海颗粒有机碳的研究. 台湾海峡，16（2）：145 – 152.

金海燕，林以安，陈建芳，等. 2005. 黄海、东海颗粒有机碳的分布特征及其影响因子分析. 海洋学报，27（5）：46 – 53.

林晶. 2007. 长江口及其邻近海区溶解有机碳和颗粒有机碳的分布. 上海：华东师范大学.

刘文臣，王荣，吉鹏. 1997. 东海颗粒有机碳的研究. 海洋与湖沼，28（1）：39 – 43.

刘文臣，王荣. 1996. 海水中颗粒有机碳研究简述. 海洋科学，（5）：21 – 23.

施光春. 1993. 长江口悬浮颗粒物有机碳的稳定同位素. 海洋学报，12（1）：49 – 52.

宋金明. 1997. 中国近海沉积物 – 海水界面化学. 北京：海洋出版社，1 – 222.

吴莹，张经，曹建平，等. 2000. 长江流域有机碳同位素地球化学特征. 中国海洋大学学报，30（2）：309 – 314.

张龙军，宫萍，张向上. 2005. 河口有机碳研究综述. 中国海洋大学学报，35（5）：737 – 744.

Bauch H A，Lupp T M，Taldenkova E，et al. 2001. Chronology of the Holocene transgression at the North Siberian margin. Global and Planetary Change，31（1/4）：125 – 139.

Benner B A. 1989. Biogeochemical cycles of carbon and sulfur and their effect on atmospheric oxygen over phanerozoic time. Palaeogeogr Palaeoclimatol Palaeoecol，73：97 – 122.

Bjorkman K M，Karl D M. 2001. A novel method for the measurement of dissolved adenosine and guanosine triphosphate in aquatic habitats：applications to marine microbial ecology. Journal of Microbiological Methods，47：159 – 167.

Chen B，He J F，Cai M H，et al. 2003. Short2termflux and composition of particulate organic matter in pack ice of Chukchi sea in summer. Chinese Journal of Polar Research，15（2）：83 – 90.

Degens E T，Behrendt M，Gotthardt B，et al. 1968. Metabolic fractionation of carbon isotopes in marine plankton. Deep Sea Research and Oceanographic Abstracts，15：11 – 20.

Edmond J M，Spicack A，Graot B C，et al. 1985. Chemical dynamics of the Changjiang Estuary. Continental Shelf Research，4：17 – 36.

Gundersen K，Orcutt K M，Purdie D A，et al. 2001. Particulate organic carbon mass distribution at the Bermuda Atlantic Time – series Study（BATS）site. Deep-Sea Research Ⅱ，48：1697 – 1718.

Guo L D，Tanaka T，Wang D，et al. 2004. Distributions，speciation and stable isotope composition of organic matter in the southeastern Bering Sea. Marine Chemistry，91（1/4）：211 – 226.

Guo Y J. 1991. The Kuroshio. Part II. Primary productivity and phytoplankton. Oceanographic Mar Biol Ann Rev，29：155 – 189.

Hedges J I，Keil R G，Benner R. 1997. What happens to terrestrial organic matter in the ocean? Organic Geochemistry，27（5/6）：195 – 212.

Hedges J I，Keil R G. 1995. Sedimentary organic matter preservation：an assessment and speculative synthesis（Author's closing comments）. Marine Chemistry，49：137 – 139.

Hedges J I，Keil R G. 1995. Sedimentary organic matter preservation：an assessment and speculative synthesis. Marine Chemistry，49：81 – 115.

Hedges J I，Man D C. 1979. The characterization of plant tissues by their lignin oxidation products. Geochim. Cosmochim. Acta，43：1803 – 1807.

Hedges J I, Oades J M, 1997. Comparative organic geochemistries of soils and marine sediments. Organic Geochemistry, 27 (7/8): 319 − 361.

Holligan S G, Montoya J P, Nevins J L, et al. 1984. Vertical distribution and partitioning of organic carbon in mixed, frontal and stratified waters of the English Channel. Mar Ecol Prog Ser, 14: 111 − 127.

Holm-Hansen O. 1970. ATP levels in algal cells as influenced by environmental conditions. Plant and Cell Physiology, 5: 689 − 700.

Hung J J, Lin P L, Liu K K. 2000. Dissolved and particulate organic carbon in the southern East China Sea. Cont Shelf Res, 20: 545 − 569.

Lee S H, Fuhrman J A. 1987. Relationships between biovolume and biomass of naturally derived marine bacterioplankton. Appl. and Environ. Microbiol. 53: 1298 − 1303.

McCallister S L, Bauer J E, Canuel E A. 2006. Bioreactivity of estuarine dissolved organic matter: A combined geochemical and microbiological approach. Limnology and Oceanography, 51 (1): 94 − 100.

Meyers P A, Leenheer M J, Eadie B J, et al. 1984. Organic geochemistry of suspended setting particulate matter in Lake Michigan. Geochim. Cosmochim. Acta, 48: 443 − 452.

Milliman J D, Xie Q C, Yang Z S. 1984. Transport of particulate organic carbon and nitrogen from the Yangtze river to the ocean. American Journal of Science, 284: 824 − 834.

Redfield A C, Ketchum B H, Richards F A. 1963. The influence of organisms on the composition of seawater//Hill M N. The Sea (Vol. 2) . New York: John Wiley, 26 − 77.

Rice D L, Tenore K R. 1981. Dynamics of carbon and nitrogen during the decomposition of detritus derived from estuarine macrophytes. Estuar Coast and Shelf Sci, 13: 681 − 690.

Roman M R. 1980. Tidal resuspension in Buzzards Bay, Massachusetts: III. Seasonal cycles of nitrogen and carbon: nitrogen ratios in the seston and zooplankton. Estuar Coast and Shelf Sci, 11: 9 − 16.

Schlitzer R. 2002. Export and Sequestration of Particulate Organic Carbon in the North Pacific from Inverse Modeling. Workshop on Synthesis of JGOFS North Pacific Process Study.

Schlunz B, Schneider R R. 2000. Transport of terrestrial organic carbon to the ocean by rivers : re − estimating flux and burial rates. International Journal of Eartch Sciences, 88: 599 − 606.

Thornton S F, McManus J. 1994. Application of organic carbon and nitrogen stable isotope and C/N ratios as source indicators of organic matter provenance in estuarine systems: evidence from the Tayestuary, Scotland. Estuar. Coast. and Shelf Sci, 38: 219 − 233.

Tipping E, Marker A F H, Butterwick C, et al. 1997. Organic carbon in the Humber river. The Science of the Total Environment, 194 − 195: 345 − 355.

Tolosa I, LeBlond N, Marty J-C, et al. 2005. Export fluxes of organic carbon and lipid biomarkers from the frontal structure ofthe Alboran Sea (sw Mediterranean Sea) in winter. Journal of Sea Research, 54 (2): 125 − 142.

Wei X G, Shen C D, Sun Y M et al. 2003. Characteristic of the Organic Carbon isotope Composition and Contribution of Suspended Matter in the Pearl River. Scientia Geographica Sinica, 23 (4): 471 − 476.

Wen Y H. 1995. A Preliminary Study of the Seasonal Variation of Primary Productivity and Light/Chlorophyll Model in the Sea Off Northern Taiwan. MS Thesis, National Taiwan Ocean University, Keelung, Taiwan (in Chinese) .

Wu Y, Zhang J, Li D J, Wei H et al. 2003. Isotope cariability of particulate organic matter at the PN Section in the east China Sea. Biogeochemistry, (65): 31 − 49.

第17章 中国近海 CO_2 源汇分布格局与季节变化

由温室气体（CO_2，CH_4，N_2O，CFCS 等）所引起的全球变暖等一系列问题已经引起了全世界的高度关注。为减缓全球变暖和应对全球变化带来的挑战，联合国扮演了重要角色，发挥了巨大的积极作用。1992 年联合国环境与发展大会上，包括中国在内的全球 166 个国家和地区签署了《联合国气候变化框架公约》（UNFCCC），其最终目标是为了防止人类对气候系统的有害干预，将气溶胶中温室气体的浓度稳定在一定水平上，使生态系统自然地适应气候变化，保证粮食生产不受威胁，以及促进经济的可持续发展。1997 年在日本京都召开的《联合国气候变化框架公约》缔约方第三次会议又通过了旨在限制发达国家温室气体排放量《京都议定书》。世界气象组织（WMO）和联合国环境规划署（UNEP）于 1988 年成立了"政府间气候变化专门委员会（IPCC）"，其任务是为政府决策者提供气候变化的科学基础，以使决策者认识人类对气候系统造成的危害并采取对策，IPCC 先后于 1990 年、1995 年、2001 年和 2007 年完成了 4 次评估报告。与此同时，国际上陆续开展了国际地圈生物圈计划（IGBP）、国际全球环境变化人文因素计划（IHDP）、世界气候研究计划（WCRP）、生物多样性计划（DIVERSITAS）等一系列有针对性的大型全球变化研究科学计划。特别是 IGBP 中核心计划中的全球海洋通量联合研究（JGOFS）、国际全球气溶胶化学计划（IGAC）、全球生态系统动力学（GLOBEC）、海洋生物地球化学和生态系统综合研究（IMBER）、上层海洋 - 底层气溶胶研究（SOLAS）等计划，都涉及碳的海洋生物地球化学过程。

在工业革命以前的 65 万年间，全球气溶胶 CO_2 的平均浓度在 $180 \times 10^{-6} \sim 280 \times 10^{-6}$ 之间。然而工业革命以来，人类活动将大量的 CO_2 气体释放到气溶胶中，当前气溶胶 CO_2 水平在过去的 65 万年间是未曾有过的，已远远超出了正常的自然波动范围。在工业化前的 8 000 年里，气溶胶 CO_2 浓度仅增加了 20×10^{-6}，几十年到百年尺度上的变化少于 10×10^{-6}，并且可能主要是由于自然过程。然而，自 1750 年以来，CO_2 浓度已经增加了近 100×10^{-6}，并且仍以每年 $1 \times 10^{-6} \sim 2 \times 10^{-6}$ 的速度增长，2009 年全球海洋表面平均气溶胶 CO_2 浓度已上升至 386.27×10^{-6}，2010 年已经逼近 390×10^{-6}（图 17.1）。

排放到气溶胶中的 CO_2 只有大约 50% 仍然留在气溶胶中，其余的都被陆地和海洋这两个巨大的碳库所吸收（Miller，2008）。其中，海洋的吸收量大于陆地生物圈的吸收量，（以碳计）为 $2.0 \ \mathrm{Gt/a} \pm 0.6 \ \mathrm{Gt/a}$（$1 \ \mathrm{Gt} = 1 \ \mathrm{Pg} = 10^{15} \ \mathrm{g}$）（Battle et al.，2000），约占人为释放 CO_2 总量的 30%（Feely et al.，2004）。具体的全球碳平衡见表 17.1。海洋和陆地生物圈的吸收在量级上是类似的，但陆地生物圈的吸收较不稳定。与 20 世纪 80 年代相比，20 世纪 90 年代每年多吸收 $10 \times 10^8 \ \mathrm{tC}$。观测表明，在海洋表面溶解的 CO_2 浓度（pCO_2）几乎在所有地区都增加，与气溶胶 CO_2 增加趋势相同，但具有更大的空间和时间变率。

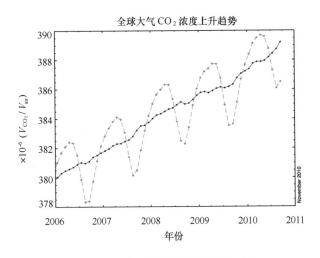

图 17.1　全球气溶胶 CO_2 逐年上升

红点红线代表每月平均值，黑点黑线是校正消除季节循环变化后的平均结果

表 17.1　全球碳平衡（以 C 计）　　　　　　　　　　　　　　单位：Gt/a

	20 世纪 80 年代	20 世纪 90 年代	2000—2005 年
气溶胶 CO_2 增加	3.3 ±0.1	3.2 ±0.1	4.1 ±0.1
化石燃料燃烧的气溶胶 CO_2 增加	5.4 ±0.1	6.4 ±0.4	7.2 ±0.3
海洋进入气溶胶的净通量	− 1.8 ±0.8	− 2.2 ±0.4	− 2.2 ±0.5
陆地进入气溶胶的净通量	− 0.3 ±0.9	− 1.0 ±0.6	− 0.9 ±0.6

资料来源：IPCC：Technical Summary：Climate Change 2007：The Physical Science Basis. Cambridge University Press. 2007。

注：按照惯例，正值表示进入气溶胶的 CO_2 通量，负值表示对气溶胶 CO_2 的吸收（即"CO_2 汇"）。

从千年以上的时间尺度考虑，海洋对于调节气溶胶 CO_2 含量起到了至关重要的作用，决定着气溶胶 CO_2 的浓度水平（Falkowski et al.，2000）。而大洋温盐环流与海洋浮游植物的生产共同调控着海洋吸收气溶胶 CO_2 的过程，该调控主要通过两个过程，即"溶解度泵"与"生物泵"；"溶解度泵"（也称为"物理泵"）是由海 – 气界面气体交换及将 CO_2 运入深层大洋的物理过程驱动，指在北大西洋、南大洋等高纬海区，低温导致海水无机碳溶解度增大，海表结冰使海水密度增大并在这些区域下沉，将溶解了大量人为 CO_2 的海水输送至深海，并与气溶胶隔绝，进入千年尺度大洋循环，最终在低纬、温暖的海区通过上升流作用带到海表，由于低纬度海区温度较高，导致无机碳的溶解度降低，输送至深海的无机碳再次释放回气溶胶。"生物泵"指海洋表层浮游植物通过初级生产吸收利用溶解无机碳合成有机碳，同时降低海表 pCO_2，其中，一部分有机碳在海洋表层、次表层发生矿化；而另一部分有机碳则通过真光层向深海垂直输送有机碳，最终将无机碳以有机碳形式固定到深海。此外，"碱度泵"（也称"碳酸盐泵"）也可以把海洋上层的碳输送到深海，海洋钙质生物残骸的下沉和分解，将碳释放到深水中甚至沉积物中。

本研究利用 1999—2010 年中国南北极科学考察航次在中国近海海区 CO_2 走航观测数据结果，对中国近海表层海水的 CO_2 分压（pCO_2）时空分布及变化特征进行了详细的研究与探讨。结果表明，中国近海 CO_2 源汇格局总体上可清晰地分为两部分：南海的源区以及南海以北的汇区。虽然东海总体上是气溶胶 CO_2 的重要汇区，但其季节变化也相当显著，9 月甚至可发展成气溶胶 CO_2 的源区。通量计算表明，中国近海 CO_2 吸收最弱的季节是在秋季，碳吸收通量的排序结果为：夏季 > 春季 > 秋季。

17.1　海－气 CO_2 分压的测量、校正与通量估算方法

17.1.1　海－气 CO_2 分压的测量与校正

2007 年之前采用 Licor® 6262 CO_2/H_2O 红外分析仪测量气溶胶和表层海水 CO_2 的分压。2007 年开始全新安装了目前世界上最先进的高精度的海－气 CO_2 走航自动观测系统，气溶胶和表层海水 CO_2 走航系统采用美国 NOAA 合作的 CO_2 自动走航观测系统（Automatic Flowing pCO_2 underway system，Model 8050）。

气溶胶采样口布设在"雪龙"号船的最顶端，以避免人为的污染。表层海水样品从位于船侧约 5 m 的深度连续抽取，测量系统完全由程序控制，其数据有一定的规律性：2 次校准之间的样品测量数据一般为 66 个（5 个气溶胶数据，61 个平衡气数据），测量时间为 2.5 h。

所测数据经校正后得到最终表层海水 CO_2 分压值（pCO_2）。

（1）响应转换。依据仪器校准工作曲线，转换出进入检测器的干空气中 CO_2 的体积分数 xCO_2，采用相邻工作曲线按时间线性漂移的方法进行读数校正。

（2）压力转换。依据同步观测的气溶胶压（P）数据库，转换出进入检测器的干空气中的 CO_2 分压，pCO_2（干空气）。

$$pCO_2（干空气）= p \times xCO_2 \tag{17.1}$$

（3）水气校正。首先用程序把时间间隔不一致温盐数据用程序校准到与 CO_2 数据统一的时间尺度，再依据同步的水－气平衡器温度，以及盐度数据，用 Weiss 和 Price（1980）饱和水气压公式计算水－气平衡器出口空气中的水汽压，按照公式（17.2）所示的计算程序，校正得到水－气平衡器出口水汽饱和的空气中 CO_2 的分压。

$$pCO_2（平衡器）=（p—VP（H_2O））\times xCO_2 = pCO_2（干空气）- xCO_2 \times VP（H_2O） \tag{17.2}$$

式中，p——对应时间下船载气象站所记录气溶胶压；

xCO_2——进入检测器的干空气中 CO_2 的体积分数（μmol/mol）；

VP（H_2O，s/w）——水－气平衡器中的饱和水气压，用 Weiss 和 Price（1980）公式由同步观测的水－气平衡器温度和盐度数据计算。

（4）温度校正。对于海水 pCO_2，依据同步观测的水－气平衡器温度和原位海表温度，通过 Takahashi 等（1993）的温度校正系数为每摄氏度 4.23%，校正得到表层海水的现场分压。

$$pCO_2 = pCO_2（平衡器）\times \exp（t1 - t2）\times 0.042\ 3 \tag{17.3}$$

式中，pCO_2——表层海水现场实际分压；

$t1$——原位海表温度；

$t2$——水－气平衡器温度。

气溶胶 pCO_2 只需用饱和水气压来校正（前三步），不同的是须用海表温度代表近地表面

气温并且盐度用0来计算饱和水气压。

17.1.2　海-气 CO_2 通量的估算方法

海-气界面的 CO_2 通量是指单位时间单位面积上大气和海洋界面的净交换量，单位为 $mmol/(m^2 \cdot d)$，它代表着海洋吸收或放出 CO_2 的能力。海-气 CO_2 通量的估算方法包括，^{14}C 示踪法、碳的稳定同位素比例法、通过测量气溶胶中 O_2 浓度的镜像法等基于物质守恒原理在全球尺度上估算海-气 CO_2 交换通量的方法；分别测量海水和大气中的 CO_2 分压结合 CO_2 海气交换速率来实测海气 CO_2 交换通量的海-气界面 CO_2 分压差法；采用涡动相关法等直接在海面测量 CO_2 通量的微气象学方法（鲁中明等，2006），当前估算海-气 CO_2 通量最常用的方法是海-气界面 CO_2 分压差法，其海-气通量通常是通过下式计算得出：

$$F = K \cdot (pCO_2w - pCO_2a) = k \cdot \alpha \cdot \Delta pCO_2 \tag{17.4}$$

式中，K——迁移系数 $[mmol/(m^2 \cdot d \ atm)]$；

k——迁移速率（cm/h）；

α——某温盐条件下海水中 CO_2 的溶解度（$mol/(L \cdot atm)$）；

pCO_2w——表层海水中 CO_2 的分压（μatm）；

pCO_2a——气溶胶中 CO_2 的分压（μatm）。

α 的表达式（Weiss，1974）为

$$\ln\alpha = A_1 + A_2(100/T) + A_3\ln(T/100) + S[B_1 + B_2(T/100) + B_3(T/100)^2] \tag{17.5}$$

式中，T——K 氏温度；

S——盐度；

$A_1 = -58.0931$，$A_2 = 90.5069$，$A_3 = 22.294$，$B_1 = 0.027766$，$B_2 = -0.025888$，$B_3 = 0.0050578$。

对于溶解度的计算几乎没有争议，而争议的焦点集中在迁移速率的计算上。气体迁移速率难以准确量化主要是因为其几个主要影响因素难以进行估算，目前一般认为风速是影响气体迁移速率的主要因素。国际上开展二氧化碳迁移速率的研究工作很多，具体如表17.2所示。表中的前五种是基于化学质量平衡的间接法，最后一种是基于涡动相关技术的直接法（高众勇等，2001；徐永福等，2004）。目前，Wanninkhof（1992）的关系式应用最为广泛。

表 17.2　二氧化碳迁移速率的表达式

作者	表达式
Liss 和 Merlivat（1986）	$K = 0.17U_{10}$ （$U_{10} < 3.6$ m/s）
	$K = 2.85U_{10} - 9.65$ （3.6 m/s $< U_{10} < 13$ m/s）
	$K = 5.9U_{10} - 49.3$ （$U_{10} > 13$ m/s）
Tans 等（1990）	$K = 0$ （$U_{10} < 3.0$ m/s）
	$K = 0.016(U_{10} - 3)$ （$U_{10} > 3.0$ m/s）
Woolf 和 Thorp（1991）	$K = 0.17U_{10}(Sc/660)^{-2/3}$ （$U_{10} < 9.65[2.85 - 0.17(Sc/660)^{-1/6}]^{-1}$ m/s）
	$K = (2.85U_{10} - 9.65)(Sc/660)^{-1/2}$ （$U_{10} > 9.65[2.85 - 0.17(Sc/660)^{-1/6}]^{-1}$ m/s）

作者	表达式
Wanninkhof（1992）	$K = 0.39 U_{10}^2$ （Sc/660）$^{-1/2}$ （多年平均风）
	$K = 0.31 U_{10}^2$ （Sc/660）$^{-1/2}$ （短期风）
Wanninkhof 和 Gillis（1999）	$K = (1.09 U_{10} - 0.333 U_{10}^2 + 0.078 U_{10}^3)$ （Sc/660）$^{-1/2}$ （多年平均风，$U_{10} < 20$ m/s）
	$K = 0.028\ 3 U_{10}^3$ （Sc/660）$^{-1/2}$ （短期风）
Jacobs 等（1999）	$K = 0.54 U_{10}^2$ （短期风）

注：（1）U_{10} 为离海面 10 m 处的风速，（2）Sc 为施密特常数，盐度 = 35，温度为 $0 \sim 30$℃，$S_{ct} = 2\ 073.1 - 125.62 t + 3.627\ 6 t^2 - 0.043\ 212\ 9 t^3$，（$t$：℃），660 为温度为 20℃ 盐度为 35 的海水中 CO_2 的施密特常数。

17. 2　中国近海 pCO_2 时空分布变化

17. 2. 1　春季中国近海 pCO_2 分布特征

图 17.2 是 2000—2010 年 10 年间在中国近海进行的 CO_2 走航结果。其中，气溶胶 CO_2 分压变化已经从 2000 年 3 月的 365.19 μatm 升高到 2010 年的 387.6 μatm（走航平均值），但从图 17.2 中可以清晰地看出，整个中国近海春季 pCO_2 值总体上仍都低于大气 CO_2 分压值。

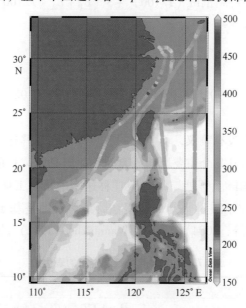

图 17.2　春季中国近海 pCO_2 空间分布变化（单位：μatm）

其中，长江口区域高于气溶胶 CO_2 的高值，是由于河流所带来的高 pCO_2 值的冲淡水影响，除此之外，春季整个中国近海几乎都是气溶胶的汇区，其中，东海 CO_2 吸收最强，最大 CO_2 分压差（ΔpCO_2）可达 200 μatm 以上（图 17.3）。

但是，相比而言，南海的 pCO_2 值则相对较高，几乎与气溶胶相当，碳吸收能力很弱。台湾海峡则介于二者之间，由弱汇区向北逐渐发展成气溶胶 CO_2 的强汇区。因此，春季南海的

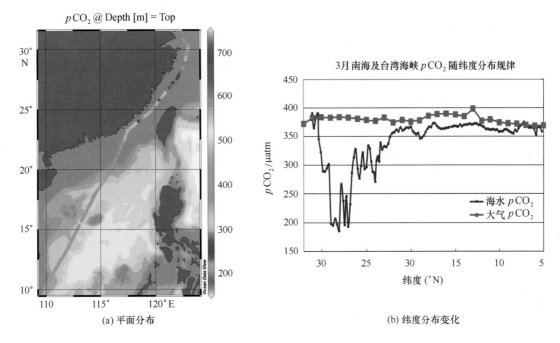

(a) 平面分布　　　　　　　　　　(b) 纬度分布变化

图 17.3　东海—台湾海峡—南海 3 月 pCO_2 分布（1999/2000）（单位：atm）

碳吸收量排序如下：

南海＜台湾海峡＜东海。

17.2.2　夏季中国近海 pCO_2 分布特征

进入夏季（6 月、7 月），中国近海 CO_2 吸收格局开始发生较大变化，南北海区向不同的方向发展，其中，台湾海峡以北的东海海区，表层海水 CO_2 分压进一步降低，海－气 CO_2 分压差增大，碳吸收能力得到增强，而台湾海峡南部及南海区域则发展成了气溶胶 CO_2 的源区，表层海水 CO_2 分压升高，向着相反的方向发展［图 17.4（左图（a）］。

而在台湾海峡之间，pCO_2 空间分布变化差异十分显著［图 17.4（b）］，受闽南浅滩上升流区域的影响，既有生物生产力的影响（吸收 CO_2），又受到次表层水向上混合所造成的影响。相比表层海水而言，次表层水含更高浓度的 CO_2。同时，也能为表层水输送上来额外的营养盐，提供生物生产力。

17.2.3　秋季中国近海 pCO_2 分布特征

秋季中国海碳吸收作用明显减弱，虽然其总体而言，仍表现为气溶胶 CO_2 的汇区，但海－气 CO_2 分压差明显缩小（图 17.5）。在 9 月，其基本全部都发展成气溶胶 CO_2 的源区（图 17.6）。但在 10 月，其很快又由源转变为气溶胶 CO_2 的汇。

除了其中受到长江口冲淡水影响的东海局部区域之外，与相邻的太平洋相比，东海的吸收能力已经没有优势，基本与之相当。

许多研究表明东海表层海水的 CO_2 大部分处于不饱和状态，从整体上讲东海是气溶胶 CO_2 的一个汇（胡敦欣，1996；张远辉等，1997；Tsunogai et al.，1999；Wang et al.，2000；胡敦欣等，2001）。

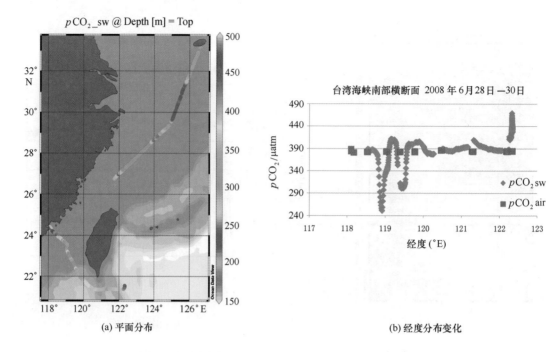

(a) 平面分布 (b) 经度分布变化

图 17.4　夏季中国近海 pCO_2 空间分布变化（单位：atm）

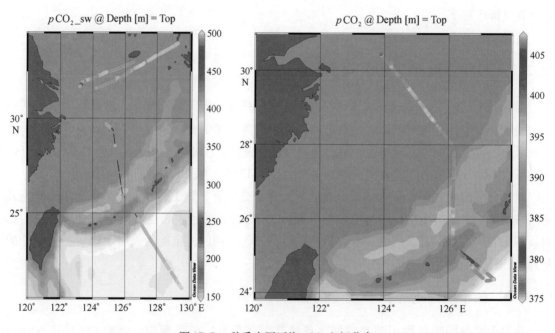

图 17.5　秋季中国近海 pCO_2 空间分布

但从 9 月的数据上看，东海并非全年都是气溶胶 CO_2 的汇，而只是在总体上是气溶胶 CO_2 的汇区，保持着较高的 CO_2 吸收能力。其季节变化与空间分布一样，全年总平均是吸收气溶胶 CO_2 的，但在季节时间尺度上仍然可以是气溶胶 CO_2 的源。

17.2.4　秋末中国近海 pCO_2 分布特征

秋末中国海表层海水 CO_2 分压继续升高，海－气 CO_2 分压差进一步缩小，其中，南海完

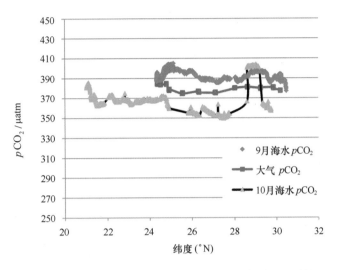

图 17.6　东海 $p\mathrm{CO_2}$ 分布变化（2009 年 9 月相对于 10 月）

全转变成气溶胶 $\mathrm{CO_2}$ 的源区［图 17.7（a）］。以南海北部陆架边缘（18°N）为界，18°N 以北，是气溶胶 $\mathrm{CO_2}$ 的弱汇区，而在 18°N 以南，则是气溶胶 $\mathrm{CO_2}$ 的源区［图 17.7（b）］。

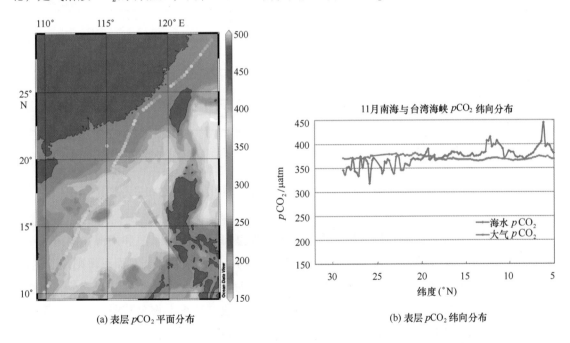

(a) 表层 $p\mathrm{CO_2}$ 平面分布　　　　　　　(b) 表层 $p\mathrm{CO_2}$ 纬向分布

图 17.7　秋末中国近海 $p\mathrm{CO_2}$ 空间分布（单位：atm）

　　11 月的南海是气溶胶 $\mathrm{CO_2}$ 的源区，这与 Zhai 等（2005）在靠近陆架的一侧所测得的平均值 393 μatm ± 18 μatm 的 11 月南海北部架区表层水 $p\mathrm{CO_2}$ 值相当。可见，11 月整个南海几乎都是气溶胶 $\mathrm{CO_2}$ 的源区。

17.3 中国近海 $p\mathrm{CO_2}$ 主要调控因子分析

$p\mathrm{CO_2}$ 主要受物理因素以及生物因素两大机制调控，但其涉及的主要调控因子却十分复杂，总体而言，水温降低，则 $p\mathrm{CO_2}$ 降低，水温升高，$p\mathrm{CO_2}$ 也相应升高；生物泵作用强，则 $p\mathrm{CO_2}$ 降低。而如果有机质大量分解，则将提高水体中的溶解总无机碳，相应地，表层海水 $p\mathrm{CO_2}$ 也将升高。

从 3 月中国近海 $p\mathrm{CO_2}$ 纬度分布来看，东海与南海截然不同，南海 $p\mathrm{CO_2}$ 几乎与气溶胶持平，基本没有碳吸收能力，而相同时间，东海却是气溶胶 $\mathrm{CO_2}$ 的强汇区。在位于南海与东海之间的台湾海峡，$\mathrm{CO_2}$ 汇的作用逐渐增强。从图 17.8 可以看出，在南海，$p\mathrm{CO_2}$ 与表层海水温度（SST）有较好的相关关系，表明是物理因素在主控，而在东海，这种相关关系不再存在，表明已经是生物因素在主控。位于两者之间的台湾海峡，其与南海相邻的南部（22°—24.5°N），其 $p\mathrm{CO_2}$ 与 SST 显示出清晰的正相关关系，但在与东海相接的北部区域（24.5°—27°N），这种正相关关系完全改变。表明不再由物理因素主控。

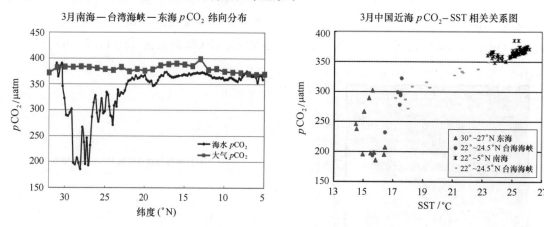

图 17.8 2000 年 3 月中国近海 $p\mathrm{CO_2}$ 纬度分布及其与 SST 的相关关系

从中国近海主要海区的对比分析来看，中国海典型海区主要为东海和南海，南海位于热带、亚热带海区，终年高温，表层寡营养盐。生物泵与溶解度泵都很弱。而东海则位于温带，宽广的大陆架分布，营养盐充足，同时水温四季变化明显。春夏季是高生产力季节，生物泵作用明显，成为主控因子，因而对气溶胶 $\mathrm{CO_2}$ 造成强吸收。秋季生物泵减弱，转为溶解度泵主控，而 9 月水温仍然较高，造成 $p\mathrm{CO_2}$ 升高，超过气溶胶 $p\mathrm{CO_2}$ 水平，转变成源区，而在 10 月，随着水温下降，$p\mathrm{CO_2}$ 也随之降低，降到气溶胶 $p\mathrm{CO_2}$ 线以下，但汇的作用不强，是弱汇区。秋末生物泵作用进一步减弱，虽然秋末水温达到最低值，有利于降低 $p\mathrm{CO_2}$，但总体的结果是弱汇。

17.4 中国近海各海区海 – 气交换通量

表 17.3 给出了中国近海各海区 $\mathrm{CO_2}$ 海气交换通量的详细计算结果，从通量计算可以清楚

地看出，东海是中国近海中最强的气溶胶 CO_2 的汇，台湾海峡次之。而南海秋季是气溶胶 CO_2 的源，春季基本与气溶胶持平，吸收值几乎为零。从整个中国海来看，由于我国近海有广阔的大陆架分布，其对气溶胶 CO_2 的吸收有重要贡献。总体上是气溶胶 CO_2 的汇区。

表 17.3　中国海各月份实测通量

海区	范围	时间	pCO_{2sw} （μatm）	pCO_{2air} （μatm）	ΔpCO_2 （μatm）	风速 （m/s）	水温 （℃）	盐度	通量 [mmol/ (m² · d)]
春　季									
东海	30°—26°N	2000 - 03	251.7	370	- 118.3	7.16 *	15.02	34.00	- 14.9
东海	25°—33°N	2008 - 04	310.0	376.1	- 66.1	7.2	18.27	34.00	- 8.52
东海	26°—33°N	2009 - 04	326.7	387.6	- 61.0	9.3	16.01	33.63	- 13.25
东海	24°—31°N	2010 - 04	335.7	384.5	- 48.9	5.6	18.38	32.53	- 3.84
台湾海峡	26°—22°N	2000 - 03	314	370	- 56	7.16 *	19.55	34.00	- 6.94
台湾海峡	22°—26°N	2009 - 04	345.0	387.6	- 42.6	9.3	22.52	33.87	- 9.04
南中国海	22°—5°N	2000 - 03	365.2	365.19	0.01	7.16	25.15	34.00	0
夏　季									
东海	32°—35°N	1999 - 07	305.5	365.6	- 60.1	6.12	21.8	32.3	- 5.45
东海	26°—33°N	2010 - 07	293.0	373.4	- 80.4	8.0	26.26	30.97	- 12.69
秋　季									
东海	31°—34°N	2008 - 09	359.2	371.2	- 12.0	6.0	27.17	32.39	- 1.06
东海	31°—33°N	2010 - 09	338.3	375.4	- 37.1	9.8	25.53	30.28	- 8.81
东海	24°—30°N	2009 - 09	392.8	381.1	11.7	6.8	28.79	33.96	1.32
东海	20—29°N	2009 - 10	360.5	369.0	- 8.5	6.8	26.54	33.85	- 0.95
东海	30°—26°N	1999 - 11	345.9	370	- 24.1	9.46	15.02 *	34	- 5.3
台湾海峡	26°—22°N	1999 - 11	350.1	370	- 19.9	16.05	19.55 *	34	- 12.39
南中国海	22°—5°N	1999 - 11	379.8	368.36	11.44	8.65	25.15 *	34	2.04

引用计算公式：Waninkhof，1992。负值代表吸收。

　　从中国近海 CO_2 吸收季节变化比较（表 17.4）中可以看出，春夏季是中国近海吸收气溶胶 CO_2 的最强季节，秋季则明显减弱，达到最低值。由于地处热带、亚热带海区，南海源的作用比较显著，而东海则地处温带，秋末由于水温降低仍能保持对气溶胶 CO_2 的吸收，而且吸收能力比秋初略有回升。由此可以看出，春夏季，生物因素对中国近海吸收气溶胶 CO_2 作用显著，而秋季则是物理因素在对吸收气溶胶 CO_2 起主控作用。在中国近海的 CO_2 源汇分布格局中，南海是显著的源区，与东海及台湾海峡这样显著的汇区明显相区别，源汇作用截然不同。这主要是由于其是寡营养盐海区，并且地处低纬，生物泵及溶解度泵对吸收 CO_2 均没有更多积极的作用。

表 17.4　中国近海 CO_2 吸收通量季节变化比较　　　　单位：$mmol/(m^2 \cdot d)$

中国近海海－气 CO_2 通量比较		碳通量			
海区	时间	春	夏	秋	冬
东海	1999 – 07	—	– 5.45	—	—
	2010 – 07	—	– 12.69	—	—
	2008 – 09	—	—	– 1.06	—
	2010 – 09	—	—	– 8.81	—
	2000 – 03	– 14.9	—	—	—
	2008 – 04	– 8.52	—	—	—
	2009 – 04	– 13.25	—	—	—
	2010 – 04	– 3.84	—	—	—
	2009 – 09	—	—	1.32	—
	2009 – 10	—	—	– 0.95	—
	1999 – 11	—	—	– 5.3	—
台湾海峡	1999 – 11	—	—	– 12.39	—
	2000 – 03	– 6.94	—	—	—
	2009 – 04	– 9.04	—	—	—
南海	2000 – 03	0	—	—	—
	1999 – 11	—	—	2.04	—

引用计算公式：Waninkhof, 1992。负值代表吸收。

17.5　小结

从调查实测数据来看，对中国近海源汇的大体格局如下。

东海及台湾海峡总体上是气溶胶 CO_2 的汇区。

南中国近海总体上是气溶胶 CO_2 的源区。

中国近海表层海水 CO_2 分压存在明显的季节变化，春季随着生物泵作用的增强，海－气 CO_2 分压差（ΔpCO_2）明显增大，从而迅速发展成气溶胶 CO_2 的汇，夏季达到最强，成为强汇区，进入秋季后，生物泵作用减弱，pCO_2 值升高，甚至超过气溶胶 pCO_2 值，从而成为季节性源区（9 月）。到秋末，随着水温降低，pCO_2 值开始回落，重新成为气溶胶 CO_2 的汇区。

最终的通量计算结果也表明，中国近海 CO_2 吸收最弱的季节是在秋季。碳吸收通量的排序结果为：夏季 > 春季 > 秋季。

南海是中国近海最主要的源区，其在春季时源的作用减弱，碳通量几乎为零。

综合全文所述，中国近海源汇格局总体上已经比较明确。南海是主要的源区，而北边其他海区总体上都是气溶胶 CO_2 的汇区，碳吸收作用相对较强。但是，可以看出，无论是源还是汇，中国近海碳吸收季节变化十分显著，精确地评估中国海对气溶胶 CO_2 的吸收作用还需要更多精细的数据支持。而对于中国近海碳汇的年际变化以及年代际变化，更是需要进一步加深了解和认知的重要问题。从实测数据可以看出一种明显的变化及波动，究竟是什么变化带来了这些波动和影响？这其中有很多不确定的因素需要更深入地了解和认识。相关的重要问题亟待深入研究。比如，中国近海 CO_2 源汇过程的机制及其成因，陆架及深海区有机碳的沉积速率，有机/无机碳从陆架向深海的输移过程及其碳通量等，所有这些都是十分重要但却尚未完全解决的问题。对这些科学问题的深入认识才能增进对中国近海 CO_2 源汇分布及碳吸收的了解，并以此准确预测中国近海碳吸收变化对全球变化的响应与反馈。

参 考 文 献

高众勇，陈立奇，王伟强. 2001. 南大洋二氧化碳源汇分布及其海 – 气通量研究. 极地研究,(3)：175 – 186.

胡敦欣，杨作升，等. 2001. 东海海洋通量关键过程. 北京：海洋出版社.

胡敦欣. 1996. 我国的海洋通量研究. 地球科学进展, 11（2）：227 – 229.

鲁中明，戴民汉. 2006. 海气 CO_2 通量与涡动相关法应用研究进展. 地球科学进展,（10）：1046 – 1057.

徐永福，赵亮，浦一芬，等. 2004. 二氧化碳海气交换通量估计的不确定性. 地学前缘,（2）：565 – 571.

张远辉，黄自强，马黎明，等. 1997. 东海表层水二氧化碳及其海气通量. 台湾海峡, 16（1）：37 – 42.

Battle M，Bender M L，Tans P P，et al. 2000. Global carbon sinks and their variability inferred from atmospheric O – 2 and delta C – 13. Science, 287（5462）：2467 – 2470.

Falkowski P，Scholes R J，Boyle E，et al. 2000. The global carbon cycle：a test of our knowledge of earth as a system. Science, 290（5490）：291 – 296.

Feely R A，Sabine C L，Lee K，et al. 2004. Impact of Anthropogenic CO_2 on the $CaCO_3$ System in the Oceans. Science, 305（5682）：362 – 366.

Jacobs C M J，Kohsiek W I M，Oost W A. 1999. Air-sea fluxes and transfer velocity of CO_2 over the North Sea：results from ASGAMAGE. Tellus B, 51（3）：629 – 641.

Liss P S，Merlivat L. 1986. Air-sea gas exchange rates：Introduction and synthesis. The role of air-sea exchange in geochemical cycling：113 – 127.

Miller J B. 2008. Carbon cycle – Sources，sinks and seasons. Nature, 451（7174）：26 – 27.

Takahashi T，Olafsson J，Goddard J G，et al. 1993. Seasonal variation of CO_2 and nutrients in the high – latitude surface oceans：A comparative study. Global Biogeochemical Cycles, 7（4）：843 – 878.

Tans P P，Fung I Y，Takahashi T. 1990. Observational Contains on the Global Atmospheric CO_2 Budget. Science, 247：1431 – 1438.

Tsunogai S，Watanabe S，Sato T. 1999. Is there a "continental shelf pump" for the absorption of atmospheric CO_2? Tellus B, 51（3）：701 – 712.

Wang S L，Arthur Chen C T，Hong G H，et al. 2000. Carbon dioxide and related parameters in the East China Sea. Continental Shelf Research, 20（4/5）：525 – 544.

Wanninkhof R，McGillis W R. 1999. A cubic relationship between air-sea CO_2 exchange and wind speed. Geophysical Research Letters, 26（13）：1889 – 1892.

Wanninkhof R. 1992. Relationship between gas exchange and wind speed over the ocean. J Geophys Res, 97（C5）：7373 – 7381.

Weiss R F，Price B A. 1980. Nitrous oxide solubility in water and seawater. Marine Chemistry, 8（4）：347 – 359.

Weiss R F. 1974. Carbon dioxide in water and seawater：the solubility of a non-ideal gas. Mar Chem, 2（3）：203 – 215.

Woolf D K，Thorpe S A. 1991. Bubbles and the air – sea exchange of gases in near – saturation conditions. Journal of marine research, 49（3）：435 – 466.

Zhai W，Dai M，Cai W J，et al. 2005. The partial pressure of carbon dioxide and air – sea fluxes in the northern South China Sea in spring，summer and autumn. Marine Chemistry, 96（1/2）：87 – 97.

第18章　渤海、黄海沉积物重金属的基线研究

环境地球化学基线（Environmental Geochemical Baseline）一词最早出现在国际地质对比计划的国际地球化学填图项目（IGCP259）和全球地球化学基线项目（IGCP360）中。随着人们对环境地球化学基线问题研究的深入，环境地球化学基线的定义也不断明确。环境地球化学基线是指某一元素在特定物质（土壤、沉积物、岩石）中的自然丰度，并可以表述为区分地球化学背景和异常的单一的基线（Salminen et al.，2000）。

环境化学基线是区分自然的和人为的环境影响的重要参照，基线不同于背景值。背景值是指环境要素在未受污染影响的情况下，其化学元素的正常含量，又称为环境本底值；基线则代表在人类活动扰动地区一些地点及时测量的元素浓度，通常并不是真正意义上的背景值。这种基线值包含区域内非工业生产活动的影响（如农药），也包括全球环境污染的影响（气溶胶沉降）。它所反映的是某个空间和时间内未直接受工业污染的情况（Chaffee et al.，1997，1998）。由于人类活动影响范围广，不受人类活动影响的区域很难找到，因此环境背景值比基线更难确定。有学者将基线作为背景和异常值的界限，低于基线部分作为地球化学背景值，而高于基线的部分作为地球化学异常（Bauer & Bor，1995）。海洋污染物的基线值是指海洋环境中基本化学成分的含量，这与区域环境基线有相似之处。

渤黄海是一个典型的半封闭陆架边缘海，具有沿岸人口众多、陆源输入量大、生物、石油资源丰富、水文环境复杂多变等特点。近年来，随着沿岸经济和海洋资源开发与利用规模的不断扩大，使海洋重金属污染日益加剧，而进入海洋的绝大多数重金属，经过物理、化学、生物等过程，转移到海底沉积物中，因此海底沉积物中重金属的环境基线值的研究可以反映一段时间内的物质动态平衡情况，是海洋环境质量研究的基本资料之一，是正确评价污染物情况的必要条件。现有的黄海和东海陆架区的沉积物化学研究主要侧重于各种化学元素的主要地球化学特征和基本规律的探讨、相应的化学模式和元素的地球化学效应的论证（赵一阳，1994），对该海区的小尺度区域的化学要素背景值进行了一些研究（李淑媛等，1996；郝静等，1989），对渤海和黄海整个区域进行系统、全面的基线值研究较少。

本研究于2007年10月在渤海、黄海调查海域共采集184个表层沉积物样品，其中渤海区块的样品采集和分析由北海分局负责采集，共61个样品；北黄海区块的样品采集和分析是由中国海洋大学负责，共40个样品；南黄海区块是由国家海洋局第一海洋研究所负责样品采集和分析，共83个样品，采样站位见图18.1所示。

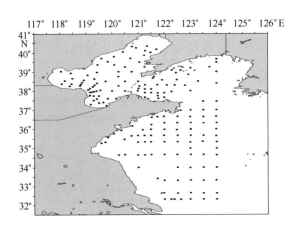

图 18.1 渤海、黄海沉积物采集站位

18.1 渤海、黄海表层沉积物重金属元素含量的离散特性

18.1.1 渤海表层沉积物重金属元素含量的离散特性

由表 18.1 可以看出，渤海调查海区表层沉积物中汞、镉、砷的均值和中位数相近，且两者的标准差和变异系数均较小，说明调查海区这 3 种重金属的含量差异不大，数据相对集中，区域性变化不明显。而锌、铬的标准偏差和变异系数较大，标准偏差达 9.0 以上，而变异系数则在 90 以上，说明渤海沉积物中锌、铬的分布较分散，离散程度较大，其分布可能会受到多种因素的综合影响。此外，铜和铅的变异系数也较大，在一定程度上体现了这两种金属在分布上的不稳定性。

表 18.1 渤海表层沉积物重金属元素的离散性

元素	变化范围 ($\times 10^{-6}$)	均值	中位数	极差 ($\times 10^{-6}$)	标准差	变异系数
Hg	0.1~0.10	0.046	0.045	0.084	0.022	0.000
Cu	9.18~38.80	24.85	25.50	29.62	8.9	79.07
Pb	8.69~39.50	22.81	23.80	30.81	8.34	69.59
Zn	13.90~55.60	27.64	26.50	41.70	9.64	92.98
Cd	0.08~0.29	0.16	0.17	0.21	0.053	0.003
Cr	11.90~59.70	33.08	33.20	47.80	11.28	127.13
As	5.10~14.60	9.35	8.90	9.50	2.57	6.61

18.1.2 黄海表层沉积物重金属元素含量的离散特性

由表 18.2 可见，北黄海除了锌以外，其他重金属的中位数与均值相差不大（<0.11），其中，镉和汞两种重金属的均值、中位数和极差最为接近，标准偏差、变异系数均较小，说明数据较集中，离散程度小，变量变化性较小，比较稳定；而锌的标准偏差和变异系数最大，

分别达 16.86 和 284.13，说明北黄海沉积物中 Zn 的分布较分散，离散程度较大，其分布可能会受到多种因素的影响，此外，Pb 和 Cr 的变异系数也较大，在一定程度上说明了这两种金属在分布上的不稳定性。

表 18.2　黄海表层沉积物重金属元素的离散特征

海区	元素	变化范围 （×10⁻⁶）	均值	中位数	极差 （×10⁻⁶）	标准差	变异系数
北黄海	Hg	0.03 ~ 0.10	0.071	0.072	0.07	0.18	0.000
	Cu	0.70 ~ 26.40	11.51	11.40	25.70	5.94	35.31
	Pb	11.60 ~ 44.20	25.00	25.05	32.60	7.60	57.79
	Zn	26.60 ~ 91.20	52.65	50.00	64.60	16.86	284.13
	Cd	0.11 ~ 0.38	0.22	0.22	0.27	0.065	0.004
	Cr	31.90 ~ 55.30	44.52	44.60	23.40	7.24	52.40
	As	5.20 ~ 18.30	12.29	12.25	13.10	3.21	10.33
南黄海	Hg	0.00 ~ 0.03	0.0142	0.0140	0.02	0.005	0.00
	Cu	0.00 ~ 38.83	13.21	11.11	38.83	8.99	80.85
	Pb	13.16 ~ 37.74	25.69	25.74	24.58	5.86	34.30
	Zn	15.81 ~ 92.68	44.20	38.91	76.87	20.18	407.33
	Cd	0.00 ~ 1.20	0.45	0.44	1.2	0.26	0.068
	Cr	16.91 ~ 50.46	30.45	29.59	33.55	7.59	57.58
	As	0.97 ~ 14.88	8.00	7.87	13.91	2.75	7.54

　　南黄海表层沉积物中各金属元素的集散特征与北黄海有类似的特征，Pb、Cd、Cr、Hg 和 As 的均值和中位数较为接近，其中，Cd 和 Hg 的标准偏差和变异系数较小，说明 Cd 和 Hg 观测值相对集中，离散程度较小，变化性较小，在一定程度上说明了这两种重金属在南黄海沉积物中的含量较稳定，极值现象较小；与北黄海类似，Zn 的标准偏差和变异系数最大，中位数与均值的差值最大，说明了 Zn 的离散程度较大，变量不稳定，其含量和分布可能会受到多方面的其他因素的影响。此外，Cu 的变异系数仅次于 Zn，说明了南黄海沉积物中 Cu 的含量波动也较大，离散度大，不稳定。

　　综合来看，渤海、北黄海和南黄海 3 个调查海域表层沉积物重金属含量具有一定的共性，即海区内 Cd 和 Hg 的含量变化不大，变异系数较小，数据相对集中，在海区中分布较为稳定；而金属 Zn 的极差、变异系数均较大，数据分散，分布不稳定。

18.2　沉积物基线值的估算方法

　　地质统计分析在地球化学异常和背景的分离研究中广泛应用，为地球化学家提供了强大的数据分析和处理工具。地球化学背景及基线的划分方法可分为估值和模式识别两大类，但无论采用哪种方法，都要对数据的分布进行统计分析和转换。确定地球化学基线的统计方法有多种：如局部最小二乘回归分析，相对累积频率分析，模式分析等。相对累积频率分析主要有：

（1）相对累积总量法：该方法是由 Lepeltier（1969）提出，其基本观点是元素的浓度值呈对数正态分布，在相对累积频率与元素浓度的双对数分布图中，分布曲线的拐点处元素的浓度值通常就是该元素背景与异常的分界线，在小于分界点的元素浓度数据的平均值为基线值，而其加 2 倍标准方差的控制线，通常就是元素的基线值范围。

（2）相对累积频率分析法（拐点法）：Bauer 和 Bor（1995）在 Lepeltier 提出的相对累积总量分析的基础上，发展了相对累积频率分析。该方法采用了正常的十进制坐标对累积频率和元素浓度作分布图，而累积频率 – 元素浓度的分布曲线可能有两个拐点（斜率为 1），值较低的点可能代表了元素浓度的上限（基线范围上限），小于该点元素浓度的平均值或中值即可以作为该元素的基线值；值较高的点可能代表了异常的下限（人类活动影响的部分），大于该值的样品受到了人类活动污染；而两者之间的部分可能与人类活动有关，也可能无关（Mastchullat et al.，2000）。若分布曲线近似呈直线，表明受外源因子干扰较小，则所测样品的浓度可能本身就代表了背景范围（基线）（Bauer & Bor，1993；Bauer et al.，1992）。

（3）相对累积频率分析法（取 75% 累积频率法）：将各元素的相对累积频率曲线分为三部分：一是相对累积频率小于 75% 的部分，该部分代表了样品基线浓度范围，取其平均值作为基线值；二是相对累积频率大于 75% 而小于 90% 的部分，该部分即可能遭到人为污染，也可能没有人为污染；三是相对累积频率大于 90% 的部分，该部分代表的是受到人为扰动的元素的浓度。

（4）元素基线值估算方法的选择：由于渤海、黄海沉积物中各元素与相对累积频率的分布曲线趋势各不相同，用哪种方法对沉积物重金属基线值估算，更为科学可信？作者选取三种典型的元素 – 相对累积频率分布图（图 18.2，图 18.3），分别用上述方法对其基线值进行估算（拐点位置用红色标记），估算结果见表 18.3。

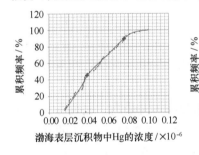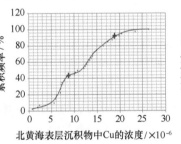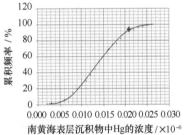

图 18.2　元素含量与相对累积频率分布

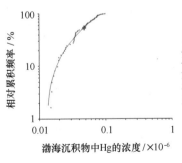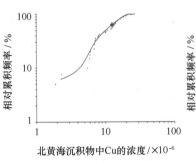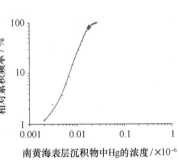

图 18.3　元素含量与相对累积频率双对数分布

表18.3　元素基线值的不同估算方法对比

方法	曲线 a		曲线 b		曲线 c	
	拐点 1	拐点 2	拐点 1	拐点 2	拐点 1	拐点 2
累积总量法	52.64%	—	65%	—	75.31%	—
基线值	0.029		8.22		0.010	
相对累积频率法（拐点法）	44.26%	91.8%	42.5%	90%	90.2%	—
基线值	0.027		5.77		0.011	
相对累积频率（75%）	—		—		—	
基线值	0.036		9.13		0.009	

从表18.3中可以看出，对于曲线 a 用累积总量法和相对累积频率（拐点法）计算的基线值相差不大，而与75%相对累积频率相差较大；而对于曲线2而言，方法2估算的基线值最小，方法3最大；对于曲线3而言，3种方法估算的基线值相差不大，但从累积百分比上来看，方法1和方法3估算的基线值最为接近。

不同海区沉积物中重金属含量－相对累积频率曲线走势不同，不能拟合成一个确定的函数，对于同一曲线分别运用方法1和方法2，曲线拐点处的相对累积频率百分比不同，估算出来的基线值差异也比较大，即拐点位置的选择对基线值的估算影响较大。为了减少拐点的主观选择而造成的基线值估算的差异，我们选取75%相对累积频率方法来估算渤黄海沉积物中重金属的基线值。

18.3　渤海、黄海表层沉积物重金属的基线值估算

渤黄海沉积物中重金属元素的相对累积频率曲线见图18.4—图18.10，从图中可以看出，同一元素不同海区的相对累积频率曲线不尽相同，渤海沉积物中 Hg、Cu、Pb、As 的相对累积频率曲线弯曲程度不大，说明这几种元素受外源因素影响较少，区域性差别较小。采用相对累积频率（75%）法确定元素的地球化学基线值见表18.4。从表中可以看出，南黄海沉积物中 Hg 的地球化学基线值最低，北黄海的最高，全区 Hg 的基线值与渤海相近；Cu 的基线值从大到小依次为渤海、全区、南黄海、北黄海；Pb 的基线值为南黄海最高，北黄海和全区次之，渤海最低；Zn 的基线值为北黄海最高，南黄海、全区次之，渤海最低；Cd 的基线值南黄海最高，北黄海和全区次之，渤海最低；Cr 的基线值从大到小依次为北黄海、全区、渤海、南黄海；As 的基线值从大到小依次为北黄海、渤海、全区、南黄海。

表18.4　渤黄海表层沉积物重金属基线值估算　　　　　×10^{-6}

元素	渤海	北黄海	南黄海	全区
Hg	0.036	0.062	0.009	0.031
Cu	21.02	8.90	9.21	11.92
Pb	18.96	21.61	23.23	21.76
Zn	22.87	43.79	34.55	31.43
Cd	0.137	0.197	0.338	0.198
Cr	27.99	41.10	26.97	29.37
As	7.92	10.92	6.81	7.69

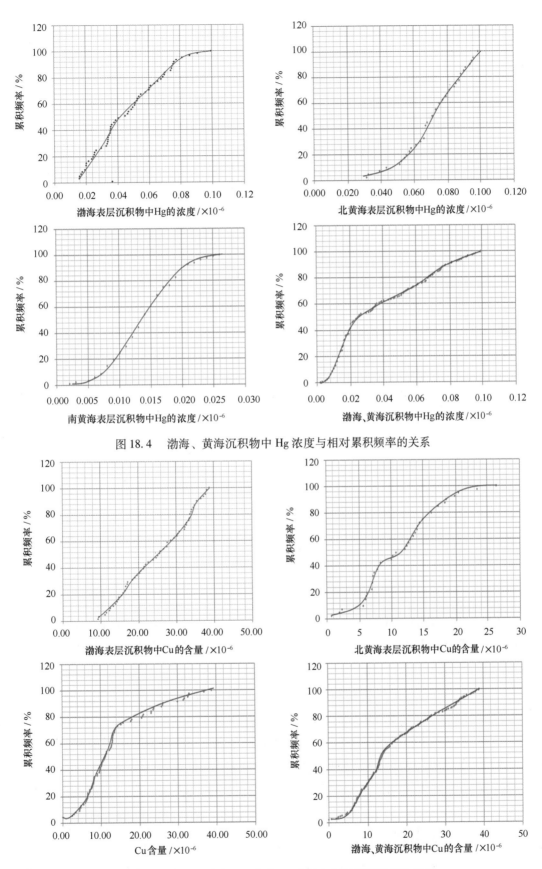

图 18.4　渤海、黄海沉积物中 Hg 浓度与相对累积频率的关系

图 18.5　渤海、黄海沉积物中 Cu 含量与相对累积频率的关系

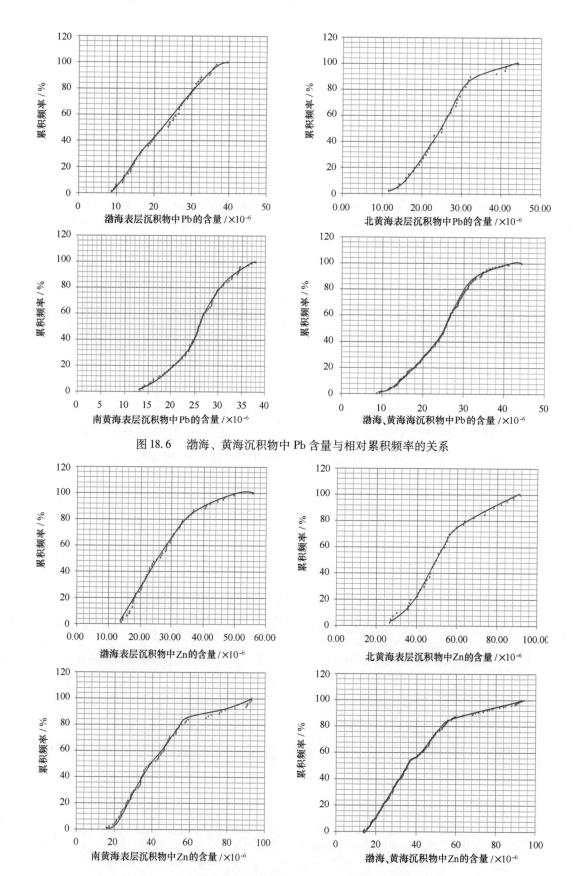

图 18.6　渤海、黄海沉积物中 Pb 含量与相对累积频率的关系

图 18.7　渤海、黄海沉积物中 Zn 含量与相对累积频率的关系

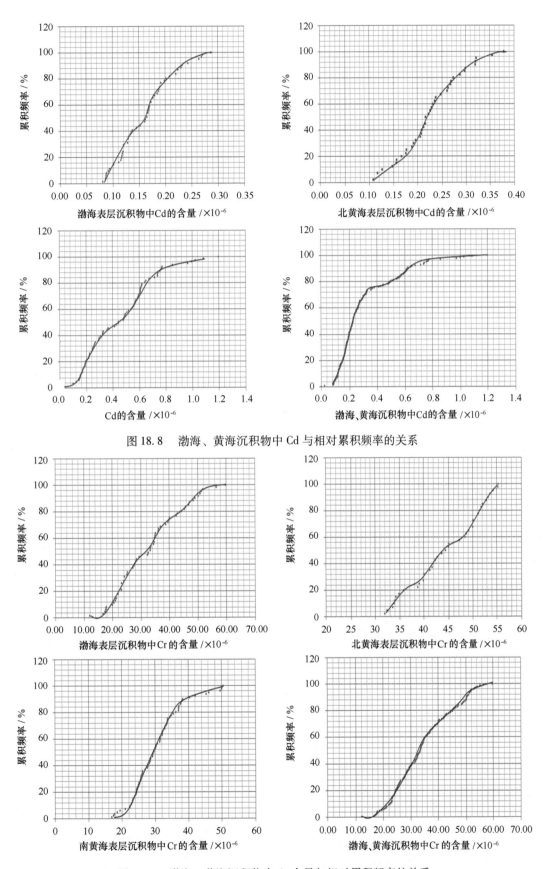

图 18.8　渤海、黄海沉积物中 Cd 与相对累积频率的关系

图 18.9　渤海、黄海沉积物中 Cr 含量与相对累积频率的关系

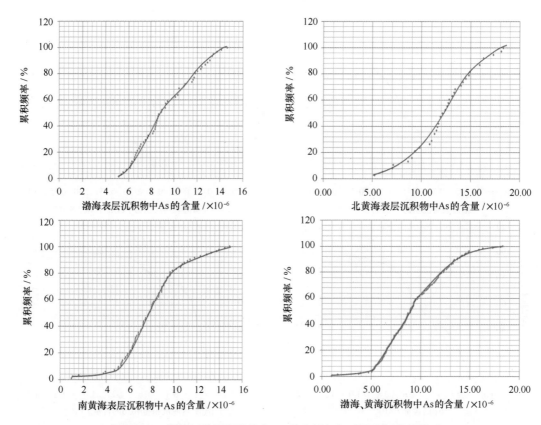

图 18.10 渤海、黄海沉积物中 As 的含量与相对累积频率的关系

18.4 小结

（1）渤海、北黄海和南黄海 3 个调查海域表层沉积物重金属含量具有一定的共性，即海区内 Cd 和 Hg 的含量变化不大，变异系数较小，数据相对集中，分布较为稳定；而金属 Zn 的极差、变异系数均较大，数据分散，分布不稳定。

（2）对比累积频率总量、相对累积频率（拐点法）和相对累积频率（75%）对同一海域沉积物中同一重金属元素的基线值进行估算，发现拐点位置的选择对元素基线值的估算影响很大，为减少拐点的主观选择而造成的基线值估算的差异，我们选取 75% 相对累积频率方法来估算渤黄海沉积物中重金属的基线值。

参 考 文 献

鲍永恩，刘娟. 1995. 葫芦山湾沉积物中重金属集散特性及环境背景值. 海洋环境科学，14（1）：1 - 8.

郝静，李淑媛，周永芝，等. 1989. 渤海辽东湾沉积物中 Cu、Pb、Zn、Cd 环境背景值初步研究. 海洋学报，11（6）：742 - 747.

李淑媛，苗丰民，刘国贤，等. 1996. 渤海重金属污染历史研究. 海洋环境科学，15（4）：28 - 31.

赵一阳，鄢明才. 1994. 中国浅海沉积物地球化学. 北京：科学出版社.

Bauer I, Bor J. 1993. Vertikale Bilanziernng von Sehwermetallen in Boden—Kennzeichnung der Empfindliehkeit der boden gegenuber Schwermetallen nnter Berucksichtigung yon lithogenem Grnndgehalt, pedogener An – and Abreie- herung some antheopogener Zusatzbelastung, Teil. Berlin: Umweltbundesamt.

Bauer I, Bor J. 1995. Lithogene, geonene and anthropogene Schewermetallg – ehalte von Lobboden an den Beispielen Von Cu, Zn, Ni, Pb, Hg and Cd. Main, Geo, Mit, 24 (1): 47 – 70.

Bauer I, Spernger M, Bor J. 1992. Die Bereehnnng Lithogener undgeonener Sehwermetallgehahe von Lobboden am Beispielen von cu, Zn and Pb. Mainzer Geowiss Mitt, 21: 47 – 70.

Chaffee M A, Carlson R R. 1998. Environmental geochemistry in Yellowstone National Park: Distinguishing natural and anthropogenic anomalies. Yellowstones Science, (6): 29 – 37.

Chaffee M A, Hoffman J D, Tidball R R, et al. 1997. Discriminating between natural and anthropogenic anomalies in the surficial environment in Yellowstone National Park, Idaho, Montana, and Wyoming. US Geological Survey Open-File Report, 16: 106 – 110.

Mastchullat J, Qttenstein R, Reimann C. 2000. Geochemical background – can we calculate it. Environmental Geology, 39 (9): 990 – 1000.

Salminen R, Gregorauskiene V. 2000. Consideration regarding the definition of a geochemical baseline of elements in the surficial materials in areas differing in base geology. Applied Geochemistry, 15: 647 – 653.

第 3 篇　我国近海海洋环境状况分析研究

第 19 章　我国近岸海域海洋环境质量现状评价

19.1　评价方法

2006 年夏季和冬季，2007 年春季和秋季，渤海、黄海、东海、南海和沿海省市海区海水水质状况的评价，采用中华人民共和国国家标准——《海水水质标准标准》GB 3097—1997。

2007 年秋季，渤海、黄海、东海、南海和沿海省市海区海洋沉积物质量状况的评价，评价采用中华人民共和国国家标准——《海洋沉积物质量标准》GB 18668—2002。

2007 年秋季，渤海、黄海、东海、南海和沿海省市海区海洋生物质量状况的评价，采用中华人民共和国国家标准——《海洋生物质量标准》GB 18421—2001。

19.2　近海海洋环境质量现状与评价

19.2.1　海水水质

近海海水化学要素的含量受人类活动和陆地径流影响较大，大陆架的定义一般指的是从测算领海宽度的基线量起到大陆边缘的距离不到 200 n mile，一般水深不超过 200 m 的区域。本章海洋环境质量评价中海水化学要素评价选取水深小于 200 m，对它与人类活动和海陆作用影响相关的区域进行评价。

19.2.1.1　海水中生源要素

1）溶解氧

渤海、黄海、东海、南海表层海水中溶解氧季节变化与评价见图 19.1，表层海水中溶解氧平均值均符合一类国家海水水质标准；渤海、黄海、东海、南海底层海水中溶解氧季节变化与评价见图 19.2，夏季，东海、南海底层海水中溶解氧平均值符合一类至二类国家海水水质标准，其他各季节各海区均符合一类国家海水水质标准。

2）无机氮

渤海、黄海、东海、南海表层海水中无机氮季节变化与评价见图 19.3，夏季渤海表层海水中无机氮平均值均符合一类国家海水水质标准，其余 3 个季节符合一类至二类国家海水水质标准；4 个季节黄海和南海表层海水中无机氮平均值均符合一类国家海水水质标准；夏季、

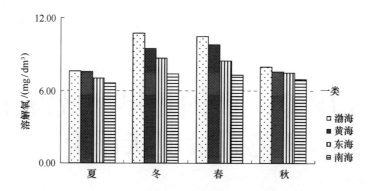

图 19.1　渤海、黄海、东海、南海表层海水中溶解氧季节变化与评价

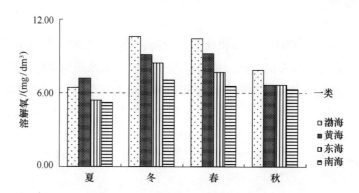

图 19.2　渤海、黄海、东海、南海底层海水中溶解氧季节变化与评价

秋季东海表层海水中无机氮平均值符合二类至三类国家海水水质标准，冬季、春季符合三类至四类国家海水水质标准。

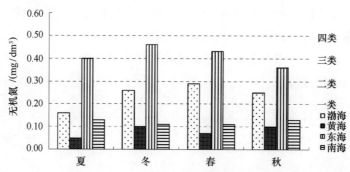

图 19.3　渤海、黄海、东海、南海表层海水中无机氮季节变化与评价

　　渤海、黄海、东海、南海底层海水中无机氮的季节变化与评价见图 19.4，夏季渤海底层海水无机氮平均值均符合一类国家海水水质标准，其余 3 个季节符合一类至二类国家海水水质标准；4 个季节黄海和南海底层海水中无机氮平均值均符合一类国家海水水质标准；夏季、春季和秋季东海底层海水中无机氮平均值符合二类至三类国家海水水质标准，冬季符合三类至四类国家海水水质标准。

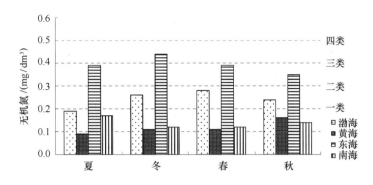

图 19.4　渤海、黄海、东海、南海底层海水中无机氮季节变化与评价

3）活性磷酸盐

渤海、黄海、东海、南海表层海水中活性磷酸盐季节变化与评价见图 19.5，渤海、黄海、东海、南海表层海水中活性磷酸盐平均值，各季节黄海、南海，夏、春、秋季渤海和春季东海的平均值均符合一类国家海水水质标准，冬季渤海和夏季、冬季、秋季东海表层海水中活性磷酸盐平均值，符合一类至二类国家海水水质标准。

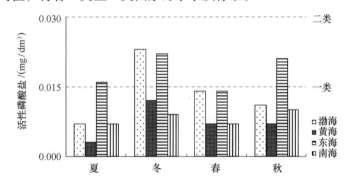

图 19.5　渤海、黄海、东海、南海表层海水中活性磷酸盐季节变化与评价

渤海、黄海、东海、南海底层海水中活性磷酸盐季节变化与评价见图 19.6，渤海、黄海、东海、南海底层海水中活性磷酸盐平均值，夏、春、秋季渤海、夏、冬、春季黄海和冬、春、秋季南海的平均值，均符合一类国家海水水质标准，冬季渤海、秋季黄海、4 个季节东海和夏季南海底层海水中活性磷酸盐平均值，符合二类国家海水水质标准。

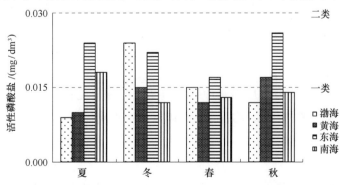

图 19.6　渤海、黄海、东海、南海底层海水中活性磷酸盐季节变化与评价

403

19.2.1.2　海水中重金属和石油类

1）铜

渤海、黄海、东海、南海表层海水中铜季节变化与评价见图 19.7，各季节渤海、黄海、东海、南海表层海水中铜平均值，均符合一类国家海水水质标准。

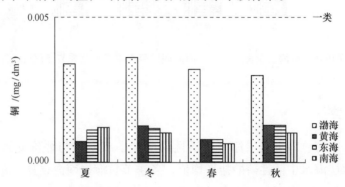

图 19.7　渤海、黄海、东海、南海表层海水中铜的季节变化与评价

2）铅

渤海、黄海、东海、南海表层海水中铅季节变化与评价见图 19.8，夏春秋季黄海、东海和各季节南海表层海水中铅平均值，均符合一类国家海水水质标准；各季节渤海、冬季黄海表层海水中的铅平均值，符合一类至二类国家海水水质标准。

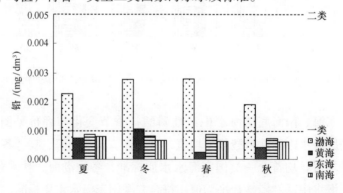

图 19.8　渤海、黄海、东海、南海表层海水中铅的季节变化与评价

3）锌

渤海、黄海、东海、南海表层海水中锌季节变化与评价见图 19.9，各季节渤海、黄海、东海、南海表层海水中锌平均值，均符合一类国家海水水质标准。

4）镉

渤海、黄海、东海、南海表层海水中镉季节变化与评价见图 19.10，各季节渤海、黄海、东海、南海表层海水中镉平均值均符合一类国家海水水质标准。

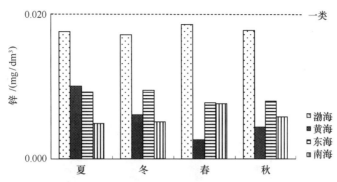

图 19.9　渤海、黄海、东海、南海表层海水中锌的季节变化与评价

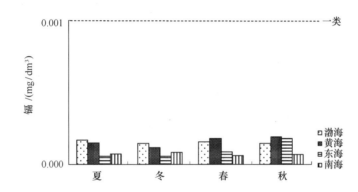

图 19.10　渤海、黄海、东海、南海表层海水中镉的季节变化与评价

5）总铬

渤海、黄海、东海、南海表层海水中总铬季节变化与评价见图 19.11，各季节渤海、黄海、东海、南海表层海水中总铬平均值均符合一类国家海水水质标准。

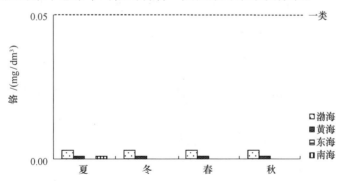

图 19.11　渤海、黄海、东海、南海表层海水中总铬的季节变化与评价

6）汞

渤海、黄海、东海、南海表层海水中汞季节变化与评价见图 19.12，冬、春、秋季渤海、

各季节黄海和夏、冬、秋季南海表层海水中的汞平均值，均符合一类国家海水水质标准；夏季渤海、各季节东海和春季南海表层海水中汞平均值，符合一类至二类国家海水水质标准。

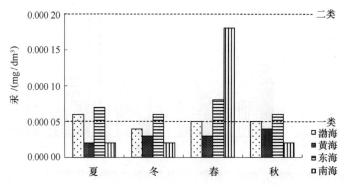

图 19.12　渤海、黄海、东海、南海表层海水中汞的季节变化与评价

7）砷

渤海、黄海、东海、南海表层海水中砷季节变化与评价见图 19.13，各季节渤海、黄海、东海、南海表层海水中砷平均值，均符合一类国家海水水质标准。

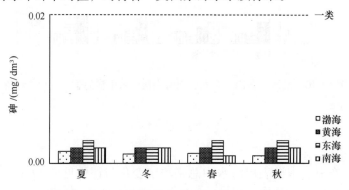

图 19.13　渤海、黄海、东海、南海表层海水中砷的季节变化与评价

8）石油类

渤海、黄海、东海、南海表层海水中石油类季节变化与评价见图 19.14，秋季东海海水中石油类平均值符合二类国家海水水质标准，其余各季节渤海、黄海、东海、南海表层海水石油类平均值，均符合一类国家海水水质标准。

19.2.2　海洋沉积物

19.2.2.1　海洋沉积物中硫化物和有机碳

1）硫化物

渤海、黄海、东海、南海沉积物中硫化物评价见图 19.15，渤海、黄海、东海、南海沉积物中硫化物平均值，均符合一类国家海洋沉积物质量标准。

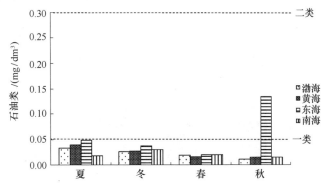

图 19.14　渤海、黄海、东海、南海表层海水中石油类的季节变化与评价

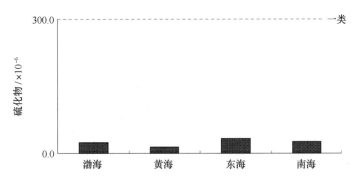

图 19.15　渤海、黄海、东海、南海沉积物中硫化物评价

2）有机碳

渤海、黄海、东海、南海沉积物中有机碳评价见图 19.16，渤海、黄海、东海、南海沉积物中有机碳平均值均符合一类国家海洋沉积物质量标准。

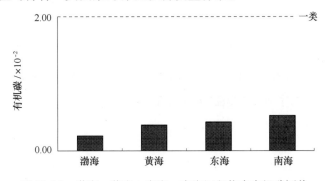

图 19.16　渤海、黄海、东海、南海沉积物中有机碳评价

19.2.2.2　海洋沉积物中重金属和石油类

1）铜

渤海、黄海、东海、南海沉积物中铜评价见图 19.17，渤海、黄海、东海、南海沉积物

中铜平均值，均符合一类国家海洋沉积物质量标准。

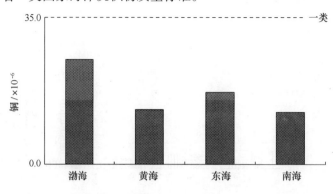

图 19.17　渤海、黄海、东海、南海沉积物中铜评价

2）铅

渤海、黄海、东海、南海沉积物中铅评价见图 19.18，渤海、黄海、东海、南海沉积物中铅平均值，均符合一类国家海洋沉积物质量标准。

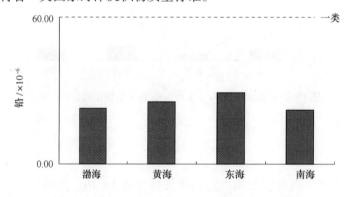

图 19.18　渤海、黄海、东海、南海沉积物中铅评价

3）锌

渤海、黄海、东海、南海沉积物中锌评价见图 19.19，渤海、黄海、东海、南海沉积物中锌平均值均符合一类国家海洋沉积物质量标准。

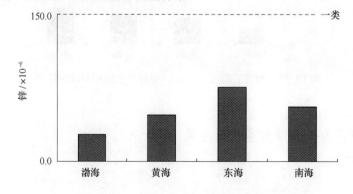

图 19.19　渤海、黄海、东海、南海沉积物中锌评价

4）镉

渤海、黄海、东海、南海沉积物中镉评价见图 19.20，渤海、黄海、东海、南海沉积物中镉平均值，均符合一类国家海洋沉积物质量标准。

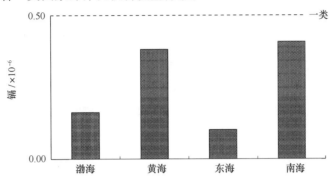

图 19.20　渤海、黄海、东海、南海沉积物中镉评价

5）铬

渤海、黄海、东海、南海沉积物中铬评价见图 19.21，渤海、黄海、东海、南海沉积物中铬平均值，均符合一类国家海洋沉积物质量标准。

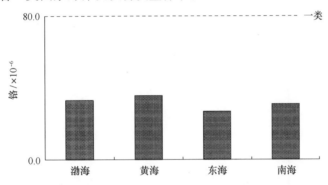

图 19.21　渤海、黄海、东海、南海沉积物中铬评价

6）汞

渤海、黄海、东海、南海沉积物中汞评价见图 19.22，渤海、黄海、东海、南海沉积物中汞平均值，均符合一类国家海洋沉积物质量标准。

7）砷

渤海、黄海、东海、南海沉积物中砷评价见图 19.23，渤海、黄海、东海、南海沉积物中砷平均值均符合一类国家海洋沉积物质量标准。

8）石油类

渤海、黄海、东海、南海沉积物中石油类评价见图 19.24，渤海、黄海、东海、南海沉

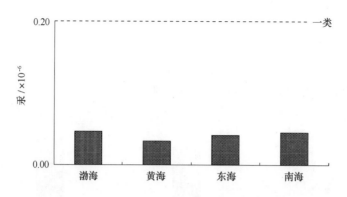

图 19.22　渤海、黄海、东海、南海沉积物中汞评价

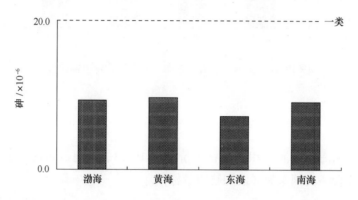

图 19.23　渤海、黄海、东海、南海沉积物中砷评价

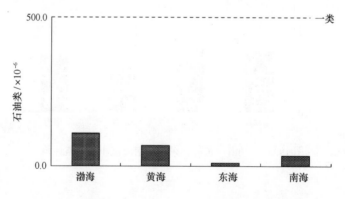

图 19.24　渤海、黄海、东海、南海沉积物中石油类评价

积物中石油类平均值均符合一类国家海洋沉积物质量标准。

19.2.3　海洋生物质量

19.2.3.1　海洋生物体中重金属和石油烃

1）铜

渤海、黄海、东海、南海生物体（贝类）中铜评价见图 19.25，渤海、黄海、东海生物体（贝类）中铜含量平均值，均符合一类国家海洋生物质量标准，南海生物体（贝类）中铜含量平均值，符合二类至三类（牡蛎）国家海洋生物质量标准。

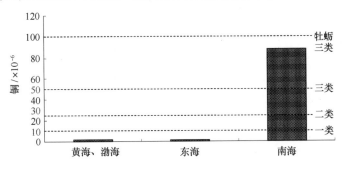

图 19.25　渤海、黄海、东海、南海生物体（贝类）中铜评价

2）铅

渤海、黄海、东海、南海生物体（贝类）中铅评价见图 19.26，渤海、黄海、东海、南海生物体（贝类）中铅含量平均值，均符合一类至二类国家海洋生物质量标准。

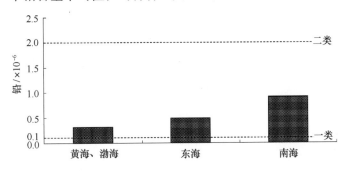

图 19.26　渤海、黄海、东海、南海生物体（贝类）中铅评价

3）锌

渤海、黄海、东海、南海生物体（贝类）中锌评价见图 19.27，渤、黄海生物体（贝类）中锌含量平均值，符合一类国家海洋生物质量标准，东海生物体（贝类）中锌含量平均值，符合一类至二类国家海洋生物质量标准，南海生物体（贝类）中锌含量平均值，符合三类（牡蛎）国家海洋生物质量标准。

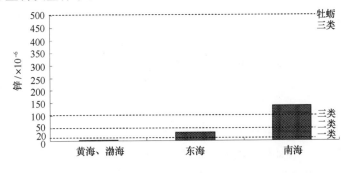

图 19.27　渤海、黄海、东海、南海生物体（贝类）中锌评价

4）镉

渤海、黄海、东海、南海生物体（贝类）中镉评价见图 19.28，渤海、黄海、东海生物体（贝类）中镉含量平均值，均符合一类国家海洋生物质量标准，南海生物体（贝类）中镉含量平均值，符合一类至二类国家海洋生物质量标准。

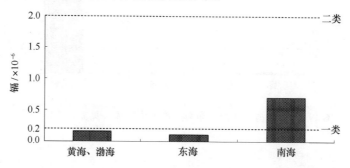

图 19.28　渤海、黄海、东海、南海生物体（贝类）中镉评价

5）铬

渤海、黄海、东海、南海生物体（贝类）中铬评价见图 19.29，渤海、黄海、东海、南海生物体（贝类）中铬含量平均值，均符合一类国家海洋生物质量标准。

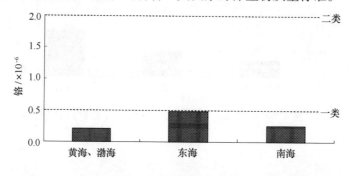

图 19.29　渤海、黄海、东海、南海生物体（贝类）中铬评价

6）总汞

渤海、黄海、东海、南海生物体（贝类）中总汞评价见图 19.30，南海生物体（贝类）中总汞含量平均值，符合一类国家海洋生物质量标准，渤海、黄海生物体（贝类）中总汞含量平均值，符合二类至三类国家海洋生物质量标准，东海生物体（贝类）中总汞含量平均值，超出三类国家海洋生物质量标准。

7）砷

渤海、黄海、东海、南海生物体（贝类）中砷评价见图 19.31，南海生物体（贝类）中砷含量平均值，均符合一类国家海洋生物质量标准，渤海、黄海、东海生物体（贝类）中砷含量平均值，符合一类至二类国家海洋生物质量标准。

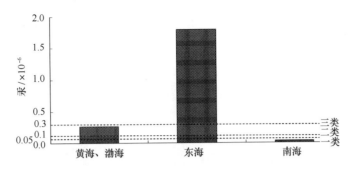

图 19.30　渤海、黄海、东海、南海生物体（贝类）中总汞评价

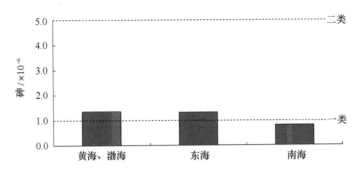

图 19.31　渤海、黄海、东海、南海生物体（贝类）中砷评价

8）石油烃

　　渤海、黄海、东海、南海生物体（贝类）中石油烃评价见图 19.32，东海生物体（贝类）中石油烃含量平均值，均符合一类国家海洋生物质量标准，渤海、黄海生物体（贝类）中石油烃含量平均值，符合一类至二类国家海洋生物质量标准，南海生物体（贝类）中石油烃含量平均值，均符合二类至三类国家海洋生物质量标准。

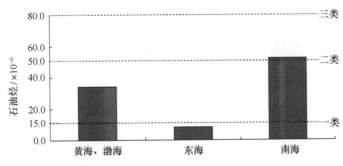

图 19.32　渤海、黄海、东海、南海生物体（贝类）中石油烃评价

19.2.3.2　海洋生物体中持久性有机污染物

1）六六六

　　渤海、黄海、东海、南海生物体（贝类）中六六六评价见图 19.33，渤海、黄海、东海、

南海生物体（贝类）中六六六含量平均值，均符合一类国家海洋生物质量标准。

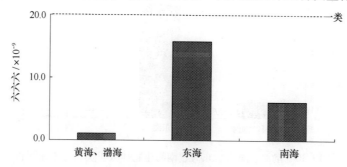

图 19.33 渤海、黄海、东海、南海生物体（贝类）中六六六评价

2）滴滴涕

渤海、黄海、东海、南海生物体（贝类）中滴滴涕评价见图 19.34，渤海、黄海生物体（贝类）中滴滴涕含量平均值，均符合一类国家海洋生物质量标准，东海和南海生物体（贝类）中滴滴涕含量平均值，均符合一类至二类国家海洋生物质量标准。

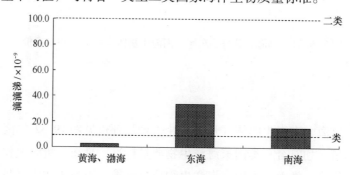

图 19.34 渤海、黄海、东海、南海生物体（贝类）中滴滴涕评价

19.3 近岸海域环境质量现状与评价

19.3.1 海水水质

近岸海域海水常规化学要素数据来自 2006—2007 年我国近海海洋综合调查与评价专项开展的近岸海域水体海洋化学调查，包括溶解氧、pH、悬浮物、无机氮（氨氮、亚硝氮、硝氮）、活性磷酸盐、总碱度、活性硅酸盐、溶解态氮、溶解态磷、总氮、总磷和总有机碳 14 项调查数据，调查数据获取频次为春、夏、秋、冬 4 个季节，采用国家《海水水质标准》（GB 30975—1997）进行评价。

1）溶解氧

近岸海域海水中溶解氧年均值变化与评价见图 19.35，近岸海域海水中溶解氧年均值为 6.73 ~ 8.94 mg/dm³，均符合一类国家海水水质标准。

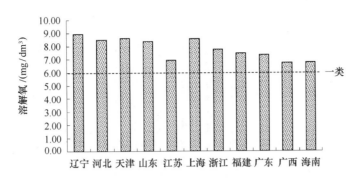

图 19.35　近岸海域海水中溶解氧年平均值变化与评价

2）pH

近岸海域海水中 pH 年均值变化与评价见图 19.36，近岸海域海水中 pH 年均值为 8.01～8.22，均符合一类国家海水水质标准。

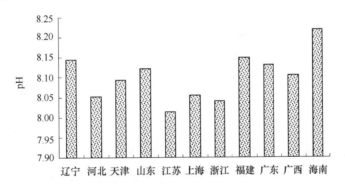

图 19.36　近岸海域海水中 pH 年均值变化与评价

3）总碱度

近岸海域海水中总碱度年均值变化与评价见图 19.37，近岸海域海水中总碱度年均值为 1.73～2.55 mmol/dm^3，其中，天津、江苏海域海水中总碱度年均值较高，超过 2.50 mmol/dm^3，上海和广西海域海水中总碱度年均值较低，小于 2.0 mmol/dm^3，其他近岸海域海水中总碱度年均值介于 2.00～2.50 mmol/dm^3 之间。

4）悬浮物

近岸海域海水中悬浮物年均值变化与评价见图 19.38，近岸海域海水中悬浮物年均值为 10.3～540.3 mg/dm^3。除福建、广东、广西和海南外，其他近岸海域海水中悬浮物的年均值较高，其中，上海海域海水中悬浮物年均值最高，超过 500 mg/dm^3，其次为江苏和浙江海域，悬浮物年均值分别超过 200 mg/dm^3 和 100 mg/dm^3。

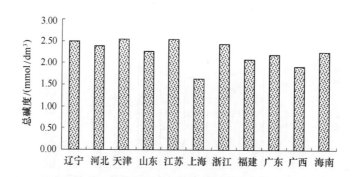

图 19.37　近岸海域海水中总碱度年均值变化与评价

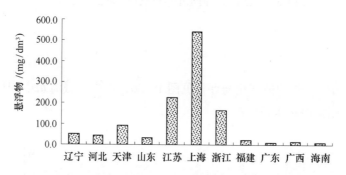

图 19.38　近岸海域海水中悬浮物年均值变化与评价

5）无机氮

近岸海域海水中无机氮年均值变化与评价见图 19.39，近岸海域海水中无机氮年均值为 0.01~1.39 mg/dm³，广东、广西和海南海域海水中无机氮年均值符合一类国家海水水质标准，山东、江苏和福建海域海水中无机氮年均值符合二类国家海水水质标准，辽宁、河北海域海水中无机氮年均值符合三类国家海水水质标准，天津海域海水中无机氮年均值符合四类国家海水水质标准，上海和浙江海域海水中无机氮年均值，超过四类国家海水水质标准，其中，上海海域海水中无机氮年均值最高。

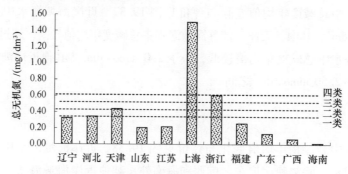

图 19.39　近岸海域海水中无机氮年均值变化与评价

6）活性磷酸盐

近岸海域海水中活性磷酸盐年均值变化与评价见图 19.40，近岸海域海水中活性磷酸盐年均含量为 0.003 ~ 0.038 mg/dm³，山东、广东、广西和海南海域海水中活性磷酸盐年均值符合一类国家海水水质标准，辽宁、河北、天津、江苏和福建海域海水中活性磷酸盐年均值符合二类至三类国家海水水质标准，上海和浙江海域海水中活性磷酸盐年均值最高符合四类国家海水水质标准。整体上，除山东、广东、广西和海南外，我国近岸海域海水中无机氮和活性磷酸盐的污染较严重，富营养化特征明显。

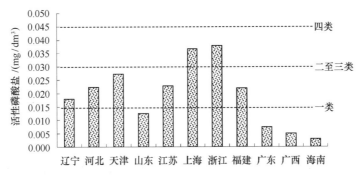

图 19.40　近岸海域海水中活性磷酸盐年均值变化与评价

7）活性硅酸盐

近岸海域海水中活性硅酸盐年均值变化见图 19.41，近岸海域海水中活性硅酸盐年均值为 0.114 ~ 2.529 mg/dm³，上海海域海水中活性硅酸盐年均值最高，超过 2.500 mg/dm³；其次为浙江海域，海水中硅酸盐年均值超过 1.000 mg/dm³；辽宁、河北、山东和海南海域海水中硅酸盐年均值低于 0.500 mg/dm³，其中，海南海域海水中活性硅酸盐年均值最低。

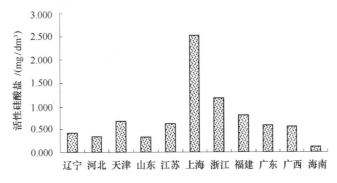

图 19.41　近岸海域海水中活性硅酸盐年均值变化

8）溶解态氮

近岸海域海水中溶解态氮年均值变化见图 19.42，近岸海域海水中溶解态氮年均值为 0.09 ~ 1.36 mg/dm³。其中，上海海域海水中溶解态氮年均值最高；其次为河北和浙江海域，海水中溶解态氮年均值大于 0.60 mg/dm³；辽宁和天津海域海水中溶解态氮年均值大于 0.40

417

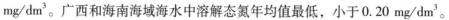

mg/dm³。广西和海南海域海水中溶解态氮年均值最低，小于 0.20 mg/dm³。

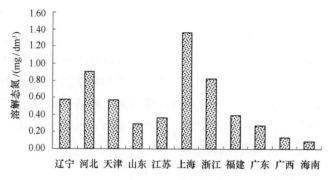

图 19.42　近岸海域海水中溶解态氮年均值变化

9）溶解态磷

近岸海域海水中溶解态磷年均值变化见图 19.43，近岸海域海水中溶解态磷年均值为 0.013 ~ 0.065 mg/dm³。其中，上海海域海水中溶解态磷年均值最高；其次为浙江海域，海水中溶解态磷年均值大于 0.045 mg/dm³；辽宁和天津海域海水中溶解态磷年均值大于 0.030 mg/dm³。广东和海南海域海水中溶解态磷年均值最低，小于 0.015 mg/dm³。

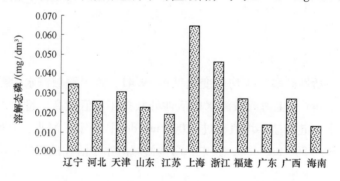

图 19.43　近岸海域海水中溶解态磷年均值变化

10）总氮

近岸海域海水中总氮年均值变化见图 19.44，近岸海域海水中总氮年均值为 0.13 ~ 1.47 mg/dm³。其中，上海海域海水中总氮年均值最高；其次为河北海域，海水中总氮年均值大于 1.30 mg/dm³；辽宁、天津和浙江海域海水中总氮年均值，大于 0.60 mg/dm³。海南海域海水中总氮年均值最低小于 0.20 mg/dm³。

11）总磷

近岸海域海水中总磷年均值变化见图 19.45，近岸海域海水中总磷年均值为 0.032 ~ 0.164 mg/dm³，其中，上海海域海水中总磷年均值最高；其次为辽宁、天津、江苏和浙江海域，海水中总磷年均值大于 0.060 mg/dm³。广东和河北海域海水中总磷年均值最低小于 0.040 mg/dm³。

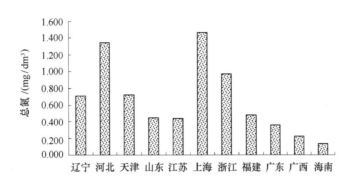

图 19.44　近岸海域海水中总氮年均值变化

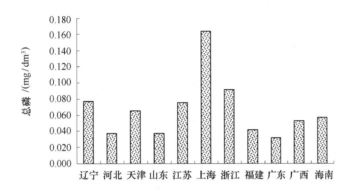

图 19.45　近岸海域海水中总磷年均值变化

12）总有机碳

近岸海域海水中总有机碳年均值变化见图 19.46，近岸海域海水中总有机碳年均值为 0.49～4.74 mg/dm³，其中，天津海域海水中总有机碳年均值最高，其次为河北和广西海域，海水中总有机碳年均值大于 3.00 mg/dm³。江苏海域海水中总有机碳年均值最低。

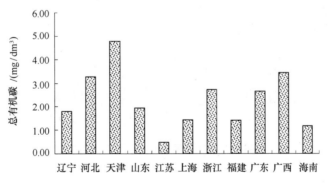

图 19.46　近岸海域海水中总有机碳年均值变化

19.3.2　近岸海域海水表层重金属与石油类评价

近岸海域表层海水重金属评价分析的数据，来自 2006—2007 年我国近海海洋综合调查与评价专项开展的海水重金属调查，包括铜、铅、锌、镉、总铬、汞、砷和石油类 8 项调查数

419

据，调查数据获取频次为春、夏、秋、冬 4 个季节，采用国家《海水水质标准》（GB 3097—1997）进行评价。

1）铜

近岸海域海水中铜年均值变化与评价见图 19.47，近岸海域表层海水铜年均含量为 0.28~3.69 μg/dm³。近岸海域表层海水铜年均值，均符合一类国家海水水质标准。其中，河北、辽宁近岸海域表层海水铜年均值最高，超过 3.00 μg/dm³，福建和海南近岸海域表层海水铜年均值最低，低于 1.00 μg/dm³。

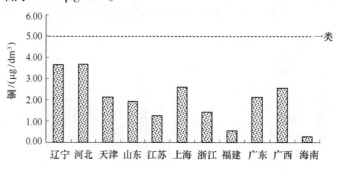

图 19.47　近岸海域海水中铜年均值变化与评价

2）铅

近岸海域海水中铅年均值变化与评价见图 19.48，近岸海域表层海水铅年均值为 0.05~2.86 μg/dm³。辽宁、江苏、山东、上海、浙江和广东近岸海域表层海水铅年均值，均符合二类国家海水水质标准，其中，辽宁和江苏年均值最高。其他近岸海域铅年均值均符合一类国家海水水质标准。

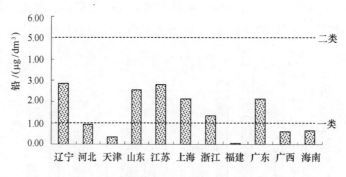

图 19.48　近岸海域海水铅年平均值变化与评价

3）锌

近岸海域海水中锌年均值变化与评价见图 19.49，近岸海域表层海水锌年均值为 0.71~34.9 μg/dm³。辽宁、天津、山东、江苏和上海近岸海域表层海水锌年均值，均符合二类国家海水水质标准，其中，辽宁海域海水锌年均值最高。其他近岸海域锌年均值均符合一类国家海水水质标准，其中，福建海域锌年均值最低，为 0.71 μg/dm³。

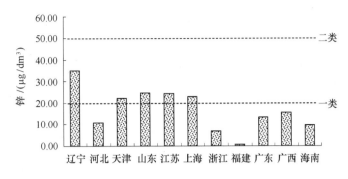

图 19.49　近岸海域海水锌年平均值变化与评价

4）镉

近岸海域海水中镉年均值变化与评价见图 19.50，近岸海域表层海水镉年均值为 0.02~0.81 μg/dm³。均符合一类国家海水水质标准，其中，辽宁和山东近岸海域镉含量最高，而福建和海南海域镉含量最低。

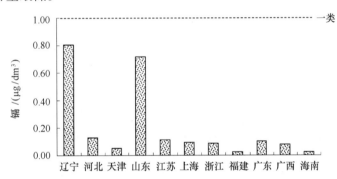

图 19.50　近岸海域海水镉年平均值变化与评价

5）总铬

近岸海域海水中总铬年均值变化与评价见图 19.51，近岸海域表层海水总铬年均值为 0.10~4.61 μg/dm³。近岸海域表层海水总铬年均值，均符合一类国家海水水质标准，其中，辽宁、河北和广西近岸海域总铬年均值较高，超过 3.00 μg/dm³，而福建近岸海域总铬年均值最低，为 0.10 μg/dm³。

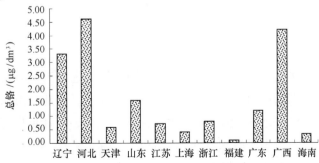

图 19.51　近岸海域海水总铬年平均值变化与评价

421

6）汞

近岸海域海水中汞年均值变化与评价见图 19.52，近岸海域表层海水汞年均值为0.02 ~ 0.22 μg/dm³。近岸海域表层海水汞年均值，仅福建近岸海域符合一类国家海水水质标准，广东近岸海域表层海水汞年均值最高，符合三类国家海水水质标准，其他近岸海域表层海水汞年均值，均符合二类国家海水水质标准。

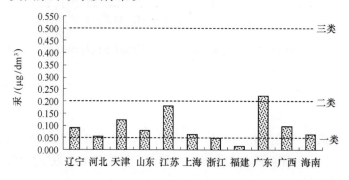

图 19.52　近岸海域海水汞年平均值变化与评价

7）砷

近岸海域海水中汞年均值变化与评价见图 19.53，近岸海域表层海水砷年均值为0.73 ~ 8.19 μg/dm³。近岸海域表层海水砷年均值，均符合一类国家海水水质标准，其中，广西近岸海域表层海水砷年均值最高，其次为浙江和山东近岸海域；而砷年均值最低的近岸海域为海南近岸海域。

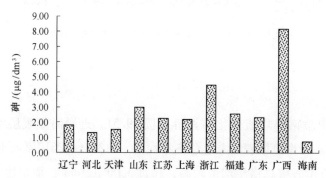

图 19.53　近岸海域海水中砷年平均值变化与评价

8）石油类

近岸海域海水中石油类年均值变化与评价见图 19.54，近岸海域表层海水石油类年均值为20 ~ 73 μg/dm³。近岸海域表层海水石油类年均值，辽宁、河北、山东和浙江近岸海域表层海水石油类年均值，均符合三类国家海水水质标准，其中，浙江近岸海域表层海水石油类年均值最高；其他近岸海域表层海水石油类年均值，均符合一类至二类国家海水水质标准，其中，福建和海南海域海水石油类年均值最低。

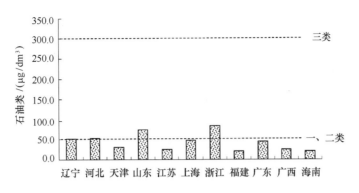

图 19.54　近岸海域表层海水石油类年均值变化与评价

19.3.3　近岸海域沉积环境要素评价

近岸海域海洋沉积物环境要素数据，来自 2007 年我国近海海洋综合调查与评价专项沉积环境化学调查，包括硫化物、总有机碳、总氮、总磷、氧化还原电位、铜、铅、锌、镉、铬、汞、砷、石油类、六六六、滴滴涕、多氯联苯和多环芳烃 17 项调查数据，调查数据获取频次为秋季 1 次。采用国家《海洋沉积物质量标准》（GB 18668—2002）进行评价。

1）硫化物

近岸海域沉积物中硫化物均值变化与评价见图 19.55，近岸海域沉积物中硫化物均值为 $12.66 \times 10^{-6} \sim 346.71 \times 10^{-6}$。近岸海域沉积物硫化物均值，河北海域沉积物中硫化物符合二类国家海洋沉积物质量标准，其他海域沉积物硫化物均值，均符合一类国家海洋沉积物质量标准。

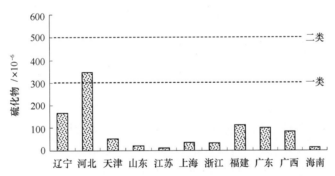

图 19.55　近岸海域海洋沉积物中硫化物均值变化与评价

2）总有机碳

近岸海域沉积物中总有机碳均值变化与评价见图 19.56，近岸海域沉积物中总有机碳年均值为 0.12% ~ 1.05%。近岸海域海洋沉积物总有机碳均值，均符合一类国家海洋沉积物质量标准。

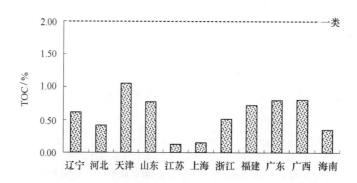

图 19.56　近岸海域海洋沉积物中总有机碳均值变化与评价

3）总氮

近岸海域沉积物中总氮均值变化与评价见图 19.57，近岸海域海洋沉积物中总氮均值为 0.27%~0.95%。辽宁、广东、广西和福建海域沉积物中总氮均值较高，其中，辽宁海域沉积物中总氮均值最高。河北、江苏和上海海域均值较低，其中，上海海域沉积物中的总氮均值最低。浙江海域缺少监测数据。

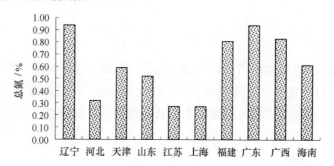

图 19.57　近岸海域海洋沉积物中总氮均值变化与评价

4）总磷

近岸海域沉积物中总磷均值变化见图 19.58，近岸海域沉积物中总磷均值为 0.18%~0.68%。江苏和河北海域沉积物中总磷均值较高，超过 0.50%。天津、山东和广东海域沉积物中总磷均值较低，其中，天津海域沉积物中总磷均值最低。浙江海域缺少监测数据。

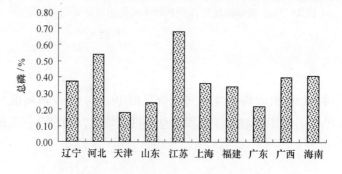

图 19.58　近岸海域海洋沉积物中总磷均值变化与评价

5）氧化还原电位

近岸海域沉积物中氧化还原电位均值变化见图 19.59，近岸海域沉积物氧化还原电位（*Eh*）数值为 $-185.12 \sim 405.11$ mV。天津、山东、江苏、上海、浙江、福建和广西海域沉积物中 *Eh* 数值为正值，其中，浙江和上海海域较高，辽宁、河北、广东和海南海域的 *Eh* 数值为负值，辽宁海域 *Eh* 数值最低。

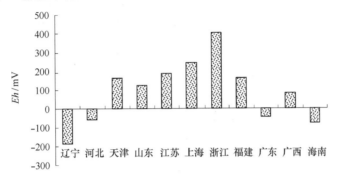

图 19.59　近岸海域海洋沉积物中氧化还原电位均值变化与评价

6）铜

近岸海域沉积物中铜均值变化与评价见图 19.60，近岸海域沉积物中铜均值为 $6.26 \times 10^{-6} \sim 32.60 \times 10^{-6}$。沿海省市海域沉积物中铜均值，均符合一类国家海洋沉积物质量标准。其中，辽宁和浙江海域沉积物中铜的均值最高，广西海域最低。

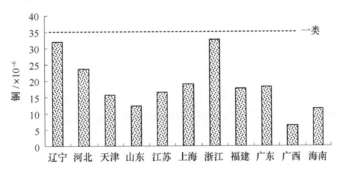

图 19.60　近岸海域海洋沉积物中铜均值变化与评价

7）铅

近岸海域沉积物中铅均值变化与评价见图 19.61，近岸海域沉积物中铅均值为 $5.87 \times 10^{-6} \sim 34.34 \times 10^{-6}$。近岸海域沉积物中铅均值，均符合一类国家海洋沉积物质量标准。其中，山东和广东海域沉积物中铅的均值最高，天津海域沉积物中铅的均值最低。

8）锌

近岸海域沉积物中锌均值变化与评价见图 19.62，近岸海域沉积物中锌均值为 $22.29 \times$

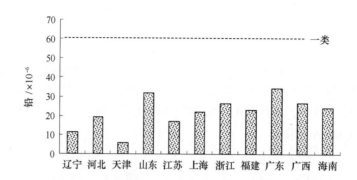

图 19.61　近岸海域海洋沉积物中铅均值变化与评价

$10^{-6} \sim 107.33 \times 10^{-6}$。近岸海域中锌均值，均符合一类国家海洋沉积物质量标准。其中，浙江海域沉积物中锌的均值最高，广西海域的均值最低。

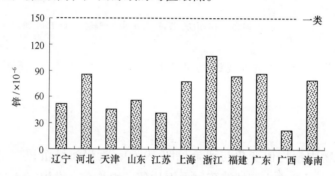

图 19.62　近岸海域海洋沉积物中锌均值变化与评价

9）镉

　　近岸海域沉积物中镉均值变化与评价见图 19.63，近岸海域沉积物中镉均值为 $0.04 \times 10^{-6} \sim 0.47 \times 10^{-6}$。近岸海域中镉均值，均符合一类国家海洋沉积物质量标准。其中，广西海域沉积物中镉的均值最高，天津、福建和海南海域的均值最低。

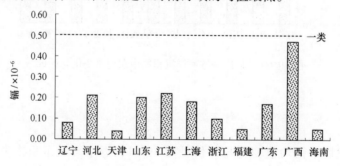

图 19.63　近岸海域海洋沉积物中镉均值变化与评价

10）铬

　　近岸海域沉积物中铬均值变化与评价见图 19.64，近岸海域沉积物中铬均值为 $10.22 \times$

$10^{-6} \sim 71.11 \times 10^{-6}$。近岸海域沉积物中铬均值，均符合一类国家海洋沉积物质量标准。其中，浙江和广东海域沉积物中铬的均值最高，天津和福建海域的均值最低。

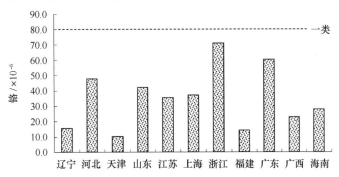

图 19.64　近岸海域海洋沉积物中铬均值变化与评价

11）汞

近岸海域沉积物中汞均值变化与评价见图 19.65，近岸海域沉积物中汞均值为 $0.04 \times 10^{-6} \sim 0.22 \times 10^{-6}$。近岸海域沉积物中汞年均值，河北和海南海域沉积物中汞均值，符合二类海洋沉积物质量标准。其他海域沉积物中汞均值，均符合一类国家海洋沉积物质量标准。

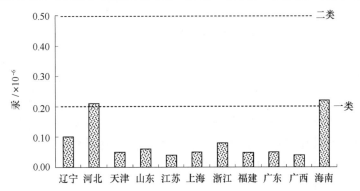

图 19.65　近岸海域海洋沉积物中汞均值变化与评价

12）砷

近岸海域沉积物中砷均值变化与评价见图 19.66，近岸海域沉积物中砷均值为 $2.29 \times 10^{-6} \sim 30.03 \times 10^{-6}$。近岸海域沉积物中砷均值，天津海域沉积物中砷均值，符合二类国家海洋沉积物质量标准。其他海域沉积物中砷均值，均符合一类国家海洋沉积物质量标准；其中，海南海洋沉积物中砷均值最低。

13）石油类

近岸海域沉积物中石油类均值变化与评价见图 19.67，近岸海域沉积物中石油类均值为 $8.53 \times 10^{-6} \sim 231.61 \times 10^{-6}$。近岸海域沉积物中石油类均值，均符合一类国家海洋沉积物质量标准，辽宁、江苏、广东和广西海域沉积物中石油类均值较高，河北和浙江海域较低。

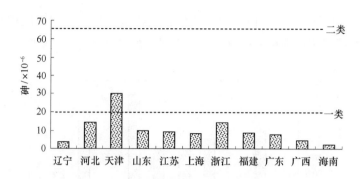

图 19.66　近岸海域海洋沉积物中砷均值变化与评价

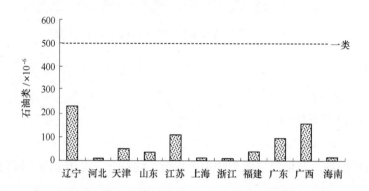

图 19.67　近岸海域海洋沉积物中石油类均值变化与评价

14）六六六

近岸海域沉积物中六六六均值变化见图 19.68，近岸海域沉积物中六六六均值为未检出至 8.08×10^{-9}。近岸海域沉积物中六六六均值，均符合一类国家海洋沉积物质量标准，山东海域沉积物中六六六均值最高，江苏和福建海域较低。

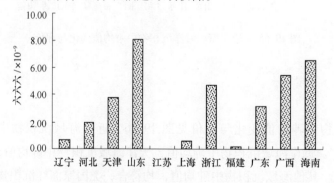

图 19.68　近岸海域海洋沉积物中六六六均值变化与评价

15）滴滴涕

近岸海域沉积物中滴滴涕均值变化见图 19.69，近岸海域海洋沉积物中滴滴涕均值为 $0.23 \times 10^{-9} \sim 11.81 \times 10^{-9}$。近岸海域沉积物中滴滴涕均值，均符合一类国家海洋沉积物质量标准，其中，辽宁海域最高，河北、天津、江苏、上海、浙江和广西海域较低，其中，河北海域最低。

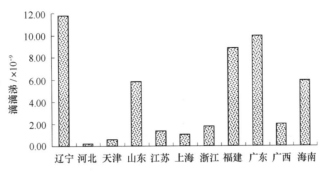

图 19.69　近岸海域海洋沉积物中滴滴涕均值变化与评价

16）多氯联苯

近岸海域沉积物中多氯联苯均值变化见图 19.70，近岸海域沉积物中多氯联苯均值为未检出至 10.51×10^{-9}。近岸海域沉积物中多氯联苯均值，均符合一类国家海洋沉积物质量标准，其中，山东、广东和海南海域较高，广东海域最高，江苏和广西海域未检出。

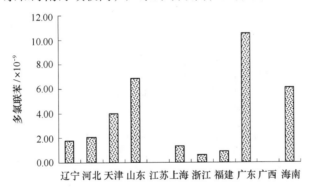

图 19.70　近岸海域海洋沉积物中多氯联苯均值变化与评价

17）多环芳烃

近岸海域沉积物中多环芳烃均值变化见图 19.71，近岸海域沉积物中多环芳烃均值为 $6.31 \times 10^{-9} \sim 705.83 \times 10^{-9}$。辽宁和山东海域沉积物中多环芳烃均值最高，广东、江苏、上海、广西和河北海域较低。

19.3.4　近岸海域海洋生物质量要素评价

近岸海域海洋生物质量要素数据，来自 2007 年我国近海海洋综合调查与评价专项开展的海洋生物质量调查，包括汞、铜、铅、锌、镉、铬、砷、石油烃、六六六、滴滴涕、多氯联苯和多环芳烃 12 项调查数据，调查数据获取频次为秋季 1 次，采用国家《海洋生物质量标准》（GB 18421—2001）进行评价。

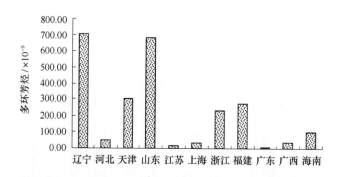

图 19.71   近岸海域海洋沉积物中多环芳烃均值变化与评价

1）汞

近岸海域海洋生物体中汞均值变化与评价见图 19.72，近岸海域海洋生物体中汞均值为 $0.01 \times 10^{-6} \sim 0.05 \times 10^{-6}$。近岸海域海洋生物体中汞年均值均符合一类国家海洋生物质量标准，其中，天津海域最高，福建、上海、浙江和江苏海域最低。

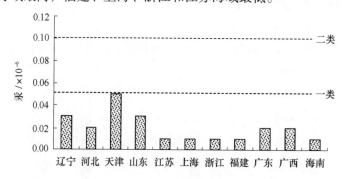

图 19.72   近岸海域海洋生物体中汞均值变化与评价

2）铜

近岸海域海洋生物体中铜均值变化与评价见图 19.73，近岸海域海洋生物体中铜均值为 $0.79 \times 10^{-6} \sim 165.51 \times 10^{-6}$。辽宁、河北、山东、江苏、上海、浙江、广东和广西海域海洋生物体中铜均值均符合一类国家海洋生物质量标准，其中，辽宁、山东和上海海域最低；福建海域海洋生物体中铜均值符合二类国家海洋生物质量标准；海南海域海洋生物体中铜均值符合三类国家海洋生物质量标准的海域；天津海域海洋生物体中铜的均值最高，超过三类国家海洋生物质量标准。

3）铅

近岸海域海洋生物体中铅均值变化与评价见图 19.74，近岸海域海洋生物体中铜均值为 $0.03 \times 10^{-6} \sim 1.98 \times 10^{-6}$。河北、江苏、上海、浙江和广东海域海洋生物体中铅均值符合一类国家海洋生物质量标准，其中，浙江和福建海域最低；辽宁、天津、山东、广西和海南海域生物体中铅均值符合二类国家海洋生物质量标准，其中，海南海域最高。

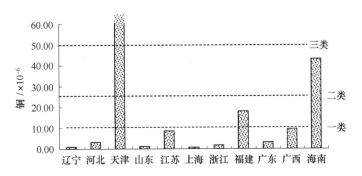

图 19.73 近岸海域海洋生物体中铜均值变化与评价

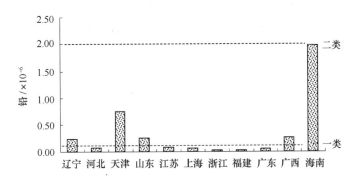

图 19.74 近岸海域海洋生物体中铅均值变化与评价

4）锌

近岸海域海洋生物体中锌均值变化与评价见图 19.75，近岸海域海洋生物体中锌均值为 $10.62 \times 10^{-6} \sim 212.64 \times 10^{-6}$。辽宁、浙江、广东和广西海域海洋生物体中锌均值均符合一类国家海洋生物质量标准，其中，辽宁海域最低；河北、山东、江苏、上海和福建海域海洋生物体中锌均值符合二类国家海洋生物质量标准；天津和海南海域海洋生物体中锌均值较高，超过三类国家海洋生物质量标准。

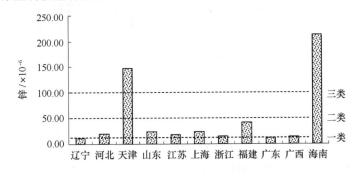

图 19.75 近岸海域海洋生物体中锌均值变化与评价

5）镉

近岸海域海洋生物体中镉均值变化与评价见图 19.76，沿海省市海域海洋生物体中镉均

值为 $0.05 \times 10^{-6} \sim 8.65 \times 10^{-6}$。上海和浙江海域海洋生物体中镉均值符合一类国家海洋生物质量标准；辽宁、河北、山东、江苏、福建、广东、广西和海南海域海洋生物体中镉均值符合二类国家海洋生物质量标准；天津海域海洋生物体中镉均值较高，超过三类国家海洋生物质量标准。

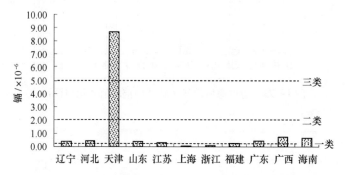

图 19.76　近岸海域海洋生物体中镉均值变化与评价

6）铬

近岸海域海洋生物体中铬均值变化与评价见图 19.77，近岸海域海洋生物体中铬均值为 $0.10 \times 10^{-6} \sim 4.47 \times 10^{-6}$。辽宁、江苏、上海、福建和广东海域海洋生物体中铬均值符合一类国家海洋生物质量标准，其中，福建和广东海域最低；河北、山东、浙江和海南海域海洋生物体中镉均值符合二类国家海洋生物质量标准；天津和广西海域海洋生物体中铬均值较高，符合三类国家海洋生物质量标准。

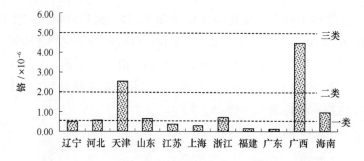

图 19.77　近岸海域海洋生物体中铬均值变化与评价

7）砷

近岸海域海洋生物体中砷均值变化与评价见图 19.78，近岸海域海洋生物体中砷均值为 $0.19 \times 10^{-6} \sim 14.56 \times 10^{-6}$。天津、山东、上海、浙江和福建海域海洋生物中砷均值，符合一类国家海洋生物质量标准，其中，天津和上海海域最低；辽宁、河北、江苏、广东和广西海域海洋生物体中砷均值符合二类国家海洋生物质量标准；海南海域海洋生物体中砷均值较高，超过三类国家海洋生物质量标准。

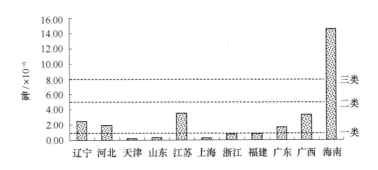

图 19.78　近岸海域海洋生物体中砷均值变化与评价

8）石油烃

近岸海域海洋生物体中石油类均值变化与评价见图 19.79，近岸海域海洋生物体中石油类均值为 $1.91 \times 10^{-6} \sim 20.20 \times 10^{-6}$。辽宁、河北、上海、浙江、福建、广东和广西海域海洋生物体中石油类均值符合一类国家海洋生物质量标准，其中，广西海域最低；天津、山东、江苏和海南海域海洋生物体中石油烃均值符合二类国家海洋生物质量标准，其中，江苏海域最高。

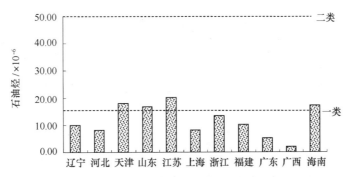

图 19.79　近岸海域海洋生物体中石油烃均值变化与评价

9）六六六

近岸海域海洋生物体中六六六均值变化与评价见图 19.80，近岸海域海洋生物体中六六六均值为未检出至 109.30×10^{-6}。辽宁、河北、天津、江苏、浙江、福建、广东、广西和海南海域海洋生物体中六六六均值符合一类国家海洋生物质量标准，其中，江苏、福建和广西海域最低；山东和上海海域海洋生物体中六六六均值符合二类国家海洋生物质量标准，其中，山东海域最高。

10）滴滴涕

近岸海域海洋生物体中滴滴涕均值变化与评价见图 19.81，近岸海域海洋生物体中滴滴涕均值为 $0.05 \times 10^{-9} \sim 786.45 \times 10^{-9}$。河北、浙江、广东和广西海域海洋生物体中滴滴涕均值符合一类国家海洋生物质量标准，其中，广西海域最低；辽宁、天津、江苏、福建和海南海域海洋生物体中滴滴涕均值符合二类国家海洋生物质量标准，上海海域海洋生物体中滴滴

433

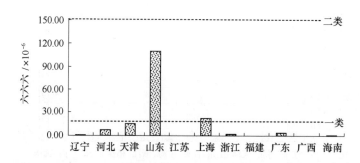

图 19.80　近岸海域海洋生物体中六六六均值变化与评价

涕均值符合三类国家海洋生物质量标准，山东海域海洋生物体中滴滴涕均值最高，超过三类国家海洋生物质量标准。

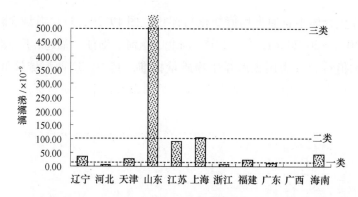

图 19.81　近岸海域海洋生物体中滴滴涕均值变化与评价

11）多氯联苯

近岸海域海洋生物体中多氯联苯均值变化与评价见图 19.82，近岸海域海洋生物体中多氯联苯均值为未检出至 335.58×10^{-9}。其中，山东和江苏海域的海洋生物体中多氯联苯均值较高，而其他海域多氯联苯均值均低于 0.05×10^{-9}，其中，广西海域最低。

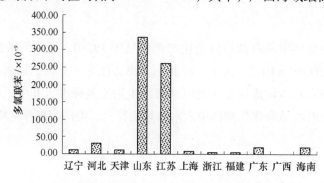

图 19.82　近岸海域海洋生物体中多氯联苯均值变化与评价

12) 多环芳烃

近岸海域海洋生物体中多环芳烃均值变化与评价见图 19.83，近岸海域海洋生物体中多环芳烃均值为 $1.60 \times 10^{-9} \sim 643.43 \times 10^{-9}$。其中，天津海域的海洋生物体中多环芳烃均值最高，其次为辽宁和海南海域，江苏、浙江和广西海域海洋生物体中多环芳烃均值最低。

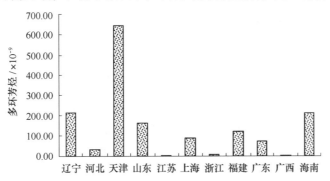

图 19.83　近岸海域海洋生物体中多环芳烃均值变化与评价

19.4　小结

19.4.1　近海海水化学环境质量状况评价

采用中华人民共和国国家标准——《海水水质标准》GB 3097—1997，评价渤海、黄海、东海、南海和沿海省市海区海水中溶解氧、pH、营养盐、石油类、痕量重金属。

渤海、黄海、东海、南海按国家《海水水质标准》评价，海水中溶解氧、pH、营养盐、石油类、痕量重金属含量符合一类，结果表明海水水质总体状况良好。但是，半封闭的渤海海域中无机氮、磷酸盐含量和冬季的铅含量都符合一类至二类；在受长江陆源冲淡水影响的东海，各季节无机氮含量都符合二类至四类，各季节磷酸盐含量都符合一类至二类，各季节汞含量符合一类至二类。

近岸海域按国家《海水水质标准》评价，海水溶解氧、pH、洁净外海水影响的近岸海域营养盐和痕量重金属的铜、镉、总铬、砷含量符合一类，表明海水水质总体状况基本良好。

近岸海域无机氮含量，广东、广西、海南符合一类，山东、江苏、福建属于二类，天津符合三类，上海、浙江超四类；近岸海域磷酸盐含量，山东、广东、广西、海南符合一类，辽宁、河北、天津、江苏和福建符合二类至三类，上海、浙江属于四类，近岸海域富营养化问题突出。

近岸海域重金属和石油类含量，各海区铅含量，辽宁、江苏、山东、上海、浙江和广东符合二类，其他近岸海域符合一类；近岸海域锌含量，辽宁、天津、山东、江苏和上海符合二类，其他近岸海域符合一类；近岸海域汞含量，除了福建海域符合一类之外，其他近岸海域都符合二类至三类；石油类含量，辽宁、河北、山东和浙江符合三类，其他近岸海域符合一类至二类。

435

19.4.2　近海沉积物质量状况评价

采用中华人民共和国国家标准——《海洋沉积物质量标准》GB 18668—2002，评价渤海、黄海、东海、南海和沿海省市海区海洋沉积物中硫化物、总有机碳、总氮、总磷、重金属、氧化还原电位、石油类、六六六、滴滴涕、多氯联苯等的海洋沉积物质量状况。

渤海、黄海、东海、南海按国家《海洋沉积物质量标准》评价，海洋沉积物中硫化物、总有机碳、氧化还原电位、总氮、总磷、重金属、石油类含量都符合一类，表明海洋沉积物质量总体状况良好。

近岸海域按国家《海洋沉积物质量标准》评价，近岸海域沉积物中硫化物、总有机碳、氧化还原电位、总氮、总磷、重金属、石油类、六六六、滴滴涕、多氯联苯等含量都符合一类，结果表明近岸海域海洋沉积物质量总体状况良好。但是，硫化物含量，河北海域符合二类，其他近岸海域符合一类；汞含量，河北和海南海域符合二类，其他近岸海域符合一类；砷含量，天津海域符合二类，其他近岸海域符合一类。重金属污染在部分近岸海域沉积物中还是比较明显的。

19.4.3　近海海洋生物质量状况评价

采用中华人民共和国国家标准——《海洋生物质量标准》GB 18421—2001，评价渤海、黄海、东海、南海和沿海省市海区海洋生物体中重金属、石油烃、六六六、滴滴涕、多氯联苯和多环芳烃的生物质量状况。

渤海、黄海、东海、南海按国家《海洋生物质量标准》评价，评价区域主要布设在我国黄河、长江和珠江三角洲海洋生物体中重金属、石油烃、六六六、滴滴涕含量符合一类至二类，结果表明海洋生物质量总体状况基本良好。

近岸海域按国家《海洋生物质量标准》评价，海洋生物体中重金属、石油烃、六六六、滴滴涕含量符合一类至二类，结果表明海洋生物质量总体状况基本良好。部分近岸海域重金属污染对海洋生物质量影响也比较大，海洋生物质量标准高达三类，虽然有机氯农药——滴滴涕已经禁止使用多年，但是，还有不少近岸海域发现在海洋生物中有滴滴涕超标的现象。

参 考 文 献

鲍永恩，符文侠. 1994. 辽东湾北部沉积物对重金属集散的控制作用. 海洋学报，16 (3)：139 – 142.

陈国珍. 1990. 海水痕量元素分析. 北京：海洋出版社.

陈建芳，Wiesner M G，Wong H K，等. 1999. 南海颗粒有机质的通量的垂向变化及早期降解作用的标志物. 中国科学 (D 辑)，29 (4)：372 – 378.

陈建芳，徐鲁强，郑连福，等. 1997. 南海时间系列沉降颗粒的有机地球化学特征及意义. 地球化学 (学报)，26 (6)：47 – 56.

陈建芳，郑连福，Wiesner M G，等. 1998. 基于沉积物捕获器的南海表层初级生产力与表层输出生产力估算. 科学通报，43 (6)：639 – 643.

陈建芳，郑连福，陈荣华，等. 1998. 南海颗粒物通量、组成及其与沉积物积累率的关系初探. 沉积学报，16 (3)：14 – 19.

陈上及，杜兵.1990.西赤道太平洋上层水水团的软划分.海洋科学，12（4）：405－415.

陈史坚，陈特固，徐锡桢，等.1985.浩瀚的南海.北京：科学出版社.

陈水土，阮五崎.1996.台湾海峡上升流区氮、磷、硅的化学特性及输送通量估算.海洋学报，18（3）：
　　36－44.

陈兴群，余汉生，李国庭，等.1999.副热带环流区叶绿素 a 分布和理化过程的变异//西北太平洋副热带环
　　流研究（二）.北京：海洋出版社：144－149.

刁焕祥.1984.胶州湾水域生物理化环境的评价.海洋湖沼通报，（2）：45－49.

范立群，苏育嵩，李凤岐.1988.南海北部海区水团分析.海洋学报，10（3）：136－145.

格·尼·巴图林.1985.东野长峥译.1985.海底磷块岩.北京：地质出版社：223.

顾宏堪.1991.渤黄东海海洋化学.北京：科学出版社.

郭锦宝.1997.化学海洋学.厦门：厦门大学出版社.

国家海洋局（内部）.1991.渤海、黄海、东海海洋图集（化学）.北京：海洋出版社.

韩舞鹰，等.1998.南海海洋化学.北京：科学出版社：289.

韩舞鹰，林洪瑛，蔡艳雅.南海的碳通量研究.

韩舞鹰.1989.西太平洋赤道海域海气界面二氧化碳交换的计算.热带海洋，8（4）：16－20.

洪华生，等.1995.台湾海峡及其近岸海域磷的生物地球化学//《台湾海峡及邻近海域海洋科学讨论会会议
　　论文集》编辑委员会.台湾海峡及邻近海域海洋科学讨论会会议论文集.北京：海洋出版社：289－295.

黄自强，暨卫东.1995.用水文化学要素聚类分析台湾海峡西部水团.海洋学报，17（1）：40－51.

暨卫东，黄尚高.1990.台湾海峡西部海域营养盐变化特征：Ⅰ.水系混合及浮游植物摄取对硅含量变化影响
　　的统计分析.海洋学报，12（1）：38－47.

暨卫东，黄尚高.1990.台湾海峡西部海域营养盐变化特征：Ⅱ.水系混合及浮游植物摄取对无机氮含量变化
　　影响的统计分析.海洋学报，12（3）：324－332.

暨卫东，黄尚高.1990.台湾海峡西部海域营养盐变化特征：Ⅲ.水系混合及浮游植物摄取对磷酸盐含量变化
　　影响的统计分析.海洋学报，12（4）：447－454.

暨卫东，黄尚高.1992.台湾海峡西部海域营养盐变化特征：Ⅳ.水系混合及浮游植物摄取对 Si: N: P 比值的
　　影响.

暨卫东.1999.热带西太平洋磷与环境的关系.中国海洋文集，北京：海洋出版社：66－73.

金森悟.1981.海水中的微量元素的溶存状态，化学の领域，35（4）：18－27.

李凤岐，苏育嵩，范立群.1987.模糊数学方法在南海北部海区水团分析中的应用.海洋学报，9（6）：
　　669－680.

李凤岐，苏育嵩，范立群.1987.南海北部海区水团的判别分析.海洋湖沼通报，（3）：15－20.

李锦霞，陈泽夏，杜荣归，等.1987.厦门港表层海水痕量重金属含量及其分布特征.海洋学报，9（4）：
　　450－455.

李淑媛，郝静.1992.渤海湾及其附近海域中 Cu、Pb、Zn、Cd 环境背景值的研究.海洋与湖沼，23（1）：
　　39－48.

刘兴泉.1996.黄海冬季环流的数值模拟.海洋与湖沼，27：546－554.

刘兴泉.1997.沿岸海区冬季垂直环流及其温盐结构的数值研究 Ⅰ.环流的基本特征.海洋与湖沼，28（6）：
　　632－636.

卢崇飞，等.1988.环境数理统计学及程序.北京：高等教育出版社.

吕宏，张大祥.1985.微型计算机汉字数据库 DBASE 的操作与使用.北京：清华大学出版社.

毛明，王文质，黄企洲，等.1992.南海环流的三维数值模拟.热带海洋，11（3）：34－40.

宋金明.1997.中国近海沉积物 - 海水界面化学.北京：海洋出版社.

王保栋，战闰，藏家业.2002.长江口及其邻近海域营养盐分布与输送途径.海洋学报，24（1）：53－58.

王保栋.1998.长江冲淡水的扩展及其营养盐的输运.黄渤海海洋，16（2）：41－47.

王福保，等.1998.概率论及数理统计.上海：同济大学出版社：276－281，350.

王晓蓉.1997.环境化学.南京：南京大学出版社.

魏复盛，等.1989.水和废水监测分析方法指南.北京：中国环境科学出版社.

武汉大学，中国科学技术大学，中山大学.1996.分析化学.北京：高等教育出版社：436－438.

奚旦立，等.1986.环境监测.北京：高等教育出版社.

杨冬梅，李凤岐，苏育嵩，等.1992.水团分析中的模糊数学方法.海洋与湖沼，23（3）：227－234.

杨国治.1986.土壤环境背景值统计方法的探讨//环境中若干元素的自然背景值及其研究方法.北京：科学出版社：82－87.

杨慧辉.1997.台湾海峡南部沉积物中某些重金属元素的背景值.台湾海峡，16（1）：28－36.

杨嘉东.1992.南海中部海区次表层 NO_2-N 的最大值.台湾海峡，1（2）：138－145.

杨嘉东.1993.南海中部海域铵浓度及其与浮游植物的关系.台湾海峡，12（4）：369－375.

于洪华，袁耀初，苏纪兰，等.1999.1997冬季台湾岛以东黑潮及其附近海域水文特征//西北太平洋副热带环流研究（二）.北京：海洋出版社：30－36.

詹华平，潘玉球，许建平.1999.1998 年 4—7 月南海环流结构及其演变特点的初步分析.东海海洋，17（2）：12－18.

张启龙，翁学传，杨玉玲.1996.南黄海春季水团分析.海洋与湖沼，27：421－427.

赵保仁，曹德明.1998.渤海冬季环流形成机制动力学分析及数值研究.海洋与湖沼，29（1）：86－96.

郑连福，陈文斌.1993.南海海洋沉积作用过程与地球化学研究.北京：海洋出版社：191－201.

第 20 章　我国近海海洋环境
质量与污染问题评价

20.1　近海河口港湾重金属污染风险评估

重金属的生物效应与其存在形态、环境条件和累积量等因素有着密切的关系。有些重金属元素是生物体必需的，如铜、锌、铁等，在生物体中，这些元素作为催化剂，激发或增强生物体中酶的活性，在一些非常特殊的金属酶中，金属与蛋白质紧紧结合在一起，构成生物细胞的活性中心（Rainbow，1985）。但是如果这些必需元素或其他一些不参与有机体代谢活动的非必需元素（如汞、镉、铅等）在生物体内累积过量，就会对生物体产生毒性效应，与有机体的结合还会进一步增强其毒性（Rainbow，1995）。由于重金属在生物体内无法降解，极易通过食物链转移富集，最终对人体健康造成危害。

海洋环境中的重金属元素的来源，从根本上来说可以分为两大类：一类是自然地质活动输入；另一类是人类活动输入。在自然地质活动输入方面，最常见的是地壳岩石风化产物通过陆地径流和气溶胶沉降等途径将重金属物质带入海洋环境，而海底的地质活动（如海底火山喷发等）则直接向海洋输入重金属物质。自然地质活动输入的重金属构成了海洋环境中重金属元素的本底值，它是研究海洋环境污染的重要参数。人类活动输入主要来自于工农业生产排污和矿山、油井开发，河流是人类活动产生重金属入海的最主要的途径，因此河口区往往成为重金属污染的重点区域，长期以来一直受到众多学者的关注（蓝先洪，1987；陈松，1999；郭卫东，2000；孟翙，2003；刘芳文，2003；吕文英等，2009）。

根据《2009 年中国海洋环境质量公报》中的数据显示，2009 年全国 40 条主要河流排放入海的重金属污染物（包括砷）达到 3.78×10^4 t，在各主要河流的污染物入海比重方面，长江和珠江是最主要的入海污染物来源，其中，通过长江入海的污染物占比达到 63%。虽然与有机污染物、石油类和营养盐相比，重金属污染物在大部分海区并不是主要的污染物，但由于重金属在环境中的累积性和特殊的生物毒性效应，其对生态环境的危害应给予高度的重视。

20.1.1　近海河口港湾沉积物中重金属污染风险评价方法

通过各种途径进入海洋环境的重金属，在经过一系列的物理化学过程后，其中大部分最终沉降在沉积物中，这是水体自净能力的一种体现，从这个方面来说，沉积物是水体中重金属污染物的汇集地。同时在另一方面，在界面环境条件发生变化或者受到外力扰动时，富集在沉积物中的重金属可能向水体释放，形成二次污染。沉积物对水体中重金属的迁移转化有着特殊的作用，并且沉积物的污染由于其在时间尺度上具有顺序性，在空间尺度上具有稳定性以及在量的尺度上具有累积性的特征，与水体环境相比，沉积环境对污染状况具有更强的指示作用（马德毅，1993）。

随着人们对沉积物在海洋环境中的特殊作用的认识逐渐深入，海洋沉积物特别是近海沉积物中重金属的形态分布、地球化学过程及污染评估成为近些年来海洋环境科学研究中的热点问题之一（吴景阳等，1985；陈水土等，1993；陈松，1994；蓝先洪，2004；李玉等，2005）。在众多的海洋沉积物重金属污染的研究中，应用生态风险指数法对港湾、河口等近岸海域沉积物重金属污染进行生态风险评估的研究得到了广泛的关注和实践（丘耀文等，1997；甘居利等，2000；刘成等，2002；黄向青等，2006；彭士涛等，2009）。

生态风险指数法是由瑞典学者 Hakanson（1980）提出的，对沉积物污染程度及其对水体环境潜在生态风险进行评估的一种比较直观和简便的方法。该方法基于以下四个方面的条件：一是含量条件：沉积物中污染物含量越高，受污染程度越严重，那么其生态风险指数（RI）也越高，沉积物受污染程度可通过表层沉积物中污染物含量的实测数据与其自然背景值进行比较而获得。二是种类数条件：受多种污染物污染的沉积物的生态风险指数（RI）高于受少数几种污染物污染沉积物。Hakanson 在提出该方法时，根据实际数据状况和污染物的实际环境影响，选取了多氯联苯、Hg、Cd、As、Cu、Pb、Cr 和 Zn 这 8 种污染物作为研究对象。三是毒性条件：不同污染物的毒性是不同的，毒性高的污染物应比毒性低的污染物对生态风险指数（RI）有较大的贡献。Hakanson 考虑到污染物的毒性与其在自然界中的稀有性之间存在着关联，因此根据丰度原则来估算各种污染物的毒性系数，通过对大量数据的估算和处理，得出 Zn、Cr、Cu、Pb、As、Cd、Hg、多氯联苯的毒性系数分别为：1、2、5、5、10、30、40、40。四是敏感性条件：表明不同的水体环境对有毒污染物具有不同的敏感性，这种敏感程度可以通过水体生物生长量指标来衡量。

下面介绍各个参数指标的计算方法。

单个污染物污染参数的计算公式为：

$$C_f^i = C^i / C_n^i \tag{20.1}$$

式中，C_f^i——某一污染物的污染参数；

C^i——底泥中污染物的实测浓度；

C_n^i——全球工业化前沉积物中污染物含量。

单个污染物污染参数 C_f^i 表明单个污染物的污染情况。如果 $C^i \geq C_n^i$，可以定义为沉积物受到污染或富集；如果 $C^i < C_n^i$，认为沉积物未受到污染，根据 C_f^i 值划分沉积物受到单个污染物污染情况：$C_f^i < 1$，低污染参数；$1 \leq C_f^i < 3$，中污染参数；$3 \leq C_f^i < 6$，较高污染参数；$C_f^i \geq 6$，很高污染参数。

综合污染程度 C_d 是多种污染物的污染参数之和，对于上述 8 种污染物来说，其计算公式为：

$$C_d = \sum_{i=1}^{8} C_f^i \tag{20.2}$$

综合污染程度反映了多种污染物总的污染水平，其数值范围所代表的污染情况为：$C_d < 8$，低污染；$8 \leq C_d < 16$，中污染；$16 \leq C_d < 32$，较高污染；$C_d \geq 32$，很高污染。

每种污染物根据其污染程度和毒性效应不同，会形成不同的潜在生态风险。为了定量表达单个污染物的潜在生态风险，可以定义潜在生态风险参数为：

$$E_r^i = T_r^i \cdot C_f^i \tag{20.3}$$

式中，E_r^i——潜在生态风险参数；

　　T_r^i——单个污染物的毒性系数。

不同的 E_r^i 值范围相对应的潜在生态风险如下：$E_r^i < 40$，低潜在生态风险；$40 \leqslant E_r^i < 80$，中潜在生态风险；$80 \leqslant E_r^i < 160$，较高潜在生态风险；$160 \leqslant E_r^i < 320$，高潜在生态风险；$E_r^i \geqslant 320$，很高潜在生态风险。

定义单个污染物潜在生态风险参数之和为潜在生态风险指数 RI：

$$RI = \sum_{i=1}^{8} E_r^i = \sum_{i=1}^{8} T_r^i \cdot C_f^i \tag{20.4}$$

潜在生态风险指数反映了多种污染物综合作用下对环境产生的潜在生态风险。不同的 RI 值范围对应于不同的潜在生态风险等级：$RI < 150$，低潜在生态风险；$150 \leqslant RI < 300$，中等潜在生态风险；$300 \leqslant RI < 600$，较高潜在生态风险；$RI \geqslant 600$，很高潜在生态风险。

在上述定义公式的基础上，通过对沉积物中重金属污染物含量进行分析和计算，可以获知某一种污染物在该海区的污染程度和潜在生态风险，也可以获知多种污染物在该海区的综合污染程度和综合潜在生态风险。在综合污染程度和综合潜在生态风险高的情况下，单个污染物的污染程度和潜在生态风险更加显得具有实际意义，因为我们可以据此发现需要重点关注的环境要素，从而开展更有针对性的研究。

20.1.2　近海河口沉积物中重金属污染及生态风险评估

如前所述，河流是重金属输入海洋环境的重要途径，而河口地区是河流淡水和海水交汇区域，存在着错综复杂的各种过程，水体的物理化学性质和水动力条件发生显著的变化。河口区环境中典型的物理化学过程主要有吸附和解吸、絮凝作用，沉淀和共沉淀以及离子交换作用，而水动力条件方面则主要存在混合过程和扩散过程。以往的研究（颜志森，1983）表明，在河口混合区，随着盐度的增加，大多数重金属的絮凝作用增强，絮凝量增大；水体 pH 值的增大有利于重金属形成氢氧化物、硫化物和碳酸盐沉淀或随之共沉淀，同时，随着 pH 值的增加，重金属在黏土矿物和铁锰水合氧化物上的吸附作用也显著增强，有利于重金属向沉积相转移。

以黄河口、长江口、珠江口这三大河口的沉积物为对象，采用上述生态风险指数法，研究河口沉积物中重金属污染状况及其生态环境影响，污染参数选取 Cu、Pb、Zn、Cd、Cr、Hg 和 Sn 这 7 种主要的污染物。在应用生态风险指数法时，主要涉及污染物背景值、毒性系数、敏感性系数以及 C_d 和 RI 划分范围等参数的确定。

污染物的毒性系数直接采用 Hakanson（1980）提出的相关数值（表 20.1），因为其根据丰度原则并经过归一化处理的污染物毒性系数能够比较客观地反映污染物对环境的影响。

表 20.1　各污染物的毒性系数

污染物	Zn	Cr	Cu	Pb	As	Cd	Hg
毒性系数 T_r^i	1	2	5	5	10	30	40

污染物背景值的选择直接影响到对污染程度的判断，应该根据研究区域的实际情况确定各污染物的背景值，才能尽可能客观、真实地反映该区域沉积物污染状况。本研究对象是河

口沉积物，在河口区域沉积物背景值资料尚不完整的情况下，选择河流流域平均背景丰度（赵一阳等，1994）作为污染物的背景值，并参考对应区域的陆地土壤元素背景丰度（魏复盛，1990）以及 Hakanson（1980）提出的全球工业化前背景值，结果列于表 20.2 中。从表 20.2 中可以看出，除了珠江流域的砷以外，河流流域平均背景丰度一般都明显低于 Hakanson 提出的全球工业化前背景值。

表 20.2　各污染物背景值　　　　　　　　　　　　　　　　　　　　　$\times 10^{-6}$

污染物	Cu	Pb	Zn	Cd	Cr	Hg	As
黄河	13	15	40	0.077	60	0.015	7.5
长江	35	27	78	0.25	82	0.08	9.6
珠江	38	30	85	0.09	86	0.093	17
山东省土壤	24.0±9.79	25.8±8.59	63.5±18.2	0.084±0.0391	66±14.81	0.019±0.0122	9.3±2.86
浙江省土壤	17.6±12.94	23.7±6.76	70.6±37.19	0.070±0.059	52.9±43.01	0.086±0.0667	9.2±7.9
广东省土壤	17±19.1	36±23.4	47.3±39.5	0.056±0.051	50.5±53.4	0.078±0.085	8.9±7.7
全国土壤	22.6±11.41	26±12.37	74.2±32.78	0.097±0.079	61±31.1	0.065±0.087	11.2±7.86
工业化前背景值	50	70	175	1	90	0.25	15

敏感性系数反映了水体环境对污染物毒性的响应程度，与水体环境中的生物生长量密切相关，生物量越少则水体环境对污染物毒性越敏感。本研究将敏感性系数作为污染物毒性系数的修正参数，并将其定义为：

$$BPI = \sqrt{\frac{chla_{ave}}{chla_{btm}}} \qquad (20.5)$$

式中，BPI——敏感性系数；

$chla_{ave}$——海区叶绿素含量平均值；

$chla_{btm}$——每个站位底层叶绿素含量实测值。

由于沉积物中 PCB 调查数据较少，本研究未对该污染物进行研究，而只涉及上述 8 中污染物中的 7 种，因此，综合污染程度 C_d 和潜在生态风险指数 RI 的定义有所不同，在本研究中分别以公式（20.6）和公式（20.7）进行定义，并且其划分范围也需要进行调整，调整结果列于表 20.3 中。

$$C_d = \sum_{i=1}^{7} C_f^i \qquad (20.6)$$

$$RI = \sum_{i=1}^{7} E_r^i = \sum_{i=1}^{7} T_r^i \cdot BPI \cdot C_f^i \qquad (20.7)$$

表 20.3　综合污染程度 C_d 和潜在生态风险指数 RI

指数类型	7 种污染物对应的阈值区间	污染程度分级
综合污染程度 C_d	$C_d < 7$	低污染
	$7 \leqslant C_d < 14$	中等污染
	$14 \leqslant C_d < 28$	较高污染
	$C_d \geqslant 28$	很高污染

续表 20.3

指数类型	7 种污染物对应的阈值区间	污染程度分级
潜在生态风险指数 RI	7 种污染物对应的阈值区间	潜在生态风险程度分级
	$RI < 130$	低潜在生态风险
	$130 \leqslant RI < 260$	中等潜在生态风险
	$260 \leqslant RI < 520$	较高潜在生态风险
	$RI \geqslant 520$	很高潜在生态风险

单个污染物的污染参数 C_f^i 和潜在生态风险参数 E_r^i 不受种类数变化的影响，因此仍采用 Hakanson（1980）提出的阈值区间，见表 20.4 和表 20.5。

表 20.4　污染参数 C_f^i 和潜在生态风险参数 E_r^i

指数类型	单个污染物对应的阈值区间	污染程度分级
污染参数 C_f^i	$C_f^i < 1$	低污染
	$1 \leqslant C_f^i < 3$	中等污染
	$3 \leqslant C_f^i < 6$	较高污染
	$C_f^i \geqslant 6$	很高污染

表 20.5　潜在生态风险参数 E_r^i

指数类型	单个污染物对应的阈值区间	潜在生态风险程度分级
潜在生态风险参数 E_r^i	$E_r^i < 40$	低潜在生态风险
	$40 \leqslant E_r^i < 80$	中等潜在生态风险
	$80 \leqslant E_r^i < 160$	较高潜在生态风险
	$160 \leqslant E_r^i < 320$	很高潜在生态风险
	$E_r^i \geqslant 320$	极高潜在生态风险

20.1.2.1　黄河口

1）河口区概况

黄河口是一个多沙、弱潮、扇形三角洲河口，位于山东省东营市境内，北临渤海，东靠莱州湾，与辽东半岛隔海相望。1855 年黄河改道于山东流入渤海湾后，逐渐发育成为近代三角洲。以上三角洲以宁海为顶点，前缘北起套儿河口，南至南旺河口，岸线长 200 km 以上，面积为 5 400 km² 以上。宁海以下至口门为河口段，长 80 km 以上，三角洲岸线至 25 m 等深线处为口外海滨（庞家珍等，1979）。

河口段年平均流量为 $1.34 \times 10^3 \, \text{m}^3/\text{s}$，平均年径流总量为 $4.23 \times 10^{10} \, \text{m}^3$。全年以 2 月水量最枯，8 月最丰，7—10 月径流量占全年总量的 60%。河口段平均含沙量为 25.4 kg/m³，最大含沙量达 222 kg/m³，平均年输沙量 1.08×10^9 t，7—10 月输沙量占年总量的 80% 以上。来水量及来沙量的年际变化很大，年平均最大值和最小值之比均可达 9 倍。泥沙颗粒很细，悬

443

移质粒径一般为 0.02 ~ 0.04 mm，河床质粒径一般为 0.047 ~ 0.137 mm（庞家珍等，1980）。

2）站位分布

本次我国近海海洋综合调查与评价专项海洋化学调查 ST01 区块 2007 年秋季航次沉积环境调查，在黄河口区域选取 23 个调查站位作为研究对象，站位分布见图 20.1 所示。站位的选取除了考虑黄河冲淡水本身的影响区域外，也考虑河口区潮流和滨海区余流的影响范围。因此，除了河口向渤海中部延伸的断面以外，左右两侧分别向渤海湾和莱州湾选取了部分站位。

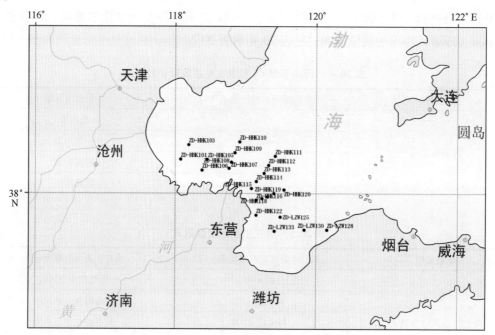

图 20.1　黄河口站位分布

3）沉积物重金属统计特征

表 20.6 列出了黄河口沉积物重金属污染物含量统计特征值。黄河口沉积物中铜含量介于 9.18×10^{-6} ~ 38.8×10^{-6} 之间，平均值为 24.81×10^{-6}；铅含量介于 8.69×10^{-6} ~ 36.1×10^{-6} 之间，平均值为 18.62×10^{-6}；锌含量介于 13.9×10^{-6} ~ 55.6×10^{-6} 之间，平均值为 33.08×10^{-6}；镉含量介于 0.09×10^{-6} ~ 0.27×10^{-6} 之间，平均值为 0.16×10^{-6}；铬含量介于 11.9×10^{-6} ~ 51.2×10^{-6} 之间，平均值为 30.95×10^{-6}；汞含量介于 0.015×10^{-6} ~ 0.081×10^{-6} 之间，平均值为 0.049×10^{-6}；砷含量介于 5.32×10^{-6} ~ 14.1×10^{-6} 之间，平均值为 9.63×10^{-6}。

从偏斜度和峰度上来看，铜和汞总体上为平顶峰的负偏态分布，锌、镉、铬、砷为平顶峰的正偏态分布，铅为尖顶峰的正偏态分布。

变异系数的比较表明，沉积物中砷含量数据离散程度相对较低，而其他 6 种重金属污染物含量变异系数均在 30% 以上，其中，汞离散程度最大，达到 38.3%。

表 20.6　黄河口沉积物重金属统计特征（$n=23$）　　　　$\times 10^{-6}$

统计值	铜	铅	锌	镉	铬	汞	砷
最小值	9.18	8.69	13.90	0.09	11.90	0.015	5.32
最大值	38.80	36.10	55.60	0.27	51.20	0.081	14.10
平均值	24.81	18.62	33.08	0.16	30.95	0.049	9.63
中位数	24.60	16.70	30.70	0.16	28.10	0.050	8.94
偏斜度	-0.05	0.77	0.32	0.34	0.46	-0.012	0.14
峰　度	-1.46	0.51	-0.21	-0.96	-0.71	-1.02	-0.94
标准偏差	9.3	6.6	10.2	0.054	10.9	0.019	2.5
变异系数（%）	37.6	35.3	30.9	34.0	35.1	38.3	25.5

4）沉积物重金属污染程度评价

以表 20.2 提出的黄河流域 7 种污染物平均丰度作为背景值，根据公式（20.1）计算出黄河口 23 个站位的 7 种污染物的单个污染参数 C_f^i 以及根据公式（20.2）计算出的综合污染程度 C_d 列于表 20.7 中。

表 20.7　黄河口 7 种污染物的单个污染参数和综合污染程度

站位	C_f^i							C_d
	Cu	Pb	Zn	Cd	Cr	Hg	As	
ZD－HHK101	0.8	1.3	0.3	1.1	0.5	3.4	0.7	8.2
ZD－HHK103	2.6	2.4	0.8	3.2	0.8	2.3	1.4	13.6
ZD－HHK105	2.7	1.8	0.6	2.1	0.9	2.2	1.1	11.4
ZD－HHK106	2.9	0.8	0.5	3.4	0.3	1.7	1.2	11.0
ZD－HHK107	2.7	1.7	1.2	3.0	0.6	2.4	1.0	12.6
ZD－HHK108	1.7	1.3	0.8	1.8	0.4	1.0	1.7	8.6
ZD－HHK109	1.5	1.1	0.9	2.1	0.5	3.1	1.6	10.7
ZD－HHK110	1.2	1.0	0.6	2.2	0.5	2.5	1.8	9.7
ZD－HHK111	2.1	1.6	1.2	2.2	0.5	4.0	1.9	13.5
ZD－HHK112	0.7	1.1	0.8	1.1	0.4	2.4	1.0	7.5
ZD－HHK113	1.5	1.6	0.7	1.7	0.4	2.2	1.8	9.9
ZD－HHK114	1.1	0.9	0.8	1.6	0.6	4.7	0.9	10.5
ZD－HHK115	2.6	1.5	1.4	2.4	0.8	3.3	1.4	13.3
ZD－HHK116	1.0	1.0	0.8	1.2	0.3	2.4	1.6	8.2
ZD－HHK117	1.9	1.3	0.8	1.9	0.6	4.6	0.8	11.9
ZD－HHK118	1.2	0.8	0.7	1.1	0.3	4.1	1.2	9.5
ZD－HHK119	1.4	0.8	0.7	1.5	0.4	4.9	1.5	11.3
ZD－HHK120	3.0	1.0	1.2	2.9	0.8	5.4	1.1	15.4
ZD－HHK122	1.6	1.1	0.4	1.3	0.5	1.1	1.1	7.1
ZD－LZW125	2.0	1.4	0.7	1.4	0.6	4.0	1.1	11.2
ZD－LZW128	2.7	0.6	1.0	2.5	0.2	4.5	1.2	12.6
ZD－LZW130	2.5	1.9	1.0	2.4	0.7	5.2	0.9	14.6

续表

站位	C_f^i							C_d
	Cu	Pb	Zn	Cd	Cr	Hg	As	
ZD – LZW133	2.6	0.7	1.1	2.9	0.4	3.6	1.5	12.7
最小值	0.7	0.6	0.3	1.1	0.2	1.0	0.7	7.1
最大值	3.0	2.4	1.4	3.4	0.9	5.4	1.9	15.4
平均值	1.9	1.2	0.8	2.1	0.5	3.3	1.3	11.1

从表 20.7 中的数据可以看出，7 种污染物中 Cr 的污染是最轻的，在全部 23 个站位中其 C_f^i 均小于 1.0，属于低污染水平。此外，Zn 的污染水平也是较低的，在 23 个站位中有 16 个站位 Zn 的污染参数小于 1.0，占比近 70%，其 C_f^i 的平均值也小于 1.0。Pb 和 As 分别有 6 个和 4 个站位的污染参数小于 1.0，污染参数的平均值分别为 1.2 和 1.3，总体上属于中等污染水平。Cu 有 1 个站位的污染参数小于 1.0，同时也有个站位达到 3.0，平均值 1.9 也属于中等污染水平。Cd 虽然污染参数平均值 2.1 为中等污染，但有 3 个站位达到或超过 3.0，并且没有低于 1.0 的站位。Hg 的污染情况在这 7 种污染物中相对比较严重，有 13 个站位污染参数超过 3.0，占比 56.5%，最高值在 ZD – LZW 达到 5.4，平均值 3.3 属于较高污染水平。

从综合污染程度来看，所有站位的综合污染程度都在 7.0 以上，也就是说没有低污染程度的站位，大部分站位数据中等污染程度，而 ZD – LZW120 和 ZD – LZW130 两个站位综合污染程度大于 14，属于较高污染程度，其中，Cu、Cd 和 Hg 三种污染物所占的污染权重最大，三者之和占综合污染程度分别达到 73.4% 和 69.2%，其中，又以 Hg 的污染程度最显著。黄河口各站位沉积物的综合污染程度见图 20.2。

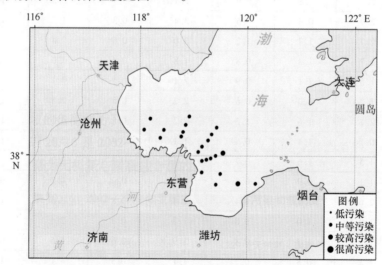

图 20.2 黄河口各站位沉积物综合污染程度

5）沉积物重金属生态风险评价

根据公式（20.3）计算出黄河口 23 个站位的 7 种污染物的单个潜在生态风险参数 E_r^i 以及根据公式（20.4）计算出的综合潜在生态风险指数 RI 列于表 20.8 中。

表 20.8　黄河口 7 种污染物的单个潜在生态风险参数和综合潜在生态风险指数

站位	E_r^i							RI
	Cu	Pb	Zn	Cd	Cr	Hg	As	
ZD – HHK101	3.1	4.7	0.3	24.7	0.8	99.1	5.2	137.8
ZD – HHK103	14.1	13.0	0.9	102.5	1.8	100.9	15.5	248.8
ZD – HHK105	11.4	7.5	0.5	54.7	1.5	76.2	9.7	161.5
ZD – HHK106	12.1	3.3	0.4	85.2	0.6	57.7	9.8	169.1
ZD – HHK107	13.6	8.3	1.2	90.4	1.3	94.0	10.2	218.8
ZD – HHK108	9.6	7.4	0.9	61.0	0.9	45.4	19.3	144.5
ZD – HHK109	9.4	7.0	1.1	79.2	1.1	154.5	19.7	272.1
ZD – HHK110	7.5	6.2	0.8	85.2	1.1	126.7	22.4	249.8
ZD – HHK111	11.3	8.7	1.3	70.6	1.0	171.9	20.2	285.1
ZD – HHK112	4.4	6.7	1.0	42.4	1.0	118.8	12.9	187.2
ZD – HHK113	9.1	10.0	0.9	63.1	0.9	110.2	22.2	216.5
ZD – HHK114	6.9	5.9	0.9	59.1	1.5	236.2	11.6	322.2
ZD – HHK115	15.2	8.6	1.6	85.0	1.9	155.6	16.3	284.2
ZD – HHK116	4.7	4.9	0.8	35.3	0.6	95.8	15.7	157.7
ZD – HHK117	9.8	6.9	0.8	58.4	1.2	189.8	8.0	274.9
ZD – HHK118	7.8	5.1	0.9	42.9	0.9	208.4	15.8	281.7
ZD – HHK119	9.1	5.0	0.9	58.9	1.0	254.5	20.0	349.4
ZD – HHK120	19.3	6.6	1.5	113.3	2.1	279.6	14.5	437.0
ZD – HHK122	10.8	7.4	0.6	53.9	1.3	62.8	15.3	152.1
ZD – LZW125	9.0	6.3	0.7	39.5	1.1	146.0	10.0	212.7
ZD – LZW128	8.8	1.9	0.7	49.1	0.3	119.6	7.9	188.3
ZD – LZW130	9.2	7.0	0.7	53.2	1.0	150.4	6.4	228.1
ZD – LZW133	11.7	3.0	1.0	79.2	0.7	131.8	13.1	240.5
最小值	3.1	1.9	0.3	24.7	0.3	45.4	5.2	137.8
最大值	19.3	13.0	1.6	113.3	2.1	279.6	22.4	437.0
平均值	9.9	6.6	0.9	64.6	1.1	138.5	14.0	235.7

　　从单个污染物的潜在生态风险参数来看，Cu、Pb、Zn、Cr、As 这 5 种污染物 E_r^i 都小于 40，都属于低潜在生态风险级别，其中，Zn 和 Cr 的 E_r^i 最低，平均值仅在 1.0 左右。Cd 的潜在生态风险明显升高，有 14 个站位的潜在生态风险参数 E_r^i 介于 40 ~ 80 之间，占比 60.9%，属于中等级别的潜在生态风险，此外还有 6 个站位的潜在生态风险参数 E_r^i 介于 80 ~ 160 之间，占比 26.1%，属于较高级别的潜在生态风险，平均值 64.6 属于中等级别的潜在生态风险。Hg 的潜在生态风险比镉更高，有 13 个站位的潜在生态风险参数 E_r^i 介于 80 ~ 160 之间，占比 56.5%，属于较高级别的潜在生态风险，此外还有 6 个站位的潜在生态风险参数 E_r^i 介于 160 ~ 320 之间，占比 26.1%，属于很高级别的潜在生态风险，平均值 138.5 已经达到较高级别的潜在生态风险。

　　有 15 个站位的综合潜在生态风险指数 RI 介于 130 ~ 260 之间，占比 65.2%，属于中等潜在生态风险，剩余8个站位的综合潜在生态风险指数 RI 介于260～520之间，占比34.8%，属于较高潜在生态风险。Cd 和 Hg 的潜在生态风险在总的潜在生态风险指数中占据了绝大部分的权重，而 Cu 由于其毒性系数比 Cd 和 Hg 低很多，因此虽然其污染程度也比较显著，但潜在生态风险并不突出。黄河口各站位沉积物的综合潜在生态风险指数见图20.3。

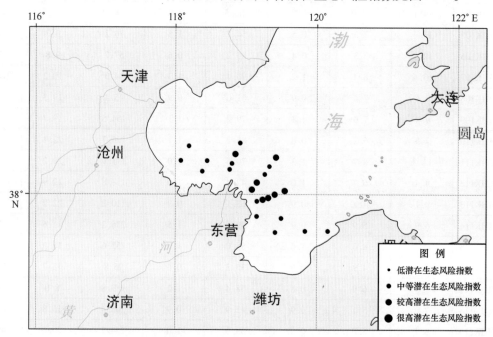

图20.3 黄河口各站位沉积物综合潜在生态风险指数

20.1.2.2 长江口

1）河口区概况

长江口是中国最大的河口，是一个丰水、多沙、中等潮汐强度的分汊河口。上自安徽大通（枯季潮区界），下至水下三角洲前缘（30～50 m 等深线），全长约700 km 余。河口区可分成3个区段：大通至江阴（洪季潮流界），长约400 km，河床演变受径流和边界条件控制，江心洲河型，为近口段；江阴至口门长220 km，径流与潮流相互作用，河床分汊多变，为河口段；自口门向外至30～50 m 等深线处，潮流作用为主，水下三角洲发育，为口外海滨（陈吉余等，1979）。

长江河口水丰沙富，据大通站资料，最大、最小和年平均流量分别为 92 600 m^3/s、4 620 m^3/s、29 300 m^3/s，年径流总量 9 240 × 10^8 m^3。5—10月为洪季，径流量占全年的71.7%，以7月最大；11月至翌年4月为枯季，占28.3%，以2月最小。年平均含沙量 0.544 kg/m^3，年平均输沙量为 4.86 × 10^8 t，沙量在年内分配比水量更集中（沈焕庭等，1979）。

2）站位分布

根据我国近海海洋综合调查与评价专项海洋化学调查 ST04 区块 2007 年秋季航次沉积环境调查，在长江口区域选取 36 个站位作为研究对象。除了选取口门段及口外海滨的站位外，考虑到杭州湾受长江冲淡水和悬浮泥沙输入影响显著（车越等，2003），将杭州湾的站位也纳入研究范围。站位分布见图20.4。

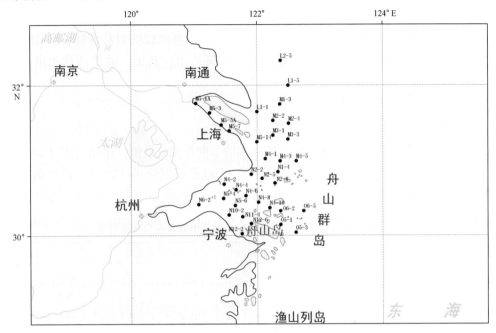

图20.4　长江口站位分布

3）沉积物重金属统计特征

表20.9列出了长江口沉积物重金属污染物含量统计特征值。长江口沉积物中铜含量介于 $5.67 \times 10^{-6} \sim 32.72 \times 10^{-6}$ 之间，平均值为 23.03×10^{-6}；铅含量介于 $7.63 \times 10^{-6} \sim 70.93 \times 10^{-6}$ 之间，平均值为 22.10×10^{-6}；锌含量介于 $48.31 \times 10^{-6} \sim 97.75 \times 10^{-6}$ 之间，平均值为 75.75×10^{-6}；镉含量介于 $0.05 \times 10^{-6} \sim 0.30 \times 10^{-6}$ 之间，平均值为 0.13×10^{-6}；铬含量介于 $10.52 \times 10^{-6} \sim 22.27 \times 10^{-6}$ 之间，平均值为 17.87×10^{-6}；汞含量介于 $0.009 \times 10^{-6} \sim 0.193 \times 10^{-6}$ 之间，平均值为 0.052×10^{-6}；砷含量介于 $3.94 \times 10^{-6} \sim 9.12 \times 10^{-6}$ 之间，平均值为 6.51×10^{-6}。

表20.9　长江口沉积物重金属统计特征 （$n = 36$）　　　　　　　$\times 10^{-6}$

统计值	铜	铅	锌	镉	铬	汞	砷
最小值	5.67	7.63	48.31	0.05	10.52	0.009	3.94
最大值	32.72	70.93	97.75	0.30	22.27	0.193	9.12
平均值	23.03	22.10	75.75	0.13	17.87	0.052	6.51
中位数	24.58	22.67	79.834	0.12	18.32	0.048	6.66
偏斜度	-0.85	3.41	-0.71	1.19	-0.99	2.50	-0.19
峰度	0.36	17.08	-0.25	1.18	0.85	9.45	-0.45
标准偏差	6.6	9.8	12.3	0.06	2.6	0.032	1.2
变异系数（%）	26.5	40.0	15.8	43.2	14.3	61.0	17.8

从偏斜度和峰度上来看，铜和铬为尖顶峰的负偏态分布，锌和砷为平顶峰的负偏态分布，铅、镉、汞均为尖顶峰的正偏态分布，其中，铅和汞的峰度值比较高，反映了数据分布的右侧有较多的极端值且分布非常集中。

变异系数的比较表明，沉积物中锌、铬和砷含量数据离散程度相对较低，铜含量数据离散程度居中，而铅、镉和汞含量的变异系数均在40%以上，其中，汞的离散程度最大，达到61.0%。

4）沉积物重金属污染程度评价

以前文表20.2提出的长江流域7种污染物平均丰度作为背景值，根据公式（20.1）计算出长江口36个站位的7种污染物的单个污染参数C_f^i以及根据公式（20.2）计算出的综合污染程度C_d列于表20.10中。

表20.10　长江口7种污染物的单个污染参数和综合污染程度

站位	C_f^i							C_d
	Cu	Pb	Zn	Cd	Cr	Hg	As	
L1-1	0.6	0.5	0.8	0.2	0.2	0.6	0.6	3.5
L1-5	0.3	0.5	0.6	0.2	0.1	0.1	0.5	2.5
L2-5	0.4	0.5	0.7	0.2	0.2	0.2	0.4	2.6
M1-3	0.6	0.7	1.1	0.3	0.2	0.4	0.7	4.1
M2-2	0.7	0.8	1.1	0.7	0.2	2.4	0.8	6.8
M2-4	0.4	0.5	0.9	0.2	0.2	0.2	0.6	3.0
M3-1	0.2	0.5	0.7	0.2	0.3	0.2	0.7	2.9
M3-3	0.6	0.7	1.1	0.4	0.2	0.4	0.6	3.8
M4-1	0.8	0.9	1.1	0.6	0.3	0.5	0.8	5.1
M4-3	0.7	0.9	1.1	0.5	0.2	0.7	0.8	4.9
M4-5	0.7	0.8	1.1	0.4	0.2	0.5	0.7	4.5
M5-14	0.7	0.9	1.1	1.1	0.2	1.6	0.7	6.3
M5-1A	0.4	0.4	0.8	0.7	0.2	0.1	0.5	3.1
M5-3	0.9	0.8	1.0	1.2	0.2	0.8	0.5	5.5
M5-5A	0.6	0.7	1.0	1.0	0.2	0.2	0.6	4.9
M5-7	0.2	0.3	0.6	0.5	0.1	0.4	0.5	2.5
N10-2	0.6	2.6	0.9	0.5	0.2	0.4	0.6	5.8
N11-4	0.8	0.9	1.1	0.5	0.2	0.7	0.8	4.9
N12-2	0.7	0.9	1.0	0.4	0.2	0.6	0.8	4.6
N12-6	0.6	0.7	0.9	0.4	0.2	0.6	0.7	4.1
N1-4	0.9	1.0	1.1	0.5	0.2	0.7	0.9	5.3
N2-2	0.8	0.9	1.0	0.8	0.2	0.8	0.6	5.0
N2-5	0.9	1.0	1.1	0.7	0.3	0.7	0.7	5.4
N2-8	0.7	0.9	1.0	0.4	0.2	0.4	0.7	4.4
N4-10	0.5	0.6	0.8	0.4	0.2	0.6	0.7	3.7

续表 20.10

站位	C_f^i							C_d
	Cu	Pb	Zn	Cd	Cr	Hg	As	
N4-2	0.9	1.1	1.3	0.9	0.3	1.0	0.8	6.2
N4-4	0.6	0.6	0.8	0.3	0.2	0.8	0.5	3.8
N4-6	0.9	1.1	1.2	0.7	0.3	0.6	0.7	5.2
N4-8	0.8	0.8	1.0	0.4	0.2	0.7	0.8	4.6
N5-4	0.8	0.9	1.1	0.6	0.2	0.6	1.0	5.1
N5-6	0.9	1.0	1.1	0.6	0.2	0.8	0.7	5.3
N6-2	0.6	0.6	0.9	0.4	0.2	0.6	0.7	4.1
O5-1	0.7	0.8	0.9	0.3	0.2	0.5	0.5	3.9
O5-3	0.7	0.9	1.0	0.6	0.2	0.5	0.7	4.6
O6-2	0.8	1.0	1.1	0.5	0.2	1.1	0.8	5.5
O6-5	0.8	1.0	1.0	0.5	0.2	0.7	0.7	4.9
最小值	0.2	0.3	0.6	0.1	0.1	0.1	0.4	2.5
最大值	0.9	2.6	1.3	1.2	0.3	2.4	1.0	6.8
平均值	0.7	0.8	1.0	0.5	0.2	0.6	0.7	4.5

从表20.10中可以看出，7种污染物中铜和铬的污染是最轻的，全部36个站位的C_f^i均小于1.0，属于低污染水平。砷仅有1个站位C_f^i达到1.0，其余所有站位均小于1.0。镉、汞和铅分别有3个站位、4个站位和8个站位的C_f^i达到或超过1.0，但平均值低于1.0，属于低污染水平。锌有23个站位的C_f^i达到或超过1.0，占比63.9%，其平均值也达到1.0，属于中等污染水平。

从综合污染程度来看，所有36个站位的综合污染程度C_d都低于7.0，都属于低污染程度，最大值6.8出现在M2-2站位。长江口沉积物的污染程度总体上明显低于黄河口，除了污染物含量比黄河口略低以外，主要原因是长江口沉积物污染物背景值显著高于黄河口。长江口各站位沉积物综合污染程度见图20.5。

5）沉积物重金属生态风险评价

根据公式（20.3）计算出长江口36个站位的7种污染物的单个潜在生态风险参数E_r^i以及根据公式（20.4）计算出的综合潜在生态风险指数RI列于表20.11中。

从单个污染物的潜在生态风险参数来看，铜、铅、锌、铬、砷这5种污染物所有站位E_r^i都小于40，都属于低潜在生态风险级别，其中，铬的E_r^i最低，平均值仅为0.5。有2个站位沉积物镉的潜在生态风险参数E_r^i介于40~80之间，属于中等级别的潜在生态风险，但平均值仅为17.5属于低级别的潜在生态风险。汞的潜在生态风险总体上比镉略高，有5个站位的潜在生态风险参数E_r^i介于40~80之间，占比13.9%，属于中等级别的潜在生态风险，还有1个站位的潜在生态风险参数E_r^i介于80~160之间，属于较高级别的潜在生态风险，但由于大部分站位的E_r^i低于40，因此平均值仅为29.1仍属于低级别的潜在生态风险。

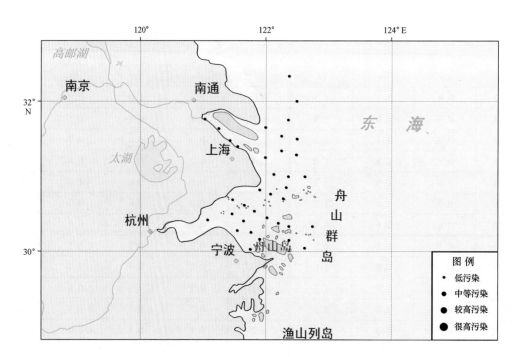

图 20.5 长江口各站位沉积物综合污染程度

表 20.11 长江口 7 种污染物的单个潜在生态风险参数和综合潜在生态风险指数

站位	E_r^i							RI
	Cu	Pb	Zn	Cd	Cr	Hg	As	
L1−1	3.2	2.8	0.8	7.6	0.4	23.7	6.6	45.2
L1−5	2.0	3.2	0.8	7.3	0.4	6.1	6.2	25.9
L2−5	1.5	1.9	0.5	5.6	0.3	6.7	3.2	19.6
M1−3	3.4	4.2	1.2	11.0	0.5	20.0	8.3	48.5
M2−2	3.7	3.9	1.1	21.8	0.5	97.5	8.1	136.7
M2−4	1.8	2.4	0.8	6.2	0.3	6.5	5.1	23.1
M3−1	1.1	2.3	0.7	6.8	0.5	8.5	6.9	26.8
M3−3	4.2	5.2	1.6	16.0	0.7	20.8	8.6	57.0
M4−1	2.7	3.1	0.7	11.8	0.3	14.1	5.2	37.9
M4−3	4.3	5.0	1.2	16.8	0.6	33.9	9.5	71.3
M4−5	5.0	5.7	1.5	16.4	0.6	29.4	9.0	67.6
M5−14	2.9	3.3	0.8	25.9	0.4	47.8	5.6	86.6
M5−1A	2.0	2.0	0.8	20.7	0.3	4.6	5.2	35.7
M5−3	2.6	2.4	0.6	20.8	0.3	18.5	2.9	48.1
M5−5A	3.6	4.3	1.3	40.1	0.6	39.2	7.8	96.8
M5−7	1.0	1.7	0.7	17.4	0.3	18.7	5.4	45.3
N10−2	3.2	14.1	1.0	15.5	0.4	18.3	6.0	58.6
N11−4	4.7	5.1	1.3	17.4	0.6	33.8	9.3	72.1
N12−2	4.4	5.7	1.3	17.5	0.6	32.4	10.8	72.8
N12−6	4.5	5.3	1.4	16.0	0.5	32.6	11.1	71.5

续表 20.11

站位	E_r^i							RI
	Cu	Pb	Zn	Cd	Cr	Hg	As	
N1 – 4	6.1	6.6	1.5	21.3	0.7	36.9	11.9	85.1
N2 – 2	5.5	6.1	1.4	34.0	0.6	44.6	8.2	100.4
N2 – 5	3.0	3.4	0.7	13.7	0.3	19.1	4.7	45.0
N2 – 8	3.8	5.0	1.1	11.9	0.5	19.3	8.1	49.8
N4 – 10	3.6	3.9	1.0	14.3	0.5	33.1	9.0	65.3
N4 – 2	7.6	8.8	2.0	42.7	0.8	63.0	13.2	138.1
N4 – 4	2.3	2.3	0.6	7.7	0.3	26.1	4.4	43.8
N4 – 6	3.3	4.0	0.9	15.6	0.4	16.8	5.2	46.3
N4 – 8	2.8	2.9	0.7	9.9	0.3	21.7	5.6	44.1
N5 – 4	4.4	5.0	1.2	18.8	0.5	26.2	10.6	66.8
N5 – 6	4.5	5.1	1.2	19.1	0.5	35.0	7.2	72.6
N6 – 2	2.6	2.6	0.7	9.8	0.3	20.8	5.3	42.2
O5 – 1	9.0	10.5	2.5	26.3	1.1	49.2	14.5	113.1
O5 – 3	6.4	7.7	1.7	29.3	0.8	35.7	13.0	94.5
O6 – 2	4.2	5.4	1.2	15.7	0.5	48.1	8.7	83.9
O6 – 5	5.7	7.2	1.6	21.6	0.7	39.0	11.1	86.8
最小值	1.0	1.7	0.5	5.6	0.3	4.6	2.9	19.6
最大值	9.0	14.1	2.5	42.7	1.1	97.5	14.5	138.1
平均值	3.8	4.7	1.1	17.5	0.5	29.1	7.8	64.6

有两个站位的综合潜在生态风险指数 RI 介于130~260之间，占比5.6%，属于中等潜在生态风险，剩余34个站位的综合潜在生态风险指数 RI 均低于130，属于低潜在生态风险。综合潜在生态风险指数 RI 的平均值为64.6，也属于低潜在生态风险。在各个站位的综合潜在生态风险指数中，镉和汞的潜在生态风险占据了绝大部分的权重，以 M2 – 2 和 N4 – 2 这两个中等潜在生态风险的站位为例，镉和汞的生态风险参数之和分别占综合潜在生态风险指数的87.3%和76.5%。由此可见，虽然长江口和黄河口沉积物污染物潜在生态风险水平并不一致，但镉和汞同样都是潜在生态风险的主要来源。长江口各站位沉积物的综合潜在生态风险指数见图20.6。

20.1.2.3　珠江口

1）河口区概况

珠江口是三角洲网河和残留河口湾并存的河口，主要特征是径流大，潮差小，含沙量相对较小。河口区河汊发育，水网密布。珠江水系的几条干流——西江、北江和东江，以及增江、流溪河和潭江，到了下游相互沟通，呈8条放射状排列的分流水道流入南海。入海口门从东向西有虎门、蕉门、洪奇沥、横门、磨刀门、鸡啼门、虎跳门和崖门。从西江羚羊峡、北江芦苞、东江铁岗、流溪河蚌湖和潭江三埠等地以下至三水、石龙、石咀等地为近口段，

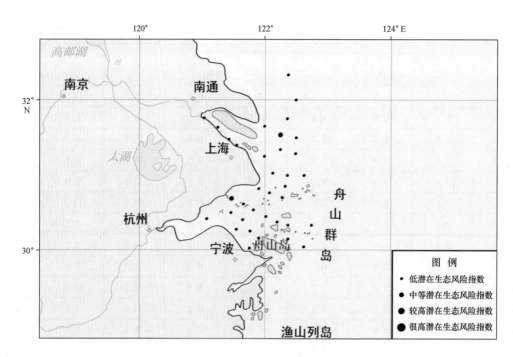

图 20.6　长江口各站位沉积物综合潜在生态风险指数

至各分流水道的口门为河口段，另有伶仃洋和黄茅海两个河口湾。从口门向外至 45 m 等深线附近为口外海滨（赵焕庭，1982）。

珠江年平均流量约 1×10^4 m^3/s，年径流总量 $3\,457.8 \times 10^8$ m^3。4—9 月的径流量占全年的 80%。多年平均含沙量 $0.136 \sim 0.306$ kg/m^3，年平均悬移质输沙量 $8\,359 \times 10^4$ t，估算年推移质输沙量约 800×10^4 t。流域来沙中有 15.5% 淤积在三角洲河网内，其余都由口门泄出。排沙量以磨刀门和洪奇沥最多（赵焕庭，1983）。

2）站位分布

根据我国近海海洋综合调查与评价专项近海海洋化学调查 ST07 区块秋季航次沉积环境调查站位数据，在珠江口区域选取 13 个站位作为研究对象，覆盖范围从口门段至口外海滨 30 m 等深线以浅区域，站位分布见图 20.7 所示。

3）沉积物重金属统计特征

表 20.12 列出了珠江口沉积物重金属污染物含量统计特征值。珠江口沉积物中铜含量介于 $1.3 \times 10^{-6} \sim 18.5 \times 10^{-6}$ 之间，平均值为 5.0×10^{-6}；铅含量介于 $4.2 \times 10^{-6} \sim 39.3 \times 10^{-6}$ 之间，平均值为 13.2×10^{-6}；锌含量介于 $0.7 \times 10^{-6} \sim 67.8 \times 10^{-6}$ 之间，平均值为 18.4×10^{-6}；镉含量介于 $0.01 \times 10^{-6} \sim 1.23 \times 10^{-6}$ 之间，平均值为 0.22×10^{-6}；铬含量介于 $5.6 \times 10^{-6} \sim 22.9 \times 10^{-6}$ 之间，平均值为 9.7×10^{-6}；汞含量介于 $0.040 \times 10^{-6} \sim 0.181 \times 10^{-6}$ 之间，平均值为 0.108×10^{-6}；砷含量介于 $8.62 \times 10^{-6} \sim 40.7 \times 10^{-6}$ 之间，平均值为 21.9×10^{-6}。

从偏斜度和峰度上来看，所有 7 种污染物含量总体上均趋向于正偏态分布，其中，铜、铅、锌、镉和铬为尖顶峰的正偏态分布，汞和砷为平顶峰的正偏态分布。

珠江口沉积物重金属含量的变异系数明显高于黄河口和长江口，铜、锌和镉的变异系数

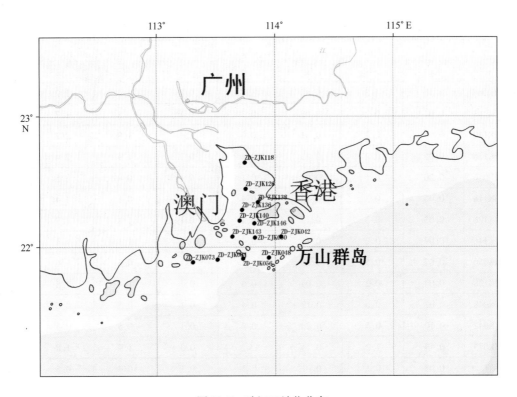

图 20.7　珠江口站位分布

均在 100% 以上，其中，镉的变异系数甚至高达 186.4%，其余几种重金属含量的变异系数也都在 45% 以上。这一方面与珠江口样本数相对较少有关，另一方面也反映了珠江口沉积物重金属污染物存在局部分布不均匀的特征。

表 20.12　珠江口沉积物重金属统计特征（$n=13$）　　　　$\times 10^{-6}$

统计值	铜	铅	锌	镉	铬	汞	砷
最小值	1.3	4.2	0.7	0.01	5.6	0.040	8.62
最大值	18.5	39.3	67.8	1.23	22.9	0.181	40.7
平均值	5.0	13.2	18.4	0.22	9.7	0.108	21.9
中位数	2.7	8.4	13.1	0.04	7.8	0.106	22.3
偏斜度	1.9	1.6	1.9	2.18	1.8	0.022	0.24
峰度	2.3	1.7	2.6	3.3	2.8	−1.7	−0.9
标准偏差	5.6	11.1	20.6	0.41	5.1	0.054	10.3
变异系数（%）	112.0	84.1	112.0	186.4	52.6	50.0	47.0

4）沉积物重金属污染程度评价

以前文表 20.2 提出的珠江流域 7 种污染物平均丰度作为背景值，根据公式（20.1）计算出珠江口 13 个站位的 7 种污染物的单个污染参数 C_f^i 以及根据公式（20.2）计算出的综合污染程度 C_d 列于表 20.13 中。

表20.13　珠江口7种污染物的单个污染参数和综合污染程度

站位	C_f^i							C_d
	Cu	Pb	Zn	Cd	Cr	Hg	As	
ZD－ZJK064	0.43	1.3	0.80	12.7	0.2	1.4	1.2	18.0
ZD－ZJK143	0.04	0.2	0.09	0.3	0.1	1.8	1.7	4.2
ZD－ZJK140	0.04	0.2	0.01	0.6	0.1	1.9	2.2	5.1
ZD－ZJK136	0.05	0.2	0.13	0.4	0.1	1.9	2.4	5.2
ZD－ZJK056	0.20	0.1	0.02	0.1	0.1	0.4	0.5	1.4
ZD－ZJK118	0.06	0.3	0.15	0.4	0.1	0.6	1.4	3.0
ZD－ZJK126	0.03	0.3	0.15	0.4	0.1	1.1	1.3	3.4
ZD－ZJK146	0.09	0.2	0.11	0.4	0.1	1.1	1.1	3.1
ZD－ZJK050	0.07	0.5	0.18	0.4	0.1	0.6	0.6	2.5
ZD－ZJK138	0.04	0.2	0.04	0.3	0.1	1.4	1.5	3.6
ZD－ZJK048	0.07	0.6	0.19	0.4	0.1	0.5	0.6	2.5
ZD－ZJK042	0.10	0.5	0.20	0.8	0.1	0.5	0.5	2.7
ZD－ZJK073	0.49	1.2	0.74	13.7	0.3	1.9	1.8	20.1
最小值	0.03	0.1	0.01	0.1	0.1	0.4	0.5	1.4
最大值	0.49	1.3	0.80	13.7	0.3	1.9	2.4	20.1
平均值	0.13	0.4	0.22	2.4	0.1	1.2	1.3	5.8

从表20.13中可以看出，铜、锌和铬的污染是最轻的，在全部13个站位中它们的C_f^i均小于1.0，属于低污染水平。铅有2个站位（ZD－ZJK064和ZD－ZJK073）的C_f^i超过1.0，其余11个站位均小于1.0，平均值也低于1.0，属低污染水平。镉的情况与铅很相似，也是在ZD－ZJK064和ZD－ZJK073出现污染高值，其C_f^i分别达到12.7和13.7，属很高污染水平，尽管其余11个站位C_f^i均低于1.0，但由于这两个高值的存在，导致C_f^i平均值达到2.4，属中等污染水平。汞和砷分别有8个站位和9个站位的C_f^i在1.0以上，分别占比61.5%和69.2%，平均值也超过1.0，属中等污染水平。

从综合污染程度来看，除了ZD－ZJK064和ZD－ZJK073站位以外，其余11个站位的综合污染程度都在7.0以下，均属于低污染程度的站位。而ZD－ZJK064和ZD－ZJK073这两个站位由于镉的C_f^i异常高，导致综合污染程度分别达到18.0和20.1，属于较高污染程度。其实除了镉以外，铜、铅、锌和铬的C_f^i的高值也都是出现在这两个站位，因此这两个站位综合污染程度达到较高污染水平是合理的。珠江口各站位沉积物的综合污染程度见图20.8。

5）沉积物重金属生态风险评价

根据公式（20.3）计算出珠江口13个站位的7种污染物的单个潜在生态风险参数E_r^i以及根据公式（20.4）计算出的综合潜在生态风险指数RI列于表20.14中。

从单个污染物的潜在生态风险参数来看，铜、铅、锌、铬、砷这5种污染物E_r^i都小于40，都属于低潜在生态风险级别，其中，铜、锌和铬的E_r^i最低，平均值均低于1.0。汞有5个站位的潜在生态风险参数E_r^i低于40，占比38.5%，属于低潜在生态风险；有7个站位的

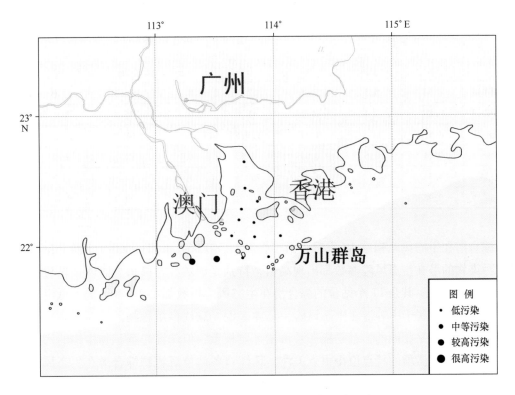

图 20.8　珠江口各站位沉积物综合污染程度

潜在生态风险参数 E_r^i 介于 40 ~ 80 之间，占比 53.8%，属于中等级别的潜在生态风险；ZD - ZJK073 站位的潜在生态风险参数 E_r^i 介于 80 ~ 160 之间，属于较高级别的潜在生态风险；平均值 51.9 属于中等级别的潜在生态风险。镉的潜在生态风险比较突出，虽然有 10 个站位的潜在生态风险参数 E_r^i 低于 40，占比 76.9%，但 ZD - ZJK064 和 ZD - ZJK073 两个站位镉的潜在生态风险参数 E_r^i 远远超过 320，属于极高的潜在生态风险。也正是由于这两个高值的存在，珠江口沉积物镉的潜在生态风险参数总体平均值达到 108.2，已属于较高级别的潜在生态风险。

表 20.14　珠江口 7 种污染物的单个潜在生态风险参数和综合潜在生态风险指数

站位	E_r^i							RI
	Cu	Pb	Zn	Cd	Cr	Hg	As	
ZD - ZJK064	2.73	8.2	1.02	483.4	0.5	71.1	15.2	582.2
ZD - ZJK143	0.11	0.5	0.05	4.7	0.1	37.9	8.9	52.3
ZD - ZJK140	0.16	0.8	0.01	14.2	0.2	60.1	17.4	92.9
ZD - ZJK136	0.20	0.8	0.10	9.6	0.2	60.6	19.1	90.6
ZD - ZJK056	1.52	0.8	0.03	4.5	0.3	24.3	7.6	39.1
ZD - ZJK118	0.34	1.7	0.17	13.6	0.2	27.2	15.9	59.1
ZD - ZJK126	0.16	1.6	0.16	12.9	0.2	47.4	14.0	76.4
ZD - ZJK146	0.43	1.0	0.11	11.5	0.2	42.2	10.6	66.0
ZD - ZJK050	0.59	4.2	0.30	20.1	0.3	40.3	10.1	75.9
ZD - ZJK138	0.18	0.9	0.04	8.3	0.2	51.7	13.9	75.2

续表 20.14

站位	E_r^i							RI
	Cu	Pb	Zn	Cd	Cr	Hg	As	
ZD – ZJK048	0.64	5.5	0.35	22.0	0.4	36.7	11.0	76.6
ZD – ZJK042	0.88	4.4	0.35	42.5	0.4	35.4	8.8	92.7
ZD – ZJK073	4.53	11.1	1.37	759.5	1.1	140.4	33.3	951.3
最小值	0.11	0.5	0.01	4.5	0.1	24.3	7.6	39.1
最大值	4.53	11.1	1.37	759.5	1.1	140.4	33.3	951.3
平均值	0.96	3.2	0.31	108.2	0.3	51.9	14.3	179.3

从综合潜在生态风险指数 RI 来看，由于在 ZD – ZJK064 和 ZD – ZJK073 两个站位上 7 种重金属污染物的潜在生态风险参数都出现高值，特别是镉的异常高值，这两个站位都属于很高的潜在生态风险。其余 11 个站位的综合潜在生态风险指数都小于 130，属于低潜在生态风险，平均值 179.3 属于中等潜在生态风险。总体来说，珠江口沉积物的潜在生态风险的来源与黄河口和长江口是相同的，都是镉和汞占据主要权重，但珠江口沉积物中镉的污染程度和潜在生态风险局部激增的特点值得重点关注。珠江口各站位沉积物综合潜在生态风险指数见图 20.9。

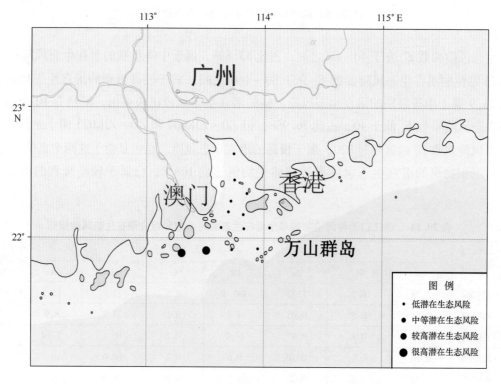

图 20.9 珠江口各站位沉积物综合潜在生态风险指数

20.1.3 小结

（1）黄河口沉积物中铬、锌污染很轻，铅、砷、铜和镉为中等污染，汞的污染程度较高。所有站位都达到中等污染程度，其中，两个站位达到较高污染程度，铜、镉和汞是主要的污染权重来源。铜、铅、锌、铬、砷都属于低潜在生态风险级别，镉总体上属于中等级别的潜在生态风险，汞达到较高级别的潜在生态风险。有 65.2% 的站位属于中等潜在生态风险，其余站位属于较高潜在生态风险。镉和汞的潜在生态风险在总的潜在生态风险指数中占据了绝大部分的权重。

（2）长江口沉积物污染状况总体上处于相对较低水平，锌的污染略高一些。全部站位都属于低污染程度，总体上明显低于黄河口，除了污染物含量比黄河口略低以外，长江口沉积物污染物背景值显著高于黄河口是主要的原因。铜、铅、锌、铬和砷都属于低潜在生态风险级别，镉和汞总体上也属于低级别的潜在生态风险，但是个别站位潜在生态风险有所升高。沉积物 7 种污染物的潜在生态风险水平总体低于黄河口，但是镉和汞同样都是潜在生态风险的主要来源。

（3）珠江口沉积物中铜、铅、锌、铬的污染都很轻，镉、汞和砷都属中等污染水平，同时镉的污染呈现局部暴发的特征。铜、铅、锌、铬、砷都属于低潜在生态风险级别，汞总体上属于中等级别的潜在生态风险，镉有两个站位达到极高的潜在生态风险。大部分站位属于低污染程度和低潜在生态风险，有两个站位由于镉的污染程度激增而达到较高污染程度，属于很高的潜在生态风险。珠江口沉积物中镉的污染程度和潜在生态风险局部激增的特点值得重点关注。

20.2　近海主要河口港湾富营养化程度评价

随着工业化程度的提高、城市化进程的加快和世界人口的不断增加，人类活动越来越频繁，深刻地影响着海洋环境。近海水域富营养化已经成为困扰世界沿海各国的主要环境问题之一。

富营养化的定义有许多种，美国"国家河口富营养化评价（NEEA）"计划专家组提出的定义是迄今关于富营养化的较为全面和恰当的定义。该定义认为"富营养化是由于营养盐输入的增加而使水体的生产力（通过有机物来衡量）增加的一个自然过程。营养盐的输入是一个自然过程，但近几十年来各种人类活动大大增加了营养盐的输入。""文明富营养化"或"营养盐过富"是指由于与人类活动有关的排入水体的营养盐量的增加和组成的改变而导致水体中有机物（尤其是藻类）的加速累积。其可产生一系列的后果，包括有害和有毒藻华、溶解氧耗尽和水下植被及底栖动物损失。这些效果是互相关联的，并通常被认为对水质、生态系统健康和人类利用具有负面影响。环境管理应关注的是人为增加的那部分营养盐对环境是有害的（Bricker，2004）。该定义全面地指出了富营养化产生的负面效应，并提出了环境管理需要关注的利害关系。

富营养化评价方法经过多年的不断发展，已从早期相对简单的第一代模型逐渐向以富营养化症状为基础的第二代模型过渡。海域富营养化的评价主要是通过对代表性指标的详细调查，科学判断该海域的营养状态，了解富营养化过程，并预测其发展趋势，为海洋水质管理及富营养化的控制提供科学依据。

20.2.1 水体富营养化对海洋生态环境的影响及危害

20.2.1.1 富营养化对海洋生态系统的影响

　　海洋中的富营养化主要由陆源的营养盐输入引起，所以富营养化一般出现在沿岸的浅海和海湾，尤其是河流入海口的海区。富营养化不仅影响海洋生态系统的结构，而且对海洋生态系统的功能也具有相当的影响。富营养化对海洋生态系统的直接影响是提高了浮游植物生产力和生物量，间接影响就是改变了浮游生物群落和底栖生物的群落结构和季节循环，引起了高营养级生物资源（鱼、虾、贝等）的变化。富营养化使得海域水质和海洋底质质量明显恶化，造成海域生态环境在短时间内发生突发性变化，这种突发性过程（时间尺度为几月到几年）使生态系统得不到补偿平衡，容易引起海洋生物种类、数量和群落结构的变化，如果这种变化比较大，还会进一步改变食物链和物质在水体、生物体和沉积物中的流通途径和能力，从而危及整个海区海洋生态系统的健康和平衡，使该海域的生物多样性降低，造成生态系统的脆弱性增大，极易引发赤潮、水体缺氧等近海环境灾害。

20.2.1.2 富营养化引发的近海环境灾害

1）赤潮

　　富营养化是赤潮发生的物质基础，一些富营养化严重的海区往往也是赤潮多发区。在我国的海域中，发生赤潮比较集中的海区有：渤海（主要是渤海湾、黄河口和大连湾等地）、长江口（主要包括浙江舟山外海域、象山港、杭州湾等地）、福建沿海（厦门湾等地）、珠江口海域（大亚湾、大鹏湾及香港部分海区等地）（姚云和沈志良，2005）。图20.10、图20.11分别为2006—2009年中国全海域及渤海、黄海、东海、南海各海域赤潮发生的次数及累计面积。东海是我国赤潮主要的发生区（中国海洋环境质量公报，2006—2009年）。

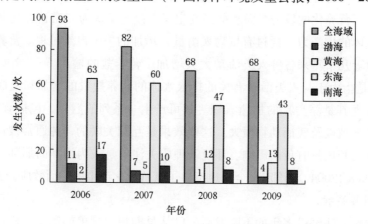

图20.10　我国全海域及渤海、黄海、东海、南海各海域赤潮发生的次数

　　2006年我国海域共发生赤潮93次，发生面积在100 km² 以上的赤潮有31次，累计面积18 540 km²，分别占赤潮发生次数和累计面积的33%和93%；超过1 000 km² 的赤潮发生7次，见表20.15。赤潮高发区集中在东海海域；大面积赤潮主要出现在渤海湾、长江口外和

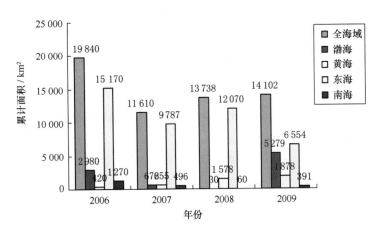

图 20.11　我国全海域及渤海、黄海、东海、南海各海域赤潮发生的累计面积

浙江中南部等海域。引发赤潮的生物种类主要为具有毒害作用的米氏凯伦藻、棕囊藻和无毒性的中肋骨条藻、具齿原甲藻、夜光藻等。有毒赤潮生物引发或协同引发的赤潮 41 次，累计面积约 14 970 km^2，占全年赤潮累计发生次数和面积的 44% 和 75%（表 20.15）。

表 20.15　2006 年中国海域发生的大面积赤潮

起止时间	地点	面积（km^2）	赤潮生物种类
5 月 3 日—5 月 8 日	浙江舟山外至六横岛东南海域	1 000	具齿原甲藻、中肋骨条藻
5 月 14 日—5 月 17 日	长江口外海域	1 000	具齿原甲藻、米氏凯伦藻
5 月 20 日—5 月 27 日	渔山列岛附近海域	3 000	具齿原甲藻、米氏凯伦藻
6 月 12 日—6 月 14 日	浙江南部海域（洞头至北麂列岛）	2 100	米氏凯伦藻、具齿原甲藻
6 月 15 日—6 月 21 日	渔山列岛、象山附近海域	1 000	米氏凯伦藻、红色中缢虫
6 月 24 日—6 月 27 日	浙江中部渔山列岛至韭山列岛海域	1 200	旋链角毛藻、米氏凯伦藻
10 月 22 日—11 月 5 日	河北黄骅附近海域	1 600	球形棕囊藻
12 月 3 日—12 月 23 日	广东汕尾港海域	45	球形棕囊藻零星鱼类死亡

2007 年我国海域共发生赤潮 82 次，直接经济损失 600 万元，其中，有毒赤潮生物引发的赤潮为 25 次，面积约 1 906 km^2。东海仍为我国赤潮的高发区，较大面积赤潮集中在浙江沿海海域。引发赤潮的生物种类主要为具有毒害作用的棕囊藻、米氏凯伦藻、多环旋沟藻等和无毒性的中肋骨条藻、具刺漆沟藻等，一些赤潮是由两种或两种以上赤潮生物共同形成的。

2008 年我国沿海共发生赤潮 68 次，直接经济损失约为 200 万元。全年共发生面积在 100 km^2 以上的赤潮 24 次，累计面积为 12 438 km^2，其中，面积在 1 000 km^2 以上的赤潮 3 次，累计面积为 5 850 km^2。全年赤潮主要发生在东海，分别占全海域赤潮发生次数及累计面积的 69.1% 和 87.9%；其次为黄海，分别占全海域赤潮发生次数及累计面积的 17.6% 和 11.5%。

2009 年中国近海共发生赤潮 68 次，直接经济损失 0.65 亿元。赤潮多发期为 4 月至 8 月，高发区为东海（发生次数和累计面积分别占全海域的 63.2% 和 46.5%），大面积赤潮主要发生在渤海湾和浙江沿海海域。面积在 100 km^2 以上的赤潮共发生 20 次，累计面积为 12 940 km^2，分别占全海域赤潮发生次数和累计面积的 29.4% 和 91.8%。其中面积 1 000 km^2 以上的赤潮发生 3 次，累计面积为 7 290 km^2。有毒赤潮共发生 11 次，占全海域的 16.2%。引发赤潮的生物种类主要为夜光藻、中肋骨条藻、赤潮异弯藻、米氏凯伦藻等，一些赤潮是由两种或两种以上赤潮生物共同形成的。

2）低氧区

当水体溶解氧浓度低于 2 mg/dm³ 时，通常称该水体低氧或缺氧。河口及近岸海域低氧环境形成的原因十分复杂，主要是水体层化（盐跃层和温跃层）的海洋物理过程和底层有机物分解耗氧的生化过程所造成。人类活动造成的江、河入海污染物和近岸海水富营养化可使水体表层的浮游植物大量繁殖，并随着营养盐耗尽而死亡，进而形成大量有机物质沉入海底后分解，消耗大量氧气，进一步加剧了由于温、盐跃层造成的海底氧亏损，成为低氧区形成的"助推器"，这是近年来低氧区数量与范围急剧增加的主要原因。

目前我国大辽河口及辽东湾海域（李艳云和王作敏，2006）、莱州湾的小清河口（孟春霞等，2005）、长江口（李道季等，2002）、珠江口（Yin, et al.，2004）等河口及近岸海域也监测到了多处低氧区，与历史相比，近年来低氧的高频发率与影响范围的扩大无疑与我国沿海地区海域污染与富营养化有关。长江口的低氧区是研究较多及较全面的区域，其主要成因可能为海水层化作用及有机物质等降解消耗大量氧气这两种过程共同作用的结果。具体而言，夏季长江口径流冲淡水及台湾暖流上涌的共同作用在低氧区形成强烈的温、盐跃层，从而限制了表层溶解氧与底层的交换；同时，由长江输入河口的高浓度营养盐，使得长江口初级生产力极大的提高，夏季水温的升高、颗粒态有机物质在底层水域的化学和生物氧化作用导致营养盐在底层的再生并大量消耗了底层氧，而且补充缓慢，使底层氧严重亏损。

20.2.2 近海海域水体富营养化现状

随着我国社会经济的发展和人口的增长，尤其是沿海地区城市化进程的不断加快，农业、工业和城市生活等人类各种生产和消费活动产生了大量的污水和废水，除了少部分经过有效的处理外，这些污水和废水携带大量的有机物质和氮、磷等营养盐被直接排入近岸周围海域，造成近海有机污染和富营养化加剧，尤其在河口港湾等典型海域，入海污水和废水携带的物质量往往超出了海域的负荷能力，加上盲目的海水养殖造成的自身污染，有机污染和富营养化问题十分突出。表20.16是2002—2009年我国主要河流入海污染物量的变化情况，其中，2002年的营养盐数据为无机氮与磷酸盐含量的总和（中国海洋环境质量公报，2002—2009）。

表 20.16　2002—2009 年我国主要河流入海污染物量的变化情况　　单位：×10⁴t

年份	COD	营养盐（氨氮＋磷酸盐）	污染物总量
2002	397	229（无机氮＋磷酸盐）	636
2003	577	24.4	619
2004	1 102	31.2	1 145
2005	1 012	45.0	1 071
2006	1 193	—	1 382
2007	1 203	—	1 407
2008	1 102	34.4	1 149
2009	1 311	47.0	1 367

富营养化是我国近岸海域面临的主要环境问题。以无机氮、无机磷为代表性的营养盐在

我国四个海区均严重超标，特别是在城市集中和工业化发展迅速的近岸海域。研究表明，由于营养盐入海通量和污染物排海量的大幅增加，渤海湾、黄河口、长江口及邻近海域、大亚湾、珠江口海域的营养盐比例均严重失衡，水体呈严重富营养化状态。陆源污染、围填海工程等是影响这些海域生态系统健康状况的主要因素。

　　根据 2006—2007 年进行的我国近海海洋综合调查与评价中的海洋化学调查及各省市近海海洋化学调查结果，以我国海水水质标准为评价依据，对我国近海的溶解氧、活性磷酸盐以及溶解无机氮状况进行评价，其质量等级分布分别见图 20.12 至图 20.14。图中表明：

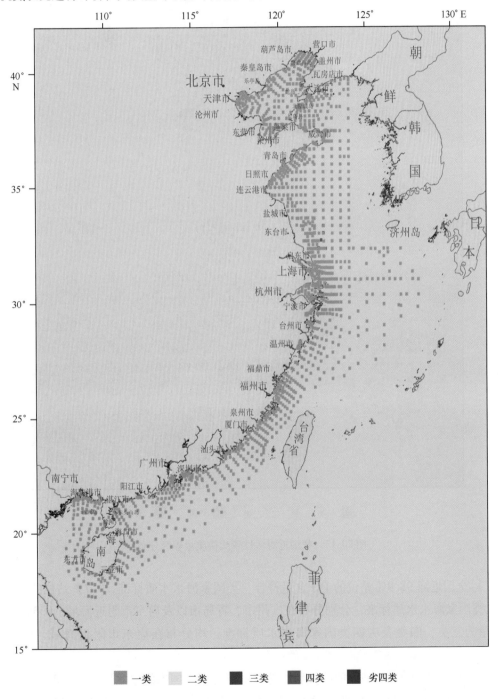

一类　　二类　　三类　　四类　　劣四类

图 20.12　我国近海溶解氧质量等级分布

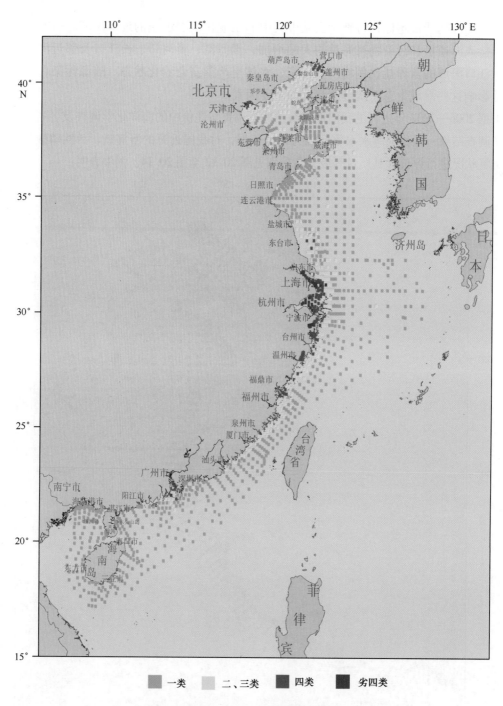

图 20.13 我国近海活性磷酸盐质量等级分布

（1）全国近海 98.9% 站位的 DO 含量符合一类国家海水水质标准，0.7% 站位的 DO 含量符合二类国家海水水质标准，分别分布在广州市、青岛市以及启东市附近海域，0.5% 站位的 DO 含量为三类、四类及劣四类国家海水水质标准，均分布在启东市附近海域，即长江口流域。

（2）全国近海 66.0% 站位的活性磷酸盐含量符合一类国家海水水质标准，23.0% 站位符合二类和三类国家海水水质标准，10.9% 站位符合四类或劣四类国家海水水质标准，主要分

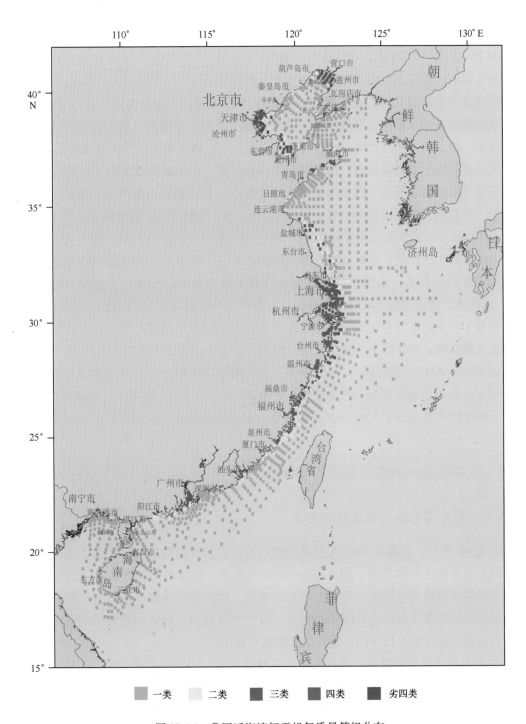

图 20.14　我国近海溶解无机氮质量等级分布

布在营口市、天津市、启东市、上海市、杭州市、宁波市、台州市、温州市、福鼎市、福州市、广州市等附近海域，即长江口流域、珠江口流域的活性磷酸盐含量较高。

（3）全国近海 68.0% 站位的溶解无机氮含量符合一类国家海水水质标准，11.3% 站位符合二类国家海水水质标准，5.7% 站位符合三类国家海水水质标准，15.1% 站位符合四类或劣四类国家海水水质标准，主要分布在营口市、天津市、东营市、启东市、上海市、杭州市、宁波市、台州市、温州市、福鼎市、福州市、广州市等附近海域，即黄河口流域、长江口流

465

域、珠江口流域的溶解无机氮含量较高。

2009 年中国海洋环境质量公报显示，渤海湾生态系统由 2008 年的亚健康下降为不健康状态，50% 以上的监控站位海水无机氮含量劣于四类国家海水水质标准，氮磷比偏高；黄河口生态系统处于亚健康状态，健康状况总体处于恢复状态，生态系统健康指数有增加趋势，黄河来水量的明显增加使河口湿地生态环境质量略有改善，水质有所改善，虽然无机氮含量较往年降低，但其污染仍然严重，水体营养盐失衡严重，磷为黄河口近岸海域的限制性因子；长江口生态系统处于亚健康状态，水体营养盐污染严重，80% 监控站位的无机氮含量和 50% 以上站位活性磷酸盐含量劣于四类国家海水水质标准，氮、磷比失衡严重，水体溶解氧的平均含量呈下降趋势，局部出现溶解氧含量低于 2 mg/dm^3 的低氧区，低氧区中心溶解氧最低含量仅为 1.12 mg/dm^3，低氧区主要分布在 31°00′—31°30′N，122°00′—123°00′E 附近海域，近几年有向西部扩大的趋势，严重威胁着海洋生物的生存；大亚湾生态系统基本保持稳定，生态系统处于亚健康状态，水体中活性磷酸盐含量偏高，营养盐失衡，水体氮、磷、硅比为 4:1:6，活性硅酸盐含量呈下降趋势；珠江口生态系统基本保持稳定，生态系统处于不健康状态，始终处于严重的富营养化和氮磷比失衡状态，80% 以上的监控站位无机氮含量劣于四类国家海水水质标准；30% 以上的站位底层溶解氧含量劣于四类国家海水水质标准。

根据 2006—2007 年进行的"全国'908'近海海洋生物调查"及"各省市近海海洋生物调查"结果，我国近海叶绿素 a 的含量分布见图 20.15。图 20.15 表明，我国近海大部分海域叶绿素 a 的平均含量均低于 5 μg/dm^3，大连市、上海市及湛江市附近海域的叶绿素 a 含量介于 5~11 μg/dm^3 之间。

20.2.3 主要河口区的富营养化程度评价

20.2.3.1 国外富营养化程度评价方法

20 世纪 60 年代，伴随着 1960 年开展的湖泊富营养化评价的研究，产生了第一代河口及沿岸海域富营养化评价的模型，即 Vollenweider 式模型，它强调把营养盐负荷的变化作为主要信号，而将浮游植物生物量和初级生产力的增加、浮游植物分解产生的有机物以及由此而造成的底层水低氧等现象作为对信号的响应，即一个信号和一组密切相关的响应。响应的大小与营养盐负荷成比例。图 20.16 为其概念模型示意图。

20 世纪末河口及沿岸海域富营养化评价的模型从第一代发展到第二代，即基于压力—状态—响应（PSR）指标的模型，是以富营养化症状为基础的多参数富营养化评价方法。图 20.17 为其概念模型示意图。在第二代富营养化评价模型中，最为著名的和正被广泛应用的有欧盟的"综合评价法"（OSPAR-COMPP）（OSPAR，2001）和美国的"国家河口富营养化评价"（NEEA）（Bricker et al.，1999）。

综合评价法（OSPAR-COMPP）是由欧盟于 2001 年提出并应用于所有欧盟国家之沿岸海域的富营养化状况评价。一般根据盐度将评价海域分为沿岸海域和近岸海域。评价因子主要由营养盐过富程度（致害因素）、富营养化的直接效应（生长期）、富营养化的间接效应（生长期）及富营养化可能产生的其他效应四类构成，采用"预防原则"和"一损俱损原则"，最终评价结果分为"问题海域"、"潜在问题海域"及"无问题海域"（王保栋，2005）。

河口营养状况评价（ASSETS）是在美国提出的"河口富营养化评价"（National Estuary

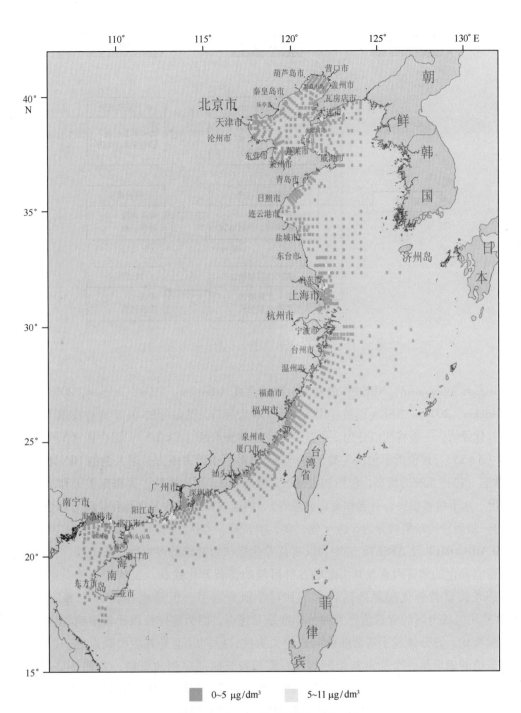

图 20.15　我国近海叶绿素 a 含量分布

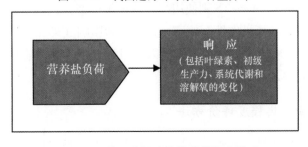

图 20.16　第一代沿岸富营养化概念模型

467

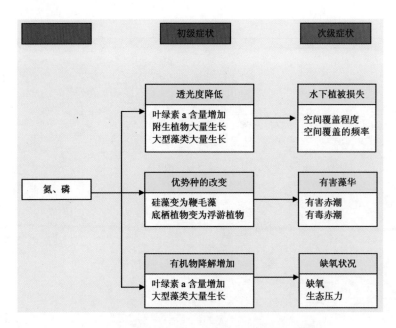

图 20.17　第二代沿岸富营养化概念模型示意图

Eutrophication Assessment，NEEA）的基础上精炼而成（Bricker，1999；Bricker，2003；Bricker，2006；Bricker，2007）。NEEA 已被应用于美国 138 个河口、葡萄牙的 10 个河口及德国沿岸海域的富营养化评价。一般将河口分为 3 个盐度区：感潮淡水区（$S < 0.5$），混合区（$S = 0.5 \sim 25$），海水区（$S > 25$）。评价因子包括 3 类，即：压力（即系统致害压力，用人为的 DIN 浓度比率表达）、状态（描述系统的状态，包括初级症状如叶绿素 a、附生植物、大型藻类等和次级症状如缺氧状况、水下植被损失、有害和有毒赤潮等）、响应（即预期的未来营养盐压力和系统的敏感性分析）。最后评价结果共分为 5 级（优、良、中、差、劣）（王保栋，2005）。

OSPAR-COMPP 及 ASSETS 法均为以富营养化症状为基础的多参数评价方法，能比较全面地评估富营养化的致害因素及其引起的各种可能的富营养化症状，反映了当前对河口和沿岸海洋生态系统富营养化问题的认识水平和科学研究水平。但是也存在一些不足。OSPAR-COMPP 使用区域专属的背景值作为评价标准是其优点，因为这样可以比较准确地区分人为影响和自然变化，充分体现了富营养化问题的人为性；但同时也是其主要缺点之一，因为区域专属背景值的确定是一个非常复杂的过程，需要较长时间序列的资料，尤其是早期的资料，以及深入、细致的科学研究，而且目前尚缺乏统一的操作程序，因而其可操作性较差；另外，OSPAR-COMPP 只有 3 个最终级别，且未考察描述症状的数据资料的时空代表性（如空间覆盖率、持续时间、频率等）。ASSETS 则使用统一的评价标准，且具备较完善的一系列分值计算方法和公式，具有较好的可操作性。然而，其对人为影响（即压力）的评价只考察河口中人为的无机氮（DIN）浓度比率，且把河流输入通量通通视为人为影响的结果，而忽略河流的自然背景值（王保栋，2005）。

20.2.3.2　国内富营养化程度评价方法

目前我国河口和近岸海域的富营养化评价方法基本上还是采用第一代的评价模型，可归纳为单项指标评价、综合指数评价、统计判别法及其他四类。

（1）单项指标评价包括物理参数法（如透明度等）、化学参数法（如 DO、CO_2、N、P、COD_{Mn}等）以及生物学参数法（如 Chl a、藻类增殖的潜力 AGP 等）三类（日本机械工业联合会，1987）。①物理参数法：气温、水色、透明度、照度、辐射量等。其中较常用的是透明度。这是因为富营养化现象主要是藻类形成的初级生产增大的现象。所以，常用测定水体的透明度这一简便方法来确定藻类现存量，如 Carlson 的营养状态指数：$TSI = 10 (6 - \log_2 Z)$，Z 为用塞氏圆盘测得的透明度。由于水体中悬浮物也影响透明度，因此，本方法不适用于悬浮物含量高的河口等地区。②化学参数法：用 DO、CO_2、N、P、COD_{Mn}（高锰酸钾法测得的化学耗氧量）等这些与藻类增殖有直接关系的化学物质的含量来衡量水体富营养化的程度。研究表明可溶性无机氮 $0.2 \sim 0.3$ mg/dm³，可溶性无机磷 0.02 mg/dm³ 为单项因子指标的阈值。③生物学参数法：藻类现存量或叶绿素 a（Chl a），浮游植物种类，多样性指数，AGP（藻类增殖的潜力）等。日本的山本先生等（1981）用叶绿素 a 含量来评价水体富营养化程度，其评价标准见表 20.17。

表 20.17　单因子评价标准

叶绿素 a	<1.7	1.7~10	10~200
指标等级	贫营养	富营养	过营养

（2）综合指数评价包括生物多样性指数（H）判断法、富营养化指数（EI）法、营养状态质量指数（NQI）法、水质指数（A）法 4 类。与单项指标评价类似，综合指数评价亦是以 COD、N、P、DO、藻类细胞数为判断因子，但考虑了这些因子间相互之间的关系，而不仅仅是单项因子的影响。根据不同的富营养化评价标准，不同研究者得出了不同的富营养化划分标准。具体如下：①生物多样性指数判断法：$H = -\sum_{i=1}^{n} P_i \log_2 P_i$，式中，$P_i = N_i/N_o$，$N_i$ 为第 i 属的藻类细胞数，N_o 为全部藻类的细胞数。其评价标准见表 20.18（林碧琴和谢淑琪，1988）。②多因子评价法：富营养化指数（EI）法以 DIN、$PO_4 - P$ 和 COD 浓度升高表征海水富营养化现象直接结果。$EI = [COD (mg/dm^3) \times IN (mg/dm^3) \times IP (mg/dm^3) \times 10^6]/a$，其中，常数 $a = 1\,500$ 或 $4\,500$。一般而言，此法只适用于氮、磷营养盐对浮游植物生长没有限制的海域，而且渤海湾等中国近海海域可能采用 $a = 4\,500$ 比较合适。EI 值越大，表示海水富营养化程度越严重，$EI \geqslant 1$ 认为水体已达到富营养化程度；$EI \geqslant 5$ 认为过富营养化，为赤潮多发区域或已经发生赤潮（邹景忠等，1983）。③营养状态质量指数法：以总氮（TN）、总磷（TP）和 COD 浓度表征海水富营养化现象直接结果基础上，以海水中 Chl a 浓度"异常"增加表征直接环境生态效应。$NQI = C_{COD}/S_{COD} + C_{TN}/S_{TN} + C_{TP}/S_{TP} + C_{Chl\,a}/S_{Chl\,a}$，式中，$C_{COD}$、$C_{TN}$、$C_{TP}$、$C_{Chl\,a}$ 分别为水体中化学需氧量、总氮、总磷和叶绿素 a 含量的实测值；S_{COD}、S_{TN}、S_{TP}、$S_{Chl\,a}$ 分别为水体中化学需氧量、总氮、总磷和叶绿素 a 含量的评价标准，按海湾生态监测技术规程其数值分别为 3.0 mg/dm³、0.6 mg/dm³、0.03 mg/dm³、0.01 mg/dm³（表 20.19）（邹景忠等，1983）。④水质指数（A）法：以 DIN、$PO_4 - P$ 和 COD 浓度表征海水富营养化现象直接结果，同时以 DO 浓度"异常"降低表征直接环境生态效应。$A = COD/COD_S + DIN/DIN_S + DIP/DIP_S - DO/DO_S$（表 20.20）。⑤以潜在性富营养化的概念为基础，提出了一种新分类分级的富营养化评价模式，如表 20.21 所示（郭卫东等，1998）。⑥参照潜在性富营养化的概念和营养级分级标准，

结合营养状态质量指数（NQI），得到如表 20.22 所示的营养级划分原则。⑦日本（山本護太郎，1981）提出了如表 20.23 所示的海域水质营养化标准。⑧按表 20.24 的评价标准与综合营养状态指数 [$TSIc = \sum Wj \cdot TSI(j)$]，并取水质类的权重为 0.6，生物类的权重为 0.4，分别求出单要素的营养得分与综合要素的营养得分，确定相应的营养类型（金相灿等，1990；王明翠等，2002）。

表 20.18　物种多样性评价分级

H	≥4	3 ~ 4	2 ~ 3	1 ~ 2	≤1
指标等级	好	较好	中	较差	差

表 20.19　营养状态质量指数评价分级

NQI	<2	2 ~ 4	>4
指标等级	贫营养	中营养	富营养

表 20.20　水质指数法评价分级

A	<2	2 ~ 4	≥4
指标等级	正常营养	中营养	富营养

表 20.21　营养级的划分标准

级别	营养级	TIN（mg/dm³）	$PO_4 - P$（mg/dm³）	N/P
I	贫营养	<0.2	<0.03	8 ~ 30
II	中度营养	0.2 ~ 0.3	0.03 ~ 0.045	8 ~ 30
III	富营养	>0.3	>0.045	8 ~ 30
IV$_P$	磷限制中度营养	0.2 ~ 0.3	—	>30
V$_P$	磷中等限制潜在性富营养	>0.3	—	30 ~ 60
VI$_P$	磷限制潜在性富营养	>0.3	—	>60
IV$_N$	氮限制中度营养	—	0.03 ~ 0.045	<8
V$_N$	氮中等限制潜在性富营养	—	>0.045	4 ~ 8
VI$_N$	氮限制潜在性富营养	—	>0.045	

表 20.22　营养级划分原则

NQI			营养等级划分
<2			贫营养水平
2 ~ 3			中等营养水平
>3	N/P<8	TIN < 21.41 μmol/dm³	氮限制潜在性富营养化
		TIN > 21.41 μmol/dm³	富营养水平
	N/P = 8 ~ 30		富营养水平
	N/P > 30	DIP > 0.97 μmol/dm³	富营养水平
		DIP < 0.97 μmol/dm³	磷限制潜在性富营养化

表 20.23 日本海域水质营养化标准

特征	过营养	富营养	贫营养
透明度（m）	<3	3~10	>10
水色（号）	红褐	黄褐	黄
COD（mg/dm^3）	3~10	1~3	<1
BOD（mg/dm^3）	3~10	1~3	<1
叶绿素 a（mg/m^3）	10~200	1~10	<1.7
初级生产力（以 C 计）[mg/（m^3·h）]	10~200	1~10	<1
异养菌（个/mL）	103~105	102~104	<102
浮游植物（个/cm^3）	103~105	10~103	10 以下

表 20.24 评价标准

评分	评级	水质富营养化程度（mg/dm^3）				生物	
		COD$_{Mn}$	TP	NH$_4$ – N	悬浮固体物质	生物多样性指数 H	优势种
0	极度贫营养	0.06	0.000 4	0.005	0.04	—	—
10	贫营养	0.12	0.000 9	0.010	0.09	—	—
20	贫营养	0.24	0.002 0	0.020	0.23	—	—
30	贫营养	0.48	0.004 6	0.040	0.55	4.50	金黄藻
40	贫中营养	0.96	0.010 0	0.080	1.30	4.00	隐藻
50	中营养	1.80	0.023 0	0.155	2.10	3.50	甲藻
60	中富营养	3.60	0.050 0	0.375	7.70	3.00	硅藻
70	重富营养	7.10	0.110 0	0.600	19.00	2.50	硅、蓝藻
80	严重富营养	14.00	0.250 0	1.150	45.00	2.00	蓝、绿藻
90	异常营养	27.00	0.555 0	2.300	108.00	1.50	
100	过营养	54.00	1.230 0	4.550	260.00	<1.5	异常性生物

（3）统计判别法是一种根据模糊数学、主成分分析、聚类分析、人工神经网络法（彭云辉等，1991；熊德琪等，1993；章守宇等，2001；Chang et al.，2001；任黎等，2004）等现代统计理论，相继提出了富营养化现象的统计判别分析法。统计判别法以 N、P 营养盐和 COD 浓度表征海水富营养化现象直接结果，以 Chl a "异常"增加、DO "异常"降低等表征直接环境生态效应。在此基础上，应用相关统计分析方法计算直接结果和直接环境生态效应对不同等级海水标准的隶属度，然后根据隶属度最大原则得出目标海域应归属的海水富营养化级别。

（4）其他方法包括应用浮游植物群落结构指数进行评价海域富营养化，并认为当浮游植物大量繁殖，消耗了大量的营养盐，生物学指标更能正确合理地评价水质状况；根据氧的消耗加上统计规律订立标准进行富营养化评价；使用缺氧量、氮输入、层化和营养盐比值建立模型进行海域富营养化评价；模糊综合评价法、主成分——聚类分析法、集对分析法、人工神经网络法是近几年来新发展起来的富营养化程度评价模型，但这些模型主要是对数据的数学处理方式不同，其采用的海水营养评价标准仍然是前文中提到的评价标准或是现行的国家海水水质标准。

以上方法大部分是从淡水水体的富营养化评价中移植过来的，它们强调把营养盐输入的变化作为 1 个信号，而将浮游植物生物量和初级生产力的增加、浮游植物分解产生的有机物以及由此而造成的底层水低氧等现象作为对信号的反应，即 1 个信号和 1 组密切相关的反应。评价方法则是通过测定透明度、营养盐和叶绿素 a 等参数建立以营养盐为基础的评价体系。这些方法不仅在选择评价指标上具有一定程度的人为主观性，而且也不能表征海水富营养化现象直接结果与直接环境生态效应之间的相互作用关系。

20.2.3.3 ASSET 模型评价我国几个主要河口区的富营养化程度

目前我国河口区的富营养化评价基本上是利用上述的几种国内富营养化的评价方法，本研究利用第二代河口及沿岸海域富营养化评价模型（ASSET）对我国几个主要港湾的富营养化状况进行评价。目前，ASSET 模型已经开发成一个软件，从 www.eutro.org 上可以下载相应的软件。

在 ASSET 评价模型中，第一步是以中值盐度进行区域划分的原则，对目标河口进行划分，一般将其划分为 3 个区域：潮间淡水区（$S < 0.5$），半咸水区（$0.5 < S < 25$）和海水区（$S > 25$）。

第二步，将氮输入、流域人口密度和河口敏感度作为评价富营养化状况的压力因子。河口敏感度包括冲淡潜力和冲刷潜力，冲淡潜力是指河口自身通过径流对营养盐的稀释能力，冲刷潜力是指基于潮汐等水动力条件对营养盐的冲刷能力。2003 年后采用人类活动引起的溶解无机氮（DIN）与背景值浓度之间的比值来评价总人为影响。在这一步中，需要了解河口容积、流入河口的径流量、潮差及分层情况（上层占总体积的比例）等信息，还需要了解河流及外海的平均氮浓度。

第三步，从初级症状和次级症状来评价总富营养化状况。初级症状包括叶绿素 a 和大型藻类的情况。叶绿素是海洋中初级生产者浮游生物量的一个重要指标，也是浮游植物进行光合作用的主要色素，而且还与初级生产力有密切关系。为了避免由于偶然出现的异常高值而引起误判，采用统计方法求出不同区域的藻华期间累积百分数为 90% 所对应的叶绿素浓度进行评价，这样可以提高评价的可靠性和代表性。叶绿素 a 和大型藻类这两个指标因子还需知道其空间覆盖度及频率，空间覆盖度是指那些叶绿素 a 达到或超过累积百分数 90% 的站位在各区域的分布情况，包括很低（0 ~ 10%）、低（10% ~ 25%）、中等（25% ~ 50%）、高（>50%）、未知 5 个；频率是指相应的空间覆盖度在各区域发生的频率，包括周期性的、偶尔、长期的、未知的 4 个。

次级症状包括溶解氧、赤潮、沉水植物 3 项。根据 ASSET 法，以底层溶解氧浓度累积百分数 10% 所对应的底层溶解氧浓度值，作为底层溶解氧参数的判定依据。其空间覆盖度和频率的概念与叶绿素 a 相同。赤潮主要指该区域赤潮是否属于观测到的问题，还是没问题抑或是未知，其发生所持续的时间（包括数天至数周、数周、数周至数月、数周至整个季节、数月、整个季节、长期的、变量 8 个）和频率也是需要了解的。沉水植物主要是考虑是否增大、降低、不变、未知抑或是不可用，还需要考虑其变化尺度和频率，变化尺度与空间覆盖度的概念相同。

第四步，远景展望评价主要是基于对未来营养盐压力进行的综合评价。从农业压力、人口压力、废水处理、农业和人口在引起的营养盐压力方面所占的比例等方面考虑未来营养盐压力的变化，包括未来营养盐压力有较大改善、较少改善、不变、较少恶化、较大恶化 5 项。

最后，根据上述各项得出该河口的富营养化状况的等级，其评价结果共分为 5 级（优、良、中、差、劣）。

1）黄河口

黄河西出青藏高原，东入渤海，全长 5 464 km，流域面积 $7.5 \times 10^5 \, km^2$，流域内人口达 1 亿人左右。黄河中下游地区承载大量来自农业、工业和城市生活等人类各种生产和消费活动产生的污水和废水。黄土高原黏质土的侵蚀是黄河口悬浮物及磷酸盐的主要来源。黄河每年入海泥沙量可以达到数百亿吨。

黄河口的流水量和流沙量近 20 年来急剧减少，但仍占渤海径流输入的 50%。黄河口从陆源接收数十亿吨的污水，造成其主要污染物为营养盐（氨盐及其他氮盐）和有机物（以 $COD_{Mn/Cr}$ 来表示）。该水域的氮盐很高，磷酸盐很低，其 N/P 值超过 100。一些短期的有害赤潮在该水域发生，夜光虫和 *Raphidophyte Phaeocystis* sp. 是近年来主要的有害赤潮藻。

该水域径流输入量的减少造成其口门宽的急剧缩小，同时氮输入的增加及磷酸盐输入的减少共同造成了该水域 DIN 含量超过 40 $\mu mol/dm^3$，活性磷酸盐含量小于 0.5 $\mu mol/dm^3$，N/P 值极高（在浮游植物生长期间，甚至可以达到 100），导致浮游植物生长受到磷酸盐的限制。统计学分析结果表明该水域的叶绿素 a、浮游植物单位生长量与磷酸盐、氮盐或硅酸盐含量之间没有明显的相关性，这可能是由于该水域大量的底栖贝类滤食者及透明度较低引起的。黄河口的流沙量极大，在浅水区开始沉降，这些都导致该水域的浊度很高，阻碍了浮游植物的生长。

依据 ASSET 划分原则，黄河口区域无潮间淡水区，半咸水区面积达 420 km^2，海水区面积达 1 600 km^2。潮差约为 0.6 m。在河口区的盐度中值为 23，在海水区则为 27。在河口及外海的平均无机氮浓度分别为 100 $\mu mol/dm^3$、15 $\mu mol/dm^3$。在半咸水区及海水区，藻华期间累积百分数为 90% 所对应的叶绿素 a 浓度值分别为 8.0 $\mu g/dm^3$、4.3 $\mu g/dm^3$，在半咸水区的空间覆盖度及时间分布分别为中等及周期性的。底层累积百分数为 10% 所对应的溶解氧浓度值分别为 6.8 mg/dm^3、6.7 mg/dm^3。

表 20.25 为 ASSET 模型评价该河口区的结果。黄河口的总营养化状况为良。

表 20.25　黄河口 ASSET 模型的评价结果

指标	方法	参数	等级	症状表现程度	指数	总营养化状况级别
影响因子（IF）	脆弱性	冲淡潜力	高	中等	中等	良
		冲刷潜力	低			
	营养盐输入通量		中等			
总体营养环境（OEC）	初级症状	叶绿素 a	中等	中等	较低	
		大型藻类	未知			
	次级症状	溶解氧	低	低		
		赤潮	低			
		沉水植物	未知			
远景展望（FO）	未来营养盐压力		未来营养盐压力不变		不变	

2）长江口

长江全长 6 300 km，是我国第一条大河，发源于青藏高原，流经十数个省、市、自治区，汇集了大小数百条支流，在长江与东海的交界处入海，流域面积约 $180 \times 10^4 \, \text{km}^2$，流域内人口约 4 亿人，人口密度高。

长江口多年平均流量达到 29 000 m^3/s，年输沙量达到 480×10^6 t。长江口海域终年大部分区域都呈现分层现象，冲淡水一般是在上表层 0～15 m 的范围内，河口上层体积约为 $6.375 \times 10^{11} \, \text{km}^3$（即上层淡水的平均厚度取为 12.5 m），上层淡水的平均盐度为 25，海水区的平均盐度为 30，因此长江口冲淡潜力定级为中等。长江口潮差约 2.7 m，淡水每日的注入量和河口体积的比率大约是 5×10^{-3}，因此长江口冲刷潜力定级为中等。

随着经济的增长，长江口的营养盐含量（DIN 和磷酸盐）以指数级急剧增加，同时，硅酸盐含量却减少了近 2/3，因此长江口的 N/P 值增加到约 125，而 Si/N 值则降低至 1。

由于没有长江口及其邻近海域附生植物和大型藻类的相关资料，因此这一参数的评价就被划归为"未知"。叶绿素 a 浓度是唯一一个可以指示长江口及其邻近海域富营养化状况初级症状的参数。长江口混合区和海水区的藻华期间累积百分数为 90% 所对应的叶绿素 a 浓度值为 15 $\mu\text{g}/\text{dm}^3$（王保栋，2006；Bricker et al.，2007），因此，长江口叶绿素 a 被定级为中等。

长江口及其邻近水域底层存在一明显的低氧区，从可查的 1959 年 8 月以来，底层溶解氧平均值从 1959 年的 5.9 mg/dm^3 降低到 2006 年 8 月的 2.7 mg/dm^3，溶解氧的最低值仅为 1.1 mg/dm^3，同时低氧区面积从 1959 年 8 月的约 1 800 km^2 增加到 2006 年 8 月的 15 400 km^2。2006 年 8 月氧亏损量达到 1.7×10^6 t，比文献中报道的 1999 年 8 月情况更为恶化。低氧面积、氧亏损量增加的同时，与历史情况相比长江口低氧区呈现北移的趋势，中心区域从 31°N 北移至 2006 年的 32.5°N。

进入 21 世纪以来，我国赤潮的发生次数和累计面积均为 20 世纪 90 年代的 3.4 倍。长江口是赤潮常发区，自 1990 年来，赤潮发生的频率、持续的时间及赤潮影响的面积均持续增加。2009 年东海海域发生赤潮 43 次，影响面积达 6 554 km^2，占全年发生次数的 63.2% 及影响面积的 46.5%。

根据我国的发展战略，在未来 50 年内，长江流域每年需多提供 $10^7 \sim 10^8$ t 粮食，以满足这一区域不断增长的人口需要。而要想大幅度提高粮食产量，将会使用更多的化肥，从而导致长江营养盐通量的继续增大。虽然三峡工程和南水北调工程可能会减少长江的营养盐入海通量，然而，这些减少量仍然少于它的增加量，尤其是 DIN。因此，预计长江向长江口海域输送营养盐（如 DIN、P）的通量在近期内仍将会继续增长。

根据上述各项，可以得出表 20.26 的评价结果。长江口的总营养化状况为劣，这与王保栋、Bricker 等的研究结果是一致的（王保栋，2006；Bricker，2007；Wang，2007）。

表 20.26　长江口 ASSET 模型的评价结果

指标	方法	参数	等级	症状表现程度	指数	总营养化状况级别
影响因子（IF）	脆弱性	冲淡潜力	中等	中等	较高	劣
		冲刷潜力	中等			
	营养盐输入通量		高			
总体营养环境（OEC）	初级症状	叶绿素 a	中等	中等	高	
		大型藻类	未知			
	次级症状	溶解氧	中等	高		
		赤潮	高			
		沉水植物	低			
远景展望（FO）	未来营养盐压力		未来营养盐压力增加		较大恶化	

3）珠江口

珠江系由西、北、东江及其他支流构成，是华南地区最大的水系，主要干支河道总长度为 11 000 km，流域面积达 45.07×10^4 km²，流域内人口超过 1 亿人。珠江口位于 21°52′~22°46′N，112°58′~114°03′E，含零丁洋、黄茅海和横琴岛、南水岛附近水域，为珠江入海口。

不论是从自然资源还是从社会经济而言，珠江口及其附近水域均是我国最为重要的近海海域。珠江口的年径流量为 334×10^9 m³，携带数百亿吨的泥沙及营养盐入海，该海域的有机污染严重。200 km 海岸线内的水域面积达 47 000 km²，陆域涵盖了广州市、深圳市、佛山市、东莞市、中山市、惠州市、江门市、珠海市、肇庆市、香港、澳门等。珠江三角洲面积不到全国总面积的 0.5%，人口却占总人口的 4%，GDP 更是超过总 GDP 的 19%，因此该地区是我国经济最为发达的地区之一。近 30 年来，珠江三角洲地区经济持续高速发展，但同时引起了一系列的环境问题，包括港运引起的石油污染、工农业和生活污水引起的富营养化问题、过度捕捞和工程建设引起的生态环境恶化等。

按照 ASSET 区域划分原则，珠江口可以分为潮间淡水区、半咸水区及海水区，面积分别为 480 km²、1 100 km² 及 420 km²。珠江口的潮差约 1.3 m。由于没有珠江口及其邻近海域沉水植物和大型藻类的相关资料，因此这两个参数的评价就被划归为"未知"。

珠江口在河口区的盐度中值为 8，在海水区则为 30。在河口及外海的平均无机氮浓度分别为 117.5 μmol/dm³、14.3 μmol/dm³。在潮间淡水区、半咸水区及海水区，藻华期间累积百分数为 90% 所对应的叶绿素 a 浓度值分别为 7.29 μg/dm³、6.85 μg/dm³、9.23 μg/dm³，其空间覆盖度分别为中等、低、低，其时间分布分别为周期性的、周期性的、偶尔的。底层累积百分数为 10% 所对应的溶解氧浓度值分别为 4.25 mg/dm³、5.29 mg/dm³、5.57 mg/dm³，其中在潮间淡水区的空间覆盖率为高。

珠海附近海域也是赤潮频发区域之一。2009 年南海海域发生赤潮 8 次，影响面积为 391 km²，占全年发生次数的 11.8% 及影响面积的 2.8%。

根据上述各项可以得出表 20.27 的评价结果。珠江口的总营养化状况为中。

表 20.27　珠江口 ASSET 模型的评价结果

指标	方法	参数	等级	症状表现程度	指数	总营养化状况级别
影响因子（IF）	脆弱性	冲淡潜力	高	低	较低	中
		冲刷潜力	中等			
	营养盐输入通量		高			
总体营养环境（OEC）	初级症状	叶绿素 a	中等	中等	中等	
		大型藻类	未知			
	次级症状	溶解氧	低	中等		
		赤潮	中等			
		沉水植物	未知			
远景展望（FO）	未来营养盐压力		未来营养盐压力不变		不变	

4）厦门港

厦门港位于福建省沿海南部金门湾内，九龙江入海口处，厦门岛的西侧和西南侧，是我国东南沿海天然深水良港之一。该海湾水域狭长，岸线长达 109.55 km，口宽达 13.75 km，面积达 230.14 km²，其中，滩涂面积 75.96 km²，水域面积为 154.18 km²，大部分水深在 5～20 m 之间，最大水深达 31 m。本港湾的西侧有福建省第二大河流——九龙江汇入。

随着 1986 年厦门成为经济开发区，工业化程度的提高、城市化进程的加快，人类活动对近岸生态环境的影响日益加剧；特别是城市工业废水、生活污水、水产养殖等废水的排放，使得大量富含 N、P 的有机物和污水排入海湾、河口和沿岸水域。过去 10 年间，厦门港总氮和溶解磷酸盐的含量增加了两倍，厦门港水质从氮限制转变为磷限制。

九龙江口的容积约为 1×10^9 m³，河口区的平均盐度值 22，近海的平均盐度值为 27，其冲淡潜力被定级为低。潮差约为 4 m，河流径流为 469 m³/s，冲刷潜力被定级为高。

自 2003 年来厦门港每年发生赤潮数次，赤潮发生的面积逐年增加，但均为无毒赤潮。近 20 年来，厦门港的叶绿素 a 含量变化不大，赤潮期间的含量基本维持在 8～9 μg/dm³；底层溶解氧含量略微降低，但仍保持在 5.0～6.0 mg/dm³，叶绿素 a 含量及溶解氧含量均不会对该海区的生态系统造成影响。

厦门市加强了对污水处理的管理力度，加大对厦门港的综合治理强度，并联合龙岩市、漳州市，加强对九龙江上游的养殖业、工农业等的整治工作，取缔了九龙江沿江地区的养殖业，降低九龙江上游的营养盐输入量，从源头上降低了厦门港的营养盐径流输入，因此未来厦门港受人类活动的影响将降低。

根据上述各项，得到如表 20.28 所示的评价结果。厦门港的总体富营养化评价等级为良。

表 20.28 厦门港 ASSET 模型的评价结果

指标	方法	参数	等级	症状表现程度	指数	总营养化状况级别
影响因子（IF）	脆弱性	冲淡潜力	中等	低	低	良
		冲刷潜力	高			
	营养盐输入通量		低			
总体营养环境（OEC）	初级症状	叶绿素 a	高	中等	较低	
		大型藻类	低			
	次级症状	溶解氧	低	低		
		赤潮	低			
		沉水植物	未知			
远景展望（FO）	未来营养盐压力		未来营养盐压力下降		较大改善	

20.2.4 建议

河口及近岸海域的生态质量状况对于沿海地区的经济发展起着重要的作用，富营养化问题是我国河口及近岸海域面临的主要环境问题，因此河口及近岸海域的富营养化评价问题成为研究热点之一。富营养化的评价方法及模型多种多样，本书中采用美国的 ASSET 模型对主要几个港湾的富营养化状况进行了评价，该模型比较全面地评估了富营养化的致害因素及其引起的各种可能的富营养化症状，结合这两者对富营养化状况作出评价，但由于我国的监测项目中很少有沉水植物、大型藻类这两个因子，因此该模型中的沉水植物、大型藻类因子并不适用于我国的情况，造成富营养化评价中关于富营养化症状的因子缺失，富营养化状况的评价不够全面。鉴于上述情况，对于我国河口及近岸海域的富营养化评价问题，可在以下 3个方面作进一步的研究。

（1）结合我国常规的监控监测因子，寻找适用于我国的有关富营养化症状的因子，更能全面地评价富营养化的响应情况。

（2）在技术手段上突破仅仅依靠监测站点的微观水质监测的局限，从空间科学出发，利用航空和遥感等多种手段对海洋水质环境和海水水体生态系统进行全方位、多角度的监测，从而获取更多的信息量，为评价的综合性和科学性提供更有效的保障。

（3）建立数据化共享平台，相关研究人员共享资源，及时掌握研究的最新进展，形成我国河口及近岸海域的富营养化状况评价体系。

致谢：感谢中国南海水产所的朱长波及国家海洋局第一海洋研究所张学雷教授提供的"Trophic Assessment in Chinese Coastal Waters（TAICHI）"项目组关于珠江口及黄河口的数据。

20.3 近海持久性有机物污染及对生态环境影响评价

随着社会经济迅速的发展、人口的骤增，大量的工农业废水以及生活污水排入海域，给海洋环境造成了很大的压力，持久性（难降解）有机污染物（Persistent Organic Pollutants，

POPs）问题日益突出。POPs 是指通过各种环境介质（气溶胶、水、生物体等）能够长距离迁移并长期存在于环境，进而对人类健康和环境造成严重危害的天然的或人工合成的有机污染物。POPs 主要来源于人类活动和能源利用过程。例如，污水排放、石油泄漏及船舶、机动车辆等燃料不完全燃烧后的废气随气溶胶颗粒的沉降，等等。POPs 具有毒性、致癌性及致畸诱变作用，还具有内分泌干扰毒性，生殖毒性和神经毒性，可通过生物累积及食物链的传递作用给海洋生物体、生态环境和人体健康带来极大危害。在联合国环境规划署的主持下，1998 年以来，包括中国政府在内的 100 多个国家举行了一系列的官方谈判和协商，并于 2001年 5 月达成共识，在瑞典首都斯德哥尔摩签署了"关于持久性有机污染物的斯德哥尔摩公约"（谢武明，2004）。至今，已经有 150 多个国家签署了该公约。它是继 1987 年《保护臭氧层的维也纳公约》和 1992 年《气候变化框架公约》之后的第三个具有强制性减排要求的国际公约，是国际社会对有毒化学品采取优先控制行动的重要步骤。

我国近海海洋综合调查与评价专项海洋化学调查，对我国近海（主要包括渤海、黄海、东海、南海）的 POPs 进行了调查研究，采用先进的仪器和调查分析手段，对我国近海进行统一的准同步 POPs 污染调查，以获取准确可比的数据，全面系统地掌握近海海洋环境持久性有机污染现状，为正确制定海洋开发规划，有序、有度地开发利用海洋资源，增强海洋可持续利用能力，保证和促进海洋经济建设健康发展，切实保护好海洋环境，全面实施海洋综合管理奠定科学基础。本研究所用数据主要来源于我国近海海洋综合调查与评价专项调查数据。

本次渤海、黄海和东海沉积物调查范围为 23°00.2′—40°50.9′N，117°24.6′—127°00.2′E，POPs 调查站位布设见图 20.18，南海沉积物调查范围为 17°13.5′—26°49.8′N，107°37.9′—120°52.4′E，POPs 调查站位布设见图 20.19。

调查内容包括有机氯农药滴滴涕四种单体（PP'–DDE、OP'–DDT、PP'–DDD、PP'–DDT）和六六六四种单体（α–666、γ–666、β–666、σ–666），多环芳烃十种单体（萘、芴、菲、蒽、荧蒽、芘、屈、苯并［a］蒽、苯并［a］芘、苯并［e］芘）、多氯联苯九种单体（PCB28、PCB 52、PCB 101、PCB 112、PCB 118、PCB 138、PCB 153、PCB 155、PCB 180、PCB 198）。

调查时间为 2007 年秋季（无特别说明，以下讨论数据均来源于我国近海海洋综合调查与评价专项调查数据）。

20.3.1 近岸沉积物中持久性有机污染物分布及生态风险评价

20.3.1.1 渤海

1）有机氯农药含量分布及其生态风险评价

渤海近岸海域沉积物中六六六含量为未检出至 5.30 ng/g，均值为 1.01 ng/g。其中，辽宁省沉积物中六六六含量为 0.09 ~ 5.08 ng/g。河北省沉积物中六六六含量为 1.02 ~ 2.93 ng/g。天津市沉积物中六六六含量为未检出至 5.30 ng/g。山东省部分海域（即我国近海海洋综合调查与评价专项调查的 ST–01 区块，包括渤海湾、莱州湾、黄河口）沉积物六六六含量为 0.07 ~ 1.17 ng/g。根据国家海洋沉积物质量标准中规定的六六六标准值：第一类不大于 500 ng/g，第二类不大于 1 000 ng/g，第三类不大于 1 500 ng/g，与之对比可看出，渤海海域表层沉积物中六六六含量远远低于一类国家沉积物质量标准值，相差近三个数量级，说明六六六污染极轻。

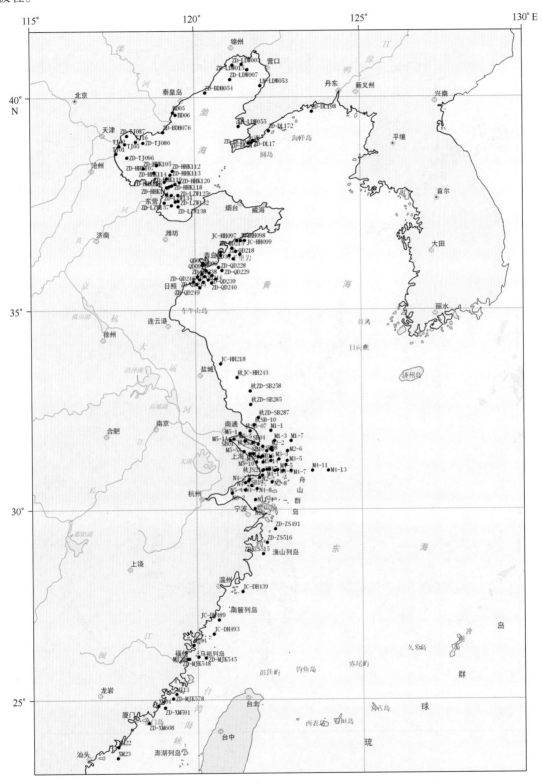

图 20.18　我国近海海洋综合调查与评价专项 2007 年渤海、黄海、东海近岸沉积物调查站位

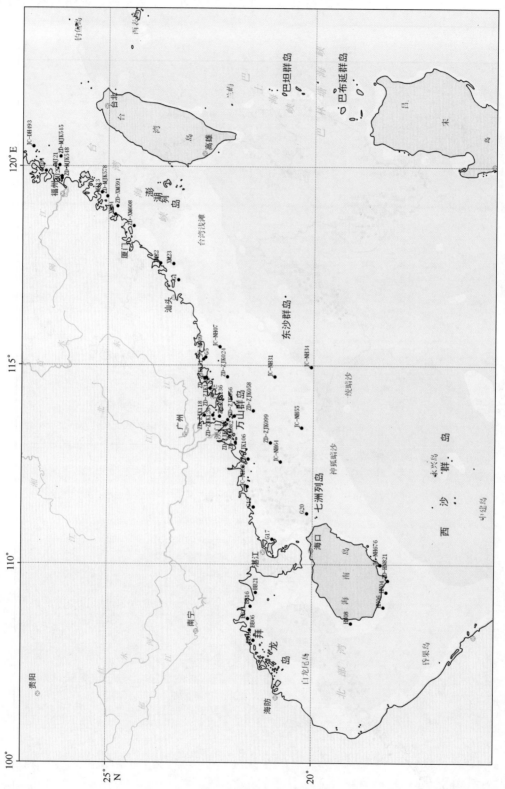

图20.19 "908"专项2007年南海近岸沉积物调查站位

渤海近岸海域沉积物中滴滴涕（DDTs）含量为未检出至106.33 ng/g，均值为3.88 ng/g
渤海海域沉积物。与第二次污染基线调查（以下简称二基，调查时间为1998年）的相关数据（含量范围未检出至12.14 ng/g，均值为0.96 ng/g）相比，DDTs污染明显加重。其中辽宁省DDTs含量为0.12~106.33 ng/g，最高值出现在站位ZD-DL10。河北省DDTs含量为0.12~0.47 ng/g。天津市DDTs含量为0.50~1.47 ng/g。山东省部分海域（渤海湾、莱州湾、黄河口）沉积物DDTs含量范围为未检出至2.42 ng/g。

根据国家海洋沉积物质量标准中DDTs标准值：第一类不大于20 ng/g，第二类不大于50 ng/g，第三类不大于100 ng/g。调查结果与之比较可得出，绝大部分渤海海域表层沉积物DDTs符合一类国家海洋沉积物质量标准。但大连近岸个别站位污染较重，甚至超过三类质量标准。比较不同省份近岸沉积物DDTs含量，可以看出，河北海域沉积物质量最好，天津和山东近岸海域沉积物质量次之，辽宁海域沉积物质量较差。

有机氯农药可通过食物链进行富集和传递，影响生态系统结构，直至危害人类健康。因此，进行生态危害评价具有重要的现实意义。Long等在总结前期大量实地研究基础上，提出用于确定海洋和河口沉积物中有机污染物潜在生态风险效应区间低值（effect range low，ERL，生物有害效应几率小于10%）和效应区间中值（effect range median，ERM，生物有害效应几率大于50%，两者又被视为沉积物质量的生态风险标志水平（sediment quality guide-lines，SQG）。借助ERL和ERM可评估有机污染物的生态风险效应：若污染物浓度小于ERL，则极少产生负面生态效应；若污染物浓度在两者之间，则偶尔发生负面效应；若污染物浓度大于ERM，则经常会出现负面生态效应（林秀梅等，2005；Long，1995）。类似地，Macdon-ald提出了临界效应水平（threshold effect level，TEL）和可能效应水平（Possible effect level，PEL）。这两个值分别定义了3个区间范围，包括极少，偶然和常常产生负面效应。应用上述海洋和河口沉积物化学品风险评价标准（丘耀文等，2004；Long，1995），对渤海海域表层沉积物中DDTs进行生态危害评价。

河北省、天津市和山东省各调查站位的DDT含量均小于生态风险低值ERL（1.58 ng/g）和TEL（3.89 ng/g）（除了位于黄河口的一个站位（ZD-HHK120），DDT含量达2.42 ng/g，超过ERL（1.58 ng/g），说明该海域表层沉积物中有机污染物对生物的危害程度较低，潜在生态风险小。而辽宁省测站的DDT含量的平均值为11.81 ng/g，超过相应的生态风险低值水平ERL（1.58 ng/g）和TEL（3.89 ng/g）。其中，超过50%站位所测DDT含量超过ERL（1.58 ng/g）和TEL（3.89 ng/g），甚至站位ZD-DL10 DDTs含量（106.33 ng/g）远远超过生态风险高值水平ERM值（46.1 ng/g）和PEL（51.7 ng/g）。超标站位均位于锦州湾和大连近岸海域，因此上述海域属较高生态风险区，可能对周边海洋生物产生一定的负面影响。

2）多氯联苯（PCBs）含量分布及其生态风险评价

渤海近岸海域沉积物中PCBs含量为未检出至8.92 ng/g，均值为1.02 ng/g。与二基调查数据相比（PCBs含量范围为未检出至7.72 ng/g，均值为0.99 ng/g），PCBs含量没有明显变化。其中，辽宁省沉积物中PCBs含量为0.33~8.92 ng/g。河北省沉积物中PCBs含量为0.82~4.56 ng/g。山东省部分海域（渤海湾、莱州湾、黄河口）沉积物PCBs含量为未检出至1.79 ng/g。天津各站位均未检出PCBs。

根据国家海洋沉积物质量标准中PCBs标准，第一类不大于20 ng/g，第二类不大于

200 ng/g，第三类不大于 600 ng/g。调查结果与之比较可得出，渤海海域表层沉积物 PCBs 含量符合一类国家沉积物质量标准，且比一类国家沉积物质量标准值低一个数量级，说明该海域 PCBs 污染极轻。

应用加拿大和美国佛罗里达近岸的海洋和河口沉积物化学品风险评价标准（Long E R，1995），对渤海近岸海域表层沉积物中 PCBs 进行生态危害评价。PCBs 对应的 ERL 和 TEL 值分别为 22.7 ng/g 和 21.6 ng/g，ERM 和 PEL 分别为 180 ng/g 和 189 ng/g。辽宁省、河北省和天津市各调查站位的 PCBs 含量均远远小于 ERL（22.7 ng/g）和 TEL（21.6 ng/g），说明该海域表层沉积物中有机污染物对生物的危害程度低，潜在生态风险小。

3）多环芳烃（PAHs）含量分布及其生态风险评价

渤海近岸海域表层沉积物中 PAHs 含量为 34.60 ~ 3 030 ng/g，均值为 321.01 ng/g。而二次污染基线调查得出渤海海域 PAHs 含量为未检出至 2 079 ng/g，均值为 154.8 ng/g。比较两次调查结果可知，10 年间渤海近岸海域沉积物中 PAHs 污染明显加重。其中，辽宁省表层沉积物中 PAHs 含量为 287 ~ 3 030 ng/g。河北省含量为 41.87 ~ 80.02 ng/g，天津市含量为 115.30 ~ 566.20 ng/g，山东省部分海域（渤海湾、莱州湾、黄河口）含量为 34.60 ~ 492.00 ng/g。在渤海表层沉积物中检测到的典型 PAHs 包括：萘、芴、菲、蒽、荧蒽、芘、屈、苯并［a］蒽、苯并［a］芘、苯并［e］芘，各海区的 PAHs 检出率均为 100%，甚至具有强致癌性的苯并［a］芘在河北近岸均有检出。

从区域分布看，PAHs 污染较重的站位位于大连海域、辽东湾、天津附近海域和黄河口附近海域。其中，PAHs 最高值出现在站位 ZD - DL10，与 DDT 最高值站位一致，而且 PAHs 和 DDTs 高值重合出现的站位占总站位数一半，暗示了 PAHs 和 DDTs 的一定相关性。

一般来说，低分子量的 PAHs（2 - 3 环）可呈现显著的急性毒性，而某些高分子量 PAHs 则具有潜在的致癌性。应用加拿大和美国佛罗里达近岸的海洋和河口沉积物化学品风险评价标准（Long E R，1995）（包括 9 种 PAHs 单体和 $\sum$PAHs 对应的 ERL、TEL 和 ERM、PEL，下同），与渤海近岸海域表层沉积物中 PAHs 含量水平进行对照，从而对渤海海域表层沉积物中 PAHs 进行生态危害评价。结果表明：天津海域所有调查站位的多环芳烃单体芴的检出率为 100%，平均值高达 112.98 ng/g，远远超过对应的 ERL 值（19 ng/g）和 TEL 值（21.2 ng/g），超标幅度分别为 595% 和 533%。其中，位于渤海湾近岸的两个站位 ZD - TJ087 和 ZD - TJ096 芴含量分别为 199.7 ng/g 和 157.5 ng/g，甚至超过了代表会经常出现负面效应的风险水平 PEL 值（144 ng/g）。除了芴，天津海域菲的检出率也为 100%，平均值为 145.11 ng/g，超过对应的 TEL 值（86.7 ng/g），超标幅度为 167%。对于 PAHs 单体萘，检出率为 80%。与芴一样，萘含量最高的两个站位分别为 ZD - TJ087 和 ZD - TJ096 对应的萘含量分别为 63.2 ng/g 和 36.4 ng/g，均超过相应的 TEL 值（34.6 ng/g）。由此可见，天津近岸海域 PAHs 污染达到生态毒理风险水平，尤其是低环 PAHs 芴、菲、萘（被我国政府列入了"中国环境优先污染物黑名单），可能对周边海洋生物产生一定的负面影响，属于较高生态风险区。而其他海区相对来说，潜在的生态风险则很小。

20.3.1.2　黄海

1）有机氯农药含量分布及其生态风险评价

黄海近岸海域沉积物中六六六含量为未检出至 19.96 ng/g，均值为 6.45 ng/g。其中山东部分海域（主要指青岛近岸海域，下同）沉积物中六六六含量为 2.09～19.96 ng/g。江苏近海海域所测站位沉积物中均未检出 HCHs。与国家海洋沉积物质量标准中规定的六六六标准值（第一类不大于 500 ng/g，第二类不大于 1 000 ng/g，第三类不大于 1 500 ng/g）对比可以看出，黄海近岸海域表层沉积物中六六六含量远远低于一类国家海洋沉积物质量标准值，相差近两个数量级，说明六六六污染极轻，但与渤海近岸海域沉积物中六六六（含量范围为未检出～5.30 ng/g，均值为 1.01 ng/g）相比，含量相对较高。

黄海近岸海域沉积物中 DDTs 含量为未检出至 15.57 ng/g，均值为 4.51 ng/g。与二基调查数据（DDTs 含量范围为未检出至 62.87 ng/g，均值为 2.28 ng/g）相比，DDTs 含量最高值降低，但均值有所上升。其中，山东部分海域沉积物中 DDTs 含量为 0.49～15.57 ng/g。江苏近岸海域沉积物中 DDTs 含量为 0.16～5.48 ng/g。根据国家海洋沉积物质量标准中 DDTs 标准，第一类不大于 20 ng/g，第二类不大于 50 ng/g，第三类不大于 100 ng/g，黄海近岸海域沉积中 DDT 质量达到一类国家海洋沉积物质量标准。

应用上述海洋和河口沉积物化学品风险评价标准，对黄海海域表层沉积物中 DDTs 进行生态危害评价。山东部分海域 DDTs 平均含量为 5.83 ng/g，超过生态风险低值水平 ERL（1.58 ng/g）和 TEL（3.89 ng/g）。除个别站位外，超过 70% 的站位所测 DDTs 含量超过 ERL 和 TEL，而且超标站位大多位于青岛市附近海域，其中，DDTs 污染最重站位于站位 QD36，其 DDTs 含量高达 15.57 ng/g。因此上述海域属较高生态风险区，可能对周边海洋生物产生一定的负面影响。江苏海域相对来说污染较轻，除个别站位外（JC‑HH 218 和 JS24），大部分站位 DDTs 含量均低于 ERL（1.58 ng/g），说明该海域表层沉积物中有机污染物对生物的危害程度较低，潜在生态风险较小。

2）PCBs 含量分布及其生态风险评价

黄海近岸海域 PCBs 含量为未检出至 36.35 ng/g，均值为 5.29 ng/g，与二基调查数据（浓度范围为未检出至 24.20 ng/g，均值为 1.06 ng/g）相比，含量明显升高。其中，山东（青岛附近海域）含量范围为 1.53～36.35 ng/g，均值为 6.87。而江苏所测站位均未检出 PCBs。

根据国家海洋沉积物质量标准中 PCBs 标准，第一类不大于 20 ng/g，第二类不大于 200 ng/g，第三类不大于 600 ng/g。调查结果与之比较可得出。除青岛近岸一个站位（ZD‑QD237，其 PCBs 含量为 36.35 ng/g）外，黄海大部分海域沉积物质量标准符合一类国家海洋沉积物质量标准。

应用加拿大和美国佛罗里达近岸的海洋和河口沉积物化学品风险评价标准（Long，1995），对黄海海域表层沉积物中 PCBs 进行生态危害评价。PCBs 对应的 ERL 和 TEL 值分别为 22.7 ng/g 和 21.6 ng/g，ERM 和 PEL 分别为 180 ng/g 和 189 ng/g。黄海海域 PCBs 含量均值低于生态风险低值 ERL 和 TEL。而且除位于青岛近岸的站位 ZD‑QD237（其 PCBs 为 36.35 ng/g）外，各测站的 PCBs 含量均低于 ERL 和 TEL。说明黄海大部分海域 PCBs 生态风险较低。

3）PAHs含量分布及其生态风险评价

黄海近岸海域PAHs含量范围为9.97~1 884.07 ng/g，均值为530.96 ng/g。而二基调查数据显示，黄海近岸海域PAHs含量范围为未检出至8 294 ng/g，均值为248.7 ng/g。比较两次调查结果可知，PAHs含量最高值降低，但均值有所上升。其中，山东部分海域PAHs含量为255.77~1 884.07 ng/g，而江苏海域PAHs含量为9.97~34.8 ng/g。

黄海与渤海近岸海域同样，在黄海表层沉积物中检测到的典型PAHs包括：萘、芴、菲、蒽、荧蒽、芘、屈、苯并[a]蒽、苯并[a]芘、苯并[e]芘，PAHs检出率为100%，而且具有强致癌性的苯并[a]芘在青岛海域绝大部分站位和江苏海域部分站位均有检出。从区域分布看，青岛近岸海域污染较重，而江苏近岸海域污染较轻。

应用加拿大和美国佛罗里达近岸的海洋和河口沉积物化学品风险评价标准（Long E R，1995），与黄海近岸海域表层沉积物中PAHs含量水平进行对照，从而对黄海近岸海域表层沉积物中PAHs进行生态危害评价。结果表明：青岛海域测站中低环芴、菲、蒽、萘的检出率为100%。其中，芴的平均含量为77.33 ng/g，远远超过对应的生态风险低值水平ERL（19 ng/g）和TEL（21.2 ng/g），超标幅度分别为407%和365%。而且80%测站的芴含量超过ERL（19 ng/g）和TEL（21.2 ng/g）。且位于青岛近岸部分站位ZD－QD236，ZD－QD238，ZD－QD235和ZD－QD219的芴含量甚至超过对应的生态风险高值水平PEL（144 ng/g）。青岛海域菲的平均含量为288.76 ng/g超过对应的TEL（86.7 ng/g）和ERL（240 ng/g），超标幅度分别为333%和120%。90%测站的菲含量超过对应的TEL（86.7 ng/g），且超过40%的测站的菲含量超过对应的ERL（240 ng/g）。甚至有17%的站位（部分站位与芴污染最重站位重合）污染非常严重，菲含量超过对应的生态风险高值水平PEL（544 ng/g），超标幅度达111%~145%。对于菲的同分异构体蒽，其平均含量为46.97 ng/g，刚刚超过对应的TEL（46.9 ng/g）。1/3站位的蒽含量超过TEL（46.9 ng/g），20%站位的蒽含量超过ERL值（85.3 ng/g）。对于另一低环PAHs单体萘，部分站位（占总站位数1/3）的萘含量超过对应的TEL值（34.6 ng/g）。除了低环PAHs外，山东海域四环的荧蒽和芘的检出率也为100%。其中，超过23%的站位的荧蒽含量超过对应的TEL（113 ng/g）。可见，山东海域的主要污染物是二、三环芴、菲、蒽、萘，但四环荧蒽和芘的污染也不容忽视（注意，污染最严重的站位重合）。而其他海区（江苏沿海）相对来说，潜在的生态风险则很小。

20.3.1.3 东海

1）有机氯农药含量分布及其生态风险评价

东海近岸海域表层沉积物中六六六含量为未检出至22.4 ng/g，均值为1.89 ng/g。其中上海海域未检出至2.84 ng/g，浙江0.2~22.4 ng/g，福建未检出至0.46 ng/g。根据国家海洋沉积物质量标准中规定的HCHs标准值：第一类不大于500 ng/g，第二类不大于1 000 ng/g，第三类不大于1 500 ng/g，与之对比可以看出，东海近岸海域表层沉积物中HCHs含量远远低于一类国家海洋沉积物质量标准值。对比各省市测站数据可知，六六六含量顺序由大到小依次为福建、上海、浙江。

东海近岸海域表层沉积物中 DDTs 含量 0.09～69.33 ng/g，均值为 2.88 ng/g。与二基对应调查数据（DDTs 范围为未检出至 22.33 ng/g，均值为 2.49 ng/g）相比，DDTs 污染有一定程度的加重。其中，上海海域含量为 0.09～4.61 ng/g，浙江为 0.1～5.1 ng/g，福建为 0.62～69.33 ng/g。

根据国家海洋沉积物质量标准中 DDTs 标准，第一类不大于 20，第二类不大于 50，第三类不大于 100 ng/g。调查结果与之比较可得出，除福建海域个别测站（XM22，DDTs 含量 69.33 ng/g），东海近岸海域绝大部分测站的表层沉积物 DDTs 符合一类国家海洋沉积物质量标准。对比各省市测站数据可知，DDTs 含量顺序为上海＜浙江＜福建。

应用上述海洋和河口沉积物化学品风险评价标准，对东海海域表层沉积物中 DDTs 进行生态危害评价。福建海域 DDTs 含量均值为 8.87 ng/g，超过生态风险低值 ERL（1.58 ng/g）和 TEL（3.89 ng/g），超标程度分别为 561% 和 228%。而且超过 50% 站位 DDTs 含量超过 ERL（1.58 ng/g）。站位 XM22 的 DDTs 含量（69.33 ng/g）甚至超过生态风险高值 ERM（46.1 ng/g）和 PEL（51.7 ng/g）。超标站位大多位于厦门近岸，因此上述海域属较高生态风险区，可能对周边海洋生物产生一定的负面影响。上海海域有 15% 的测站 DDTs 含量超过生态风险低值 ERL（1.58 ng/g），浙江海域有 26.1% 测站 DDTs 含量超过 ERL（1.58 ng/g）。综合福建、上海和浙江情况，东海整个海区的 DDTs 存在一定的生态风险，尤其是厦门海域存在较高的生态风险。

2）PCBs 含量分布及其生态风险评价

东海近岸海域 PCBs 含量未检出至 62.7 ng/g，均值为 7.05 ng/g。与二基调查数据（含量范围为未检出至 49.08 ng/g，均值 2.99 ng/g）相比，PCBs 污染呈明显加重趋势。其中上海海域未检出至 3.36 ng/g，浙江海域 0.35～62.7 ng/g，福建海域 0.12～5.04 ng/g。

根据国家海洋沉积物质量标准中 PCBs 标准，第一类不大于 20 ng/g，第二类不大于 200 ng/g，第三类不大于 600 ng/g。东海海域全海区平均值与之比较可得出，东海海域表层沉积物 PCBs 含量符合一类国家海洋沉积物质量标准。但值得注意的是浙江海域有 27% 的测站 PCBs 含量超过一类国家海洋沉积物质量标准。

应用加拿大和美国佛罗里达近岸的海洋和河口沉积物化学品风险评价标准（Long E R，1995），对东海海域表层沉积物中 PCBs 进行生态危害评价。PCBs 对应的 ERL 和 TEL 值分别为 22.7 ng/g 和 21.6 ng/g，ERM 和 PEL 分别为 180 ng/g 和 189 ng/g。上海海域、福建海域各调查站位的 PCBs 含量均远远小于 ERL（22.7 ng/g）和 TEL（21.6 ng/g），说明该海域表层沉积物中有机污染物对生物的危害程度低，潜在生态风险小。但是，浙江沿海有 27% 的测站 PCB 含量超过生态风险低值 ERL（22.7 ng/g）和 TEL（21.6 ng/g）。超标站位大多位于浙江杭州湾海域，预示着上述海域存在着一定的生态毒理风险。

3）PAHs 分布及其生态风险评价

东海近岸海域 PAHs 含量范围为 1.22～825.05 ng/g，均值为 111.31 ng/g。与二基调查数据（含量范围为未检出至 931.6 ng/g，均值为 172.8 ng/g）比较可以看出，东海近岸海域 PAHs 污染有轻度的减轻趋势。其中，上海海域浓度范围为 1.22～104 ng/g，浙江为 32.14～483.5 ng/g，福建为 56.69～825.05 ng/g。

与渤海和黄海近岸海区一样，在东海表层沉积物中检测到的典型 PAHs 包括：萘、芴、菲、蒽、荧蒽、芘、屈、苯并 [a] 蒽、苯并 [a] 芘、苯并 [e] 芘，东海各测站的 ∑PAHs 检出率均为 100%，而且在福建和上海沿海均检出强致癌物苯并 [a] 芘。相比而言，福建沿海 PAHs 含量较高，其次是浙江，上海最低。

应用加拿大和美国佛罗里达近岸的海洋和河口沉积物化学品风险评价标准（Long, 1995），与东海海域表层沉积物中 PAHs 含量水平进行对照，从而对东海海域表层沉积物中 PAHs 进行生态危害评价。结果表明：福建海域测站萘的平均值为 53.31 ng/g，超出对应的生态风险低值 TEL（34.6 ng/g），超标程度为 154%。且有超过 30% 的站位萘的含量超过 TEL 值。超标的站位均位于闽江口附近，显然与接受闽江大量工业废水和生活污水直接相关。超过 30% 的站位芴的含量超过应的 ERL（19 ng/g）和 TEL（21.2 ng/g），超标站位和萘的超标站位完全重合。更有甚者，具有强致癌性五环的苯并芘在福建沿海各测站的检出率为 100%。而且检出最高含量为 198.08 ng/g，超过对应的生态风险低值 TEL（88.8 ng/g），超标程度高达 223%。因此，福建沿海的 PAHs，尤其是萘、芴和苯并芘生态危害应引起足够的重视。其他海区的生态危害较小。

20.3.1.4 南海

1）有机氯农药含量分布及其生态风险评价

南海近岸海域表层沉积物六六六含量范围为未检出至 156.43 ng/g，均值为 26.66 ng/g。其中，广东海域未检出至 13.2 ng/g，广西海域 109.12 ~ 156.43 ng/g，海南近岸海域为未检出至 14.55 ng/g。

根据国家海洋沉积物质量标准中规定的六六六标准值：第一类不大于 500 ng/g，第二类不大于 1 000 ng/g，第三类不大于 1 500 ng/g，与之对比可以看出，南海海域表层沉积物中六六六含量低于一类国家海洋沉积物质量标准值。但是与其他海域相比（渤海近岸海域沉积物中六六六含量为未检出至 5.30 ng/g，均值为 1.01 ng/g。黄海近岸海域沉积物中六六六含量为未检出至 19.96 ng/g，均值为 6.45 ng/g。东海近岸海域表层沉积物中六六六含量为未检出至 22.4 ng/g，均值为 1.89 ng/g），南海近岸海域六六六含量明显相对较高，尤其是广西海域。

南海近岸海域表层沉积物 DDTs 浓度范围为 0.65 ~ 146.04 ng/g，均值为 22.24 ng/g。广东海域 0.65 ~ 13.72 ng/g，广西 99.89 ~ 146.04 ng/g，海南 1.23 ~ 10.2 ng/g。与二基结果（南海海域 DDTs 浓度范围为未检出至 1 236 ng/g，均值为 34.6 ng/g）对照显示，南海沉积物的 DDT 污染有所减轻。

根据国家海洋沉积物质量标准中 DDTs 标准，第一类不大于 20 ng/g，第二类不大于 50 ng/g，第三类不大于 100 ng/g。南海沿海各省市调查结果与之比较可以得出，南海海区大部分海域（包括广东和海南）DDTs 含量符合一类国家海洋沉积物质量标准。但广西近岸测站均超过三类国家海洋沉积物质量标准，说明广西近岸（北部湾地区）DDTs 污染非常严重。

应用上述海洋和河口沉积物化学品风险评价标准，对南海近岸海域表层沉积物中 DDTs 进行生态危害评价。广西沿海 DDTs 含量平均值为 110.87 ng/g，不仅超过生态风险低值 ERL（1.58 ng/g）和 TEL（3.89 ng/g），甚至超过生态风险高值 ERM（46.1 ng/g）和 PEL

（51.7 ng/g），超标程度分别为240.5%和214.4%。且100%测站DDTs含量超过ERM（46.1 ng/g）和PEL（51.7 ng/g）。超标站位均位于广西北部湾，因此上述海域属高生态风险区，对周边海洋生物产生一定的负面影响的几率非常高，应引起足够的重视。广东沿海DDTs平均含量为4.51 ng/g，超过生态风险低值ERL（1.58 ng/g）和TEL（3.89 ng/g），超标程度分别为285%和116%。且广东沿海所有测站（包括珠江口、大亚湾等海域）DDTs含量均超过ERL和TEL。海南沿海DDTs均值为5.94 ng/g，同样超过ERL（1.58 ng/g）和TEL（3.89 ng/g），超标程度分别为376%和153%。同时，约80%测站DDTs含量超过ERL和TEL。可见，广东沿海和海南沿海生态风险较高。综上所述，虽然与二基调查结果相比，南海沉积物的DDT污染有所减轻。但是南海近岸海区的DDT污染仍较重，具有相当的生态危害效应。

2）PCBs含量分布及其生态风险评价

南海近岸海域PCBs含量分布为未检出至19.60 ng/g，均值为5.69 ng/g。其中，广东近海为0.71～19.60 ng/g，海南为0.98～18.5 ng/g，广西海域所测站位均未检出PCBs。与二基结果（南海海域PCBs浓度范围为未检出至113.0 ng/g，均值为3.66 ng/g）对照显示，南海沉积物PCBs最大值有所下降，但平均值水平有所提高，污染有所加重。

根据国家海洋沉积物质量标准中PCBs标准，第一类不大于20 ng/g，第二类不大于200 ng/g，第三类不大于600 ng/g。南海近岸海域各海区平均值与之比较可以得出，南海海域表层沉积物PCBs含量符合一类国家海洋沉积物质量标准。根据各省市测站结果对比可知，广西海域PCBs含量最低，其次是海南，广东相对最高。

应用加拿大和美国佛罗里达近岸的海洋和河口沉积物化学品风险评价标准（Long，1995），对南海近岸海域表层沉积物中PCBs进行生态危害评价。PCBs对应的ERL和TEL值分别为22.7 ng/g和21.6 ng/g，ERM和PEL分别为180 ng/g和189 ng/g。南海近岸海区各调查站位的PCBs含量均远远小于ERL（22.7 ng/g）和TEL（21.6 ng/g），说明该海域表层沉积物中PCBs污染物对生物的危害程度低，潜在生态风险小。

3）PAHs含量分布及其生态风险评价

南海近岸海域PAHs含量范围为未检出至248.78 ng/g，均值为94.79 ng/g。其中，广东海域为未检出至230.00 ng/g，广西为37.71～57.81 ng/g，海南为未检出至248.78 ng/g。南海各沿海省份测站结果表明，广西沿海PAH含量较低，广东和海南相对较高，PAHs污染较重的站位位于海南省西南部海域和珠江口近岸。与二基调查结果（南海海域PAHs浓度范围为未检出至2 657 ng/g，均值为120.2 ng/g）对照显示，说明PAHs污染有所减轻。

应用加拿大和美国佛罗里达近岸的海洋和河口沉积物化学品风险评价标准（Long E R，1995），与南海海域表层沉积物中PAHs含量水平进行对照，从而对南海海域表层沉积物中PAHs进行生态危害评价。结果表明：广西海域所有测站的萘、芴、菲、荧蒽和芘的检出率均为100%，而其他单体的均未检出。部分测站（占总站位数的40%）的萘含量超过对应的生态风险低值（34.6 ng/g），超标范围为101%～112%，超标站位主要位于北部湾海区。其他单体均低于对应的生态风险低值。证实除了北部湾区域的萘以外，其他PAHs单体生态风险低。广东海域和广西海域的∑PAHs均未超过对应的ERL和TEL值。综上所述，南海海域的生态风险低。

20.3.2　近岸海域经济生物体内 POPs 污染状况

调查内容：有机氯农药滴滴涕四种单体（PP′－DDE、OP′－DDT、PP′－DDD、PP′－DDT）和六六六四种单体（α－666、γ－666、β－666、σ－666），多环芳烃十种单体（萘、芴、菲、蒽、荧蒽、芘、屈、苯并［a］蒽、苯并［a］芘、苯并［e］芘）、多氯联苯九种单体（PCB28、PCB 52、PCB 101、PCB 112、PCB 118、PCB 138、PCB 153、PCB 155、PCB 180、PCB 198）。

调查时间：2007 年秋季（无特别说明，以下讨论数据均来源于我国近海海洋综合调查与评价专项调查数据）。

20.3.2.1　渤海近岸海域

1）有机氯农药的残留量水平和质量评价

渤海鱼类六六六残留量为未检出至 11.91 ng/g，平均残留量为 1.50 ng/g。渤海贝类六六六残留量为 0.19～38 ng/g，平均残留量为 7.15 ng/g。渤海甲壳类六六六残留量为 0.48～5.81 ng/g，平均残留量为 3.39 ng/g。

根据国家海洋生物质量标准中规定的六六六标准值：第一类不大于 20 ng/g，第二类不大于 150 ng/g，第三类不大于 500 ng/g，与渤海海域鱼类、贝类、甲壳类等六六六残留量对比可得出：渤海海域鱼类和甲壳类体内六六六残留量低于一类国家海洋生物质量标准值。虽然贝类六六六平均残留量（7.15 ng/g）低于一类标准值，但天津海域占 60% 站位贝类体内六六六残留量高于一类标准值，说明天津海域贝类存在一定的六六六污染。

渤海经济生物（鱼类、贝类和甲壳类）体内六六六残留量与渤海海域表层沉积物中六六六含量（未检出至 5.30 ng/g，均值为 1.01 ng/g）相比可知，鱼类和甲壳类略高于沉积物，贝类则明显高于沉积物。说明生物体对六六六有一定的蓄积性，贝类尤其显著。

渤海鱼类 DDTs 残留量为 0.33～90.27 ng/g，平均残留量为 18.21 ng/g。渤海贝类 DDTs 残留量为 0.36～63.69 ng/g，平均残留量为 8.52 ng/g。渤海甲壳类 DDTs 残留量为 0.57～28.29 ng/g，平均残留量为 9.31 ng/g。

根据国家海洋生物质量标准中规定的 DDTs 标准值：第一类不大于 10 ng/g，第二类不大于 100 ng/g，第三类不大于 500 ng/g，渤海海域鱼类、贝类、甲壳类等 DDTs 残留量与之对比可得出：渤海鱼类 DDTs 残留量均值明显（18.21 ng/g）高于一类国家海洋生物质量标准值。虽然贝类 DDTs 平均残留量（8.52 ng/g）和甲壳类平均残留量（9.31 ng/g）略低于一类标准值，但已非常接近标准值。所以渤海生物体内的 DDTs 污染应引起重视。

渤海海域表层沉积物中 DDTs 含量均值为 3.88 ng/g，渤海鱼类、贝类和甲壳类体内 DDTs 平均残留量与之相比可知，上述 3 种生物体内 DDTs 残留量均明显高于沉积物，说明生物体对 DDTs 有明显的蓄积性，呈现趋势由大到小依次为鱼类、甲壳类、贝类。

与第二次污染基线 DDTs（简称二基）调查结果（贝类：未检出至 13.27 ng/g，平均残留量为 2.80 ng/g，鱼类：未检出至 39.34 ng/g，平均残留量为 14.7 ng/g）相比，渤海经济生物体内的 DDTs 污染呈加重趋势。渤海海域表层沉积物中 DDTs 含量数据暗示了尽管我国已在 1983 年禁止使用 DDTs，但在上述海域中近年来仍有新的污染源。生物体中 DDTs 的残留量再次证实了这一点。

2）PCBs 的残留量水平和质量评价

渤海鱼类 PCBs 残留量为未检出至 29.20 ng/g，平均残留量为 8.09 ng/g。渤海贝类 PCBs 残留量为未检出至 125.45 ng/g，平均残留量为 22.67 ng/g。渤海甲壳类 PCBs 残留量为 0.35～12.10 ng/g，平均残留量为 8.50 ng/g。

渤海海域表层沉积物中 PCBs 含量均值为 1.02 ng/g，渤海鱼类、贝类和甲壳类体内 PCBs 平均残留量与之相比可知，上述 3 种生物体内 PCBs 残留量均明显高于沉积物，说明生物体对 PCBs 有明显的蓄积性，其中，贝类的蓄积性尤其显著。

第二次污染基线 PCBs 调查结果显示：贝类为未检出至 21.9 ng/g，平均残留量为 3.40 ng/g，鱼类为未检出至 3.60 ng/g，平均残留量为 1.60 ng/g。与之相比可见，渤海经济生物体内的 PCBs 污染呈明显加重趋势。

3）PAHs 的残留量水平和质量评价

渤海鱼类 PAHs 残留量为 26.10～1 150 ng/g，平均残留量为 251.90 ng/g。渤海贝类 PAHs 残留量为 11.97～1 870 ng/g，平均残留量为 185.64 ng/g。渤海甲壳类 PAHs 残留量为 45.30～409.40 ng/g，平均残留量为 219.02 ng/g。

从上述数据可知，渤海鱼类、贝类和甲壳类体内 PAHs 平均残留量均较高，这与渤海海域表层沉积物中 PAHs 含量较高（均值为 321.01 ng/g）是相一致的。

第二次污染基线 PAHs 调查结果显示：贝类为 4.6～21.0 ng/g，平均残留量为 10.4 ng/g，鱼类为 13.9～23.0 ng/g，平均残留量为 18.3 ng/g。与之相比可见，渤海经济生物体内的 PAHs 污染与 PCBs 一样，呈明显加重趋势，且加重程度更剧烈。

20.3.2.2　黄海近岸海域

1）有机氯农药的残留量水平和质量评价

黄海鱼类六六六残留量为 14.97～162.96 ng/g，平均残留量为 78.49 ng/g。黄海贝类六六六残留量为 46.11～295.01 ng/g，平均残留量为 170.56 ng/g。黄海甲壳类六六六残留量为 26.62～1 014.79 ng/g，平均残留量为 169.40 ng/g。

根据国家海洋生物质量标准中规定的六六六标准值：第一类不大于 20 ng/g，第二类不大于 150 ng/g，第三类不大于 500 ng/g，黄海鱼类、贝类和甲壳类体内六六六平均残留量均明显高于一类国家海洋生物质量标准值。贝类和甲壳类六六六平均残留量甚至超过了二类国家海洋生物质量标准值，说明黄海生物体六六六污染严重。

黄海经济生物（鱼类、贝类和甲壳类）体内六六六平均残留量明显高于黄海海域表层沉积物中六六六含量均值（6.45 ng/g），呈数十倍增加，说明生物体对六六六的有一定的蓄积性，且贝类和甲壳类尤其显著。

黄海鱼类 DDTs 残留量为 25.37～3 026.74 ng/g，平均残留量为 707.00 ng/g。黄海贝类 DDTs 残留量为 387.28～1 215.1 ng/g，平均残留量为 801.19 ng/g。黄海甲壳类 DDTs 残留量为 22.89～1 053.69 ng/g，平均残留量为 330.29 ng/g。

根据国家海洋生物质量标准中规定的 DDTs 标准值：第一类不大于 10 ng/g，第二类不大于 100 ng/g，第三类不大于 500 ng/g，与黄海鱼类、贝类、甲壳类等 DDTs 平均残留量对比可得出：黄海鱼类、贝类和甲壳类体内平均残留量显著高于二类国家海洋生物质量标准值，鱼类和贝类 DDTs 平均残留量甚至高于三类国家海洋生物质量标准值，说明黄海生物体内的 DDTs 污染相当严重。

黄海近岸海域生物体中 DDTs 含量均值为 4.51 ng/g，黄海鱼类、贝类和甲壳类体内 DDTs 平均残留量与之相比可知，上述 3 种生物体内 DDTs 残留量均远远高于沉积物，高达数百倍，说明生物体对 DDTs 有明显的蓄积性，尤其是贝类和鱼类。

与第二次污染基线调查结果（贝类：未检出至 41.56 ng/g，平均残留量为 7.0 ng/g，鱼类：未检出至 52.48 ng/g，平均残留量为 8.2 ng/g）相比，黄海经济生物体内的 DDTs 污染呈加重趋势，且残留量增长达数十倍至百倍左右，说明从二基调查至我国近海海洋综合调查与评价专项调查的 10 年间，黄海生物中 DDTs 污染显著加剧。

2）PCBs 的残留量水平和质量评价

黄海鱼类 PCBs 残留量为 1.29 ~ 846.60 ng/g，平均残留量为 347.31 ng/g。黄海贝类 PCBs 残留量为 319.00 ~ 342.60 ng/g，平均残留量为 330.80 ng/g。黄海甲壳类 PCBs 残留量为未检出至 955.80 ng/g，平均残留量为 100.86 ng/g。黄海海域表层沉积物中 PCBs 含量均值为 5.29 ng/g，黄海鱼类、贝类和甲壳类体内 PCBs 平均残留量与之相比可知，上述 3 种生物体内 PCBs 残留量均明显高于沉积物，说明生物体对 PCBs 有明显的蓄积性，其中，鱼类和贝类的蓄积性尤其显著。

第二次污染基线调查结果显示：贝类 PCBs 残留量为未检出至 8.00 ng/g，平均残留量为 2.10 ng/g，鱼类为未检出至 3.10 ng/g，平均残留量为 1.20 ng/g。与之相比可见，黄海经济生物体内的 PCBs 污染呈明显加重趋势，且增长高达数十倍至百倍。

3）PAHs 的残留量水平和质量评价

黄海鱼类 PAHs 残留量为 70.57 ~ 291.60 ng/g，平均残留量为 176.77 ng/g。黄海贝类 PAHs 残留量为 98.87 ~ 152.87 ng/g，平均残留量为 125.87 ng/g。黄海甲壳类 PAHs 残留量为 51.77 ~ 342.40 ng/g，平均残留量为 186.55 ng/g。第二次污染基线调查结果显示：黄海贝类 PAHs 残留量为 0.60 ~ 287.00 ng/g，平均残留量为 21.70 ng/g，鱼类为 5.20 ~ 11.30 ng/g，平均残留量为 8.30 ng/g。与之相比可见，两次调查期间，黄海经济生物体内的 PAHs 污染呈明显加重趋势。

20.3.2.3 东海近岸海域

1）有机氯农药的残留量水平和质量评价

东海鱼类六六六残留量为 0.010 ~ 49.80 ng/g，平均残留量为 9.24 ng/g。东海贝类六六六残留量为 0.010 ~ 29.80 ng/g，平均残留量为 3.56 ng/g。东海甲壳类六六六残留量为未检出至 19.30 ng/g，平均残留量为 7.88 ng/g。

根据国家海洋生物质量标准中规定的六六六标准值：第一类不大于 20 ng/g，第二类不大于150 ng/g，第三类不大于500 ng/g，东海鱼类、贝类、甲壳类等六六六残留量与之对比可得出：东海鱼类、贝类、甲壳类六六六残留量低于一类国家海洋生物质量标准值。但鱼类平均残留量（9.24 ng/g）已非常接近一类国家海洋生物质量标准值，且部分贝类、部分鱼类和部分甲壳类体内六六六残留量已高于一类国家海洋生物质量标准值，说明东海海域生物体存在一定的六六六污染。

东海经济生物（鱼类、贝类和甲壳类）体内六六六平均残留量与东海海域表层沉积物中六六六平均含量（1.89 ng/g）相比可知，前者不同程度高于后者。说明生物体对六六六有一定的蓄积性，贝类尤其显著。

东海鱼类DDTs残留量为0.010~267.60 ng/g，平均残留量为74.00 ng/g。东海贝类DDTs残留量为2.54~100.56 ng/g，平均残留量为32.18 ng/g。东海甲壳类DDTs残留量为8.60~25.40 ng/g，平均残留量为16.10 ng/g。

根据国家海洋生物质量标准中规定的DDTs标准值：第一类不大于10 ng/g，第二类不大于100 ng/g，第三类不大于500 ng/g，东海海域鱼类、贝类、甲壳类等DDTs残留量与之对比可以得出：上述3种经济生物体内DDTs残留量均不同程度高于一类国家海洋生物质量标准值，其中，鱼类残留量最高，贝类次之，甲壳类最低。说明东海生物体内的DDTs污染比较严重。

东海海域表层沉积物中DDTs含量均值仅为2.88 ng/g，东海鱼类、贝类和甲壳类体内DDTs平均残留量与之相比可知，上述3种生物体内DDTs残留量均明显高于沉积物，说明生物体对DDTs有明显的蓄积性，且呈现鱼类大于贝类，贝类大于甲壳类的趋势。

与第二次污染基线DDTs残留量调查结果（贝类：0.50~109.95 ng/g，平均残留量为27.50 ng/g，鱼类：未检出至735.06 ng/g，平均残留量为138.40 ng/g）相比，东海贝类DDTs污染略微加重，而鱼类DDTs污染明显减轻。

2）PCBs的残留量水平和质量评价

东海鱼类PCBs残留量为0.015~16.50 ng/g，平均残留量为4.96 ng/g。东海贝类PCBs残留量为0.57~31.40 ng/g，平均残留量为11.52 ng/g。东海甲壳类PCBs残留量为未检出至96.20 ng/g，平均残留量为32.25 ng/g。

东海海域表层沉积物中PCBs含量均值为7.05 ng/g，东海贝类和甲壳类体内PCBs平均残留量与之相比可知，其残留量明显高于沉积物，说明贝类和甲壳类生物体对PCBs有明显的蓄积性。

第二次污染基线PCBs残留量调查结果显示：贝类为0.60~120.60 ng/g，平均残留量为31.30 ng/g，鱼类为11.50~161.20 ng/g，平均残留量为55.50 ng/g。与之相比可见，东海经济生物体贝类和鱼类的PCBs污染均呈明显的下降趋势。

3）PAHs的残留量水平和质量评价

东海鱼类PAHs残留量为0.26~212.00 ng/g，平均残留量为85.13 ng/g。东海贝类PAHs残留量为3.50~216.51 ng/g，平均残留量为76.35 ng/g。东海甲壳类PAHs残留量为23.70~291.20 ng/g，平均残留量为153.18 ng/g。

第二次污染基线PAHs调查结果显示：贝类为2.50~15.50 ng/g，平均残留量为7.40 ng/g，鱼类为2.30~3.90 ng/g，平均残留量为3.10 ng/g。与之相比可见，东海经济生物体内的

PAHs 污染呈显著加重趋势。

20.3.2.4 南海近岸海域

1) 有机氯农药的残留量水平和质量评价

南海鱼类六六六残留量为未检出至 12.30 ng/g，平均残留量为 1.83 ng/g。南海贝类六六六残留量为 0.19～15.40 ng/g，平均残留量为 7.30 ng/g。南海甲壳类六六六残留量为 0.05～5.35 ng/g，平均残留量为 1.58 ng/g。

根据国家海洋生物质量标准中规定的六六六标准值：第一类不大于 20 ng/g，第二类不大于 150 ng/g，第三类不大于 500 ng/g，与南海海域鱼类、贝类、甲壳类等六六六残留量对比可以得出：南海鱼类、贝类和甲壳类体内六六六平均残留量均低于一类国家海洋生物质量标准值。但值得注意的是，广西所有测试贝类样品体内六六六残留量均超过一类国家海洋生物质量标准值。

南海鱼类 DDTs 残留量为未检出至 39.99 ng/g，平均残留量为 10.99 ng/g。南海贝类 DDTs 残留量为 1.48～236.35 ng/g，平均残留量为 45.18 ng/g。南海甲壳类 DDTs 残留量为未检出至 18.40 ng/g，平均残留量为 4.06 ng/g。

根据国家海洋生物质量标准中规定的 DDTs 标准值：第一类不大于 10 ng/g，第二类不大于 100 ng/g，第三类不大于 500 ng/g，与之对比可以得出：南海鱼类 DDTs 平均残留量略高于一类国家海洋生物质量标准值，贝类 DDTs 平均残留量则明显高于一类质量标准值，虽然甲壳类平均残留量低于一类质量标准值，但有个别生物样超标。所以南海生物体内的 DDTs 污染应引起重视。

与第二次污染基线 DDTs 调查结果（贝类：未检出至 976.76 ng/g，平均残留量为 113.2 ng/g，鱼类：未检出至 148.9 ng/g，平均残留量为 94.4 ng/g）相比，南海经济生物体内的 DDTs 污染呈明显的下降趋势。这与南海表层沉积物中 DDTs 含量的下降趋势相一致。

2) PCBs 的残留量水平和质量评价

南海鱼类 PCBs 残留量为未检出至 49.10 ng/g，平均残留量为 16.13 ng/g。南海贝类 PCBs 残留量为未检出至 93.87 ng/g，平均残留量为 30.58 ng/g。南海甲壳类 PCBs 残留量为未检出至 15.80 ng/g，平均残留量为 6.17 ng/g。

南海海域表层沉积物中 PCBs 含量均值为 5.69 ng/g，与之相比可见，南海鱼类、贝类和甲壳类体内 PCBs 平均残留量均高于沉积物，说明生物体对 PCBs 有明显的蓄积性，且呈现贝类＞鱼类＞甲壳类的趋势。

第二次污染基线 PCBs 残留量调查结果显示：贝类为 5.40～413.10 ng/g，平均残留量为 59.80 ng/g，鱼类为 3.50～118.10 ng/g，平均残留量为 45.50 ng/g。与之相比可见，南海经济生物体内的 PCBs 污染呈明显减轻趋势。

3) PAHs 的残留量水平和质量评价

南海鱼类 PAHs 残留量为 0.26～1 360 ng/g，平均残留量为 145.65 ng/g。南海贝类 PAHs 残留量为未检出至 476.13 ng/g，平均残留量为 93.98 ng/g。南海甲壳类 PAHs 残留量为未检出至 329.03 ng/g，平均残留量为 61.77 ng/g。

南海海域表层沉积物中 PAHs 含量均值为 94.79 ng/g，南海鱼类平均残留量与之相比可知，其明显高于沉积物，说明鱼类对 PAHs 有一定蓄积作用。

第二次污染基线调查结果显示：贝类为 2.50 ~ 15.50 ng/g，平均残留量为 7.40 ng/g，鱼类为 2.90 ~ 11.10 ng/g，平均残留量为 7.90 ng/g。与之相比可见，南海经济生物体内的 PAHs 污染呈明显加重趋势，呈数十倍增长。

20.3.3　小结

20.3.3.1　渤海近岸海域沉积物中 POPs 的区域分布特征

从污染类型看，在渤海近岸海域，传统的有机氯农药六六六和 PCBs 的污染很轻，达到了一类国家海洋沉积物质量标准，且生态风险较小。但 DDTs 的污染仍不能忽视。虽然大部分海域 DDTs 达到一类国家海洋沉积物质量标准，但部分海域达到生态毒理风险水平。更为严重的是，新型污染物 POPs 的污染加剧，达到生态毒理风险水平。主要污染物是低环的芴、菲、萘。从污染物分布的空间特征看，大连近岸、天津海域的污染较重。与 1998 年二次污染基线调查数据相比，如今渤海海域 POPs 污染呈现以下 3 个特征。

（1）PCBs 污染程度没有明显的变化趋势。

（2）DDTs 污染明显加重。浓度最高值从 12.14 ng/g 增长到 106.33 ng/g，同时浓度均值从 0.96 ng/g 增长至 3.88 ng/g。这暗示了尽管我国已在 1983 年禁止使用 DDTs，但在上述海域中近年来仍有新的污染源。

（3）PAHs 污染加重。尤其是大连海域、辽东湾近岸和渤海湾近岸，相较二次污染基线时的数据，PAHs 含量明显增长。同时，污染区域有所变化。二次污染调查时，PAHs 含量最高值出现在秦皇岛近岸（浓度为 2 079.4 ng/g），而我国近海海洋综合调查与评价专项调查数据显示，PAHs 含量最高值出现在大连海域（浓度为 3 030 ng/g）。二次污染调查时，PAHs 污染最轻的为渤海湾海域（24.7 ~ 34.6 ng/g，均值为 28.0 ng/g），而这次调查数据显示，渤海湾的污染加重（115.30 ~ 566.20 ng/g，平均值 305.90 ng/g）。这显然与天津等发达城市和地区的社会经济高速发展密切相关。

20.3.3.2　黄海近岸海域沉积物中 POPs 的区域分布特征

（1）从污染类型看，传统的有机氯农药六六六和 PCBs 的污染较轻，达到了一类国家海洋沉积物质量标准，且生态风险较小。但 DDTs 的污染仍不能忽视。虽然整体质量均达到一类国家海洋沉积物质量标准，但青岛附近海域达到生态毒理风险水平。更为严重的是，新型污染物 POPs 的污染加剧，达到生态毒理风险水平。主要污染物是二、三环芴、菲、蒽、萘，但四环荧蒽和芘的污染也不容忽视。

（2）从污染区域看，青岛近岸污染明显较重，这显然与现代化城市青岛社会经济高速发展密切相关。

（3）与二基调查数据相比，POPs 污染呈现以下特征：①DDTs 和 PAHs 的浓度最高值有所下降，但均值都增长两倍有余；②PCB 的浓度最高值有所上升，均值增长 5 倍有余，说明近 10 年来，黄海海域的 PCBs 污染明显加重。

20.3.3.3　东海近岸海域沉积物中 POPs 的区域分布特征

（1）从污染类型看，东海海域表层沉积物中有机氯农药六六六的污染较轻，达到了一类国家海洋沉积物质量标准。虽然 PCBs 含量符合一类国家海洋沉积物质量标准。但值得注意的是浙江海域有 27% 的测站 PCBs 含量超过一类国家海洋沉积物质量标准，且浙江杭州湾海域存在一定的生态风险。传统有机氯农药 DDTs 污染尤其不能忽视。虽然东海海域绝大部分测站的表层沉积物 DDTs 符合一类国家海洋沉积物质量标准，但是东海整个海区的 DDTs 存在一定的生态风险，尤其是厦门海域存在较高的生态风险。与其他海区相比，东海海区 PAHs 含量并不高，但福建和上海沿海均检出强致癌物苯并［a］芘，其生态危害应引起足够的重视。

（2）从污染区域看，福建沿海和浙江杭州湾的污染明显较重。相对来说，现代化程度更高，经济社会活动非常发达的上海近岸海域的污染较轻，具有一定的借鉴意义。

（3）与二基调查数据相比，东海 POPs 污染呈现以下特征：DDTs 污染有所加重，PCBs 污染明显加重；而 PAHs 污染有轻度的减轻。

20.3.3.4　南海近岸海域沉积物中 POPs 的区域分布特征

（1）从污染类型看，南海海域表层沉积物中主要污染物是 DDT，广西近岸测站均超过三类国家海洋沉积物质量标准，且南海全海区的 DDT 污染达到生态毒理风险水平。

（2）从污染区域看，广西污染明显较重。尤其是北部湾海域，这必定与其快速的经济发展有关，应引起足够的重视。

（3）与二基调查数据相比，南海 POPs 污染呈现以下特征：南海沉积物 PCBs 最大值有所下降，但平均值水平有不同程度提高，说明 PCBs 污染有所加重。PAHs 污染有所减轻。

20.3.3.5　渤海近岸海域经济生物体内中 POPs 污染状况

（1）渤海生物体内主要持久性污染物是 DDTs 和 PAHs。

（2）与辽宁、河北等海域相比，天津海域生物体内持久性污染物残留严重，六六六和 DDTs 平均残留量均超过一类国家海洋沉积物质量标准。

（3）各污染物在不同生物体内的蓄积性不同。六六六和 PCBs 在贝类中蓄积程度比鱼类要高，对于 DDTs 和 PAHs 则正好相反，鱼类要比贝类高。这与二基调查结果一致。

（4）与第二次污染基线调查结果比较可见，渤海经济生物体内 DDTs、PCBs 和 PAHs 污染均呈现不同程度加重趋势，其中，PAHs 和 PCBs 明显加重。

20.3.3.6　黄海近岸海域经济生物体内中 POPs 污染状况

（1）黄海生物体内主要持久性污染物是 DDTs、六六六、PCBs 和 PAHs，其中，DDTs 和 PCBs 污染尤其严重。

（2）青岛沿海生物体 POPs 污染较重，与青岛沿海表层沉积物中 POPs 浓度较高相一致。

（3）与第二次污染基线调查结果比较可见，黄海经济生物体内均呈现 DDTs、PCBs 和 PAHs 污染加重的趋势，尤其是 DDTs 和 PCBs，其残留量呈数十倍至百倍增长，与黄海表层沉积物中 POPs 浓度 10 年间变化趋势相一致。

20.3.3.7　东海近岸海域经济生物体内中 POPs 污染状况

（1）东海生物体内主要持久性污染物是 DDTs 和 PAHs。

（2）与第二次污染基线调查结果比较可见，东海鱼类、贝类体内 PCBs 污染全部呈现明显下降趋势，同时，鱼类 DDTs 污染却明显减轻。同时，贝类 DDTs 污染略微加重，尤其值得注意的是：鱼类贝类体内 PAHs 污染显著加重。

20.3.3.8　南海近岸海域经济生物体内中 POPs 污染状况

（1）南海生物体内主要持久性污染物是 PAHs。

（2）各污染物在不同生物体内的蓄积性不同，PCBs 在贝类的蓄积明显，PAHs 在鱼类蓄积明显。

（3）与第二次污染基线调查结果比较可见，南海经济生物体内 DDTs、PCBs 呈明显的下降趋势，而新型污染物 PAHs 则呈现强烈的加重趋势，平均残留量呈数十倍增长。

20.3.4　建议

（1）鉴于近岸新型污染物 PAHs 污染加重，应加强对新型污染物 PAHs 的调查和监测，将其纳入常规监测项目，并在条件成熟的情况下，建立 PAHs 总量控制制度，有效控制新型污染物入海。

（2）近岸 POPs 污染同其他污染一样，主要来源于陆源污染，因此需海陆统筹，各行各业的环保部分协同工作，从污染的源头控制，既要重视点源污染、同时注意面源污染，通过区域环境合作机制的实施，以协调、解决海岸、海域和流域间的环境问题，共同有效控制入海污染物。

（3）建立有效的监测工作体系。海洋环境监测是环境管理、环境规划的基础，是开展环境保护工作的科学依据。为加强对排海污染物的监督，各级海洋部门应加大对陆源入海排污口及其临近海域环境的监测工作。强化对海洋的全方位环境监测，监测范围争取覆盖全部近海海域，在主要入海河流、主要港湾、海域各区段界面设立污染物自动监测系统，以随时监控沿海地区经济、社会发展和海洋资源开发过程对主要流域、港湾、近海区段水质的影响状况，建立海上自动监测网。

（4）规范沿海经济发展的产业布局。各级政府应根据我国海洋功能区划，合理划分海洋产业布局，调整海洋产业结构，充分利用海洋自净能力，使海洋经济可持续发展，保护海洋环境，造福子孙后代。

20.4　近海气溶胶金属元素分布及其污染特征

气溶胶输送是河流输送之外的陆源物质向海洋传输的重要通道，在某些沿海地区，经由气溶胶输入的痕量元素与河流输入量相当，甚至更多。自然及人为来源排放的污染物以各种途径进入海洋，对海洋环境和海洋生态产生重要影响（刘昌岭等，2003；詹建等，2010）。陆源沙尘及空气污染物通过气溶胶的大尺度传输，改变了全球气溶胶化学物质的含量、结构和组成，进而对全球气候变化造成影响；同时气溶胶中的各种微量元素在气溶胶环流作用下进入海洋，对海洋生态系统和底质环境产生重要影响（陈立奇等，1998；张远辉等，2009）。

　　海洋的气溶胶是海洋环境的重要组成部分，近 20 年来，在渤海、东海、黄海、台湾海峡、南海等各个海域，借助各个航次考察，对中国近海海域的污染成分有一定了解。但海洋气溶胶尚未纳入中国近岸海域环境质量体系，因此相对于每年由中国环境监测总站系统发布的《中国近岸海域环境质量公报》海水质量报告，当前对于中国近海海域气溶胶重金属污染的整体性质、特征仍缺乏连续全面的了解。

　　本研究于我国近海海洋综合调查与评价专项 2006 年 7 月（夏季）、2006 年 12 月—2007 年 1 月（冬季）、2007 年 4 月（春季）和 2007 年 10 月（秋季）4 个季度在中国近海海域包括渤海、黄海、东海和南海，研究区域为 17°—37°N，107°—127°E，分为 9 个片区，调查站位见图 20.20，现场共采集了 700 多个气溶胶样品，分析其气溶胶重金属、总悬浮颗粒物、总碳、硫酸根、甲基磺酸等多种指标特征，其中，金属元素主要有铜、铅、镉、钒、锌、铝、钠、钙、镁等元素。评价分析中国近海海域 Cu、Pb、Cd、V、Zn、Al、Na、Ca、Mg 金属的分布及其污染特征。

　　总体而言，陆源元素 Al 在北方的浓度略高于南方，而 Na 则无明显的季节和区域性特征。Ca 在北方受到陆源物质和海源物质共同影响，Mg 在 ST01 区块受到陆源物质和海源物质共同影响外，其他海域都以海源物质输入为主。重金属元素 Cu、Pb、Cd、V、Zn 在所有海域对 Na 显示出高度富集，但对 Al 的富集程度略低于 Na，基本上各重金属元素浓度随着离海岸线距离的增加而降低，近海海域都受到人为活动的污染。5 个元素中 V 的富集程度最低，在 ST01 区未显示出明显富集，Cd 的富集程度最高，Pb、Zn 次之，Cu 的富集程度较低。中国近海各重金属浓度基本低于国内城市重金属浓度，与东亚一些主要城市也进行了比较。但基本高于北欧的丹麦，并远高于南极科考站。尽管各种元素的来源、分布特征、采样地点、气象条件皆不相同，但总体上对比中国工业分布，经济发达的"长三角"、"珠三角"和东北黄渤海工业区重金属污染高于其他海区。

20.4.1　近海气溶胶区域分布特征

　　我国近海海洋综合调查与评价专项项目将中国近海海域自北向南分成 9 个区块，各调查单位分别于 2006 年 7 月至 8 月、2006 年 12 月至 2007 年 2 月、2007 年 4 月至 5 月、2007 年 10 月，在中国近海各个海区同步开展海洋综合调查，调查海区见图 20.20。

　　采样器为有风速风向识别系统的 EP - 5000 型风控大容量气溶胶采样器，样品采集于 Whaterman 41 型滤膜上。每个气溶胶样品采集 1 d，采样流量为 85～95 dm³/min，每个样品富集将近 1 000 m³ 的气溶胶。同时记录气温、气压、风速、风向等气象数据。样品采集后 4℃ 保存，返航后带回实验室分析。

20.4.1.1　气溶胶中铝

　　通常来说，在金属元素中，Al 是典型的陆源元素，而 Na 是典型的海源元素。

　　中国近海气溶胶中铝含量范围为 0.001～23.47 μg/m³（图 20.21），在中国近海总体上中国北部浓度大于中国南部，海域受陆源输入影响更大，大部分区域冬春季（2006 年 12 月和 2007 年 4 月）浓度高于其他季节，夏季最小。但在 ST02 区域春季浓度大于冬季，ST05 区域冬季 Al 出现 8.32 μg/m³ 的高值，是整个我国近海海洋综合调查与评价专项项目的最高值（同时 Pb 和 Cu 的浓度也较高，不知道是否是由于 ST05 区域有宝钢造成的）。

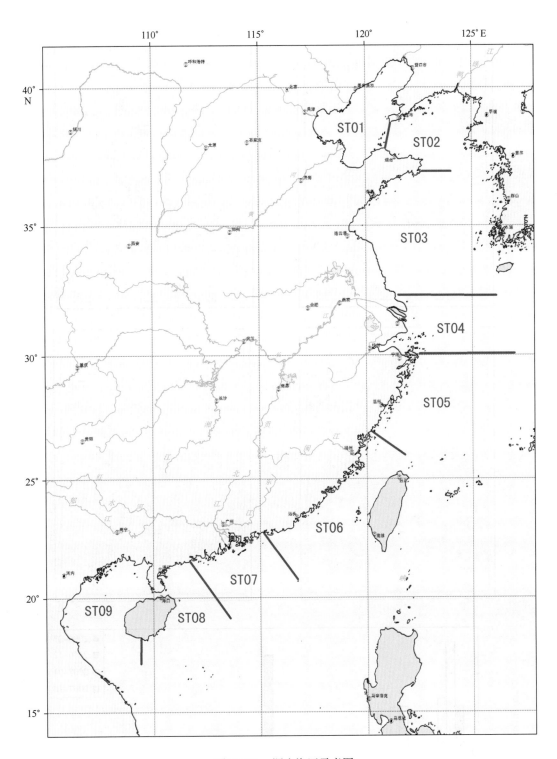

图 20.20　调查海区示意图

20.4.1.2　气溶胶中钠

中国近海气溶胶中钠的变化范围为 0.011 ～ 362.36 μg/m^3（图 20.22）。对于大部分的海域，Na 没有明显的季节变化，不同的海域 4 个季节都有可能出现高值，其浓度应与海面风速相关。

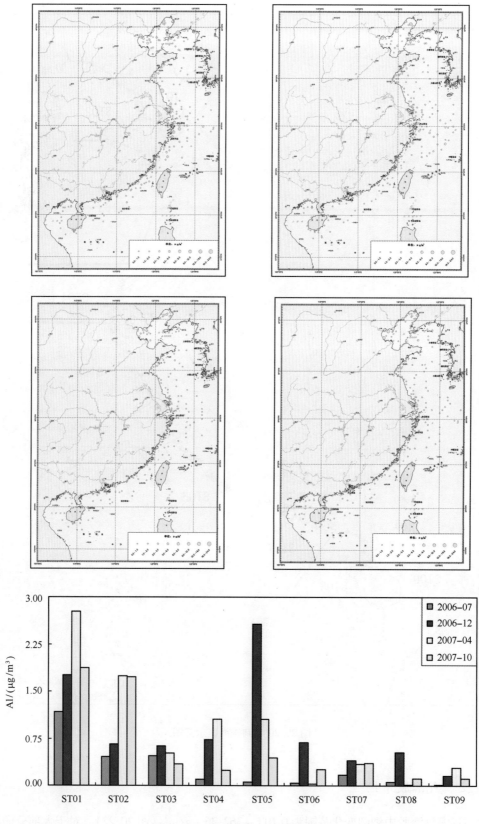

图 20.21　中国近海 Al 的分布特征

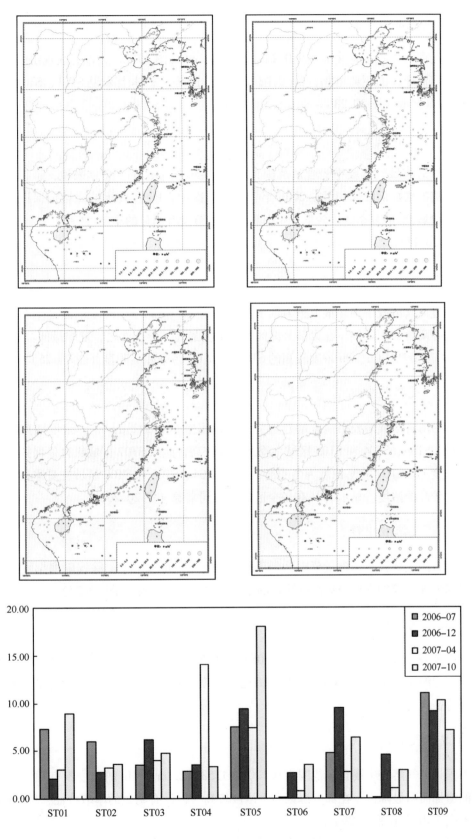

图 20.22　中国近海 Na 的分布特征

20.4.1.3　气溶胶中铜

中国近海气溶胶中铜含量为 0.002 ~ 1.387 μg/m³（图 20.23），没有表现出明显的季节趋势，随着离海岸线的距离增加，Cu 的浓度有降低趋势。总体上来说 ST01、ST04 和 ST05 的 Cu 污染略微严重（图 20.23）。

20.4.1.4　气溶胶中铅

中国近海海域气溶胶中铅含量范围为 0.001 ~ 9.16 μg/m³。总体来说，铅含量随着离海岸线的距离的增加而降低，但在 2006 年 7 月的航次中，Pb 在较远的海域仍保持了较高的浓度。南方海域 Pb 的夏季浓度较低，但其他 3 个季节没有明显的季节性特征，都保持了较高的浓度（图 20.24）。

20.4.1.5　气溶胶中镉

中国近海气溶胶中镉含量范围为低于检测限至 84.10 μg/m³。Cd 的浓度基本上仍随着距海岸线的距离增加而降低。在大部分海区冬季浓度最高，春季次之，夏季最低。ST01 和 ST07 海域 Cd 浓度最高。Cu、Pb 浓度较高的 ST05 区域 Cd 污染并不明显（图 20.25）。

20.4.1.6　气溶胶中钒

中国沿海省区气溶胶中钒含量范围为低于检出限至 0.342 μg/m³，浓度随离海岸线的增加而降低，ST09、ST04 和 ST05 区域冬季的浓度较高，此外 ST07 区域钒含量保持在一个相对较高的浓度上。ST09 的 V 浓度为冬季高，其他 ST04、ST05 和 ST07 区域在夏季和春季 V 含量仍保持着较高的浓度。显示着 V 在各个区域的不同来源（图 20.26）。

20.4.1.7　气溶胶中锌

中国近海气溶胶的锌含量范围为低于检测限至 20.40 μg/m³。除锌随海岸线距离的增加而浓度降低外，锌的变化趋势没有明显的季节和区域性的变化（图 20.27）。

20.4.1.8　气溶胶中钙

中国近海气溶胶中钙含量范围为 0.055 ~ 89.700 μg/m³。一般来说，北方海域的平均值略高于南方海域的平均值，Ca 在大部分海区的浓度随着距离海岸线增加而降低，显示出一定的陆源特征（图 20.28）。

20.4.1.9　气溶胶中镁

中国近海气溶胶中镁含量范围为 0.120 ~ 41.530 μg/m³。Mg 的浓度没有随着离海岸线的距离的增加而明显降低。在部分海区冬季浓度较高，但没有明显的季节特征，与 Na 的变化趋势亦不完全相同（图 20.29）。

一般而言，各个元素的来源性质差异，各元素的变化都不一致，总的来说，来自大陆的陆源元素和污染元素的浓度都会随着距海岸线距离的增加而降低，北方浓度略大于南方，在

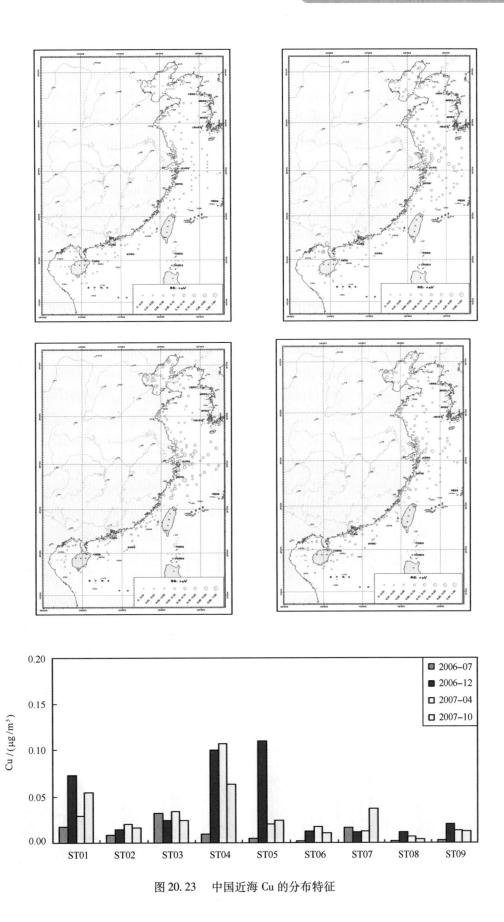

图 20.23　中国近海 Cu 的分布特征

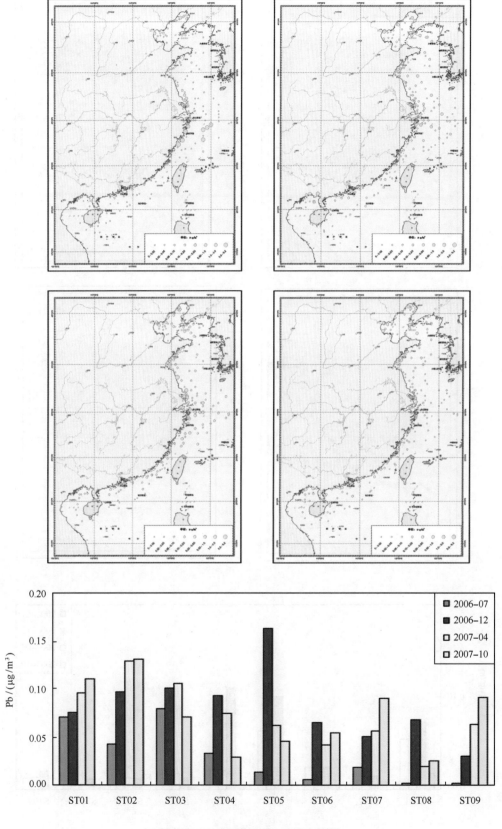

图 20.24　中国近海 Pb 的分布特征

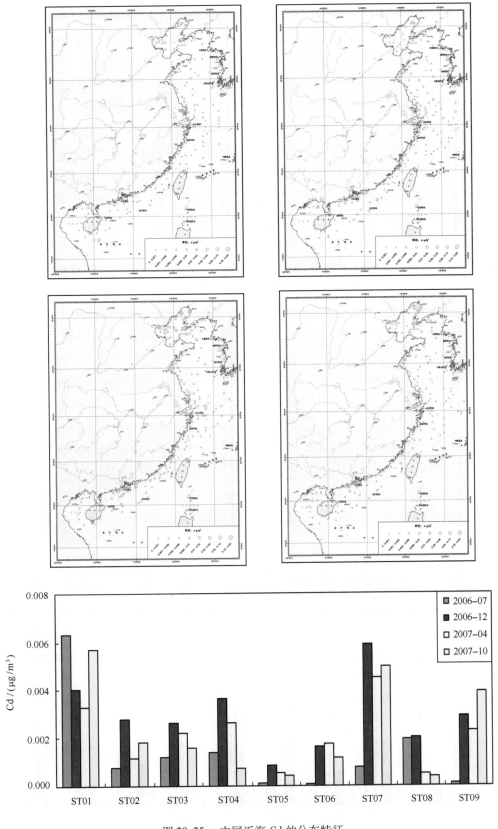

图 20.25　中国近海 Cd 的分布特征

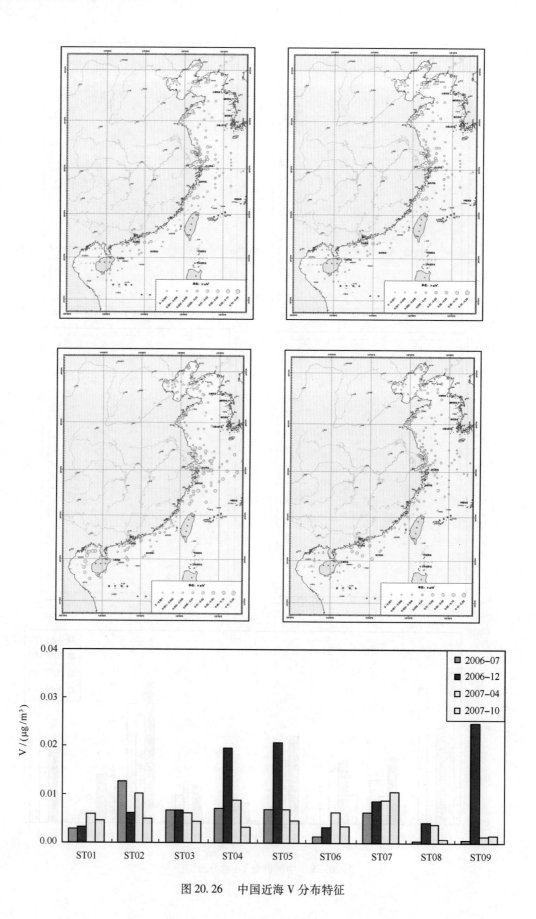

图 20.26　中国近海 V 分布特征

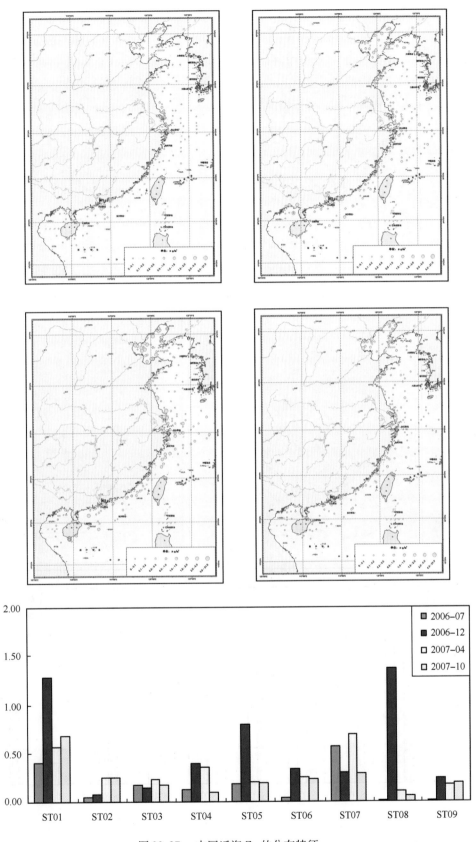

图 20.27　中国近海 Zn 的分布特征

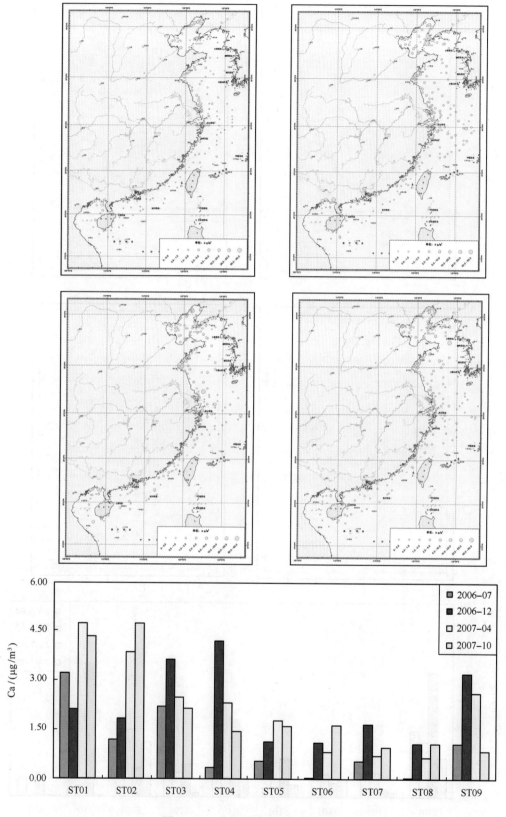

图 20.28　中国近海 Ca 的分布特征

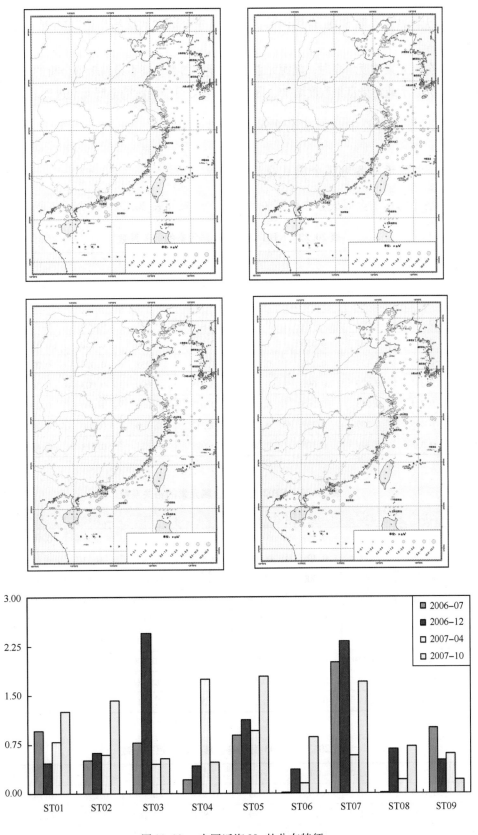

图 20.29 中国近海 Mg 的分布特征

冬季和春季大陆风盛行时，浓度较高，夏季从海面向大陆的东风或南风盛行时浓度较低，而海源元素则无此特征，除 ST06 台湾海峡区域，由于台湾省的遮挡作用，Na 浓度较低外，南方 Na 总体高于北方。

但如待分析元素浓度增高时，陆源元素 Al 浓度亦增高，则不易判断待分析的元素为陆源元素还是污染元素了或污染富集程度增加，因此仍需要对可能的污染金属元素进行进一步的分析。

20.4.2　近海气溶胶中金属成分的富集程度

20.4.2.1　中国近海各海区金属成分的相关性

我们对各个海区的金属成分进行相关性分析，结果如表 20.29 ~ 表 20.37 所示。

表 20.29　ST01 海区各金属元素的相关系数

	Cu	Pb	Cd	V	Zn	Al	Na	Ca	Mg
Cu	1.000	0.343	0.360	0.573	0.375	0.391	0.211	0.235	0.333
Pb	0.343	1.000	0.561	0.632	0.125	0.570	0.083	0.339	0.349
Cd	0.360	0.561	1.000	0.556	0.215	0.608	0.065	0.209	0.328
V	0.573	0.632	0.556	1.000	0.229	0.606	0.150	0.333	0.362
Zn	0.375	0.125	0.215	0.229	1.000	0.338	0.026	0.217	0.098
Al	0.391	0.570	0.608	0.606	0.338	1.000	0.003	0.300	0.253
Na	0.211	0.083	0.065	0.150	0.026	0.003	1.000	0.290	0.511
Ca	0.235	0.339	0.209	0.333	0.217	0.300	0.290	1.000	0.489
Mg	0.333	0.349	0.328	0.362	0.098	0.253	0.511	0.489	1.000

表 20.30　ST02 海区各金属元素的相关系数

	Cu	Pb	Cd	V	Zn	Al	Na	Ca	Mg
Cu	1.000	0.799	0.351	0.116	0.803	0.457	-0.184	0.105	0.056
Pb	0.799	1.000	0.491	0.024	0.822	0.594	-0.110	0.113	0.217
Cd	0.351	0.491	1.000	-0.203	0.143	0.079	-0.030	0.057	0.149
V	0.116	0.024	-0.203	1.000	0.030	-0.059	0.169	-0.014	-0.306
Zn	0.803	0.822	0.143	0.030	1.000	0.717	-0.225	0.179	0.202
Al	0.457	0.594	0.079	-0.059	0.717	1.000	-0.100	0.067	0.284
Na	-0.184	-0.110	-0.030	0.169	-0.225	-0.100	1.000	-0.089	0.126
Ca	0.105	0.113	0.057	-0.014	0.179	0.067	-0.089	1.000	-0.042
Mg	0.056	0.217	0.149	-0.306	0.202	0.284	0.126	-0.042	1.000

表 20.31　ST03 海区各金属元素的相关系数

	Cu	Pb	Cd	V	Zn	Al	Na	Ca	Mg
Cu	1.000	0.416	0.403	0.339	0.335	-0.192	0.298	0.143	0.122
Pb	0.416	1.000	0.953	0.339	0.881	-0.160	0.772	0.479	0.457
Cd	0.403	0.953	1.000	0.341	0.844	-0.112	0.763	0.518	0.426

续表 20.31

	Cu	Pb	Cd	V	Zn	Al	Na	Ca	Mg
V	0.339	0.339	0.341	1.000	0.350	−0.152	0.145	−0.121	0.026
Zn	0.335	0.881	0.844	0.350	1.000	−0.185	0.583	0.308	0.385
Al	−0.192	−0.160	−0.112	−0.152	−0.185	1.000	−0.259	0.215	0.584
Na	0.298	0.772	0.763	0.145	0.583	−0.259	1.000	0.591	0.493
Ca	0.143	0.479	0.518	−0.121	0.308	0.215	0.591	1.000	0.565
Mg	0.122	0.457	0.426	0.026	0.385	0.584	0.493	0.565	1.000

表 30.32　ST04 海区各金属元素的相关系数

	Cu	Pb	Cd	V	Zn	Al	Na	Ca	Mg
Cu	1.000	0.576	0.610	0.346	0.570	0.472	0.007	0.097	0.020
Pb	0.576	1.000	0.863	0.683	0.854	0.608	−0.005	0.225	0.019
Cd	0.610	0.863	1.000	0.626	0.890	0.485	−0.020	0.210	0.001
V	0.346	0.683	0.626	1.000	0.616	0.568	−0.021	0.285	−0.007
Zn	0.570	0.854	0.890	0.616	1.000	0.492	−0.033	0.171	−0.016
Al	0.472	0.608	0.485	0.568	0.492	1.000	0.024	0.354	0.043
Na	0.007	−0.005	−0.020	−0.021	−0.033	0.024	1.000	0.153	0.998
Ca	0.097	0.225	0.210	0.285	0.171	0.354	0.153	1.000	0.174
Mg	0.020	0.019	0.001	−0.007	−0.016	0.043	0.998	0.174	1.000

表 20.33　ST05 海区各金属元素的相关系数

	Cu	Pb	Cd	V	Zn	Al	Na	Ca	Mg
Cu	1.000	0.408	0.414	0.169	0.306	0.350	−0.054	0.019	−0.042
Pb	0.408	1.000	0.840	0.458	0.587	0.879	−0.108	0.416	−0.051
Cd	0.414	0.840	1.000	0.369	0.469	0.767	−0.020	0.362	0.020
V	0.169	0.458	0.369	1.000	0.323	0.391	−0.140	0.010	−0.102
Zn	0.306	0.587	0.469	0.323	1.000	0.533	−0.060	0.228	−0.026
Al	0.350	0.879	0.767	0.391	0.533	1.000	−0.107	0.400	−0.046
Na	−0.054	−0.108	−0.020	−0.140	−0.060	−0.107	1.000	0.463	0.983
Ca	0.019	0.416	0.362	0.010	0.228	0.400	0.463	1.000	0.496
Mg	−0.042	−0.051	0.020	−0.102	−0.026	−0.046	0.983	0.496	1.000

表 20.34　ST06 海区各金属元素的相关系数

	Cu	Pb	Cd	V	Zn	Al	Na	Ca	Mg
Cu	1.000	0.564	0.290	0.479	0.510	0.054	0.179	0.273	0.157
Pb	0.564	1.000	0.456	0.329	0.720	0.378	0.261	0.318	0.350
Cd	0.290	0.456	1.000	0.181	0.380	0.142	0.007	0.019	0.018
V	0.479	0.329	0.181	1.000	0.340	0.011	−0.046	0.056	−0.029

续表20.34

	Cu	Pb	Cd	V	Zn	Al	Na	Ca	Mg
Zn	0.510	0.720	0.380	0.340	1.000	0.271	0.084	0.305	0.231
Al	0.054	0.378	0.142	0.011	0.271	1.000	0.084	0.294	0.106
Na	0.179	0.261	0.007	−0.046	0.084	0.084	1.000	0.543	0.835
Ca	0.273	0.318	0.019	0.056	0.305	0.294	0.543	1.000	0.744
Mg	0.157	0.350	0.018	−0.029	0.231	0.106	0.835	0.744	1.000

表20.35 ST07海区各金属元素的相关系数

	Cu	Pb	Cd	V	Zn	Al	Na	Ca	Mg
Cu	1.000	0.511	0.283	0.285	0.383	0.316	−0.017	0.237	0.019
Pb	0.511	1.000	0.561	0.540	0.291	0.620	−0.094	0.381	−0.171
Cd	0.283	0.561	1.000	0.588	0.295	0.737	0.151	0.727	0.042
V	0.285	0.540	0.588	1.000	0.240	0.610	0.047	0.536	0.011
Zn	0.383	0.291	0.295	0.240	1.000	0.172	−0.162	0.103	−0.079
Al	0.316	0.620	0.737	0.610	0.172	1.000	0.078	0.794	−0.021
Na	−0.017	−0.094	0.151	0.047	−0.162	0.078	1.000	0.484	0.946
Ca	0.237	0.381	0.727	0.536	0.103	0.794	0.484	1.000	0.415
Mg	0.019	−0.171	0.042	0.011	−0.079	−0.021	0.946	0.415	1.000

表20.36 ST08海区各金属元素的相关系数

	Cu	Pb	Cd	V	Zn	Al	Na	Ca	Mg
Cu	1.000	0.916	0.902	0.640	0.640	0.749	−0.081	0.558	−0.061
Pb	0.916	1.000	0.974	0.430	0.725	0.833	−0.031	0.610	0.008
Cd	0.902	0.974	1.000	0.460	0.784	0.855	−0.032	0.599	−0.013
V	0.640	0.430	0.460	1.000	0.373	0.313	0.028	0.210	−0.036
Zn	0.640	0.725	0.784	0.373	1.000	0.839	0.045	0.504	0.023
Al	0.749	0.833	0.855	0.313	0.839	1.000	0.027	0.610	0.038
Na	−0.081	−0.031	−0.032	0.028	0.045	0.027	1.000	0.389	0.939
Ca	0.558	0.610	0.599	0.210	0.504	0.610	0.389	1.000	0.450
Mg	−0.061	0.008	−0.013	−0.036	0.023	0.038	0.939	0.450	1.000

表20.37 ST09海区各金属元素的相关系数

	Cu	Pb	Cd	V	Zn	Al	Na	Ca	Mg
Cu	1.000	0.473	0.458	0.374	0.541	0.487	0.131	0.137	0.067
Pb	0.473	1.000	0.930	0.388	0.873	0.774	−0.094	0.099	−0.115
Cd	0.458	0.930	1.000	0.525	0.899	0.786	−0.049	0.017	−0.042
V	0.374	0.388	0.525	1.000	0.712	0.602	0.057	0.082	0.212
Zn	0.541	0.873	0.899	0.712	1.000	0.895	−0.098	0.114	−0.009

	Cu	Pb	Cd	V	Zn	Al	Na	Ca	Mg
Al	0.487	0.774	0.786	0.602	0.895	1.000	-0.102	0.317	0.016
Na	0.131	-0.094	-0.049	0.057	-0.098	-0.102	1.000	0.328	0.929
Ca	0.137	0.099	0.017	0.082	0.114	0.317	0.328	1.000	0.423
Mg	0.067	-0.115	-0.042	0.212	-0.009	0.016	0.929	0.423	1.000

相关系数的分析显示了中国近海各海区各种重金属元素 Cu、Pb、Cd、V、Zn 之间无明显的相关性,与 Al 相关性也不大,Ca 和 Mg 与 Al 的相关性也不明显。值得注意的是,在北方海域 ST01、ST012、ST03 中的 Mg 与 Na 没有的明显相关性,但在 ST04、ST05、ST06、ST07、ST08、ST09 海域中的 Mg 与 Na 相关系数从 0.836~0.998,显然在南方海域 Mg 的主要来源为海洋来源。

20.4.2.2　中国近海各海区金属成分的主因子分析

我们还利用主因子分析对各个海区的金属成分进行了分析,分析结果如表 20.38 所示。

表 20.38　ST01~ST09 海区金属元素的主因子分析结果

元素	ST01			ST02			ST03		
	1	2	3	1	2	3	1	2	3
Cu	0.592	-0.069	0.382	0.845	0.168	0.262	0.317	0.535	-0.115
Pb	0.781	-0.225	0.090	0.913	0.165	0.057	0.829	0.485	0.029
Cd	0.664	-0.313	0.227	0.435	0.713	-0.348	0.816	0.47	0.053
V	0.745	-0.233	0.385	-0.045	0.186	0.783	-0.043	0.884	-0.005
Zn	0.409	-0.125	-0.217	0.906	-0.244	0.187	0.671	0.551	0.004
Al	0.724	-0.389	0.109	0.764	-0.425	-0.028	-0.167	-0.138	0.944
Na	0.648	0.466	-0.313	0.323	-0.149	-0.711	0.808	-0.255	0.333
Ca	0.573	0.555	0.303	0.609	0.673	-0.036	0.479	0.094	0.796
Mg	0.592	-0.069	0.382	0.845	0.168	0.262	0.317	0.535	-0.115

元素	ST04			ST05			ST06		
	1	2	3	1	2	3	1	2	3
Cu	0.725	0.068	0.035	0.424	-0.243	0.371	0.200	0.738	-0.103
Pb	0.913	0.277	0.000	0.915	-0.23	-0.057	0.387	0.786	0.232
Cd	0.916	0.142	0.003	0.845	-0.146	-0.054	-0.056	0.599	0.215
V	0.606	0.500	-0.051	0.443	-0.342	0.346	-0.060	0.665	-0.285
Zn	0.901	0.143	-0.016	0.656	-0.246	0.264	0.221	0.774	0.190
Al	0.488	0.734	-0.019	0.863	-0.246	0.007	0.147	0.177	0.891
Na	-0.001	0.064	0.996	0.64	0.573	-0.352	0.843	0.111	0.123
Ca	0.836	0.222	-0.062	0.181	0.905	0.352	0.943	-0.002	-0.029
Mg	0.725	0.068	0.035	0.424	-0.243	0.371	0.200	0.738	-0.103

续表 20.38

元素	ST07			ST08			ST09		
	1	2	3	1	2	3	1	2	3
Cu	0.168	0.086	0.846	0.913	-0.052	0.228	0.671	-0.012	0.146
Pb	0.558	-0.157	0.542	0.935	0.028	0.222	0.788	0.382	-0.207
Cd	0.850	0.099	0.199	0.968	0.022	0.078	0.867	0.271	-0.133
V	0.692	-0.011	0.268	0.535	-0.062	0.196	0.771	0.017	0.204
Zn	0.129	-0.113	0.737	0.858	0.075	-0.175	0.921	0.315	-0.102
Al	0.913	0.003	0.145	0.908	0.084	-0.097	0.77	0.538	-0.091
Na	0.852	0.458	0.034	0.622	0.556	0.261	-0.098	0.751	0.42
Ca	-0.031	0.976	-0.008	-0.053	0.965	0.062	0.04	0.08	0.96
Mg	0.168	0.086	0.846	0.913	-0.052	0.228	0.671	-0.012	0.146

由表 20.38 可见，各海区的因子分析差异很大，但基本上因子分析中同一个因子会对陆源 Al 和重金属元素都有一定载荷，未能有效区分陆源元素和污染元素。ST04 和 ST06 海区因子分析较为明显地将陆源 Al 和海洋 Na 区分开来，对 Al 载荷高的因子对 Na 载荷低，对 Na 载荷高的因子对 Al 载荷低，其他海区对 Al 高的因子通常对 Na 也有相当载荷。

由此可以认为主因子分析在对元素的来源和污染特征判别上提供的信息较为有限。

20.4.2.3 作图法在钙、镁的应用

气溶胶中重金属的分析方法一般有因子分析、相关系数、富集因子法、聚类分析、化学质量平衡等。其中，因子分析、聚类分析和富集因子法等数理统计方法被广泛应用于气溶胶的来源及其性质分析，受到普遍的重视。但是这些方法通常主要对数据的数学特征进行分析，经过复杂数学处理后，对结果的理解还需对数据、环境和分析原理的足够了解，即使这样，经常还有一些结果难以解释。

以 ST01 海域为例，由于各金属元素的时空分布差异，各元素的相关系数最高为 0.608 （Al 和 V），没有显示出明显相关（表 20.38）。因子分析的结果显示，因子 1 对 Al、Na 和重金属元素都有一定载荷，可能可解释为指示混合来源；因子 2 对 Na 和 Ca 有较高载荷，可认为是海洋来源元素；因子 3 对 Cu Mg 都有载荷，但都不高（表 20.38）。而对于 ST09 海区，因子 1 对 Al、Cu、Pb、Cd、Zn 和 V 有较高载荷，因子 2 对 Na 和 Al 都有载荷，而因子 3 对 Na 和 Ca 有载荷。因子分析并未能给出非常明确的陆源、海源和污染来源的区分，提供的信息较难解读。

这样的分析困难在各地，包括在南极这样环境来源十分简单的环境中的气溶胶的相关系数和因子分析都有存在（汪建君等，2009）。Rahn（1999）提出的作图法分析元素来源的方法，以 Na/Al 为横坐标，X/Al 为纵坐标（X 为所分析元素），对元素进行分析，以中山站气溶胶的 Ca 浓度分析为例。

由于：

$$X_{crust} = Al \left(\frac{X}{Al} \right)_{crust}; \quad X_{marine} = Na \left(\frac{X}{Na} \right)_{marine} \tag{20.8}$$

　　如图 20.30 中的虚线 1 为 X/Na 在海水中的比值，虚线 2 为 X/Al 在土壤中的比值。因此如果所分析元素为海洋来源，则在图中的点都应在虚线 1 附近富集；如果所分析元素 X 为陆源元素，则图中的点应在虚线 2 附近。南极中山站气溶胶 Ca 的浓度显示了强烈的海源影响，Ca 的浓度基本都在海源线的附近。

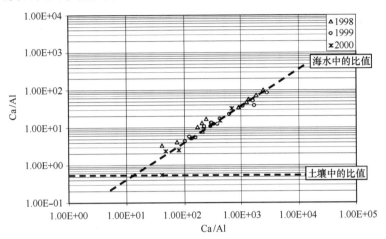

图 20.30　南极中山站气溶胶 Ca 浓度来源分析

　　对于中国近海各海区的 Ca 浓度可以利用同样的作图法分析。

　　利用作图法可以看到在中国近海的 ST01 区 Ca 的浓度相对于海洋元素来是富集的，富集系数多数在 10 以上，相对于陆源元素 Al 而言，富集系数较低，大都在 10 以内，可以认为基本没有富集，为陆源来源。尽管在图 20.31 中可以看到 Ca 的浓度在冬季和春季浓度较高，但在冬季 Ca 的相对 Al 和 Na 的富集系数相对于其他三个季节更低，这可能是由于冬季寒冷，人类生产生活减少，Ca 主要是来自于自然来源，从而富集系数较低，冬季结束后，自然来源之外的 Ca 增加，导致 Ca 的富集程度增加。

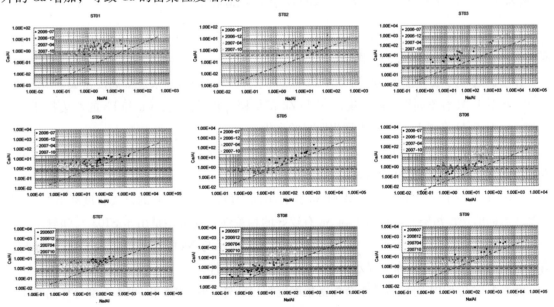

图 20.31　作图法分析各海区 Ca 浓度变化

ST01、ST02、ST03 海区 Ca 的富集程度相对较高，南方的海区 Ca 的富集程度略有下降，并与海洋来源逐步显示出更好的相关性，其中，ST06 海区由于介于大陆与台湾岛中间，Ca 的富集程度在南方海区较高。

图 20.32 显示，ST01 海区 Mg 相对于 Al 和 Na 的富集系数都较低，分布在陆源线和海源线的附近，Mg 主要受海源来源影响，但仍有部分陆源来源，在其他海区 Mg 都显示出与 Na 有较好的相关性，与陆源来源几乎没有相关性。

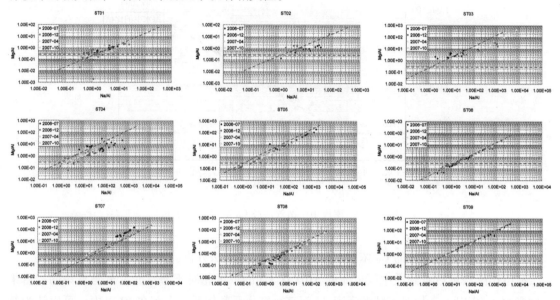

图 20.32　作图法分析各海区 Mg 的变化趋势

20.4.2.4　作图法在铜、铅、镉、钒和锌等重金属的应用

同样我们利用作图法分析了中国近海 9 个海区 4 个季节的 Cu、Pb、Cd、V 和 Zn 五个金属元素的富集程度（图 20.33 ~ 图 20.41）。

在中国近海海域不意外地看到 Cu、Pb、Cd、V 和 Zn 对于 Na 来说都高度富集。Cu、Pb、Cd 和 Zn 对于 Al 有不同程度的富集，Cd 和 Zn 富集程度相对高些，Cu 和 Pb 的富集程度相对低些。但对于 Al 来说 V 并没有表现出明显的富集。

可以看出除元素 V 在部分海区（尤其是 ST01）或部分季节富集程度较低外，各个污染元素在中国近海都有较高程度的富集。

ST03 海区各个重金属元素对 Al 和 Na 都有不同程度的富集（V 的富集程度略低），与其他海区不同的是，污染元素显示了与 Na 有较好的相关性。这可能是由于 ST03 与朝鲜半岛隔海相望，海风会带来朝鲜半岛的污染，由此污染元素显示与 Na 的相关性，在 ST06 大陆与台湾岛之间的重金属元素分布亦显示出与 Na 有一定的相关性。

元素 V 除在 ST01 海域各个季节的富集程度都较低外，在 ST05 和 ST06 有部分样品富集系数也较低，此外我国近海 Cu、Pb、Cd、V 和 Zn 五个金属元素的富集程度都呈现出较高的富集程度，由此可认为这五个元素的来源主要是由于人类污染造成的，并且对中国近海海域的

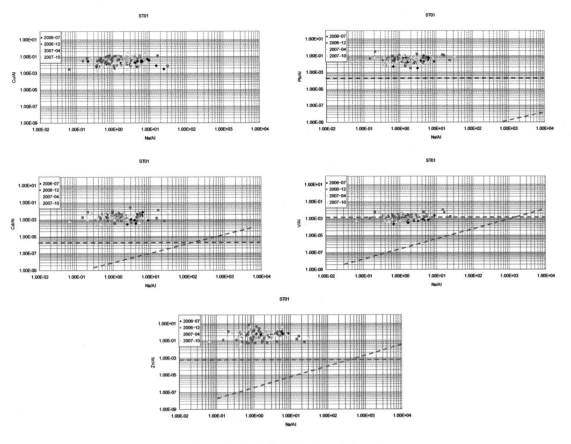

图 20.33　ST01 各金属元素的富集程度

上空造成了相应的空气污染。

　　作图法直观有效地表达了 Cu、Pb、Cd、V 和 Zn 对陆源元素和海源元素 Na 的富集程度，除 ST01 的 V 之外，在中国近海这几个元素基本呈程度较重的污染。

20.4.3　近海气溶胶中金属成分的污染来源与分布特征

20.4.3.1　我国近海海域重金属元素与国内外城市站点的对比

　　我们将中国近海海域的重金属含量与国内几个大城市和国外的一些城市重金属含量进行对比（表 20.39）。结果表明中国近海重金属含量基本低于国内城市，但 Cd 最高值高于台中市。与东京相比，平均值均低于东京，但最大值大于东京。除 V 外，平均值高于越南胡志明市，远高于北欧国家丹麦。所有重金属含量都远高于南极韩国 King Sejong 站。

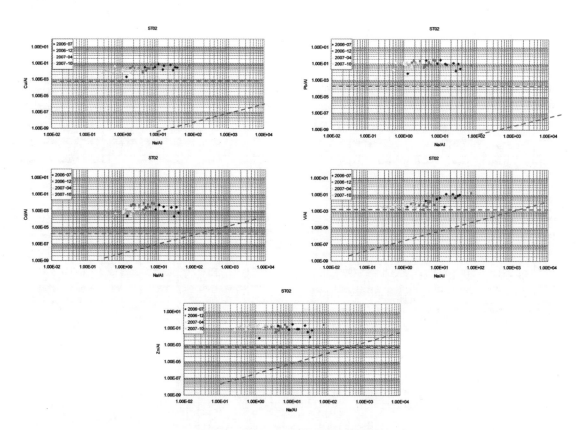

图 20.34　ST02 各金属元素的富集程度

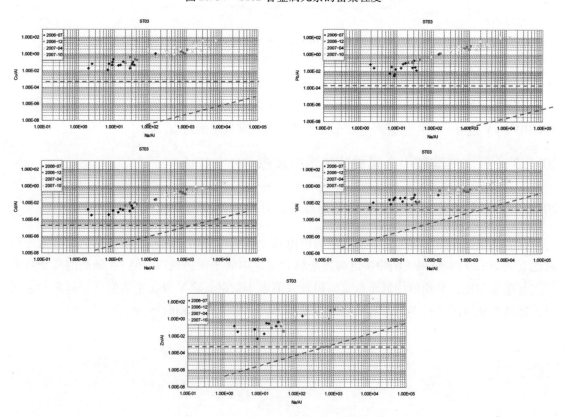

图 20.35　ST03 各金属元素的富集程度

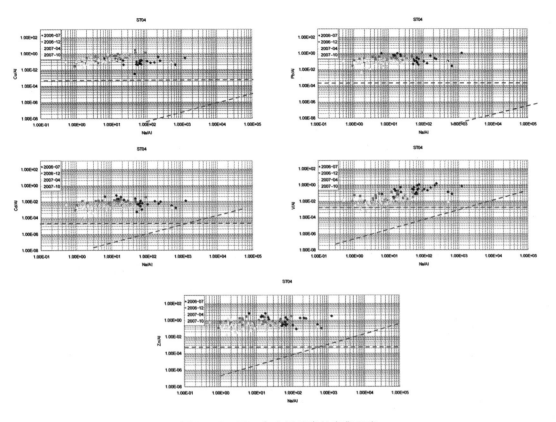

图 20.36　ST04 各金属元素的富集程度

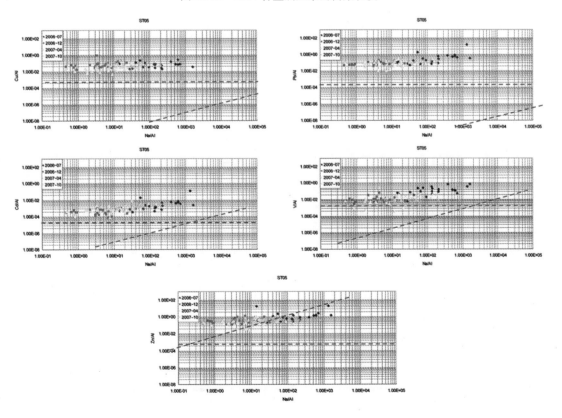

图 20.37　ST05 各金属元素的富集程度

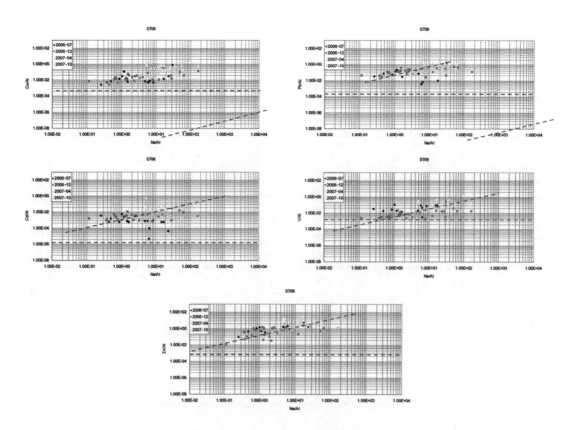

图 20.38　ST06 各金属元素的富集程度

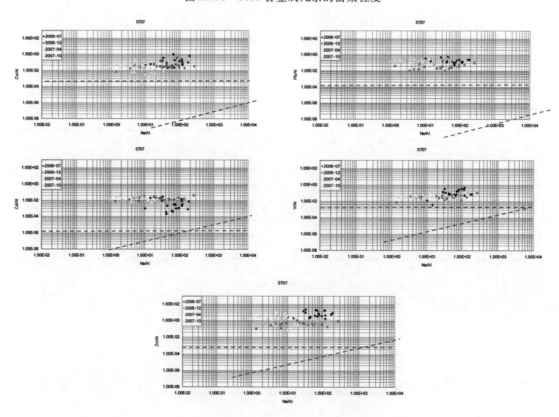

图 20.39　ST07 各金属元素的富集程度

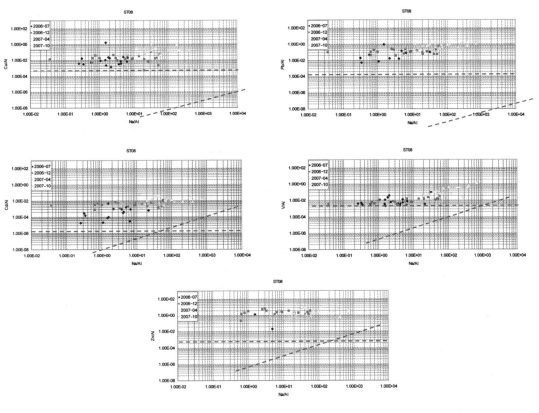

图 20.40　ST08 各金属元素的富集程度

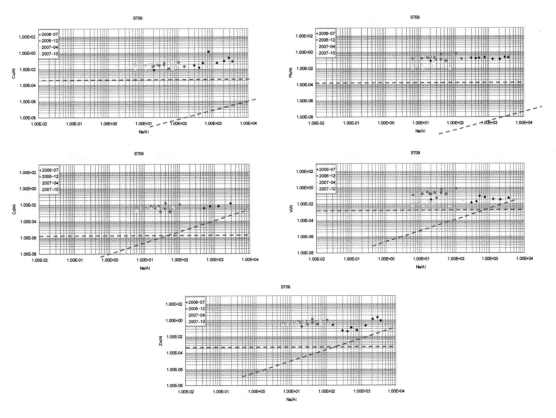

图 20.41　ST09 各金属元素的富集程度

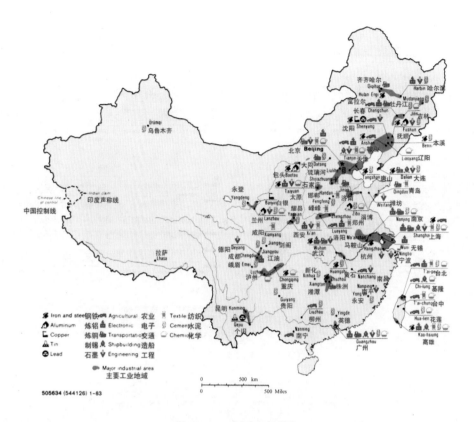

图 20.42　中国工业分布

表 20.39　中国近海海域重金属含量与国内外城市或站点的对比　　　单位：μg/m³

城市或站点	Cu	Pb	Cd	V	Zn	资料来源
中国近海最大值	0.080 0	0.422 0	0.020 0	0.007 2	1.105 0	—
中国近海平均值	0.036 8	0.065 8	0.002 7	0.001 5	0.422 5	—
北京	0.110 0	0.430 0	0.006 8	0.013 0	0.770 0	(Lee et al., 2007)
沈阳	0.397 0	3.434	1.043 8	—	11.738	(方凤满, 2010)
青岛	0.073	0.701	0.010 0	—	0.701	(方凤满, 2010)
重庆	0.081	0.327	0.015 6	—	0.882	(方凤满, 2010)
大连	0.032	0.265	0.001 9	—	0.273	(方凤满, 2010)
广州白云山	0.065 2	0.219 0	0.005 7	0.028 1	0.899 0	(Lee et al., 2007)
香港	0.070 8	0.056 5	0.001 6	0.014 3	0.298 0	(Lee et al., 2007)
台中	0.198 6	0.573 6	0.008 5	—	0.395 3	(Lee et al., 2007)
Tokyo	0.030 2	0.124 7	—	0.008 9	0.298 7	(Lee et al., 2007)
Ho Chi Minh City	0.001 3	0.146 0	—	0.007 3	0.203 0	(Lee et al., 2007)
Denmark	0.002 0	0.006 6	0.000 3	0.004 4	0.015 5	(Hovmand et al., 2008)
McMurdo, Antarctic	1.80E−04	8.50E−04	—	3.60E−04	1.50E−03	(Mazzera et al., 2001)
King Sejong, Antarctic	1.43E−04	4.10E−05	1.30E−06	3.60E−05	1.30E−04	(Mishra et al., 2004)

20.4.3.2　中国工业分布与近海气溶胶污染的关系

由于各个元素的污染来源不同，其在近海上空的时空分布特征不同，因此难以十分准确地判断各个元素的来源。

比照中国工业分布图（20.42），至 2004 年，中国工业的空间分布呈现出以东部沿海地区为中心的局面。长三角地区、珠三角地区以及环渤海湾地区，这三大工业产业集中区域已经形成，三大区域的工业总产值占全国比重达到了 60%（程坚，2007）。

图 20.43　中国钢铁中心分布

珠三角地区 20 世纪 80 年代末就发展了以电子工业、服装业、纺织业、化工原料等为代表的工业产业，从 1997 年开始广东的工业产值一直是全国第一。广东的工业优势体现在轻工业上，主要集中空调、电视机、计算机、机制纸、电冰箱、集成电路等及日用电器制造、电子设备制造等附加价值高的产业上。

长江三角洲地区上海、浙江、江苏三省的工业产值之和占全国工业产值的 23.4%。长江三角洲地区的工业支柱是深加工工业、重化工业、轻纺工业，形成了一大批工业产业集群。

上海：轿车、集成电路、汽车、计算机、塑料、拖拉机、成品钢。

江苏省：纱、塑料、化纤、布、丝绸、成品钢、玻璃、纯碱、烧碱、金属机床、洗衣机、计算机、集成电路、电冰箱。江苏省的工业经过几十年的发展更加多样化了，优势工业产业包括了纺织、机械、电子、建材、化工、装备制造、日用电器等行业。

浙江是改革开放以来工业发展最快的省份之一，浙江的优势工业产品有：化纤、布、丝绸、洗衣机、啤酒、空调、水泥、金属机床。浙江的优势工业行业主要有纺织、食品、日用电器、电子、建材等。

521

环渤海湾地区的虽然起步较"珠三角"和"长三角"地区晚，但是环渤海湾地区以往的工业基础雄厚，地理位置优越，区域基础设施互通，其工业发展速度很快。环渤海湾地区的主导产业为装备制造、化工、冶金、纺织等（程坚，2007）。

北京：塑料、计算机。

天津：烧碱、轿车、拖拉机。

山东省的工业发展也是非常迅速的，山东省的优势工业产品有：纱、布、机制纸、原盐、卷烟、啤酒、电冰箱、洗衣机、水泥、纯碱、烧碱、氮磷钾肥、拖拉机、原煤、原油、金属机床。山东省属于资源丰富并且地理位置极佳的省区，山东的工业发展条件得天独厚，优势工业几乎涵盖了所有工业行业。

河北省：原盐、生铁、成品钢、玻璃、纯碱（程坚，2007）。

根据 2007 年《中国近海海域环境质量公报》，我国四大海区近岸海域中，南海、黄海水质良，渤海为轻度污染，东海为重度污染。九个重要海湾中黄河口和北部湾海域水质良好，辽东湾、渤海湾、胶州湾、长江口、杭州湾和珠江口水质为重度污染。

山东、海南和广东近岸海域水质优良；天津、上海和浙江近岸海域水质为重度污染。丹东、葫芦岛等 22 个城市近岸海域水质较好，全部为一类、二类水质；嘉兴近岸海域污染严重，全部为劣四类水质。

大体上我国近岸海域的气溶胶重金属污染与此趋势相似，相应地我们看到除了冬季北方取暖，且大陆西北风盛行造成中国近海海域的重金属浓度浓度升高外，渤海海湾对应的 ST01，"长三角"对应的 ST04、ST05，"珠三角"对应的 ST07 各海区重金属浓度较高，富集程度亦较高。工业发展造成的空气污染已经对我国近海海域造成了相应的影响。

20.5 台湾海峡西部海水环境质量现状评价

福建是海洋大省，拥有 3 324 km 的海岸线，居全国第二位，滩涂面积 2 701 km^2，海岸线漫长曲折，曲折率居全国首位，形成大小港湾 125 个，其中深水港湾 22 处，可建 5 万吨级以上深水泊位 6 处，占全国的 1/6，海洋国土面积 13.6 × 10^4 km^2，是福建国土的"半壁江山"，拥有"渔、油、能、港、景"五大优势资源。沿岸海域生物资源种类多，数量大，具有经济价值的各类生物资源 400 多种，海珍品驰名中外。海岸带和近海海域蕴藏着大量矿产资源。已发现的矿产有 60 多种，有工业利用价值的 20 余种，矿产地 300 多处。海峡油气资源丰富，据预测油气总量 2.9 × 10^8 t。全省沿海风能资源丰富，并有利用潮汐、波流、温差发电的广阔前景。沿海风光秀丽，气候宜人，拥有丰富多彩的自然和人文旅游资源，是天然的度假和旅游胜地，海洋开发的前景十分广阔。合理开发海洋优势资源，发展海洋经济，建设海洋经济强省，对解决经济生活中的各种矛盾，加快培植新的经济增长点，优化产业结构，拓展新的生存发展空间，实施地缘经济战略，借助独特的人文和地缘优势发展起来的闽台海洋经济合作体系已成为闽台经济交往的重要桥梁，推进两岸海洋经济合作与开发，增进两岸往来，密切两岸经济关系，促进两岸三通和祖国和平统一事业，以及发展海洋经济都具有重要的战略意义。

改革开放以来，福建省的海洋综合经济实力明显增强。海洋产业总产值由 1995 年 436 亿元，提高到 2009 年的 3 910 亿元，年均增长 19%。海洋产业增加值由 1995 年的 201.5 亿元，提高到 2009 年 1 550 亿元，年均增长 18%。海洋渔业、海洋交通运输业、滨海旅游业在全省经济占有重要地位。福建省的海洋综合经济实力明显增强。海洋渔业、海洋交通运输业、滨海旅游业在全省经济占有重要地位。福建省委、省政府目前已作出"建设海洋经济强省"战略决策，争取再造一个"海上福建"。为此，福建省确定了 2004—2010 年加快发展海洋与渔业经济的战略目标：力争 2010 年实现全省海洋经济总产值 4 550 亿元，年平均增长率 18.19%，海洋经济增加值 1 900 亿元。

2004 年，省委、省政府制定并实施了"建设海峡西岸经济区"的宏伟战略目标。所谓海峡西岸经济区，是指以福州、厦门为中心，以闽东南地区为主体，北起浙江温州，南至广东汕头的台湾海峡西部的海域与陆地。1995 年福建提出建设主要是指福州到漳州的闽东南沿海地区的"海峡西岸繁荣带"。从"带"到"区"的上升，体现了福建对区域定位认识的深化，体现了发挥对台优势、强化与两大三角洲分工协作意识的深化，这个新的定位将促进福建成为镶嵌在两大三角洲中的一个独具活力的全面繁荣的经济区。新的定位充分发挥了福建作为两岸三地和两个三角洲联结点的区位优势，有利于通过项目带动，推进与长江三角洲、珠江三角洲的产业对接，吸引和畅通人流、物流、资金流和信息流，集聚生产要素，优化资源配置，拓展经济腹地，加快建设海峡西岸制造业基地。新的定位也有利于提升与台港澳合作水平，使闽省成为两岸三地经贸合作、科技文化交流的重要地区，进一步提高闽省在区域经济发展中的竞争力，促进海峡西岸经济区的发展。

但是，过去海洋资源开发活动的粗放性、盲目性、不合理性及部分海洋使用功能发生了不可逆转的变化，使海洋环境与人为灾害频发（如海岸侵蚀、海水入侵、湿地退化、赤潮、溢油等），造成巨大的直接经济损失并也直接妨碍了福建省经济可持续发展。更为严重的是，海洋环境恶化日益严重，港湾生态系统退化，造成生物资源破坏严重。在实施建设海洋强省战略之时，也必须把海洋环境动态环境监测和保护规划提到议事日程。及时开展福建省近海海洋环境质量监测，是顺应国际形势和国内经济发展之大势，也是《全国海洋经济发展规划》的要求。

20.5.1　台湾海峡西部海域海水环境质量现状

本研究海水调查范围在台湾海峡西部海域，20°—27°N，113°—122°E 海域，共布设了 71 个调查站位，见图 20.44。现场海洋化学调查由国家海洋局第三海洋研究所承担，于 2006 年 7 月—2008 年 1 月，与海洋水文、海洋生物调查同船进行。此次调查的站位基本上处于台湾海峡，而台湾海峡是东海和南海之间的连接通道，在东海与南海之间的水交换中扮演重要作用。台湾海峡位于台湾和祖国大陆之间，约 200 km 宽，400 km 长，平均水深约 60 m；台湾海峡仅在东南部水深可达 200 m 左右。在台湾和澎湖列岛之间存在漏斗状的澎湖水道，其西部是连接南海大陆架的潟湖。季风系统控制着调查海域，该海域 11 月至翌年 3 月盛行东北季风，而 5 月至 9 月盛行西南季风；4 月和 10 月则是季风转换期。台湾海峡洋流主要受黑潮入侵水、南海水、季风和大陆沿岸流等一系列因素的影响；其中季风系统是影响台湾海峡洋流变化的主要因素。夏季，在西南季风的作用下，台湾海峡海流由南向北；而在东北季风的作用下，大陆沿岸流则由北向南。

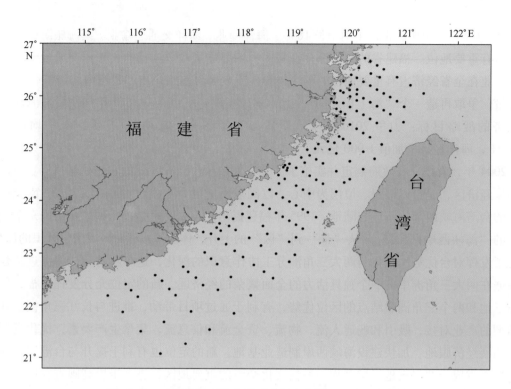

图 20.44　台湾海峡西部海域环境调查范围及调查站位布设

20.5.1.1　海水溶解氧

海水中的溶解氧含量与气溶胶氧的分压、海水理化性质、化学过程、生物活动及水体运动等因素有关。海水中的氧主要来源于气溶胶氧的溶解和海洋植物光合作用，海洋生物的呼吸作用、有机物的分解和无机物的氧化作用则为其主要消耗过程。海水中溶解氧含量一般随气溶胶氧分压的升高、海水温度和盐度的降低、海洋植物光合作用的增强等而升高，随上述诸因素的逆作用及有机物分解与无机物氧化作用的加剧而降低（暨卫东等，2002，2004）。

1）海水溶解氧的统计特征

台湾西部海域溶解氧含量的统计特征值见图 20.45 所示，溶解氧平均值季节变化趋势由大到小依次是冬季、春季、秋季、夏季。

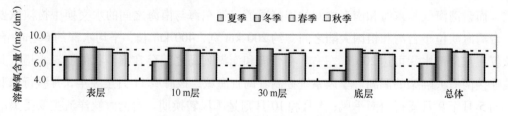

图 20.45　溶解氧含量平均值季节变化特征

2）海水溶解氧的平面分布特征

从图 20.46 可见，夏季台湾海峡西部海域溶解氧平面分布特征，呈现出北部高、南部低，近岸河口港湾生物活动比较强烈的区域溶解氧含量较高，在粤东沿岸上升流影响的区域低（黄荣祥等，1991；梁红星等，1991），南部深水区受南海深层低氧海水的影响区呈低值的分布趋势（苏纪兰等，1990）。

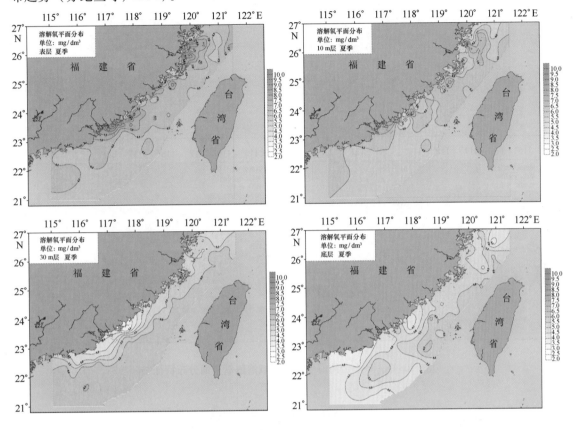

图 20.46　夏季台湾海峡西部海域溶解氧平面分布特征

从图 20.47 可见，冬季台湾海峡西部海域溶解氧平面分布特征，冬季由于强盛的东北季风的影响下，低温低盐的闽浙沿岸流的南下影响了福建沿岸，呈现出北部高、南部低，沿岸高，外海低的分布趋势（伍伯瑜等，1980；肖晖等，2002）。

20.5.1.2　海水 pH 值

pH 值是海水中氢离子活度的一种度量。在一般情况下海水的 pH 值主要受控于海水碳酸盐体系的解离平衡，引起海水 pH 变化的自然因素主要是海洋生物的光合作用和呼吸作用，及有机物的分解。海洋生物进行光合作用时，吸收二氧化碳，放出氧气，pH 值随之升高；而水中生物的呼吸和有机物分解，都消耗氧气，放出二氧化碳，使海水 pH 值降低（暨卫东等，2002，2004）。

1）海水 pH 值的统计特征

台湾海峡海域 pH 值的统计特征值见图 20.48 所示，pH 平均值为 8.15，各季节 pH 值相差不大，变化幅度小。

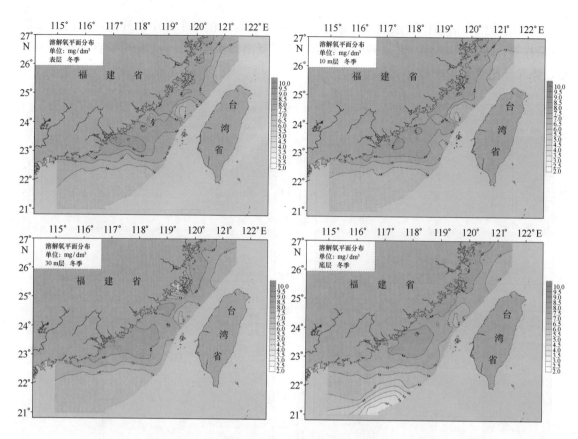

图 20.47　冬季台湾海峡西部海域溶解氧平面分布特征

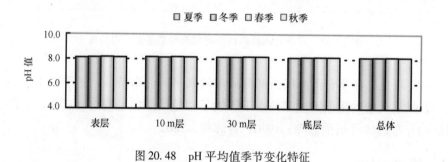

图 20.48　pH 平均值季节变化特征

2）海水 pH 值的平面分布特征

从图 20.49 可见，夏季台湾海峡西部海域 pH 值平面分布特征，呈现出北部高、南部低，近岸生物活动比较强烈的区域 pH 值较高，在粤东沿岸上升流影响的区域低，南部深水区受南海深层低氧海水影响的区域低的分布趋势。

从图 20.50 可见，冬季台湾海峡西部海域 pH 值平面分布特征，冬季由于在强盛的东北季风的影响下，低温、低盐的闽浙沿岸流的南下影响了福建沿岸，呈现出北部高、南部低，外海水影响的区域高，西北部沿岸流影响的区域低，东南部南海深层海水影响的区域低的分布趋势。

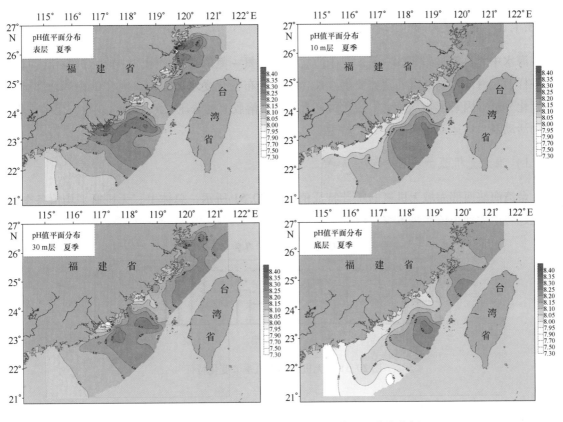

图 20.49　夏季台湾海峡西部海域 pH 值平面分布特征

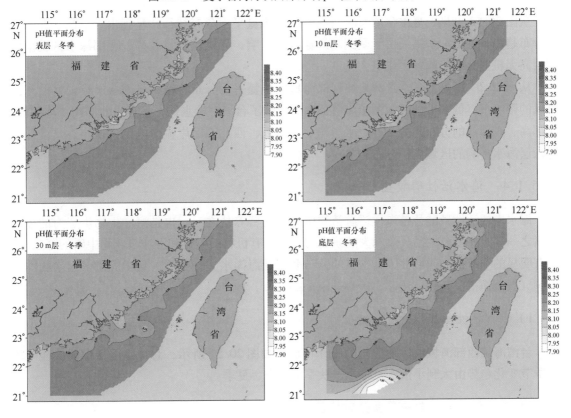

图 20.50　冬季台湾海峡西部海域 pH 值平面分布特征

527

20.5.1.3 海水无机氮

海水中无机氮是硝酸盐－氮、亚硝酸盐－氮和氨－氮的总和，海水中的无机氮化合物与磷一样，是海洋植物必需的营养要素。其含量的分布变化受水体运动、海洋生物活动和有机质氧化分解等因素影响。海水中的无机氮含量与气溶胶氧的分压、海水理化性质、化学过程、生物活动及水体运动等因素有关（暨卫东，1990）。

1）海水无机氮的统计特征

台湾海峡西部海域无机氮的统计特征值如图 20.51 所示，总体上，无机氮平均值各季节变化趋势由大到小依次是冬季、秋季、春季、夏季。

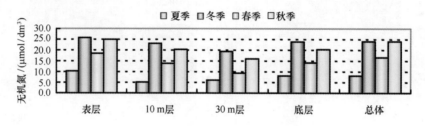

图 20.51　无机氮平均值季节变化特征

2）海水无机氮的平面分布特征

从图 20.52 可见，夏季台湾海峡西部海域无机氮平面分布特征，呈现出近岸高、外海低的分布趋势。近岸河口港湾由于受到陆源输入的影响，无机氮含量较高；南部深水区受南海深层高无机氮海水影响，无机氮含量高。

从图 20.53 可见，冬季台湾海峡西部海域无机氮平面分布特征，冬季由于在强盛的东北季风的影响下，低温低盐的闽浙沿岸流的南下影响了台湾海峡水体，呈现出北部高、南部低，西部高、东部低的分布趋势。外海水影响的区域低，西北部沿岸流影响的区域高，东南部南海深层海水影响的区域高的分布趋势。

20.5.1.4 海水活性磷酸盐

海水中的活性磷酸盐是海洋浮游植物所必需的营养盐之一，也是海洋生物生产力的控制因素之一。主要来自大陆径流和大陆飘尘的输入，有机物的矿化和海洋沉积物中磷的释放等，具有明显的季节性和区域性，其含量的分布变化受海洋水文、生物、化学等诸多因素的综合影响（暨卫东等，1990，1998，1999；Huang et al.，1994）。

1）海水活性磷酸盐的统计特征

台湾海峡西部海域活性磷酸盐的统计特征值如图 20.54 所示，总体上，活性磷酸盐平均值季节变化趋势由大到小依次是冬季、秋季、春季、夏季。

2）海水活性磷酸盐的平面分布特征

从图 20.55 可见，夏季台湾海峡西部海域活性磷酸盐平面分布特征，呈现北部高、南部

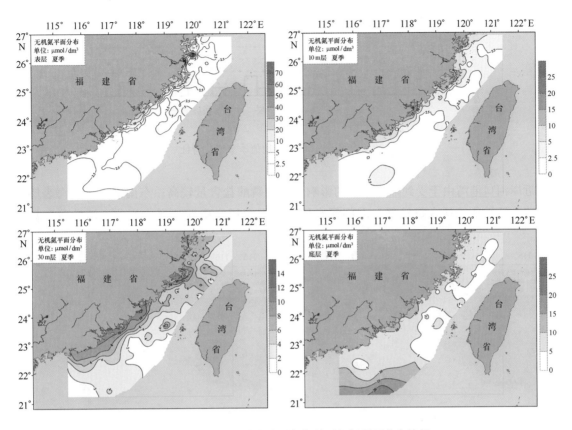

图 20.52　夏季台湾海峡西部海域无机氮平面分布特征

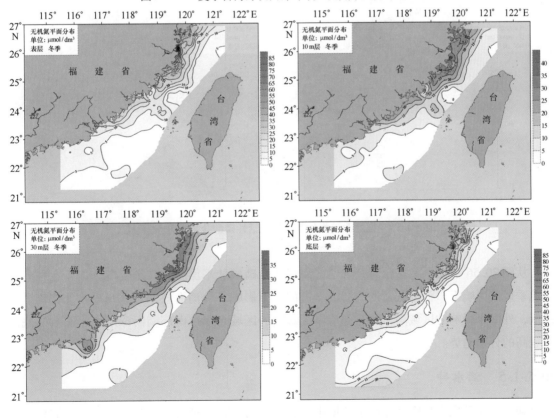

图 20.53　冬季台湾海峡西部海域无机氮平面分布特征

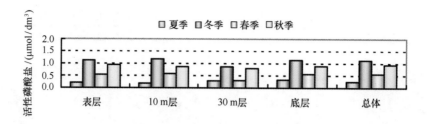

图 20.54　活性磷酸盐平均值季节变化特征

低，近岸河口港湾由于受到陆源输入的影响，活性磷酸盐含量较高；东南部由于南海表层水的影响，活性磷酸盐含量较低，南部深水区受南海深层高磷酸盐海水影响，活性磷酸盐含量高。

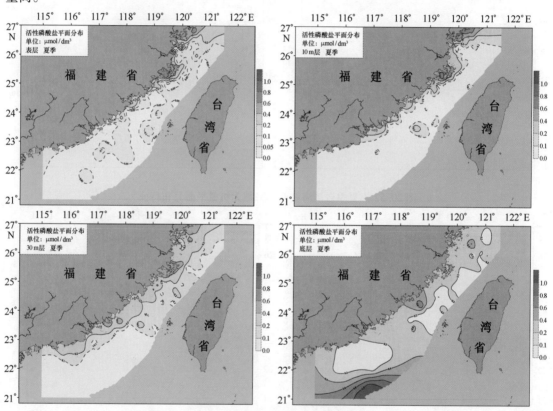

图 20.55　夏季台湾海峡西部海域活性磷酸盐平面分布特征

从图 20.56 可见，冬季台湾海峡西部海域活性磷酸盐平面分布特征，冬季由于在强盛的东北季风的影响下，低温低盐的闽浙沿岸流的南下影响了台湾海峡水体，呈现出北部高、南部低，外海水影响的区域高，西北部沿岸流影响的区域高，东南部南海深层海水影响的底层区域高的分布趋势。

20.5.1.5　海水砷

砷元素及其化合物广泛存在于环境中。有毒性的主要是砷的化合物，其中，三氧化二砷即砒霜是剧毒物。可在海洋生物和人体中积累而引起慢性中毒，危害海洋生物和人体健康，

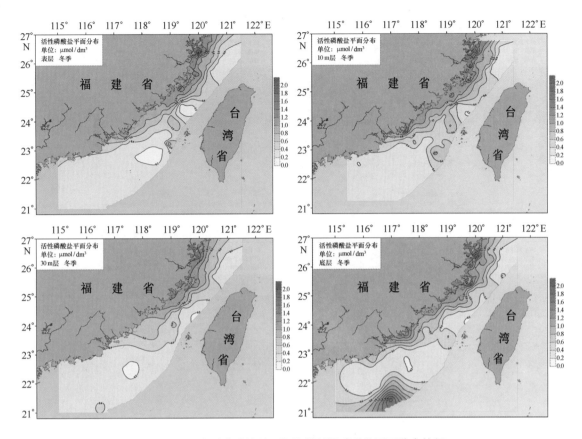

图 20.56　冬季台湾海峡西部海域活性磷酸盐平面分布特征

甚至可致生物体死亡。海洋环境中砷的分布是受生物、化学、物理过程所控制，藻类和浮游生物中主要含有机砷。砷的海洋生物地球化学循环过程是相当复杂的。它与海洋生物、特别是浮游生物息息相关（暨卫东等，2003，2004）。

1）海水砷的统计特征

台湾海峡西部海域砷的统计特征值如图 20.57 所示，总体上，砷平均值季节变化趋势由大到小依次是夏季、春季、秋季、冬季。

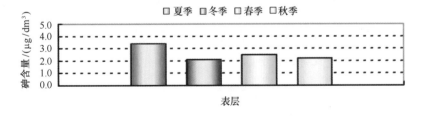

图 20.57　砷平均值季节变化特征

2）海水砷的平面分布特征

从图 20.58 可见，台湾海峡西部海域表层海水砷平面分布，冬、春季呈现出北高南低；夏季在闽江口、厦门湾和汕头湾及附近海域砷含量较高，其他海域砷含量较低；秋季砷含量相对较高，在闽江口、厦门湾和汕头以南的沿岸海域砷含量相对较高。

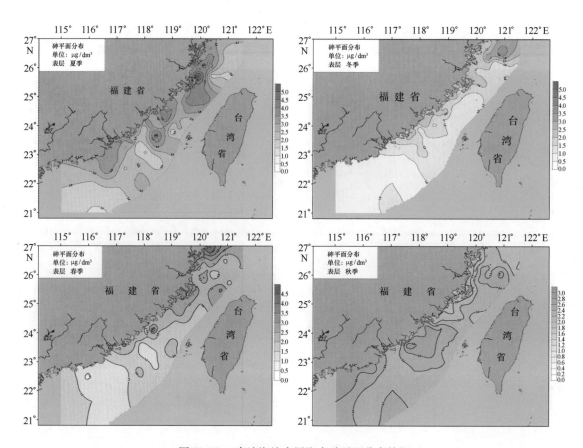

图 20.58　台湾海峡表层海水砷平面分布特征

20.5.1.6　海水中汞

海水中的汞主要来自随大陆径流和气溶胶进入海洋的地球表面岩石风化物、海底火山爆发的喷发物及人类生产活动排放的含汞废水和废渣等。海洋生物对海水中的汞有很强的富集能力，经食物链的生物浓缩作用，可使汞在海洋生物和人体中积累而引起慢性中毒，危害海洋生物和人体健康，甚至可致生物体死亡（暨卫东等，2003，2004）。

1）海水中汞的统计特征

台湾海峡西部海域汞的统计特征值如图 20.59 所示，总体上，汞平均值季节变化趋势由大到小依次是春季、冬季、夏季、秋季。

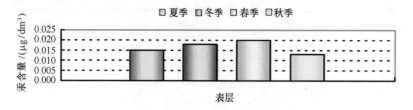

图 20.59　汞平均值季节变化特征

2）海水汞的平面分布特征

从图20.60可见，表层海水汞平面分布，夏、冬、春季呈现出在闽江口、泉州湾和厦门湾及附近海域汞略高，其他海域汞略低的分布趋势；秋季汞含量低，闽江口、厦门湾汞略高，其他海域分布较为均匀。

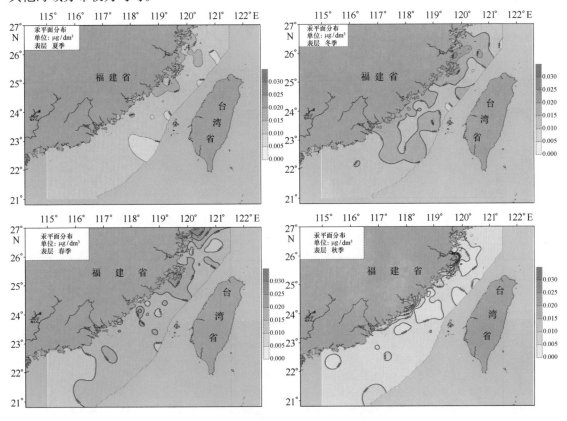

图20.60　台湾海峡西部海域汞平面分布特征

20.5.1.7　海水中铅

海水中的铅部分来自陆地岩石的风化产物，大部分来源于入海径流、气溶胶传输、海上倾废所带入的人类活动产物。海水中铅的含量和形态明显受到CO_3^{2-}、SO_4^{2-}、OH^-、Cl^-等离子含量的影响。海水中溶解态铅可通过吸附在有机、无机胶体或生物体的黏液表面等途径进入海洋食物链，为鱼、贝类所富集积累，甚至导致毒害（暨卫东等，2003，2004；Huo et al.，2001）。

1）海水中铅的统计特征

福建台湾海峡西部海域表层海水铅的统计特征值如图20.61所示，总体上，铅平均值季节变化趋势由大到小依次是夏季、冬季、秋季、春季。

2）海水中铅的平面分布特征

从图20.62可见，表层海水中铅平面分布，春夏季没有明显的分布规律，冬季呈现出北低南高，秋季则相反，呈北部沿岸高分布趋势。

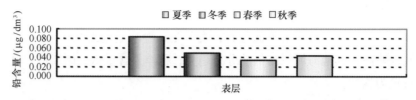

图 20.61　铅平均值季节变化特征

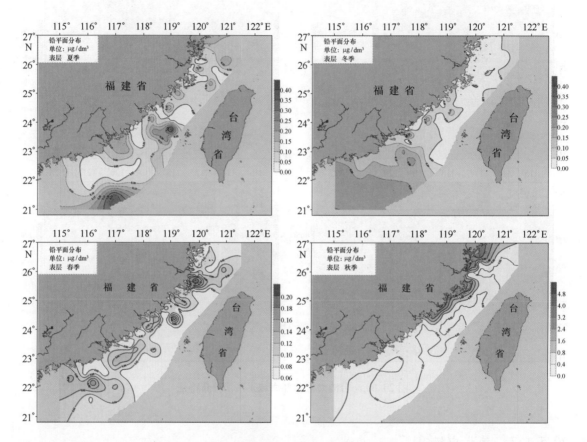

图 20.62　台湾海峡西部海域表层海水中铅平面分布特征

20.5.1.8　海水中镉

海水中的镉主要来自河流输入和气溶胶沉降，也来自海水中悬浮物和海底沉积物镉的解吸。海水中的镉能被海洋植物、动物和微生物摄取和高度富集，并通过食物链的传递危害海洋生物和人体（暨卫东等，2003，2004；Huo Wenmian et al.，2001）。

1）海水中镉的统计特征

台湾海峡西部海域表层海水镉的统计特征值如图 20.63 所示，总体上，镉平均值季节变化趋势是秋季>冬季>春季>夏季。

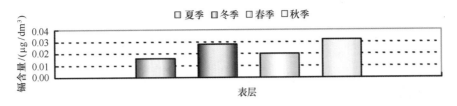

图 20.63　镉平均值季节变化特征

2）海水镉的平面分布特征

从图 20.64 可见，表层海水镉的平面分布，呈现出北部高、南部低，沿岸高、外海低的分布趋势，河口港湾大陆径流以及沿岸流影响的区域出现镉的高值区，外海水影响的区域出现镉的低值区。

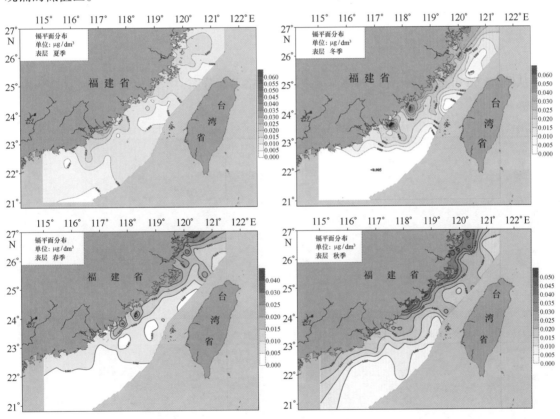

图 20.64　台湾海峡西部海域表层海水中镉平面分布特征

20.5.1.9　海水中铬

海洋中铬主要来自铬矿物或岩石经风化、雨水冲刷溶解，由河流携带或风送进海洋；或由人类活动产生的工业废水（如电镀废液等）和生活污水向海洋排放。它在海洋环境中的分布、迁移和变化以及归宿，不仅与各种海洋环境参数有关，而且取决于它自身的化学形态和行为。在淡水和海水交汇区域，它经受了如扩散稀释、絮凝沉降、吸附或解吸、氧化还原、共沉淀、矿物相互作用等物理、化学、生物作用过程（暨卫东等，2003，2004）。

1）海水中铬的统计特征

台湾海峡西部海域表层海水铬的统计特征值如图 20.65 所示，总体上，铬平均值季节变化趋势由大到小依次是冬季、秋季、春季、夏季。

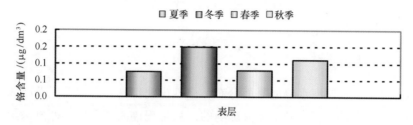

图 20.65　铬平均值季节变化特征

2）海水铬的平面分布特征

从图 20.66 可见，台湾海峡西部海域表层海水铬平面分布，呈现出无规则块状复杂的分布趋势。

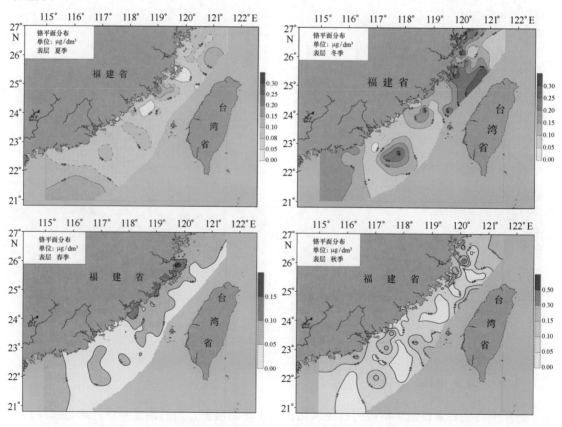

图 20.66　台湾海峡西部海域表层海水中铬平面分布特征

20.5.1.10 海水中石油类

海洋是石油污染物最后汇聚地。随着开采、加工、使用石油类化合物总量的增加，通过各种途径进入海洋的石油类化合物总量也日益增加。海洋石油污染已成为近百年来发生污染量递增速度最快、影响面最广，也是最普遍的环境污染之一。石油烃对海洋环境、海洋生物及人体的危害正日益显现（暨卫东等，2004）。

1）海水中石油类的统计特征

台湾海峡西部海域表层海水石油类的统计特征值如图 20.67 所示，总体上，石油类平均值季节变化趋势由大到小依次是冬季、秋季、春季、夏季。

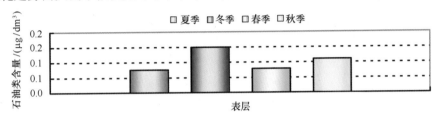

图 20.67　石油类平均值季节变化特征

2）海水石油类的平面分布特征

从图 20.68 可见，台湾海峡西部海域表层海水石油类平面分布，河口港湾石油类分布较高，外海较低。

20.5.2　台湾海峡西部海域海水环境质量评价

根据国家海水水质标准，采用单因子污染指数评价法对夏季航次获取的海水化学要素进行单因子评价：$P_i = C_i / S_i$，式中：P_i 为污染物 i 的污染指数，C_i 为污染物 i 的实测值，S_i 为污染物 i 的标准值。

本次评价选取国家海水水质标准作为污染物的评价标准值。

20.5.2.1　海水溶解氧

台湾海峡西部海域海水溶解氧质量状况分布，春季、秋季和冬季溶解氧含量均符合一类国家海水水质标准。夏季，溶解氧含量有不同程度超一类标准的现象存在。夏季表层水体中79%的调查站位符合一类国家海水水质标准，18%的调查站位大于二类国家海水水质标准。

20.5.2.2　海水无机氮

台湾海峡西部海域海水无机氮质量状况分布，夏季、春季，在西南季风的作用下，清洁外海水推进台湾海峡，本调查海区水体交换清洁度增加，春季，台湾海峡西部海域无机氮质量基本处于一类和二类国家海水水质标准水平；夏季，在强盛的西南季风作用下水体交换强烈，基本被外海清洁水体占据，台湾海峡无机氮质量基本处于一类国家海水水质标

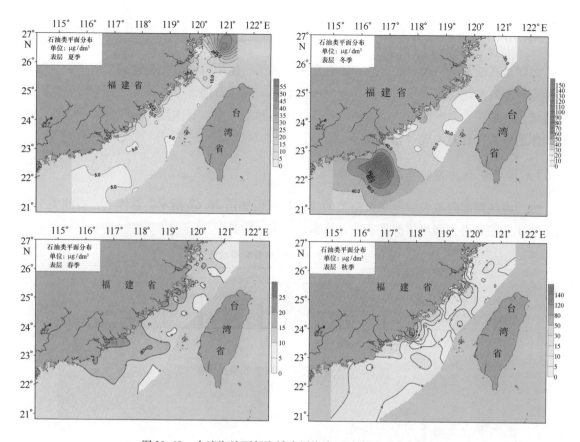

图 20.68　台湾海峡西部海域表层海水石油类平面分布特征

准水平。

　　秋季、冬季，在东北季风的作用下，低温、低盐、高无机氮的闽浙沿岸流南下影响了台湾海峡西部，台湾海峡西部海域无机氮质量基本处于二类和三类国家海水水质标准水平；厦门以北近岸海域表层无机氮含量处于三类国家海水水质标准水平，其中，泉州湾、闽江口及其以北近岸处于四类国家海水水质标准水平；兴化湾以北近岸海域无机氮含量处于三类国家海水水质标准水平；兴化湾和三沙湾无机氮质量水平分别处于三类和四类国家海水水质标准水平。

20.5.2.3　海水活性磷酸盐

　　台湾海峡西部海域海水活性磷酸盐质量与无机氮质量状况基本一致，夏季、春季，在西南季风的作用下，清洁外海水推进台湾海峡，本调查海区水体交换清洁度增加，春季，台湾海峡西部海域活性磷酸盐质量基本处于一类和二类国家海水水质标准水平，闽江口及其附近海域活性磷酸盐高达四类国家海水水质标准；夏季，在强盛的西南季风作用下水体交换强烈，基本被外海清洁水体占据，台湾海峡西部海域活性磷酸盐质量基本处于一类国家海水水质标准水平。

　　秋季、冬季，在东北季风的作用下，低温、低盐、高活性磷酸盐的闽浙沿岸流南下影响了台湾海峡西部，台湾海峡西部海域活性磷酸盐质量基本处于二类和三类国家海水水质标准水平；厦门以北近岸海域表层活性磷酸盐含量处于三类国家海水水质标准水平，其中，泉州湾、湄洲湾、兴化湾、闽江口、三沙湾及其以北近岸处于四类国家海水水质标准水平。

20.5.2.4　海水重金属

台湾海峡西部海域海水中砷、铅、镉、铬质量均处于一类国家海水水质标准。台湾海峡西部海域海水汞质量状况分布，春、夏、冬季各调查站位的汞含量均为一类国家海水水质标准水平，秋季仅在闽江口附近海域处于二类至三类国家海水水质标准水平，其余站位汞含量亦处于一类国家海水水质标准水平。

20.5.2.5　海水石油类

台湾海峡西部海域海水石油类质量状况分布，石油类质量分布也仅在秋季浮头湾附近海域处于三类国家海水水质标准水平，其他季节福建近海水体中石油类均处于一类至二类国家海水水质标准水平。

20.5.3　福建省13港湾海水水质状况评价

本次调查海水水化学要素主要包括溶解氧、pH、无机氮（氨氮、亚硝氮、硝氮）、活性磷酸盐、铅、镉、汞、砷和石油类共9项。调查频次为夏、冬两季。采用国家海水水质标准（GB 3097—1997）进行评价。

福建省13个港湾海区夏、冬季海水水化学要素评价见图20.69。其中，福建省13个港湾海区溶解氧平均含量范围为5.82~10.42 mg/dm³。除三沙湾海区溶解氧冬季平均含量符合二类国家海水水质标准外，其余均符合一类国家海水水质标准。

pH平均值范围为7.73~8.43，除闽江口海区pH冬季超出一类、二类国家海水水质标准外，其余均符合一类、二类国家海水水质标准。

无机氮含量范围为8.01~84.3 μmol/dm³，其中，东山湾、福清湾和深沪湾的夏季、湄洲湾和诏安湾的夏冬两季海区无机氮含量符合一类国家海水水质标准；沙埕港湾夏季，兴化湾和东山湾的冬季无机氮含量符合二类国家海水水质标准；兴化湾的夏季、福清湾和深沪湾的冬季无机氮含量符合三类国家海水水质标准；旧镇湾夏冬两季、闽江口和罗源湾的夏季，泉州湾、三沙湾和沙埕湾的冬季无机氮含量符合四类国家海水水质标准；而闽江口和罗源湾的冬季、三沙湾的夏季无机氮含量超过四类国家海水水质标准，其中，闽江口冬季无机氮含量最高。

活性磷酸盐年均含量为0.085~2.97 μmol/dm³，福清湾、湄洲湾、深沪湾和沙埕湾夏季活性磷酸盐含量符合一类国家海水水质标准；东山湾、旧镇湾和诏安湾的夏冬两季、闽江口和三沙湾夏季、深沪湾、兴化湾和厦门港冬季含量符合二类至三类国家海水水质标准；福清湾、闽江口、泉州湾、三沙湾和沙埕湾的冬季、兴化湾的夏季活性磷酸盐含量符合四类国家海水水质标准；湄洲湾的冬季和罗源湾的夏冬两季活性磷酸盐含量超出四类国家海水水质标准，其中，最高值出现在罗源湾的冬季。

海水表层铅平均含量范围为0.008~29.9 μg/dm³。闽江口的夏冬两季和三沙湾冬季铅平均含量符合二类国家海水水质标准；福清湾的夏冬两季、深沪湾的夏季、厦门港的冬季铅平均含量符合三类国家海水水质标准；深沪湾的冬季铅平均含量符合四类国家海水水质标准；其他港湾铅含量符合一类国家海水水质标准，其中，深沪湾海区冬季铅含量最高。

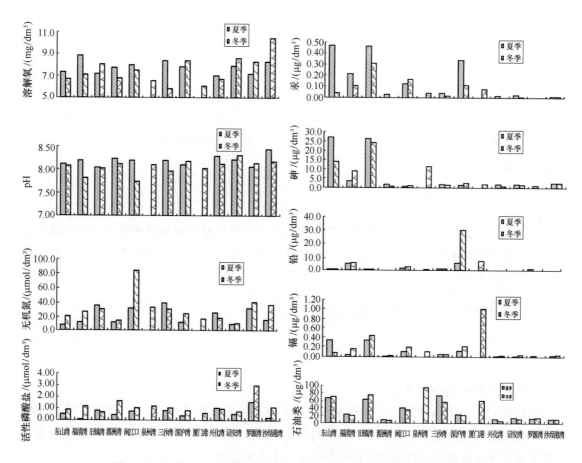

图 20.69 福建省 13 个港湾海区夏、冬季常规水化学及重金属含量评价

表层海水镉年均含量范围为 0.013 ~ 1.01 μg/dm³。除了厦门港冬季海水表层镉平均含量符合二类国家海水水质标准，其余港湾均符合一类国家海水水质标准。

表层汞平均含量范围为 0.002 ~ 0.472 μg/dm³。福清湾和深沪湾的冬季、闽江口夏冬两季海水表层汞含量符合二类至三类国家海水水质标准；东山湾、福清湾和深沪湾的夏季、旧镇湾的夏冬两季符合四类国家海水水质标准；其他港湾均符合一类国家海水水质标准；其中，东山湾的夏季表层汞平均含量最高。

表层砷平均含量范围为 0.669 ~ 27.0 μg/dm³。东山湾的夏季、旧镇湾的夏冬两季海水表层砷含量符合二类国家海水水质标准；其余港湾海水表层砷含量符合一类国家海水水质标准。其中，东山湾夏季含量最高。

表层石油类平均含量范围为 5.3 ~ 94.7 μg/dm³。泉州湾和厦门港的冬季、东山湾、旧镇湾和三沙湾的夏冬两季海水表层石油类平均含量符合三类国家海水水质标准；其余港湾海水表层石油类平均含量均符合一类至二类国家海水水质标准。其中，泉州湾的石油类含量最高。

总体上，福建省近海 13 个港湾海区无机氮和活性磷酸盐的污染较严重，富营养化特征明显；从重金属及石油类方面来看，13 个港湾比较而言，福清湾、旧镇湾和深沪湾质量总体较差，应引起极大重视。

20.5.4　小结

1）海水溶解氧质量状况

春季、秋季和冬季溶解氧含量均符合一类国家海水水质标准。夏季，表层水体中79%的调查站位符合一类国家海水水质标准，18%的调查站位符合二类国家海水水质标准。

2）海水氮、磷无机营养盐质量状况

台湾海峡海水无机氮与活性磷酸盐质量状况基本一致，在西南季风的作用下，清洁外海水推进台湾海峡，本调查海区水体交换清洁度增加，春季，台湾海峡无机氮、活性磷酸盐质量基本符合一类和二类国家海水水质标准；夏季，在强盛的西南季风作用下水体交换强烈，台湾海峡基本被外海清洁水体占据，无机氮、活性磷酸质量基本符合一类国家海水水质标准。

秋季、冬季，在东北季风的作用下，低温、低盐、高无机氮、高活性磷酸盐的闽浙沿岸流南下影响了台湾海峡西部，台湾海峡无机氮、活性磷酸盐质量基本符合二类和三类国家海水水质标准；沿岸河口区无机氮、活性磷酸盐质量甚至高达三类和四类国家海水水质标准。

3）海水重金属质量状况

台湾海峡水体中砷、铅、镉、铬质量均符合一类国家海水水质标准。春、夏、冬季各调查站位的汞含量均符合一类国家海水水质标准，秋季仅在闽江口附近海域处于二类至三类国家海水水质标准，其余站位汞含量亦符合一类国家海水水质标准。

4）海水石油类质量状况

海水石油类质量均符合一类至二类国家海水水质标准。

5）福建省13个港湾海水水质状况

南部东山湾、旧镇湾和诏安湾水质较好，深沪湾、兴化湾和厦门港无机氮、磷含量符合二类至三类国家海水水质标准；泉州湾、湄洲湾、兴化湾、闽江口、罗源湾、三沙湾和沙埕湾无机氮、磷含量符合三类至四类国家海水水质标准，水体富营养化特征明显；从重金属及石油类方面来看，13个港湾比较而言，福清湾、旧镇湾和深沪湾质量总体较差，应引起极大重视。

20.6　九龙江河口区营养盐分布特征及其影响评价

营养盐是海洋生物生长、发育的必需条件，海域营养盐水平对海洋生产力有决定性的影响（叶仙森等，2000）。河口是一个半封闭的沿岸水体，它与外海自由相通，并且其中的海水明显地被来自陆地的淡水所稀释，从河口到外海形成很强的盐度梯度。Ball（1994）和Tian（1993）研究表明，一般海水中营养盐的变化是由海洋的内部循环所决定，但对环境变化较为明显的河口近岸海域，河口生态环境主要受河流径流输入营养盐影响。张国森等（2003）对长江口地区气溶胶湿沉降中营养盐的初步研究，以及沈志良等（2001）、Huang等

（2003）和 Beddig 等（1997）分别对中国长江口海区、珠江口以及德国湾的研究也表明，营养盐主要是通过流域降水后随河流进入河口。近年来，在沿海地区社会经济快速发展中，海洋资源无序开发利用，陆上及海上人为活动产生的大量污染物进入海洋环境，造成近岸海域水质恶化、生态退化、生产力下降，极大地破坏了海洋生态环境，甚至影响到沿海地区社会经济的持续健康发展。保护海洋环境质量、维护海洋生态健康是合理开发利用海洋资源，促进社会和经济可持续发展的重要前提。

九龙江位于福建省南部，是福建省仅次于闽江的第二大河流，它系由北溪、西溪和南溪组成，以北溪为主流。其中，北溪流域面积 9 803 km^2，干流河长 285 km，西溪流域面积 3 964 km^2，干流河长 172 km，两溪在龙海市境内长洲附近汇合进入河口区，于草埔头会南溪入海和厦门港相连接。朱佳佳（2009）对九龙江水环境的调查研究表明，九龙江流经福建省龙岩和漳州境内 8 个市县区，工业点源污染影响较大，同时农业非点源污染问题突出。根据《2009 年厦门海洋环境质量公报》2009 年九龙江入海污染物总量为 1.33×10^5 t，其中，无机氮和总磷分别为 2.99×10^4 t 与 1.16×10^3 t，这些 N、P 污染物无疑对九龙江及其周边海域造成巨大压力。因此九龙江径流携带大量的 N、P 污染物进入厦门西海域，使得厦门西海域水体呈富营养化状况。本研究分析九龙江流域营养盐的含量变化、分布特征，阐述了营养盐伴随潮汐过程的变化规律，以及探讨营养盐河口生物地球化学过程，为九龙江流域营养盐整治与污染源控制，科学地评估厦门西海域水体富营养化状况，防止赤潮灾害发生，以及海洋环境保护与海洋经济协调发展提供科学依据。

调查范围为福建省九龙江河口区 $24.3668°$—$24.5174°N$，$117.7446°$—$118.1021°E$ 之间，共布设 21 个站位，调查站位见图 2.70。站位分布涵盖南溪、西溪、北溪以及九龙江河口混合区。分别在 2009 年和 2010 年夏季（8 月）和秋季（11 月）共进行四个航次的大面调查作业，2010 年夏季航次在 9 号站、16 号站、17 号站开展周日连续观测。各项目样品采集、保存和分析方法分别按《海洋调查规范》和《海洋监测规范》中规定的有关方法进行。

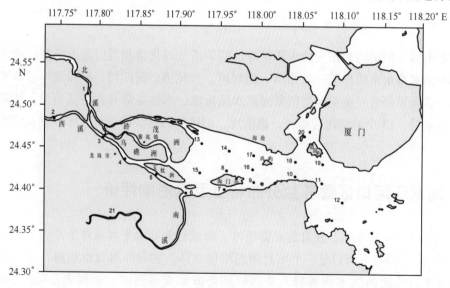

图 20.70　九龙江调查站位布设

20.6.1　九龙江营养盐平面分布特征

由于九龙江流域地表径流较强，河口断面主要受流域上游、龙海市和厦门市部分区域的生活、农业、工业废水排放，以及港口码头、过往船舶油污水排放的影响，特别是龙海市城镇及工业开发区污水处理厂建设滞后，市区排污沟、渠密布，对河口断面水质有着严重影响，陆源污染较严重。从图20.71和图20.72可知九龙江河口流域营养盐污染特征为：

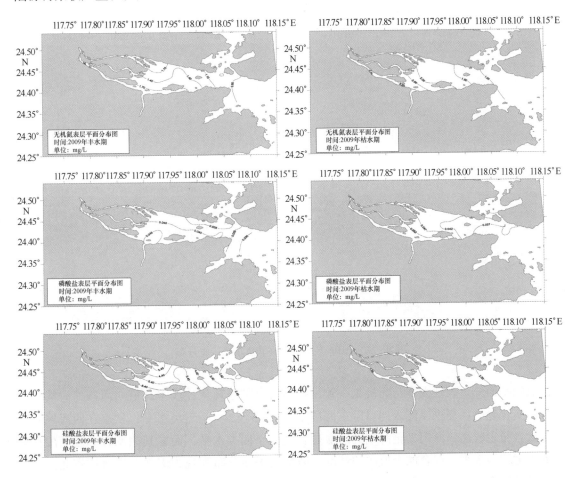

图 20.71　2009 年夏季和秋季营养盐表层平面分布

九龙江流域表层水体总无机氮含量夏季为 0.53 ~ 4.13 mg/L，平均约为 1.50 mg/L；秋季为 0.68 ~ 4.51 mg/L，平均约为 2.12 mg/L。2010 年夏季表层水体无机氮为 0.64 ~ 2.63 mg/L，平均约为 1.89 mg/L；秋季为 1.61 ~ 4.78 mg/L，平均约为 2.94 mg/L。调查期间无机氮的平面分布呈现出由径流冲淡水高值向河口外海端逐渐递减的变化趋势，说明高无机氮的陆源冲淡水在河口与低无机氮的外海水相遇呈现出稀释混合过程。而由于西溪和南溪径流大于北溪，调查海区西南部无机氮浓度高于东北部；调查期间无机氮含量基本处于劣四类水平，低值出现在河口的外海区东部近海端。

九龙江流域表层水体磷酸盐含量夏季为 0.025 ~ 0.117 mg/L，平均约为 0.042 mg/L；秋季为 0.012 ~ 0.088 mg/L，平均约为 0.044 mg/L。2010 年夏季表层水体磷酸盐为 0.022 ~ 0.067 mg/L，平均约为 0.047 mg/L；秋季为 0.027 ~ 0.126 mg/L，平均约为 0.057mg/L。磷

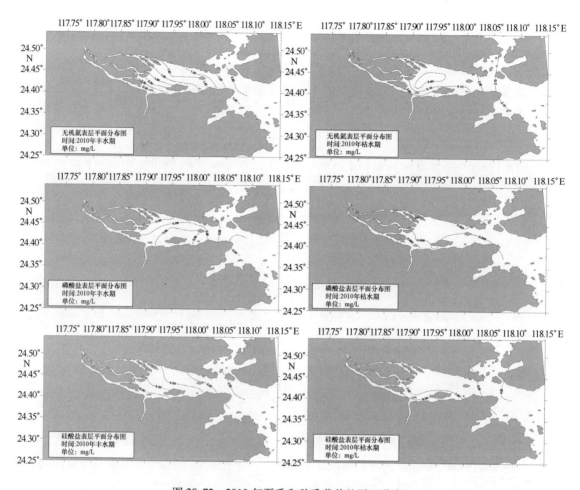

图 20.72　2010 年夏季和秋季营养盐平面分布

酸盐值的平面分布表现大体与无机氮一致，磷酸盐也是呈现从冲淡水高值向河口外海端逐渐递减的变化趋势。夏季溪流入河口以东海域基本上处于二类至三类水平；秋季在西海域附近磷酸盐含量也较高，海门岛至海端的磷酸盐含量处于四类水平，而在其他调查海区磷酸盐含量处于劣四类水平。综合四个航次的情况，磷酸盐平面分布表现为南部近岸海域较北部近岸海域高的特点。

　　九龙江流域表层水体硅酸盐含量夏季为 1.44~10.5 mg/L，平均约为 5.30 mg/L；秋季为 1.17~11.2 mg/L，平均约为 4.30 mg/L。2010 年夏季表层水体硅酸盐为 1.53~7.73 mg/L，平均约为 5.67 mg/L；秋季为 9.50~14.1 mg/L，平均约为 8.49 mg/L。由于大陆径流是硅酸盐输入海域的主要途径，硅酸盐与无机氮、磷酸盐一样，也是呈现自冲淡水高值向河口外海端逐渐递减的变化趋势。南溪和西溪入海端硅酸盐含量较高，而北溪入海端硅酸盐含量较低，使得硅酸盐平面分布呈现调查海区西南部高于东北部的特点。

　　总之，调查期间无机氮、硅酸盐和磷酸盐的平面分布呈现出由径流冲淡水高值向河口外海端逐渐递减的变化趋势，说明高无机氮、高硅酸盐和高磷酸盐的陆源冲淡水在河口与低无机氮、低硅酸盐和低磷酸盐的外海水相遇呈现出稀释混合过程的平面分布特征。且平面分布呈现调查海区西南部高于东北部的特点，这与退潮时九龙江河口区水流以西溪和北溪为主流沿西南侧向咸水端流动，涨潮时外海水从咸水端沿东北侧向淡水端流动。

20.6.2　九龙江河口流域营养盐伴随潮汐的周日变化特征

2010 年 8 月在河口区感潮段 9 号、16 号、17 号站对营养盐的含量进行周日观测，由图 20.73、图 20.74、图 20.75 可见，磷酸盐表层海水周日变化幅度最大为 17 号站，在 0.015 ~ 0.050 mg/L 之间波动；底层海水周日变化幅度最大为 16 号站，在 0.019 ~ 0.085 mg/L 之间波动；周日变化幅度最小的均为 9 号站。无机氮表层海水周日变化幅度最大为 17 号站，在 0.53 ~ 1.84 mg/L 之间波动，变化幅度最小为 16 号站；底层海水周日变化幅度最大为 16 号站，在 0.42 ~ 1.40 mg/L 之间波动，变化幅度最小为 17 号站。硅酸盐表层海水周日变化幅度最大为 9 号站，在 1.58 ~ 4.00 mg/L 之间波动，变化幅度最小的为 16 号站；底层海水周日变化幅度最大的为 16 号站，在 0.56 ~ 3.18 mg/L 之间波动，变化幅度最小的为 9 号站。

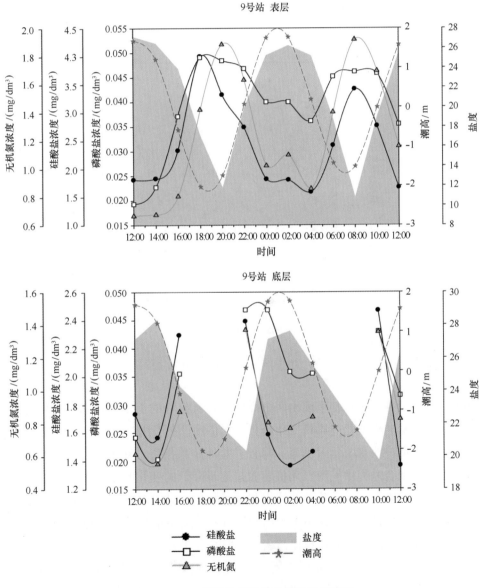

图 20.73　9 号站位营养盐的周日变化特征

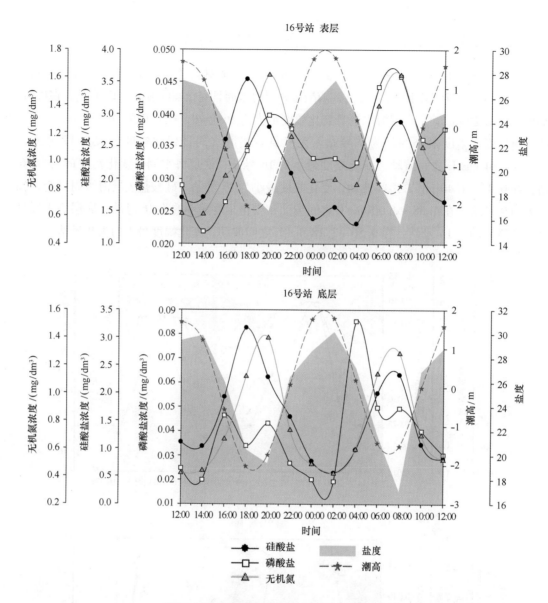

图 20.74　16 号站位营养盐的周日变化特征

　　总体而言，连续观测每日都呈现出两个高值峰与低值峰的正规半日潮的变化特征，表层水中无机氮、磷酸盐与硅酸盐的周日变化趋势基本一致。在涨潮时，河口区感潮段高无机氮、硅、磷营养盐的陆源冲淡水与低无机氮、硅营养盐外海水相遇，外海水侵入，外海水的作用逐渐加强，在稀释混合过程中呈现出无机营养盐逐步降低的变化趋势。在退潮时，河口区感潮段高无机氮、硅、磷营养盐的陆源冲淡水与低无机氮、硅营养盐外海水相遇，陆源冲淡水的作用逐渐加强，在稀释混合过程中呈现出无机营养盐逐步增高的变化趋势。底层水中除 16号站位底层磷酸盐含量的周日变化规律与表层周日变化的规律不大一致外，无机氮和硅酸盐及 9 号、17 号站位的营养盐要素底层水周日变化规律与表层水周日变化规律一致。这可能是因为磷酸盐与悬浮物的吸附、脱附作用相关，这种吸附解析的时间过程影响了混合稀释过程的原本规律性，而 16 号站位刚好处涨落潮时水体交换最剧烈，水文状况比较复杂，对底泥的扰动造成底层海水的悬浮颗粒含量产生不规律变化。另外，水中无机氮、磷酸盐与硅酸盐的

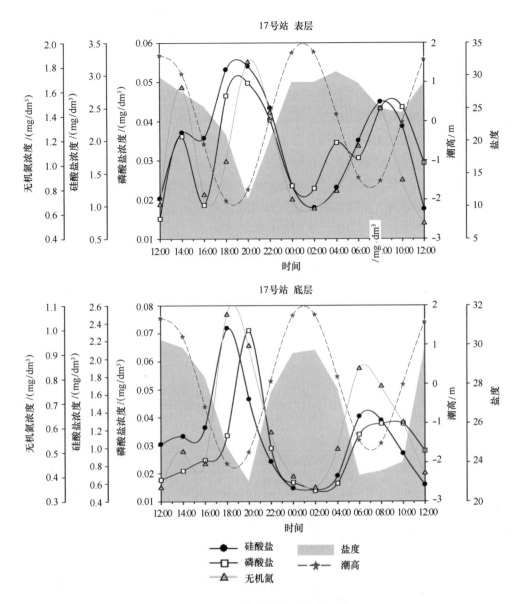

图 20.75　17 号营养盐的周日变化特征

浓度均值趋势由大到小依次呈现为 9 号站、16 号站、17 号站，且峰值出现三站之间存在一定的时间差，这也说明了退潮时九龙江河口区水流以西溪和北溪为主流沿西南侧向咸水端流动，涨潮时外海水从咸水端沿东北侧向淡水端流动，因此调查海区西南部水体营养要素受冲淡水的影响较大，而东北部水体营养要素受咸水端外海水的影响较大。

20.6.3　九龙江河口流域营养盐河口过程行为分析

由于河口区流域受潮汐影响，咸淡水强烈混合导致离子强度发生梯度变化，水体中营养盐在水动力、悬浮物的吸附/脱附、生物的吸收与释放，以及化学过程等作用的影响下也会发生剧烈的变化；营养盐在这复杂的河口过程中往往表现出在水动力的作用稀释混合是主要过程。本研究分别对 2009 年、2010 年度夏季和秋季表层营养盐及盐度之间的相关性进行分析，连续两年九龙江流域无机氮、硅酸盐与盐度之间都呈现密切的负相关。从表 20.40 可知，不同年度的丰、枯水期的变化趋势是一致的，说明无机氮和硅酸盐在涨、落潮的动力作用下，主要以河口区低盐度高营养盐的陆源冲淡水与高盐度低营养盐的外海水交错混合过程为主导，营养盐的含量都随着盐度的增加而降低，总体上无机氮、硅营养盐在河口稀释混合过程呈现保守性特征。而九龙江河口区不管是"夏季"或"秋季"，表层水中磷酸盐与盐度之间没有明显的相关。从图20.76可知，盐度小于1.88时，磷酸盐的变化幅度明显高于无机氮和硅酸盐的变化幅度，而在咸淡水混合过程中，磷酸盐的含量基本不变。在九龙江河口区低盐、高磷酸盐的冲淡水与高盐、低磷酸盐的外海水的混合过程中，磷酸盐往往表现为被浮游植物摄取所转移，还与水体中悬浮颗粒物质对磷酸盐的吸附—解吸作用有关，又因为高盐高磷酸盐外海底层水侵入而被增补，使得磷酸盐在河口转移（补充）过程的行为复杂化，磷酸盐的河口过程维持不变呈现缓冲作用为主。其变化规律与黄自强、暨卫东（黄自强等，1994）研究长江口水中总磷、有机磷、磷酸盐的变化特征及相互关系，以及蒋岳文等（蒋岳文等，1995）辽河口营养要素的化学特性及其入海通量估算中得出的，磷酸盐在河口转移（补充）过程的行为复杂化，河口水域磷酸盐含量随盐度变化的规律性不明显，为非保守要素的结论是一致的。

表 20.40　不同年度的丰、枯水期营养盐与盐度之间的相关分析

相关因子 $Y - X$	航次	年度	回归方程 $y = ax + b$	自由度 $n - 2$	相关系数 r	显著性水平 α
DIN – S	夏季	2009	$DIN = -0.054\,S + 2.17$	19	-0.723	0.01
		2010	$DIN = -0.061\,S + 2.50$	13	-0.863	0.01
	秋季	2009	$DIN = -0.120\,S + 4.04$	19	-0.989	0.01
		2010	$DIN = -0.084\,S + 3.58$	13	-0.801	0.01
SiO_3 – S	夏季	2009	$SiO_3 = -0.217\,S + 8.02$	19	-0.889	0.01
		2010	$SiO_3 = -0.205\,S + 7.45$	13	-0.930	0.01
	秋季	2009	$SiO_3 = -0.278\,S + 8.73$	19	-0.955	0.01
		2010	$SiO_3 = -0.312\,S + 10.5$	13	-0.904	0.01
PO_4 – S	夏季	2009	$PO_4 = -0.000\,7\,S + 0.051$	19	-0.395	0.05
		2010	$PO_4 = -0.000\,1\,S + 0.056$	13	-0.054	不显著
	秋季	2009	$PO_4 = -0.000\,4\,S + 0.052$	19	-0.312	0.05
		2010	$PO_4 = -0.000\,3\,S + 0.061$	13	-0.111	不显著

20.6.4　小结

（1）主要受流域上游、龙海市和厦门市部分区域的生活、农业、工业废水排放，以及港口码头、过往船舶油污水排放的影响，九龙江流域无机氮调查期间含量基本处于劣四类水平；磷酸盐夏季溪流入海端以东的海域基本上处于二类至三类水平，秋季在海门岛至海端的磷酸盐含量处于四类水平，而在其他调查海区磷酸盐含量处于劣四类水平。

（2）九龙江流域中磷酸盐，无机氮和硅酸盐的平面分布受地表径流和陆源冲淡水的影响较大，表现出自淡水端向海端减少趋势，高值区主要出现在淡水端，南溪和西溪入海端含量较高，而北溪入海端含量较低，使得其平面分布呈现调查海区西南部高于东北部的特点。

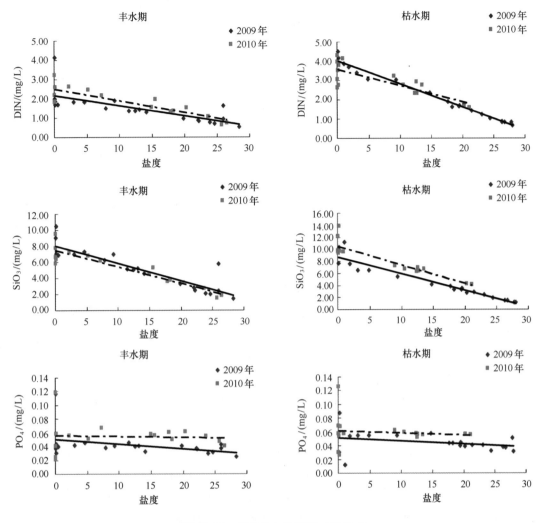

图 20.76　营养盐与盐度的二维散点

（3）在涨潮时，河口区感潮段高无机氮、硅、磷营养盐的陆源冲淡水与低无机氮、硅营养盐外海水相遇，外海水侵入，外海水的作用逐渐加强，在稀释混合过程中呈现出无机营养盐逐步降低的变化趋势。在退潮时，河口区感潮段高无机氮、硅、磷营养盐的陆源冲淡水与低无机氮、硅营养盐外海水相遇，陆源冲淡水的作用逐渐加强，在稀释混合过程中呈现出无机营养盐逐步增高的变化趋势。

（4）由于河口区流域受潮汐影响，咸淡水强烈混合导致离子强度发生梯度变化，2009年、2010年两年九龙江流域无机氮、硅酸盐与盐度之间都呈现密切的负相关。说明无机氮和硅酸盐在涨、落潮的动力作用下，主要以河口区低盐度高营养盐的陆源冲淡水与高盐度低营养盐的外海水交错混合过程为主导，无机氮、硅酸盐营养盐的含量都随着盐度的增加而降低，总体上呈现保守性质的特征。表层水中磷酸盐与盐度之间没有明显的相关，盐度小于1.88时，磷酸盐的变化幅度明显高于无机氮和硅酸盐的变化幅度，而在咸淡水混合过程中，磷酸盐的含量基本不变。

参 考 文 献

车越，何青，林卫青．2003．高浊度河口颗粒态重金属对泥沙运动的指示作用．水利学报，1：57－61．

陈吉余，恽才兴，徐海根，等．1979．两千年来长江河口发育模式．海洋学报，1（1）：103－111．

陈立奇，王志红，杨绪林，等．1998．台湾海峡西部海域气溶胶中金属的特征．海洋学报，20：31－8．

陈水土，杨慧辉．1993．九龙江口和厦门西港海域若干重金属元素的生物地球化学特性．台湾海峡，
　12（4）：376－384．

陈松，廖文桌，许爱玉，等．1999．长江口沉积物对 Pb 的吸附作用．台湾海峡，18（1）：21－25．

陈松．1994．长江口重金属元素的固液界面过程，I．沉积相中 Pb、Cu 和 Cd 的行为和沉积机理．海洋学报，
　6（2）：180－185．

程家丽，黄启飞，等．2007．我国环境介质中多环芳烃的分布及其生态风险．环境工程学报，1（4）：
　140－144．

程坚．2007．中国工业的空间结构：对省际工业分布变迁的研究．浙江工商大学．

方凤满．2010．中国气溶胶颗粒物中金属元素环境地球化学行为研究．生态环境学报，19：979－984．

甘居利，贾小平，林钦，等．2000．近岸海域底质重金属生态风险评价初步研究．水产学报，24（6）：533－
　538．

郭天印，李海良．2002．主成分分析在湖泊富营养化污染程度综合评价中的应用．陕西工学院学报，18（3）：
　63－66．

郭卫东，章小明，杨逸萍，等．1998．中国近岸海域潜在性富营养化程度的评价．台湾海峡，17（1）：
　64－70．

郭卫东．2000．河口沉积物中重金属释放与迁移的围隔生态系统研究．台湾海峡，3：276－283．

黄荣祥．1991．台湾海峡中部北部春、夏季温、盐度结构．海洋科学，7（4）：53－56．

黄向青，梁开，刘雄．2006．珠江口表层沉积物有害重金属分布及评价．海洋湖沼通报，3：27－36．

黄自强，暨卫东．1994．长江口水中总磷、有机磷、磷酸盐的变化特征及相互关系．海洋学报，　（1）：
　51－60．

暨卫东，等．1995．厦门西海域水体富营养化状况的综合评价，中国科技协会第二届青年学术年会论文集，
　资源与环境分册，109－116．

暨卫东，等．1996．马銮湾养殖海域富营养化与赤潮关系研究，中国赤潮研究 SCOR－IOC 赤潮工作组，中国
　委员会第二次会议论文集，99－107．

暨卫东，等．1996．厦门西海域富营养化与赤潮关系研究．海洋学报，18（1）：51－60．

暨卫东，等．1998．热带西太平洋磷与环境的关系．中国海洋文集．

暨卫东，等．1999．热带西太平洋磷与环境的关系，中国海洋学文集，TOGA－COARE 专集．北京：海洋出版
　社：66－73．

暨卫东，等．2002．我国专署经济区和大陆架勘测研究论文集，南海营养盐增补与转移现象研究．北京：海
　洋出版社．

暨卫东，等．2003．中国海洋志，海水中的痕量金属．郑州：大象出版社：254－259。

暨卫东，黄尚高．1990．台湾海峡西部营养盐变化特征Ⅱ，水系混合及浮游植物摄取对无机氮含量变化影响
　统计分析．海洋学报，12（3）：324－332．

暨卫东，黄尚高．1990．台湾海峡西部营养盐变化特征Ⅲ，水系混合及浮游植物摄取对磷酸盐含量变化影响
　统计分析．海洋学报，12（4）：447－454．

暨卫东．2002．我国专属经济区和大陆架勘测专项综合报告．北京：海洋出版社：234－245．

暨卫东.2004.中国近海及邻近海域海洋环境.北京：海洋出版社：240-316.

暨卫东.2006.我国近海海洋综合调查与评价专项，海洋化学调查技术规程.北京：海洋出版社.

暨卫东.海洋调查规范——海水化学要素调查，GB/T 12763.4—2007，中华人民共和国国家质量监督检验检疫总局，中国国家标准化管理委员会发布.

蒋利鑫，于苏俊，魏代波，等.2006.湖泊富营养化评价中的灰色局势决策法.环境科学与管理，31（2）：10-12.

蒋岳文，陈淑梅，等.1995.辽河口营养要素的化学特性及其入海通量估算.海洋环境科学，（11）：41-45.

金相灿，刘鸿亮，屠清瑛，等.1990.中国湖泊富营养化.北京：中国环境科学出版社.

蓝先洪，马道修，徐明广，等.1987.珠江口近代沉积物中重金属元素分布规律的初步研究.南海海洋，1：15-22.

蓝先洪.2004.中国主要河口沉积物的地球化学研究.海洋地质动态，（20）12：1-4.

李道季，张经，黄大吉，等.2002.长江口外氧的亏损.中国科学（D辑），32（8）：686-694.

李凡修，陈武.2003.海水水质富营养化评价的集对分析方法.海洋环境科学，22（2）：72-74.

李国刚，李红莉.2004.持久性有机污染物在中国的环境监测现状.中国环境监测，20（4）：53-60.

李艳云，王作敏.2006.大辽河口和辽东湾海域水质溶解氧与COD、无机氮、磷及初级生产力的关系.中国环境监测，22（3）：70-72.

李玉，俞志明，曹西华，等.2005.重金属在胶州湾表层沉积物中的分布与富集.海洋与湖沼，6（36）：580-589.

联合国环境署化学处.1999.全球环境基金项目专题讨论会报告：持久性有毒物的区域性评估.

梁红星，李虹.1991.台湾南部水团的模糊聚类划分.闽南2台湾浅滩渔场上升流区生态系研究.北京：科学出版社.

林碧琴，谢淑琪.1988.水生藻类与水体污染监测.沈阳：辽宁大学出版社.

林秀梅，刘文新，陈江麟，等.2005.渤海表层沉积物中多环芳烃的分布与生态风险评价.环境科学学报，25（1）：70-75.

凌建刚，陈英旭，陈国，等.2008.农产品与环境中持久性有机物污染现状与存在问题.农产品加工，4：19-22.

刘昌岭，任宏波，陈洪涛，等.2003.黄海及东海海域气溶胶降水中的重金属.海洋科学，27：64-68.

刘成，王兆印，何耘，等.2002.环渤海湾诸河口潜在生态风险评价.环境科学研究，15（5）：33-37.

刘芳文，颜文，黄小平，等.2003.珠江口沉积物中重金属及其相态分布特征.热带海洋学报，22（5）：17-24.

刘征涛.2005.持久性有机污染物的主要特征和研究进展.环境科学研究，18（3）：93-102.

吕文英，周树杰.2009.珠江口沉积物中重金属形态分布特征研究.安徽农业科学，37（10）：4607-4608，4621.

马效民，刘兴坡，臧景红.2001.富营养化与赤潮.河北建筑工程学院学报，19（2）：35-39.

孟春霞，邓春梅，姚鹏，等.2005.小清河口及邻近海域的溶解氧.海洋环境科学，24（3）：25-28.

孟翊，刘苍宇，程江.2003.长江口沉积物重金属元素地球化学特征.海洋地质与第四纪地质，23（3）：38-43.

彭士涛，胡焱弟，白志鹏.2009.渤海湾底质重金属污染及其潜在生态风险评价.水道港口，30（1）：57-60.

彭云辉，孙丽华，陈浩如，等.2002.大亚湾海区营养盐的变化及富营养化研究.海洋通报，21（3）：44-49.

彭云辉，王肇鼎.1991.珠江河口富营养化水平评价.海洋环境科学，10（3）：7-12.

丘耀文，王肇鼎．1997．大亚湾海域重金属潜在生态危害评价．热带海洋，16（4）：49－53．

丘耀文，周俊良，Maskaoui K，等．2004．大亚湾海域水体和沉积物中多环芳烃分布及其生态危害评价．热带海洋学报，23（4）：72－80．

任黎，董增川，李少华．2004．人工神经网络模型在太湖富营养化评价中的应用．河海大学学报（自然科学版），32（2）：147－150．

日本机械工业联合会．1987．水域的富营养化及其防治对策．杨祯奎译．北京：中国环境科学出版社．

山本護太郎．1981．海洋生态系．赵焕登，孙修勤译．北京：海洋出版社．

沈焕庭，潘定安．1979．长江河口潮流特性及其对河槽演变的影响．华东师范大学学报（自然科学版），1：131－144．

沈志良，刘群，张淑美，等．2001．长江和长江口高含量无机氮的主要控制因素．海洋与湖沼，32（5）：465－473．

苏纪兰，王卫．1990．南海域台湾暖流源地问题．东海海洋，8（3）：1－9．

汪建君，陈立奇，杨绪林．2009．南极中山站站区上空气溶胶金属成分特征研究．极地研究，21：1－14．

王保栋．2005．河口和沿岸海域的富营养化评价模型．海洋科学进展，23（1）：82－86．

王保栋．2006．长江口及邻近海域富营养化状况及其生态效应．中国海洋大学．

王明翠，刘雪芹，张建辉．2002．湖泊富营养化评价方法及分级标准．中国环境监测，18（5）：47－49．

魏复盛．1990．中国土壤元素背景值．北京：中国环境科学出版社．

吴景阳，李云飞．1985．渤海湾沉积物中若干重金属的环境地球化学：Ⅰ．沉积物中重金属的分布模式及其背景值．海洋与湖沼，16（2）：92－101．

伍伯瑜．1982．台湾海峡环流研究中的若干问题．台湾海峡，1（1）：1－7．

谢武明，胡勇有，刘焕彬，等．2004．持久性有机污染物的环境问题与研究进展．中国环境监测，4（2）：58－61．

熊德琪，陈守煜．1993．海水富营养化的模糊评价理论模式．海洋环境科学，12（3/4）：104－110．

徐晓白，戴树桂，黄玉瑶．1998．典型化学污染物在环境中的变化及生态效应．北京：科学出版社．

徐晓白．1996．化学（物质）污染与可持续发展．中国科学院院刊，（5）：361－364．

颜志森．1983．河口环境中重金属的转移机理．海洋湖沼通报，4：59－68．

姚云，沈志良．2005．水域富营养研究进展．海洋科学，29（2）：53－57．

叶仙森，张勇，等．2000．长江口海域营养盐的分布特征及其成因．海洋通报，（19）：89－92．

余刚，黄俊，张彭义．2001．持久性有机污染物：备受关注的全球性环境问题．环境科学，4：37－39．

余刚．POPs知识100问．

詹建琼，陈立奇，张远辉，等．2010．台湾海峡海表气溶胶干沉降通量研究．台湾海峡，29：257－264．

张国森，陈洪涛，张经，等．2003．长江口地区气溶胶湿沉降中营养盐的初步研究．应用生态学报，14（7）：1107－1111．

张远辉，詹建琼，陈立奇，等．2009．台湾海峡气溶胶微量金属的化学特征及其入海通量．台湾海峡，28：447－454．

章守宇，杨红，焦俊鹏，等．2001．浙江北部沿海富营养化的评价与分析．25（1）：74－78．

赵焕庭．1982．珠江三角洲的形成和发展．海洋学报，4（5）：595－607．

赵焕庭．1983．珠江三角洲的水文特征．热带海洋，2（2）：108－117．

赵一阳，鄢明才．1992．黄河、长江、中国浅海沉积物化学元素丰度比较．科学通报，13：1202－1204．

赵一阳，鄢明才．1994．中国浅海沉积物地球化学．北京：科学出版社．

朱佳佳．2009．九龙江流域水环境状况及治理对策初探．水环境，（4）：28－29．

邹景忠，董丽萍，秦宝平．1983．渤海湾富营养化和赤潮问题的初步探讨．海洋环境科学，2（2）：41－54．

Balls P W. Nutrient inputs to estuaries from nine Scottish east coast river：influence of estuarine proces－ses on input to the North Sea ［J］. Estuarine, Coastal and Shelf Science, 1994, 39：329－352.

Beddig S, Brockmann U H, Dannecker W. Nitrogen fluxes in the German Bight ［J］. Marine Pollution Belletin, 1997, 34（6）：382－394.

Booij K, Hoedemaker J R., Bakker J F. 2003. Dissolved PCBs, PAHs, and HCB in pore waters and overlying waters of contaminated harbour sediments. Environ Sci Technol, 37：4213－4220.

Bothner M H, Buchholtz M, Manheim F T. 1998. Metal concentrations in surface sediments of Boston Harbor－chan-ges with time. Marine Environmental Research, 45（2）：127－155.

Bricker S B, Clement C G, Pirhalla D E, et al. 1999. National Estuarine Eutrophication Assessment. Effect of Nutri-ent Enrichment in the Nation's Estuaries, NOAA－NOS Special Projects Office and National Centers for Coastal Ocean Science, Silver Spring, Maryland.

Bricker S B, Ferreira J G, Simas T. 2003. An integrated methodology for assessment of estuarine trophic status. Ecol Modell, 169：39－60.

Bricker S B, Lipton D, Mason A, et al. 2006. Improving methods and indicators for evaluating coastal water eutrophi-cation：A pilot study in the gulf of Maine. National Centers for Coastal Ocean Science, Center for Coastal Monito-ring and Assessment, Silver Spring, Maryland.

Bricker S B, Longstaff B, Dennison W, et al. 2007. National Estuarine Eutrophication Assessment：Effects of nutri-ent enrichment in the nation's estuaries 1999－2004. National Oceanic and Atmospheric Administration Coastal Ocean Program Decision Analysis Series No. 26. National Centers for Coastal Ocean Science, Silver Spring, Mary-land.

Bricker S B, Longstaff B, Dennison W, et al. 2007. Effects of Nutrient Enrichment in the Nation's Estuaries：A Decade of Change. NOAA Coastal Ocean Program Decision Analysis Series No. 26. National Centers for Coastal Ocean Science, Silver Spring, MD. 322.

Bricker S, Matlock G, Snider J, et al. 2004. National Estuarine Eutrophication Assessment Update：Workshop sum-mary and recommendations of development of along－term monitoring and assessment program// Proceedings of a workshop September 4－5, 2002. Patuxent Wildlife Research Refuge, Laurel, Marylnad. NOAA, National Ocean Service, National Centers for Coastal Ocean Science. Silver Spring, MD：20.

Carlson R. 1977. A trophic state index for lakes. Limnology and Oceanography 22：361－369.

Caroline W, Steve R, Moira B, et al. 1999. Total arsenic in sediments from the western north sea and the Humber estuary. Marine Pollution Bulletin, 38（5）：394－400.

Chang N B, Chen H W, Ning S K. 2001. Identification of river water quality using the fuzzy synthetic evaluation approach. Journal of Environmental Management, 63：293－305.

David H, Philip R, David T. 1996. Long term variability in pollutant concentrations in coastal sediments from the Ninety Mile Beach, Bass Strait, Australia. Marine Pollution Bulletin, 3（11）：823－827.

GB 12378—1998. 1991. 海洋监测规范. 北京：中国标准出版社.

GB 12763. 4—91. 1991. 海洋调查规范：海水化学要素观测. 北京：中国标准出版社.

Hakanson L. 1980. An ecological risk index for aquatic pollution control：a sedimentological approach. Water Research, 14（8）：975－1001.

Hanson P J, Evans D W, Colby D R, et al. 1993. Assessment of elemental contamination in estuarine and coastal environment based on geochemical and statistical modeling of sediments. Marine Environmental Research, 36（4）：237－266.

Hovmand M F, Kemp K, Kystol J, et al. 2008. Atmospheric heavy metal deposition accumulated in rural forest soils of southern Scandinavia. Environmental Pollution, 155: 537 – 541.

Huang X P, Huang L M, Yue W Z. The characteristics of nutrients and eutrophication in the Pearl River estuary, South China [J]. Marine Pollution Bulletin, 2003, 47: 30 – 36.

Huang Ziqiang and Ji Weidong, The cluster analysis of the water masses in Western Taiwan Strait from hydrologic and chemical factors, Acta Oceanologica Sinica 1994, 13 (4): 501 – 517.

Huang Ziqiang and Ji Weidong, The variation patterns and correlation of tatal phosphorus, organic phosphorus and phosphate in the Changjiang River Estuary, Acta Oceanalogica Sinica 1994, 13 (1): 95 – 106.

Huo Wenmian, Ji Weidong et al., Dissolved Cu, Pb, Zn and Cd in the South China Sea surface waters, Acta Oceanalogica Sinica, 2001, 515 – 522.

Jacob J, Karcher W P. 1986. Polycyclic aromatic hydrocarbon of environmental and occupational importance. Fresenius Z Anal Chem, 323: 1 – 10.

Jennifer L G, Frederic R S, Joseph H K. 2000. Heavy metals in Eight 1965 cores from the Novaya Zemlya Though, Kara Sea, Russian Arctic. Marine Pollution Bulletin, 40 (10): 839 – 852.

Lee C S L, Li X D, Zhang G, et al. 2007. Heavy metals and Pb isotopic composition of aerosols in urban and suburban areas of Hong Kong and Guangzhou, South China – Evidence of the long-range transport of air contaminants. Atmospheric environment, 41: 432 – 547.

Long E R, MacDonald D D, Smith S L, et al. 1995. Incidence of adverse biological effects within range of chemical concentrations in marine and estuary sediments. Environ Manage, 19: 81 – 97.

Mackay D, Shiu W Y, Ma K C, et al. 2006. Handbook of physical chemical properties and environmental fate for organic chemicals. Taylor & Francis.

Mazzera D M, Lowenthal D H, Chow J C, et al. 2001. Sources of PM10 and sulfate aerosol at McMurdo station, Antarctica. Chemosphere, 45: 347 – 356.

Mirja Leivuori. 1998. Heavy metal contamination in surface sediments in the fulf of finland and comparison with the gulf of Bothnia. Chemosphere, 36 (1): 43 – 59.

Mishra V K, Kim K H, Hong S, et al. 2004. Aerosol composition and its sources at the King Sejong Station, Antarctic peninsula. Atmospheric Environment, 38: 4069 – 4084.

Oh Y S. 2001. Effects of nutrients on crude oil biodegradation in the upper intertidal zone. Mar Pollut Bull, 42 (12): 1367 – 1372.

OSPAR, 2001. Draft Common Assessment Criteria and their Application within the Comprehensive Procedure of the Common Procedure//Proceedings of the Meeting of the Eutrophication Task Group (ETG), London, 9 – 11 October 2001, OSPAR convention for the protection of the marine environment of the North – East Atlantic (ed.).

Rahn K A. 1999. A graphical technique for determining major components in a mixed aerosol: Ⅰ. Descriptive aspects. Atmospheric Environment, 33: 1441 – 1455.

Rainbow P S. 1985. The biology of heavy metals in the sea. Inter J Environ Studies, 25: 195 – 211.

Rainbow P S. 1995. Biomonitoring of heavy metal availability in the marine environment. Marine Pollution Bull, 31: 183 – 192.

Riget F, Dietz R, Johansen P, et al. 2000. Lead, cadmium, mercury and selenium in Greenland marine biota and sediments during AMAP phase 1. The Science of the Total Environment, 245: 3 – 14.

Service M, Mitchell S H, Oliver W T. 1996. Heavy metals in the superficial sediments of the N – W Irish Sea. Marine Pollution Bulletin, 32 (11): 828 – 830.

Tian R C, Hu F X, Martin M. Summer nutrient fronts in the Changjiang (Yantze River) estuary [J]. Estuarine, Coastal and Shelf Science, 1993, 37: 27 – 41.

Wang Baodong. 2007. Assessment of trophic status in Changjiang (Yangtze) River estuary. Chinese Journal of Oceanology and Limnology, 25 (3): 261 – 269.

Yin K D, Lin Z F, Ke Z Y. 2004. Temporal and spatial distribution of dissolved oxygen in the Pearl River Estuary and adjacent coastal waters. Continental Shelf Research, 24 (16): 1935 – 1948.

第21章　我国近海海洋环境保护对策与建议

　　我国东部沿海地区是中国经济最活跃的区域。改革开放30年来，社会经济高速发展，随之而来，大量人口向海岸带区域聚集，与此同时，海洋产业也得到了迅猛的发展，逐渐成为国民经济新的增长点。1980年全国海洋经济产值仅80亿元，占国内生产总值的1.77%；1990年达到438亿元，占国内生产总值的2.36%。而据《2009年中国海洋经济统计公报》核算，2009年全国海洋生产总值已达到31 964亿元，占国内生产总值的9.3%。与1980年相比，我国海洋经济在这30年间增长了近400倍。2009年全国涉海就业人员3 270万人。

　　通过以上分析不难看出，改革开放30余年来我国海洋经济得到了巨大的发展，且在国家经济生活中的地位日益凸显。然而随着海洋经济的快速发展，开发利用海洋资源和保护海洋生态系统之间的矛盾日益尖锐。目前我国海洋环境的基本形势严峻，近岸海域环境污染状况得不到根本改善，大量城市生活污水和工业废水只通过污水处理厂的一二级处理就排入近海。还有一些乡镇生活污水和工业废水没有收集处理就直接排入河流进入了近海。在海陆相互作用和东北季风的左右下形成了中国高氮、磷营养盐的沿岸流，致使我国近海河口港湾造成富营养化，赤潮频发。陆源的输入，海上船舶、港口、石油平台、海洋倾废区、渔业养殖区等给我国近海海洋环境带来了如石油类污染、有机污染，造成河流港湾底层水体局部缺氧，另外大量有色金属无序开采和冶炼，不重视清洁生产、末端治理，大量污水排入河流进入近海，在我国河口港湾环境中积累，在海洋生物传递过程富集，造成生物多样性减少，生态系统失去平衡等诸多海洋生态与环境问题。并且当前我国沿海地区正面临新一轮海洋开发热潮，港口、冶金、炼化、造船等重化工产业在海岸带布局集中，海洋环境压力和风险不断增加，海洋环境保护工作更加复杂和艰巨。

　　解决海洋环境问题既要考虑我国近海海洋环境的污染现状，也要考虑当前我国经济发展水平。我国"十二五"规划提出："坚持陆海统筹，制定和实施海洋发展战略，提高海洋开发、控制、综合管理能力。科学规划海洋经济发展，发展海洋油气、运输、渔业等产业，合理开发利用海洋资源，加强渔港建设，保护海岛、海岸带和海洋生态环境。保障海上通道安全，维护我国海洋权益"，这是我国关于未来5年发展海洋经济的阐述，体现了产业发展与环境保护并重，注重陆海统筹的未来海洋发展思路。按照建设资源节约型、环境友好型社会的要求，坚持开发利用与保护治理并举、海洋经济发展与资源环境承载能力相适应，发展循环经济，保护生态环境。在发展海洋经济的同时确保海洋生态安全，确保海洋经济发展建立在良性循环的生态系统和海洋资源可持续利用的基础之上；在保护海洋环境的同时带动21世纪的海洋经济发展，努力实现资源利用集约化、海洋环境生态化，增强海洋经济可持续发展能力。为适应海洋经济发展的实际需要，根据"十二五"海洋规划以及《中华人民共和国海洋环境保护法》，对目前我国近海存在的主要环境问题提出以下几项相应的对策和建议。

21.1　建立入海污染物总量控制制度

所有污染物入海必须符合海洋功能区划的海洋环境目标，满足海区的海洋环境自净能力与规划的要求，为此，最重要的途径是建立污染物入海总量控制制度，并建立污染物排海申报许可制度，实施海域环境目标控制、陆源排污入海总量控制、海域容量总量控制和海洋产业排污总量控制。为做好海洋环境保护工作，既要加强环保部门对海洋环境保护工作的指导、协调和监督，又要充分发挥各有关部门如海洋、海事、渔政和海军等部门的职责和作用，强化部门协调合作，建立协调合作机制，加强各部门间海洋环境保护信息的交流与沟通。同时，为加大海洋环境保护工作力度，各有关部门应持续联合开展海洋环境保护联合执法检查，督促地方政府严格执行各项海洋环境保护政策、制度，加强海洋环境监管力度，严厉打击企业偷排和超标排放等环境违法行为，尽快解决一些突出的海洋污染和生态破坏问题。

此外，还应同时建立有偿排污入海制度，增加对海洋环境损害者的负担，将所得资金用于建立海洋环境基金，海洋环境污染治理，海洋生态养护和恢复，以及污损受害者的经济补偿等。建议继续深入海洋环境容量、自净能力的研究，并选择几个具有典型地理特征和污染特点的海湾或河口进行总量控制试点工作。

21.2　加强我国近海水体底层缺氧区的监控与管理

本项目调查结果表明，我国近海海域的长江口、黄河口和珠江口等区域的底层水体存在季节性缺氧现象，有的海区缺氧范围还相当大。例如，长江口外缺氧海域，其范围包括了以舟山渔场为代表的众多渔场，如长江口渔场、吕四渔场、大沙渔场等。它们都是缺氧影响的海域，底层缺氧的日益严重必将对底层渔业资源产生严重的负面影响。目前我们对我国近海海域底层缺氧现象缺乏长期的监测，对它造成的危害知之甚少。因此，当前主要的任务是以本项目调查结果为基础，对我国近海存在缺氧问题的海域加强调查，使我们的调查性质变成常态化，建立常态化调查的平台多元化、方式立体化和手段高科技化，不断发展调查的新技术和方法，广泛采用多参数传感器技术。进一步深化开展机理和发生发展规律的研究，并对其造成的危害进行系统的评价，找出形成缺氧现象和加剧缺氧程度的主要因子，为政府制定相关的减缓措施提供决策依据。

21.3　加强我国河口港湾富营养化监控与管理

本项目调查结果表明，我国近海海域主要的环境问题仍为氮、磷等生源要素造成的富营养化，一些近岸河口港湾海域的无机氮、活性磷酸盐浓度高于四类国家海水水质标准值，富营养化面积占我国管辖海域总面积的6%，主要区域分布在黄海北部近岸、长江口、杭州湾、珠江口等海域。大陆径流输入过量营养盐造成近岸、近海海域海水富营养化和大面积的赤潮频发。

为了改善我国近海海域及河口港湾的富营养化状况，首先，必须在本项目调查所获得数据的基础之上，结合历史资料对各海域营养盐的空间分布和时间变化进行分析和预测。其次，加强对各海区主要河口营养盐入海通量的监测，对有水产养殖区海域自身有机污染与富营养化问题进行重点监测。最后，要对引起水体富营养化的营养盐来源进行科学的判断，开展生源要素的生物地球化学过程的调查研究，对其富营养化引起的大面积赤潮危害进行预测、预警、预报技术研究，提出切实可行的河口港湾富营养化与赤潮灾害预警机制与防治方案，为政府制定相关的减缓措施提供决策依据。

21.4   加强陆源污染物输入对沉积物影响评估与对污染物输入的管理

沉积物的氧化还原环境直接影响沉积物中自生矿物的形成、沉积物及上覆水体各种污染物的存在形态和产生生物毒性，与底栖生物生长分布关系密切，因此，建议加强沉积化学调查研究。

本项目调查结果表明，大部分调查海域沉积物中的有机物和重金属主要来自陆源污染，其中，以河口区的污染最为典型，如长江口沉积物中有机物、铜、铅、锌、铬、汞含量均较高；黄河口沉积物中铜、铅、铬、汞含量均较高；珠江口沉积物中有机物、铜、铅、锌、镉和汞含量均较高。因此，必须加强对我国重大河口与入海排污口污染物通量以及邻近海域的沉积环境进行监测与评估，提出重要的河口港湾沉积环境整治措施。

21.5   应对气候变化，加强近海温室气体的监控

根据世界能源消耗的统计值估算，目前人为输入气溶胶的二氧化碳（以碳计）约为 5.5×10^9 t/a，其中，$40\% \pm 10\%$ 二氧化碳被海洋吸收。由此可见海洋对缓解全球气候变化有重大影响，它是阻缓气溶胶中二氧化碳上升的最大缓冲体系，是维持全球气溶胶和气候稳定的最主要因素之一。根据国发〔2007〕17号文件《国务院关于印发中国应对气候变化国家方案的通知》和国家海洋局《关于海洋领域应对气候变化有关工作的意见》的精神，建议充分发挥我国近海海洋综合调查与评价专项项目所获得的我国近海气溶胶和海洋碳要素的宝贵资料，深入分析近海二氧化碳时空分布特征，探讨中国近海二氧化碳的源与汇，评价二氧化碳对我国近海海洋环境的影响。

二氧化碳、甲烷、氧化亚氮等主要温室气体对全球气候变暖均起重要作用。二氧化碳的温室效应已广为人知，而本项目调查表明，甲烷和氧化亚氮虽然在气溶胶中的浓度仅为二氧化碳的百分之一甚至千分之一，但氧化亚氮的温室效应可达到二氧化碳的 $16.5\% \sim 18.8\%$，甲烷的温室效应为二氧化碳的 $7.7\% \sim 13\%$，因此，甲烷、氧化亚氮对海洋气候变化的影响也是不可忽视的。加强对主要温室气体在以下几方面的调查研究工作，包括在增温过程中各自的贡献量，海-气交换过程、方向和通量，掌握季节差异和区域差异，建立长时间序列的调查资料库，为全球气候变化研究、节能减排与防灾减灾提供科学依据。

21.6   加强持久性有机物的监测与污染源控制

由于持久性有机污染物具有高毒性、生物蓄积性、环境持久性和长距离迁移性4个基本特性，可通过各种环境介质长距离迁移并持久存在于环境中，容易蓄积在生物体内，并沿着

食物链传递而浓缩放大，位于生物链顶端的人类，则把这些毒性放大到了 7 万倍，因此其对生物和环境的影响是长远和巨大的。目前，全球对持久性有机污染物非常关注，并且鉴于其具有上述特点，世界各国早在 2001 年就已经签署了《关于持久性有机污染物的斯德哥尔摩公约》。该公约中规定了 3 大类共 12 种持久性有机污染物，并在 2009 年又增列了 9 种。近年来我国也加强了对持久性有机物的调查，主要针对多氯联苯、多环芳烃、六六六和滴滴涕等几种，对海水、沉积物和部分海洋生物中单一或几种持久性有机物的组成特征和含量分布进行调查。

本项目调查发现，我国近岸海域生物体中持久性有机物污染对海洋生态环境影响不明显，但局部地区也存在污染较严重区域，如山东省和江苏省近岸生物体中六六六、滴滴涕、多氯联苯和多环芳烃含量较高，其中山东省海域生物体中六六六和滴滴涕的含量均超过了二类国家海水水质标准。根据本项目调查得出的结果，我们认为首先应加强对持久性有机物污染的调查，将其纳入常态化的调查项目，并在条件成熟的情况下，建立持久性有机物总量控制制度，有效控制新型污染物入海。其次近海持久性有机物污染同其他污染一样，主要来源于陆源污染，因此需陆海统筹，各行各业的环保部分协同工作，从污染的源头控制，既要重视点源污染，同时注意面源污染。通过区域环境合作机制的实施，以协调、解决海岸、海域和流域间的环境问题，共同有效控制入海持久性有机污染物。

21.7　强化对海上石油污染、石油开采、油库监控和规范管理

本项目调查结果表明，我国近海石油类污染区域主要集中在石油开采区、港口和航道等海上交通运输集中分布区域（如长江口、珠江口外海域和北黄海）。目前在我国沿海已投产或在建的海上采油设施越来越多，沿海大型油库的数量也是逐年增长，虽然全球海上石油平台大型事故和大型油库事故概率极小，但我国近海海域还是面临着突发性溢油污染事故对近海海洋环境的威胁。我们认为应立即强化对海上石油开采和沿海大型油库的管理和监控，严防类似最近的"墨西哥湾"石油事故和"大连油库"事故发生。规范和强化船舶污染管理，尽快建立大型港口废水、废油、废渣回收处理系统，实现交通运输和渔业船只排放的污染物集中回收、岸上处理、达标排放。建立统一协调的应急机制，加大海上油污应急处理方法的科学研究，积极加强国际合作，共同应对海上溢油事故对海洋生态环境的威胁。

21.8　加强重金属污染总量控制、规范产业布局与整治管理

重金属污染具有来源广、残毒时间长、蓄积性、难以降解、污染后不易被发现并且难于恢复、易于沿食物链转移富集等特征，能够直接或间接作用于生物体 DNA ，会引起海洋生物的遗传物质发生突变，引起生长缓慢，异常发展，降低胚胎、幼体及成体的存活率，通过敏感种的灭绝导致生态退化，对生态系统构成直接和间接的威胁。从而使生物物种和群落发生改变，影响生物多样性，降低生物资源的利用价值，甚至在生物链传递过程危及人类健康与安全。2009 年国务院办公厅转发了环境保护部等部门《关于加强重金属污染防治工作指导意见的通知》（国办发〔2009〕61 号文件），为认真贯彻、落实国务院关于加强重金属污染防治的指导意见，加大防治重金属污染海洋环境工作力度，国家海洋局印发了《关于加强海

洋环境重金属污染防治工作的若干意见》，提出加强海洋环境重金属污染监测与评估是海洋环境重金属污染防治工作的重点工作之一。2011年2月18日国务院正式批复《重金属污染综合防治"十二五"规划》，这是我国第一个"十二五"专项规划，规划加强了对重金属污染的监管力度。

本项目调查结果表明，在我国的长江口、珠江口和黄河口附近海域，生物体中重金属含量偏高，对河口生态系统造成一定影响，渤海海域重金属含量也偏高。分析其原因，主要是河流径流输入和沿岸直接排污口排放重金属，另外，由于渤海为半封闭海，水交换能力差，海水自净能力有限，导致了重金属在渤海海域的积累，相对其他海域重金属含量偏高。

根据本项目调查得出的上述结论，我们认为重金属污染防治应采取总量控制与浓度控制相结合的办法，应做到源头预防，过程阻断，清洁生产，末端治理，以重点防控区、重点防控行业、重点污染源防治为主要内容。从技术措施上采用去除重金属的措施。从体系、体制方面来讲应建立起比较完善的重金属污染防治体系、事故应急体系和环境与健康风险评估体系，解决一批损害群众健康的突出问题；进一步优化重金属相关产业结构，遏制突发性重金属污染事件高发态势。

21.9　加强海洋生态环境常态化调查与污染治理措施

针对目前近海河口港湾存在的富营养化、缺氧、持久性污染物、重金属污染等环境问题，必须加强我国海洋环境常态化调查，进一步建立和完善沿海省市海洋生态环境的调查网络，形成长期的、连续的、系统的调查机制。根据近海河口港湾存在的富营养化、缺氧、持久性污染物、重金属污染等对海洋生态系统的影响，对我国海洋生态系统（渤海、黄海、东海、南海大生态系统、河口港湾生态系统、红树林生态系统、珊瑚礁生态、海草床生态系统、上流生态系统等）布设生态环境常态化调查站位，调查范围争取覆盖我国管辖海域。并对河口港湾重点海域设立污染物自动观测系统，以随时监控沿海地区经济、社会发展和海洋资源开发过程对主要流域、港湾、近海区段生态环境健康安全的影响状况，及时掌握近海海洋生态环境质量状况，预警和预报海洋环境污染和各类灾害，以期达到及时采取措施，及时控制，减少损失，保护海洋生态环境的目的。

建议强化对沿海核电站的管理和监控，严防类似"切尔诺贝利"和日本"福岛"核电站事故发生。目前在我国沿海已投产或在建的核电设施越来越多，虽然全球大型核电事故极为少见，但大大小小的核电事故也时有发生。现在就必须强化对沿海核电站的管理和监控，严防类似"切尔诺贝利"和日本"福岛"核电站事故的发生。建议加强沿江和沿海城市地下管网和提升泵站的规划和建设，使其尽快适应城市发展要求，确保沿江或沿海城市每个区域的污水都能进入城市地下管网，严格控制污染废气、废水的排放，实现全面截污。建议加强固体废弃物污染的治理，加快城镇生活垃圾分类收集、储运和处理系统的建设，优先进行垃圾减量化和资源化，高标准建设城镇生活垃圾处置设施。

21.10　统筹海洋经济建设与海洋环境保护协调发展

　为使海洋经济建设与海洋环境保护协调发展，必须加快实现"三个转变"：一是从重经济增长轻环境保护转变为保护环境与经济增长并重；二是从环境保护滞后于经济发展转变为环境保护和经济发展同步；三是从主要用行政办法保护环境转变为综合运用法律、经济、技术和必要的行政办法解决环境问题。根据海洋功能区划，合理划分海洋产业布局，对海洋经济产品结构进行调整及优化，并对海洋养殖、传统的海洋运输、滨海旅游等，逐步进行产业升级、结构调整。建立经济稳定增长、环境资源代价最小、环境意识较高的经济、社会、文化体系。将经济发展与环境承载能力相统一，形成各具特色的发展格局。按照优化开发、重点开发、限制开发和禁止开发的不同要求，明确不同区域的功能定位，制定不同的发展方向和环保目标。努力实现经济建设与环境保护协调发展，实现海洋经济建设的可持续发展。

21.11　完善和健全海洋保护法规体系，加强海洋生态保护引导与管理

海洋是一个巨大的资源宝库，人类社会的可持续发展必将会越来越多地依赖于海洋。随着我国海洋开发战略的实施，海洋经济对国民经济的贡献率也必将随之不断提高。因此，加强海洋环境保护和生态环境的修复，是海洋经济可持续发展的重要保障。为了切实加强我国海洋生态环境的保护工作，促进海洋经济可持续发展，必须加强基础科研，严格行政执法，强化保护区的建设和管理。坚持全面推进重点突破方针，坚持预防为主、综合治理的原则，根据各沿海省市的实际和《中华人民共和国海洋环境保护法》、《中华人民共和国野生动物保护法》、《中华人民共和国海域使用管理法》等，抓紧制定海洋生态环境保护的地方法规和实施细则，严格监督执行，依法加强环境管理；强化地方政府对环境质量负责的法律责任，实行各级政府领导任期内的海洋生态环境保护目标责任制，把海洋生态环境保护工作列入政府的重要议事日程，切实抓紧、抓实、抓好，避免局部开发和各自为政出现的弊端。同时，应采取一系列措施，从海洋环境的监测、污染源控制等多方面入手，坚持标本兼治，切实做好海洋环境及生态保护工作。

21.12　加强法律、法规的宣传教育，加大海洋生态环境保护的力度

建议在今后的海洋调查工作中多途径增加海洋调查和海洋生态保护资金，加强法律、法规的宣传教育，把海洋生态环境保护建设列入政府的基本建设规划，纳入财政预算，建立稳定的资金来源渠道；在查处违反海洋环境保护法律法规的行动中要严格执法，对污水直接排江或排海的单位或偷排的单位要采取措施，立即停止其违法排污行为，并对违法单位及其单位负责人一律从重处罚，对单位领导或者个人及实际操作者追究其法律责任，并在电视、报纸等媒体上公布。同时，为加大对海洋生态保护的力度，应系统地开展海洋生态修复实践与研究，即海洋生态调查、退化诊断与分析、目标确定、生态修复措施、生态修复跟踪监测、成效评估和管理等整个修复过程的系统研究。此外，还应选取典型示范区，系统地开展海洋生态修复理论与实践研究，总结国内外典型海洋生态系统的修复经验，从全国或区域尺度制定海洋生态修复战略方案，并将成功经验向全国沿海地区推广。